UG NX 12.0 曲面设计从入门到精通

麓山文化 编著

本书从工业产品设计的角度出发，将曲面设计基础知识与工业产品造型设计相结合，通过3个大型综合实例+14个案例实战+1200分钟的高清视频教学，详细介绍了UG NX 12.0曲面设计的流程、方法与技巧。

全书共12章，前8章介绍了UG NX 12.0曲面设计的基础知识，使初学者能够迅速掌握曲面设计的基本方法。主要内容包括：UG NX曲面设计基础、创建和编辑曲线、由曲线创建曲面、由曲面创建曲面、自由曲面、曲面编辑、曲面分析和逆向工程造型；第9章重点介绍了UG NX 12.0新增的曲面造型功能——创意塑型；最后3章结合三个经典工业产品曲面造型设计的综合实例，实战演练前面所学知识，并积累实际工作经验。

本书语言通俗易懂、层次清晰；内容安排上系统全面，将基础知识讲解与实际应用相结合，边讲边练，逐步精通。书中所有案例全部来自工程实践，具有很强的实用性、指导性和良好的可操作性，利于读者举一反三，快速上手与应用。

本书配套资源包括全书所有实例素材文件和长达20小时高清语音视频教程，可以在家享受老师课堂般的生动讲解，以大幅提高学习效率和兴趣。

本书既是广大初、中级用户快速掌握UG NX 12.0曲面设计的实用指导书，还可作为大中专院校计算机辅助设计课程的指导教材。

图书在版编目（CIP）数据

UG NX 12.0 曲面设计从入门到精通/麓山文化编著.—5 版.—北京：机械工业出版社，2018.10

ISBN 978-7-111-61190-5

Ⅰ. ①U… Ⅱ. ①麓… Ⅲ. ①曲面－机械设计－计算机辅助设计－应用软件 Ⅳ. ①TH122

中国版本图书馆 CIP 数据核字(2018)第 240136 号

机械工业出版社（北京市百万庄大街 22 号 邮政编码 100037）
责任编辑：曲彩云 责任校对：刘秀华 责任印制：孙 炜
北京中兴印刷有限公司印刷
2019 年 1 月第 5 版第 1 次印刷
184mm×260mm · 23.75 印张 · 582 千字
0001－3000 册
标准书号：ISBN 978-7-111-61190-5
定价：79.00 元

凡购本书，如有缺页、倒页、脱页，由本社发行部调换

电话服务		网络服务
服务咨询热线：	010-88361066	机工官网：www.cmpbook.com
读者购书热线：	010-68326294	机工官博：weibo.com/cmp1952
	010-88379203	金 书 网：www.golden-book.com
编辑热线：	010-88379782	教育服务网：www.cmpedu.com

前言
Foreword

关于 UG

随着信息技术在各领域的迅速渗透发展，CAD/CAM/CAE 技术已经得到了广泛的应用，从根本上改变了传统的设计、生产、组织模式，对推动现有企业的技术改造、带动整个产业结构的变革、发展新兴技术、促进经济增长都具有十分重要的意义。

UG 是当今应用广泛、极具竞争力的 CAE/CAD/CAM 大型集成软件之一，其囊括了产品设计、零件装配、模具设计、NC 加工、工程图设计、模流分析、自动测量和机构仿真等多种功能，该软件完全能够改善整体流程，提高流程中每个步骤的效率，已广泛应用于航空、航天、汽车、通用机械和造船等工业领域。

本书内容

本书共 12 章，依次介绍了 UG NX 12.0 曲面设计基础、构造和编辑曲线、由曲线创建曲面、由曲面创建曲面、自由曲面、曲面编辑、曲面分析、逆向工程造型、创意塑型以及综合应用实例等。具体内容如下。

章 名	内 容 安 排
第 1 章 UG NX 曲面设计基础	从工业设计和计算机辅助设计的角度，介绍了 UG NX 12.0 曲面设计的基础知识，并从数学的角度介绍了曲线和曲面的结构特征和连续性。此外，还介绍了曲面设计的主要思路和创建曲面的方法与技巧
第 2 章 创建和编辑曲线	介绍了在 UG NX 12.0 建模环境中创建和编辑曲线的方法，以及创建常用空间曲线的方法和技巧，为复杂曲面和自由曲面的创建打好坚实基础，并结合电锤手柄、弯头管道和手机上壳曲面 3 个实例，讲解创建和编辑曲线的具体操作和技巧
第 3 章 由曲线创建曲面	重点介绍了由曲线创建曲面的几种主要方法，包括曲线生成曲面、直纹面、通过曲线组、通过曲线网格、扫掠曲面和剖切曲面，并通过照相机外壳和轿车外壳曲面的制作，讲解由曲线创建曲面的具体操作和技巧
第 4 章 由曲面创建曲面	介绍了曲面操作功能，包括桥接曲面、N 边曲面、过渡曲面、延伸曲面、规律延伸、N 边曲面、过渡曲面、轮廓线弯边、抽取曲面、偏置曲面和可变偏置，并结合 MP3 耳机外壳和手柄套管外壳实例，详细介绍了曲面创建曲面的操作技巧
第 5 章 自由曲面	介绍了自由曲面设计的基本知识，包括曲面上的曲线、四点曲面、艺术曲面、样式倒圆、样式拐角和样式扫掠，并通过钓竿支架和鼠标外壳的制作，详细介绍了自由曲面的具体操作和技巧
第 6 章 曲面编辑	主要介绍了曲面的编辑功能，包括修剪和延伸、修剪曲面、X 型、扩大曲面、整体变形和整体突变，并结合空气过滤罩和轿车方向盘实例，讲解曲面编辑的具体操作和技巧
第 7 章 曲面分析	介绍了曲面建模过程中常用的分析方法，包括曲线分析、距离测量、角度测量、检查几何体、偏差度量、截面分析、高亮线分析、曲面连续性分析、曲面半径分析、曲面反射分析和曲面斜率分析，并结合触摸手机上壳和旋盖手机上壳实例，详细讲解了曲面分析的具体操作和技巧

章名	内容安排
第 8 章 逆向工程造型	介绍了由点、点云构建曲面的方法，概述了逆向工程造型的一般方法，并通过电吹风机外壳逆向造型实例，详细介绍了逆向造型的基本方法
第 9 章 创意塑型	创意塑型主要用来创建一些外观不规则或者很难通过常规曲面建模来创建的模型。本命令的添加丰富了 UG 建模的种类，扩大了设计人员的视野。本章介绍了由框架线、框架面创建自由曲面的方法，并通过机油壶的制作，详细介绍了创意塑型的基本操作
第 10 章 创建骰子模型	以骰子模型的造型设计为例，讲解艺术样条、网格曲面、扫掠、偏置曲面、修剪片体及缝合等工具的具体运用。通过该实例可以更加熟练地掌握曲线绘制和曲面编辑工具的使用的方法和技巧
第 11 章 创建乌龟茶壶	通过乌龟茶壶的设计，着重训练网格曲面以及投影曲线、曲面上的曲线及组合投影等工具的操作，并总结了该实例创建的难点和要点
第 12 章 创建玩具飞机模型	以玩具飞机模型为例，讲解如何灵活运用特征建模工具和自由曲面建模工具简化建模步骤的技巧

本书配套资源

本书物超所值，除了书本之外，还附赠以下资源，扫描“资源下载”二维码即可获得下载方式。

资源下载

配套教学视频：配套所有案例高清语音教学视频，总时长近 1200 分钟。读者可以先像看电影一样轻松愉悦地通过教学视频学习本书内容，然后对照书本加以实践和练习，以提高学习效率。

本书实例的文件和完成素材：书中所有实例均提供了源文件和素材，读者可以使用 UG NX 12.0 打开或访问。

本书编者

本书由麓山文化编著，参加编写的有：陈志民、江凡、张洁、马梅桂、戴京京、骆天、胡丹、陈运炳、申玉秀、李红萍、李红艺、李红术、陈云香、陈文香、陈军云、彭斌全、林小群、刘清平、钟睦、刘里锋、朱海涛、廖博、喻文明、易盛、陈晶、张绍华、黄柯、何凯、黄华、陈文轶、杨少波、杨芳、刘有良、刘珊、赵祖欣、毛琼健等。

读者交流

由于编者水平有限，书中错误、疏漏之处在所难免。在感谢您选择本书的同时，也希望您能把对本书的意见和建议告诉我们。

读者服务邮箱：lushanbook@qq.com

读者 QQ 群：327209040

麓山文化

目录
Contents

第3章 由曲线创建曲面

第4章 由曲面创建曲面

第1章

UG NX 曲面设计基础

学习目标：

- UG曲面设计概述
- UG NX 12.0新增曲面功能
- 曲面的数学模型
- 曲线-曲面的连续性
- 曲面造型设计思路
- UG曲面设计方法和特点

流畅的曲面外形已经成为现代产品设计发展的趋势。利用UG软件完成曲线式流畅造型设计，是现代产品设计迫在眉睫的市场需要，也是本书的核心内容和写作目的。

工业产品的设计水平，是一个国家科学技术、文化素质水平的标志。要在工业产品设计中立于不败之地，必须具备适应产品变革的设计理念，并有效利用设计软件快速将理念转换为模拟产品，然后将其加工制造形成真实的产品。在现代CAD应用软件中，对3D曲面建模的精确描述和灵活操作能力已经是评定三维CAD辅助设计功能是否强大的重要标志。UG作为当今世界最为流行的CAD/CAM/CAE软件之一，由于其功能强大，可对产品进行建模、加工、分析设计，能够快速、准确地获得工业造型设计方案，特别是使用UG建模功能，不仅能进行实体模型创建，对于形状复杂的曲面产品设计也是得心应手，充分体现了在产品设计方面的极大优越性。

本章主要介绍UG曲面造型的基础知识，并从数学的角度介绍曲线和曲面的结构特征及连续性，此外还介绍了曲面设计的主要思路以及构建曲面的方法和技巧。

1.1 UG 曲面设计概述

在现代工业设计环境中，三维CAD软件已经随着社会发展的步伐一步一步地革新和转变，特别是在曲面造型技术的发展和突变中，更是取得了日新月异的飞跃。小至一款简单的日用小饰品，大到电器以及汽车等工业品，都体现了这方面的变化和发展。

在这些工业设计中，强大的三维软件UG、Pro/E等是用来创建此类曲面的主要应用软件，使不同的产品能够更快速准确地解决自由曲面造型的问题。这些工程三维软件共同的特点是能够提供工业设计师进行概念设计、创意建模和渲染出不同的真实效果。它们不仅能够完成工业设计的要求，而且具有功能强大的结构建模能力，对于整个工程的制造生产更是提供了强大的支持。

1.1.1 曲面造型的发展概况

随着计算机图形显示对真实性、实时性和交互性要求的日益增强，几何设计对象向着多样性、特殊性和拓扑结构复杂性靠拢这一趋势日益明显，以及图形工业和制造工业迈向一体化、集成化和网络化步伐的日益加快，曲面造型技术近几年得到了长足的发展，主要表现在研究领域的急剧扩展。

从研究领域来看，曲面造型技术已从传统的曲面求交和曲面拼接，扩展到曲面变形、曲面重建、曲面简化、曲面转换和曲面等距性等领域。

1. 曲面变形

传统的约束曲面模型仅允许调整控制顶点或权因子来局部改变曲面形状，至多利用层次化模型在曲面特定点进行直接操作；一些简单的基于参数曲线的曲面设计方法，如扫描、旋转法和拉伸法也仅允许调整生成曲线来改变曲面形状。计算机动画和实体造型业迫切需要发展与曲面表示方式无关的变形方法或形状调配方法，于是产生了自由变形法、基于弹性变形或热弹性力学等物理模型的变形法、基于求解约束的变形法、基于几何约束的变形法等曲面变形技术，以及基于多面体对应关系的曲面形状调配技术。

2. 曲面重建

在精致的轿车车身设计或人脸类雕塑曲面的动画制作中，通常利用油泥制模，再进行三维型值点采样。在医学图像可视化中，也常用CT扫描来得到人体脏器表面的三维数据点。

从曲面上的部分采样信息来恢复原始曲面的几何模型，称为曲面重建。采样工具为激光测距扫描器、医学成像仪、接触探测数字转换器、雷达或地震探测仪器等。根据重建曲面的形式，它可分为函数型曲面重建和离散型曲面重建。前者的代表如离散点集拟合法，后者的常用方法是建立离散点集的平面片逼近模型。

3. 曲面简化

与曲面重建一样，曲面简化这一研究领域目前也是国际热点之一。其基本思想是从三维重建后的离散曲面或造型软件的输出结构（主要是三角网格）中去除冗余信息，同时又保证模型的准确度，以利于图形显示的实时性、数据存储的经济性和数据传输的快速性。对于多分辨率曲面模型而言，这一技术还有利于建立曲面的层次逼近模型，进行曲面的分层显示、传输和编辑。具体的曲面简化方法有网格顶点剔除法、网格边界删除法、最大平面逼近多边形法以及参数化重新采样法。

4. 曲面转换

同一张曲面可以表示为不同的数学形式，这一思想不仅具有理论意义，而且具有工业应用的现实意义。例如，NURBS曲面设计系统与多项式曲面设计系统之间的数据传递和无纸化生产工艺。

5. 曲面等距性

曲面等距性在计算机图形及加工中有着广泛的应用，因而成为这几年的热门课题之一。例如，数控机床的刀具路径设计就要研究曲线的等距性，但从数学表达式中容易看出，一般而言，一条平面参数曲线的等距曲线是有理曲线，这就超越了通用NURBS系统的适用范围，造成了软件设计的复杂性和数值计算的不稳定性。

此外，曲面造型在表示方法上也进行了极大的革新，以网格细分为特征的离散造型与传统的连续造型相比，大有后来居上的创新之势，这种曲面造型方法能够创建出生动逼真的特征动画和雕塑曲面。

1.1.2 UG曲面常用术语

在创建曲面的过程中，许多操作都会出现专业性概念及术语，为了能够更准确地理解创建规则曲面和自由曲面的设计过程，了解常用曲面的术语及功能是非常必要的。

1. 曲面和片体

在UG NX中，片体是常用的术语，主要是指厚度为0的实体，即只有表面，没有重量和体积。片体是相对于实体而言的，一个曲面可以包含一个或多个片体，并且每一个片体都是独立的几何体，可以包含一个特征，也可以包含多个特征。在UG NX中，任何片体、片体的组合以及实体上的所有表面都是曲面，实体与片体如图1-1所示。

曲面从数学上可分为基本曲面（平面、圆柱面、圆锥面、球面和环面等）、贝塞尔曲面和B样条曲面等。贝塞尔曲面与B样条曲面通常用来描述各种不规则曲面，目前在工业设计过程中，非均匀有理B样条曲面已作为工业标准。

2. 曲面的行与列

在UG NX中，很多曲面都是由不同方向的点或曲线来定义。通常把U方向称为行，V方向称为列。曲面也因此可以看作U方向为轨迹引导线对很多V方向的截面线做的一个扫描。可以通过网格显示来查看UV方向曲面的走向，如图1-2所示。

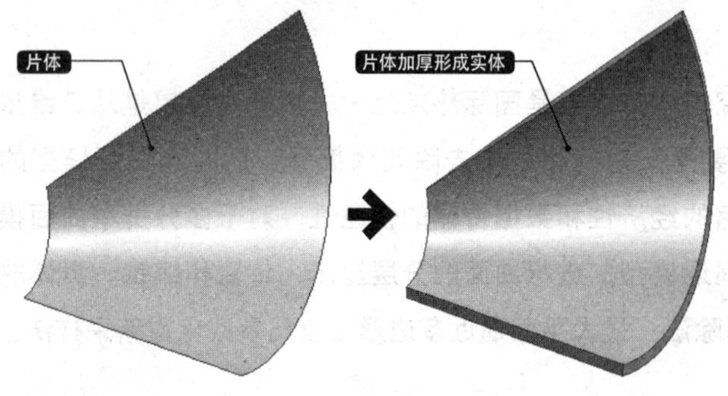

图1-1 实体与片体

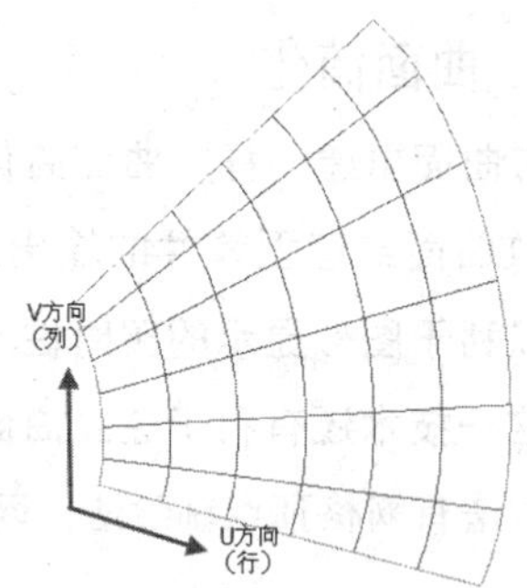

图1-2 曲面的行与列

3. 曲面的阶次

阶次属于一个数学概念，它类似于曲线的阶次。由于曲面具有U、V两个方向，所以每个曲面片体均包含U、V两个方向的阶次。

在常规的三维软件中，阶次必须介于1~24之间，但最好采用3次，因为曲线的阶次用于判断曲线的复杂程度，而不是精确程度。简单一点说，曲线的阶次越高，曲线就越复杂，计算量就越大。一般来讲，最好使用低阶次多项式的曲线。

4. 曲面片体类型

实体的外曲面一般都是由曲面片体构成的，根据曲面片体的数量可分为单片和多片两种类型。其中单片指所建立的曲面只包含一个单一的曲面实体；而曲面片是由一系列的单补片组成。曲面片越多，越能在更小的范围内控制曲面片体的曲率半径等，但一般情况下，尽量减少曲面片体的数量，这样可以使所创建的曲面更加光滑完整。

5. 栅格线

在UG中，栅格线仅仅是一组显示特征，对曲面特征没有影响。在“静态线框”显示模式下，曲面形状难以观察，因此栅格线主要用于曲面的显示，如图1-3所示。

1.1.3 曲面的分类

在工程设计软件中，曲面概念是一个广义的范畴，包含曲面体、曲面片以及实体表面和其他自由曲面等，这里不再细致介绍此类名称上面的一些分类方法，而是根据工艺属性和构造特点来分类并介绍曲面的类型。

1. 根据曲面的构造方法分类

在计算机辅助绘图过程中，曲面是通过指定内部和外部边界曲线进行创建的，而曲线的创建又是通过单个或多个点作为参照来完成。因此，可以说曲面是由点、线和面构成，分别介绍如下。

» 点生成曲面

点构造方法生成的曲面是非参数的，即生成的曲面与构造点没有关联性。当构造点进行编辑、修改后，曲面将不会产生关联性的更新，所以这种方法一般情况下不多用。例如，在设计时最常见的极点和点云，如图1-4所示。

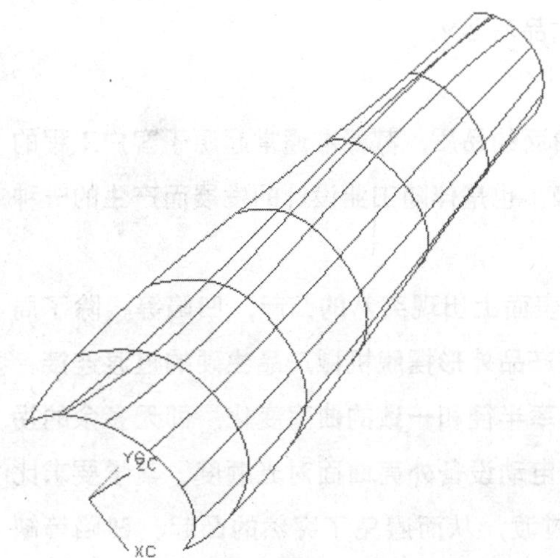

图1-3 栅格线显示效果

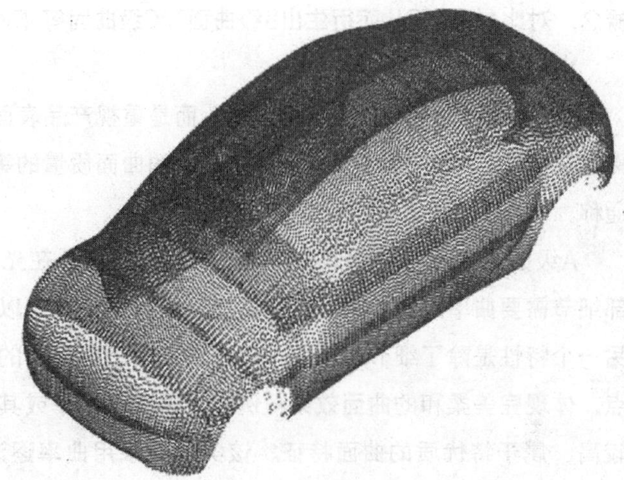

图1-4 汽车外壳点云

» 线生成曲面

曲线构造方法与点不同，通过曲线可生成全参数化的曲面特征，即对构造曲面的曲线进行编辑、修改后，曲面会自动更新，这种方法是最常用的曲面构造方法。例如，有界平面、拉伸曲面、网格曲面和曲面扫描，如图1-5所示。

» 已有曲面生成曲面

这种方法又称派生曲面构造方法，指通过对已有的曲面进行桥接、延伸、偏置等来创建新的曲面。对于特别复杂的曲面，仅仅利用曲线的构造方法有时很难完成，此时借助于该方法非常有用。另外，这种方法创建的曲面基本都是参数化的，当参考曲面被编辑时，生成曲面会自动更新。如跑车外壳曲面片体，如图1-6所示。

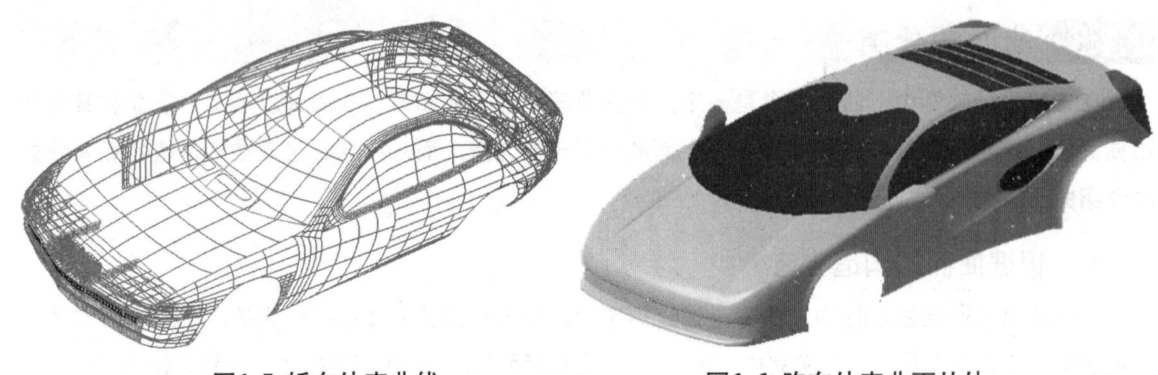

图1-5 轿车外壳曲线　　图1-6 跑车外壳曲面片体

2. 根据工艺属性分类

随着现代社会的不断发展，UG、Pro/E、CATIA和SolidWorks等三维软件广泛应用于工业产品的设计领域。随着美学和舒适性要求的日益提高，对各个工业性产品，如汽车外壳等提出了A级曲面的概念，对比A级曲面从而衍生出B级曲面和C级曲面等不同的品质要求。

» A级曲面

A级曲面并非是曲面质量的度量，而是重视产品表面曲面的品质，其标准通常起源于客户工程的需求及要求。A级曲面不只是一般意义上的曲面质量的等级，也是伴随工业设计的发展而产生的一种通称。

A级曲面最重要的一个特性就是光顺，即避免在光滑表面上出现突然的凸起、凹陷等。除了局部细节需要曲率逐渐变化的过渡曲面，这样的设计足以使产品外形摆脱机械产品生硬的过渡连接。另一个特性是除了细节特征，一般来讲趋向于采用大的曲率半径和一致的曲率变化，即无多余的拐点，体现完美柔和的曲面效果。例如，轿车、汽车或其他电动设备外壳曲面对光顺度、美学要求比较高、属于特优质的曲面特征。该类曲面采用曲率逐渐过渡，从而避免了突然的凸起、凹陷等缺陷，如图1-7所示。

» B级曲面

一般汽车内部钣金件、结构件大部分都是由初等解析几何面构成，这部分曲面与A级曲面设计立足点完全不同，它注重性能和工艺要求，而不必过于考虑人性化的设计。在满足性能及工艺要求后就可以认为达到要求，这一类曲面通常称为B级曲面。

对于一个产品来说，从外观上看不到的地方都可做成B级曲面，如底板等大型不可见的曲面零部件，如图1-8所示。这样无论对于结构性能，还是加工成本来说，都是有益的。

» C级曲面或要求更低的曲面

这种曲面在CAD工程中比较少用，例如，用于汽车内部结构支撑件，如内部支架等。一般是使用者或客户不能直视的部分。大多情况下用于雕塑和快速成型等方法创建而成的曲面，在CAD工程中一般做成B级曲面。

图1-7 A级曲面创建轿车壳体

图1-8 B级曲面创建越野车底盘

1.2 UGNX 12.0 曲面新增功能

UG NX 12.0在功能方面有多项革新，现将UG NX 12.0的主要新增功能简单介绍如下，之后的章节中会分别进行讲解。

1. 从窗口界面就可以自由切换模型

在日常的工作中，经常会出现使用UG同时打开多个模型文件的情况，也需要在不同的模型之间进行切换。在以前的版本中，都需要通过快速访问工具栏中的“窗口”来进行切换的，如图1-9所示。

而在UG NX 12.0中，在窗口界面新增了文件标签，需要切换哪个文件只需单击其标签即可，非常方便，如图1-10所示。

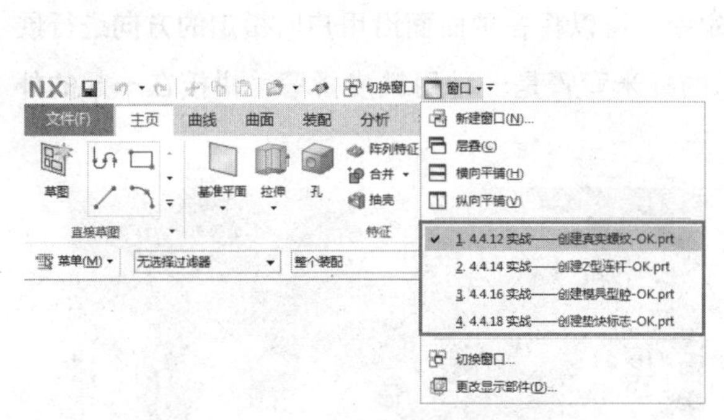

图1-9 通过“窗口”来切换文件

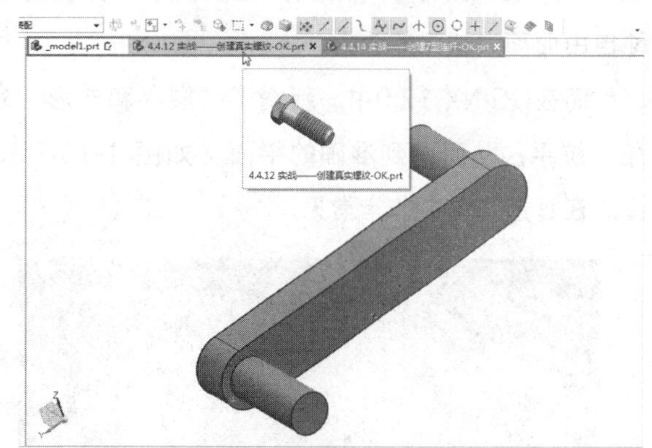

图1-10 单击窗口上的标签进行切换文件

2. 新增“扫掠体”命令

“扫掠”是一个很常用的功能，但以前都是线、面扫掠，而UG NX 12.0新增的“扫掠体”命令可以直接用来扫掠实体。这样在创建一些螺旋、管道类的特征时，将可以节省非常多的时间，特别是一些非圆槽特征的模型。

选择“曲面”→“曲面”→“更多”→“扫掠体”选项，或在“菜单”选项中选择“插入”→“扫掠”→“扫掠”选项，弹出“扫掠体”对话框，按系统提示选择工具体和刀轨便可以创建扫掠体，如图1-11所示。

任何具有旋转特征的实体对象（表面不得有凹陷）都可以进行扫掠体操作，因此将图1-11中的工具体换成非球体的其他形状后，则可以创建如图1-12所示的带有各种开槽特征的模型。

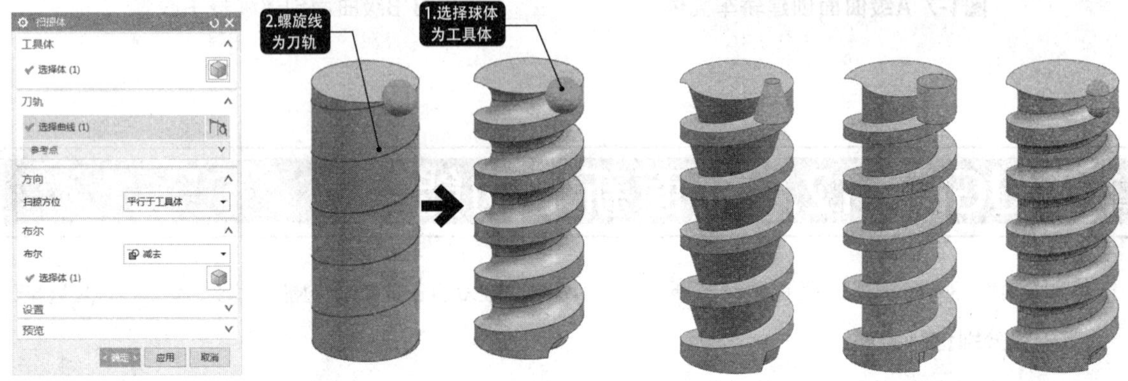

图1-11 扫掠体操作示意　　图1-12 带有各种开槽特征的模型

3. 新增曲面展平功能

曲面展平后是什么形状？一直以来都是曲面设计中的难题，在实际的工作中也只能通过测量曲面面积来进行推算，而其具体的展平形状却很难确定。在UG NX的钣金模块中，虽然提供了“伸直”和“展平图样”等工具，但仅限于同样使用钣金工具创建的模型，而对于曲面模块下创建的各种自由曲面，却无能为力。

而在UG NX 12.0中，新增了“展平和成形”命令，可以将各种曲面沿用户所指定的方向进行展开、拉平，从而得到准确的平面。如图 1-13所示的虾米弯管是一种用铁皮折弯、拼接在一起的外管，在管道作业中非常常见。

图 1-13 虾米弯管

在实际工作中，要计算制作虾米弯管所需的用料，只能通过较复杂的经验公式来进行计算轮廓与面积，然后在板料上进行裁剪，然而这样仍然不能避免材料损失，而在UG NX 12.0中，用户可以直接根据需要创建出虾米弯管的模型，然后使用“展平和成形”命令将其展平，这样便能得到极为准确的平面形状，按此形状在板料上进行裁剪，则可以极大的减少浪费。

选择“曲面”→“编辑曲面”→“更多”→“展平和成形”选项，弹出“展平和成形”对话框，按系统提示选择源面和展平方位，便可以展平曲面，如图1-14所示。

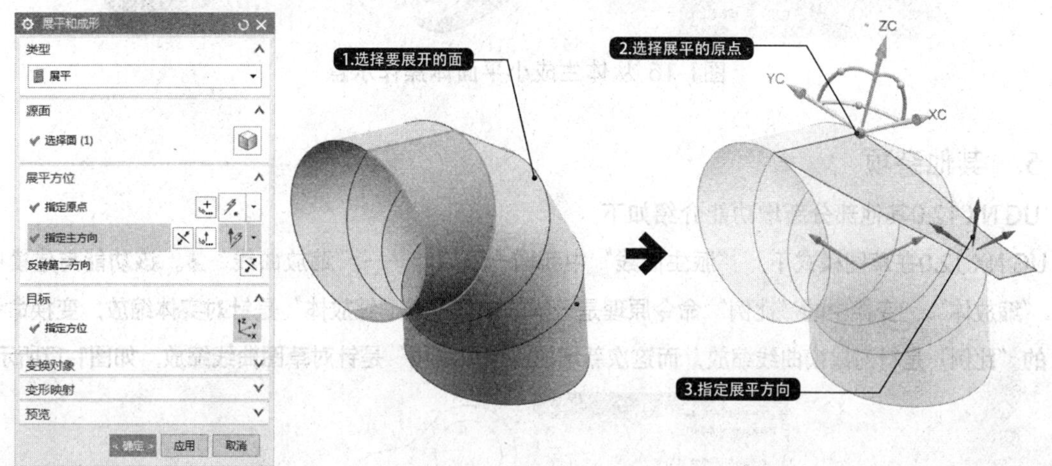

图 1-14 展平与成形操作

最后再配合移动对象等命令，即可得到完整的虾米弯管展开平面，如图 1-15所示。

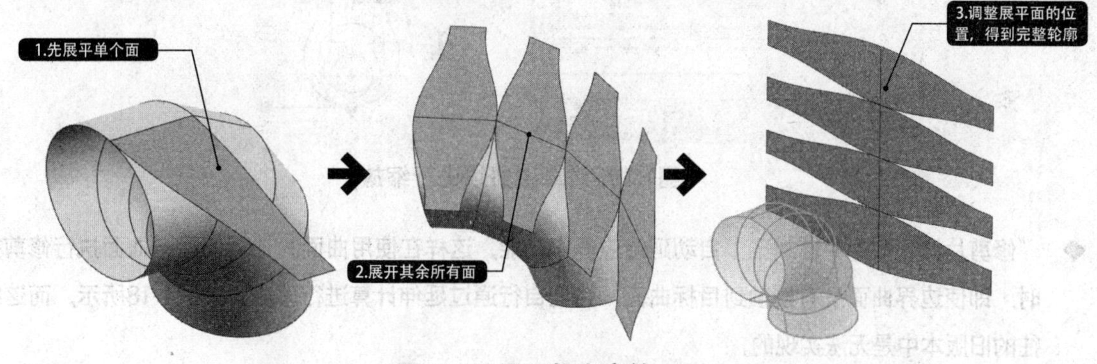

图 1-15 展平虾米弯管

4. 增加从体生成小平面功能

在UG NX 12.0版本的“小平面建模”中，新增加了一个“从体生成小平面体”功能，可以把现有的曲面片体、实体等一键转换成小平面体。

在“菜单”按钮中选择“插入”→“小平面建模”→“从体生成小平面体”选项，弹出“从体生成小平面体”对话框。按系统提示选择要转换的体再单击确定按钮即可，如图1-16所示。

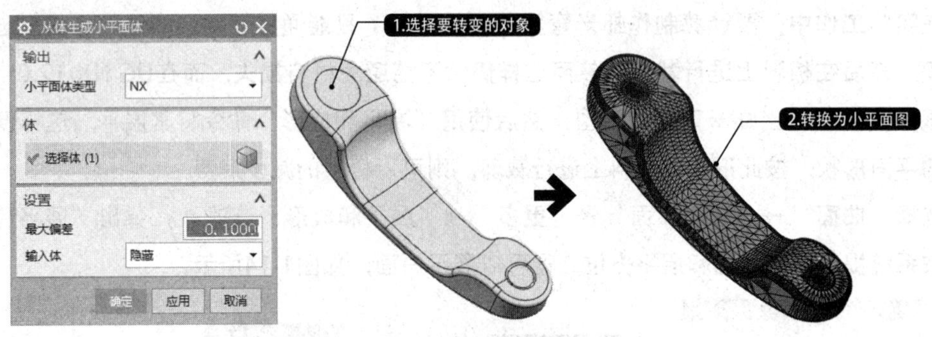

图1-16 从体生成小平面体操作示意

5. 其他杂项

UG NX 12.0其他部分新增功能介绍如下。

◆ UG NX 12.0在草图模式下，“派生曲线”中新增一项功能——“缩放曲线”。该功能与建模中的“缩放体”、变换中的“比例”命令原理是一样的，只不过“缩放体”是针对实体缩放，变换命令中的“比例”是针对建模曲线缩放，而这次新增的“缩放曲线”是针对草图曲线缩放，如图1-17所示。

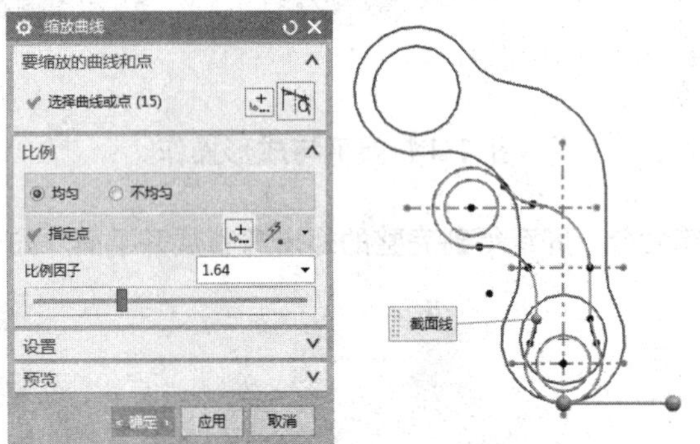

图1-17 对草图曲线进行缩放

◆ “修剪片体”命令中增加了“自动延伸边界”功能，这样在使用曲面为边界对另一曲面执行修剪操作时，即使边界曲面没有接触到目标曲面，也能自行通过延伸计算进行修剪，如图1-18所示，而这在以往的旧版本中是无法实现的。

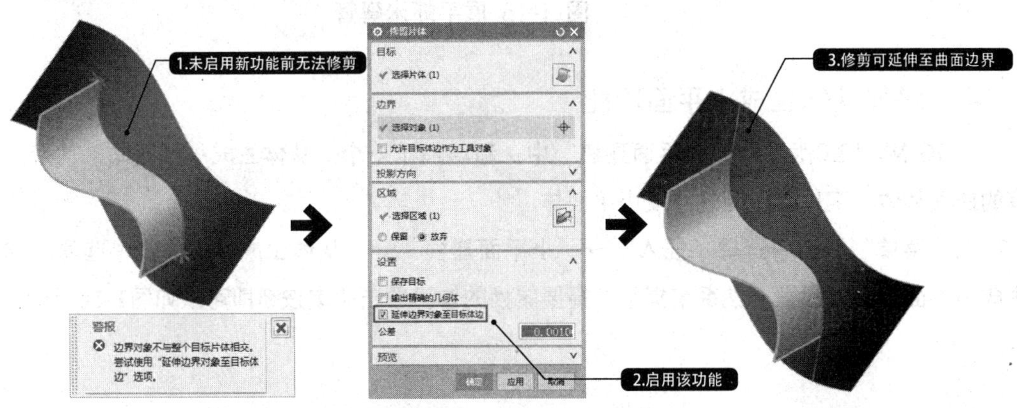

图1-18 修剪曲面新功能-自动延伸边界

◆ UG NX 12.0的创意塑型模块增强，新增加了“拆分体”“合并体”“镜像框架”和“偏置框架”等命令，能更方便地进行创意塑型设计。

◆ UG NX 12.0完美支持4K屏幕。以前的UG版本用在4K屏上图标会变得很小，看不清楚，而UG NX 12.0完美支持4K屏幕，只需在初始面板的“角色”菜单里选择“高清”即可，如图1-19所示。单击启用后，图标会瞬间变大好几倍，即使在4K屏幕中也能保持超清晰的细节。

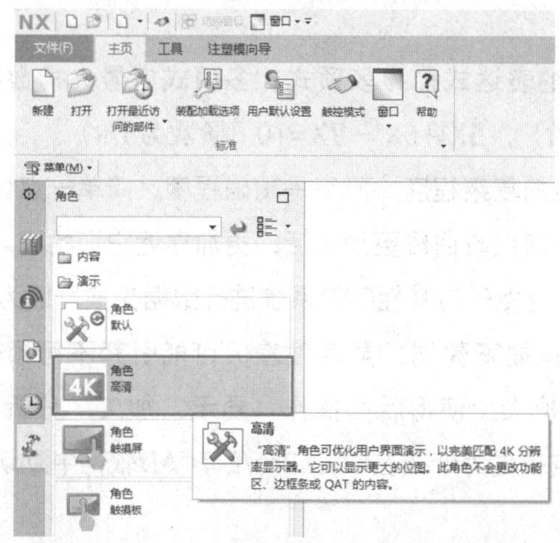

图1-19 “高清”角色可以满足4K屏的需要

1.3 曲面的数学模型

曲面是空间具有两个自由度的点的轨迹，常见的有平面、旋转面和二次曲面。二次曲面指任何N维的超曲面，其定义为多元二次方程的解的轨迹。

1.3.1 曲线-曲面的结构特征

在工程设计时，造型曲线是创建曲面的基础，曲线创建得越平滑，曲率越均匀，则获得曲面的效果将越好。此外，使用不同类型的曲线作为参照，可创建各种样式的曲面效果，例如，使用规则曲线创建规则曲面，而使用不规则曲线将获得不同的自由曲面效果。

1. 曲线的结构特征

曲线可看作是一个点在空间连续运动的轨迹。按点的运动轨迹是否在同一平面，曲线可分为平面曲线和空间曲线；按点的运动有无一定规律，曲线又可分为规则曲线和不规则曲线。

因为曲线是点的集合，所以画出曲线上的一系列点的投影，并将各点的同面投影依次光滑连接，就得到该曲线的投影，这是绘制曲线投影的一般方法。若能画出曲线上一些特殊的点，如最高点、最低点、最左点、最右点、最前点及最后点等，则可更确切地表示曲线。

» 曲线的投影性质

曲线的投影一般仍为曲线，如图1-20所示曲线L，当它向投影面进行投影时，形成一个投射柱面，该柱面与投影平面的交线必为一曲线，故曲线的投影仍为曲线。属于曲线的点，它的投影属于该曲线在同一投影面上的投影。如图1-20所示点D属于曲线L，则它的投影点d必属于曲线的投影；属于曲线某点的切线，它的投影与该曲线在同一投影面的投影仍为相切于切点的投影。

» 曲线的阶次

由不同幂指数变量组成的表达式称为多项式。多项式中最大指数称为多项式的阶次，例如：$6X^3+3X^3-8X=10$（阶次为3阶），$5X^4+6X^3-7X=10$（阶次为4阶）。

曲线的阶次用于判断曲线的复杂程度，而不是精确程度。简单一点说，曲线的阶次越高，曲线就越复杂，计算量就越大。而使用低阶曲线更加灵活，更加靠近它们的极点，使得后续操作（显示、加工、分析等）运行速度更快，也便于与其他CAD系统进行数据交换，因为许多CAD只接受3次曲线。

使用高阶曲线常常会带来如下弊端：灵活性差，可能引起不可预知的曲率波动，造成与其他CAD系统数据交换时的信息掉失，使得后续操作（显示、加工、分析等）运行速度变慢。一般来讲，最好使用低阶多项式，这就是为什么在UG、Pro/E等CAD软件中默认的阶次都为低阶的原因。

» 规则曲线

规则曲线就是按照一定规律分布的曲线特征。规则曲线根据结构分布特点可分为平面规则曲线和空间规则曲线，分别介绍如下。

平面规则曲线：凡曲线上所有的点都属于同一平面，则该曲线称为平面曲线。常见的圆、椭圆、抛物线和双曲线等可以用二次方程描述。平面曲线除具有上节所述的投影性质外，还有下列投影性质：平面曲线所在的平面平行于某一投影面时，则在该投影面的投影，反映曲线的实形，如图1-21所示。当平面曲线所在的平面垂直于某一投影面时，则在该投影面的投影积聚成一条直线；平面曲线上某些奇异点的投影保持原有性质，即曲线的拐点、尖点及两重点投影后仍为曲线投影的拐点、尖点及两重点。此外，抛物线、双曲线、椭圆的投影为椭圆。

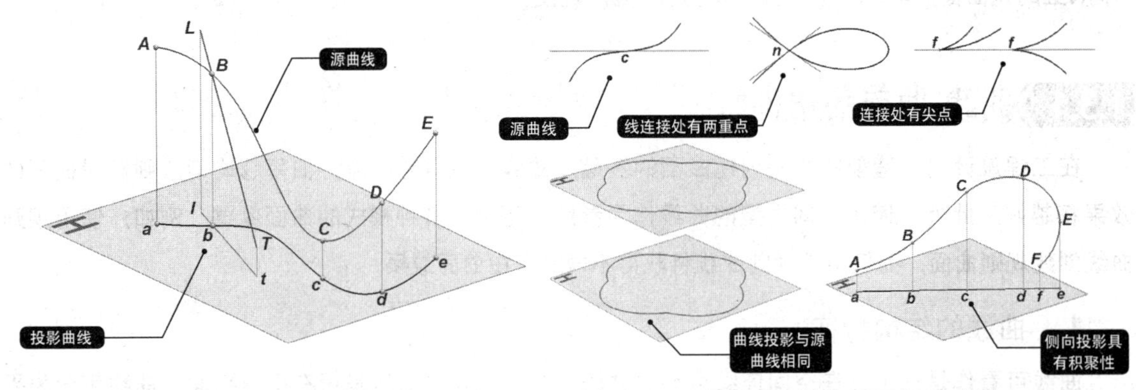

图1-20 曲线投影到指定平面上　　图1-21 创建平面规则曲线

空间规则曲线：凡是曲线上有任意四个连续的点不属于同一平面，则称该曲线为空间规则曲线。常见的空间规则曲线有圆柱螺旋线和球面螺旋线，如图1-22所示。

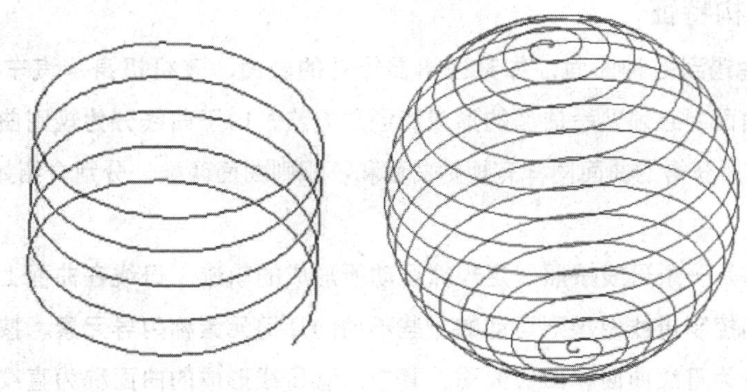

图1-22 圆柱和球面螺旋曲线

不规则曲线又称自由曲线，它指形状比较复杂、不能用二次方程准确描述的曲线。自由曲线广泛用于汽车、飞机、轮船的计算机辅助设计中。其涉及的问题有两个方面：一是对已知自由曲线，通过交互方式加以修改，使其满足设计者的要求；二是由已知的离散点确定曲线。使用平面离散点获得曲线特征，则必须首先通过拟合方式形成光滑的曲线。离散点确定了曲线的大致形状，拟合就是强制曲线沿着这些点绘制出样条曲线。通常情况下，为创建更加光滑的曲线，可将几个曲线段彼此首尾相连拼接，这就要求曲线连接处有连续的一阶和二阶导数，从而保证各曲线段的光滑连接。拟合曲线可以通过下面两种方法获得。

差值拟合：该方法要求构造的曲线依次通过一组离散点（称为型值点）并满足光滑性要求，称作插值样条曲线。在设计的最初阶段，型值点的确定往往是不精确的，需要修改，而插值曲线不能直接通过修改离散点的坐标控制和修改曲线的形状，如图1-23所示。以插值方法构造的自由曲线，一般用于绘图或动画设计。

逼近拟合：要求构造的曲线最逼近所给定的数值点（又称为控制点），称作逼近样条曲线。将控制点用直线段连接起来，称为曲线的控制图（或称为控制多边形），如图1-24所示。包含一组控制点的凸多边形边界称为“凸包”，每个控制点均在凸包之内或凸包边界上，曲线以凸包为界，保证沿控制点平滑前进。凸包提供了曲线与控制点区域间的偏差测量。

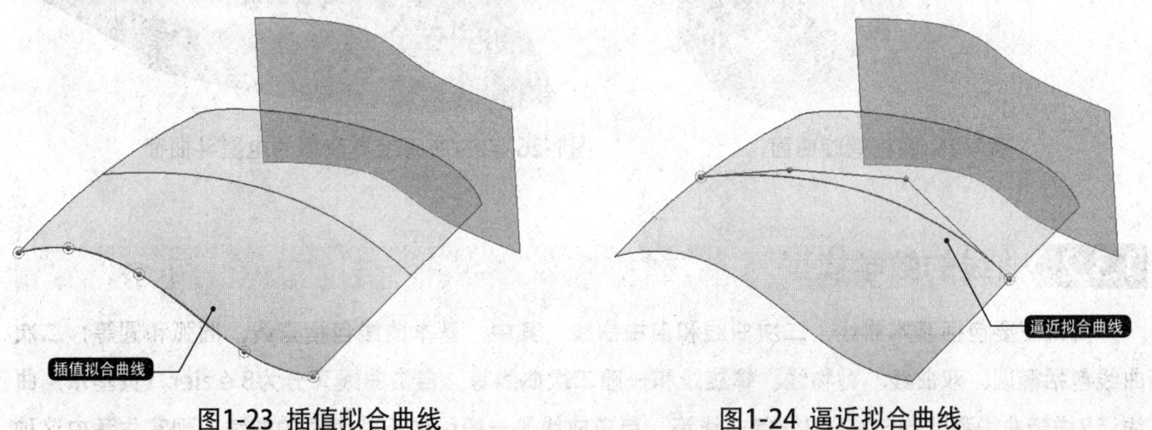

图1-23 插值拟合曲线　　图1-24 逼近拟合曲线

2. 曲面的结构特征

在工程上经常会遇到各种曲面，如某些机器零件的表面、飞机机身、汽车外壳以及船体表面等，为了表示这些曲面，必须熟悉曲面的形成和创建方法。由于曲线分为规则曲线与不规则曲线，则使用这些曲线参照所获得的曲面同样有规则曲面和不规则曲面两类，分别介绍如下。

» 规则曲面

规则曲面可看作是一条母线按照一定规律运动所形成的轨迹，母线在曲面上的任何一个位置统称为曲面的素线，而控制母线做规则运动的一些不动的几何元素称为导元素。按母线的形状不同，常见的规则曲面可分为直纹曲面和曲纹曲面。其中，直母线形成的曲面称为直纹曲面，它又可分为单曲面和扭曲面；由曲母线形成的曲面称为曲纹曲面，它又可分为定线曲面和变线曲面。

既然规则曲面由母线沿导元素运动而成，故表示一个曲面时，必须首先表示该曲面的母线及导元素，这样该曲面的性质就被确定，然后为了清晰起见，还需画出该曲面上的轮廓线及外视转向线。对于复杂的曲面，还需表示出曲面上的某些素线或交线。例如，利用柱状面创建螺旋输送器曲面特征，正螺旋柱状面的两条曲导线皆为圆柱螺旋线，连续运动的直母线始终垂直于圆柱轴线，效果如图1-25所示。

» 不规则曲面

随着现代汽车和飞机制造工业的发展，对自由曲面建模提出了更高的要求，现代研究方法突破了许多运动学理论和工程实践问题，有效解决了不规则曲面的设计难题，使用不同的方法可创建不同的自由曲面。一条自由曲线可以由一系列的曲线段连接而成。类似地，一个自由曲面也可以看作一系列曲面拼合而成，如图1-26所示。

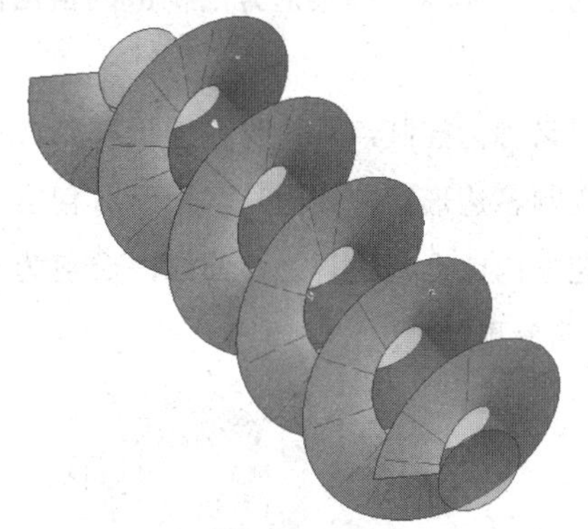

图1-25 圆柱螺旋曲面

图1-26 自由曲面工具获得的电熨斗曲面

1.3.2 曲线的数学模型

曲线主要包括基本曲线、二次曲线和自由曲线。其中，基本曲线包括直线、圆弧和圆等；二次曲线包括椭圆、双曲线、抛物线、螺旋线和一般二次曲线等，自由曲线又分为B é zier（贝塞尔）曲线、B样条曲线和非均匀有理B样条曲线等。自由曲线是一般函数不能表达的曲线。现实生活中这种曲线比比皆是，如汽车发动机的气道等。基本曲线和二次曲线比较简单，不再叙述，下面主要对自由曲线进行简要的介绍。

1. Bézier（贝塞尔）曲线

Bézier曲线的每一段k阶曲线可以表示如下：

$$\mathrm{p_k}(u)=\sum_{i=0}^{k} Q_i C(k,i) u^i (1-u)^{k-i} \quad u\in[0,1] \tag{1-1}$$

其中
$$C(k,i)=\frac{k!}{i!(k-i)!}$$

Bézier曲线是曲线造型中的一个里程碑，它以逼近原理为基础，应用Bézier曲线逼近自由曲线或由设计师勾画的草图，真正起到"辅助设计"的作用。Bézier曲线在CAD/CAM领域发挥了重要的作用。

Bézier曲线也有其缺点。首先，Bézier曲线不具备局部性，即特征多边形的每一个控制点都对曲线的形状产生影响，修改一处就会影响整条曲线的形状，故不能作局部修改；其次，当曲线的形状复杂时，需要增加特征多边形的顶点数，曲线的幂次也随之增高，从而增加了计算量；最后，当曲线的幂次较高时，Bézier曲线的形状与其定义的多边形有较大差异、不够直观，吸收Bézier曲线的优点，去除其缺点，就产生了B样条曲线。

2. B样条曲线

B样条曲线的参数方程表示如下：

$$\mathrm{r(u)}=\sum_{i=0}^{k} Q_i N_{k,i}(u) \tag{1-2}$$

其中 Q_i 是控制点，$N_{k,j}(u)$ 为基函数，k为B样条曲线的阶次。

B样条曲线的基函数可以递推：

$$N_{1,i}(u)=\begin{cases}1 & u_i \le u \le u_{i+1} \\ 0 & \text{其他}\end{cases}$$

$$N_{k,i}(u)=\frac{u-u_i}{u_{i+k-1}-u_i}N_{k-1,i}(u)+\frac{u_{i+k}-u}{u_{i+k}-u_{i+1}}N_{k-1,i+1}(u)$$

其中 u_i 为节点值。若节点值等间隔，则对应均匀B样条曲线，否则为非均匀B样条曲线。三阶B样条曲线的形式为

$$P_i(u)=\frac{1}{6}\begin{bmatrix}u^3 & u^2 & u & 1\end{bmatrix}\begin{bmatrix}-1 & 3 & -3 & 1\\ 3 & -6 & 3 & 0\\ -3 & 0 & 3 & 0\\ 1 & 4 & 1 & 0\end{bmatrix}\begin{bmatrix}Q_i\\ Q_{i+1}\\ Q_{i+2}\\ Q_{i+3}\end{bmatrix} \tag{1-3}$$

均匀B样条曲线的特点是节点等距分布，由于各节点集形成B样条函数相同，故可看作同一条B样条曲线的简单平移。一般情况下，应用均匀B样条方法可获得满意的结果，而且计算效率高，但均匀B样条曲线存在如下问题：1）不能贴切地反映控制顶点的分布特点；2）当型值点分布不均匀时，难以获得理想的插值曲线。对于这两种情况，可借助非均匀B样条曲线以获得良好的效果。此外，在自

由曲线设计中经常会遇到传统的圆锥曲线，但无论是均匀B样条曲线还是非均匀B样条曲线都不能对其进行精确表示。在此这情况下，需要应用均匀有理B样条曲线，即NURBS曲线。NURBS曲线可以用同一的方式表示一条由直线、圆锥曲线和自由曲线构造的复合曲线。

1.3.3 曲面的数学模型

上节介绍了B é zier曲线与B样条曲线的数学模型，则使用这些曲线模型所获得的曲面同样有B é zier曲面与B样条曲面模型，分别介绍如下。

1. B é zier曲面

B é zier曲面的参数表示形式如下：

$$r(u,v)=\sum_{i=0}^{k}\sum_{j=0}^{k}Q_{ij}N_i(u)N_j(v) \quad u\in[0,1] \quad v\in[0,1] \tag{1-4}$$

其中
$$N_i(u)=\frac{k!}{i!(k-i)!}u^i(1-u)^{k-i} \quad N_j(u)=\frac{k!}{j!(k-j)!}u^j(1-u)^{k-j}$$

控制多边形的4个角点落在曲面的4个角点上，其他控制点一般不在曲面上，控制多边形4条边界即定义了曲面的4条边界。三阶B é zier曲面可以表示为如下形式。

$$r(u,v)=UMQM^TV^T \tag{1-5}$$

其中
$$U=\begin{bmatrix}1 & u & u^2 & u^3\end{bmatrix} \qquad F=\begin{bmatrix}1 & v & v^2 & v^3\end{bmatrix}^T$$

$$M=\begin{bmatrix}1 & 0 & 0 & 0\\ -3 & 3 & 0 & 0\\ 3 & -6 & 3 & 0\\ -1 & 3 & -3 & 1\end{bmatrix} \qquad Q=\begin{bmatrix}Q_{00} & Q_{01} & Q_{02} & Q_{03}\\ Q_{10} & Q_{11} & Q_{12} & Q_{13}\\ Q_{20} & Q_{21} & Q_{22} & Q_{23}\\ Q_{30} & Q_{31} & Q_{32} & Q_{33}\end{bmatrix}$$

它表示可以用16个控制点确定三阶B é zier曲面。B é zier曲面与B é zier曲线一样不具有局部修改性。只要修改一处控制点，曲面就发生变化。曲面片之间不具有曲率连续性，如果要达到曲率连续的条件就要对控制点提出要求。为解决这个问题，引入B样条曲面，B样条曲面同B样条曲线一样较好地解决了这个问题。

2. B样条曲面

B样条曲面表示形式如下。

$$r(u,v)=\sum_{i=0}^{k}\sum_{j=0}^{k}Q_{ij}N_{k,i}(u)N_{k,j}(v) \tag{1-6}$$

其中，$N_{k,i}(u)$、$N_{k,i}(v)$ 与B样条曲线的基函数完全相同。三阶B样条曲线的参数表示方式如下：

$$r(u,v)=\sum_{i=0}^{3}\sum_{j=0}^{3}Q_{ij}N_{3,i}(u)N_{3,j}(v) \tag{1-7}$$

它是由16个控制点确定一个曲面片。三阶B样条曲面内部的二阶曲率是连续的。

1.4 曲线-曲面的连续性

在曲面造型过程中，经常需要关注曲线和曲面的连续性问题。曲线的连续性通常是曲线之间的端点连续问题，而曲面的连续性通常是曲面的边界之间的连续问题。曲线和曲面的连续性通常有位置连续、相切连续和曲率连续等类型。其中曲线的连续性设置是直接影响生成曲面质量高低的关建因素之一。

1.4.1 曲线的连续性

曲线的连续性在UG中包括位置连续性（G0）、相切连续性（G1）、曲率连续性（G2）和流连续性（G3）这4种连续性，分别说明如下。

1. 位置连续性（G0）

曲线的位置连续性指新构造的曲线直接连接两个端点。例如，在构造桥曲线1和曲线2的桥接曲线时，指定桥接曲线的连续性为位置连续后，桥接曲线将曲线1和曲线2的两个端点连结起来。构造的曲线不与曲线1、曲线2相切，如图1-27a所示。

2. 相切连续性（G1）

曲线的相切连续性指在位置连续的基础上，新构造的曲线将在曲线1和曲线2的端点处与曲线1和曲线2相切。例如，在构造曲线1和曲线2的桥接曲线时，指定桥接曲线的连续性为相切连续后，桥接曲线在曲线1的端点处与曲线1相切，同样地，桥接曲线在曲线2的端点处与曲线2相切，如图1-27b所示。

3. 曲率连续性（G2）

曲线的曲率连续性指在相切连续的基础上，新构造的曲线在曲线1和曲线2的端点处与曲线1和曲线2的曲率大小和方向相同。例如，在构造曲线1和曲线2的桥接曲线时，指定桥接曲线的连续性为曲率连续后，桥接曲线在曲线1的端点处不仅要与曲线1相切，而且还要与曲线1在端点处的曲率大小和方向相同，同样的，桥接曲线在曲线2的端点处与曲线2相切，且曲率大小和方向也相同，如图1-27c所示。

4. 流连续性（G3）

曲线的流连续性指在曲率连续的基础上，新构造的曲线在曲线1和曲线2的端点处与曲线1和曲线2的曲率变化率连续。例如，在构造曲线1和曲线2的桥接曲线时，指定桥接曲线的连续性为流连续后，桥接曲线在曲线1的端点处不仅要与曲线1的曲率相同，而且还要与曲线1在端点处的曲率变化连续，同样的，桥接曲线在曲线2的端点处与曲线2曲率相同，且曲率变化率也相同，如图1-27d所示。

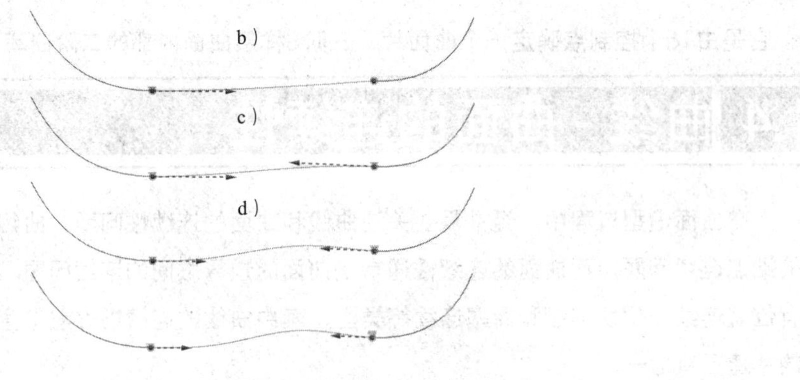

图1-27 曲线的连续性

从上述说明中可知，位置连续性（G0）、相切连续性（G1）、曲率连续性（G2）和流连续性（G3）对曲线的连续性要求依次增高。

1.4.2 曲面的连续性

曲面的连续性一般包括位置连续性（G0）、相切连续性（G1）和曲率连续性（G2），这3种连续性分别说明如下。

1. 位置连续性

曲面的位置连续性指新构造的曲面与相连的曲面直接连接起来即可，不需要在两个曲面的相交线处相切。例如，在采用“通过曲线组曲面”创建曲面时，指定新创建的曲面和连接曲面之间的连续性为位置连续性，则新创建的曲面和相连曲面之间直接连接即可，相交线处不需要相切，如图1-28所示。

2. 相切连续性

曲面的相切连续性指在曲面位置连续的基础上，新创建的曲面与相连曲面在相交线处相切连续，即新创建的曲面在相交线处与相连曲面在相交线处具有相同的法线方向。例如，在采用“通过曲线组曲面”创建曲面时，指定新创建的曲面和连接曲面之间端的连续性为相切连续性，则新创建的曲面和相连曲面在相交线处具有相同的法线方向，如图1-29所示。

3. 曲率连续性

曲面的曲率连续性指在曲面相切连续的基础上，新创建的曲面与相连曲面在相交线处曲率连续。例如，在采用“通过曲线组曲面”创建曲面时，指定新创建的曲面和连接曲面之间端的连续性为曲率连续性，则新创建的曲面和相连曲面在相交线处曲率连续，如图1-30所示。

从上述说明中可知，位置连续性（G0）、相切连续性（G1）和曲率连续性（G2）对曲面的连续性要求也依次增高，关于曲面的连续性分析将在第7章作详细介绍。

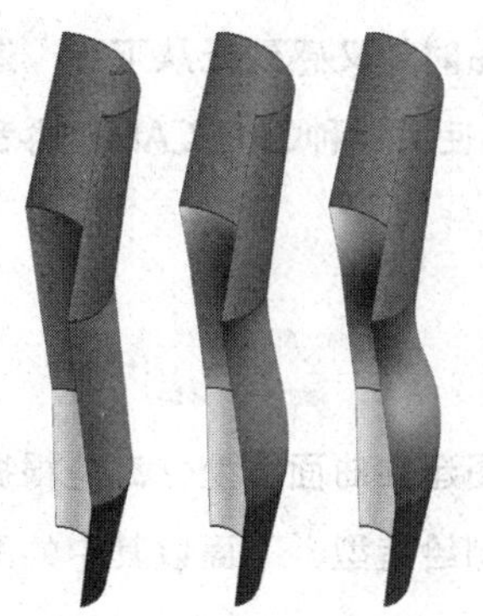

图1-28 位置连续性曲面

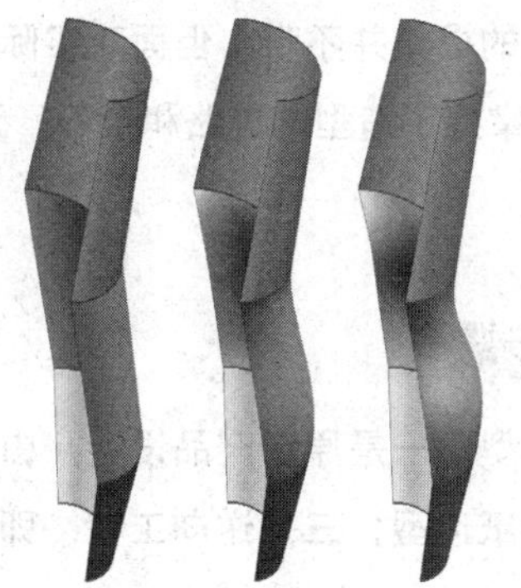

图1-29 相切连续性曲面

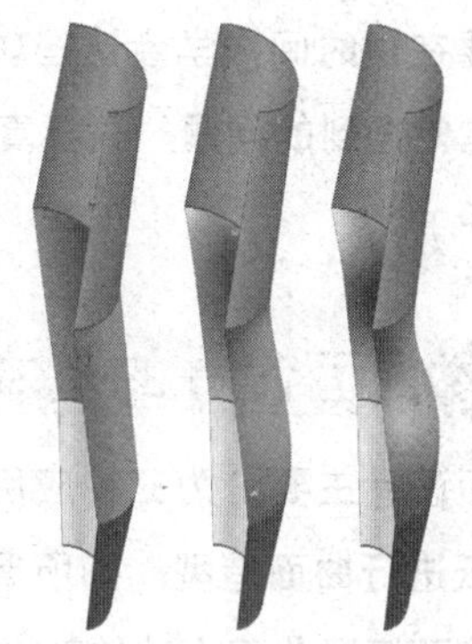

图1-30 曲率连续性曲面

1.5 曲面造型设计思路

在使用CAD/CAM软件进行三维造型设计中会发现，尽管现有的CAD/CAM软件提供了十分强大的曲面造型功能，但对于习惯于实体建模的读者，面对众多造型功能普遍感到无从下手，即使是一些有经验的造型人员，也常常在造型思路或功能使用上存在一些误区，使产品造型的正确性和可靠性打了折扣。为突破这个造型思路或功能上的设计误区，需要尽快掌握曲面设计的一般学习方法和步骤，这样在进行曲面设计的过程中，才能有清晰的设计思路和方法，从而准确、有效地完成设计任务。

1.5.1 曲面造型的学习方法

UG软件有着强大的曲面设计功能，要想在短时间内达到学会使用UG曲面造型的目标，掌握正确的学习方法十分必要。在最短的时间内掌握曲面造型技术应注意以下几点。

1. 学好必要的基础知识

应学习必要的基础知识，包括自由曲线（曲面）的构造原理，这对正确地理解软件功能和造型思路十分重要。不能正确理解也就不能灵活运用UG曲面造型功能，必然给日后的造型工作留下隐患，使学习过程中出现反复。所以，学习和掌握曲线、曲面的一些基本知识是很重要的一个环节。

2. 针对性地学习软件

每个CAD/CAM软件一般都包含多个工程设计模块，初学者往往陷入其中不能自拔。其实在实际工作中能用得上的只占其中很小一部分，完全没有必要求全。因此，需要针对性地学习常用的、关联性的知识，真正领会其基本原理和应用方法，做到融会贯通。

3. 重点学习造型基本思路

造型技术的核心是造型的思路，而不在于软件功能本身。大多数CAD/CAM软件的基本功能大同小异，要在短时间内学会这些功能的操作并不难，但面对实际产品时却又感到无从下手，这是许多自学者常常遇到的问题。只要真正掌握了造型的思路和技巧，无论使用何种CAD/CAM软件都能成为造型高手。

1.5.2 曲面设计的基本步骤

曲面设计主要分为三种应用类型，一是原创产品设计，由草图建立曲面模型；二是根据平面效果或图纸进行曲面造型，即所谓图纸造型；三是逆向工程，即点测绘造型。下面以其中的图纸造型为例，简要概述曲面设计的基本步骤。

1. 造型分析

在对一个产品进行造型设计之前，首先需要熟悉和掌握该产品的各个曲面内容和特点，然后在此基础上确定创建的思路和方法，这是实现整个产品的起步环节，同样也是最重要的一个提纲挈领的一步。同时确定正确的造型思路和方法，这一个阶段也是整个造型前期工作的核心，它决定以下设计过程的操作方法。可以说，在CAD/CAM软件上画第一条线之前，已经在其头脑中完成了整个产品的造型，做到“胸有成竹”。

造型分析阶段主要工作包括：详细分析产品的各个曲面，将产品分解成单个曲面或面组；然后确定每个面组的生成方法，如直纹曲面、拔模曲面或扫描曲面等；确定各曲面之间的连接关系，如相切、自由以及倒角、裁剪等。

2. 造型设计

造型设计是将造型分析的内容通过CAD/CAM软件转化为可视性效果的过程。获取造型的方法有很多，包括根据图纸在CAD/CAM软件中画出必要的二维视图轮廓，并将各视图变换到空间的实际位置。针对各曲面的类型，利用各视图中的轮廓线完成各曲面的造型；然后根据曲面之间的连接关系完成倒角、裁剪等工作，以获得完整的曲面设计效果。

1.5.3 曲面造型设计的基本技巧

在进行产品实体造型设计中，许多产品的外观形状都由自由型曲线、曲面组成，其共同点是必须保证曲面光顺。曲面光顺从直观上可以理解为保证曲面光滑而且圆顺，不会引起视觉上的凹凸感。从理论上指具有二阶几何连续，不存在奇点与多余拐点，曲率变化较小以及应变较小等特点。要保证构造出来的曲面既光顺又能满足一定的精度要求，就必须掌握一定的曲面造型技巧。

1. 化整为零，各个击破

用一张曲面去描述一个复杂的产品外形是不切实际和不可行的，这样构造的曲面往往会不够光顺，产生大的变形。这时可根据应用软件的曲面造型方法，结合产品外形情况，将其划分为多个区域来构造几张曲面，然后将其缝合，或用过渡面与其连接。

UG NX系统中创建的曲面大多是定义在四边形域上，因此在划分区域时，应尽量将各个子域定义在四边形域内，即每个子面都具有四条边，而在某一边退化为点时构成三角形域，这样构造的曲面也不会在该点处产生大的变形。

2. 建立光顺的曲面片控制线

曲面的品质与生成它的曲线及控制曲线有着密切的关系。因此，要保证光顺的曲面，必须有光顺的控制线。要保证曲线的品质主要考虑3点，首先必须满足精度要求，其次是为创建光滑的曲面效果，在创建曲线时，曲率主方向尽可能一致，并且曲线曲率要大于作圆角过渡的半径值。

在建立曲线时，利用投影、插补、光顺等手段生成样条曲线，然后通过其曲率图来调整曲线段的函数次数、曲线段数量、起点及终点结束条件、样条刚度参数值等来交互式地实现曲线的修改，达到使其光顺的效果。有时通过线束或其他方式生成的曲面发生较大的波动，往往是因为构造的样条曲线的U、V参数分布不均或段数参差不齐引起的。这时可通过将这些空间曲线进行参数一致性调整，或生成足够数目的曲线上的点，再通过这些点重新拟合曲线。

在曲面片之间实现光滑连接时，首先要保证各连接片间具有公共边，更重要的一点是要保证各曲面片的控制线连接要光滑，这是保证曲面片连接光顺的必要条件。此时，可通过修改控制线的起点、终点约束条件，使其曲率或切向矢量在接点保持一致。

3. 将轮廓线“删繁就简”再构造曲面

产品造型曲面轮廓往往是已经修剪过的，如果直接利用这些轮廓线来构造曲面，常常难以保证曲面的光顺性，所以造型时在满足零件几何特点的前提下，可利用延伸、投影等方法将三维轮廓线还原为二维轮廓线，并去掉细节部分，然后构造出“原始”曲面，再利用面的修剪方法获得曲面外轮廓。

4. 从模具的角度考虑

产品三维造型的最终目的是制造模具。大多产品的零件由模具生产出来，因此在三维造型时，要从模具的角度去考虑。在确定产品拔模方向后，应检查曲面能否出模，是否有倒扣现象（即拔模角为负），如发现有倒扣现象，应对曲面的控制线进行修改，重构曲面。这一点往往被忽视，但却是非常重要的。

5. 曲面光顺评估

在构造曲面时，要检查所建曲面的状态，注意检查曲面是否光顺、是否扭曲及曲率变化情况等，以便及时修改。检查曲面光顺的方法可将构成的曲面进行渲染处理，即通过透视、透明度和多重光源等处理手段，产生高清晰度的逼真性和观察性良好的彩色图像，再根据处理后的图像光亮度的分布规律来判断出曲面的光顺度。图像的明暗度变化比较均匀，则曲面光顺度好；如果图像在某区域的敏感度与其他区域相比变化较大，则曲面光顺度差。

另外，可显示曲面上的等高斯曲率线，进而显示高斯曲率的彩色光栅图像，从等高斯曲率线的形状与分布、彩色光栅图像的明暗区域及变化，可直观地了解曲面的光顺情况。

1.6 UG 曲面设计方法和特点

UG NX 12中提供了多种曲面设计方法，各有其特点。

1.6.1 UG自由曲面功能介绍

1. UG CAD模块建模方法

UG软件的CAD（计算机辅助设计）技术作为先进生产力的推动者，极大地改变了产品造型设计的模式，促进了工业造型设计高速发展。工业造型设计已经由传统的手工绘图设计、二维图形设计逐渐转为利用计算机进行三维CAD造型设计。

三维CAD造型技术也称建模技术，它是UG技术的核心。UG软件在建模技术上的发展和应用，代表了CAD软件技术的先进水平，它的发展经历了线框建模、实体建模、特征建模和曲面建模。在设计过程中有更多的灵活性，允许参数按需添加，不必强制模型全部约束，在设计过程中有完全的自由度，设计改变可以很方便地进行，允许传统的产品设计过程按需有效地与基于特征的建模组合。

» 实体建模

使用UG NX实体建模功能，能够方便地建立二维和三维线框模型、扫描和旋转实体，包括参数化的草图绘制工具，并且可进行必要的布尔运算和参数化编辑。图1-31所示为在基本实体中回转切割创建的螺栓实体模型。

» 特征建模

特征建模设计可以以工程特征术语定义，而不是低水平的CAD几何体。特征被参数化定义为基于尺寸和位置的尺寸驱动编辑。为了基于尺寸和位置的尺寸驱动编辑参数化地定义特征，已经存储在一共同目录中的用户定义特征也可以添加到设计模型上，特征可以相对于任一个其他特征或对象定位，也可以被引用阵列复制，以建立特征的相关集，或是个别地定位，或是一个简单图案和阵列中定位。图1-32所示为使用多种特征工具创建的齿轮泵外壳实体模型。

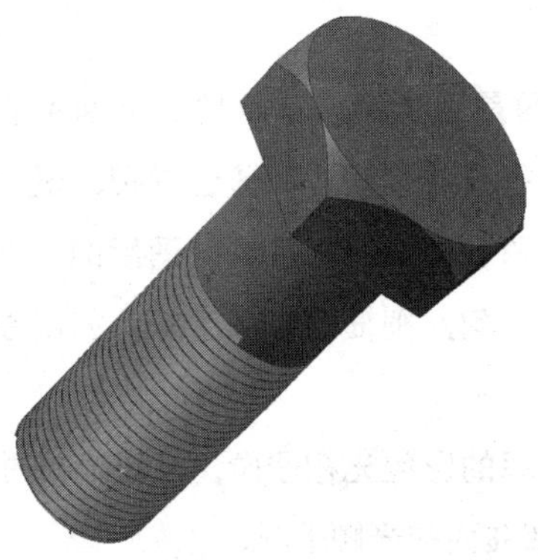

图1-31 螺栓实体模型

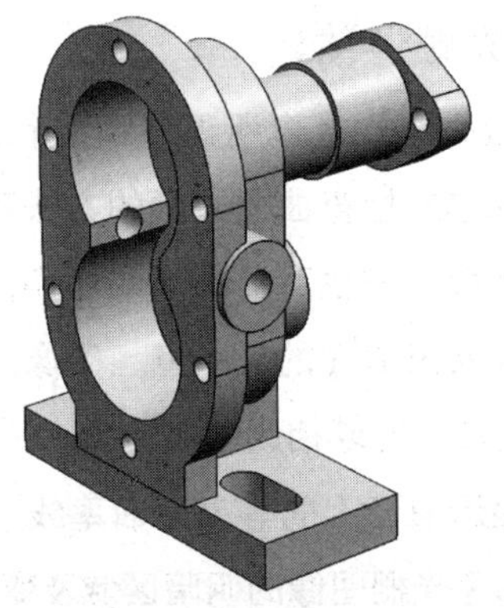

图1-32 齿轮泵外壳模型

» 自由曲面建模

自由曲面建模完全与实体建模集成，并允许自由形状独立建立之后作用到实体设计。许多自由形状建模操作可以直接产生或修改实体，并且和实体一样与对应几何体相关，允许重访早期设计决策及自动更新下游工作。图1-33所示的剃须刀外壳实体模型外表面是用直纹、网格曲面创建基本曲面特征，并利用缝合、修剪片体和偏置等工具进行曲面编辑，从而获得的完整的曲面设计效果。

图1-33 剃须刀外壳实体模型

2. UG NX曲面在工业设计中的作用

无论从审美观点还是实用方面，曲面都是现代产品工业设计中不可或缺的组成要素。曲面设计方法不仅是工业设计人员所必须掌握的，也正在成为更广大的工程技术人员的必修内容。在工业设计中，强大的三维软件UG、Pro/E等是创建此类曲面的主要途径，使不同的产品能够更快速准确地解决自由曲面造型的问题，大大缩短了整个设计开发或变更的周期，而且能够准确地、迅速地体现设计者的意图。

自由形状特征是UG NX CAD模块的重要组成部分，也是体现CAD/CAM软件建模能力的重要标志。只使用特征建模方法就能够完成设计的产品是有限的，绝大多数实际产品的设计都离不开自由形状特征。UG NX曲面在工业设计中的作用介绍如下。

» 曲面建模

现代产品的设计主要包括设计与仿形两大类。无论采用哪种方法，一般的设计过程是：根据产品的造型效果（或三维真实模型）进行曲面数据采样、曲线拟合、曲面构造，生成计算机三维实体模型，最后进行编辑和修改等。而对于标准特征建模方法所无法创建的复杂形状，它既能生成曲面（在UG中称为片体，即为零厚度的实体），也能生成实体，可采用自由形状特征工具创建。

构建简单自由曲面：根据产品外形要求，首先建立用于构造曲面的边界曲线，或者根据实样测量的数据点生成曲线，使用UG提供的各种曲面构造方法构造曲面。一般来讲，对于简单的曲面，可以一次完成建模，即使是相对复杂的规则几何曲面，也可通过拉伸、旋转、扫描、扫掠及网格曲面等多步操作获得。图1-34所示的实体建模由网格曲面工具获得。

构建复杂自由曲面：实际产品的形状往往比较复杂，通常情况下都难以一次完成。对于复杂的曲面，首先应该采用曲线构造方法生成主要或大面积的片体，然后进行曲面的过渡连接、光顺处理、曲面的编辑等来完成整体造型。图1-35所示创建的吉普汽车外壳模型，不仅需要创建曲面，还需要对曲面连接部位进行必要的光滑连接和过渡处理。

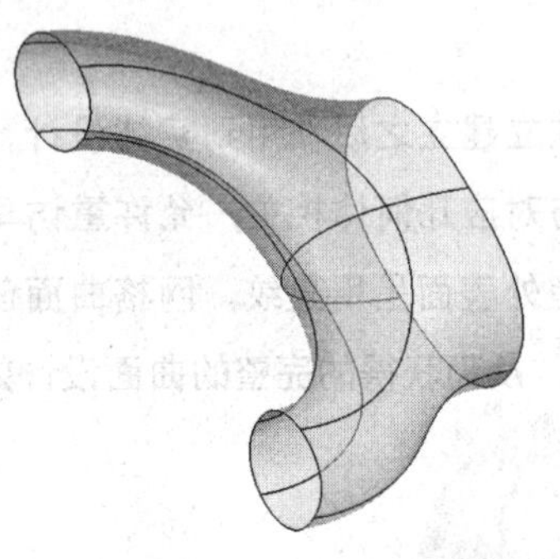

图1-34 实体建模

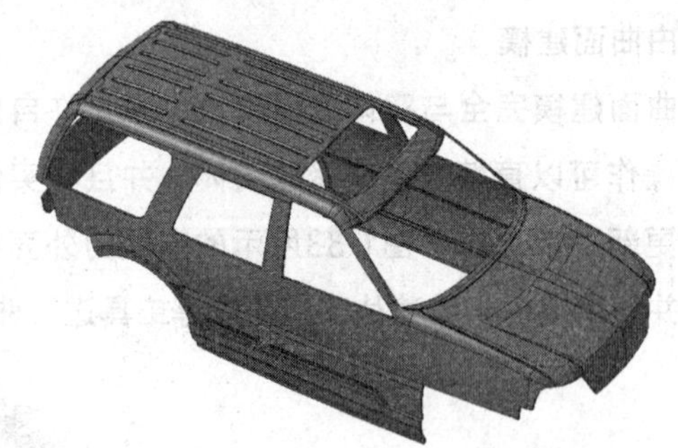

图1-35 吉普汽车外壳模型

提 示

UG自由形状特征的构造方法繁多，体基于面，面依靠线，用好曲面的基础是曲线的构造。在构造曲线时，应该尽可能仔细精确，避免缺陷，如曲线重叠、交叉、端点等，否则会造成构建曲面不成功、后续加工困难等一系列问题。

» 编辑曲面

几乎所有的设计工作都离不开修改和完善，精确和高效地更新设计模型是使用CAD技术的主要优点之一。大多数自由形状特征是参数化特征，通过编辑特征参数，或者改变生成片体/实体的原始几何体，可以非常方便地参数化编辑自由形状的特征，同时还可以使用其他非参数编辑方法。

编辑这些曲面特征也是曲面设计的主要内容。创建的曲面可进行复制、镜像、阵列、偏置和修剪等多种编辑操作。总之，曲面设计在整个建模设计中既是最灵活的，也是最复杂的建模方法。

参数化编辑方法“在自由曲面建模过程中，可使用“编辑特征”工具栏中的工具辅助进行现有曲面参数化编辑操作，即特征编辑后，片体/实体与构造体的原始曲线（或边、面等）相关联。图1-36所示为使用“可回滚编辑”工具对之前创建的艺术样条进行编辑。

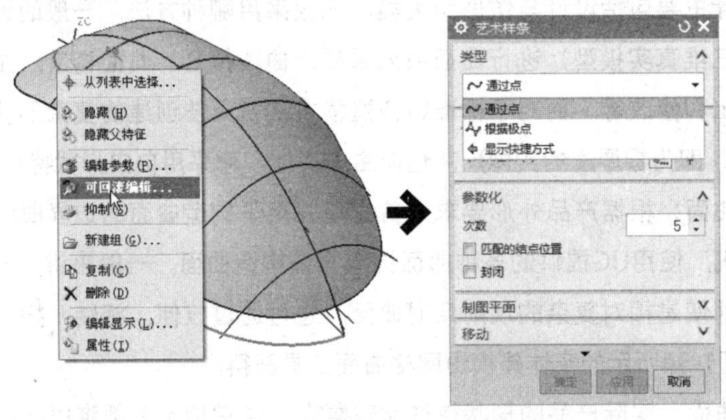

图1-36 艺术样条的回滚编辑

非参数化编辑方法”UG NX的强大曲面造型功能不仅体现在参数化编辑方面，更为重要的是UG NX具有3ds Max、Rhino等非参数化3D软件的某些编辑功能，可在“曲面”“曲线”“自由曲面”功能区中使用编辑工具辅助构建曲线框架或连接曲面。

此外，UG还可以使用专门的曲面编辑工具进行参数化和非参数化边界，即在“曲面操作”选项卡中选择工具进行曲面编辑，这些编辑方法大多是非参数化的编辑方法（除了“法向方向”工具）。进行特征编辑后将导致参数丢失，即特征编辑后，片体/实体与构造体的原始曲线（或边、面等）不相关。图1-37所示为使用“偏置曲面”工具进行曲面扩大编辑操作。

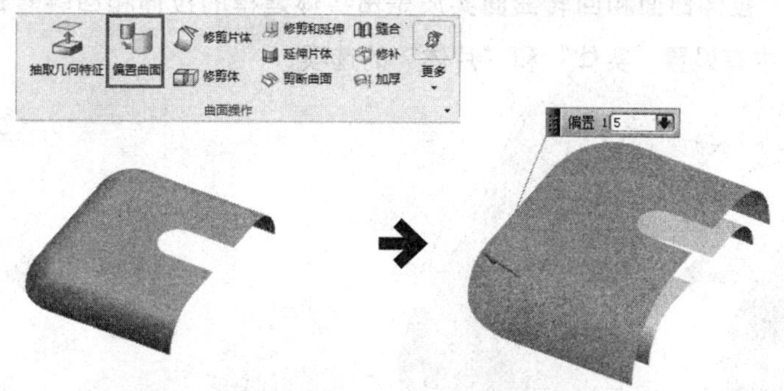

图1-37使用“偏置曲面”工具扩大曲面

» 曲面分析

曲面分析是用于分析曲面的变形、波动和缺陷等情况，并使用各种色彩直观地显示分析结果，也可以使用表面反射功能分析环境在曲面上的反射效果。曲面分析还可以获得诸如高斯半径、斜率等一系列数据分析结果，并且还可对分析显示结果进行动态地旋转和缩放。图1-38所示为对轿车外壳曲面的反射分析。曲面分析的详细方法将在第7章中介绍。

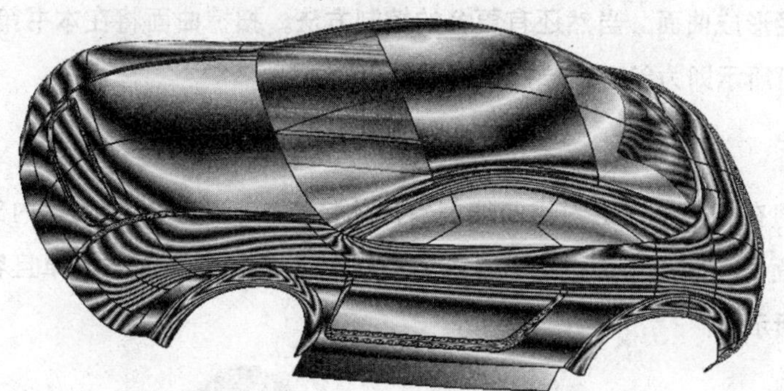

图1-38 轿车外壳曲面反射分析

1.6.2 UG曲面造型方法

UG NX以其混合建模、自由曲面建模、数控编程等特点闻名于CAD/CAM界。其曲面造型集中在CAD模块中，并且与实体建模和特征建模完全集成。UG曲面建模整合在实体建模和特征建模的基础上，使其曲面造型功能非常强大。UG常用的曲面造型方法简要介绍如下。

1. 拉伸曲面

拉伸曲面指一条直线或者曲线沿其垂直于绘图平面的一个或相对应的两个方向所创建的曲面特征，如图1-39所示。拉伸曲面实质是扫掠曲面的一种特殊情况，即扫掠引导线为直线。在曲面造型中经常用于创建模型中的切割面，由于不需要创建引导线，所以运用非常频繁。

2. 回转曲面

回转曲面指一条直线或曲线绕一个中心轴线按照特定的角度旋转所创建的曲面特征，如图1-40所示。在UG软件中，拉伸曲面和回转曲面实质是由实体建模的拉伸和回转转化而来，所以在“拉伸”和“回转”工具中有设置“实体”和“片体”的选项。

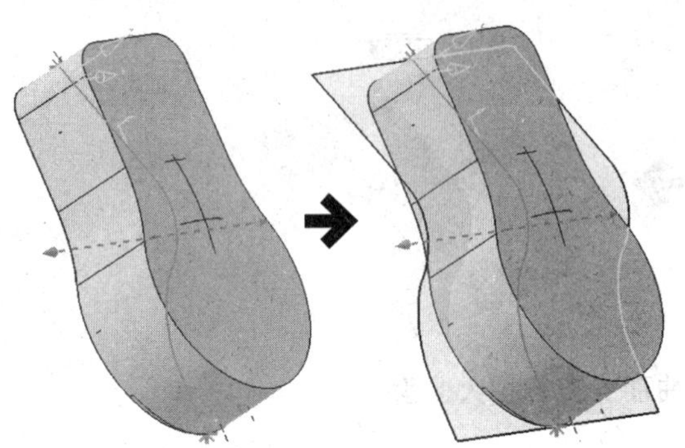

图1-39 拉伸创建曲面

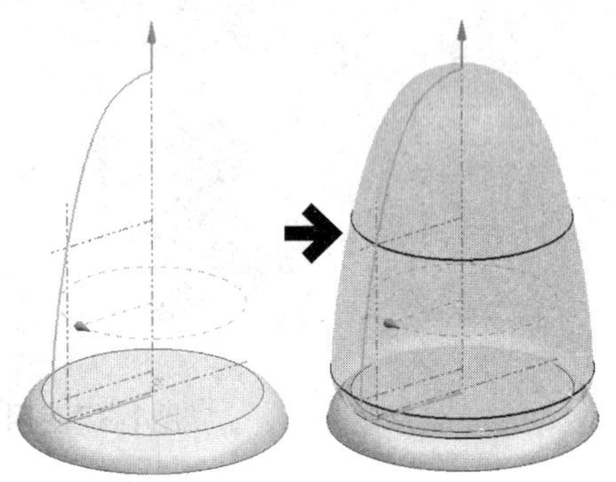

图1-40 回转创建曲面

3. 扫掠曲面

扫掠曲面是指一条直线或曲线沿某一曲线或曲面路径创建的曲面特征。该类型曲面的控制方法比较多，不仅可以利用一条直线或曲线沿某一直线或曲线路径形成曲面，而且可以利用一条直线或曲线沿多条曲线路径形成曲面，当然还有更多的控制方法。扫掠曲面将在本书第3章作详细介绍，这里不再叙述。图1-41所示即为创建简单扫掠曲面。

4. 有界平面

有界平面是指将在一个平面上封闭曲线创建片体特征，所选取的曲线其内部不能相互交叉，且曲线必须在一个平面上。有界平面能够创建参数化的特定形状的平面，简单且容易操作，使用也颇为频繁，如图1-42所示。

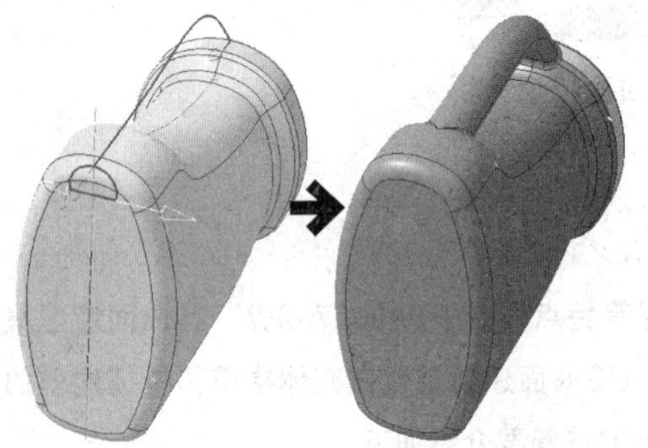

图1-41 扫掠创建曲面

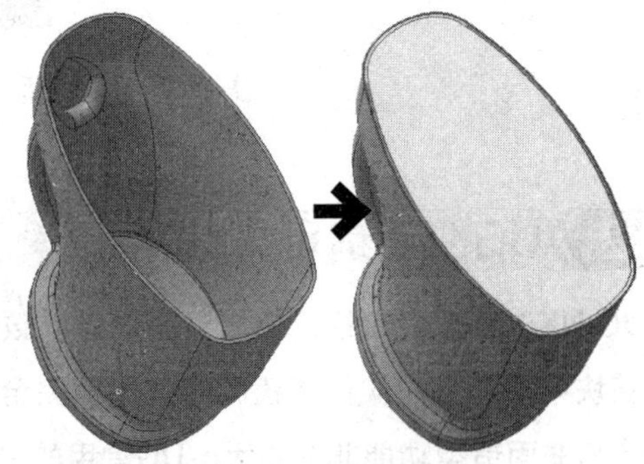

图1-42 有界创建平面

5. 直纹面

直纹面指通过空间的两条截面曲线串创建的曲面特征，如图1-43所示。其中通过的曲线轮廓就称为截面线串，所创建的曲面只具有位置连续性，所以一般用于模型的大块曲面或分割面，不适合用于连接光滑的曲面。

6. 通过曲线组

通过曲线组指通过空间的一系列截面线串（大致在同一方向）创建曲面，如图1-44所示。通过曲线组创建曲面与直纹面的创建方法相似，区别在于：直纹面只使用两条截面线串，并且两条线串之间总是相连的，而通过曲线组最多可允许使用150条截面线串。通过曲线组创建的曲面可以具有相切连续性，可以用于连接比较光滑的曲面。

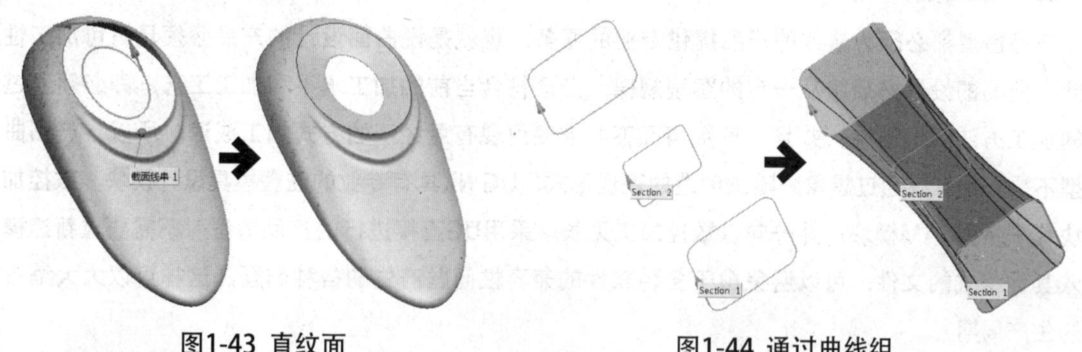

图1-43 直纹面　　图1-44 通过曲线组

7. 通过曲线网格

通过曲线网格指使用一系列在两个方向上的截面线串创建曲面，如图1-45所示。通过曲线网格是UG软件中功能最强的曲面造型功能，几乎所有的曲面都可以通过曲线网格形成，而且通过曲线网格形成的曲面具有相切连续性和曲率连续性，非常适合创建产品的外观。通过创建正确的网格，选择正确的主曲线和交叉曲线，以及选择对应曲线的相切面，可以创建光顺度很高的曲面。

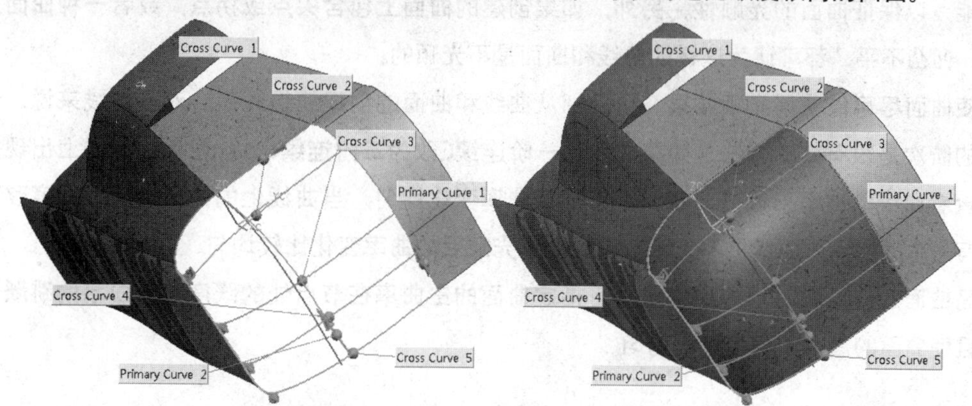

图1-45 通过曲线网格创建曲面

1.6.3 UG曲面造型的特点

与线框特征、实体特征以及3D动画软件制作（3ds Max等软件）相比，以及与参数化建模著称的Pro/E软件相比，UG曲面模块具有其他软件无法媲美的优点，分别介绍如下。

1. 灵活性

UG NX 可以进行混合建模，需要时可以进行全参数设计，而且在设计过程中不需要定义和参数化新曲线，可以直接利用实体边缘。可使用草图工具进行全参数化草图设计；曲线工具虽然参数化功能不如草图工具，但用来构建线框图更为方便；实体工具完全整合基于约束的特征建模和显示几何建模的特性，因此可以自由使用各种特征实体、线框创建等功能；自由曲面建模工具更是在融合了实体建模和特征建模基础上的超强设计工具，能够设计出工业造型设计产品的复杂曲面外形。

2. 加工性

产品造型都必须为最终的产品提供专业的服务，也就是说曲面设计的产品必须具有可加工性。因此，曲面的设计必须服从一定的客观规律，必须符合当前的加工水平和加工工艺，即必须通过一定的加工方法制造出来。并且大多数情况下要求使用现有最经济的方式加工成形。所以，产品曲面造型不是一种可以通过想象力随意创造的表现形式。UG NX具有专业的注塑模具设计模块、数控加工模块等一系列CAM模块，并一向以数控加工见长。采用UG直接进行的产品造型，不需要重新建模或导入其他格式的文件，可以避免由于各种软件的兼容性问题产生的各种问题，这样可以大大缩短产品的生产周期。

3. 光顺性

一般的工业产品往往追求表面的光顺（如汽车、手机等），依靠一张曲面几乎是不可能获得产品的整体结构。因此，产品的设计往往是通过多张曲面拼合而成的。如果两张拼合的面之间不能保证两次相切，那么加工出来的产品必然产生折线，而在电脑的屏幕上，这些缺陷、这样细微的折线是无法表现出来的。为避免这种情况的发生，三维造型软件通常提供对创建或编辑后的曲面进行分析的功能，以保证曲面的光顺性。另外，如果创建的曲面上包含尖点或拐点，或者一种曲面上有很多皱纹、凹凸不平，都可认为这样的曲线和曲面是不光顺的。

要使曲面尽可能获得光顺效果，可分别从曲线和曲面的创建编辑入手。对于曲线来说，通过提高曲线的阶次是很有效的方法，如将曲线的一阶连续C改为二阶连续C2；避免在曲线上出现拐点，可通过查看曲线的曲率来调整曲线；尽可能使曲率变化均匀，当曲线上的曲率出现大幅度改变时，尽管没有多余的拐点，曲线仍不光顺，因此要求光顺后的曲率变化比较均匀。

提高曲面的连续性有很多种方法，可指定曲面的主曲率在节点处的跃度（即曲率的跳跃）足够小，并且使曲面的高斯曲率尽可能均匀。

第2章

创建和编辑曲线

学习目标：

- 创建基本曲线
- 高级曲线操作
- 编辑曲线
- 案例实战——创建电锤手柄曲面
- 案例实战——创建弯头管道曲面
- 案例实战——创建手机上壳曲面点

在所有3D软件中，创建和编辑曲线是最重要、最基础的操作，不管多简单的实体模型，还是复杂多变的曲面造型，一般都是从创建曲线开始的，只有成功的曲线才能创建出各类靓丽的CAD曲面模型。在工业产品设计过程中，由于大多数曲线属于非参数性曲线类型，在创建过程中具有较大的随意性和不确定性，因此在利用曲线创建曲面时，一次性创建出符合设计要求的曲线特征比较困难，中间还需要通过各种编辑曲线特征的工具进行编辑操作，这样才能创建出符合设计要求的曲线。

本章主要介绍UG NX 12.0曲线的构造和编辑方法。主要包括直线、圆弧、圆、矩形、多边形、样条曲线、二次曲线、螺旋线和文本曲线等的绘制；截面曲线、偏置曲线、投影曲线、镜像曲线、桥接曲线和连结曲线等一系列曲线操作，以及对创建的各类曲线进行编辑的方法。

2.1 绘制基本曲线

不管是简单的实体模型，还是复杂多变的曲面造型，一般都是从绘制曲线开始的。

2.1.1 点和点集

点是构造图形的最小几何元素，它不仅可以按照一定的次序和规律来创建直线、圆和圆弧等基本图元，还可以通过大量的点云集来创建面和点集等特征。

1. 点

在UG NX中，点可以建立在任何位置，许多操作功能都需要通过定义点的位置来实现。绘制点主要用来创建通过两点的直线，以及通过矩形阵列的点或定义曲面的极点来直接创建曲面。选择“曲线”→“点”选项＋，弹出“点”对话框，如图2-1所示。

该对话框中提供了3种点的创建方法：直接输入点的坐标值来确定点、选择点的类型创建点以及利用偏置方式来指定一个相对于参考点的偏移点。这里介绍两种常用的创建点的方法。

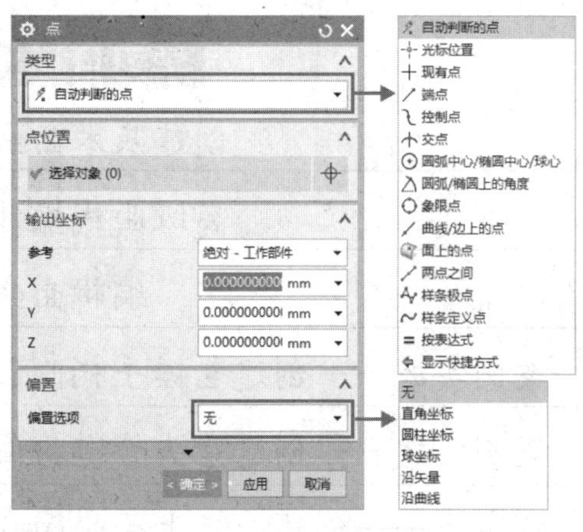

图2-1 “点”对话框

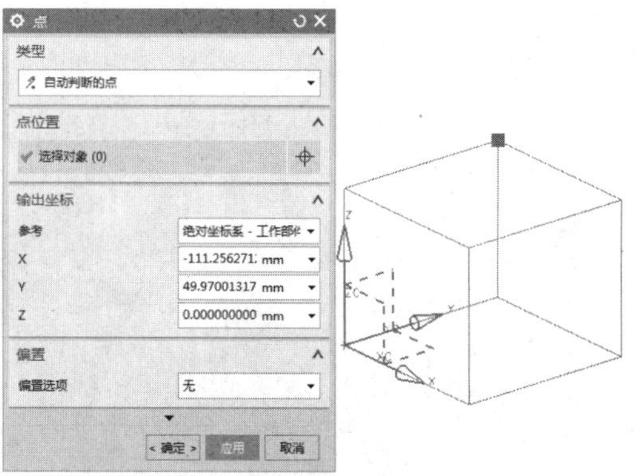

图2-2 利用绝对坐标系创建点

» 直接输入点的坐标值创建点

“点”对话框中的“输出坐标”选项组用于设置点在*X*、*Y*、*Z*方向上相对于坐标原点的位置。可在*X*、*Y*、*Z*坐标文本框中直接输入点的坐标值，设置后系统会自动完成点的定位与创建。此外，如果用户定义了偏置方式，此选项的文本框标识也会随着改变，如图2-2所示。

» 选择点的类型创建点

该方式是通过选择点捕捉的方式来自动创建一个新点。例如，要创建圆柱顶面圆心上的一点，可以在“类型”下拉列表中选择“圆弧中心/椭圆中心/球心”选项，然后选择圆柱顶面的圆，此时系统会自动创建出圆心，如图2-3所示。

图2-3 选择点类型创建点

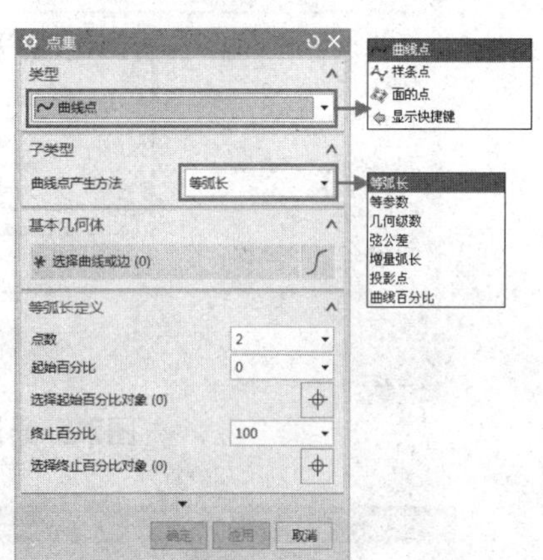

图2-4 “点集”对话框

2. 点集

点集是通过已经存在的已知曲线创建一组点，它可以是曲线上现有点的复制，也可以通过已知曲线的某种属性来创建其他的点集。选择“曲线”→“点集”选项，弹出“点集”对话框，如图2-4所示。此时可在“类型”下拉列表中选择下面3种创建点集的方式。

» 曲线点

曲线点主要用于在曲线上创建点集。选择“曲线点”选项，则该对话框中的“曲线点产生方法”下拉列表中有7种创建点集的方法。本书以“等弧长”为例介绍此类型点集的创建方法。

通过“等弧长”方法创建点集是在点集的起始点和终止点之间按照等弧长来创建指定点数的点集。首先需要选择要创建点集的曲线，并确定点集的点数，然后输入起始点和结束点在曲线上的位置（即占曲线长的百分比，如起始点输入0，终止点输入100，表示起始点就是曲线的起点，终止点就是曲线的终点），如图2-5所示。

» 样条点

该类型是通过已知样条线的定义点、终止或样条的控制点来创建点集。定义点指绘制样条线时所需要定义的点，结点指连续样条的端点，它主要针对多段样条；样条的控制点取决于样条线是由多少点形成的，拖动样条线的控制点，可以改变控制点的位置，从而改变样条线的形状。本书以“定义点”为例介绍此类型点集的创建方法。

“定义点”方式是利用绘制样条曲线时的定义点来创建点集。其操作方法是：当绘制样条曲线时，预先输入一些点绘制曲线，然后在创建点集时把原来的点调出来使用，如图2-6所示。

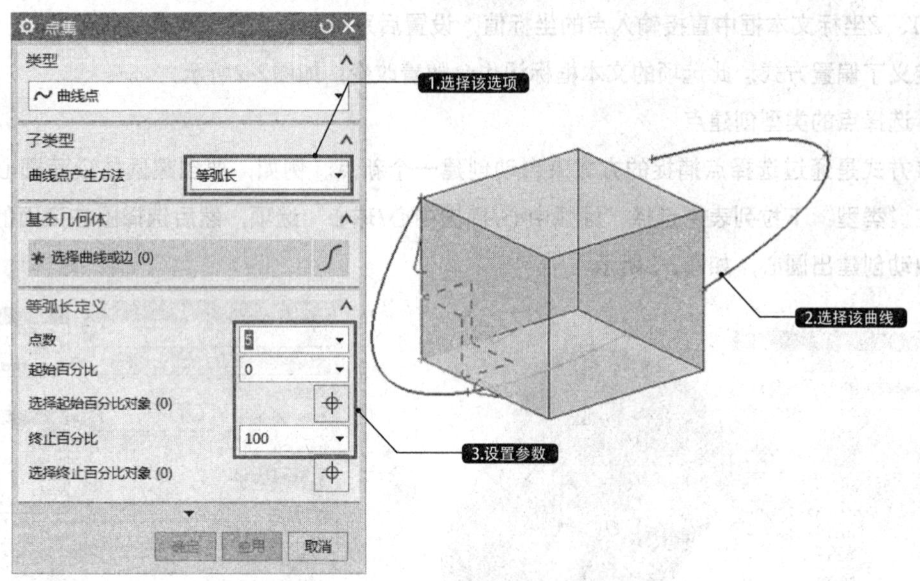

图2-5 通过“等弧长”创建点集

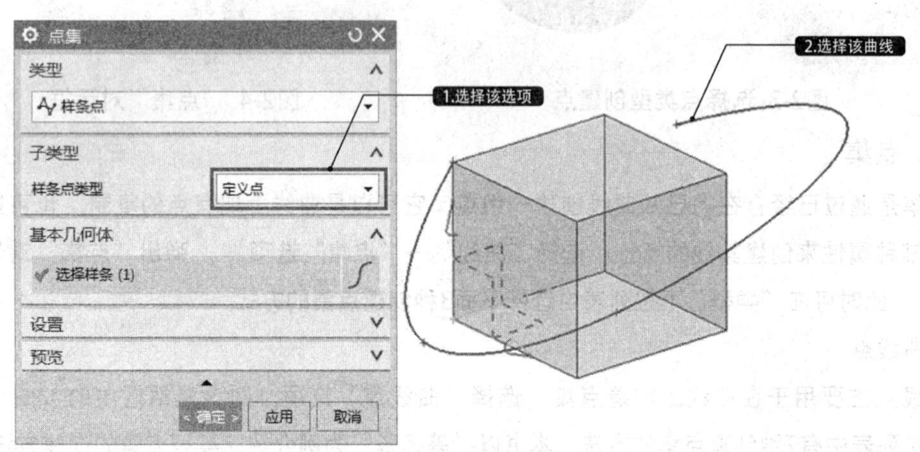

图2-6 通过“定义点”创建点集

» 面的点

该类型是通过现有曲面上的点或该曲面的控制点来创建点集。其中，曲面包括平面、一般曲面、B-曲面以及其他类型的自由曲面等。选择该选项，该对话框中的“面点产生方法”下拉列表中将会出现“模式”“面百分比”和“B曲面极点”3种创建点集的方法。本书以“面百分比”为例介绍此类型点集的创建方法。

“面百分比”方法是以曲面上表面的参数百分比的形式来限制点集的分布范围。选择该选项，然后选择曲面，并在（U、V方向上的百分比）文本框中分别输入相应数值来设定点集相对于定义表面U、V方向的分布范围，如图2-7所示。

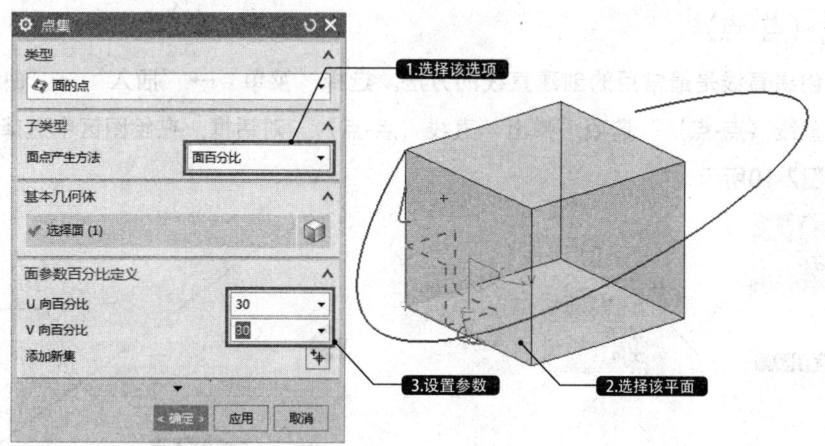

图2-7 通过“面百分比”创建点

2.1.2 直线

在UG NX中，直线是通过空间的两点产生的一条线段。直线作为组成平面图形或截面的最小图元，在空间中无处不在。例如，在两个平面相交时可以产生一条直线，通过棱角实体模型的边线也可以产生一条边线直线。直线在空间中的位置由它经过的点以及它的一个方向向量来确定。在UG NX软件中，可以通过以下3种方法创建直线。

◆ 在草图环境中创建直线。

◆ 选择“曲线”→“曲线”→“直线”选项，或选择“菜单”→“插入”→“曲线”→“直线”选项，弹出如图2-8所示的“直线”对话框，通过指定直线的起点和终点来创建直线。

◆ 选择“菜单”→“插入”→“曲线”→“直线和圆弧”选项，在子菜单中包含了多种“直线”命令，如图2-9所示。

前两种创建方法相对比较简单，只需指定直线的起点和终点即可绘制直线，也只能绘制一般位置的直线；第3种方法包含多种特殊位置的直线创建功能，分别介绍如下。

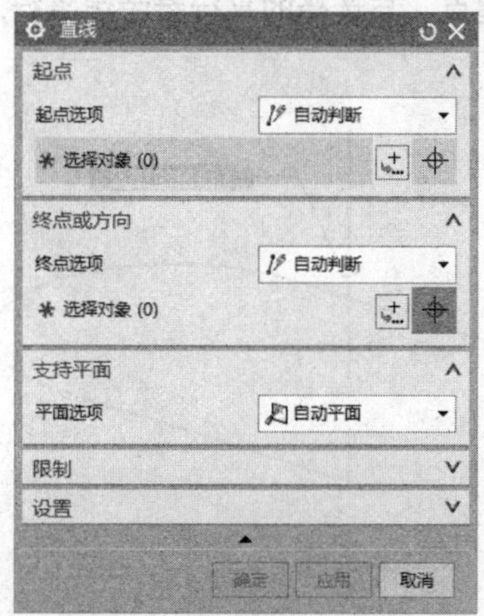

图2-8 “直线”对话框

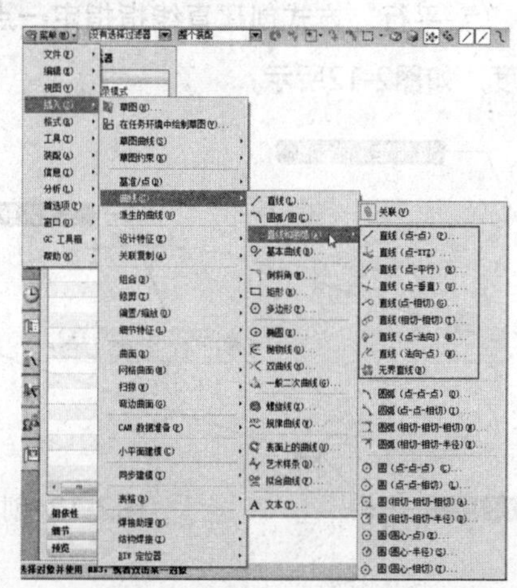

图2-9 “菜单”选项中的“直线”命令

1. 直线（点-点）

通过两点创建直线是最常用的创建直线的方法。选择“菜单”→“插入”→“曲线”→“直线和圆弧”→“直线（点-点）”选项，弹出“直线（点-点）”对话框，在绘图区中选择起点和终点，创建的直线如图2-10所示。

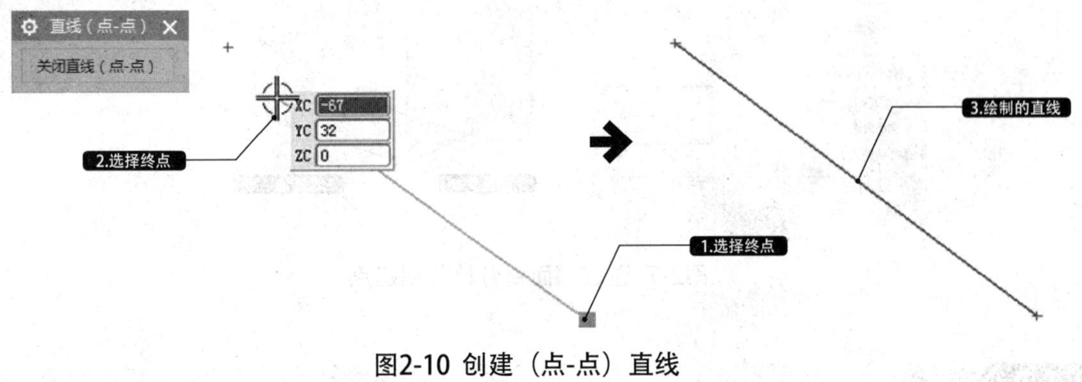

图2-10 创建（点-点）直线

2. 直线（点-XYZ）

通过“点-XYZ”创建直线指定一点作为直线的起点，然后选择*XC*、*YC*、*ZC*坐标轴中的任意一个方向作为直线延伸的方向，如图2-11所示。

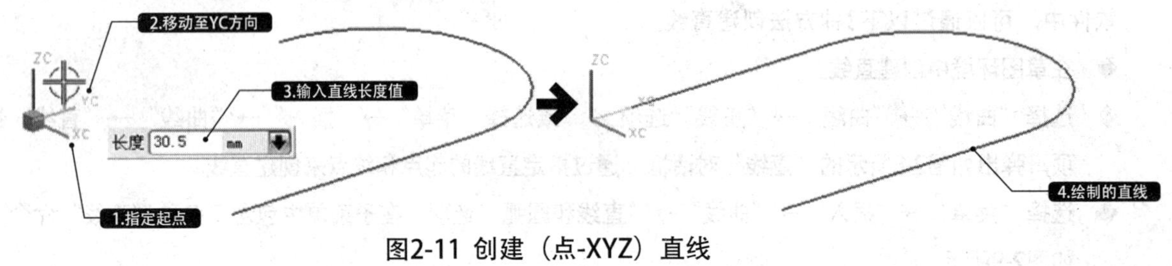

图2-11 创建（点-XYZ）直线

3. 直线（点-平行）

通过“点-平行”方式创建直线指指定一点作为直线的起点，与选择的平行参考线平行，并指定直线的长度，如图2-12所示。

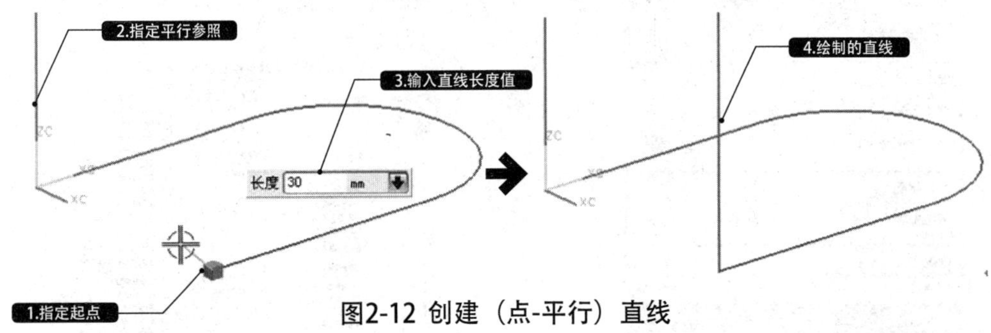

图2-12 创建（点-平行）直线

4. 直线（点-垂直）

通过“点-垂直”方式创建直线指指定一点作为直线的起点，再定义直线沿与指定的参考直线垂直的方向延伸，如图2-13所示。

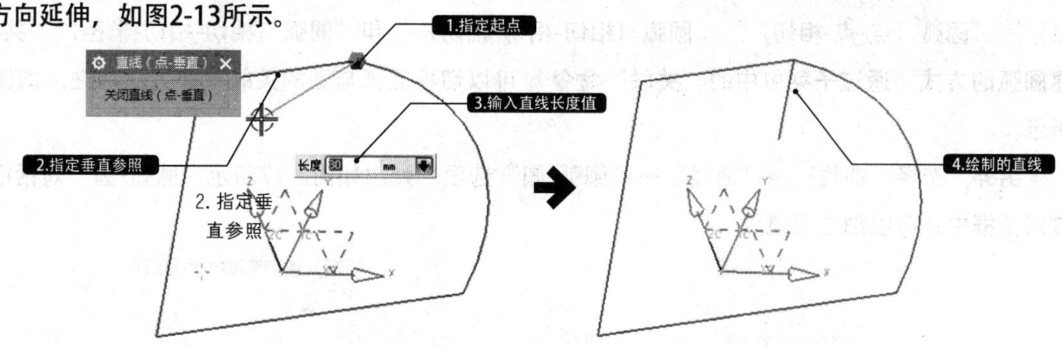

图2-13 创建（点-垂直）直线

5. 直线（点-相切）

通过“点-相切”方式创建直线指首先指定一点作为直线的起点，然后选择一相切的圆或圆弧，在起点与切点间创建一直线，如图2-14所示。

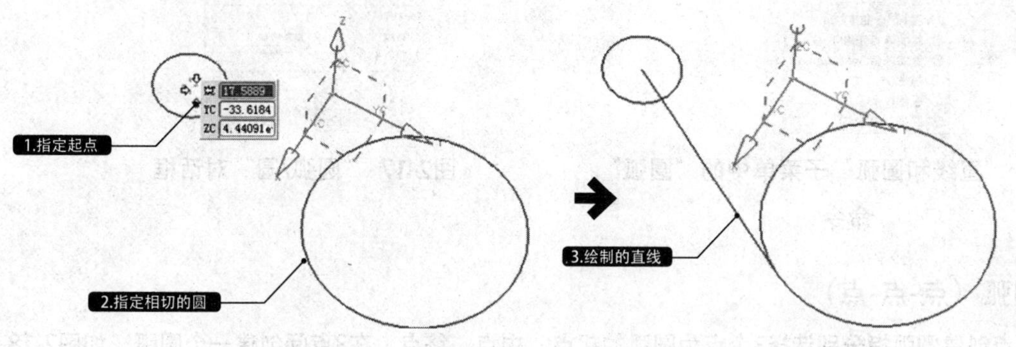

图2-14 创建（点-相切）直线

6. 直线（相切-相切）

通过“相切-相切”方式可以在两相切参照（圆弧、圆）间创建直线，如图2-15所示。

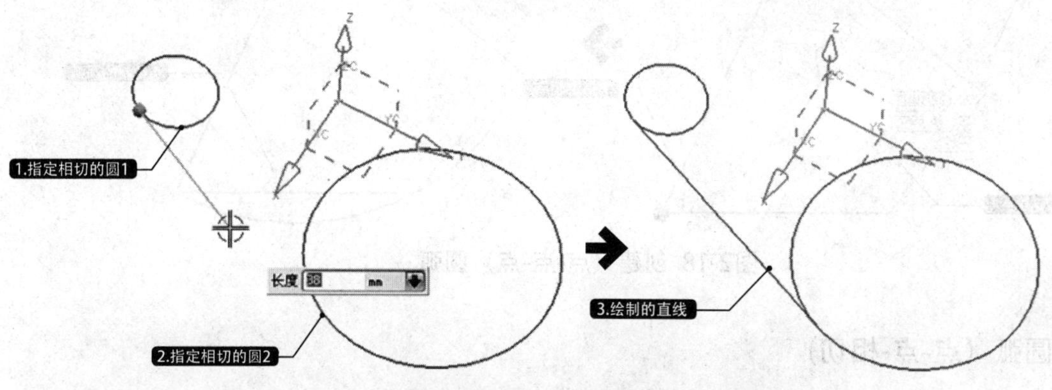

图2-15 创建（相切-相切）直线

2.1.3 圆弧

选择“菜单”→“插入”→“曲线”→“直线和圆弧”选项，子菜单中包含“圆弧（点-点-点）”“圆弧（点-点-相切）”“圆弧（相切-相切-相切）”和“圆弧（相切-相切-半径）”共4种创建圆弧的方式，通过子菜单中的“关联”命令可以切换圆弧与圆的关联与非关联特性，如图2-16所示。

另外，选择“曲线”→“曲线”→“圆弧/圆”选项，弹出如图2-17所示“圆弧/圆”对话框，在该对话框中也可以创建圆弧。

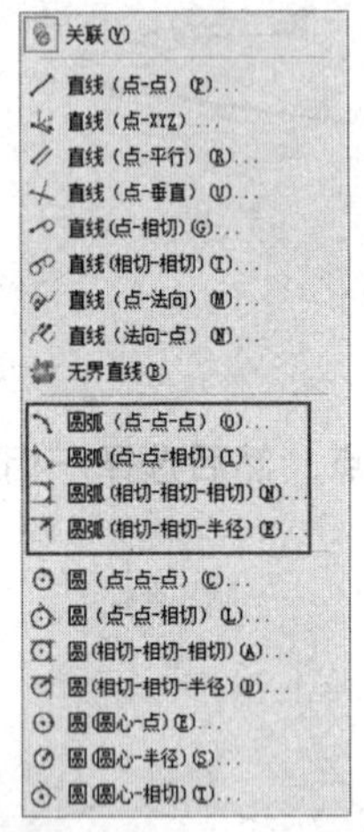

图2-16 “直线和圆弧”子菜单中的“圆弧”命令

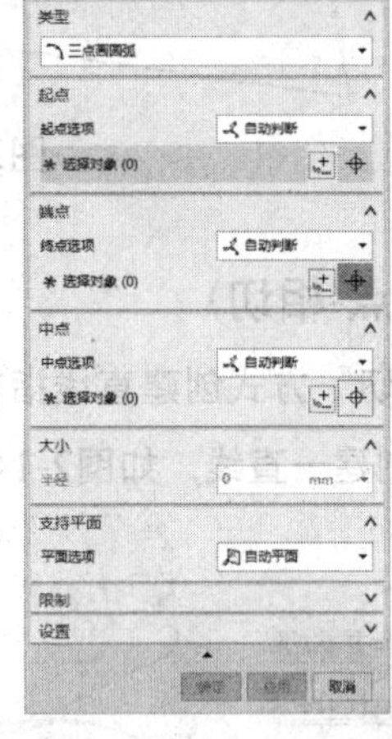

图2-17 “圆弧/圆”对话框

1. 圆弧（点-点-点）

通过三点创建圆弧指分别选择3个点为圆弧的起点、中点、终点，在3点间创建一个圆弧，如图2-18所示。

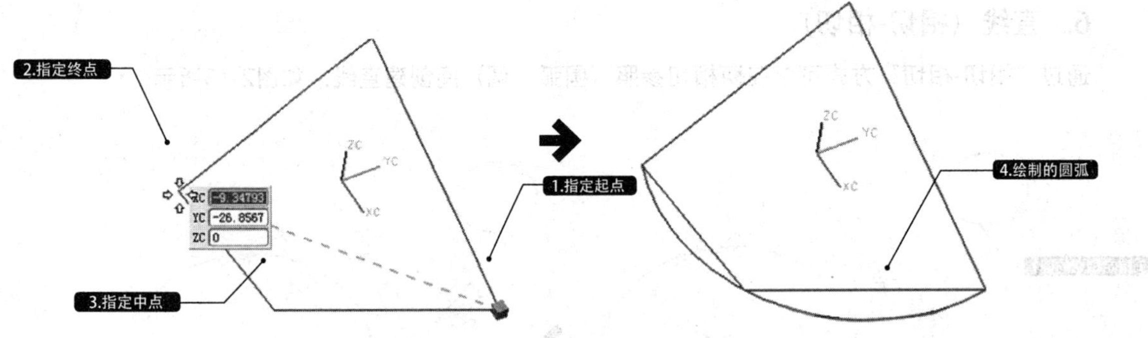

图2-18 创建（点-点-点）圆弧

2. 圆弧（点-点-相切）

通过“点-点-相切”创建圆弧指经过两点，然后与一直线相切创建一个圆弧，如图2-19所示。

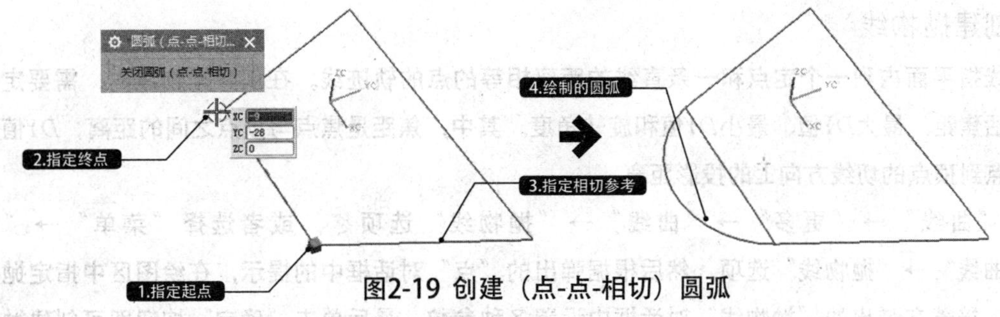

图2-19 创建（点-点-相切）圆弧

3. 圆弧（相切-相切-相切）

通过“相切-相切-相切”创建圆弧指通过与3条直线相切创建一个圆弧，如图2-20所示。

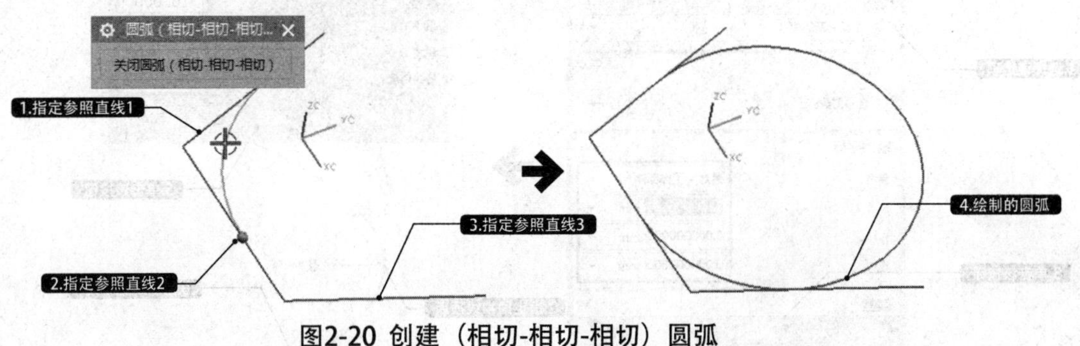

图2-20 创建（相切-相切-相切）圆弧

4. 圆弧（相切-相切-半径）

通过“相切-相切-半径”创建圆弧指创建与两条直线相切并指定半径的圆弧，如图2-21所示。

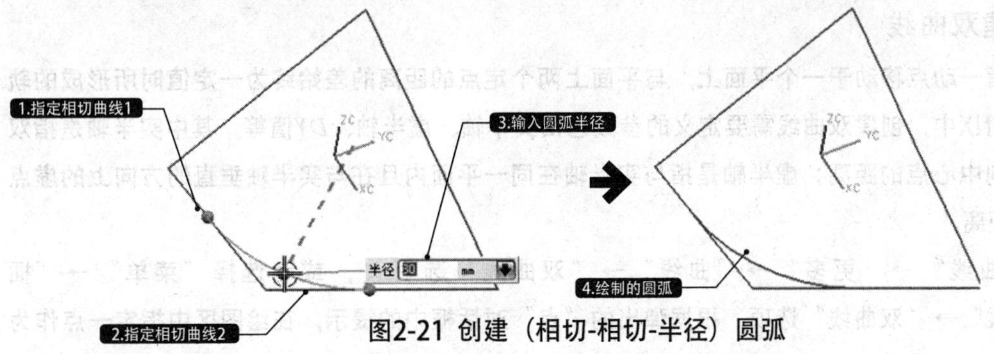

图2-21 创建（相切-相切-半径）圆弧

2.1.4 二次曲线

二次曲线是平面直角坐标系中*x*、*y*的二次方程所表示的图形的统称，是一种比较特殊的、复杂的曲线。二次曲线一般用于截面截取圆锥所形成的截线，其形状由截面与圆锥的角度而定，平行于*XY*平面的二次曲线由设定的点来定位。一般常用的二次曲线包括圆形、椭圆、抛物线和双曲线以及一般二次曲线。二次曲线在建筑工程领域的运用比较广泛，如预应力混凝土布肋往往采用正反抛物线方式来进行。

1. 创建抛物线

抛物线指平面内到一个定点和一条直线的距离相等的点的轨迹线。在创建抛物线时，需要定义的参数包括焦距、最大*DY*值、最小*DY*值和旋转角度。其中，焦距是焦点与顶点之间的距离；*DY*值指抛物线端点到顶点的切线方向上的投影距离。

选择“曲线”→“更多”→“曲线”→“抛物线”选项，或者选择“菜单”→“插入”→“曲线”→“抛物线”选项，然后根据弹出的“点”对话框中的提示，在绘图区中指定抛物线的顶点，接着在弹出的“抛物线”对话框中设置各种参数，最后单击“确定”按钮即可创建抛物线，如图 2-22所示。

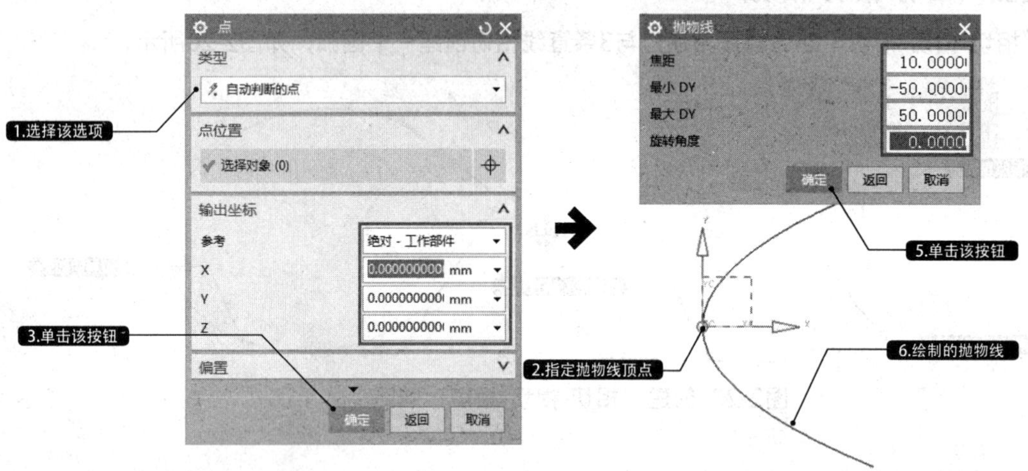

图 2-22 创建抛物线

2. 创建双曲线

双曲线指一动点移动于一个平面上，与平面上两个定点的距离的差始终为一定值时所形成的轨迹线。在UG NX中，创建双曲线需要定义的参数包括实半轴、虚半轴、*DY*值等。其中实半轴是指双曲线的顶点到中心点的距离；虚半轴是指与实半轴在同一平面内且在与实半轴垂直的方向上的虚点到中心点的距离。

选择“曲线”→“更多”→“曲线”→“双曲线”选项，或者选择“菜单”→“插入”→“曲线”→“双曲线”选项，根据弹出的“点”对话框中的提示，在绘图区中指定一点作为双曲线的顶点，然后在弹出的“双曲线”对话框中设置双曲线的参数，最后单击“确定”按钮，即可创建双曲线，如图 2-23所示。

3. 绘制椭圆

在UG NX中，椭圆是机械设计过程中最常用的曲线对象之一。与上面介绍的曲线的不同之处就在于该类曲线的*X*、*Y*轴方向对应圆弧直径有差异，如果直径完全相同则形成规则的圆轮廓线，因此可以说圆是椭圆的特殊形式。

选择“曲线”→“更多”→“曲线”→“椭圆”选项，或者选择“菜单”→“插入”→“曲线”→“椭圆”选项⊙，并根据弹出的“点”对话框中的提示，在绘图区中指定一点作为椭圆的圆心，然后在弹出的“椭圆”对话框中设置椭圆参数并单击“确定”按钮，即可创建椭圆，如图2-24所示。

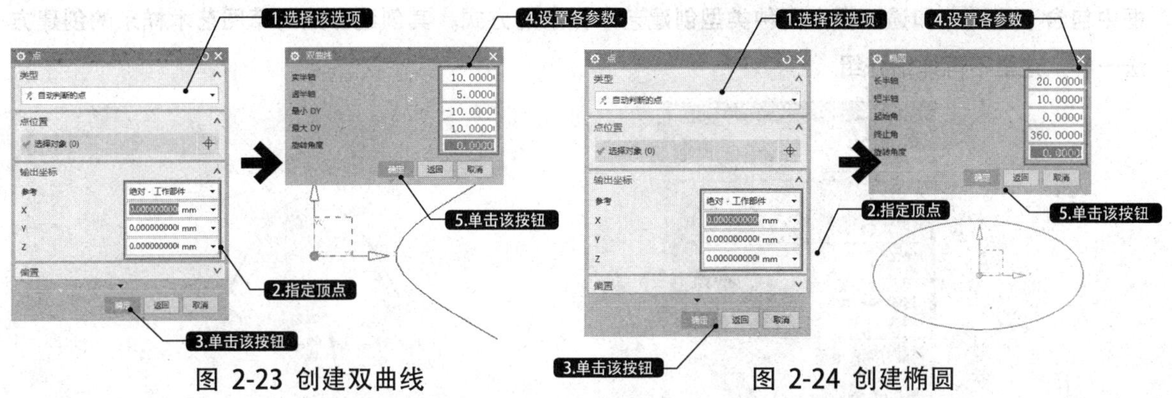

图 2-23 创建双曲线　　图 2-24 创建椭圆

4. 绘制一般二次曲线

一般二次曲线指使用各种放样方法或者一般二次曲线公式建立的二次曲线。根据输入数据的不同，曲线的构造结果可以为圆、椭圆、抛物线和双曲线。一般二次曲线比椭圆、抛物线和双曲线更加灵活。选择“曲线”→“曲线”→“一般二次曲线”选项，或者选择“菜单”→“插入”→“曲线”→“一般二次曲线”选项，弹出“一般二次曲线”对话框，如图2-25所示。

“5点”方式是利用5个点来产生二次曲线。选择该选项，然后根据“点”对话框中的提示依次在绘图区中选择5个点，最后单击“确定”按钮，即可，效果如图2-26所示。

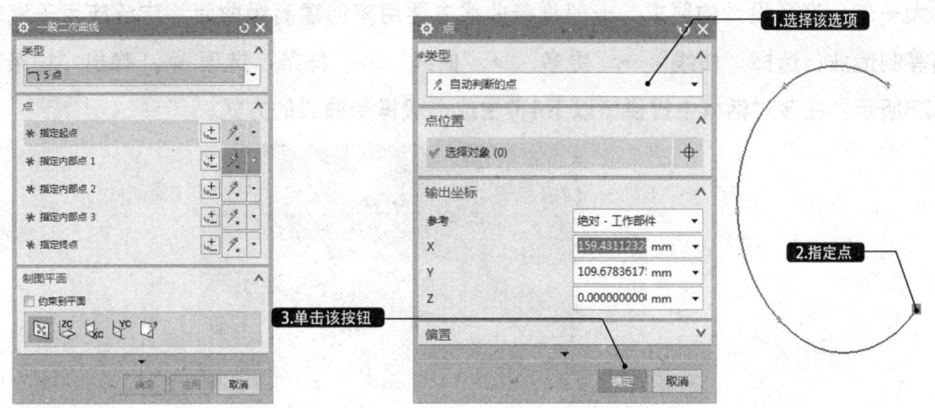

图 2-25 “一般二次曲线”对话框　　图 2-26 利用“5点”创建一般二次曲线

2.1.5 样条曲线

样条曲线指通过多项式曲线和所设定的点来拟合曲线，其形状由这些点来控制。样条曲线采用的是近似的创建方法，很好地满足了设计的需求，是一种用途广泛的曲线。它不仅能够创建自由曲线和曲面，而且还能精确表达包括圆锥曲面在内的各种几何体的统一表达式。在UG NX中，样条曲线包括艺术样条和一般样条曲线两种类型。

1. 创建艺术样条

艺术样条多用于数字化绘图或动画设计，相比一般样条曲线而言，它由更多的定义点生成。选择“曲线”→“曲线”→“艺术样条”选项，弹出“艺术样条”对话框，如图 2-27所示。该对话框中包含了通过点和通过极点两种类型创建艺术样条的方式。其创建方法与草图艺术样条的创建方法一样，这里不再详细介绍。

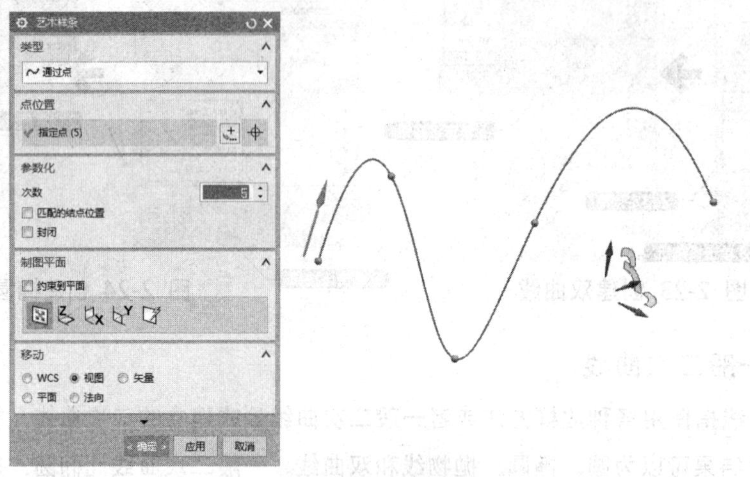

图 2-27 创建艺术样条

2. 创建一般样条曲线

一般样条曲线是建立自由形状曲面（或片体）的基础。它拟合逼真，形状控制方便，能够满足很大一部分产品设计的要求。一般样条曲线主要用来创建高级曲面，广泛应用于汽车、航空以及船舶等制造业。选择“曲线”→“更多”→“曲线”→“样条”选项，弹出“样条”对话框，如图 2-28所示。在该对话框中提供了以下4种生成一般样条曲线的方式。

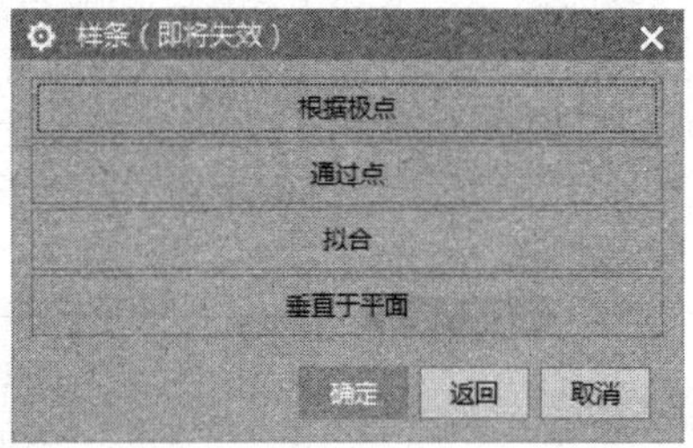

图 2-28 “样条”对话框

» 根据极点

该选项是“根据极点”创建样条曲线，即用选定点建立的控制多边形来控制样条的形状，创建的样条曲线只通过两个端点，不通过中间的控制点。

选择“根据极点”选项，在弹出的对话框中选择创建曲线的类型为“多段”，并在“曲线阶次”文本框中输入曲线的阶次；然后根据“点”对话框，在绘图区中指定点，使其生成样条曲线，最后单击“确定”按钮，即可创建一般的样条曲线，如图 2-29所示。

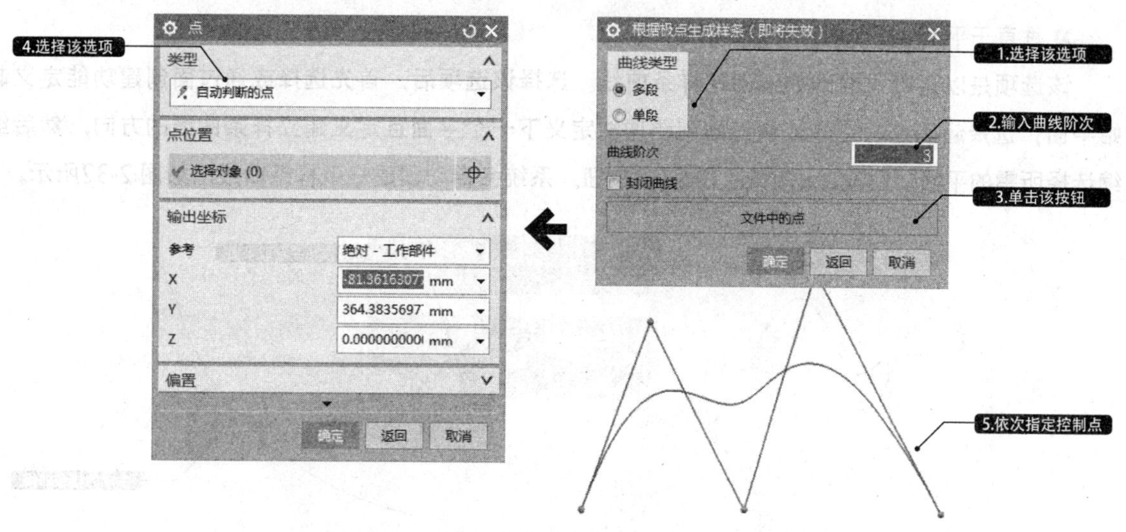

图 2-29 “根据极点”创建一般样条曲线

» 通过点

该选项是通过设置样条曲线的各定义点，创建一条通过各点的样条曲线，它与“根据极点”创建样条曲线的最大区别在于创建的样条曲线通过各个控制点。“通过点”创建样条曲线和“根据极点”创建样条曲线的操作方法类似，其中需要选择样条曲线控制点的成链方式，如图2-30所示。

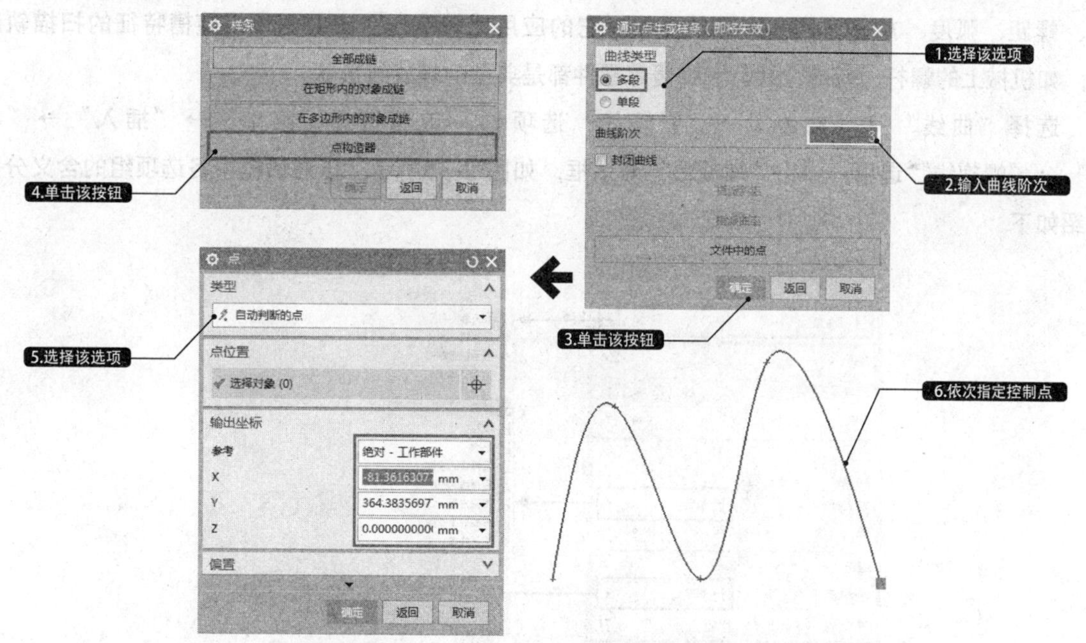

图 2-30 “通过点”创建一般样条曲线

» 拟合

该选项是利用曲线拟合的方式确定样条曲线的各中间点，只精确地通过曲线的端点，对于其他点则在给定的误差范围内尽量逼近。其操作步骤与前两种方法类似，这里不再详细介绍，通过“拟合”创建的一般样条曲线如图2-31所示。

» 垂直于平面

该选项是以正交平面的曲线创建样条曲线。选择该选项后，首先选择或通过面创建功能定义起始平面；选择起始点；选择或通过面创建功能定义下一个平面且定义建立样条曲线的方向，然后继续选择所需的平面，完成之后单击“确定”按钮，系统会自动创建一条样条曲线，如图 2-32所示。

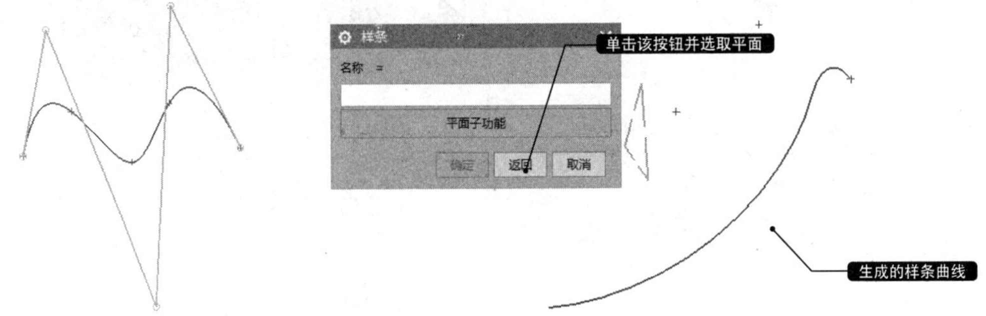

图 2-31 通过“拟合”创建一般样条曲线

图 2-32 通过“垂直于平面”创建一般样条曲线

2.1.6 螺旋曲线

螺旋线指由一些特殊的运动所产生的轨迹。螺旋线是一种特殊的规律曲线，它是具有指定圈数、螺距、弧度、旋转方向和方位的曲线。它的应用比较广泛，主要用于螺旋槽特征的扫描轨迹线，如机械上的螺杆、螺帽、螺钉和弹簧等零件都是典型的螺旋线形状。

选择“曲线”→“曲线”→“螺旋线”选项，或者选择“菜单”→“插入”→“曲线”→“螺旋线”选项，弹出“螺旋线”对话框，如图 2-33所示。该对话框中各选项组的含义分别介绍如下。

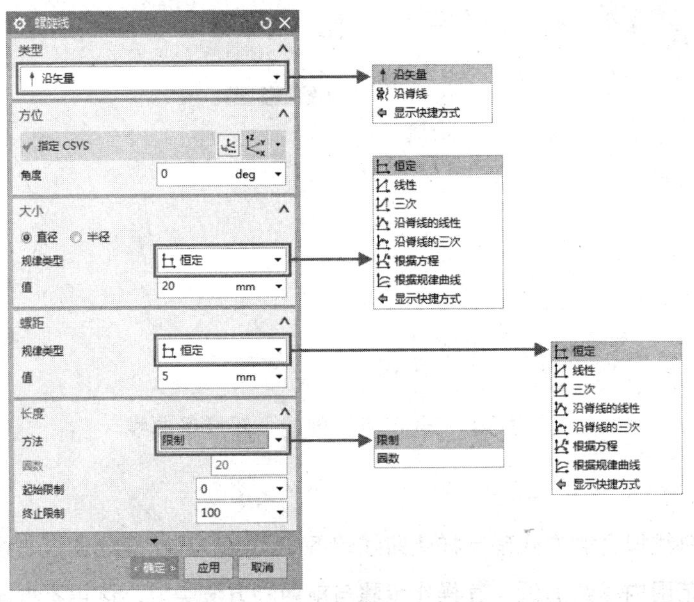

图 2-33 “螺旋线”对话框

1. “类型”选项组

该选项组用于选择螺旋线的类型，即定义螺旋线的轴线。选择“沿矢量”，则使用参考坐标系的Z轴作为轴线，创建直螺旋线，如图 2-34所示。选择“沿脊线”，则选择一条曲线作为螺旋线的轴线，创建的螺旋线如图 2-35所示。

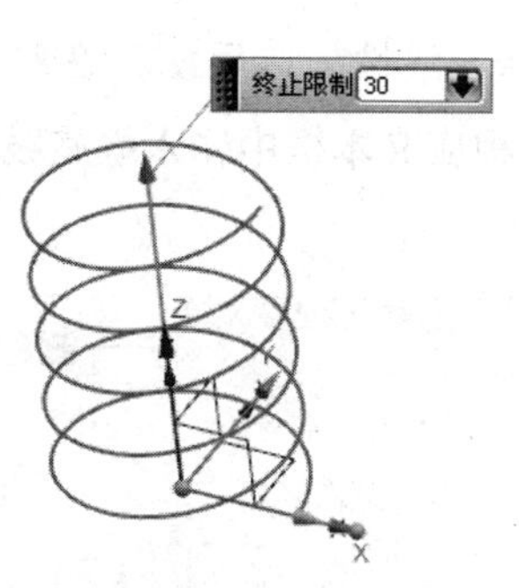

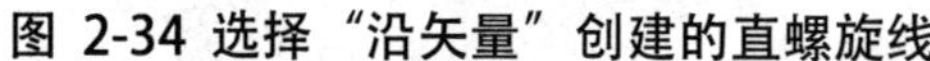
图 2-34 选择“沿矢量”创建的直螺旋线

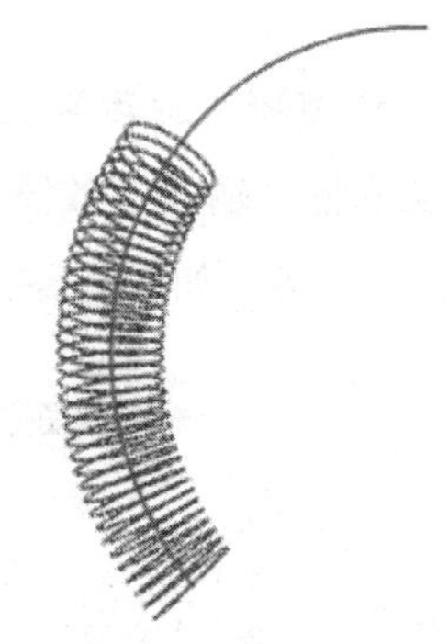

图 2-35 选择“沿脊线”创建的螺旋线

2. “方位”选项组

选择螺旋线类型为“沿矢量”时，需要在此选项组中选择一个基准坐标系作为螺旋线的参考，螺旋线轴线与坐标系Z轴重合，并可在“角度”文本框输入螺旋线的起始角度，角度为0表示从X轴起始。选择螺旋线类型为“沿脊线”时，该选项组如图 2-36所示。可以选择“自动判断”，使螺旋线起始面垂直于脊线，也可选择“指定的”，选择一个基准坐标系作为方位参考，此时螺旋线从基准坐标系的XY平面开始，但螺旋线的形状仍按照脊线的形状变化。

3. “脊线”选项组

选择螺旋线类型为“沿脊线”时，对话框中出现此选项组。选择一条曲线作为螺旋线参考。单击“反向”选项，可以由曲线的另一端开始螺旋线。

4. “大小”选项组

该选项组用于控制螺旋线的直径大小，可选择恒定大小，也可选择脊线参考，创建直径变化的螺旋线，如图 2-37所示。

图 2-36 选择“沿脊线”时的“方位”选项组

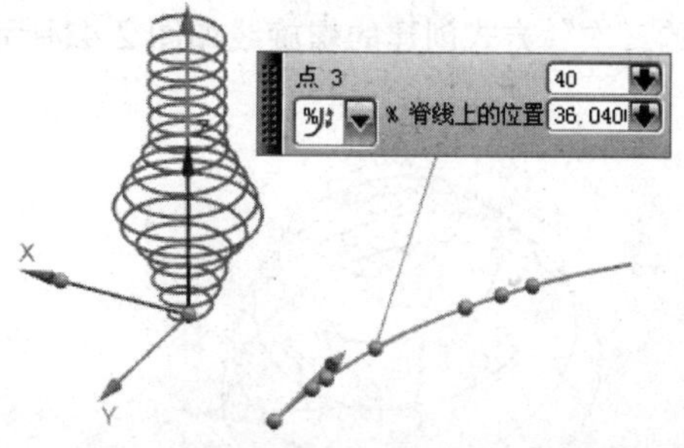

图 2-37 创建直径变化的螺旋线

在“规律类型”下拉列表中包含了7种变化规律方式，用来控制螺旋线半径沿轴线方向的变化规律。

» 恒定

此方式用于生成固定半径的螺旋线。选择“恒定”选项，在“值”文本框中输入规律值的参数并单击“确定”按钮；接着在对话框中的相应文本框中输入螺旋线的螺距和圈数，最后单击“确定”按钮即可，如图 2-38所示。

» 线性

此方式用于设置螺旋线的旋转半径为线性变化。选择“线性”选项，在对话框中的“起始值”及“终止值”文本框中输入参数值，并在对话框中的相应文本框中输入螺旋线的圈数及螺距，然后单击“确定”按钮即可，如图 2-39所示。

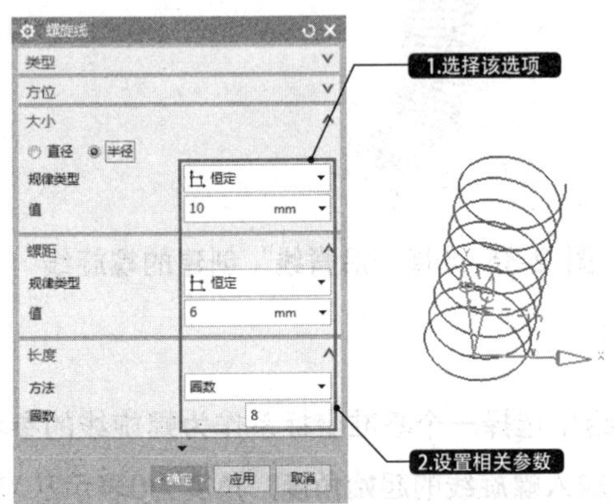

图 2-38 选择“恒定”方式创建螺旋线

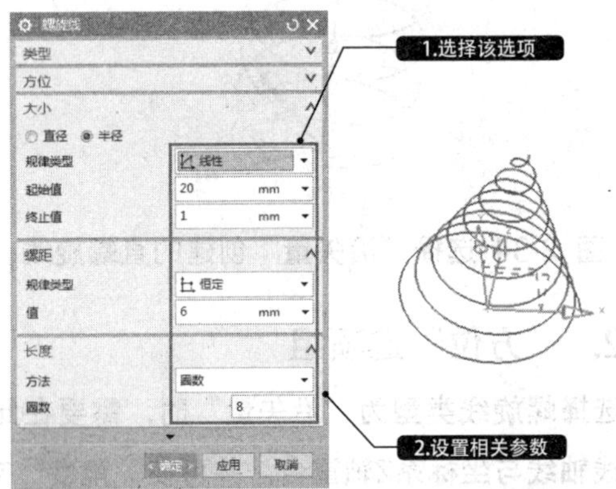

图 2-39 选择“线性”方式创建螺旋线

» 三次

此方式用于设置螺旋线的旋转半径为三次方变化。选择“三次”选项，在对话框中的“起始值”及“终止值”文本框中输入参数值并单击“确定”按钮，然后在对话框中的相应文本框中输入螺旋线的相关参数即可。这种方式产生的螺旋线与线性方式比较相似，只是在螺旋线形式上有所不同，选择“三次”方式创建的螺旋线如图 2-40所示。

» 沿脊线的三次

此方式是以脊线和变化规律值来创建螺旋线，与沿脊线的线性方式类似。选择“沿脊线的三次”选项后，首先选取脊线，让螺旋线沿此线变化；再选取脊线上的点并输入相应的半径值即可。这种方式和沿脊线的线性创建方式最大的差异就是螺旋线旋转半径变化方式按三次方变化，选择“沿脊线的三次”方式创建的螺旋线如图 2-41所示，而沿脊线的线性是按线性变化。

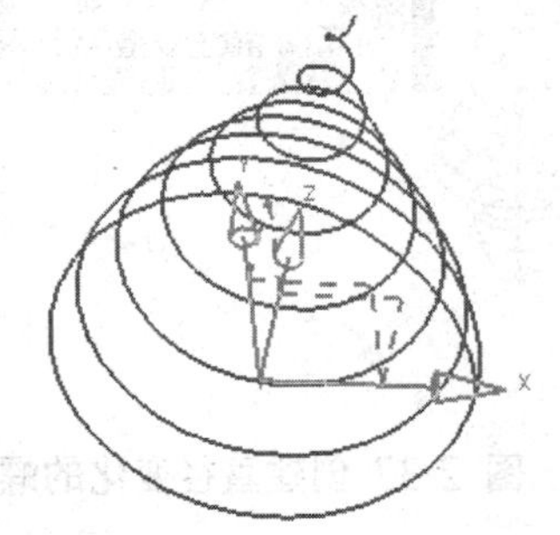

图 2-40 选择“三次方式”创建的螺旋线

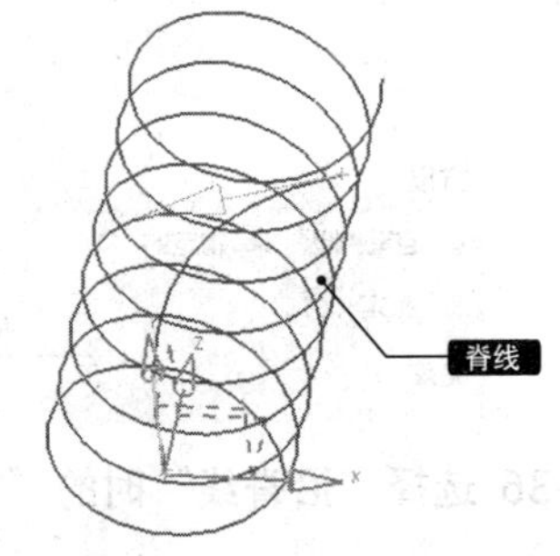

图 2-41 选择“沿脊线的三次”创建螺旋线

» 沿脊线的线性

此方式用于创建沿脊线变化的螺旋线，其变化形式为线性。选择“沿脊线的线性”选项，根据系统提示选择一条脊线，再利用点创建功能指定脊线上的点，并确定螺旋线在该点处的半径值即可。

» 根据方程

选择该方式可以创建指定的运算表达式控制的螺旋线。在利用该方式之前，首先要定义参数表达式。选择“菜单”选项中的“工具”→“表达式”选项，在弹出的“表达式”对话框中可以定义表达式。选择“根据方程”选项，根据提示先指定X上的变量和运算表达式，同理依次完成Y和Z上的设置即可。

» 根据规律曲线

此方式是利用规律曲线来决定螺旋线的旋转半径，从而创建螺旋曲线。选择“根据规律曲线”选项，首先选择一条规律曲线，然后选择一条脊线来确定螺旋线的方向。产生螺旋线的旋转半径将会依照所选的规律曲线并由工作坐标原点的位置确定。

5. “螺距”选项组

该选项组用于设置螺旋线螺距值，可选择恒定螺距，也可使用脊线参考，创建螺距变化的螺旋线，如图2-42所示。

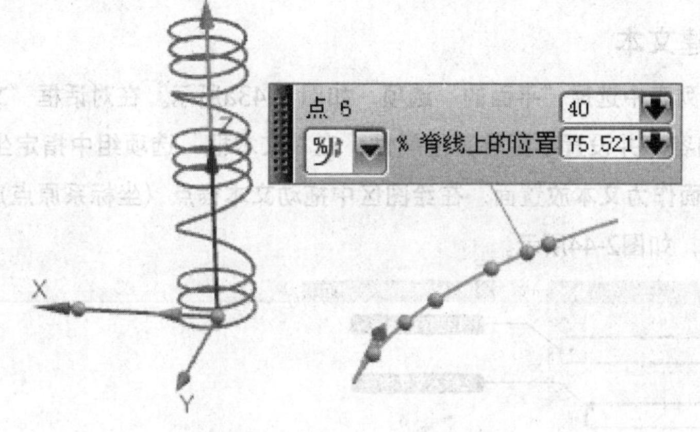

图 2-42 使用脊线控制螺距

6. “长度”选项组

该选项组用于设置螺旋线的长度，选择“限制”则以起始值和终止值定义螺旋线长度；选择“圈数”则以圈数和螺距定义螺旋线长度，圈数可以是非整数值。

2.1.7 文本曲线

选择“曲线”→“曲线”→“文本”选项，弹出“文本”对话框，如图2-43所示。在“类型”下拉列表中选择文本的创建方式，UG NX 12.0提供了3种创建文本的方式，分别是在“平面”的“曲线”上和“面上”创建文本。

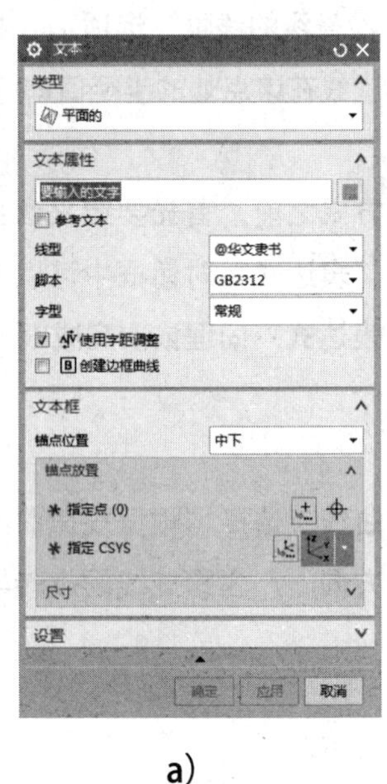

a)

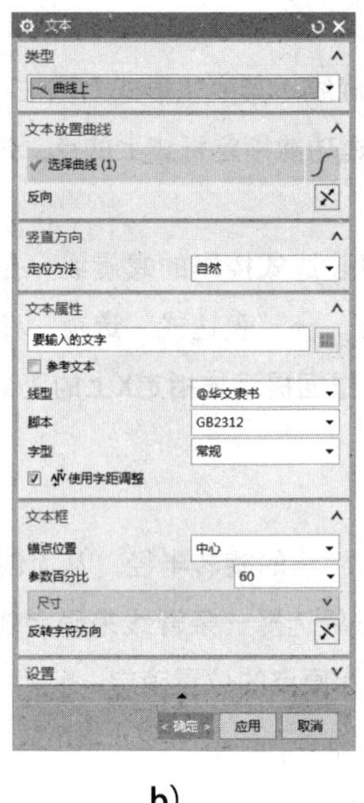

b)

c)

图 2-43 “文本”对话框

1. 平面上创建文本

在“类型”下拉列表中选择“平面的”选项，如图 2-43a所示。在对话框“文本属性”选项组的文本框中输入文字内容，并设置字型等其他属性；在“文本框”选项组中指定坐标系，系统将以所选坐标系的*XC-YC*平面作为文本放置面，在绘图区中拖动文本锚点（坐标系原点），在需要的位置单击，即可放置该文本，如图2-44所示。

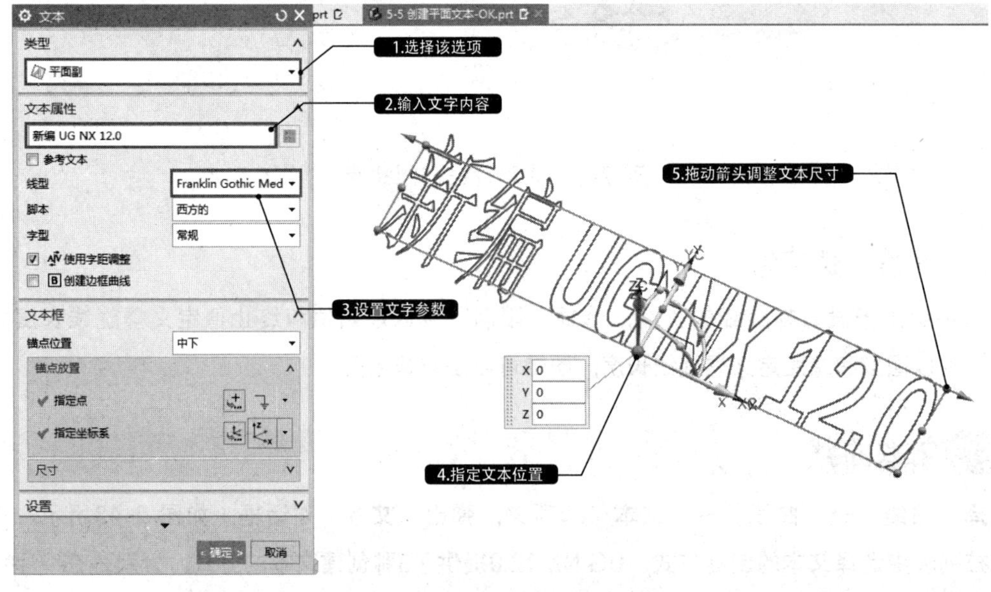

图2-44 创建平面上的文本

2. 曲线上创建文本

在“类型”下拉列表中选择“曲线上”选项，如图2-43b所示。在“文本放置曲线”选项组中激活“选择曲线”选项，然后在绘图区中选择放置曲线；在对话框中设置文本的各项参数，单击“确定”按钮，即可在曲线上创建文本，如图2-45所示。

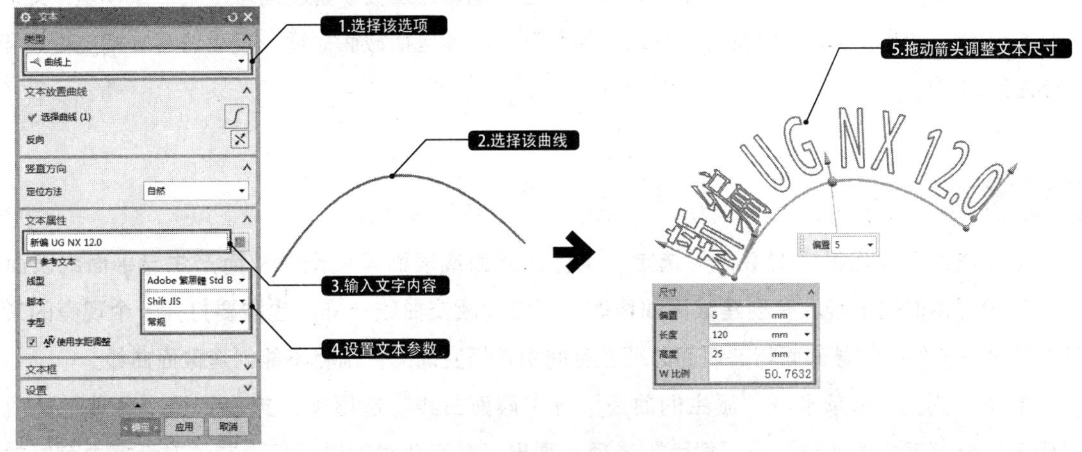

图2-45 创建曲线上的文本

3. 曲面上创建文本

在“类型”下拉列表中选择“面上”选项，如图2-43c所示。在“文本放置面”选项组中激活“选择面”选项，然后在绘图区中选择文本放置面；在“面上的位置”选项组中，可选择文本在面上的定位方式：一是“面上的曲线”，需要选择一条面上的曲线；二是“剖切平面”，需要选择一个剖切平面，平面与放置面的交线将作为放置曲线。在对话框“文本属性”选项组的文本框中输入文字内容，并设置字体等其他属性。单击对话框中的“确定”按钮，即可在指定面上创建文本，如图2-46所示。

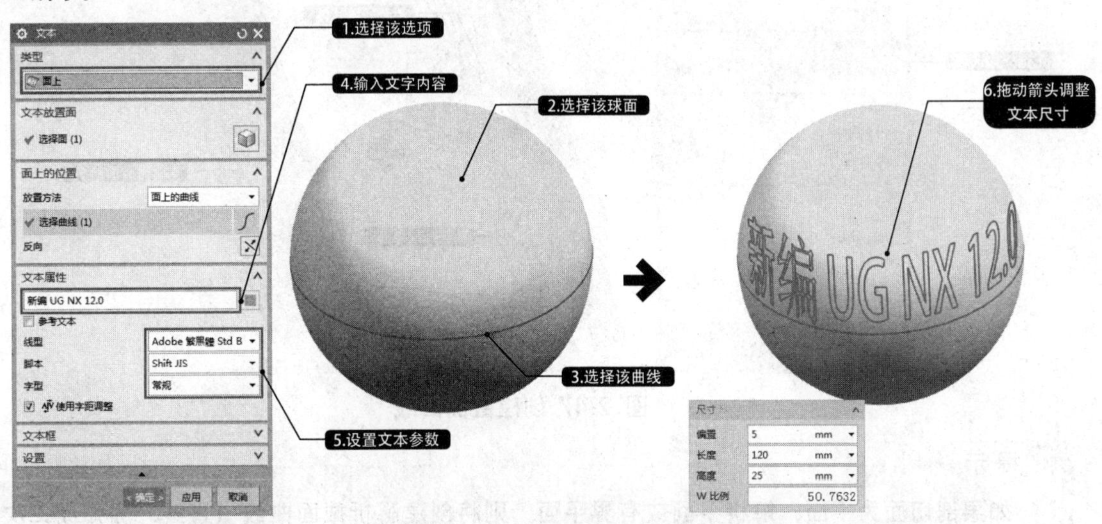

图2-46 创建曲面上的文本

2.2 高级曲线操作

曲线作为构建三维模型的基础，在三维建模过程中有着不可替代的作用，尤其是在创建高级曲面时，使用基本曲线远远达不到设计要求，它不能构建出高质量、高难度的三维模型，此时就要利用UG NX中提供的高级曲线来作为建模基础，具体包括截面曲线、镜面曲线、相交曲线和桥接曲线等。

2.2.1 截面曲线

截面曲线可以用设定的截面与选定的实体、平面或表面等相交，从而产生与平面或表面的交线，或者实体的轮廓线。在创建截面曲线时，同创建相交曲线一样，也需要打开一个现有的文件。打开的现有文件中的被剖面与剖切面必须在空间中是相交的，否则将不能创建截面曲线。

单击“曲线”选项卡→“派生的曲线”→“截面曲线”选项，或者选择“菜单”选项中的“插入”→“派生的曲线”→“截面”选项，弹出“截面曲线”对话框。在该对话框中可以创建以下4种截面曲线。

- 选定的平面：该方式用于让用户在绘图区中用鼠标直接点选某平面作为截面。
- 平行平面：该方式用于设置一组等间距的平行平面作为截面。
- 径向平面：该方式用于设定一组等角度扇形展开的放射平面作为截面。
- 垂直于曲线的平面：该方式用于设定一个或一组与选定曲线垂直的平面作为截面。

下面以“选定的平面”为例介绍其操作方法。首先选择现有文件中要剖切的对象，然后根据提示选择剖切平面，最后单击“确定”按钮即可，如图2-47所示。

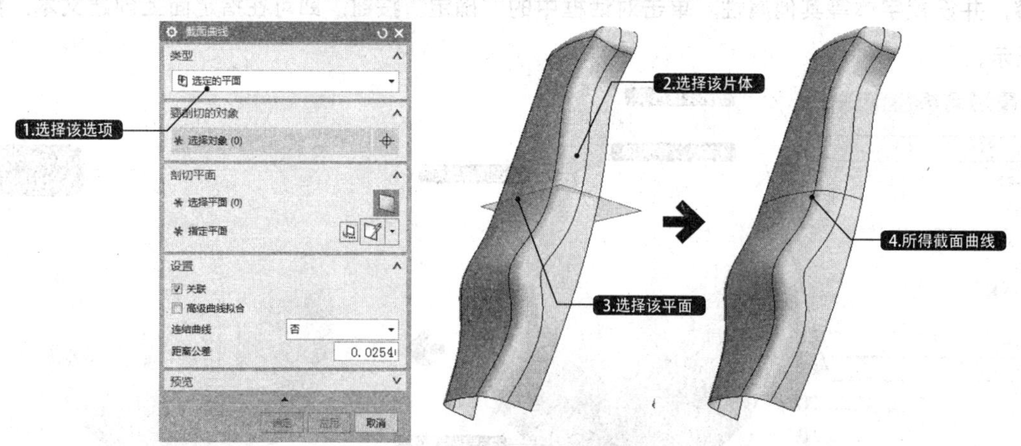

图 2-47 创建截面曲线

提 示

如果剖切面为平面、解析平面或有界平面，则将创建解析截面曲线（直线、圆弧或二次曲线）。另外，截面曲线在边界或孔处被修剪。

2.2.2 镜像曲线

镜像曲线可以通过基准平面或者平面复制关联或非关联的曲线和边。可镜像的曲线包括任何封闭或非封闭的曲线，选定的镜像平面可以是基准平面、平面或者实体的表面等类型。

选择“曲线”→“派生的曲线”→“镜像曲线”选项，或者选择“菜单”→“插入”→“派生的曲线”→“镜像”选项，弹出“镜像曲线”对话框，然后选择要镜像的曲线并选择基准平面即可，如图 2-48所示。

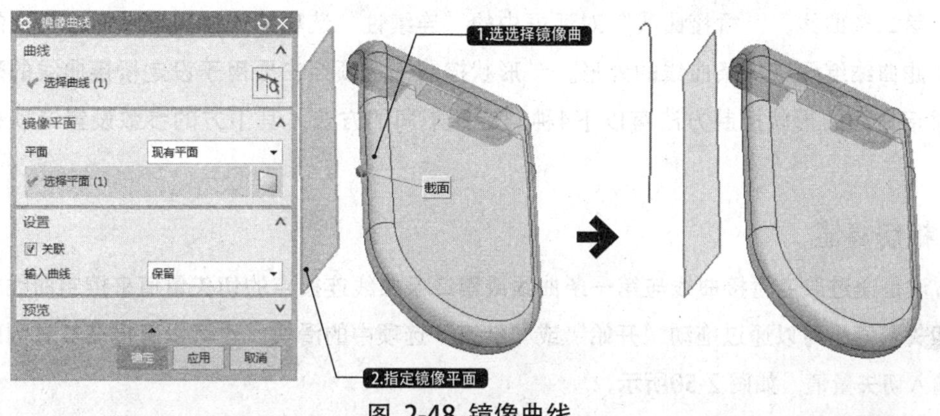

图 2-48 镜像曲线

2.2.3 相交曲线

相交曲线用于生成两组对象的交线，各组对象可分别为一个表面（若为多个表面，则须属于同一实体）、一个参考面、一个片体或一个实体。创建相交曲线的前提条件是打开的现有文件必须是两个或两个以上相交的曲面或实体，否则将不能创建相交曲线。

选择“曲线”→“派生的曲线”→“相交曲线”选项，或者选择“菜单”→“插入”→“派生的曲线”→“相交”选项，弹出“相交曲线”对话框。此时单击绘图区中的一个面作为第一组相交曲面，然后单击“确定”按钮。确认后选择另外一个面作为第二组相交曲面，最后单击“确定”按钮即可完成操作，如图 2-49所示。

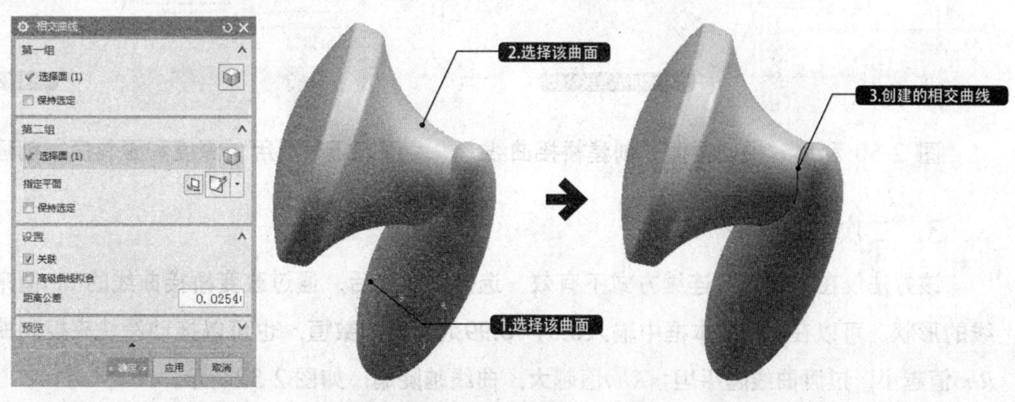

图 2-49 创建相交曲线

2.2.4 桥接曲线

桥接曲线是在曲线上通过用户指定的点对两条不同位置的曲线进行倒圆或融合操作，曲线可以通过各种形式控制，主要用于创建两条曲线间的圆角相切曲线。在UG NX中，桥接曲线按照用户指定的连续条件、连接部位和方向来创建，是曲线连接中最常用的方法。

选择“曲线”→“派生的曲线”→“桥接曲线”选项，或者选择“菜单”→“插入”→“派生的曲线”→“桥接”选项，弹出“桥接曲线”对话框。根据系统提示依次选择第一条曲线、第二条曲线。“桥接曲线”对话框中的“连续性”选项组可以用来选择已存在的样条曲线，使过滤曲线继承该样条曲线的外形。“形状控制”选项组主要用于设定桥接曲线的形状控制方法。桥接曲线的形状控制方法有以下4种，选择不同的方法，其下方的参数设置选项也有所不同。

1. 相切幅值

该方法是通过改变桥接曲线与第一条曲线或第二条曲线连接点的切矢量值来控制曲线的形状。要改变切矢量值，可以通过拖动“开始”或“结束”选项中的滑块，也可以直接在其右侧的文本框中分别输入切矢量值，如图 2-50所示。

2. 深度和歪斜度

该方法用于通过改变曲线峰值的深度和歪斜度值来控制曲线形状。它的使用方法与相切幅值方式一样，可以通过输入深度值或拖动滑块来改变曲线形状，如图 2-51所示。

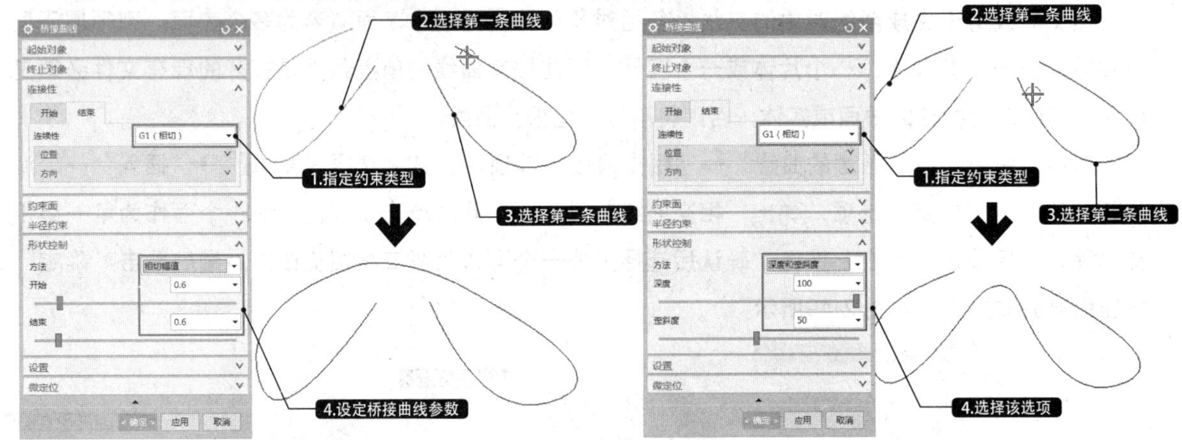

图 2-50 利用“相切幅值”创建桥接曲线　　图 2-51 利用“深度和歪斜度”创建桥接曲线

3. 二次曲线

该方法仅在“相切”连续方式下有效。选择该方法后，通过改变桥接曲线的*Rho*值来控制桥接曲线的形状。可以在Rho文本框中输入0.01~0.99范围内的数值，也可以拖动滑块来控制曲线的形状。*Rho*值越小，过渡曲线越平坦；*Rho*值越大，曲线越陡峭，如图 2-52所示。

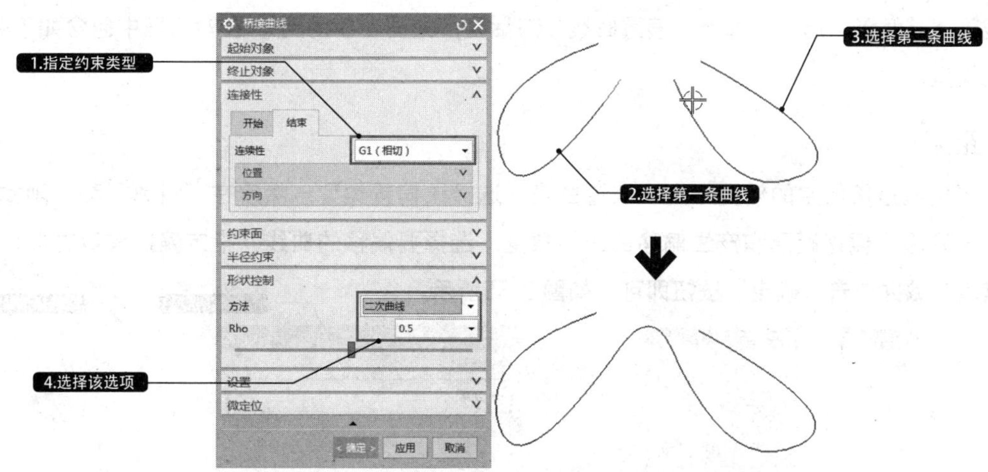

图 2-52 利用“二次曲线”创建桥接曲线

4. 模板曲线

该方法是通过选择已有的参考曲线控制桥接曲线形状。选择该选项，依次在绘图区中选择第一条曲线和第二条曲线；然后选择参考的模板曲线，此时系统会自动生成开始曲线和结束曲线的桥接曲线，如图 2-53所示。

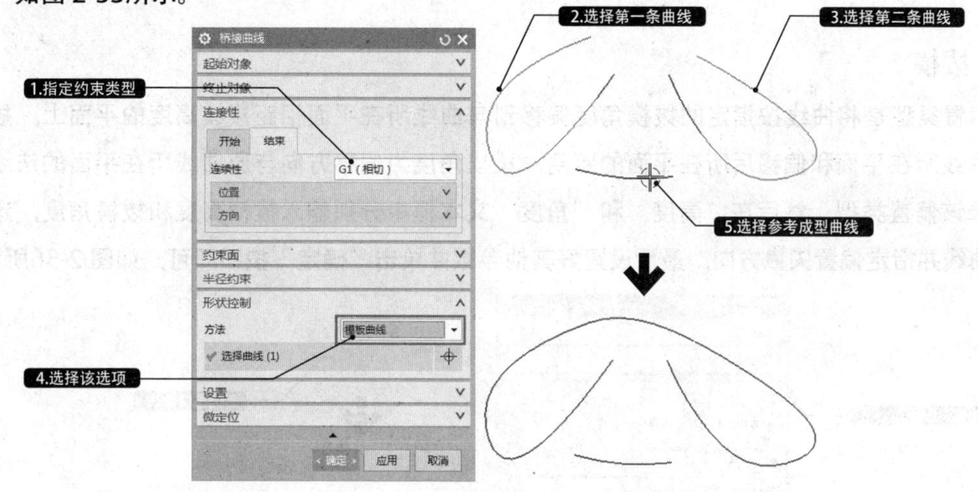

图 2-53 利用“模板曲线”创建桥接曲线

2.2.5 偏置曲线

偏置曲线指创建原曲线的偏移曲线。要编辑的曲线可以是直线、圆弧、缠绕/展开曲线等。偏置曲线可以针对直线、圆弧、艺术样条和边界线等特征，按照特征原有的方向，向内或向外偏置指定的距离而创建曲线。可选择的偏置对象包括共面或共空间的各类曲线和实体边，但主要用于对共面曲线（开口或闭口的）进行偏置。

选择“曲线”→“派生的曲线”→“偏置曲线”选项，或者选择“菜单”→“插入”→“派生的曲线"→"偏置"选项，弹出"偏置曲线"对话框，如图 2-54所示。在对话框中包含如下4种偏置曲线的类型。

1. 距离

该偏置类型是按给定的偏置距离来偏置曲线。选择该偏置类型，然后在"距离"和"副本数"文本框中分别输入偏移距离和产生偏移曲线的数量，选择要偏移的曲线并指定偏置矢量方向；最后设定好其他参数并单击"确定"按钮即可，如图 2-55所示。

图 2-54 "偏置曲线"对话框

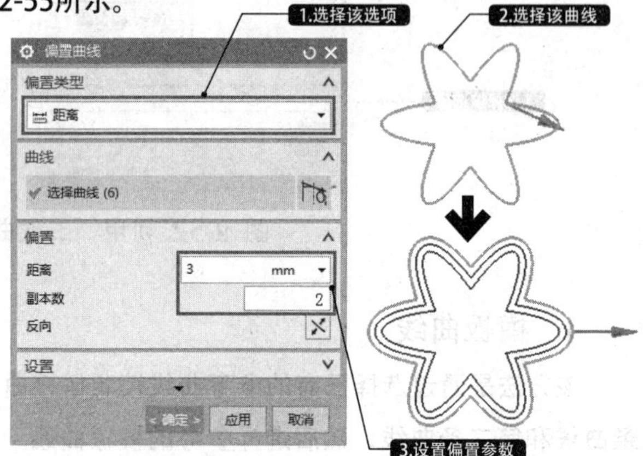

图 2-55 利用"距离"创建偏置曲线

2. 拔模

该偏置类型是将曲线按指定的拔模角度偏移到与曲线所在平面相距拔模高度的平面上。拔模高度为原曲线所在平面和偏移后所在平面的距离，拔模角度为偏移方向与原曲线所在平面的法线的夹角。选择该偏置类型，然后在"高度"和"角度"文本框中分别输入拔模高度和拔模角度，选择要偏移的曲线并指定偏置矢量方向，最后设置好其他参数并单击"确定"按钮即可，如图 2-56所示。

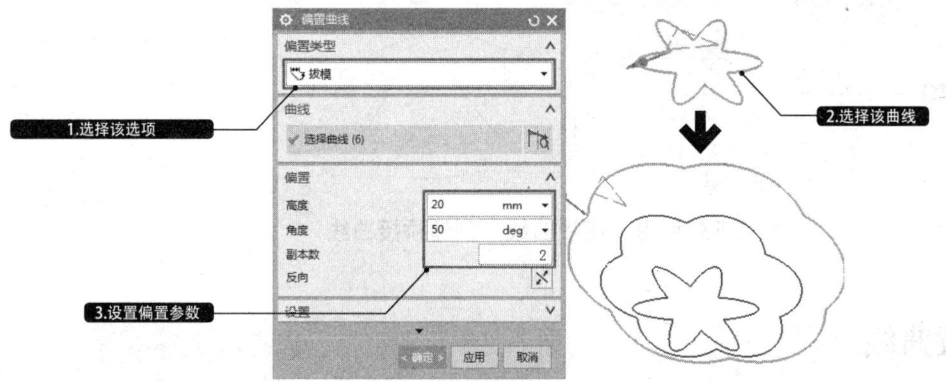

图 2-56 利用"拔模"创建偏置曲线

3. 规律控制

该偏置类型是按照规律控制偏移距离来偏置曲线。选择该偏置类型，从"规律类型"下拉列表中选择相应的规律控制方式，然后选择要偏置的曲线并指定偏置的矢量方向即可，如图 2-57所示。

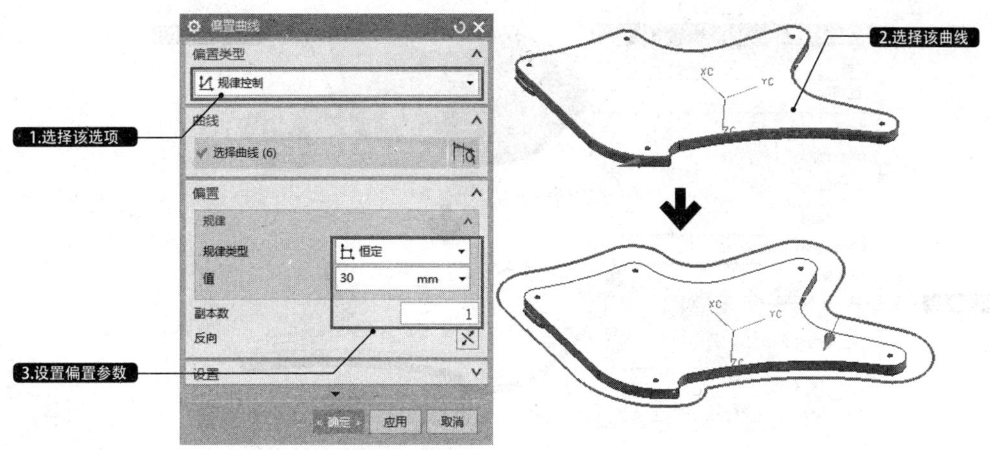

图 2-57 利用“规律控制”创建偏置曲线

4. 3D轴向

该偏置类型是以轴矢量为偏置方向偏置曲线。选择该偏置类型，然后选取要偏置的曲线并指定偏置矢量方向，在“距离”文本框中输入需要偏置的距离；最后单击“确定”按钮，即可创建相应的偏置曲线，如图 2-58所示。

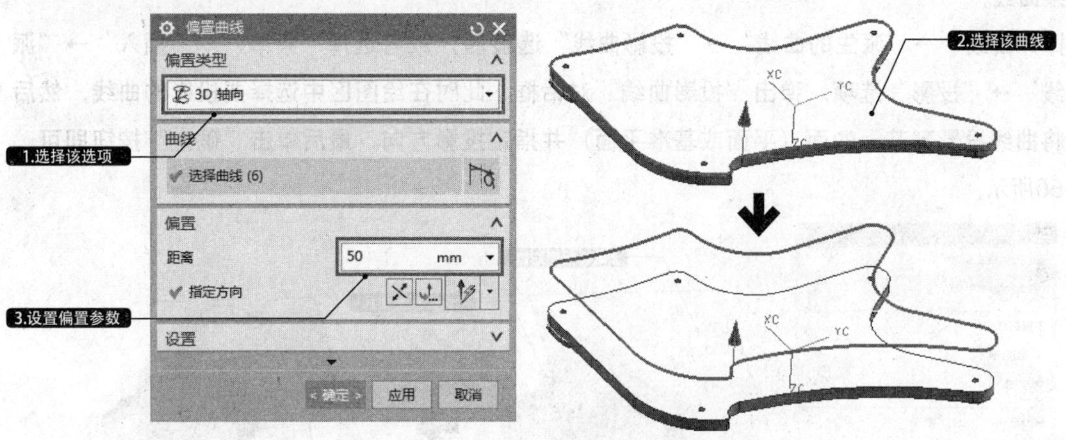

图 2-58 利用“3D轴向”创建偏置曲线

2.2.6 在面上偏置曲线

在面上偏置曲线是将曲线沿着曲面的形状进行偏置，偏置曲线的状态会随曲面形状的变化而变化。使用“在面上偏置曲线”工具可根据曲面上的相连边或曲线，在一个或多个曲面上创建关联的或非关联的偏置曲线，并且偏置曲线位于距现有曲线或边指定距离处。

在“菜单”选项中选择“插入”→“派生的曲线”→“在面上偏置曲线”选项，弹出“在面上偏置曲线”对话框。根据该对话框的提示，选择要偏置的曲线并指定矢量方向，然后在“截面线1:偏置1”文本框中设置偏置参数并单击“确定”按钮即可，如图2-59所示。

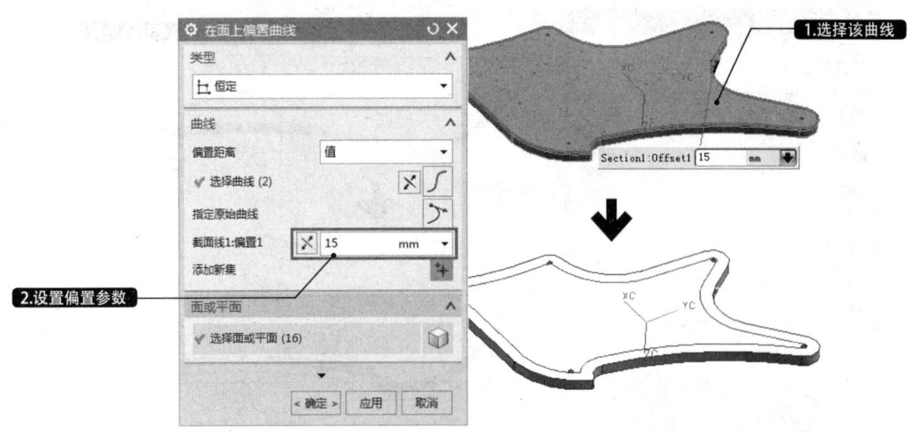

图2-59 “在面上偏置曲线”对话框及偏置效果

2.2.7 投影曲线

投影曲线可以将曲线、边和点投影到片体、面和基准平面上。在投影曲线时，可以指定投影方向、点或面的法向等。投影曲线在孔或面边缘处都要进行修剪，投影之后可以自动将输出的曲线连接成一条曲线。

选择“曲线”→“派生的曲线”→“投影曲线”选项，或者选择“菜单”→“插入”→“派生的曲线”→“投影”选项，弹出“投影曲线”对话框。此时在绘图区中选择要投影的曲线，然后选择要将曲线投影到其上的面（平面或基准平面）并指定投影方向。最后单击“确定”按钮即可，如图 2-60所示。

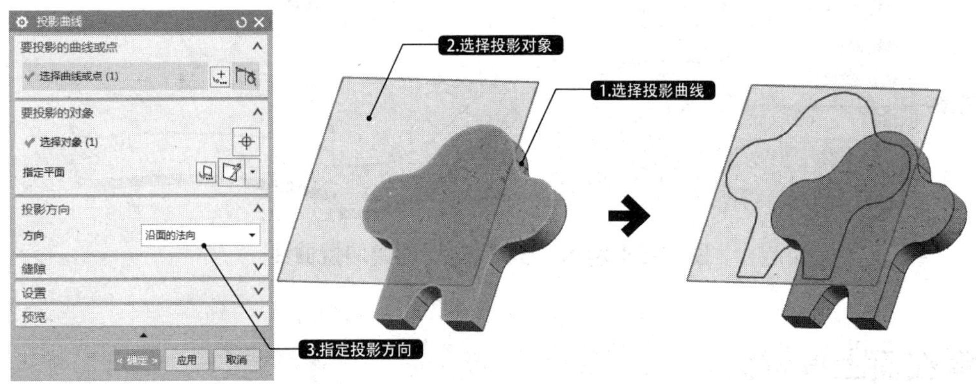

图 2-60 “投影曲线”对话框及投影效果

2.2.8 组合投影曲线

组合投影是组合两条现有曲线的投影交集以创建新的曲线。在打开的“曲线”选项卡中，单击“派生的曲线”组右侧的下三角按钮，在弹出的下拉菜单中选择“组合投影”选项，弹出“组合投影”对话框，如图 2-61所示。

在“曲线1”和“曲线2”选项组中分别选择两条投影曲线，在“投影方向1”和“投影方向2”选项组中分别指定两曲线投影的方向，单击对话框中的“确定”按钮，即可创建组合投影曲线，如图2-62所示。创建的曲线在方向1（X轴方向）上的投影即为曲线1，在方向2（Z方向）上的投影即为曲线2。

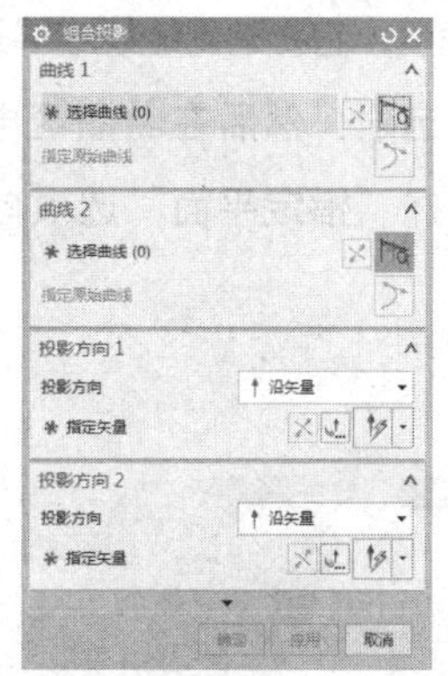

图 2-61 “组合投影”对话框

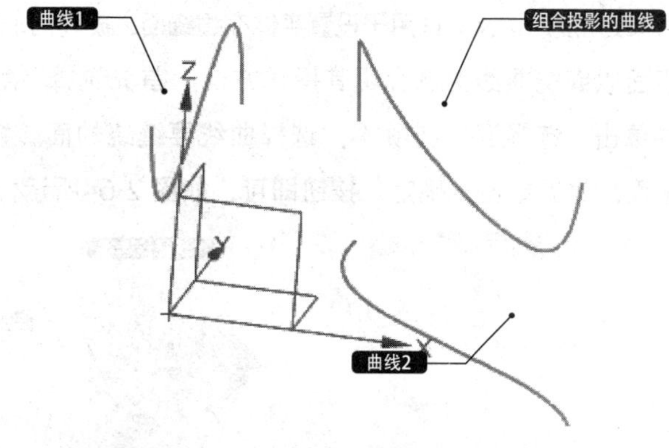

图 2-62 创建组合投影曲线

在UG中，有很多命令其实都可以看作是某几个命令的合集，像“孔”命令就可以看成是“拉伸”+“减去”命令的组合，本节中的组合投影也是如此。组合投影可以理解为两曲线在指定方向的拉伸曲面生成的交线，如图2-63所示。

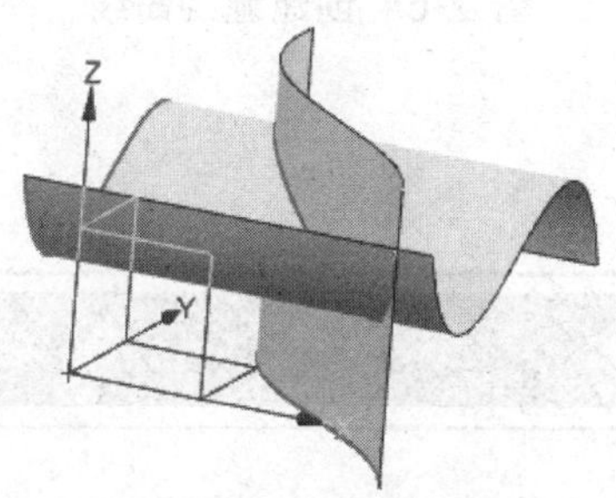

图 2-63 “组合投影”的原理

2.2.9 缠绕/展开曲线

缠绕/展开曲线可以将曲线从一个平面缠绕到一个圆锥面或圆柱面上，或从圆锥面和圆柱面展开到一个平面上。使用“缠绕/展开曲线”工具输出的曲线是3次B样条曲线，并且与其输入曲线、定义面和定义平面相关联。

选择“曲线”→“派生的曲线”→“缠绕/展开曲线”选项，或者选择“菜单”→“插入”→“派生的曲线”→“缠绕/展开曲线”选项，弹出“缠绕/展开曲线”对话框。该对话框中包括缠绕/展开曲线操作的选择方法和常用选项。

- 缠绕：选择该选项，系统将设置曲线为缠绕形式。
- 展开：选择该选项，系统将设置曲线为展开形式。

◆ 曲线或点：该选项组用于选择要缠绕或展开的曲线。

◆ 面：此选项组用于选则缠绕对象的表面，在选择时，系统只允许选择圆锥或圆柱的实体表面。

◆ 平面：此选项组用于确定缠绕的平面。在选择时，系统要求缠绕平面与被缠绕表面相切，否则将会提示错误信息。

◆ 切割线角度：该文本框用于设置实体在缠绕面上旋转时的起始角度，它影响到缠绕或展开曲线的形态。

下面以缠绕曲线为例介绍其操作方法。首先选择“缠绕”选项；然后在绘图区中选择要缠绕的曲线并单击“选择面”选项，选择曲线要缠绕的面，接着选择“指定平面”选项，确定产生缠绕的平面；最后单击“确定”按钮即可，如图 2-64所示。

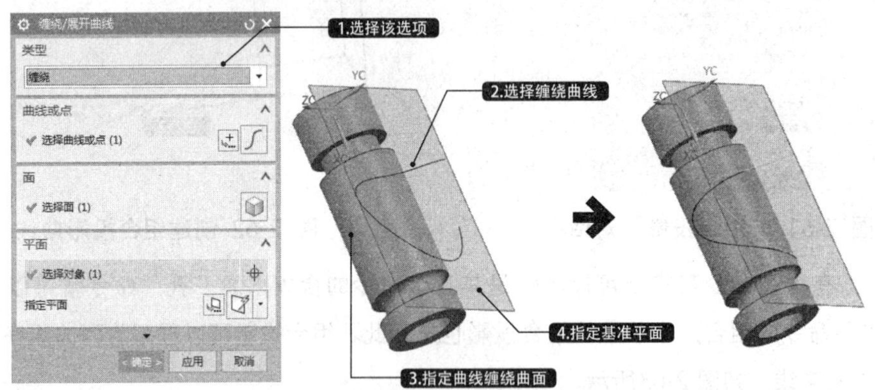

图 2-64 创建缠绕曲线

2.3 编辑曲线

在创建曲线过程中，由于大多数曲线属于非参数性自由曲线，所以在空间中具有较大的随意性和不确定性。利用创建曲线工具远远不能创建出符合设计要求的曲线，这就需要利用本节介绍的编辑曲线工具，通过编辑曲线以创建出符合设计要求的曲线，具体包括修剪曲线、修剪拐角以及分割曲线等。

2.3.1 修剪曲线

修剪曲线是修剪或延伸曲线到选定的边界对象，根据选择的边界实体（如曲线、边、平面、点或光标位置）和要修剪的曲线调整曲线的端点。

修剪曲线指可以通过曲线、边、平面、表面、点或屏幕位置等工具调整曲线的端点，可延长或修剪直线、圆弧、二次曲线或样条曲线等。选择“曲线”→“编辑曲线”→“修剪曲线”选项，弹出“修剪曲线”对话框，如图2-65所示。该对话框中主要选项的含义如下。

◆ 方向：该下拉列表用于确定边界对象与待修剪曲线交点的判断方式。具体包括“最短的3D距离”“相对于WCS”“沿一矢量方向”以及“沿屏幕垂直方向”4种方式。

◆ 关联：若选择该复选框，则修剪后的曲线与原曲线具有关联性，若改变原曲线的参数，则修剪后的曲线与边界之间的关系自动更新。

◆ 输入曲线：该选项用于控制修剪后的原曲线保留的方式。具体包括“保持”“隐藏”“删除”和“替换”4种保留方式。

◆ 曲线延伸段：如果要修剪的曲线是样条曲线并且需要延伸到边界，则利用该选项设置其延伸方式，包括“自然”“线性”“圆形”和“无”4种方式。

◆ 修剪边界曲线：若选择该复选框，则在对修剪对象进行修剪的同时，边界对象也被修剪。

◆ 保持选定边界对象：选择该复选框，单击“应用”按钮后使边界对象保持被选择状态，此时如果使用与原来相同的边界对象修剪其他曲线，不用再次选择。

◆ 自动选择递进：选择该复选框，系统按选择步骤自动进行下一步操作。

下面以图2-66所示的图形对象为例，详细介绍其操作方法。选择轮廓线为要修剪的曲线，线段*A*为第一边界对象，线段*B*为第二边界对象。接受系统默认的其他设置，最后单击“确定”按钮即可。

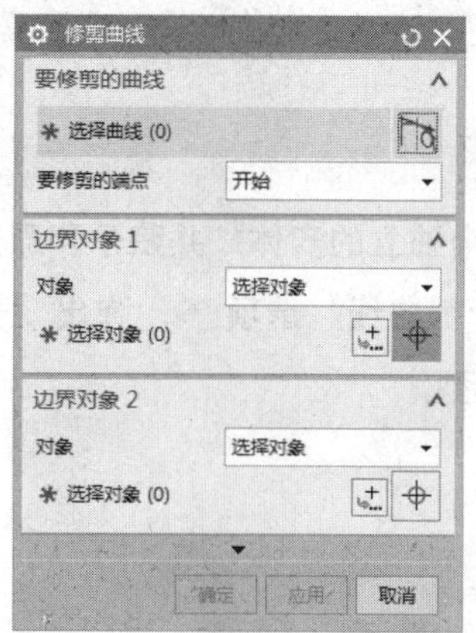

图2-65 “修剪曲线”对话框

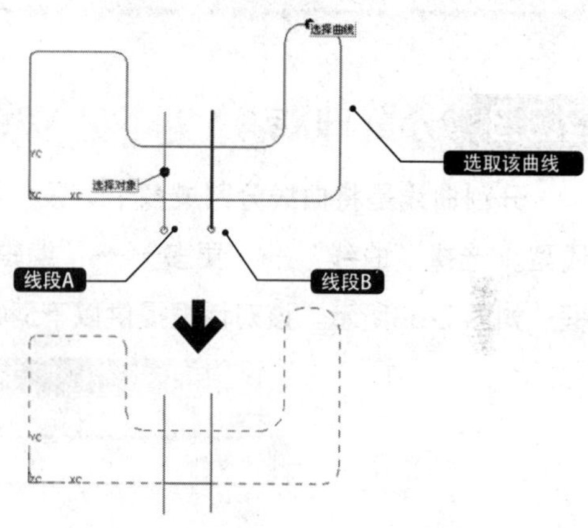

图2-66 修剪曲线操作方法

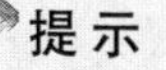提 示

在利用“修剪曲线”工具修剪曲线时，选择边界线的顺序不同，修剪结果也不同。

2.3.2 修剪拐角

修剪曲线和修剪拐角是曲线的两种修剪方式，但是它们的修剪效果却不同。修剪拐角是把两条曲线裁剪到它们的交点从而形成一个拐角，生成的拐角依附于选择的对象。

修剪拐角主要用于修剪两不平行曲线，在其交点处形成拐角，包括已相交的或将来相交的两曲线。选择“曲线”→“更多”→“编辑曲线”→“修剪拐角”选项。在弹出的“修剪拐角”对话框中会提示用户选择要修剪的拐角。在修剪拐角时，若移动鼠标使选择球同时选择欲修剪的两曲线，且选择球中心位于欲修剪的角部位，单击鼠标左键确认，两曲线的选择拐角部分会被修剪；若选择的曲线中包含样条曲线，系统会弹出警告信息，提示该操作将删除样条曲线的定义数据，需要用户给予确认。修剪拐角的效果如图 2-67所示。

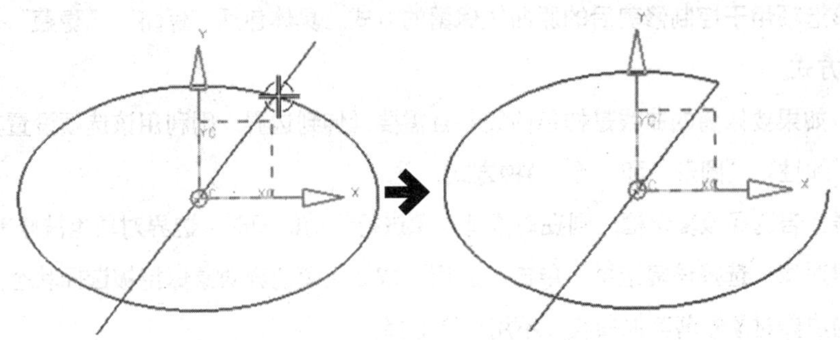

图 2-67 修剪拐角的效果

提 示

修剪特征曲线时，软件会发出警告，提示高亮显示的曲线的创建参数将被移除。单击“是”继续修剪操作，或者单击“否”取消修剪操作。

2.3.3 分割曲线

分割曲线是将曲线分割成多个节段，各节段都是一个独立的实体，并赋予和原先的曲线相同的线型。选择“曲线”→“更多”→“编辑曲线”→“分割曲线”选项，弹出“分割曲线”对话框，如图 2-68所示。该对话框提供以下5种分割曲线的类型。

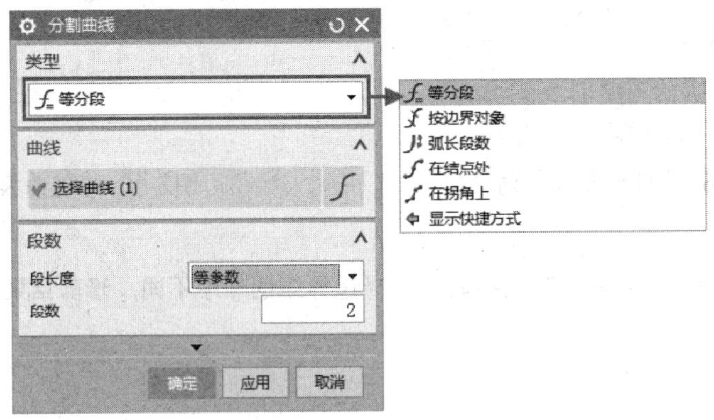

图 2-68 “分割曲线”对话框

1. 等分段

该方式是以等长或等参数的方法将曲线分割成相同的节段。选择“等分段”选项后，选择要分割的曲线，然后在相应的文本框中设置等分参数并单击“确定”按钮即可，如图 2-69所示。

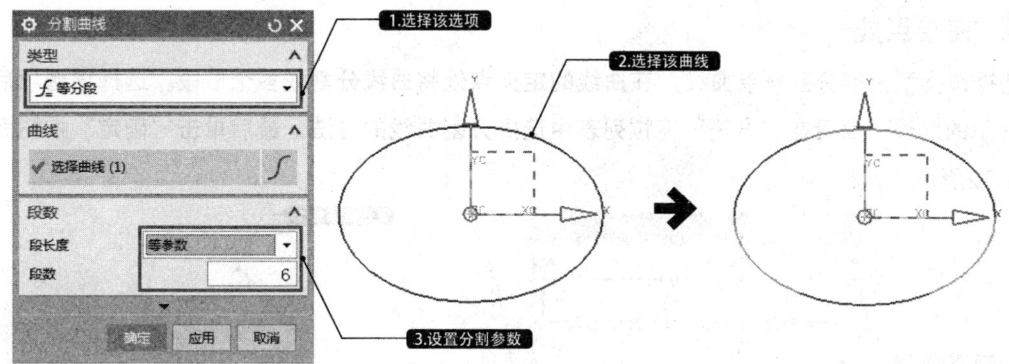

图 2-69 利用“等分段”分割曲线

2. 按边界对象

该类型是利用边界对象来分割曲线。选择“按边界对象”选项，然后选择要分割的曲线并根据系统提示选择边界对象，最后单击“确定”按钮，即可完成操作，如图 2-70所示。

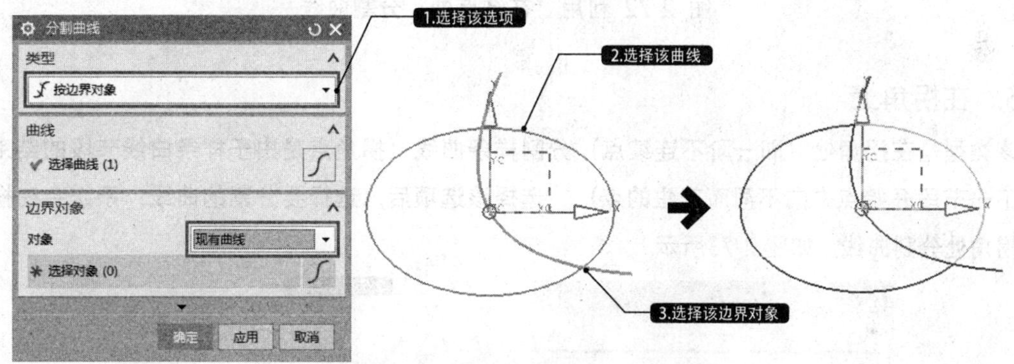

图 2-70 利用“按边界对象”分割曲线

3. 弧长段数

该类型是通过分别定义各节段的弧长来分割曲线。选择“弧长段数”选项，然后选择要分割的曲线，最后在“弧长”文本框中设置弧长并单击“确定”按钮即可，如图 2-71所示。

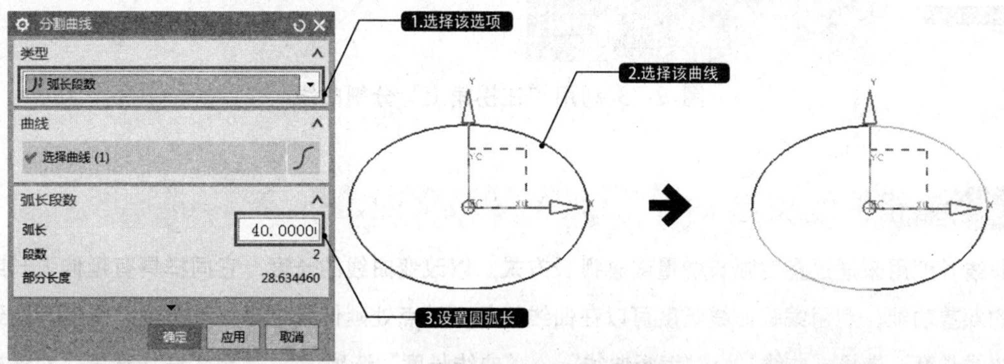

图 2-71 利用“按弧长段数”分割曲线

4. 在结点处

选择该类型只能分割样条曲线，在曲线的定义点处将曲线分割成多个节段。选择该选项后，选择要分割的曲线，然后在“方法”下拉列表中选择分割曲线的方法，最后单击“确定”按钮即可，如图 2-72所示。

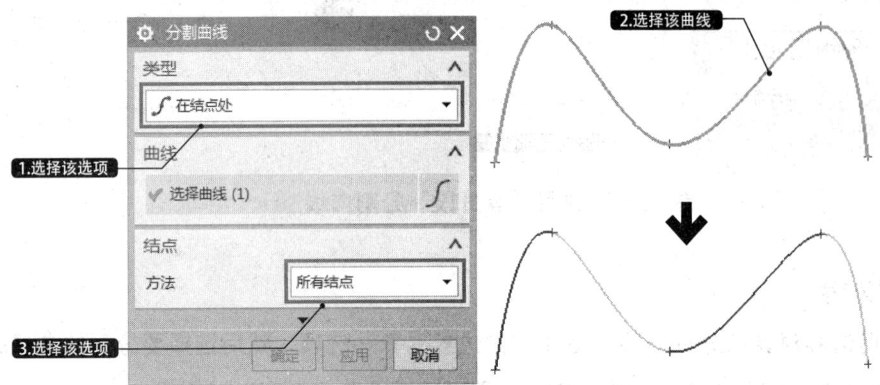

图 2-72 利用“在结点处”分割曲线

5. 在拐角上

该类型是在拐角处（即一阶不连续点）分割样条曲线（拐角点是由于样条曲线节段的结束点方向和下一节段开始点方向不同而产生的点）。选择该选项后，选择要分割的曲线，系统会在样条曲线的拐角处分割曲线，如图 2-73所示。

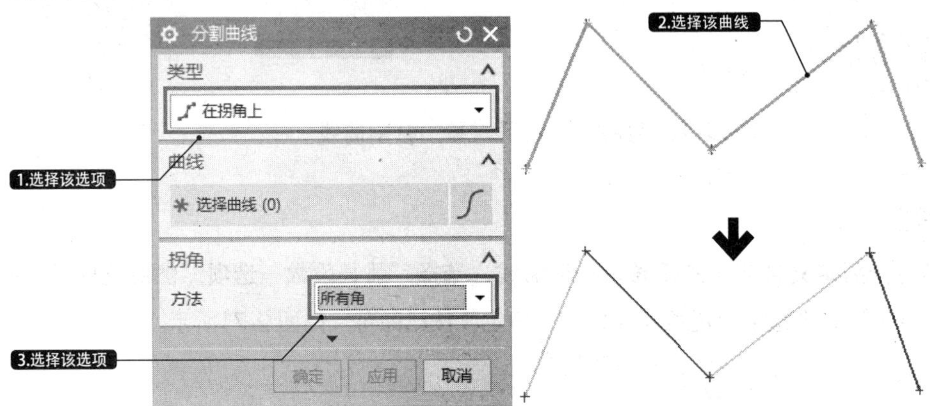

图 2-73 利用“在拐角上”分割曲线

2.3.4 编辑曲线长度

曲线长度用来通过指定弧长增量或总弧长方式，以改变曲线的长度，它同样具有延伸弧长或修剪弧长的双重功能。利用编辑曲线长度可以在曲线的每个端点处延伸或缩短一段长度，或使其达到一个双重曲线长度。选择“曲线”→“编辑曲线”→“曲线长度”选项，弹出“曲线长度”对话框，如图2-74所示。该对话框中主要选项的含义如下所述。

◆ 长度：该下拉列表用于设置曲线长度的编辑方式，包括“增量”和“全部”两种。如选择“全部”，则以给定总长来编辑选择曲线的长度；如选择“增量”，则以给定长度增加量或减少量来编辑选择曲线的长度。

◆ 侧：该下拉列表用来设置修剪或延伸方式，包括“起点和终点”和“对称”两种。“起点和终点”是从选择曲线的起点或终点开始修剪或延伸；“对称”是从选择曲线的起点和终点同时对称修剪或延伸。

◆ 方法：该下拉列表用于设置修剪或延伸方式，包括“自然”“线性”和“圆形”3种类型。

◆ 限制：该选项组主要用于设置从开始或结束修剪或延伸的增量值。

◆ 设置：该选项组用于设置曲线与原曲线的关联，以及输入曲线的处理和公差。

要编辑曲线长度，首先要选择曲线，然后在“延伸”选项组中接受系统默认的设置，并在“开始”和“结束”文本框中分别输入增量值，最后单击“确定”按钮即可，如图2-75所示。

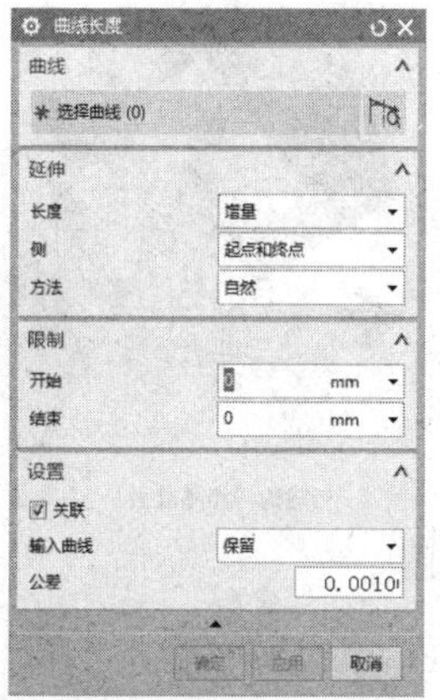

图2-74 “曲线长度”对话框

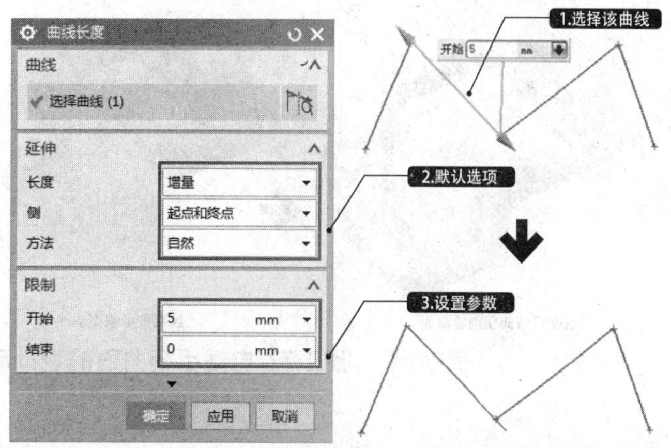

图2-75 编辑曲线长度

2.4 案例实战——创建电锤手柄曲面

最终文件：素材\第2章\电锤手柄-OK.prt

视频文件 视频\2.4创建电锤手柄曲面.mp4

本实例是创建一个电锤手柄曲面，如图2-76所示。该曲面是电锤壳体的主要特征，它的设计效果间接影响电锤的操作，创建电锤手柄曲面特征便于操作者手握和沿钻口方向施力。

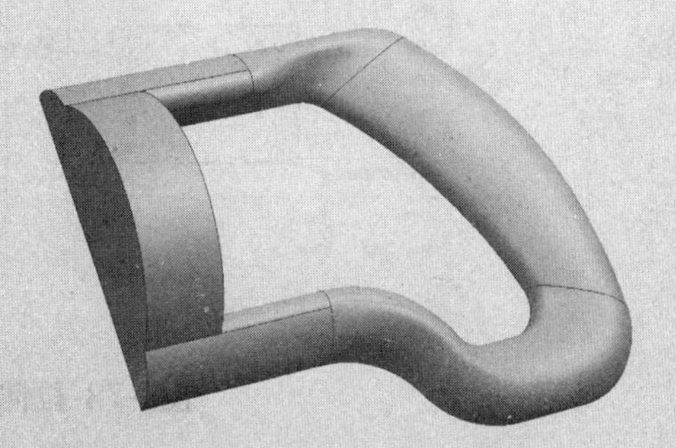

图2-76 电锤手柄造型效果

2.4.1 设计流程图

由于电锤手柄曲面为非规则曲面，不能通过扫掠工具来完成，所以必须首先绘制手柄各个截面的曲线。绘制这些截面的前提是创建边界基准点，并创建各边界点对应的基准面为参照。从而通过创建的截面作为交叉曲线创建网格曲面，其设计流程如图2-77所示。

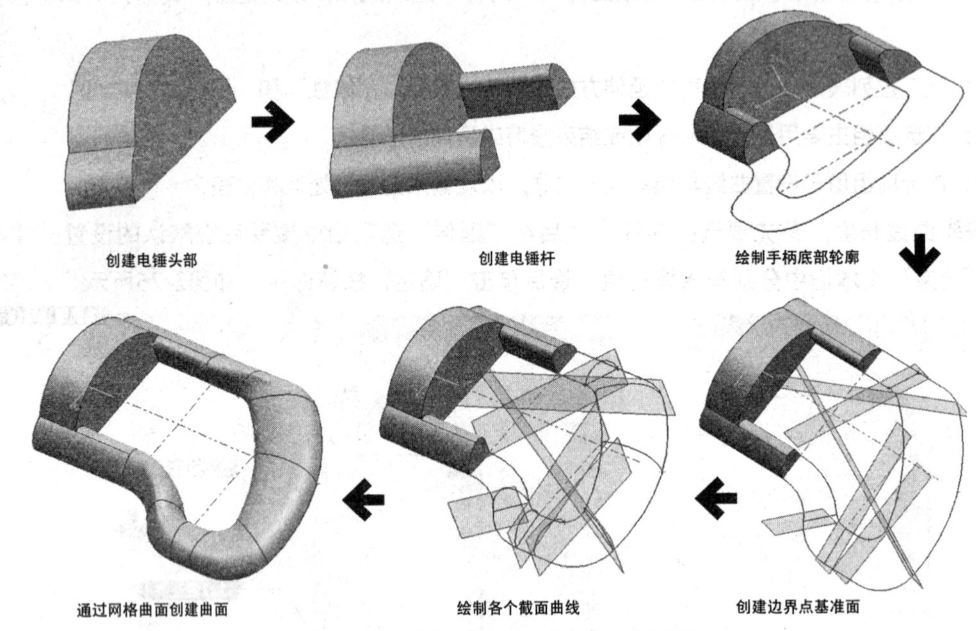

图2-77 电锤手柄曲面的设计流程图

2.4.2 具体设计步骤

01 创建电锤头部拉伸实体。选择“主页”→“特征”→“拉伸”选项，在“拉伸”对话框中单击图标，以*XC-ZC*平面为草绘平面，绘制如图2-78所示的草图，返回“拉伸”对话框后，设置拉伸“开始”和“结束”的“距离”为0和24.5，拉伸创建电锤头部实体，如图2-78所示。

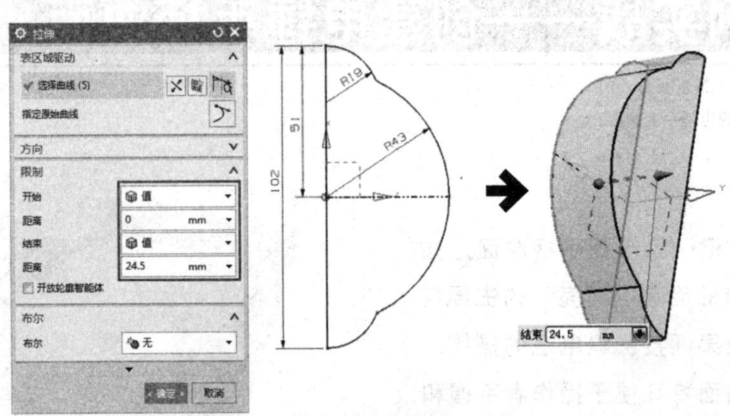

图2-78 拉伸创建电锤头部实体

02 拉伸创建电锤杆实体。选择“主页”→“特征”→“拉伸”选项，在“拉伸”对话框中单击图标，以电锤头部端面为草绘平面，绘制如图2-79所示的草图；返回“拉伸”对话框后，设置拉伸“开始”和“结束”的距离为0和37，拉伸创建电锤杆实体，如图2-79所示。

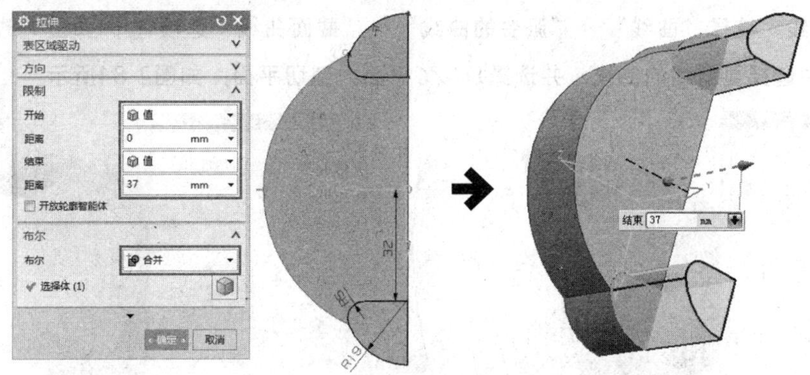

图2-79 拉伸创建电锤杆实体

03 绘制电锤底部轮廓。选择“主页”→“草图”选项，弹出“创建草图”对话框，在绘图区中选择XY平面为草图平面，分别绘制如图2-80和图2-81所示的底部轮廓。

04 创建边界基准点1和基准点2。选择“曲线”→“点”选项，弹出“点”对话框。在“类型”下拉列表中选择“曲线/边上的点”选项，在绘图区中选择要创建边界点的直线；然后在对话框中选择“位置”为“参数百分比”，其值为60，创建边界基准点1如图2-82所示。按同样的方法创建另一条直线上的基准点2。

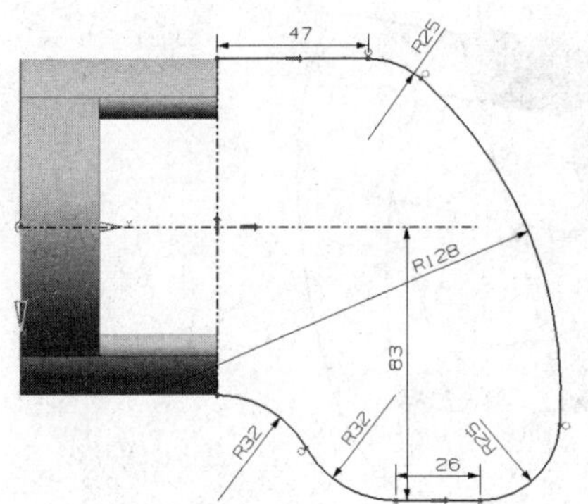

图2-80 绘制电锤底部外轮廓

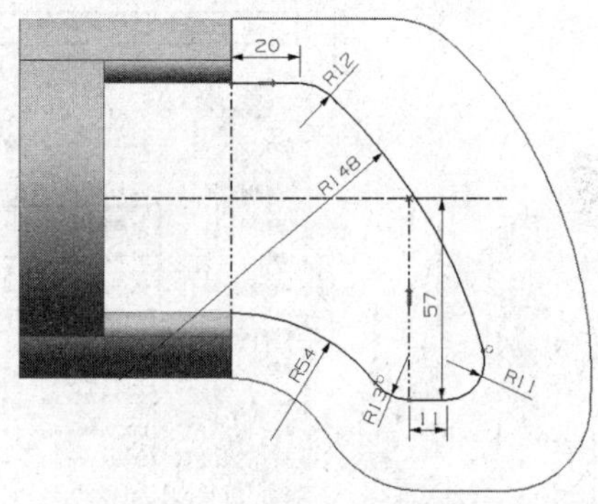

图2-81 绘制电锤底部内轮廓

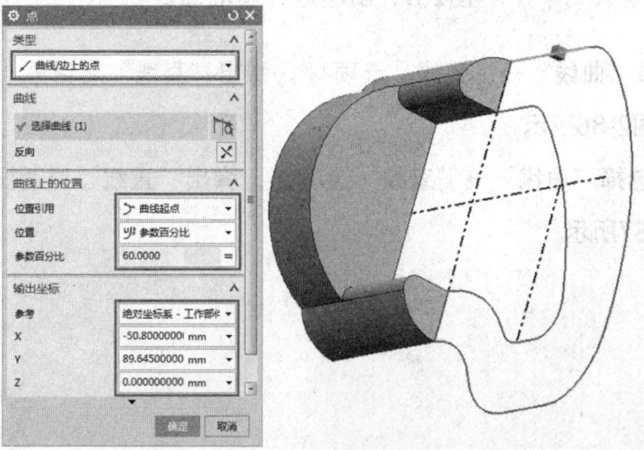

图2-82 创建边界基准点1

05 创建连接线段1。选择“曲线”→“直线”选项，弹出“直线”对话框。在绘图区中选择上步骤创建的两个基准点，如图2-83所示。

06 创建截面曲线。选择“曲线”→“派生的曲线”→“截面曲线”选项，弹出“截面曲线”对话框，在绘图区中选择要剖切的曲线，并选择*YC-ZC*平面为剖切平面，如图2-84所示。

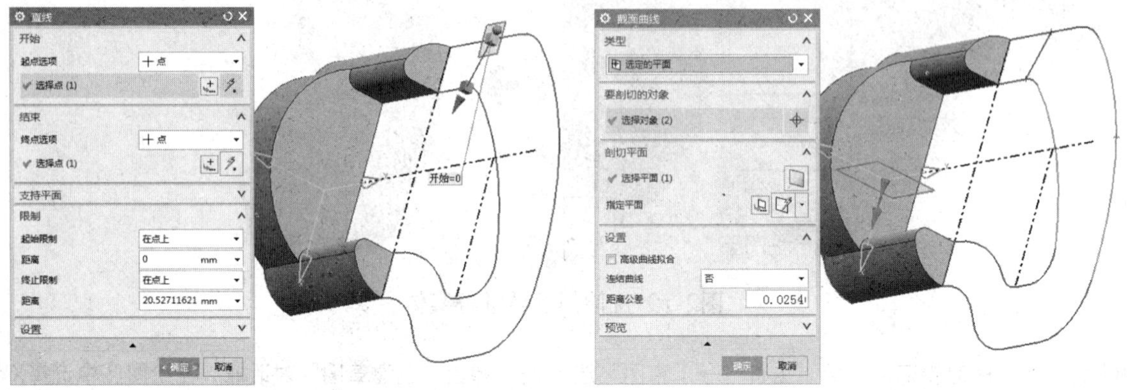

图2-83 创建连接线段1　　图2-84 创建截面曲线

07 创建边界基准点2。选择“曲线”→“点”选项，弹出“点”对话框。在“类型”下拉列表中选择“曲线/边上的点”选项，在绘图区中选择要创建边界点的圆弧，然后在对话框中选择“位置”为“参数百分比”，其值为30，如图2-85所示。

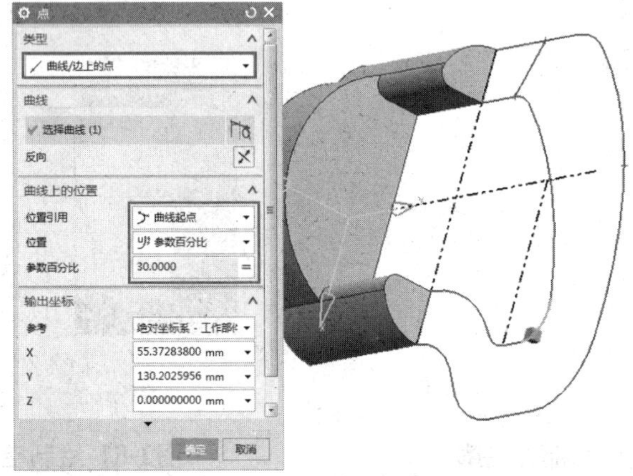

图2-85 创建边界基准点2

08 创建连接线段2。选择“曲线”→“直线”选项，弹出“直线”对话框。在绘图区中选择上步骤基准点3和直线的端点，如图2-86所示。

09 创建其他连接线段。选择“曲线”→“直线”选项，弹出“直线”对话框。在绘图区中依次连接各个边界的基准点，如图2-87所示。

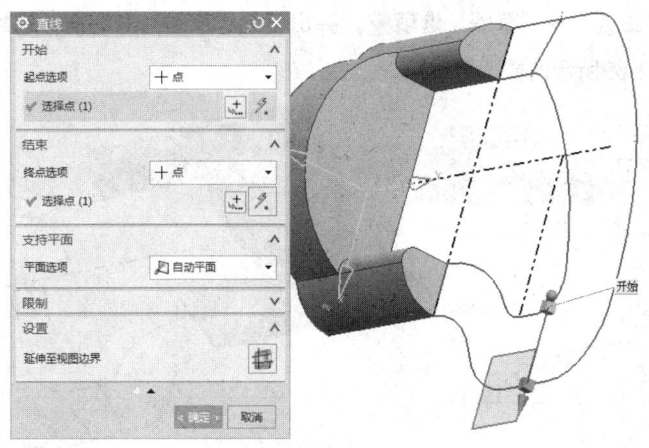

图2-86 创建连接线段2

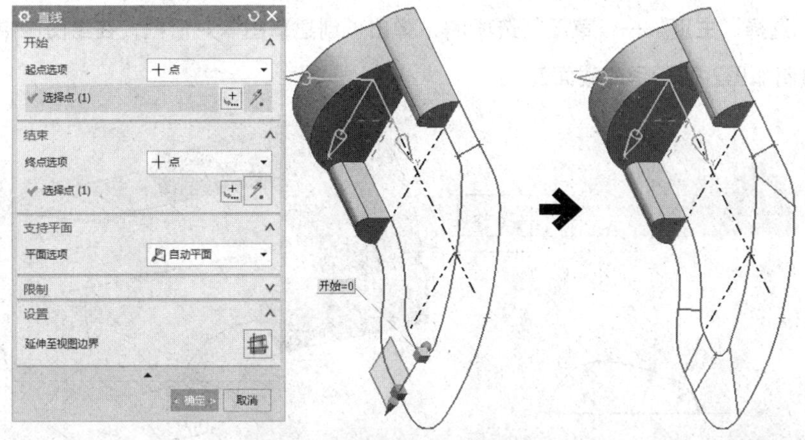

图2-87 创建连接其他线段

10 创建基准平面。选择“主页”→“特征”→“基准平面”选项，在“类型”下拉列表中选择“成一角度”选项，并设置“角度”为90度，在绘图区中选择*XC-YC*平面为参考平面，选择连接线段为通过轴，创建基准平面，如图2-88所示。按照同样的方法创建其他边界的基准平面。

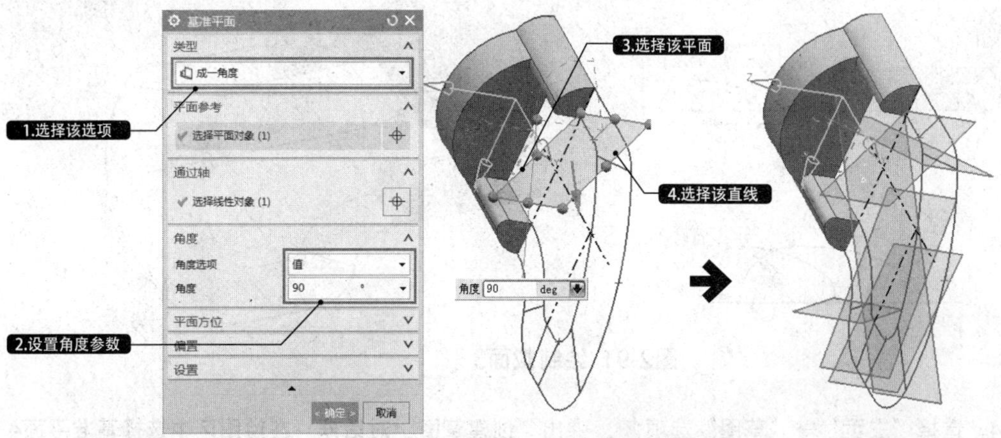

图2-88 创建基准平面

11 绘制截面1。选择“主页”→“草图”选项，弹出“创建草图”对话框。在绘图区中选择基准平面1为草绘平面，绘制如图2-89所示的截面1。

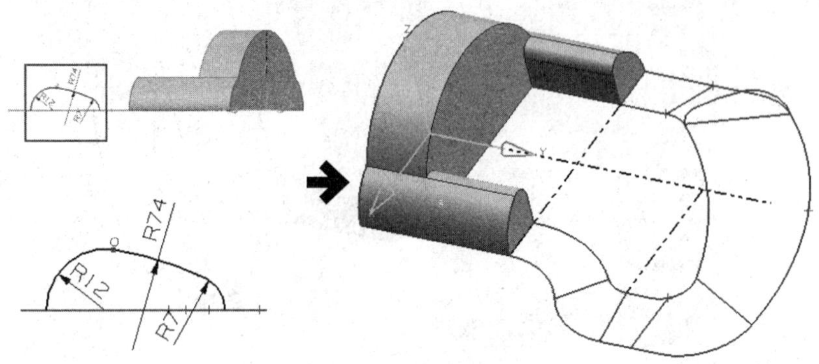

图2-89 绘制截面1

12 绘制截面2。选择“主页”→“草图”选项，弹出“创建草图”对话框。在绘图区中选择基准平面2为草绘平面，绘制如图2-90所示的截面2。

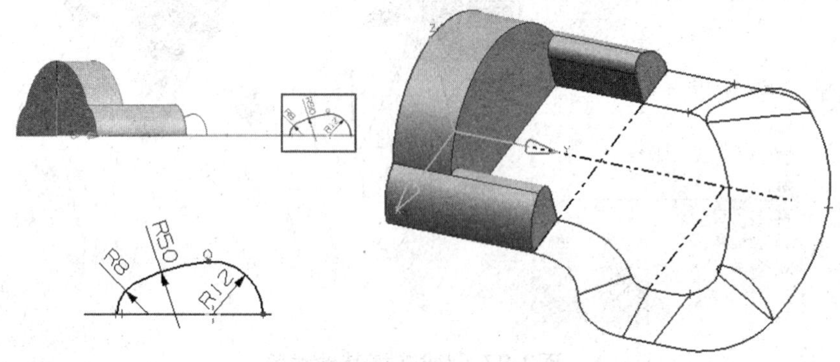

图2-90 绘制截面2

13 绘制截面3。选择“主页”→“草图”选项，弹出“创建草图”对话框。在绘图区中选择*YC-ZC*平面为草绘平面，绘制如图2-91所示的截面3。

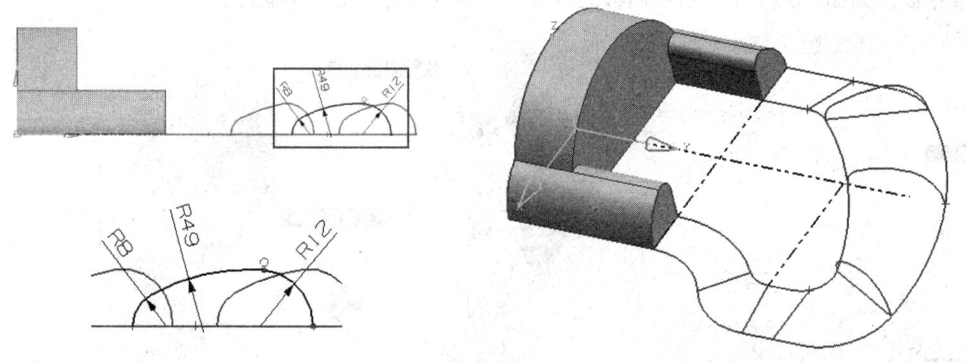

图2-91 绘制截面3

14 绘制截面4。选择“主页”→“草图”选项，弹出“创建草图”对话框。在绘图区中选择基准平面4为草图平面，绘制如图2-92所示的截面4。

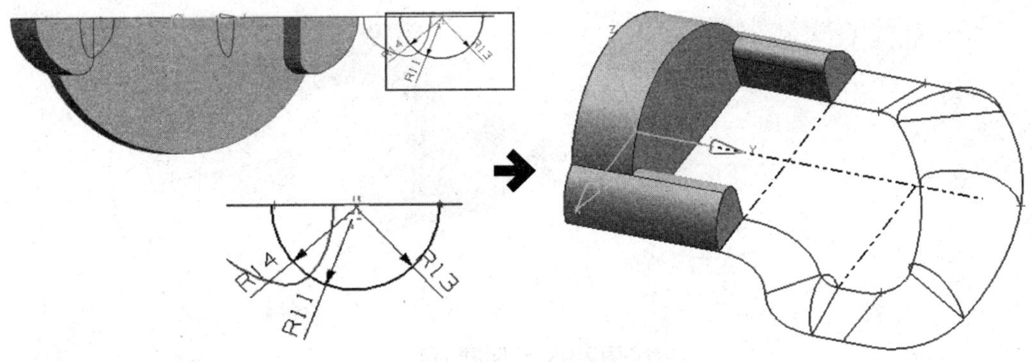

图2-92 绘制截面4

15 绘制截面5。选择“主页”→“草图”选项，弹出“创建草图”对话框。在绘图区中选择基准平面5为草绘平面，绘制如图2-93所示的截面5。

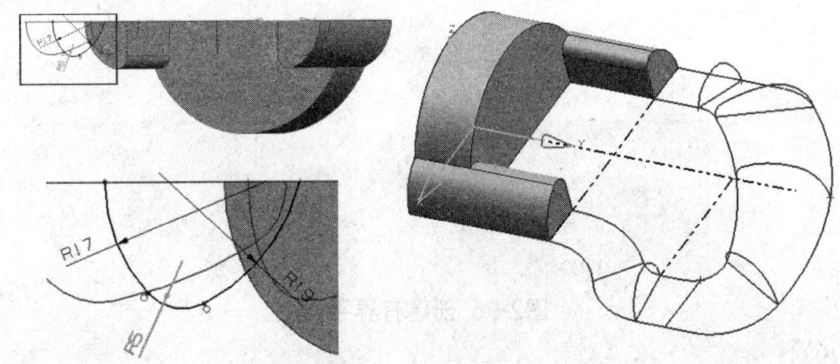

图2-93 绘制截面5

16 绘制截面6。选择“主页”→“草图”选项，弹出“创建草图”对话框。在绘图区中选择基准平面6为草绘平面，绘制如图2-94所示的截面6。

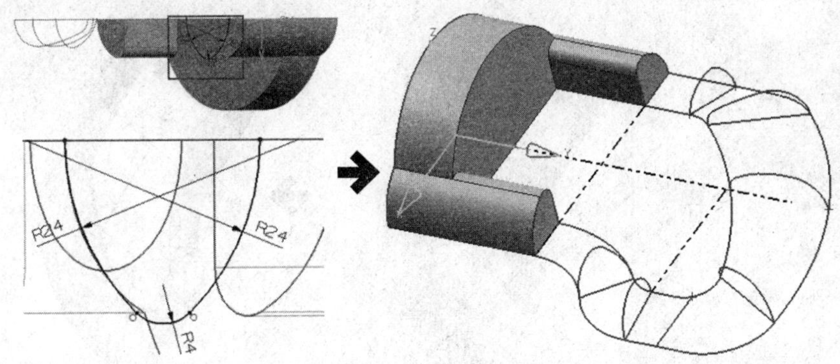

图2-94 绘制截面6

17 绘制截面7。选择“主页”→“草图”选项，弹出“创建草图”对话框。在绘图区中选择基准平面7为草绘平面，绘制如图2-95所示的截面7。

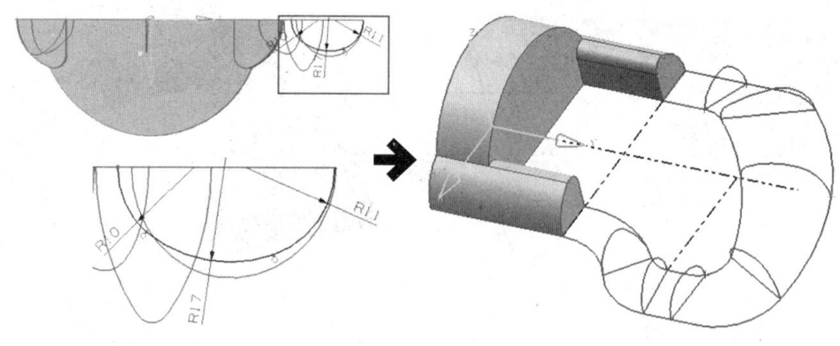

图2-95 绘制截面7

18 创建有界平面。选择“主页”→“曲面”→“更多”→“有界平面”选项，弹出“有界平面”对话框。在绘图区中选择电锤手柄底部轮廓，创建有界平面，如图2-96所示。

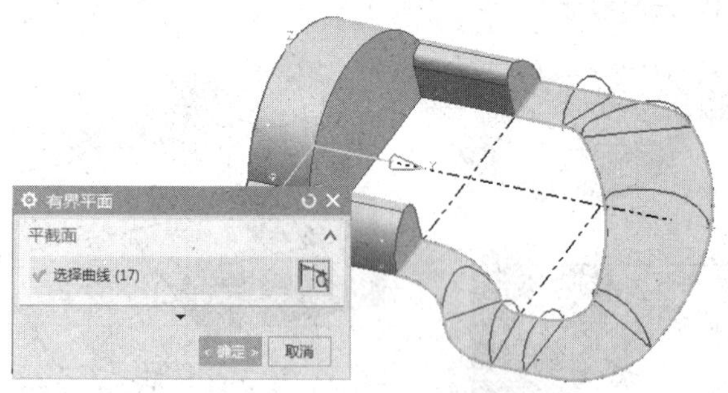

图2-96 创建有界平面

19 创建曲线网格曲面1。选择“主页”→“曲面”→“通过曲线网格”选项，弹出“通过曲线网格”对话框。在绘图区中依次选择手柄中间的三个截面为主曲线，选择底部轮廓曲线为交叉曲线，创建创建曲线网格曲面1，如图2-97所示。

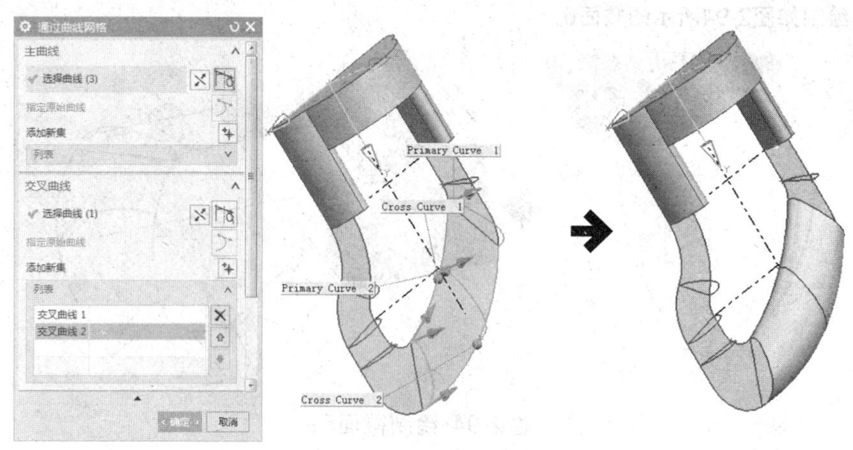

图2-97 创建曲线网格曲面1

20 创建曲线网格曲面2。选择“主页”→“曲面”→“通过曲线网格”选项，弹出“通过曲线网格”对话框。在绘图区中依次选择手柄上侧面的三个截面为主曲线，选择底部轮廓线为交叉曲线，选择两端的连接曲面，设置相切连续性，创建曲线网格曲面2，如图2-98所示。

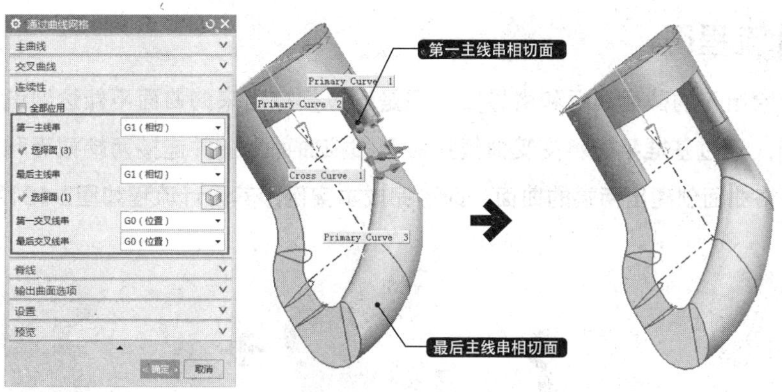

图2-98 创建曲线网格曲面2

21 创建曲线网格曲面3。选择“主页”→“曲面”→“通过曲线网格”选项，弹出“通过曲线网格”对话框。在绘图区中依次选择手柄下侧面的五个截面为主曲线，选择底部轮廓线为交叉曲线，选择两端的连接曲面，设置相切连续性，创建曲线网格曲面3，如图2-99所示。至此，电锤手柄曲面创建完成。

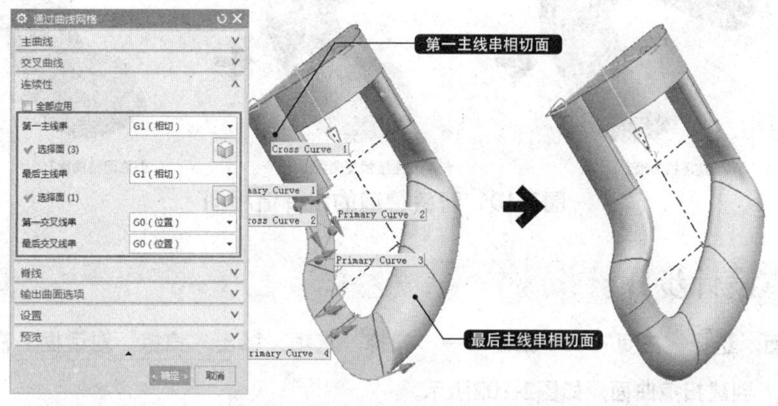

图2-99 创建曲线网格曲面3

2.5 案例实战——创建弯头管道曲面

原始文件：素材\第2章\弯头管道.prt

最终文件：素材\第2章\弯头管道-OK.prt

视频文件：视频\2.5创建弯头管道曲面.mp4

本实例是创建一个弯头管道曲面，如图2-100所示。在创建曲面的实践过程中，曲面和曲线是紧密相连的。在实际设计和生产中，往往给出达到设计要求的线框，通过线框去设计曲面，而所给定的线框是不能创建整个曲面的。通过曲面和曲线结合，先创建部分曲面，再创建曲线网格，从而完成整个曲面的光顺设计。

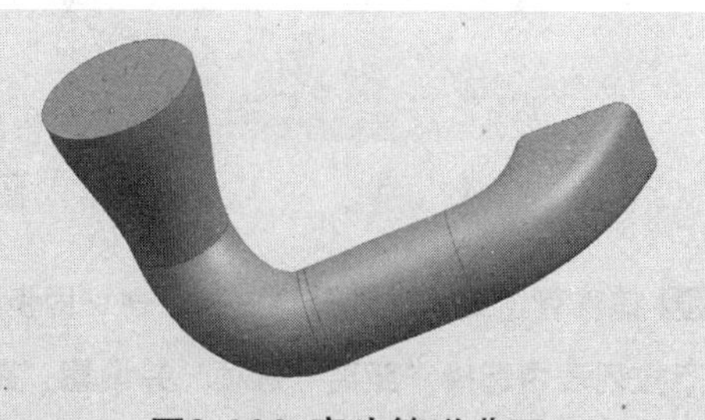

图2-100 弯头管道曲面

2.5.1 设计流程图

虽然本实例给出了的截面线框和引导线，但是通过扫掠出来的曲面不能达到设计要求。应首先扫掠中间的曲面，通过基准平面将交叉曲线投影到扫掠曲面上，并连接两端截面和扫掠曲面间的曲线；最后通过网格曲面创建出两端的曲面，即可完成本实例，其设计流程如图2-101所示。

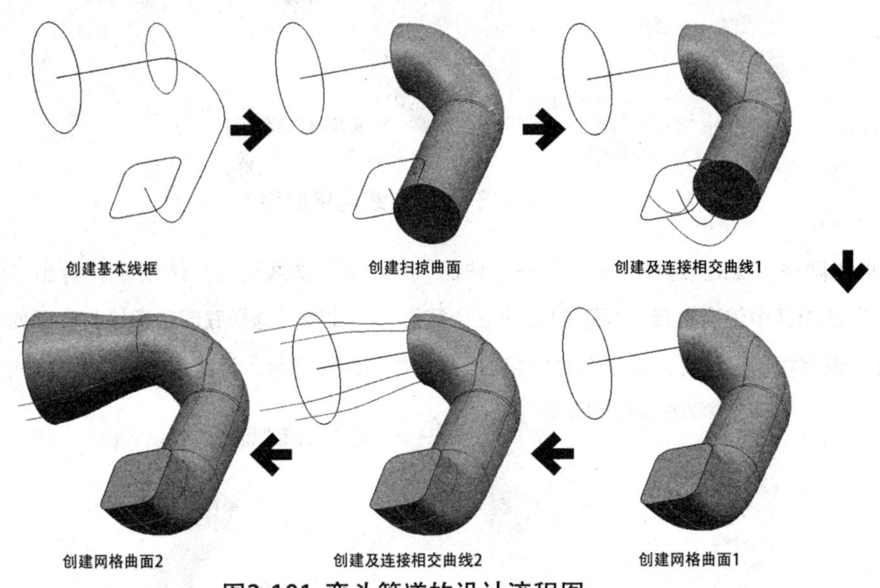

图2-101 弯头管道的设计流程图

2.5.2 具体设计步骤

01 创建扫掠曲面。选择“主页”→“曲面”→“扫掠”选项，弹出“扫掠”对话框。在绘图区中选择截面曲线和引导线，创建扫掠曲面，如图2-102所示。

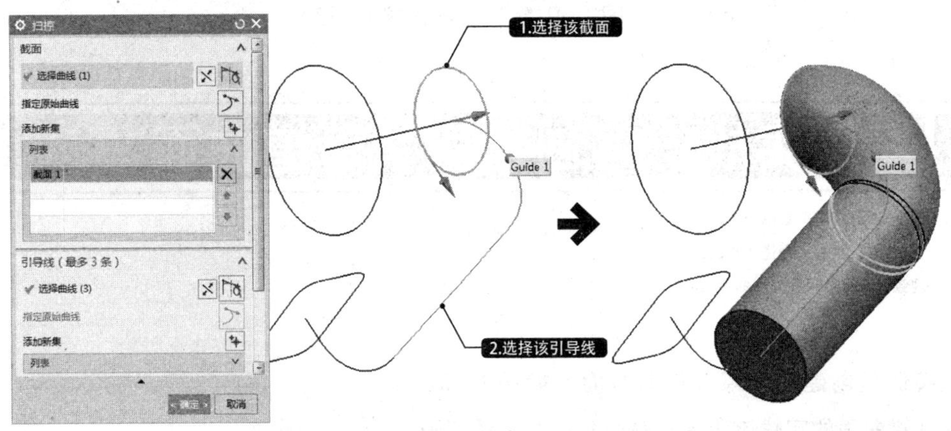

图2-102 创建扫掠曲面

02 偏移管道端面。选择“主页”→“同步建模”→“移动面”选项，弹出“移动面”对话框。在“运动”下拉列表中选择“距离”选项，并设置“距离”为25。在绘图区中选择管道的端面，偏移管道端面，如图2-103所示。

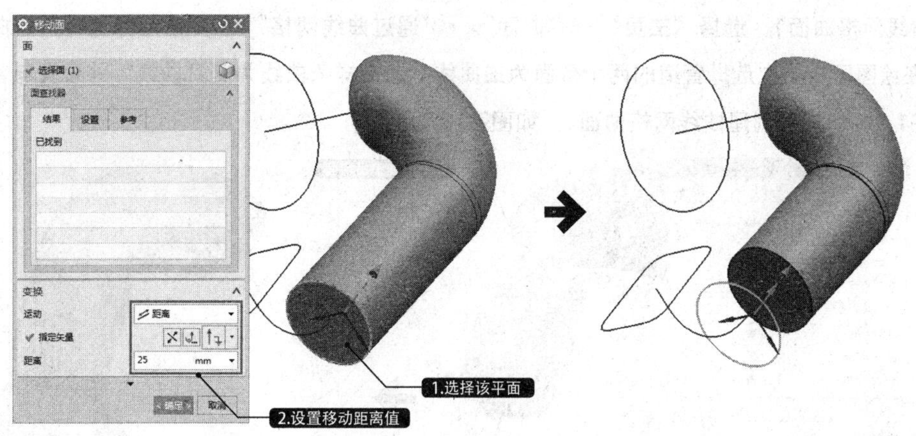

图2-103 偏移管道端面

03 创建基准坐标系1。选择“主页”→“特征”→“基准坐标系”选项，弹出“基准坐标系”对话框。在绘图区中选择扫掠引导线的端点，创建基准坐标系1，如图2-104所示。

04 创建相交曲线1。选择“曲线”→“派生的曲线”→“相交曲线”选项，弹出“相交曲线”对话框。在绘图区中选择管道外表面为第一组面，选择上步骤所创建坐标系的XZ平面和XY平面为第二组面，创建相交曲线1，如图2-105所示。

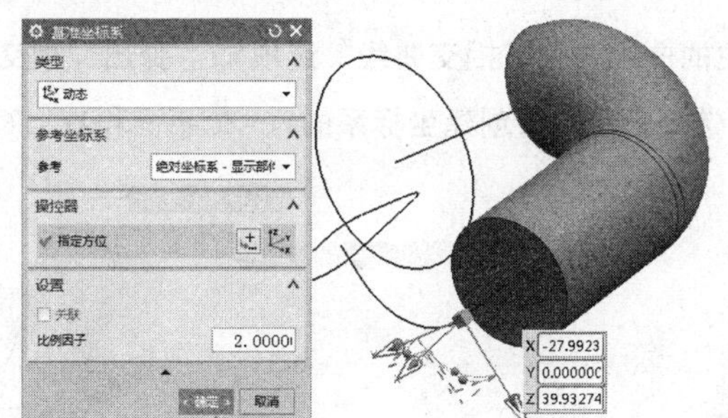

图2-104 创建基准坐标系1

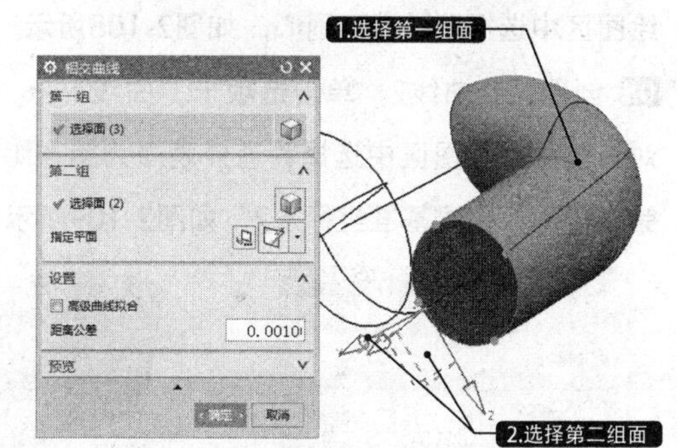

图2-105 创建相交曲线1

05 创建艺术样条。选择“曲线”→“艺术样条”选项，弹出“艺术样条”对话框。在绘图区中选择圆角矩形边中点和所创建的相交曲线端点，并设置与相交曲线德连续性为G1，创建艺术样条，如图2-106所示。

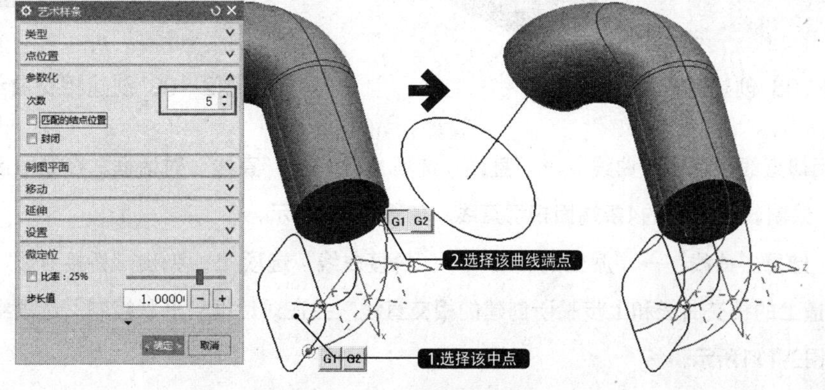

图2-106 创建艺术样条

06 创建曲线网格曲面1。选择“主页”→“曲面”→“通过曲线网格”选项，弹出“通过曲线网格”对话框。在绘图区中依次选择管道的两个截面为主曲线，选择样条曲线为交叉曲线，并设置与管道曲面的连续性为G1（相切），创建曲线网格曲面1，如图2-107所示。

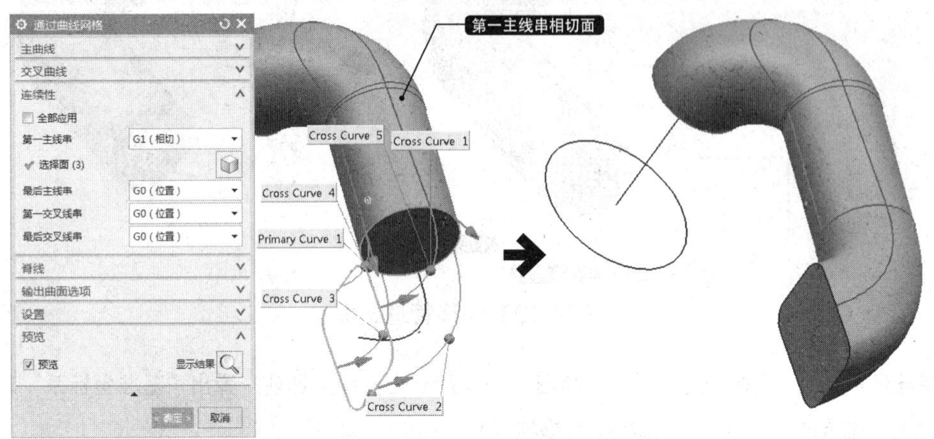

图2-107 创建曲线网格曲面1

07 创建基准坐标系2。选择“主页”→“特征”→“基准坐标系”选项，弹出“基准坐标系”对话框。在绘图区中选择管道端面圆心，如图2-108所示。

08 创建相交曲线2。单击选项卡“曲线”→“派生的曲线”→“相交曲线”选项，弹出“相交曲线”对话框，在绘图区中选择管道外表面为第一组面，选择上步骤所创建坐标系的*YC-ZC*平面和*XC-YC*平面为第二组面，创建基准坐标系2，如图2-109所示。

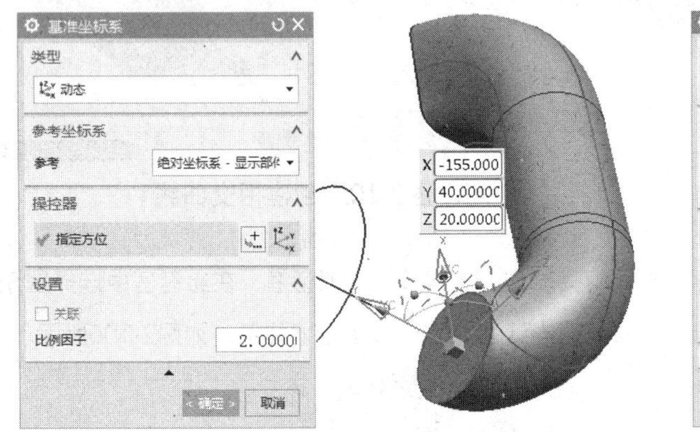

图2-108 创建基准坐标系2

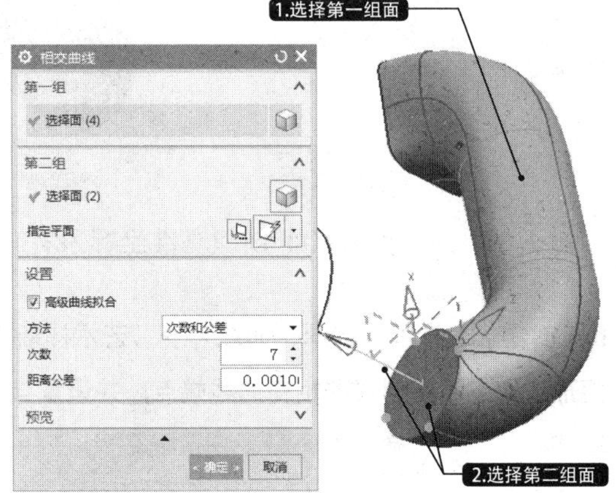

图2-109 创建相交曲线2

09 绘制端面相切直线。选择“曲线”→“直线”选项，弹出“直线”对话框。在绘图区中选择截面圆的4个象限点，绘制长度为27的4条端面相切直线，如图2-110所示。

10 桥接曲线。选择“曲线”→“派生的曲线”→“桥接曲线”选项，弹出“桥接曲线”对话框。在绘图区中选择管道上的相交曲线和上步骤所创建的相交直线，并在对话框“形状控制”选项组中设置参数，桥接曲线，如图2-111所示。

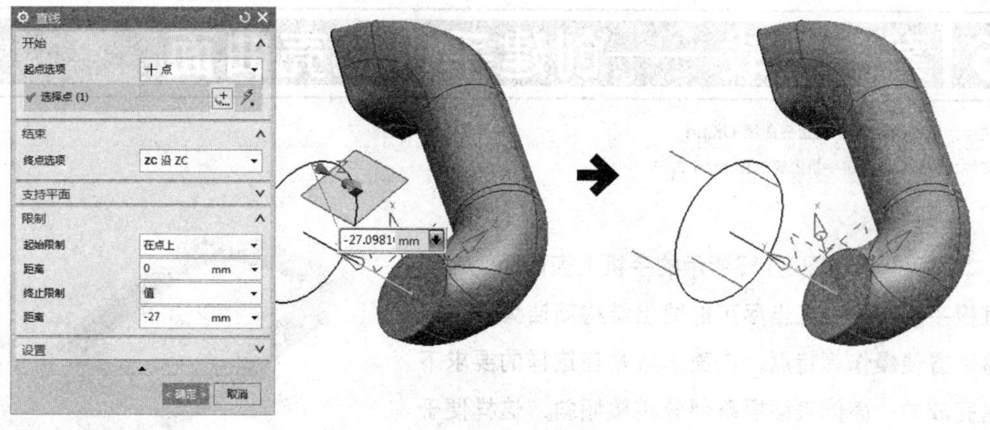

图2-110 绘制端面相切直线

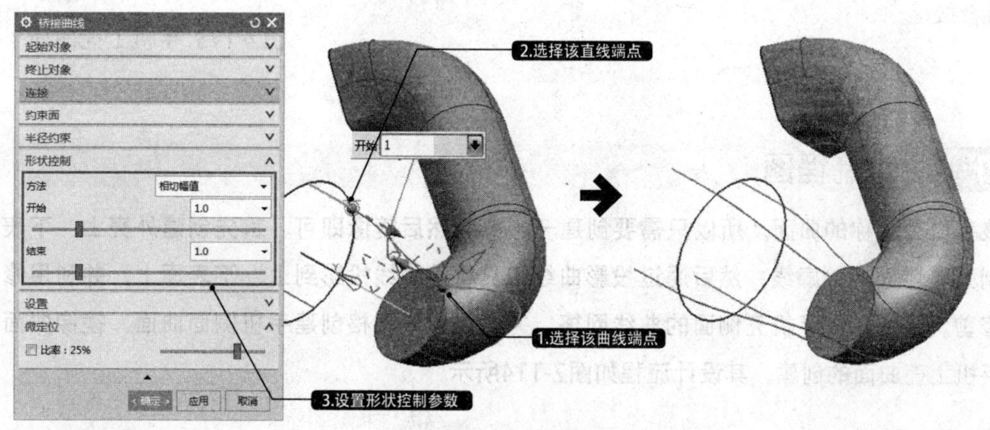

图2-111 桥接曲线

11 创建曲线网格曲面2。选择“主页”→“曲面”→“通过曲线网格”选项，弹出“通过曲线网格”对话框。在绘图区中依次选择管道的两个截面为主曲线，选择桥接曲线为交叉曲线，并设置与管道曲面的连续性为G1（相切），创建曲线网格曲面2，如图2-112所示。致此，弯头管道曲面创建完成。

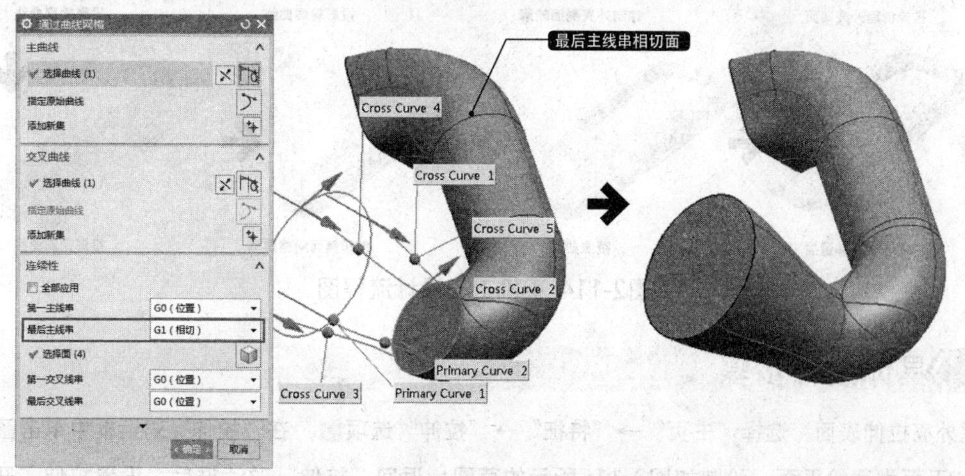

图2-112 创建曲线网格曲面2

2.6 案例实战——创建手机上壳曲面

最终文件：素材\第2章\手机上壳曲面-OK.prt

视频文件：视频\2.6创建手机上壳曲面.mp4

本实例创建如图2-113所示的手机上壳曲面。在创建直板手机壳体时应当尽可能突出结构简洁大方，同时体现方便操作等特点。该壳体就是在这样的要求下创建完成的，壳体表面屏幕部分稍微倾斜，这样便于使用者观看屏幕，按键部分表面相对趋于平面，便于使用者按键。

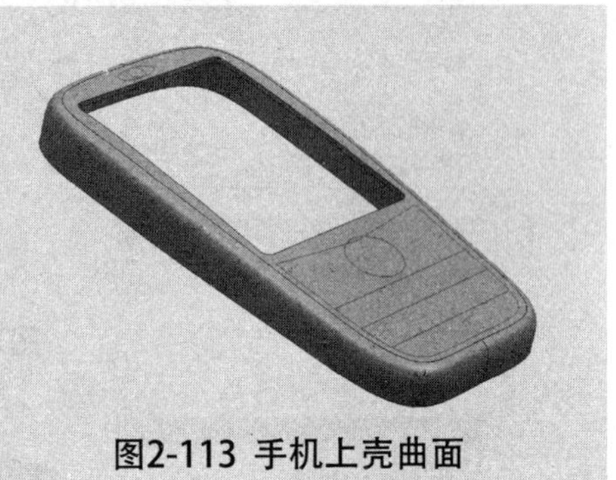

图2-113 手机上壳曲面

2.6.1 设计流程图

该手机为对称的曲面，所以只需要创建一半曲面然后镜像即可。首先创建外壳上、下表面，以及绘制外壳侧面的轮廓线；然后通过投影曲线工具将轮廓线投影到上、下表面上，并利用修剪工具将其修剪。最后绘制手机壳侧面的曲线网格，并通过曲线网格创建手机侧面曲面，镜像曲面即可完成该手机上壳曲面的创建。其设计流程如图2-114所示。

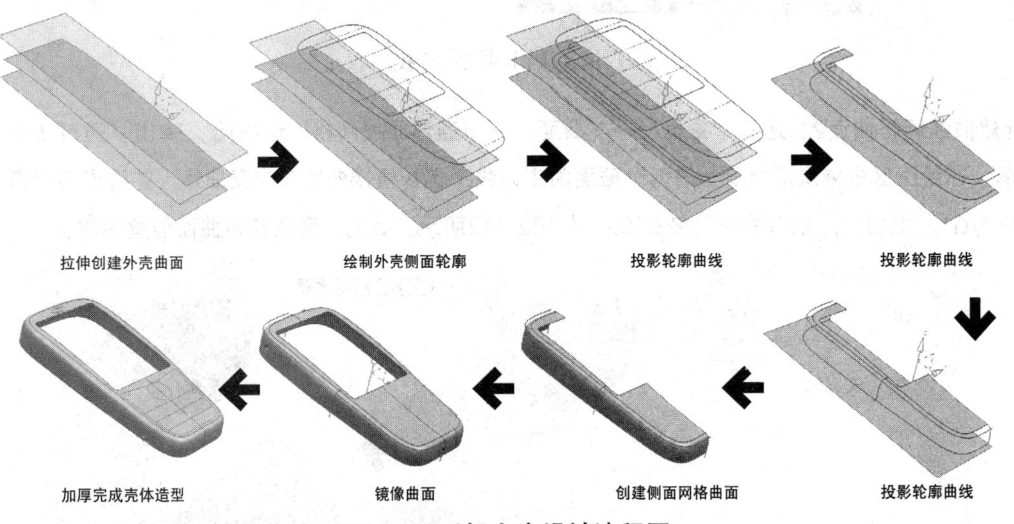

图2-114 手机上壳设计流程图

2.6.2 具体设计步骤

01 创建外壳拉伸表面。选择“主页”→“特征”→“拉伸”选项，在“拉伸”对话框中单击图标，以*YC-ZC*平面为草绘平面，绘制如图2-115所示的草图；返回“拉伸”对话框后，设置拉伸“开始”和“结束”的距离为40和0，创建外壳拉伸表面，如图2-115所示。

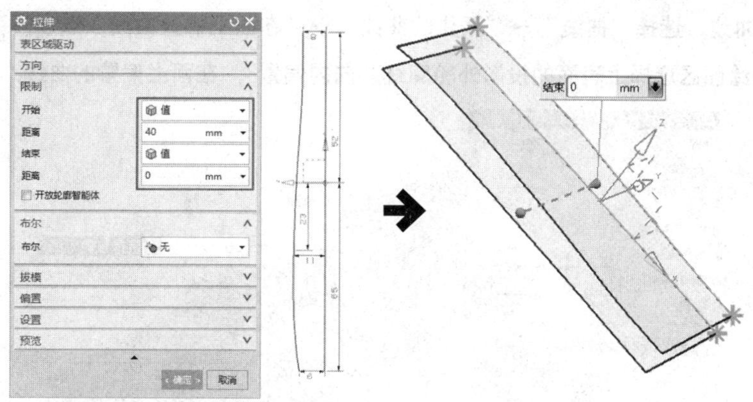

图2-115 创建外壳拉伸表面

02 创建基准平面。选择“主页”→“特征”→“基准平面”选项，在“类型”下拉列表中选择“按某一距离”选项，并设置“距离”为20；在绘图区中选择*XC-YC*平面为参考平面，创建基准平面，如图2-116所示。

03 绘制手机轮廓线。选择“主页”→“草图”选项，弹出“创建草图”对话框；在绘图区中选择上步骤创建的基准平面为草绘平面，绘制如图2-117所示的手机轮廓线。

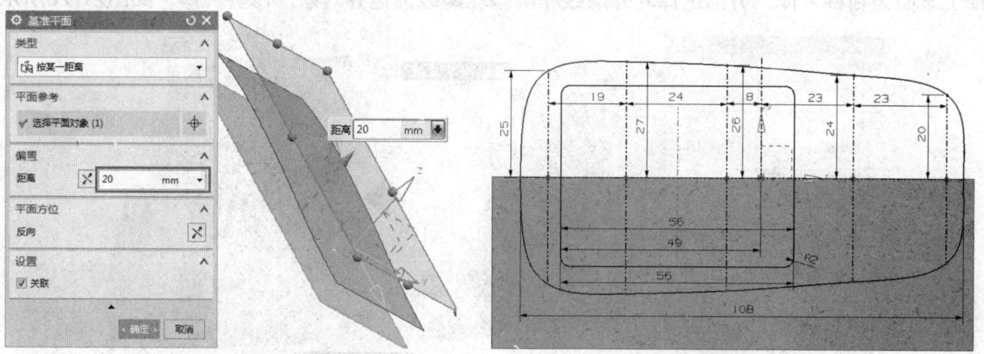

图2-116 创建基准平面　　图2-117 绘制手机轮廓线

04 投影轮廓曲线。选择“曲线”→“派生的曲线”→“投影曲线”选项，弹出“投影曲线”对话框，在绘图区中选择上步骤创建的手机外轮廓线，将其投影到上、下两个表面上，将手机屏幕轮廓线投影到上表面上，如图2-118所示。

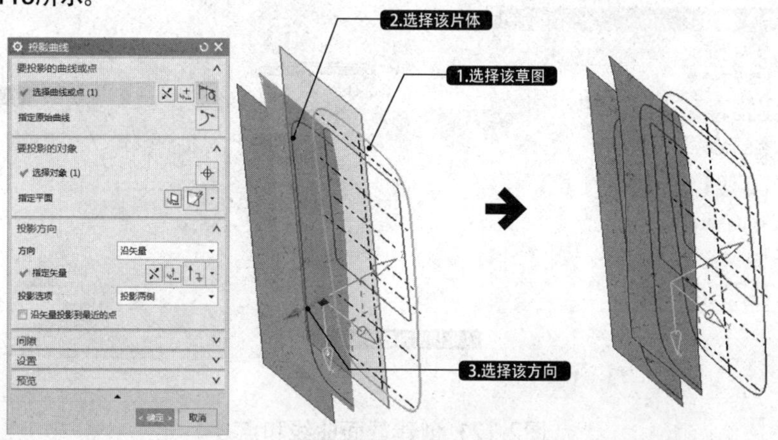

图2-118 投影手机轮廓曲线

05 在面上偏置的曲线。选择“曲线”→“派生的曲线”→“在面上偏置曲线”选项，弹出“在面上偏置曲线”对话框。在绘图区选择上表面的投影外轮廓线，向内偏置3，在面上偏置的曲线，如图2-119所示。

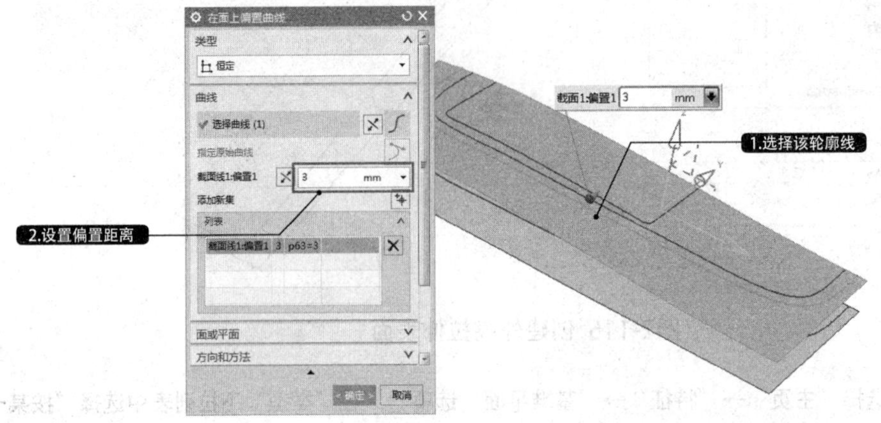

图2-119 在面上偏置的曲线

06 修剪片体。选择“主页”→“特征”→“更多”→“修剪片体”选项，弹出“修剪片体”对话框。在绘图区中选择上表面为目标片体，分别选择轮外廓线和屏幕轮廓线为边界对象，修剪片体，如图2-120所示。

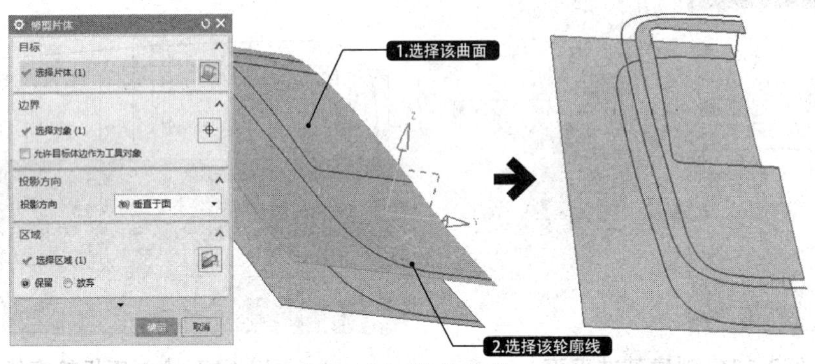

图2-120 修剪片体

07 裁剪截面曲线和点。选择“曲线”→“派生的曲线”→“截面曲线”选项，弹出“截面曲线”对话框。在绘图区选择下轮廓线和上表面，选择*YC-ZC*平面为剖切平面，创建截面曲线和点，如图2-121所示。

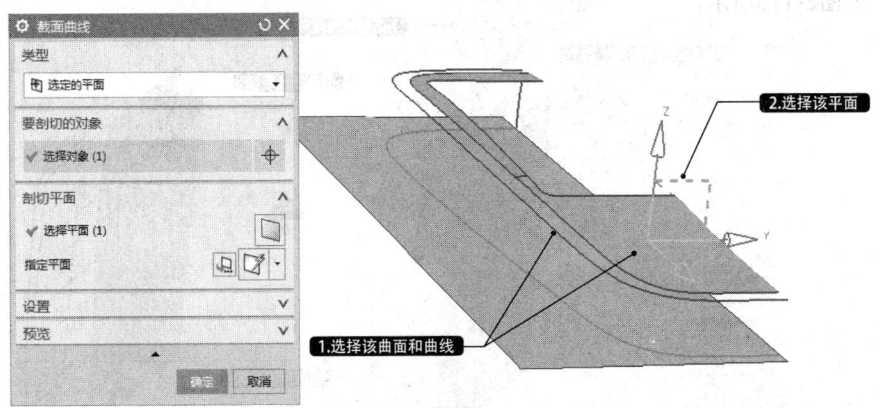

图2-121 创建截面曲线和点

08 绘制端面相切直线。选择“曲线”→“直线”选项，弹出“直线”对话框。在绘图区中选择手机侧面边界点，绘制长度为3的3条端面相切直线，如图2-122所示。

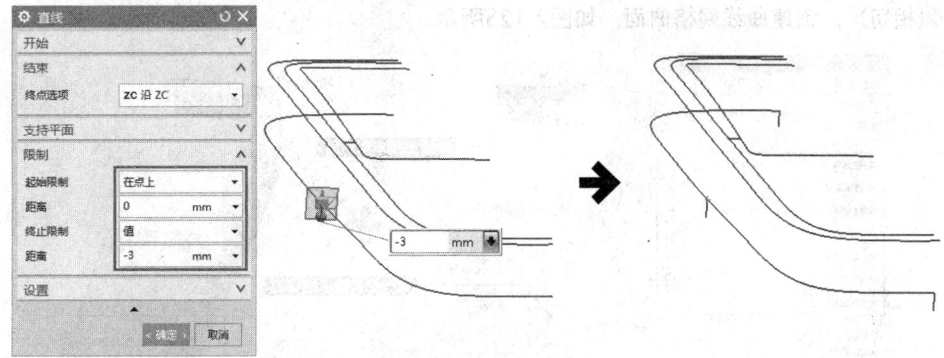

图2-122 绘制端面相切直线

09 创建桥接曲线。选择“曲线”→“派生的曲线”→“桥接曲线”选项，弹出“桥接曲线”对话框。在绘图区中选择上表面边界曲线和上步骤创建的相切直线，并在对话框“形状控制”选项组中设置参数，创建桥接曲线，如图2-123所示。按同样的方法绘制其他的两条桥接曲线。

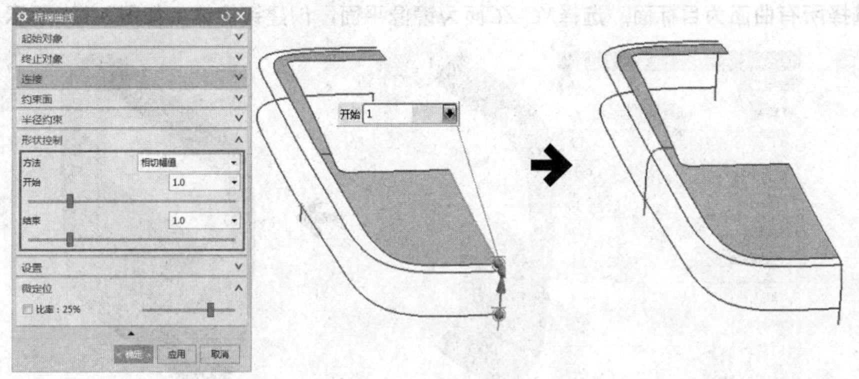

图2-123 创建桥接曲线

10 创建拉伸片体。选择“主页”→“特征”→“拉伸”选项，在绘图区中选择手机截面的两条桥接曲线，设置拉伸"开始"和"结束"的距离为10和0，创建拉伸片体，如图2-124所示。

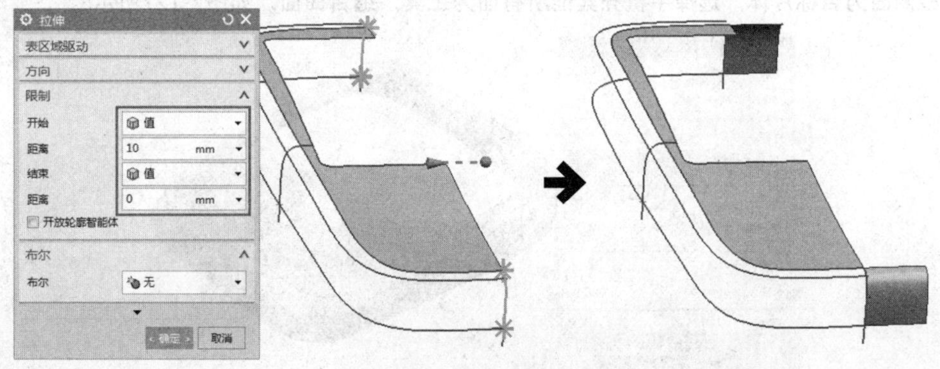

图2-124 创建拉伸片体

11 创建曲线网格曲面。选择“主页”→“曲面”→“通过曲线网格”选项，弹出“通过曲线网格”对话框。在绘图区中依次选择桥接曲线为主曲线，选择上、下轮廓线为交叉曲线，并设置与其相连曲面的连续性为G1（相切），创建曲线网格曲面，如图2-125所示。

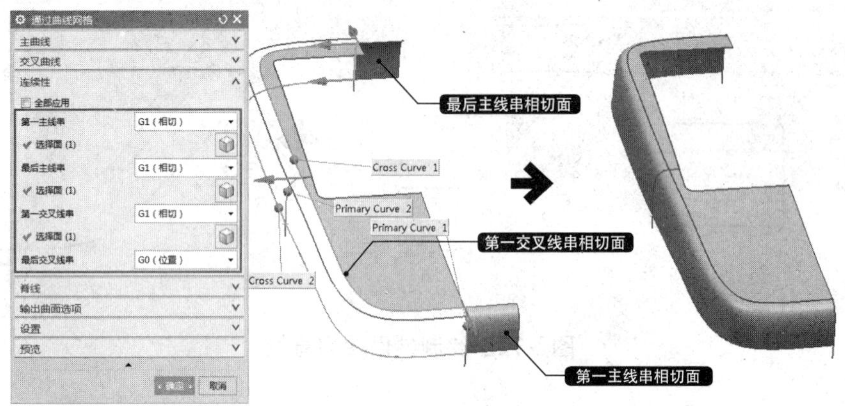

图2-125 创建曲线网格曲面

12 创建镜像体。选择“菜单”→“插入”→“关联复制”→“镜像体”选项，弹出“镜像体”对话框。在绘图区中选择所有曲面为目标面，选择*XC-ZC*面为镜像平面，创建镜像体，如图2-126所示。

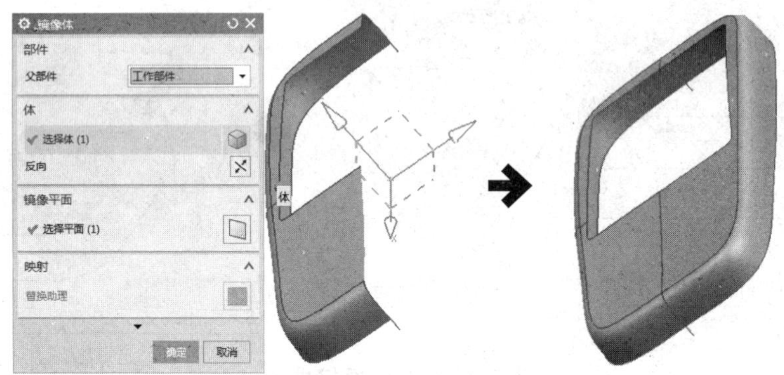

图2-126 创建镜像体

13 缝合曲面。选择“菜单”→“插入”→“组合体”→“缝合”选项，弹出“缝合”对话框。在绘图区中选择手机侧面为目标片体，选择手机壳其他所有面为工具，缝合曲面，如图2-127所示。

图2-127 缝合曲面

14 加厚创建曲面。选择“主页”→“特征”→“更多”→“加厚”选项，弹出“加厚”对话框。在绘图区中选择手机片体为加厚面，设置向内偏置厚度为1.2，加厚创建曲面，如图2-128所示。至此，手机上壳曲面创建完成。

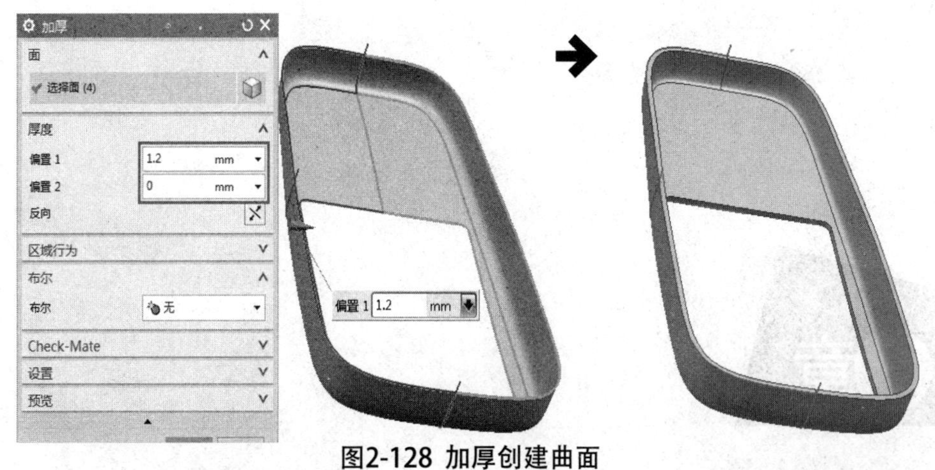

图2-128 加厚创建曲面

第3章

由曲线创建曲面

学习目标：

- 曲线生成平面
- 直纹曲面
- 通过曲线组
- 通过曲线网格
- 扫掠曲面
- 案例实战——创建照相机外壳模型
- 案例实战——创建轿车外壳曲面

利用曲线构建曲面骨架进而获得曲面是最常用的曲面构造方法，UG NX软件提供包括直纹面、通过曲线、通过曲线网格、扫掠以及截面体等多种曲线创建曲面工具，所获得的曲面全参数化，并且曲面与曲线之间有关联性，即当创建曲面的曲线进行编辑、修改后，曲面会自动更新，主要适用于大面积的曲面构造。

本章分为7个小节，主要介绍曲线生成平面、直纹面、通过曲线组、通过曲线网格、扫掠曲面和截面曲面，最后还佐以实例，为读者详细讲解由曲线创建曲面的流程和方法。

3.1 曲线生成平面

平面在曲面设计中经常会用到，常常用于生成分割面或产品的底面。在UG中，“曲线成片体”和“有界平面”工具都可以在一个平面上创建由曲线围成的平面。

3.1.1 曲线成片体

使用“曲线成片体”工具可以将曲线特征生成片体特征，所选择的曲线必须是封闭的，而且其内部不能相互交叉。选择“曲面”→“曲面”→“更多”→“曲线成片体”选项，将弹出“从曲线获得面”对话框。该对话框中包含“按图层循环”和“警告”两个复选框，它们的操作方法相同，选择任何一个复选框后单击“确定”按钮，并选择图中的曲线对象，然后单击“类选择”对话框中的“确定”按钮，即可创建片体，如图3-1所示。

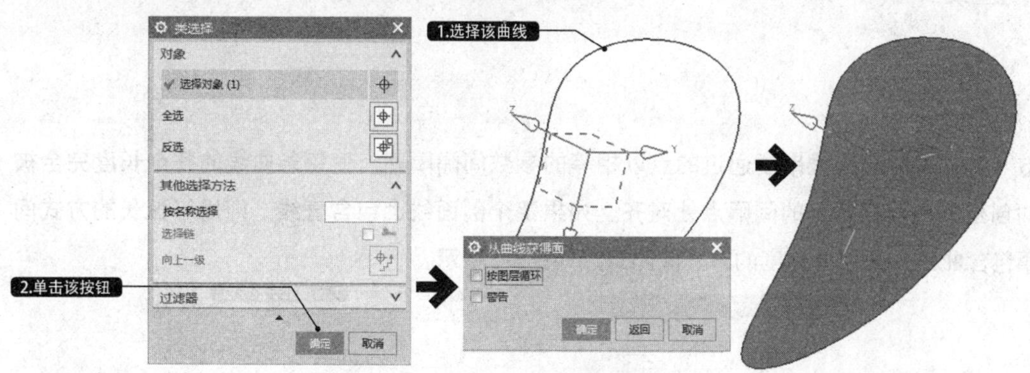

图3-1 由曲线创建片体

3.1.2 有界平面

“有界平面”与“曲线成片体”在生成平面效果上很相似。与“曲线成片体”不同的是：“有界平面”可以通过过滤器选择单条在平面上相连且封闭的曲线形成平面，“有界平面”生成的平面与曲线关联，而“曲线成片体”生成的曲面与曲线没有关联性。选择“主页”→“曲面”→“更多”→“有界平面”选项，将弹出“有界平面”对话框。该对话框中包含“平截面”和“预览”两个选项组，选择“平面截面”选项组，在绘图区中选择要创建片体的曲线对象，然后单击“确定”按钮，即可创建有界平面，效果如图3-2所示。

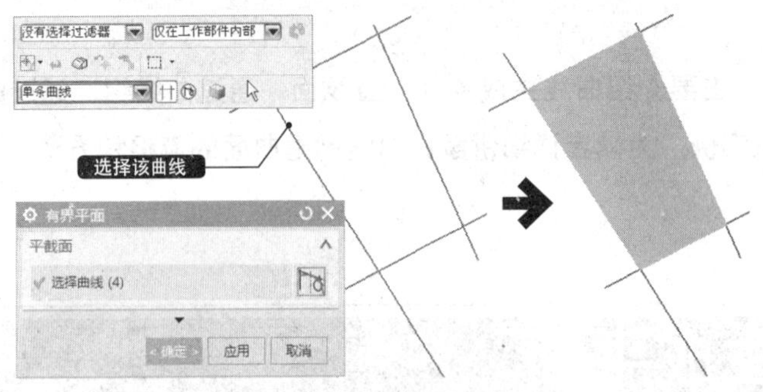

图3-2 创建有界平面

3.2 直纹曲面

直纹曲面是通过两条截面曲线串创建片体或实体。其中，通过的曲线轮廓就称为截面线串，它可以由多条连续的曲线、体边界或多个体表面组成（这里的体可以是实体也可以是片体），也可以选择曲线的点或端点作为第一个截面曲线串。选择“曲面”→“曲面”→“更多”→“直纹”选项，弹出“直纹”对话框。在该对话框中的“对齐”下拉列表中可以利用以下两种对齐方式来创建直纹曲面。

3.2.1 参数

“参数”方式是将截面线串要通过的点以相等的参数间隔隔开，使每条曲线的整个长度完全被等分，此时创建的曲面在等分的间隔点处对齐。如果整个剖面线上包含直线，则用等弧长的方式间隔点；如果包含曲线，则用等角度的方式间隔点，如图3-3所示。

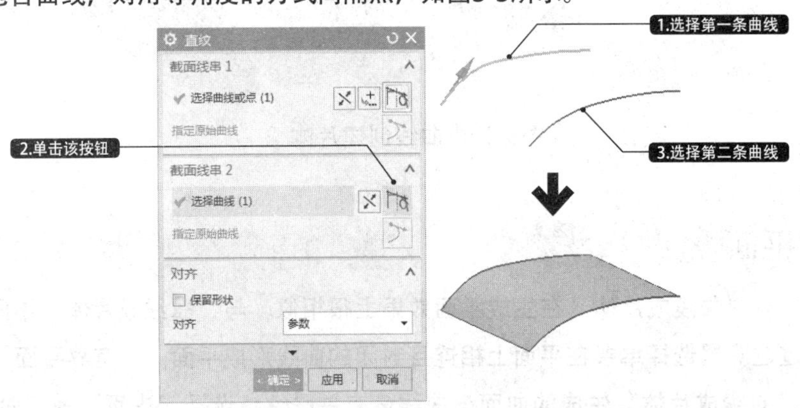

图3-3 利用“参数”创建直纹曲面

3.2.2 根据点

“根据点”是将不同外形的截面线串间的点对齐，如果选定的截面线串包含任何尖锐的拐角，则有必要在拐角处利用该方式将其对齐，如图3-4所示。

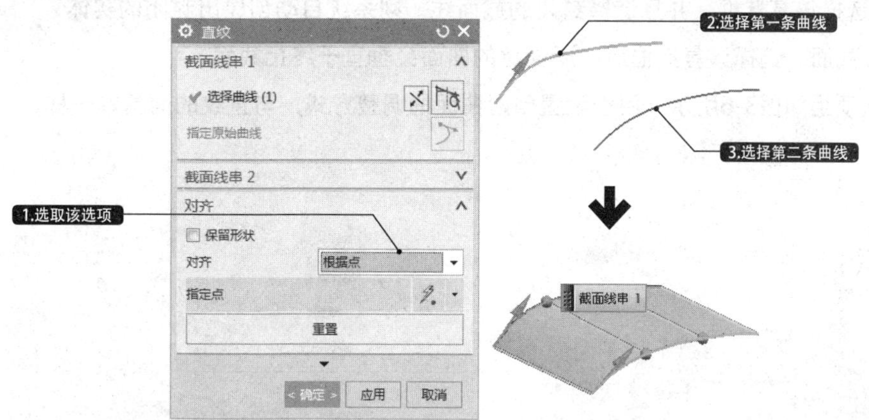

图3-4 利用“根据点”创建直纹曲面

3.3 通过曲线组

通过曲线组方法可以将一系列截面线串（大致在同一方向）创建片体或者实体。截面线串定义了曲面的U方向，截面线可以是曲线、体边界或体表面等几何体。此时直纹形状改变以穿过各截面，所创建的特征与截面线串相关联，当截面线串编辑修改后，特征自动更新。通过“曲线组”创建曲面与通过“直纹”创建曲面方法相似，区别在于，直纹曲面只使用两条截面线串，并且两条截面线串之间总是相连的，而通过曲线组最多可允许使用150条截面线串。

选择“主页”→“曲面”→“通过曲线组”选项，弹出“通过曲线组”对话框，如图3-5所示。该对话框中常用选项组及选项的功能如下。

3.3.1 连续性

该选项组中可以根据创建的片体的实际意义来定义边界的约束条件，以使它在第一个截面处与一个或多个被选择的体表面相切或者等曲率过渡。

3.3.2 输出曲面选项

在“输出曲面选项”选项组中可进行补片类型、构造方式、V向封闭和其他参数设置。

◆ 补片类型：用来设置生成单面片、多面片或者匹配类型的片体。其中，选择“单侧”类型，则系统会自动计算V向阶次，其数值等于截面线数量减1；选择“多个”类型，则用户可以自己定义V

向阶次，但所选择的截面数量至少比V向的阶次多一组。

- ◆ 构造：该选项用于设置创建的曲面符合各条曲线的程度，具体包括“法向”“样条点”和“简单”3种类型。其中“简单”是通过对曲线的数学方程进行简化，以提高曲线的连续性。
- ◆ V向封闭：选择该复选框，并且选择封闭的截面线，则系统自动创建出封闭的实体。
- ◆ 垂直于终止截面：选择该复选框后，所创建的曲面会垂直于终止截面。
- ◆ 设置：该选项组如图3-6所示，用于设置创建曲面的调整方式，与直纹的面基本一样。

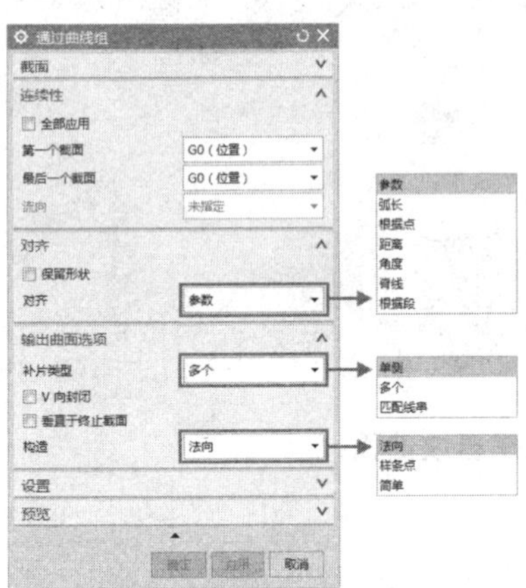

图3-5 “通过曲线组”对话框

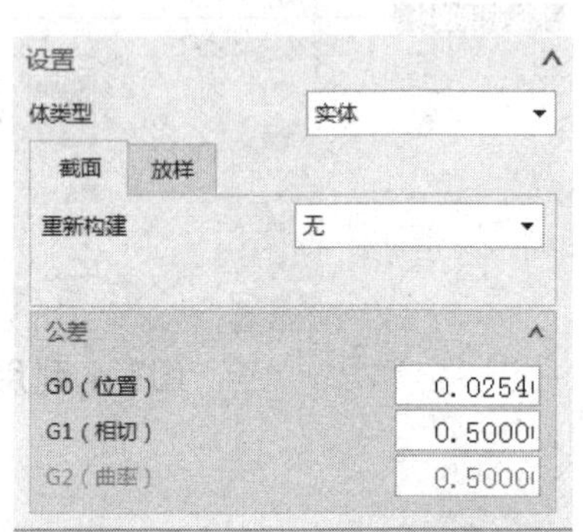

图3-6 “设置”选项组

3.3.3 公差

该选项组用来控制重建曲面相对于输入曲线的精度的连续性公差。其中，G0（位置）表示用于建模预设置的距离公差，G1（相切）表示用于建模预设置的角度公差，G2(曲率)表示相对公差0.1或10%。

3.3.4 对齐

利用“对齐”方式通过“曲线组”创建曲面与通过“直纹”创建曲面方法类似，这里以“参数”对齐方式为例，在绘图区中依次选择第一条截面线串和其他截面线串，并选择“参数”对齐方式，接受默认的其他设置，单击“确定”按钮，即可通过曲线组创建曲面，如图3-7所示。

3.4 通过曲线网格

使用“通过曲线网格”工具可以将一系列在两个方向上的截面线串创建为片体或实体。截面线串可以由多段连续的曲线组成。这些线串可以是曲线、体边界或体表面等几何体。在创建曲面时，应该将一组同方向的截面线串定义为主曲线，而另一组大致垂直于主曲线的截面线串则为形成曲面的交叉线。由“通过曲线网格”创建的体相关联（这里的体可以是实体也可以是片体），当截面线边界修改后，特征会自动更新。

选择“主页”→“曲面”→“通过曲线网格”选项，弹出“通过曲线网格”对话框，如图3-8所示。该对话框中主要选项的含义及功能如下。

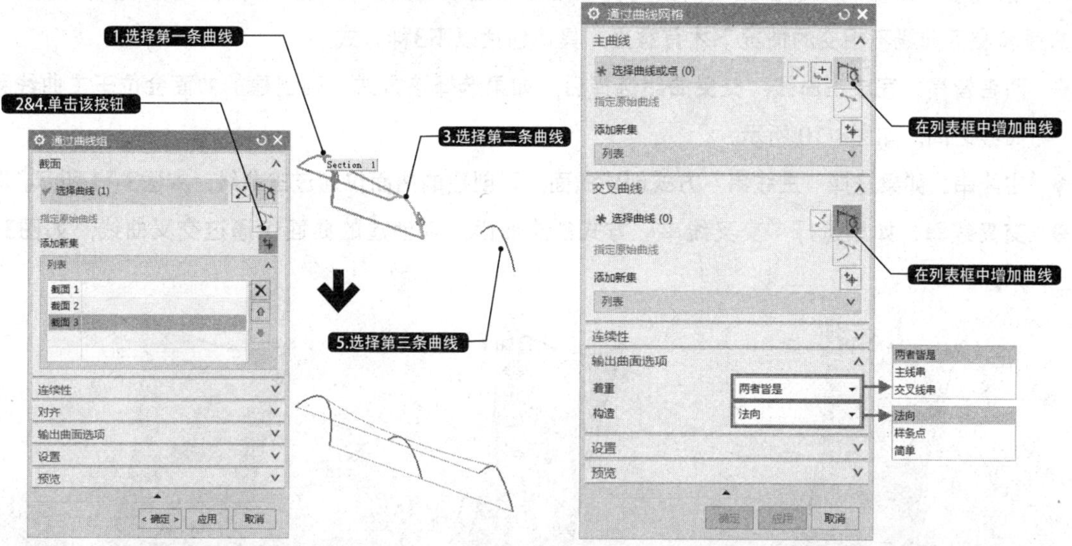

图3-7 通过曲线组创建曲面　　图3-8 “通过曲线网格”对话框

3.4.1 选择主曲线

首先展开该对话框中的“主曲线”选项组，选择一条曲线作为主曲线；然后依次单击“添加新集”按钮，选择其他主曲线，如图3-9所示。

3.4.2 选择交叉曲线

选择主曲线后，展开“交叉曲线”面板中的列表框，并选择一条曲线作为交叉曲线；然后依次单击该选项组中的“添加新集”按钮，选择其他交叉曲线，将显示曲面创建效果，如图3-9所示。

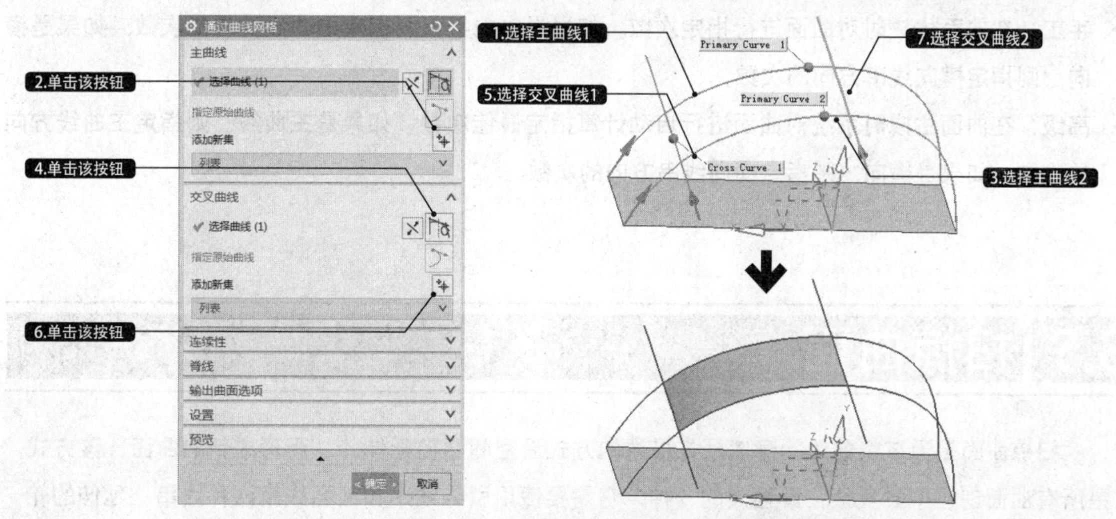

图3-9 选择主曲线与交叉曲线创建曲线网格曲面

3.4.3 着重

该选项用来控制系统在生成曲面时更靠近主曲线还是交叉曲线，或者在两者中间，它只有在主曲线和交叉曲线不相交的情况下才有意义，具体包括以下3种方式。

- 两者皆是：完成主曲线、交叉曲线选择后，如果选择该方式，则创建的曲面会位于主曲线和交叉曲线之间，如图3-10 所示。
- 主线串：如果选择"主线串"方式创建曲面，则创建的曲面仅通过主曲线，如图3-11 所示。
- 交叉线串：如果选择"交叉线串"方式创建曲面，则创建的曲面仅通过交叉曲线，如图3-12所示。

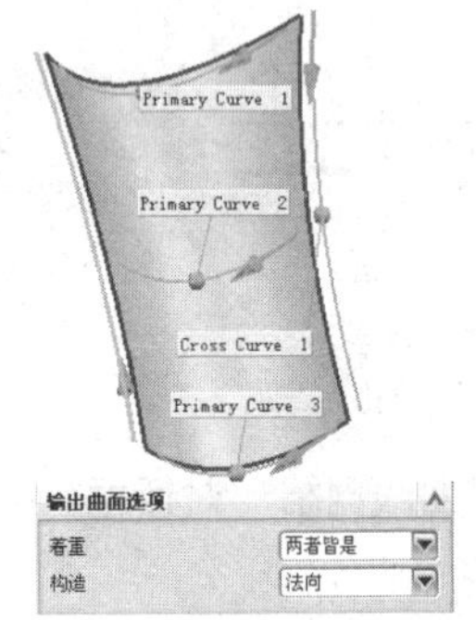

图3-10 "两者皆是"创建曲线网格曲面

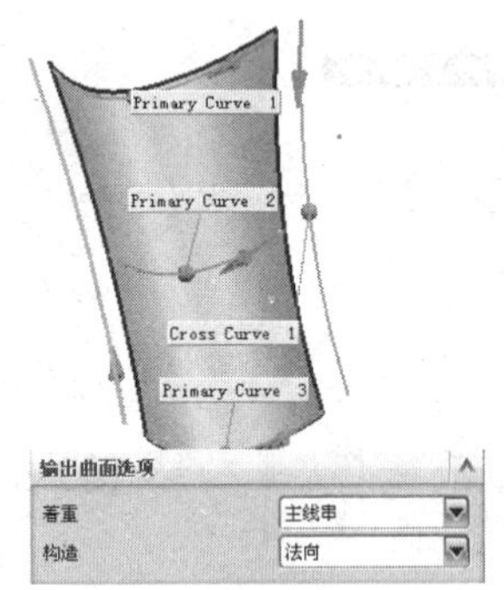

图3-11 "主线串"创建曲线网格曲面

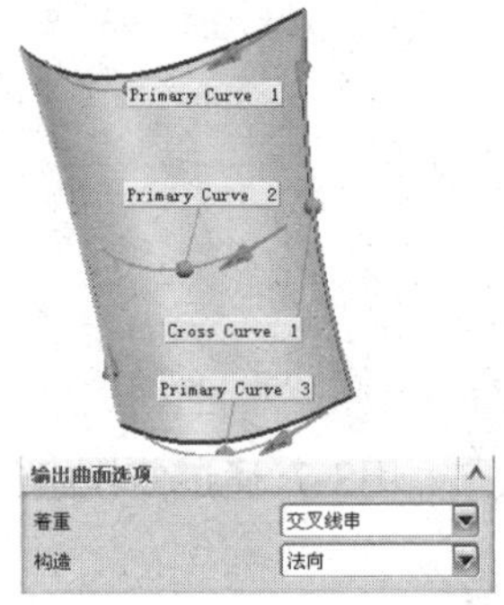

图3-12 "交叉线串"创建曲线网格曲面

3.4.4 重新构建

该选项用于重新定义曲线和交叉曲线的次数，从而构建与周围曲面光顺连接的曲面，包括以下3种方式。

- 无：在曲面生成时不对曲面进行指定次数。
- 手工：在曲面生成时对曲面进行指定次数。如果是主曲线，则指定主曲线方向的次数，如果是横向，则指定横向线串方向的次数。
- 高级：在曲面生成时系统对曲面进行自动计算指定最佳次数。如果是主曲线，则指定主曲线方向的次数；如果是横向，则指定横向线串方向的次数。

3.5 扫掠曲面

扫掠曲面是通过将曲线轮廓以预先描述的方式沿空间路径延伸，从而形成新的曲面。该方式是所有曲面创建中最复杂、最强大的一种，它需要使用引导线串和截面线串两种线串。延伸的轮廓线为截面线，路径为引导线。

引导线可以由单段或多段曲线组成，引导线控制了扫描特征沿着V方向（扫描方向）的方位和尺寸大小的变化。引导线可以是曲线，也可以是实体的边或面。在利用“扫掠”创建曲面时，组成每条引导线的所有曲线之间必须相切过渡，引导线的数量最多为3条。选择“主页”→“曲面”→“扫掠”选项，弹出“扫掠”对话框，如图3-13所示。该对话框中常用选项的功能及含义如下所述。

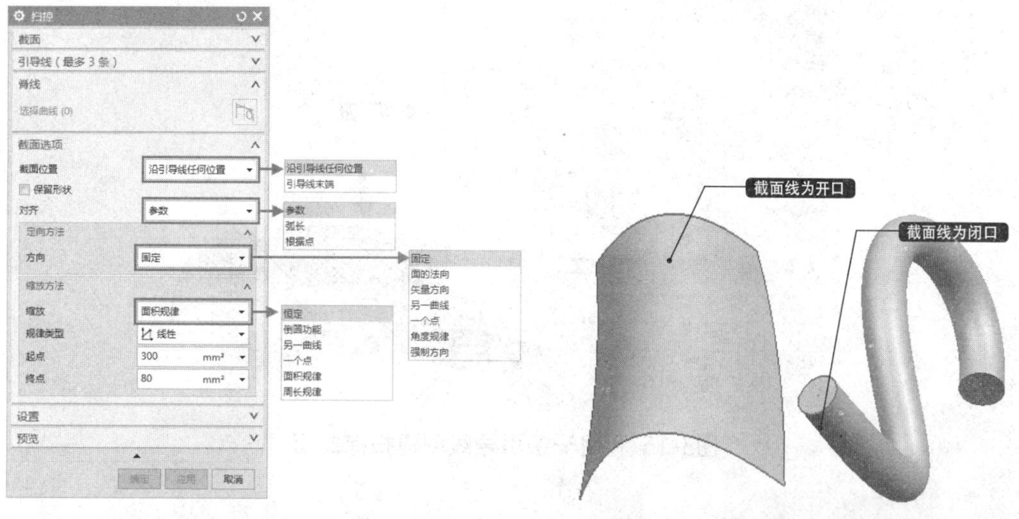

图3-13 “扫掠”对话框　　　　图3-14 开口和闭口的截面线

3.5.1 选择截面线

截面线可以由单段或多段曲线组成，截面线可以是曲线，也可以是实（片）体的边或面。组成的每条截面线的所有曲线段之间不一定是相切过渡（一阶导数连续G1），但必须是G0连续。截面线控制着U方向的方位和尺寸变化。截面线不必光顺，而且每条截面线内的曲线数量可以不同，一般最多可以选择150条。具体包括闭口和开口两种类型，如图3-14所示。

3.5.2 选择引导线

引导线可以由多个或者单个曲线组成，控制曲面V方向的范围和尺寸变化，可以选择样条曲线，实体边缘和面的边缘等。引导线最多可选取3条，并且需要G1连续，可以分为以下3种情况。

1. 一条引导线

一条引导线不能完全控制截面的大小和方向变化的趋势，需要进一步指定截面变化的方向。在“方向”下拉列表中，提供了固定、面的法向、矢量方向、另一条曲线、一个点、角度规律和强制方向7种方式。当指定一条引导线串时，还可以施加比例控制，这就允许沿引导线扫掠截面时，截面尺寸可增大或缩小。在对话框的“缩放”下拉列表中提供了恒定、倒圆功能、另一条曲线、一个点、面积规律和周长规律6种方式。

对于上述的定向和缩放方式，其操作方法大致相似，都是在选定截面线或引导线的基础上，通过参数选项设置来实现其功能的。现以“固定”的定向方式和“恒定”的缩放方式为例，介绍创建扫掠曲面的操作方法，在“截面”和“引导线”选项组的“列表”选项中依次定义截面和一条引导线，最后单击“确定”按钮即可，如图3-15所示。

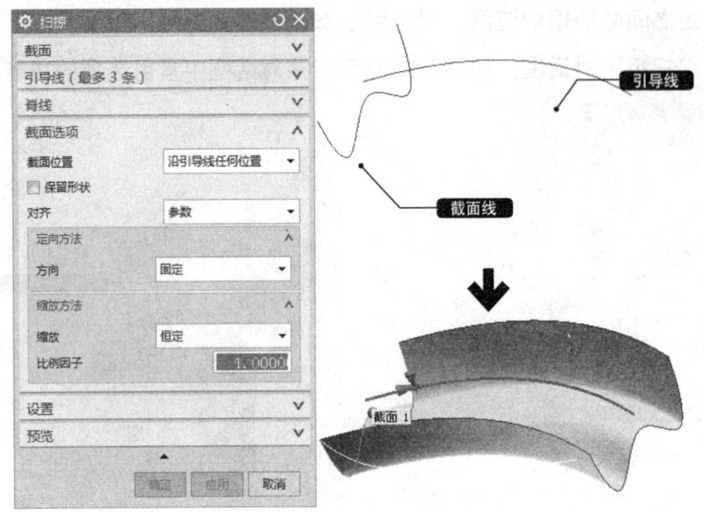

图3-15 利用一条引导线创建扫掠曲面

2. 两条引导线

利用两条引导线可以确定截面线沿引导线扫掠的方向趋势，但是尺寸可以改变。首先在“截面”选项组的“列表”选项中分别定义截面线，然后按照同样方法定义两条引导线，创建方法如图3-16所示。

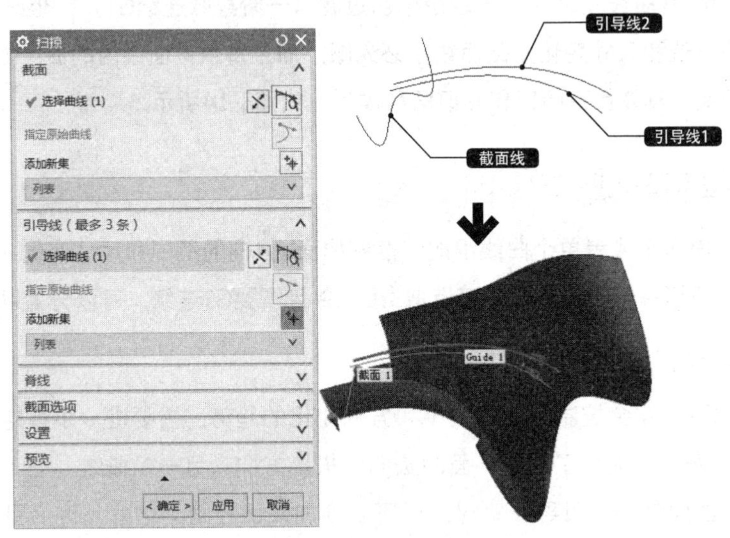

图3-16 利用两条引导线创建扫掠曲面

3. 三条引导线

利用三条引导线完全确定了截面线被扫掠时的方位和尺寸变化，因而无须另外指定方向和比例。这种方式可以提供截面线的剪切和不独立的轴比例。这种效果是从3条彼此相关的引导线的关系中衍生出来的。

3.5.3 选择脊线

利用脊线可以进一步控制截面线的扫掠方向。当使用一条截面线时，脊线会影响扫掠的长度。该方式多用于两条不均匀参数的曲线间的直纹曲面创建，当脊柱线垂直于每条截面线时，使用的效果最好。

沿着脊线扫掠可以消除引导参数的影响，更好地定义曲面。通常构造脊线是在通过某个平行方向流动来引导，在脊线的每个点处构造的平面为截面平面，它垂直于该点处脊线的切线。一般由于引导线的不均匀参数化而导致扫掠体形状不理想时才使用脊线。

3.5.4 指定截面位置

截面位置指截面线在扫掠过程中相对引导线的位置，这将影响扫掠曲面的起始位置。在“截面位置”下拉列表中有“沿引导线任何位置”和“引导线末端”两个选项。选择“沿引导线任何位置”选项，截面线的位置对扫掠的轨迹不产生影响，即扫掠过程中只根据引导线的轨迹来生成扫掠曲面，如图3-17所示。选择“引导线末端”选项，在扫掠过程中，扫掠曲面从引导线的末端开始，即引导线的末端是扫掠曲面的起始端，如图3-18所示。

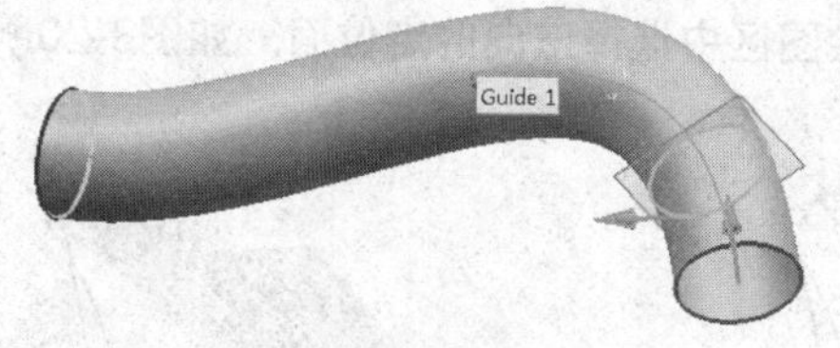

图3-17 沿引导线任何位置

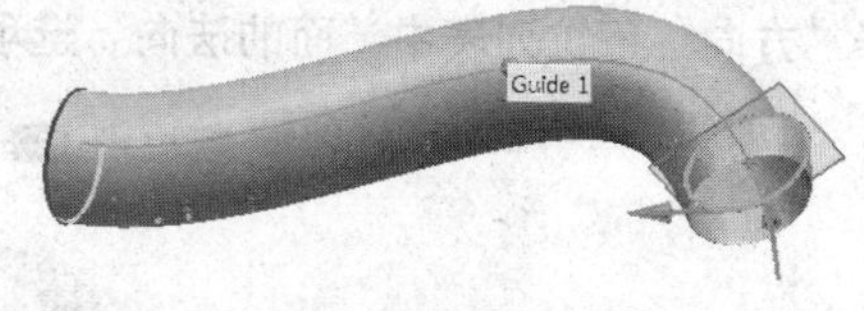

图3-18 引导线末端

3.5.5 设置对齐方式

对齐方法指截面线串上连续点的分布规律和截面线串的对齐方式。当指定截面线串后，系统将在截面线串上产生一些连接点，然后把这些连接点按照一定的方式对齐。选择“参数”选项，系统将在用户指定的截面线串上等参数分布连接点。等参数的原则是：如果截面线串是直线，则等距离分布连接点；如果截面线串是曲线，则等弧长在曲线上分布点。“参数”对齐方式是系统默认的对齐方式。选择“弧长”选项，系统将在用户指定的截面线串上等弧长分布连接点。

3.5.6 设置定向方法

如果在创建扫掠曲面时只选择了一条引导线，则可以通过“扫掠”对话框“定向方法”选项组的“方向”下拉列表选择不同的定向方法，对扫描过程中截面的方位进行控制。下面分别对这7种定向方法进行介绍。

1. 固定

采用此种方式创建扫掠曲面时，曲面的截面线始终与引导线保持固定的角度。弹出“扫掠”对话框后，在绘图区中选择截面线和引导线。默认“截面位置”和“缩放”下拉列表中的选项，选择“方向”下拉列表中的“固定”选项，如图3-19所示。

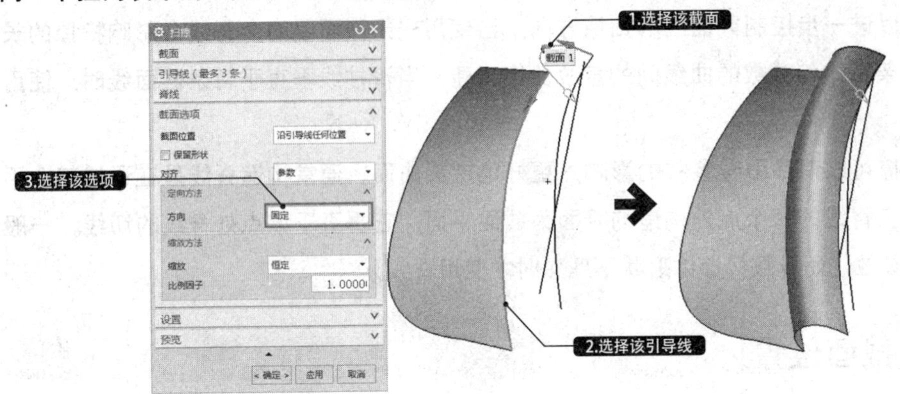

图3-19 利用“固定”方式创建扫掠曲面

2. 面的法向

采用此种方式创建扫掠曲面时，扫掠局部坐标系的Y方向由所选曲面的法线方向确定。弹出“扫掠”对话框后，在绘图区中选择截面线和引导线。默认“截面位置”和“缩放”下拉列表中的选项，选择“方向”下拉列表中“面的法向”选项并在绘图区中选择法向的定位面，如图3-20所示。

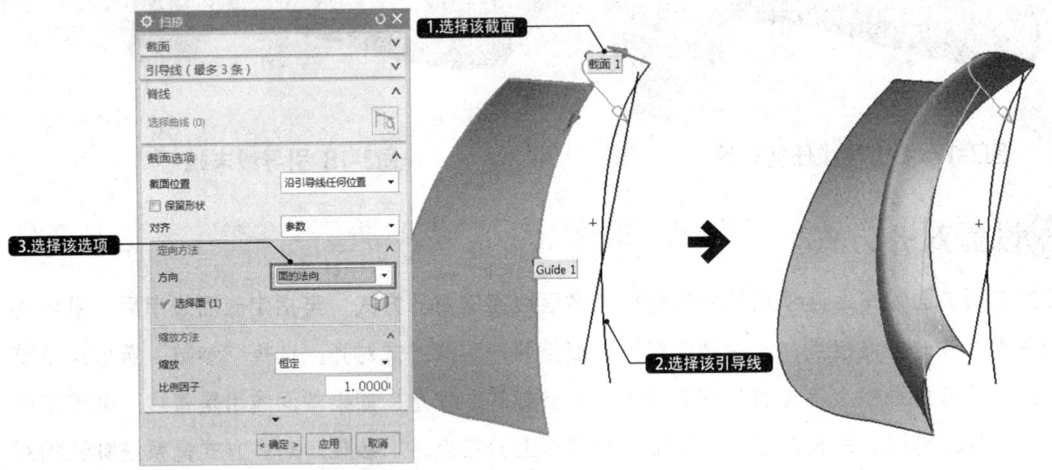

图3-20 利用“面的法向”方式创建扫掠曲面

3. 矢量方向

采用此种方式创建扫掠曲面时，扫掠局部坐标系的Y方向由所选的矢量确定。弹出“扫掠”对话框后，在绘图区中选择截面线和引导线。默认“截面位置”和“缩放”下拉列表中的选项，选择“方向”下拉列表中的“矢量方向”选项，并在工作区中选择矢量方向，如图3-21所示。

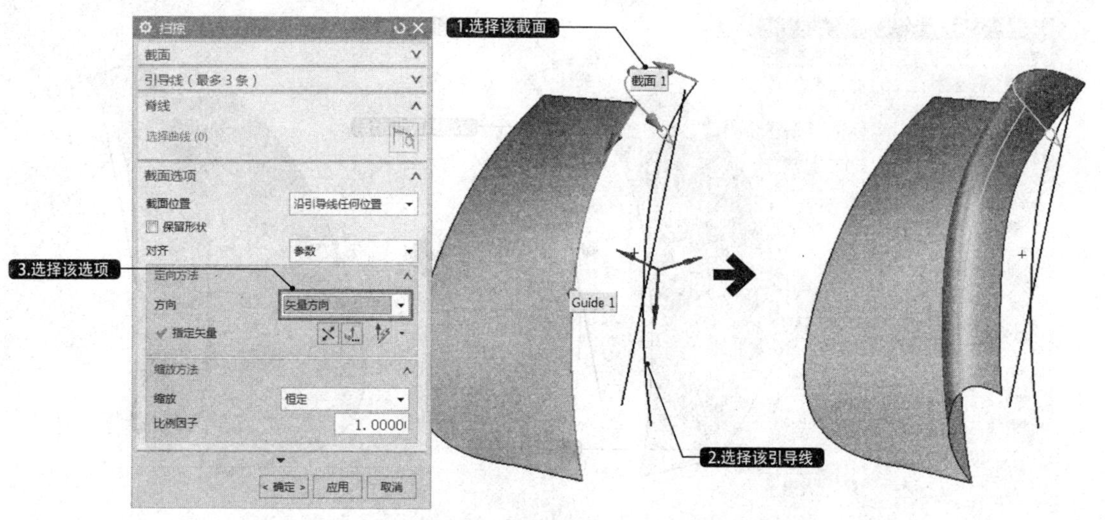

图3-21 利用“矢量方向”方式创建扫掠曲面

4. 另一曲线

采用此种方式创建扫掠曲面时，扫掠局部坐标系的Y方向由引导线和所选控制曲线上对应点的连线确定。弹出“扫掠”对话框后，在绘图区中选择截面线和引导线。默认“截面位置”和“缩放”下拉列表中的选项，选择“方向”下拉列表中的“另一曲线”选项，并在绘图区中选择另一条曲线，如图3-22所示。

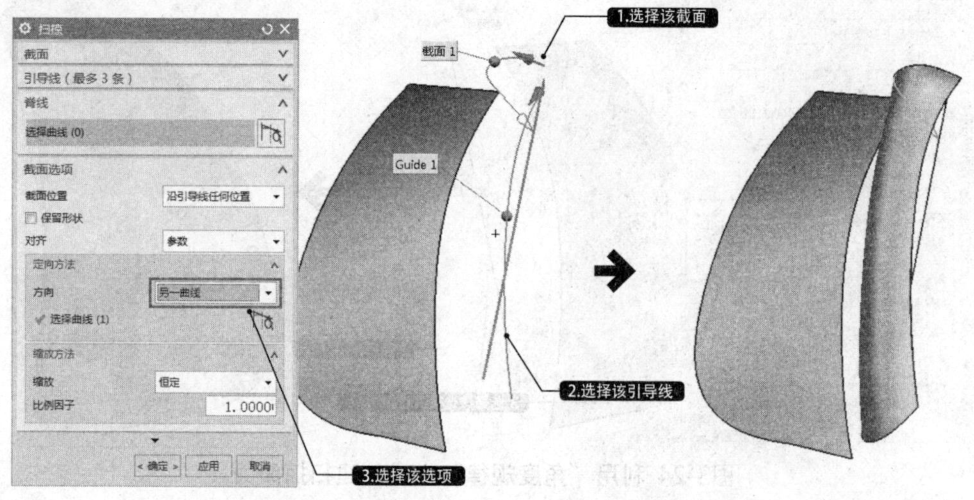

图3-22 利用“另一条曲线”方式创建扫掠曲面

5. 一个点

采用此种方式创建扫掠曲面时，扫掠局部坐标系的Y方向由引导线上的点和所选点的连线确定。弹出“扫掠”对话框后，在绘图区中选择截面线和引导线。默认“截面位置”和“缩放”下拉列表中的选项，选择“方向”下拉列表中的“一个点”选项，并在绘图区中选择一个定位点，如图3-23所示。

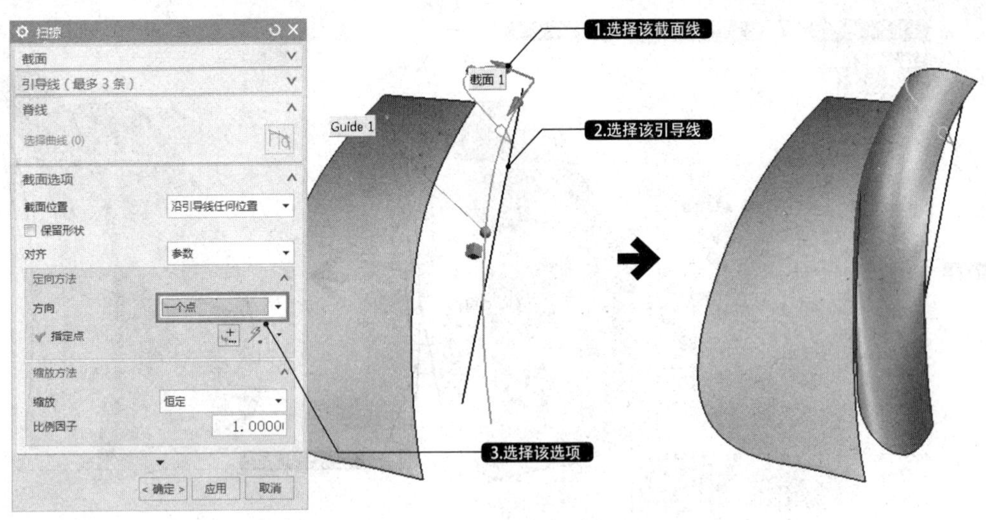

图3-23 利用“一个点”方式创建扫掠曲面

6. 角度规律

采用此种方式创建扫掠曲面时，可以控制扫掠时截面线绕引导线旋转的角度。弹出“扫掠”对话框后，在绘图区中选择截面线和引导线。默认“截面位置”和“缩放”下拉列表中的选项，选择“方向”下拉列表中的“角度规律”选项，并在对话框中设置角度为60，如图3-24所示。

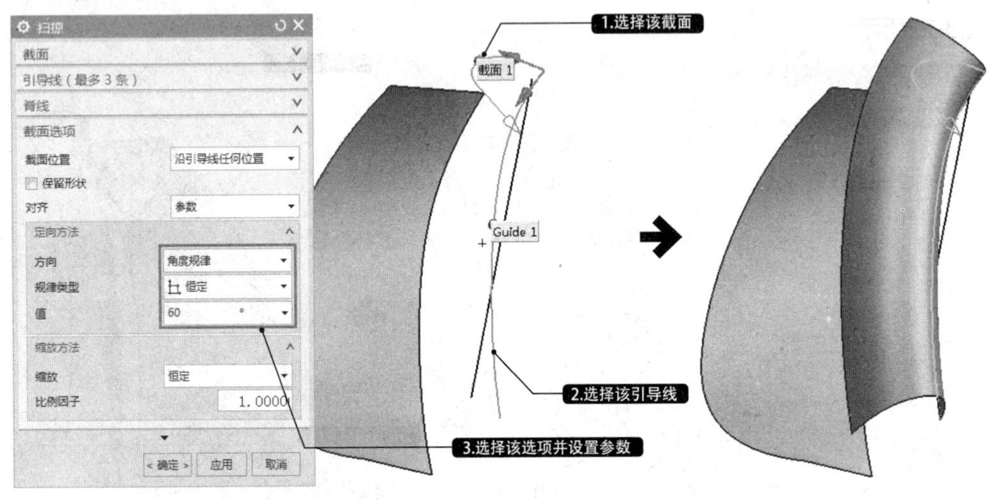

图3-24 利用“角度规律”方式创建扫掠曲面

7. 强制方向

采用此种方式创建扫掠曲面时，需要指定一个方向来固定扫掠局部坐标系的Y方向，截面线在扫掠过程中保持平行。弹出“扫掠”对话框后，在绘图区中选择截面线和引导线。默认“截面位置”和“缩放”下拉列表中的选项，选择“方向”下拉列表中的“强制方向”选项，并在绘图区中选择强制的曲线方向，如图3-25所示。

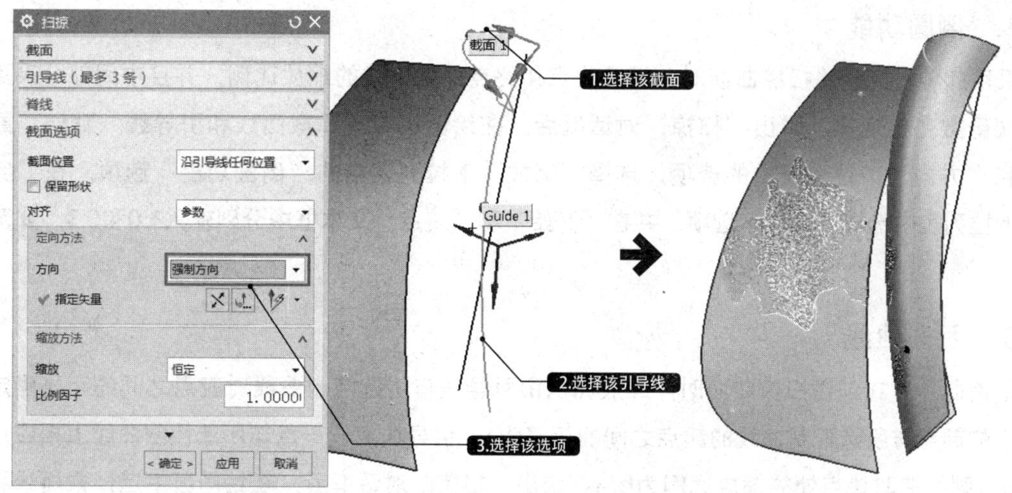

图3-25 利用“强制方向”方式创建扫掠曲面

3.5.7 设置缩放方法

如果在创建扫掠曲面时选择了一条引导线，则可以在“扫掠”对话框“缩放方法”选项组中的“缩放”下拉列表中选择不同的缩放方法，来控制扫掠曲面的创建。“缩放”下拉列表中包括6种缩放方法，下面分别介绍。

1. 恒定

采用此种方式创建扫掠曲面时，曲面沿引导线的截面线的缩放比例是一个恒定的值。弹出“扫掠”对话框后，在绘图区中选择截面线和引导线。默认“截面位置”和“方向”下拉列表中的选项，选择“缩放”下拉列表中的“恒定”选项，并在“比例因子”文本框中输入0.6，如图3-26所示。

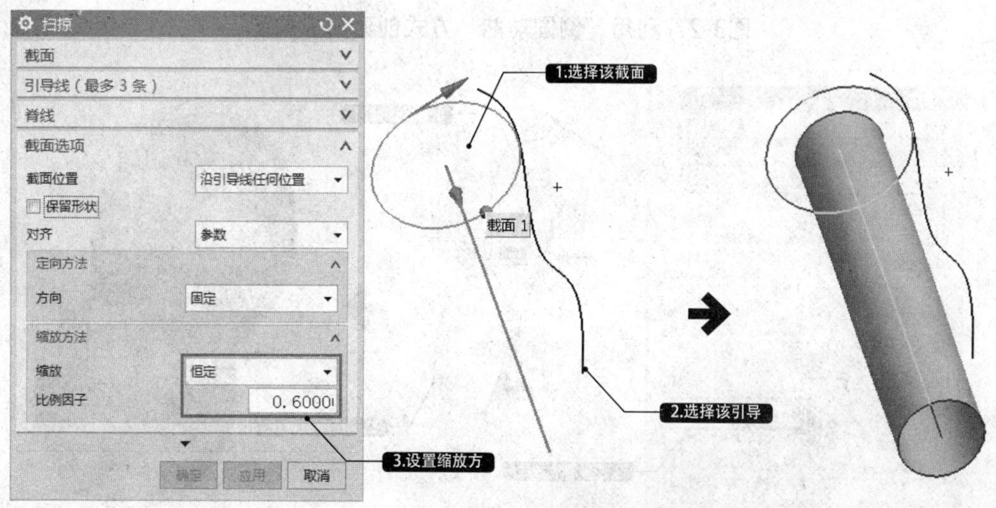

图3-26 利用“恒定”方式创建扫掠曲面

2. 倒圆功能

采用此种方式创建扫掠曲面时，设置起点和终点处截面线的缩放比例，并且中间部分采用线性或三次函数变化规律。弹出“扫掠”对话框后，在绘图区中选择截面线和引导线。默认“截面位置”和“方向”下拉列表中的选项，选择“缩放”下拉列表中的“倒圆功能”选项，在“倒圆功能”下拉列表中选择“三次”选项，并在“开始”和“终点”文本框中分别输入1.0和0.3，如图3-27所示。

3. 另一曲线

采用此种方式创建扫掠曲面时，缩放比例由引导线与所选控制曲线对应点之间的距离确定。设引导线的起点与所选控制曲线的起点之间的距离为a，引导线上任一点与所选控制曲线上相应点的距离为b，则扫掠时该点处的缩放比例为b/a。弹出“扫掠”对话框后，在绘图区中选择截面线和引导线。默认“截面位置”和“方向”下拉列表中的选项，选择“缩放”下拉列表中的“另一曲线”选项，并在绘图区中选择另一条曲线，如图3-28所示。

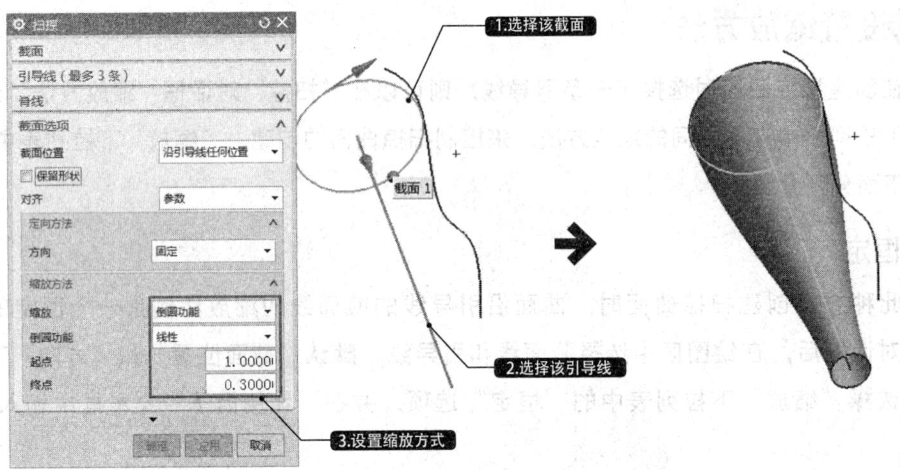

图3-27 利用“倒圆功能”方式创建扫掠曲面

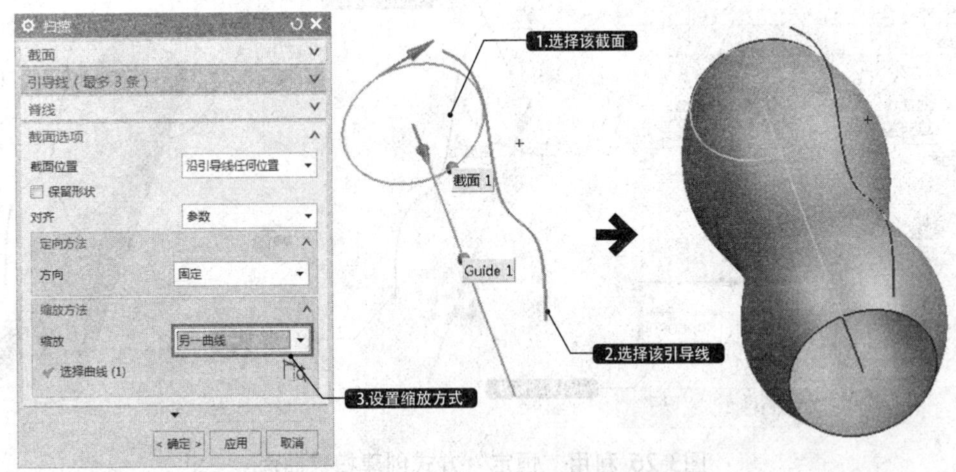

图3-28 利用“另一曲线”方式创建扫掠曲面

4. 一个点

采用此种方式创建扫掠曲面时，缩放比例由引导线与所选点之间的距离确定。设引导线的起点与所选点之间的距离为a，引导线上任一点与所选点的距离为b，则扫掠时该点处的缩放比例为b/a。工作区中选择截面线和引导线。默认其余下拉列表中的选项，选择“缩放方法”下拉列表中的“一个点”选项，并在绘图区中选择一个点，如图 3-29所示。

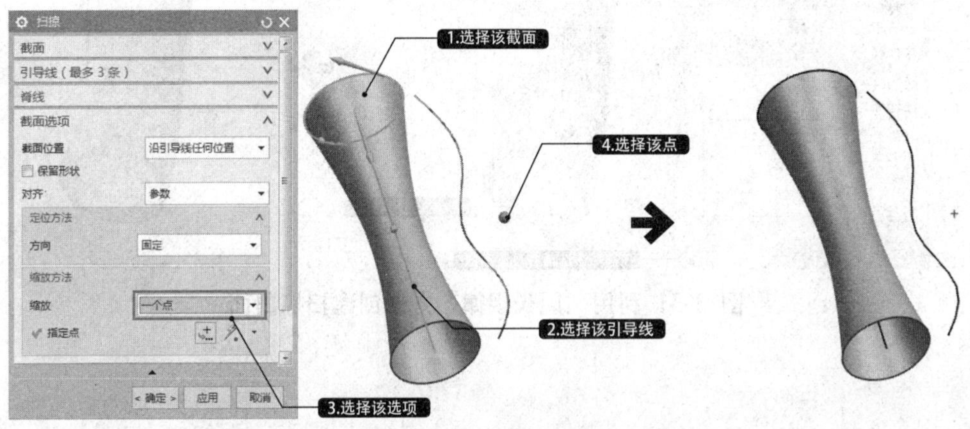

图 3-29 利用“一个点”方式创建扫掠曲面

5. 面积规律

采用此种方式创建扫掠曲面时，可以控制曲面沿引导线的截面线的面积变化规律，但面积规律只适用于封闭的扫掠截面线。弹出“扫掠”对话框后，在绘图区中选择截面线和引导线。默认其余下拉列表中的选项，选择“缩放方法”下拉列表中的“面积规律”选项，在“规律类型”下拉列表中选择“线性”，并在“起点”和“终点”文本框中分别输入1000和10，如图 3-30所示。

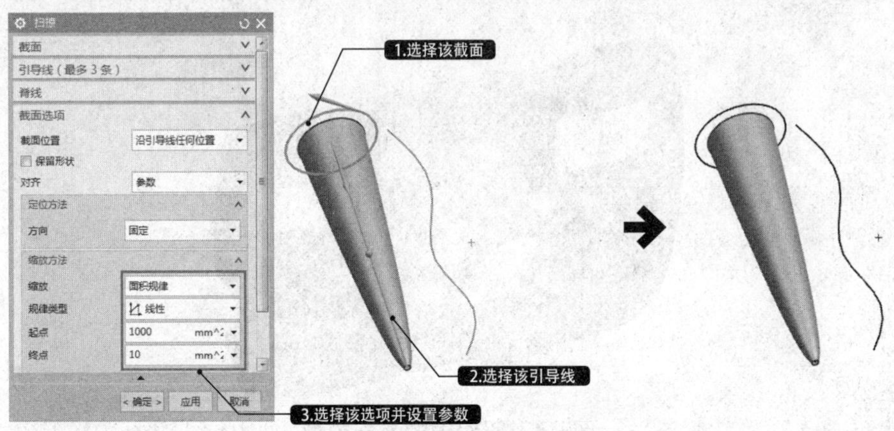

图 3-30 利用“面积规律”方式创建扫掠曲面

6. 周长规律

采用此种方式创建扫掠曲面时，可以控制曲面沿引导线的截面线的周长变化规律。弹出“扫掠”对话框后，在绘图区中选择截面线和引导线。默认其余下拉列表中的选项，选择“缩放方法”

下拉列表中的“周长规律”选项，在“规律类型”下拉列表中选择“三次”，并在“起点”和“终点”文本框中分别输入50和180，如图 3-31所示。

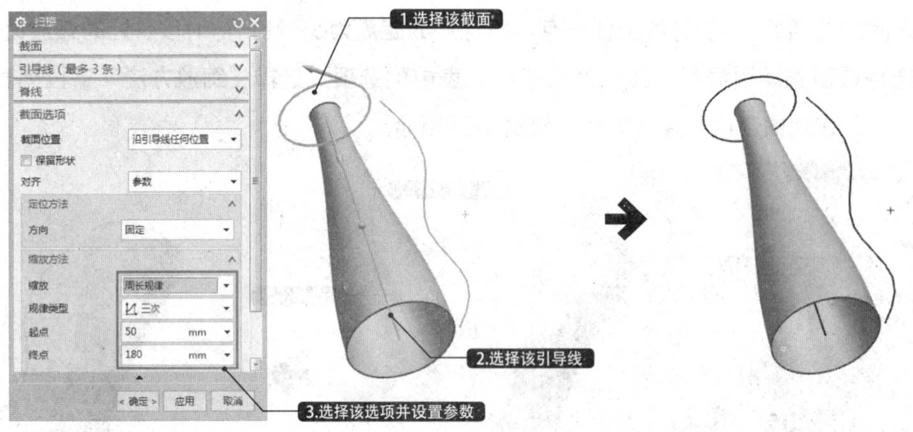

图 3-31 利用“周长规律”方式创建扫掠曲面

3.6 案例实战——创建照相机外壳模型

最终文件：素材\第3章\照相机外壳-OK.prt

视频文件：视频\3.6创建照相机外壳模型.mp4

本实例是创建一个照相机的外壳模型，如图3-32所示。该模型的形状不规则，如果按照特征建模进行创建较难实现，但是如果通过特征建模和自由曲面建模结合，便可以快速获得该模型的曲面设计效果。

图3-32 照相机的外壳模型

3.6.1 设计流程图

本实例是一个综合型的实例，它将使用通过曲线网格、有界平面、边倒圆、拔模及拉伸等建模工具。首先通过基本的线框创建照相机的基本形状，并将实体转化为壳体；然后利用拉伸、拔模等工具创建出镜头等其他附件结构；最后在壳体表面创建出拉伸的字体即可完成该实例的创建，如图3-33所示。

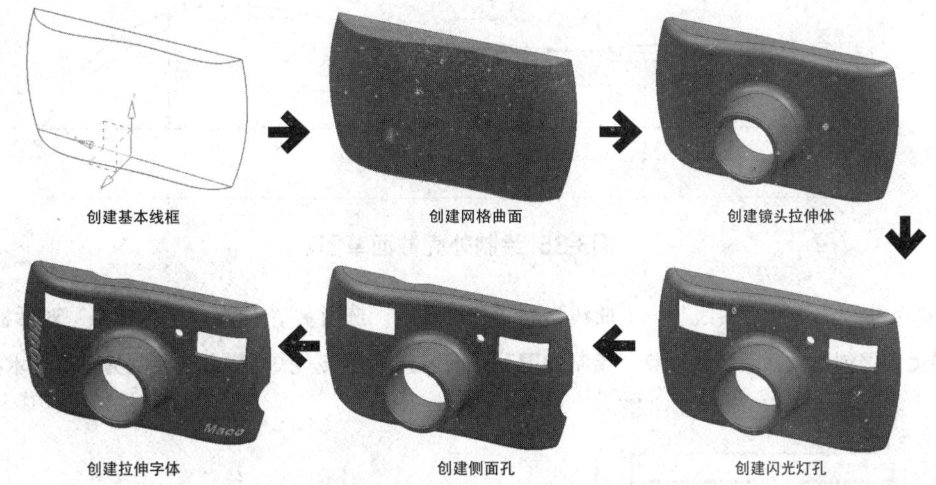

图3-33 照相机外壳的设计流程图

3.6.2 具体设计步骤

01 绘制外壳截面草图1。选择“主页”→“草图”选项，弹出“创建草图”对话框。在绘图区中选择*XC-YC*平面为草绘平面，绘制如图3-34所示的外壳截面草图1。

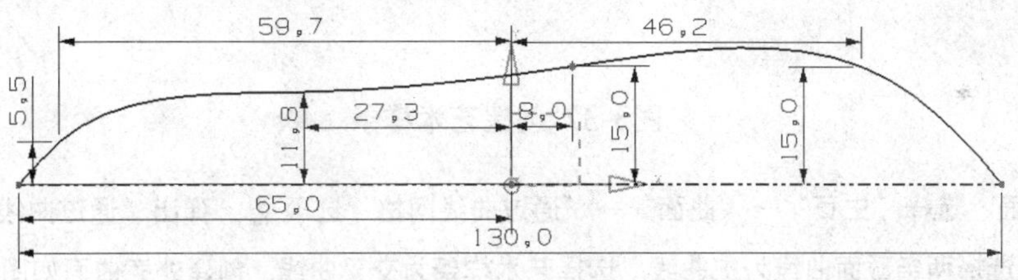

图3-34 绘制外壳截面草图1

02 创建基准平面1。选择“主页”→“特征”→“基准平面”选项，在“类型”下拉列表中选择“按某一距离”选项，并设置“距离”为80，在绘图区中选择*XC-YC*平面为参考平面，创建基准平面1，如图3-35所示。

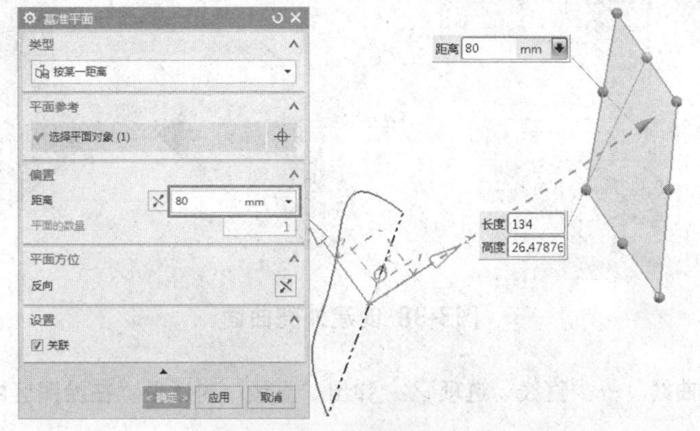

图3-35 创建基准平面1

03 绘制外壳截面草图2。选择“主页”→“草图”选项，弹出“创建草图”对话框。在绘图区中选择上步骤创建的基准平面1为草绘平面，绘制如图3-36所示外壳截面的草图2。

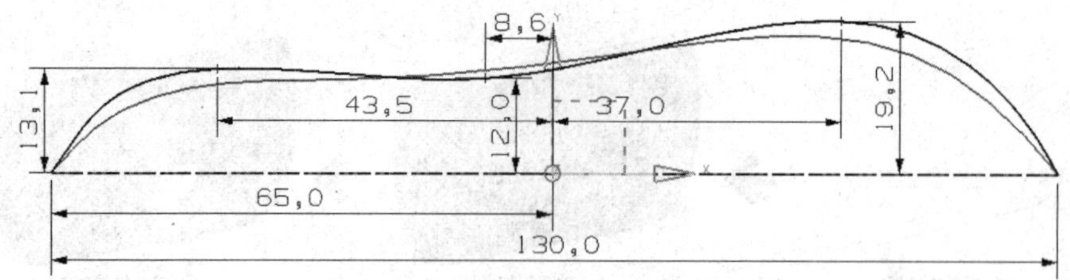

图3-36 绘制外壳截面草图2

04 创建样条曲线。选择“曲线”→“曲线”→“艺术样条”选项，弹出“艺术样条”对话框。在绘图区中选择上步骤创建截面草图的端点，绘制如图3-37所示艺术样条。按同样方法绘制另一段艺术样条。

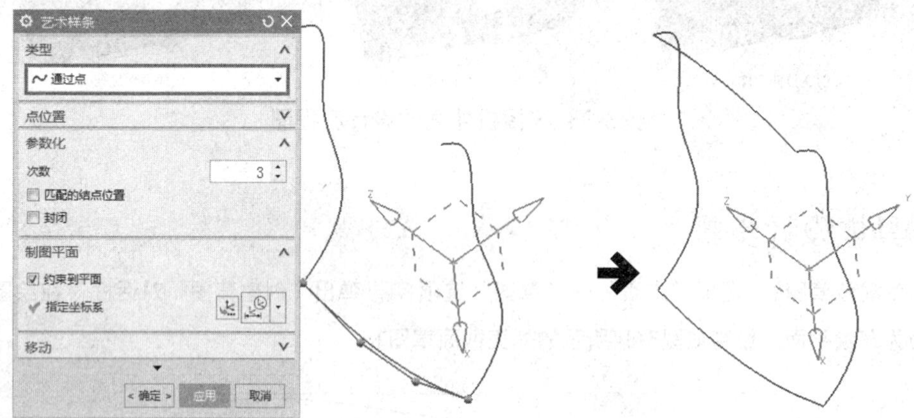

图3-37 创建艺术样条

05 创建外壳曲面。选择“主页”→“曲面”→“通过曲线网格”选项，弹出“通过曲线网格”对话框。在绘图区中依次选择两条截面曲线为主曲线，选择艺术样条为交叉曲线，创建外壳曲面如图3-38所示。

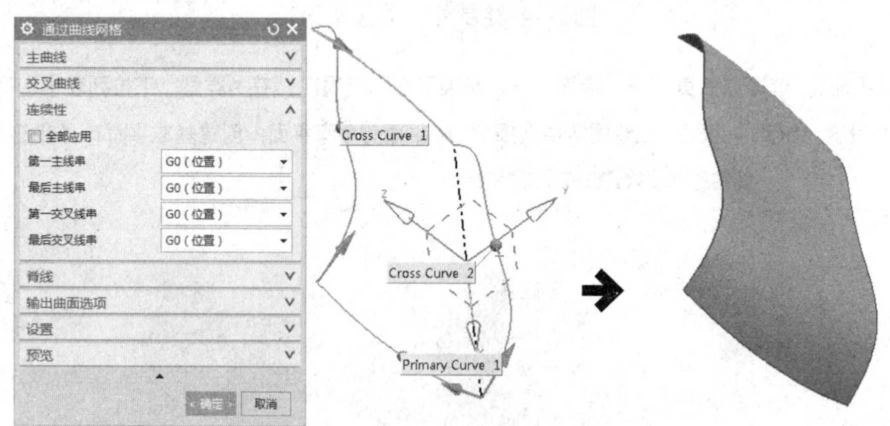

图3-38 创建外壳曲面

06 绘制直线。选择“曲线”→“直线”选项，弹出“直线”对话框。在绘图区中选择上步骤创建的外壳曲面上的两个点，绘制直线，如图3-39所示。

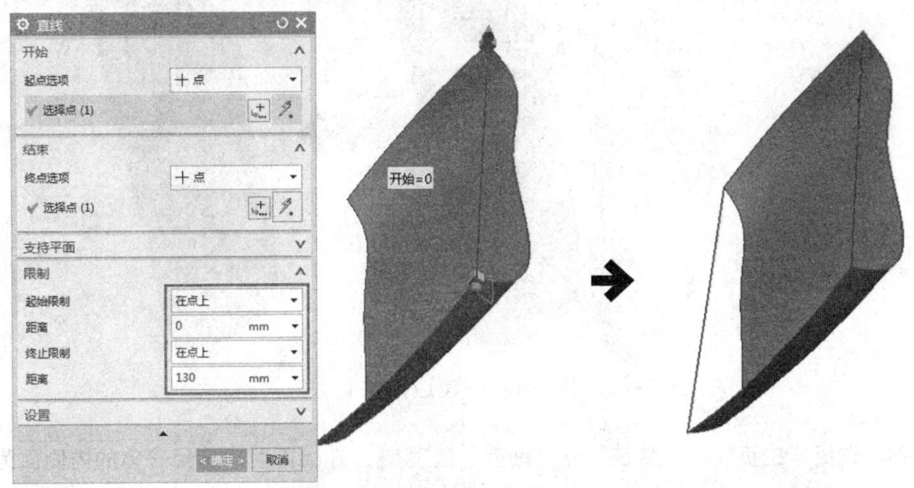

图3-39 绘制直线

07 创建有界平面。选择“主页”→“曲面”→“更多”→“有界平面”选项，弹出“有界平面”对话框。在绘图区中选择外壳的端面和内侧面的轮廓线，分别创建3个有界平面，如图3-40所示。

08 缝合曲面。选择“菜单”→“插入”→“组合体”→“缝合”选项，弹出“缝合”对话框。在绘图区中选择内侧面为目标片体，选择壳体其他所有面为工具片体，缝合曲面，如图3-41所示。

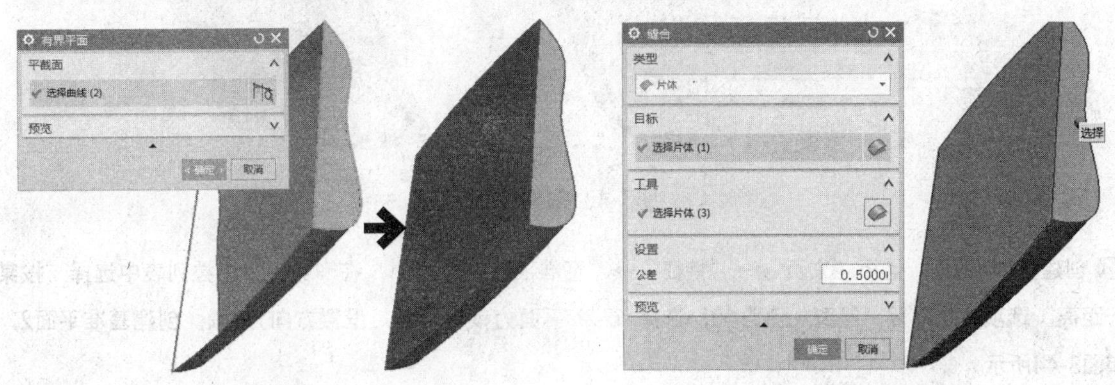

图3-40 创建有界平面

图3-41 缝合曲面

> **提 示**
>
> 在UG NX建模时，缝合封闭的曲面系统会自动实体化封闭的空间，但如果实体化不成功，可以输入更大的缝合公差使其实体化。

09 创建边倒圆1。选择“主页”→“特征”→“边倒圆”选项，弹出“边倒圆”对话框，在对话框中设置“形状”为“圆形”，“半径”为5，在绘图区中选择壳体端面的两个边缘线，创建边倒圆1，如图3-42所示。

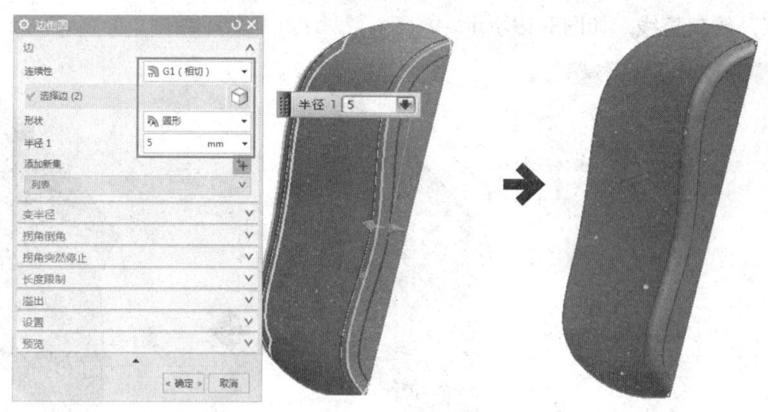

图3-42 创建边倒圆1

10 创建壳体。选择“主页”→“特征”→“抽壳”选项，在绘图区中选择壳体的内侧面为要穿透的面，设置壳体“厚度”为2，创建壳体，如图3-43所示。

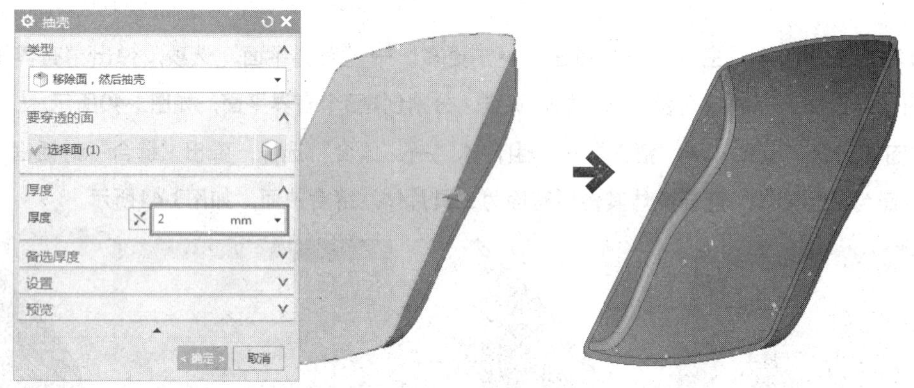

图3-43 创建壳体

11 创建基准平面2。选择“主页”→“特征”→“基准平面”选项，在“类型”下拉列表中选择“按某一距离”选项，并设置“距离”值为40，选择*XC-ZC*平面为参考平面，设置方向为Y轴，创建基准平面2，如图3-44所示。

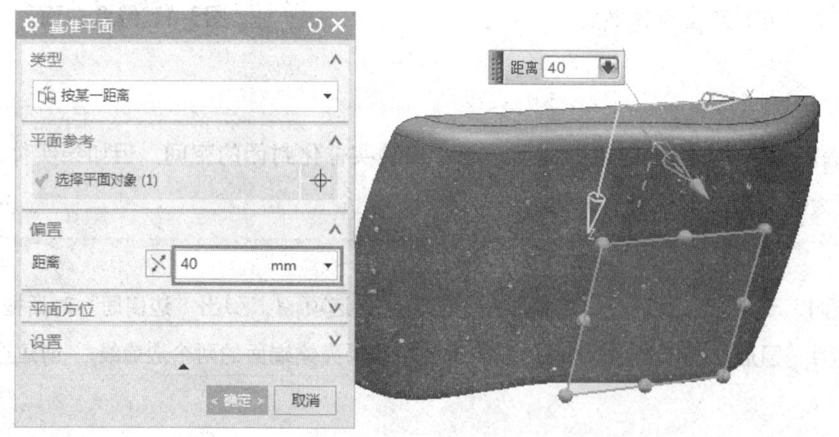

图3-44 创建基准平面2

⓬ 创建镜头拉伸体。选择“主页”→“特征”→“拉伸”选项，在“拉伸”对话框中单击“草图”按钮，选择上步骤创建的基准平面2为草绘平面，绘制半径为20的圆形后返回“拉伸”对话框，设置“限制”选项组中“开始”和“结束”的“距离”为0和“直至下一个”，并在绘图区中选择外壳曲面为结束目标，创建镜头拉伸体，如图3-45所示。

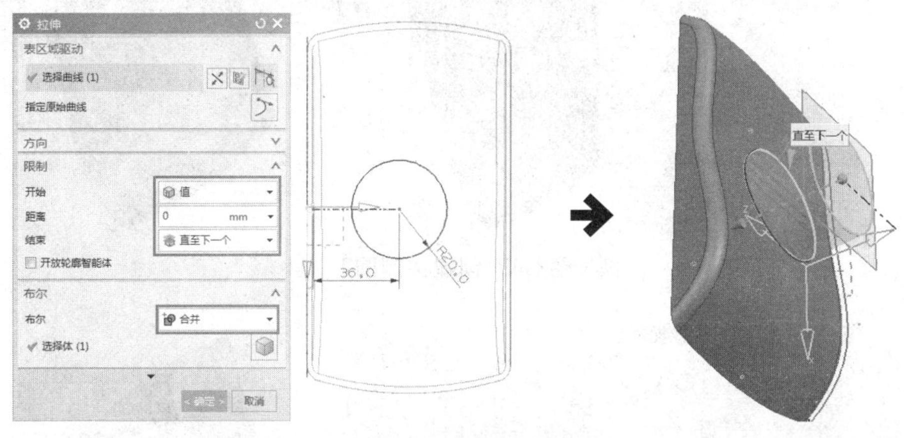

图3-45 创建镜头拉伸体

⓭ 创建剪切拉伸体。选择“主页”→“特征”→“拉伸”选项，在“拉伸”对话框中单击“草图”按钮，选择第11步骤创建的基准平面2为草图平面，绘制直径为33的圆形后返回“拉伸”对话框。设置“限制”选项组中“开始”和“结束”的“距离”为0和“贯通”，选择“布尔”运算为“减去”，创建剪切拉伸体，如图3-46所示。

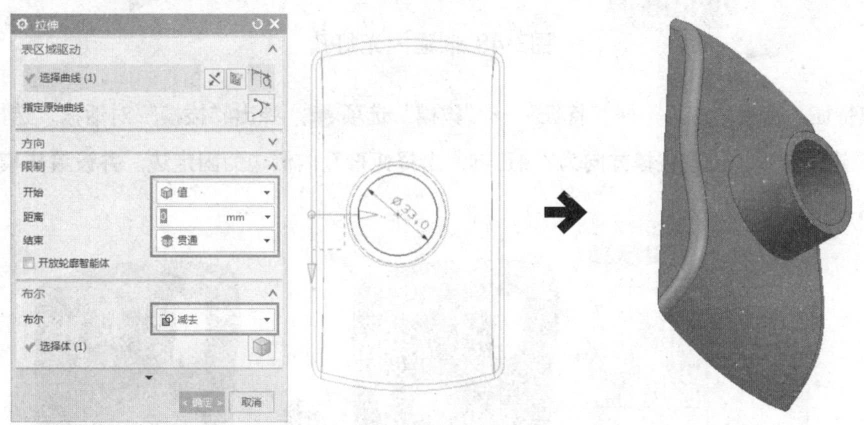

图3-46 创建剪切拉伸体

⓮ 创建边倒圆2。选择“主页”→“特征”→“边倒圆”选项，弹出“边倒圆”对话框。在对话框中设置“形状”为“圆形”，“半径”为5，在绘图区中选择镜头和壳体交接的边缘线，创建边倒圆2，如图3-47所示。

⓯ 创建闪光灯孔。选择“主页”→“特征”→“拉伸”选项，在“拉伸”对话框中单击“草图”按钮，选择*XC-ZC*平面为草绘平面，绘制矩形后返回“拉伸”对话框。设置“限制”选项组中“开始”和“结束”的距离为0和25，选择“布尔”运算为“减去”，创建闪光灯孔，如图3-48所示。

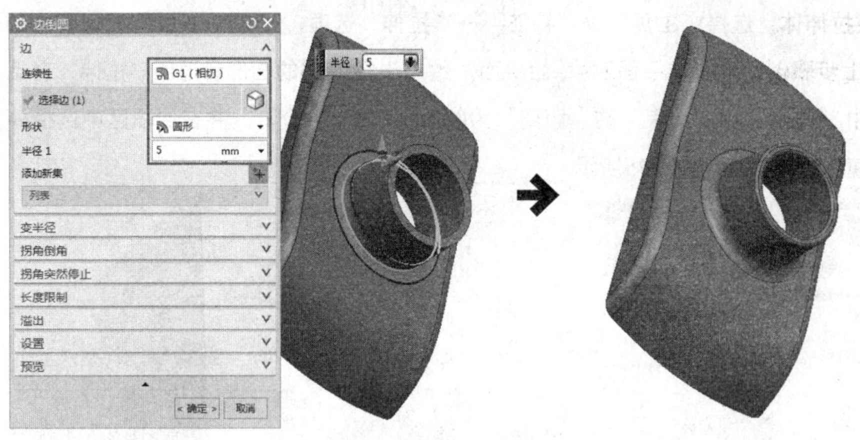

图3-47 创建边倒圆2

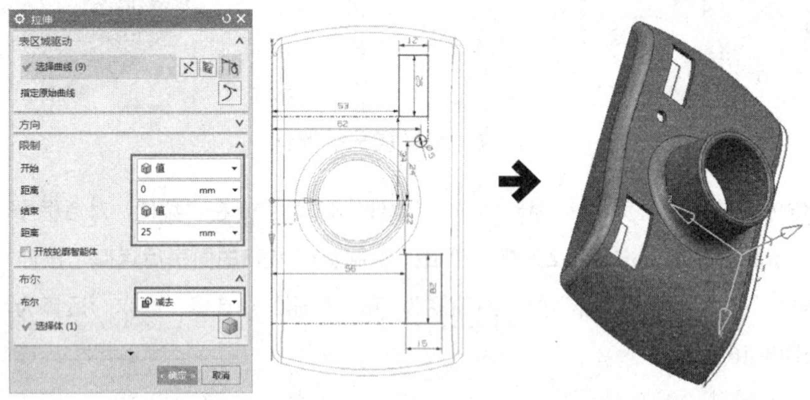

图3-48 创建闪光灯孔

16 创建拔模特征。选择“主页”→“特征”→“拔模”选项，弹出“拔模”对话框。选择“类型”下拉列表中的“边”选项，设置拔模方向为Y轴正向，选择矩形孔内侧边为固定边，并设置拔模“角度1”为30度，如图3-49所示。

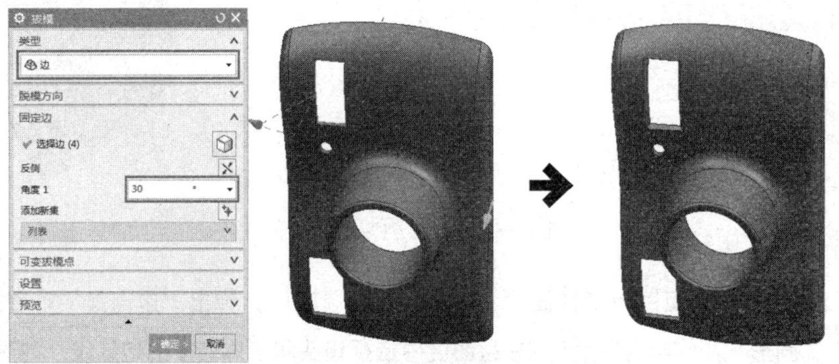

图3-49 创建拔模特征

17 创建边倒圆3。选择“主页”→“特征”→“边倒圆”选项，弹出“边倒圆”对话框。在对话框中设置“形状”为“圆形”，“半径”为1，在绘图区中选择矩形孔的棱边，创建边倒圆3，如图3-50 所示。按同样的方法创建边倒圆4，如图3-51所示。

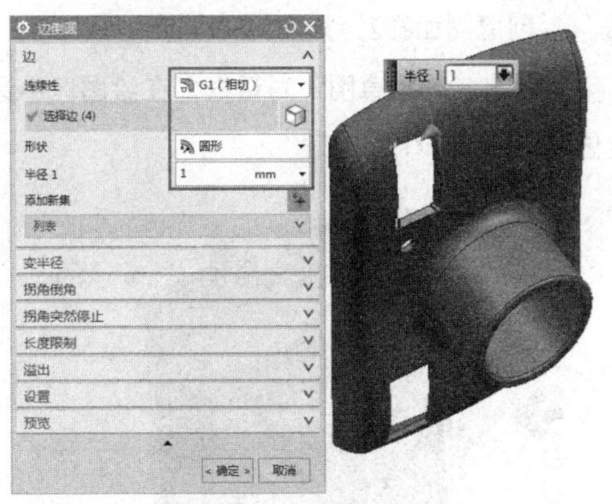

图3-50 创建边倒圆3

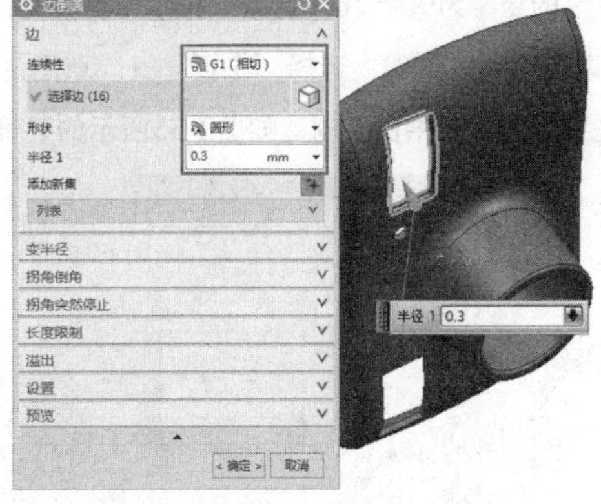

图3-51 创建边倒圆4

18 创建内侧拔模和边倒圆。按照步骤16和步骤17的方法和参数值，创建另一矩形孔内侧的拔模和边倒圆，如图3-52所示。

图3-52 创建内侧拔模和边倒圆

19 创建侧面孔1。选择“主页”→“特征”→“拉伸”选项，在“拉伸”对话框中单击“草图”按钮，选择*XC-YC*平面为草绘平面，绘制草图后返回“拉伸”对话框。设置“限制”选项组中“开始”和“结束”的距离为60和80，选择“布尔”运算为“减去”，如图3-53所示。

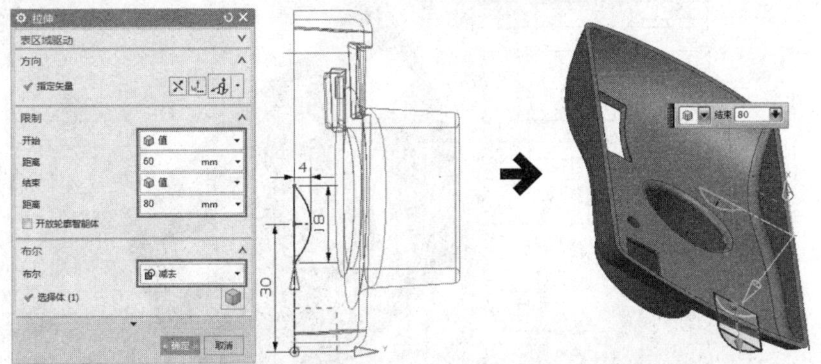

图3-53 创建侧面孔1

20 创建侧面孔2。选择“主页”→“特征”→“拉伸”选项，在“拉伸”对话框中单击“草图”按钮，选择*XC-YC*平面为草绘平面，绘制草图后返回“拉伸”对话框。设置“限制”选项组中“开始”和

“结束”的距离为90和70，选择“布尔”运算为“减去”，创建侧面孔2，如图3-54所示。

21 创建装饰字定位线。选择“主页”→“草图”选项，弹出“创建草图”对话框；在绘图区中选择镜头圆柱平面为草图平面，创建如图3-55所示的装饰字定位线。

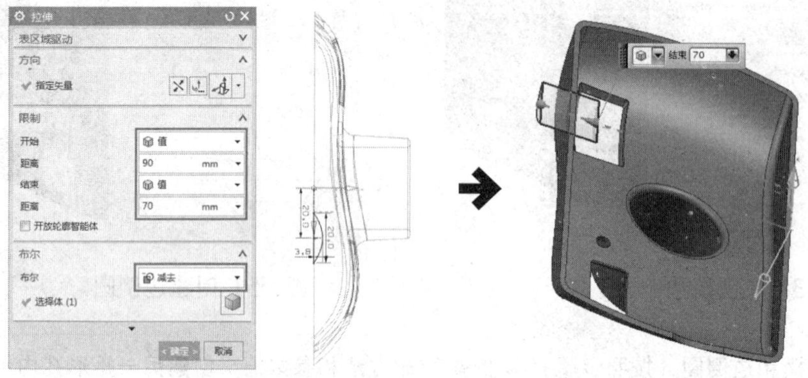

图3-54 创建侧面孔2

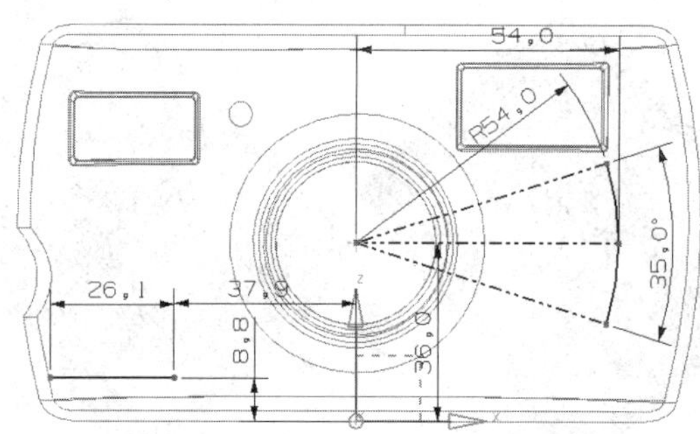

图3-55 创建装饰字定位线

22 创建文本1。选择“曲线”→“曲线”→“文本”选项，选择“类型”下拉列表中的“曲线上”选项，在绘图区中选择上步骤创建的装饰字定位线，在“文本属性”选项组的文本框中输入Maco，设置“文本框”选项组中的尺寸参数，创建文本1，如图3-56所示。

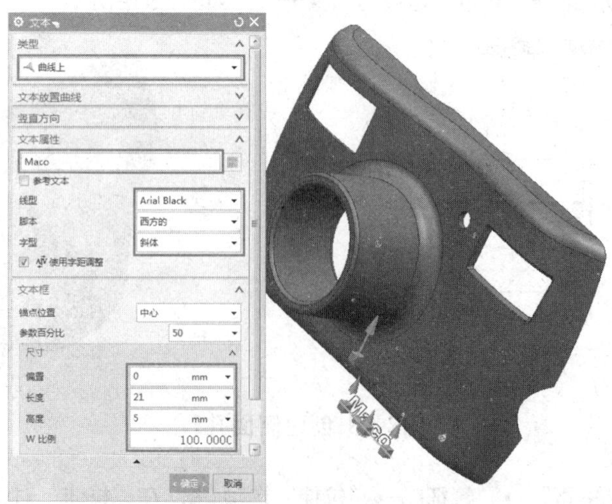

图3-56 创建文本1

23 创建文本拉伸体1。选择“主页”→“特征”→“拉伸”选项，选择绘图区中上步骤创建的文本为截面，选择拉伸方向为Y轴方向，设置“开始”和“结束”的距离为0和“直至选定”，创建文本拉伸体1，如图3-57所示。

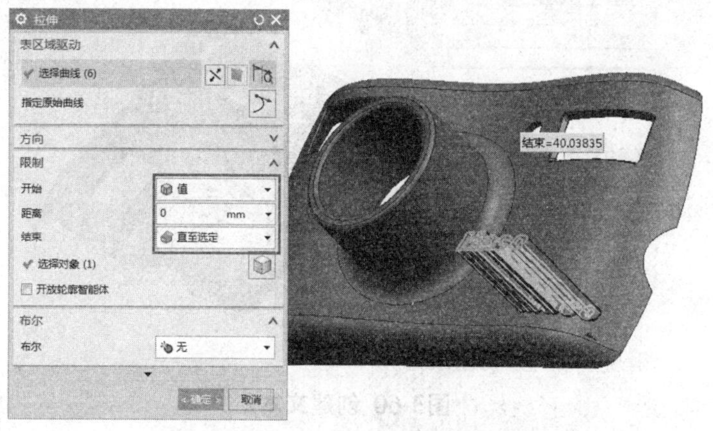

图3-57 创建文本拉伸体1

24 创建偏置曲面。选择“曲面”→“曲面工序”→“偏置曲面”选项，弹出“偏置曲面”对话框。在绘图区中选择壳体的外侧表面，设置“偏置1”距离为1，创建偏置曲面，如图3-58所示。

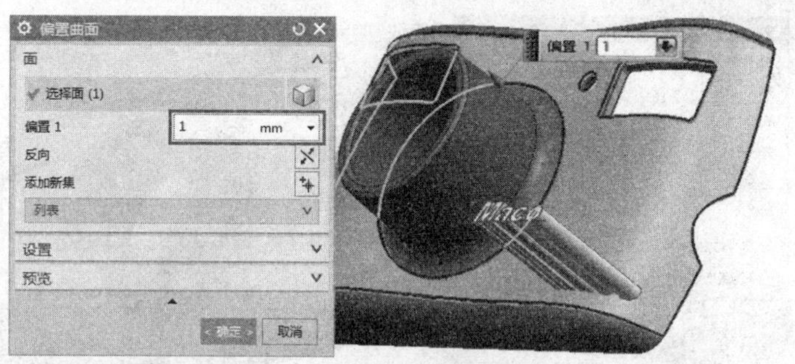

图3-58 创建偏置曲面

25 修剪文本拉伸体1。选择“主页”→“特征”→“修剪体”选项，弹出“修剪体”对话框。在绘图区中选择文本拉伸体1为目标体，选择偏置曲面为工具，修剪文本拉伸体1，如图3-59所示。

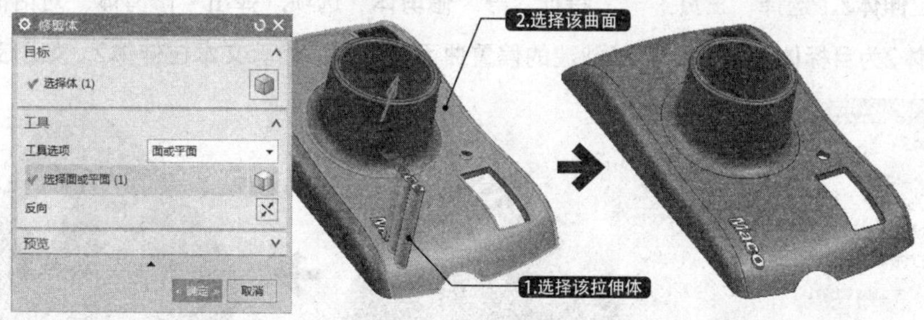

图3-59 修剪文本拉伸体1

26 创建文本2。选择“曲线”→“曲线”→“文本”选项，选择“类型”下拉列表中的“曲线上”选项，在绘图区中选择步骤21创建的文本定位线，在“文本属性”选项组的文本框中输入ZOOM，设置“文本框”选项组中的尺寸参数，创建文本2，如图3-60所示。

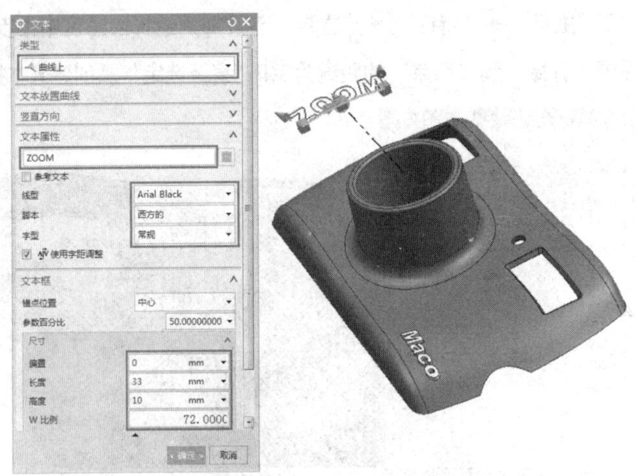

图3-60 创建文本2

27 创建文本拉伸体2。选择“主页”→“特征”→“拉伸”选项，选择绘图区中上步骤创建的文本2为截面，选择拉伸方向为Y轴方向，设置“开始”和“结束”的距离为0和“直至选定”，创建文本拉伸体2，如图3-61所示。

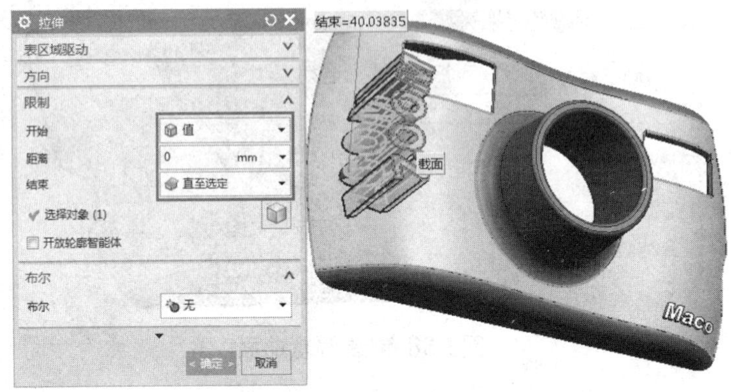

图3-61 创建文本拉伸体2

29 修剪文本拉伸体2。选择“主页”→“特征”→“修剪体”选项，弹出“修剪体”对话框。在绘图区中选择文本拉伸体2为目标体，选择步骤24创建的偏置曲面为工具，修剪文本拉伸体2，如图3-62所示。

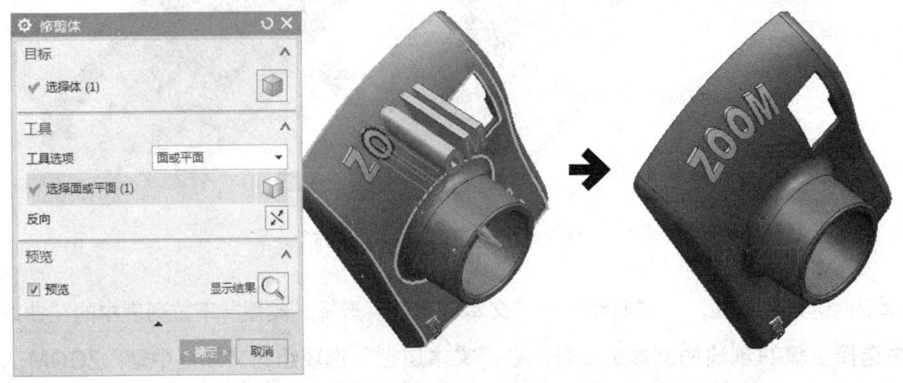

图3-62 修剪文本拉伸体2

3.7 案例实战——创建轿车外壳曲面

视频文件：视频\3.7创建轿车车身曲面.mp4

原始文件：素材\第3章\轿车外壳曲面.prt

最终文件：素材\第3章\轿车外壳曲面-OK.prt

本实例创建一个轿车外壳曲面，效果如图3-63所示。该轿车车身外壳表面由光滑的曲面构成，这样能减少汽车在高速行驶时的风阻。车身线条由以往的直线改为波浪形线条，使轿车车身更灵活、时尚。此外，该轿车外壳把车身腰线淡化，使整车显得更加玲珑。楔形轿车造型优雅，线条简练，精巧灵活，极富动感和活力。在设计该轿车车身时，重点是掌握利用“截面曲面”工具来创建车身曲面。

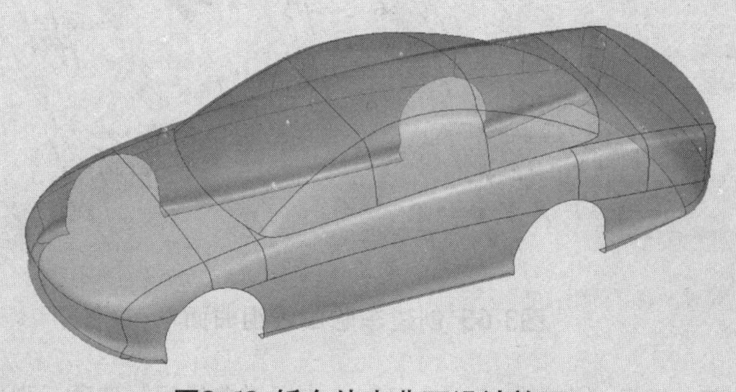

图3-63 轿车外壳曲面设计效果

3.7.1 设计流程图

在设计该轿车车身外壳时，采用先局部后整体，再由整体到细节的思路方法进行设计。首先利用“通过曲线组”工具创建车身侧面以及前后翼子板的曲面；然后利用“截面曲面”和“桥接曲面”工具连接各个曲线组曲面，并对其镜像、缝合和修剪，完成车身曲面的创建；最后利用“截面曲面”“修剪体”“镜像体”和“补片”等工具创建轿车的顶盖，即可完成该轿车外壳曲面的设计，如图3-64所示。

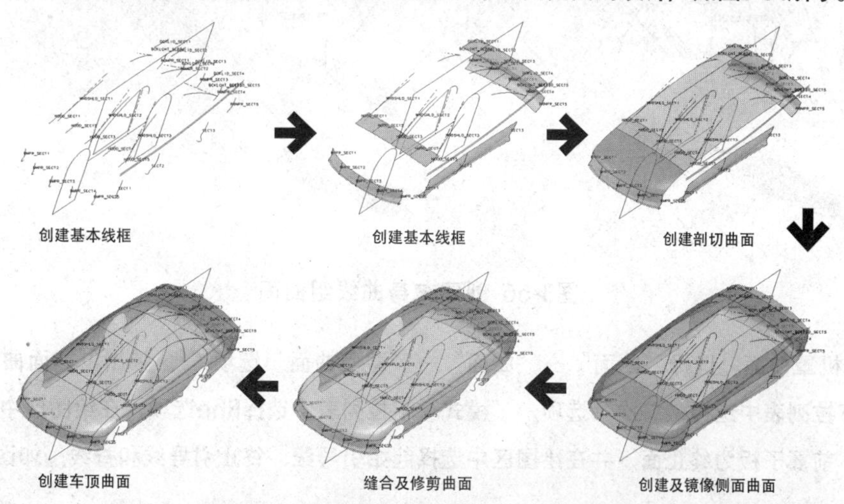

图3-64 轿车外壳曲面的设计流程图

3.7.2 具体设计步骤

01 创建车脸曲线组曲面。选择“主页”→“曲面”→“通过曲线组”选项，弹出“通过曲线组”对话框。在绘图区中依次选择车脸前部的曲线组，如图3-65所示。

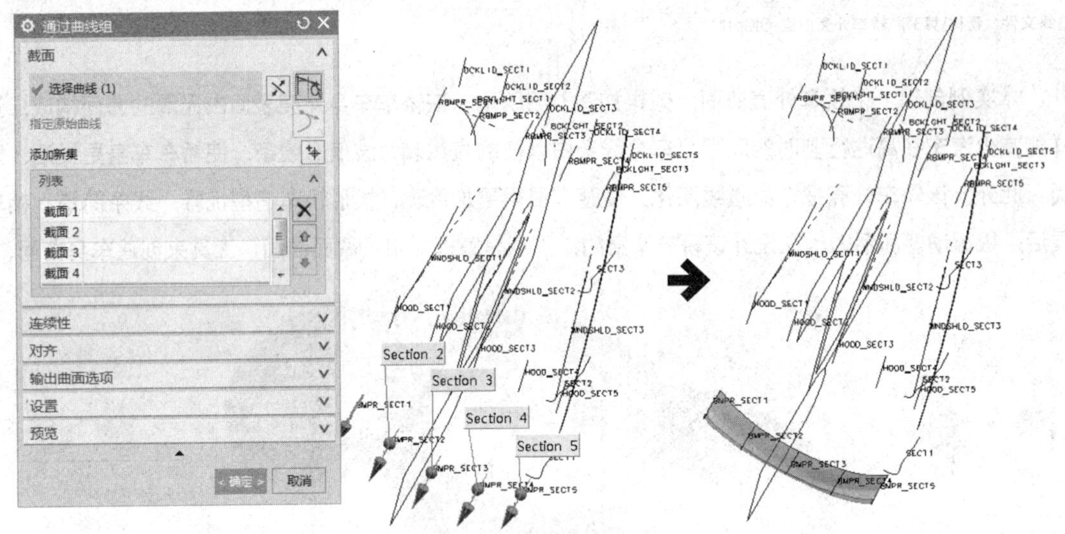

图3-65 创建车脸曲线组曲面

02 创建车身曲线组曲面。选择“主页”→“曲面”→“通过曲线组”选项，弹出“通过曲线组”对话框。在绘图区中依次创建车身侧面、车尾、前后翼子板的曲线组曲面，如图3-66所示。

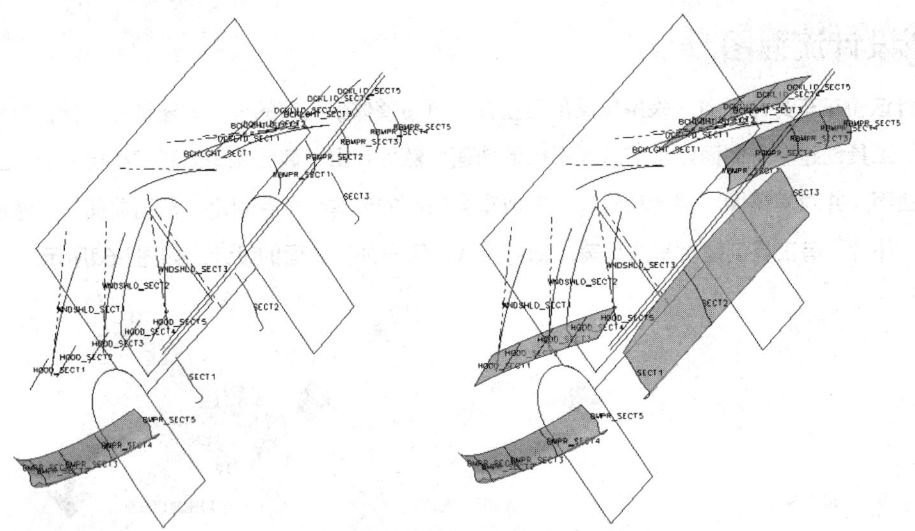

图3-66 创建车身曲线组曲面

03 创建发动机罩曲面。选择“曲面”→“曲面”→“截面曲面”选项，弹出“截面曲面”对话框。在“类型”下拉列表中选择“二次”选项，“模式”下拉列表中选择Rho选项；在绘图区中分别选择前脸面为起始面，前翼子板为终止面，并在绘图区中选择起始引导线、终止引导线和脊线，如图3-67所示。

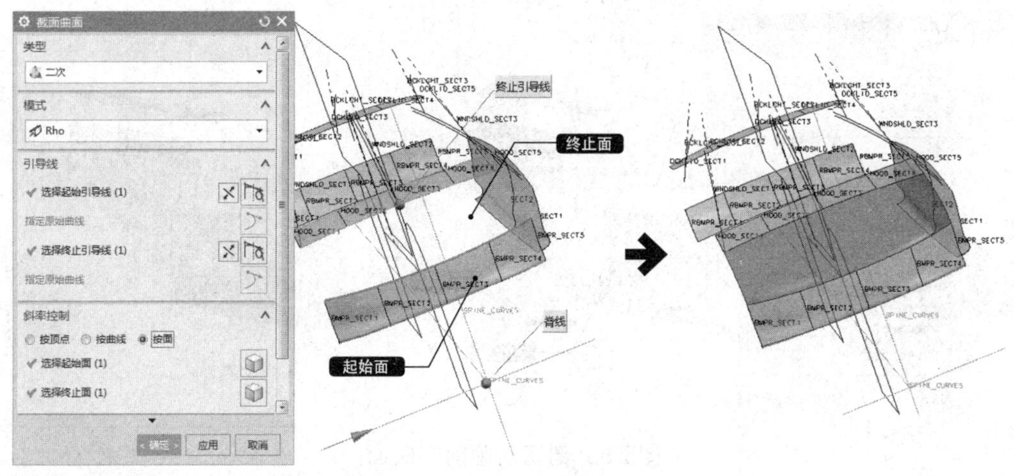

图3-67 创建发动机罩曲面

04 桥接前脸和侧面曲面。选择“曲面”→“曲面”→“桥接”选项，弹出“桥接曲面”对话框。在绘图区依次选取前脸为边1，车身侧面为边2，如图3-68所示。

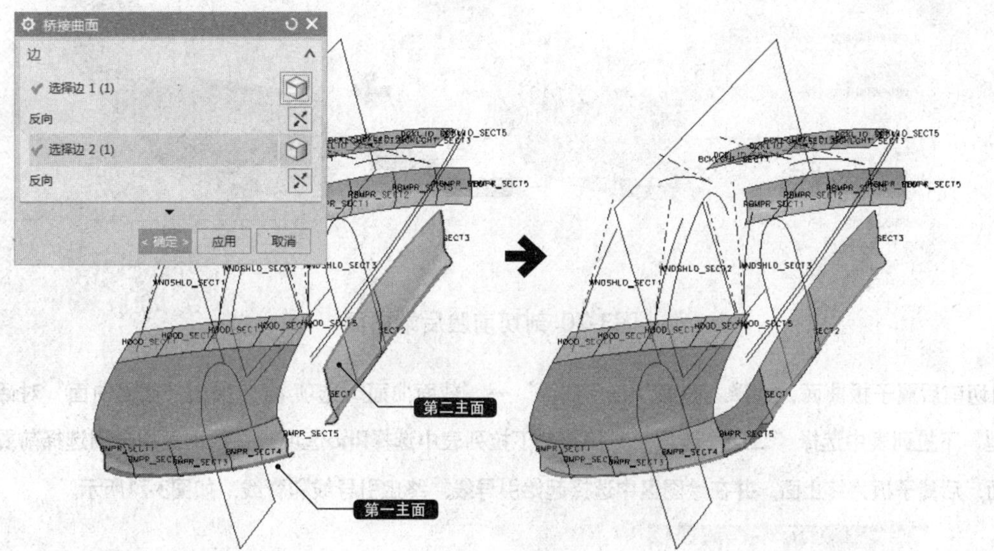

图3-68 桥接前脸和侧面曲面

05 剖切前脸前端曲面。选择“曲面”→“曲面”→“截面曲面”选项，弹出“截面曲面”对话框。在“类型”下拉列表中选择“二次”选项，“模式”下拉列表中选择Rho选项，在绘图区中分别选择发动机盖为起始面，桥接曲面为终止面，并在绘图区中选择起始引导线、终止引导线和脊线，如图3-69所示。

06 剖切前脸后端曲面。选择“曲面”→“曲面”→“截面曲面”选项，弹出“截面曲面”对话框。在“类型”下拉列表中选择“二次”选项，“模式”下拉列表中选择Rho选项，在绘图区中分别选择前翼子板为起始面，车身侧面为终止面，并在绘图区中选择起始引导线、终止引导线和脊线，如图3-70所示。

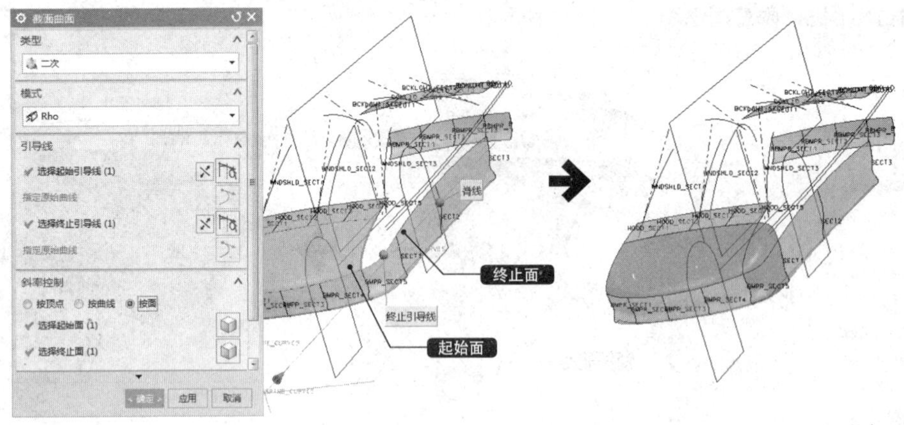

图3-69 剖切前脸前端曲面

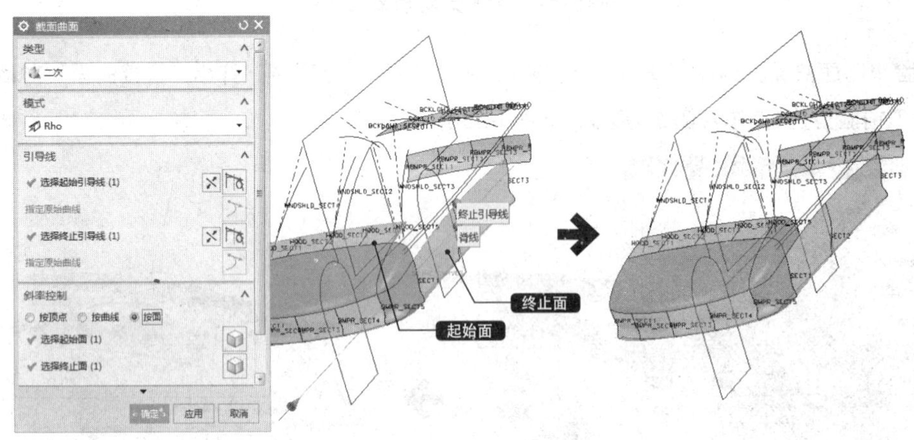

图3-70 剖切前脸后端曲面

07 剖切前后翼子板曲面。选择“曲面”→“曲面”→“截面曲面”选项，弹出“截面曲面”对话框。在“类型”下拉列表中选择“二次”选项，“模式”下拉列表中选择Rho选项，在绘图区中分别选择前翼子板为起始面，后翼子板为终止面，并在绘图区中选择起始引导线、终止引导线和脊线，如图3-71所示。

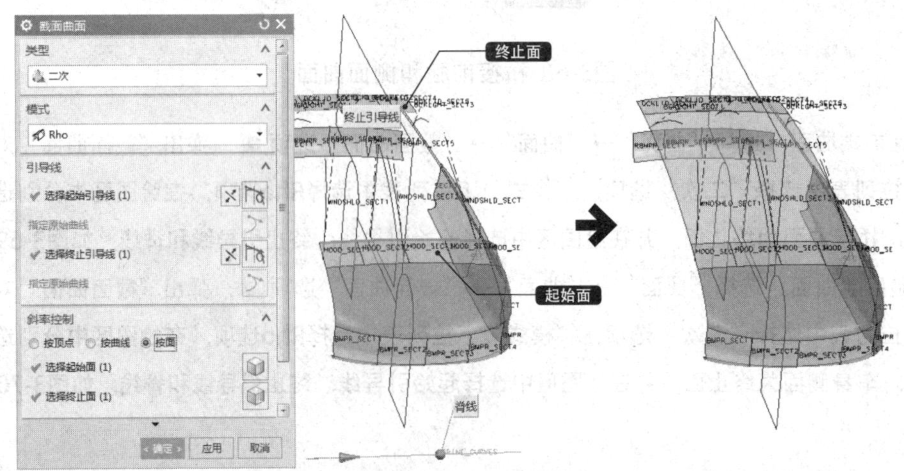

图3-71 剖切前后翼子板曲面

08 桥接侧面和车尾曲面。选择“曲面”→“曲面”→“桥接”选项，弹出“桥接曲面”对话框。在绘图区依次选择车身侧面为边1，车尾曲面为边2，如图3-72所示。

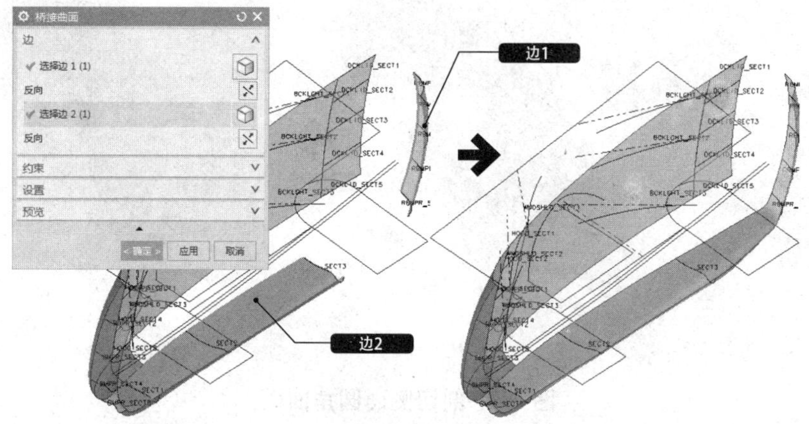

图3-72 桥接侧面和车尾曲面

09 剖切行李箱曲面。选择“曲面”→“曲面”→“截面曲面”选项，弹出“截面曲面”对话框。在“类型”下拉列表中选择“二次”选项，“模式”下拉列表中选择Rho选项，在绘图区中分别选择后翼子板为起始面，车尾为终止面，并在绘图区中选择起始引导线、终止引导线和脊线，如图3-73所示。

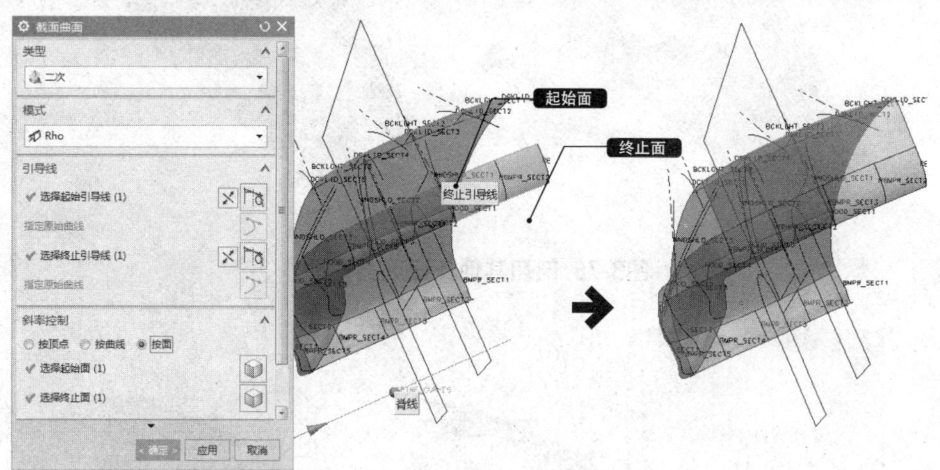

图3-73 剖切行李箱曲面

10 剖切侧面圆角曲面。选择“曲面”→“曲面”→“截面曲面”选项，弹出“截面曲面”对话框；在“类型”下拉列表中选择“二次”选项，“模式”下拉列表中选择Rho选项，在绘图区中分别选择前翼子板为起始面，后翼子板为终止面，并在工作区中选择起始引导线、终止引导线和脊线，如图3-74所示。按照同样的方法创建其他3个剖切侧面圆角曲面，如图3-75所示。

11 镜像车身另一侧曲面。选择”菜单“→“插入”→“关联复制”→“抽取几何特征”→“镜像体”选项，弹出“镜像体”对话框。在绘图区中选择中央的平面为镜像平面，右侧的车身侧面曲线为目标，如图3-76所示。

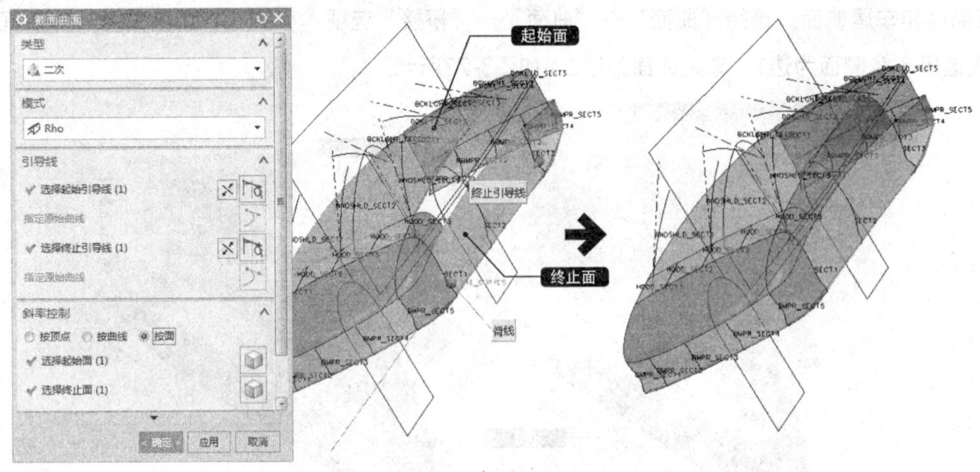

图3-74 剖切侧面圆角曲面

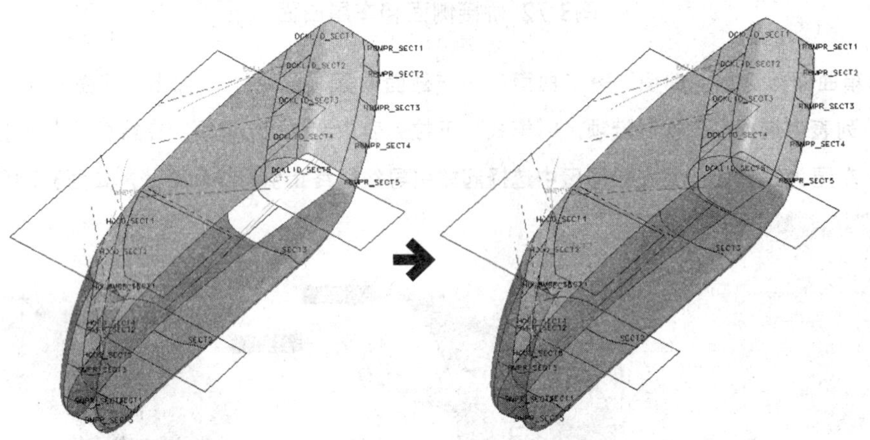

图3-75 剖切其他侧面圆角曲面

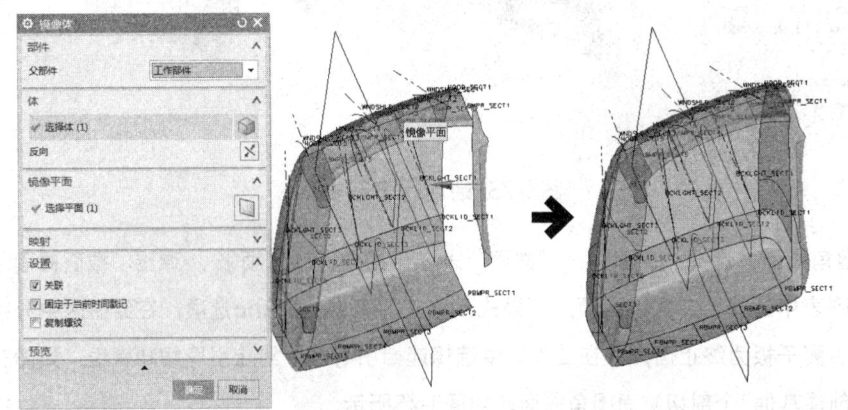

图3-76 镜像车身另一侧曲面

12 缝合车身曲面。选择”菜单“→“插入”→“组合体”→“缝合”选项，弹出“缝合”对话框。在绘图区中选择前后翼子板截面曲面为目标片体，选择其他的所有曲面为工具片体，设置”公差“为0.1，如图3-77所示。

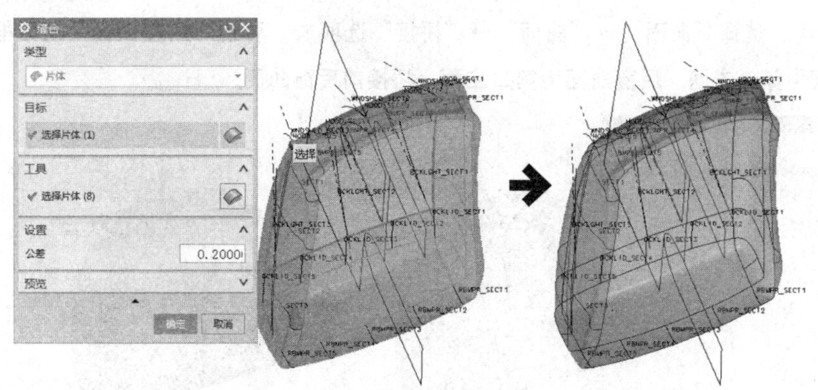

图3-77 缝合车身曲面

13 创建车轮剪切拉伸体。选择“主页”→“特征”→“拉伸”选项，弹出“拉伸”对话框，在工作区中选择车轮孔草图，设置“开始”和“结束”的距离分别为1200和-1200，并选择“布尔”运算为“减去”，如图3-78所示。

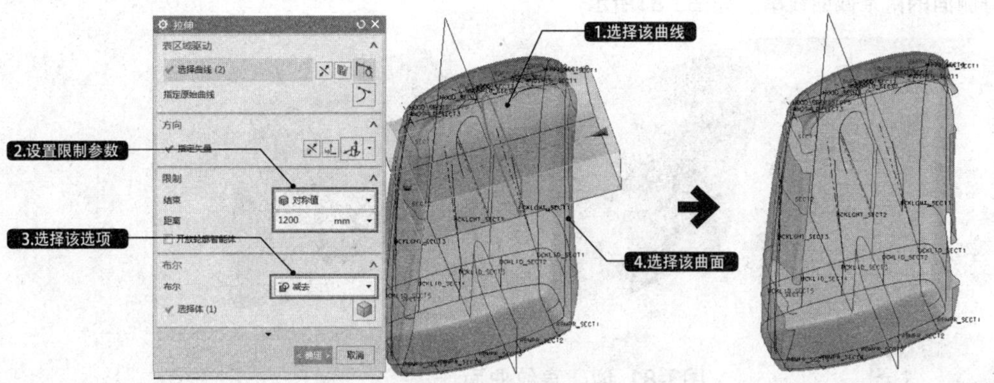

图3-78 创建车轮剪切拉伸体

14 创建前窗曲面。选择“主页”→“曲面”→“通过曲线组”选项，弹出“通过曲线组”对话框。在绘图区中依次选择前窗曲面的曲线组，如图3-79所示。

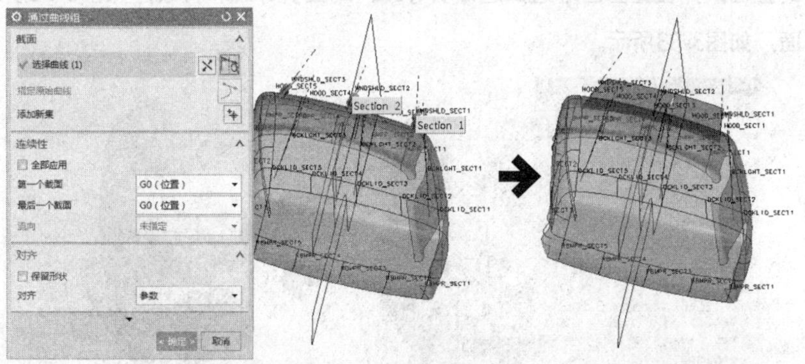

图3-79 创建前窗曲面

15 创建后窗曲面。选择“主页”→“曲面”→“通过曲线组”选项，弹出“通过曲线组”对话框。在绘图区中依次选择后窗曲面的曲线组，如图3-80所示。

16 桥接前后窗曲面。选择“曲面”→“曲面”→“桥接”选项，弹出“桥接曲面”对话框。在绘图区依次选取前窗曲面为第一主面，后窗曲面为第二主面，桥接前后窗曲面。

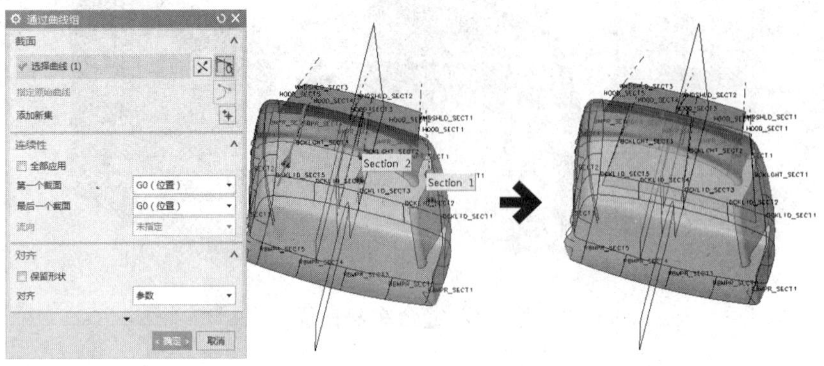

图3-80 创建后窗曲面

17 创建直纹曲面。选择“主页”→“曲面”→“更多”→“直纹面”选项，弹出“直纹”对话框。在绘图区中选择车身侧面的两条截面线串，如图3-81所示。

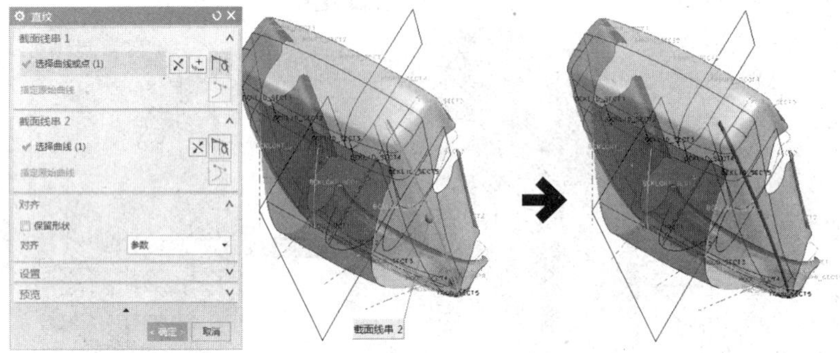

图3-81 创建直纹曲面

18 创建侧窗曲面。选择“曲面”→“曲面”→“截面曲面”选项，弹出“截面曲面”对话框。在“类型”下拉列表中选择“二次”选项，“模式”下拉列表中选择Rho选项，在绘图区中分别选择车顶面为起始面，侧面板为终止面，并在绘图区中选择起始引导线、终止引导线和脊线，如图3-82所示。按同样方法创建其他侧窗曲面，如图3-83所示。

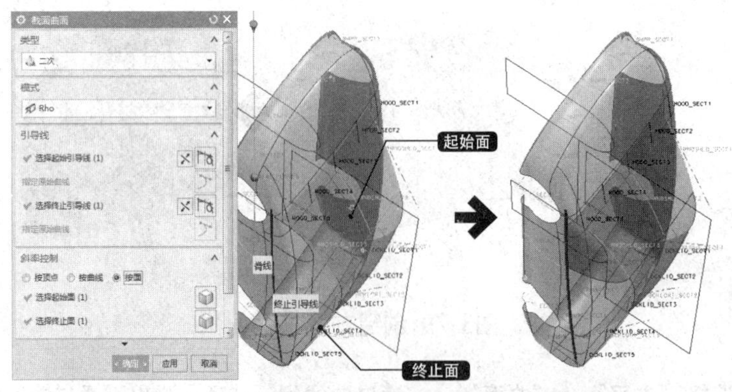

图3-82 创建侧窗曲面

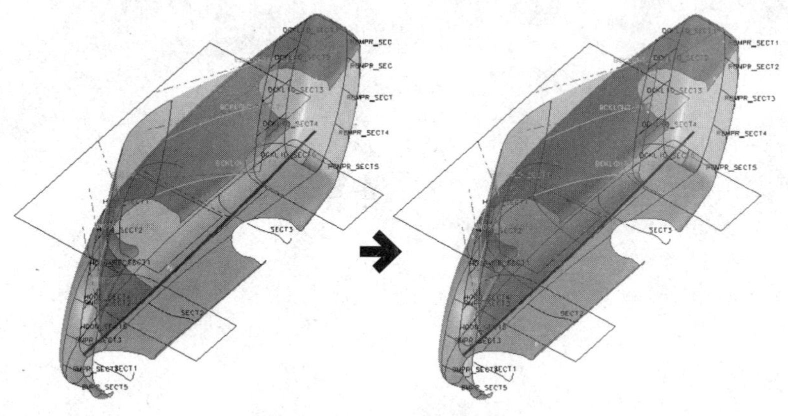

图3-83 创建其他侧窗曲面

19 镜像另一侧窗曲面。选择“菜单”→“插入”→“关联复制”→“抽取几何特征”→“镜像体”选项，弹出“镜像体”对话框。在绘图区中选择中央的平面为镜像平面，右侧的车身侧面曲线为目标体，如图3-84所示。

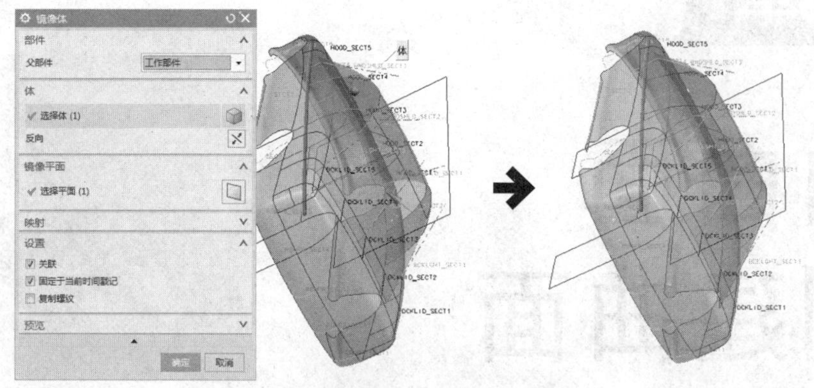

图3-84 镜像另一侧窗曲面

20 缝合车顶和车窗曲面。选择“菜单”→“插入”→“组合体”→“缝合”选项，弹出“缝合”对话框。在绘图区中选择前窗面为目标片体，选择其他的所有曲面为工具片体，设置“公差”为0.2，如图3-85所示。至此，轿车外壳曲面创建完成。

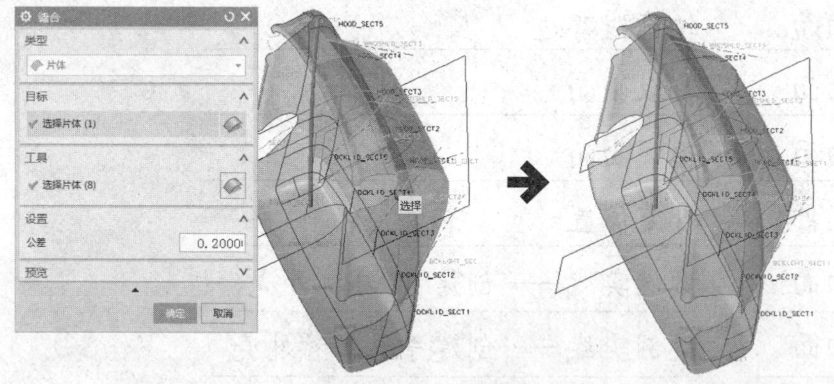

图3-85 缝合车顶和车窗曲面

第4章

由曲面创建曲面

学习目标：

桥接曲面	轮廓线弯边
倒圆曲面	抽取曲面
延伸曲面	偏置曲面
规律延伸	可变偏置
缝合曲面	案例实战——创建MP3耳机外壳
过渡曲面	案例实战——创建手柄套管外壳
N边曲面	

由曲面构造曲面是在其他片体或曲面的基础上进行构造曲面。它是将已有的面作为基面，通过各种曲面操作再创建一个新的曲面。此类型曲面大部分都是参数化的，通过参数化关联，创建的曲面随着基面改变而改变。这种方法对于特别复杂的曲面非常有用，这是因为复杂曲面仅仅利用基于曲线的构造方法比较困难，而必须借助于曲面片体的构造方法才能够获得。

本章主要介绍桥接曲面、延伸曲面、规律延伸、缝合曲面、修剪曲面、过渡曲面、N边曲面、轮廓线弯边、倒圆曲面、偏置曲面及可变偏置曲面等内容，最后还佐以实例，为读者详细讲解由曲面创建曲面的创建流程和方法。

4.1 桥接曲面

使用“桥接”工具可以使用一个片体将两个修剪过或未修剪过的表面之间的空隙补足、连接，还可以用来创建两个合并面的片体，从而生成一个新的曲面。若要桥接两个片体，则这两个面都为主面；若要合并两个面，则这两个面分别为主面和侧面。选择“曲面”→“曲面”→“桥接”选项，弹出“桥接曲面”对话框。

要创建桥接曲面，依次在绘图区选取两个边，然后设置连续方式并单击“确定”按钮即可，如图4-1所示。

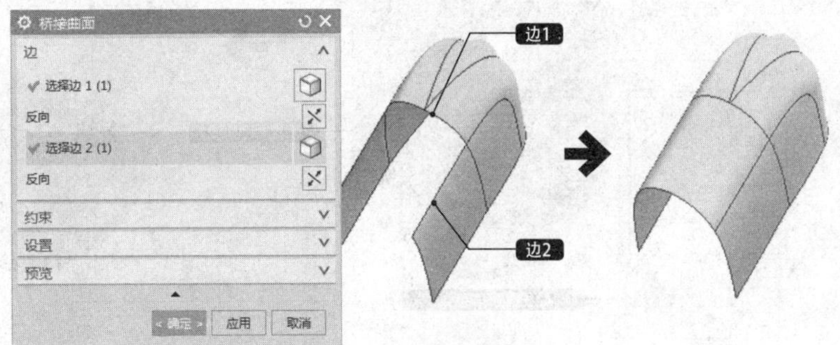

图4-1 创建桥接曲面

4.2 倒圆曲面

倒圆曲面指通过指定的两组曲面后，根据脊线、截面类型、相切曲线等数据控制倒圆曲面的形状。倒圆曲面和桥接曲面均可以连接两组曲面，桥接曲面为从两组曲面的边缘线延伸，其边缘线是固定的。而倒圆曲面会根据形状控制数据适当调整曲面边缘线，且其控制方式更为灵活，在产品设计中使用非常频繁。在UG NX中，倒圆曲面主要包括圆角曲面、面倒圆、软圆角。另外，在实体建模中常用到“边倒圆”工具，也能实现一些曲面的倒圆，创建方法相对容易，本小节不再介绍。

面倒圆是对实体或片体边指定半径进行倒圆操作，并且使倒圆面相切于所选取的平面。利用该方式创建倒圆需要在一组曲面上定义相切线串。该倒圆工具和“边倒圆”工具有些类似。单击“面倒圆”选项，在弹出的“面倒圆”对话框中提供了以下两种创建面倒圆特征的方式。

1. 滚球

滚球面倒圆指使用一个指定半径的假想球与选择的两个面集相切形成倒圆特征。选择“方位”下拉列表中的“滚动球”选项，“面倒圆”对话框被激活，如图4-2所示。其中各选项组的含义介绍如下。

- 面：该选项组用来指定面倒圆所在的两个面，也就是倒圆在两个选取面的相交部分。其中第一个选项用于选择面倒圆第一组倒圆的面，第二个选项用于选择第二组倒圆的面。
- 横截面：在该选项组中可以设置横截面的形状和半径方式，横截面的形状分为“圆形”和“二次曲线”两种。创建面倒圆特征，可以依次选择要面倒圆的两个面链，然后在倒圆“横截面”中的“形状”下拉列表中选择倒圆的形状样式，设置圆角的参数。图4-2所示为利用“圆形”创建的面倒圆特征。

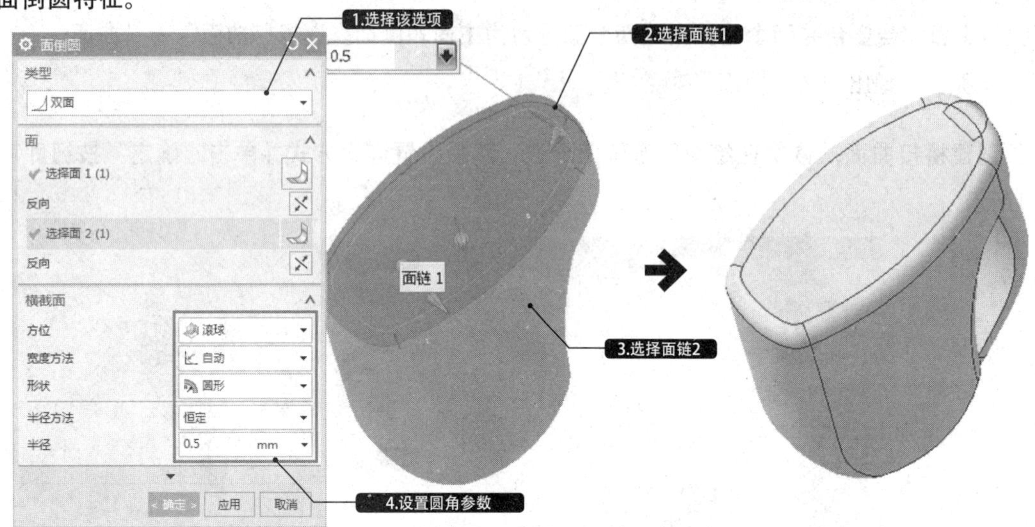

图4-2 利用“圆形”创建面倒圆特征

2. 扫掠圆盘

扫掠圆盘是指定圆角样式和指定的脊线构成的扫描截面，与选择的两面集相切进行倒圆。其中脊线是曲面指定同向断面线的特殊点集合所形成的线，也就是说，指定了脊线就决定了曲面的端面产生的方向。其中端面的U线必须垂直于脊线。

选择“方位”下拉列表中的“扫掠截面”选项，并依次选择要进行面倒圆的两个面链；然后在“横截面”选项组中单击“选择脊线”按钮，在绘图区中选择脊线并设置圆角参数即可，创建方法如图4-3所示。

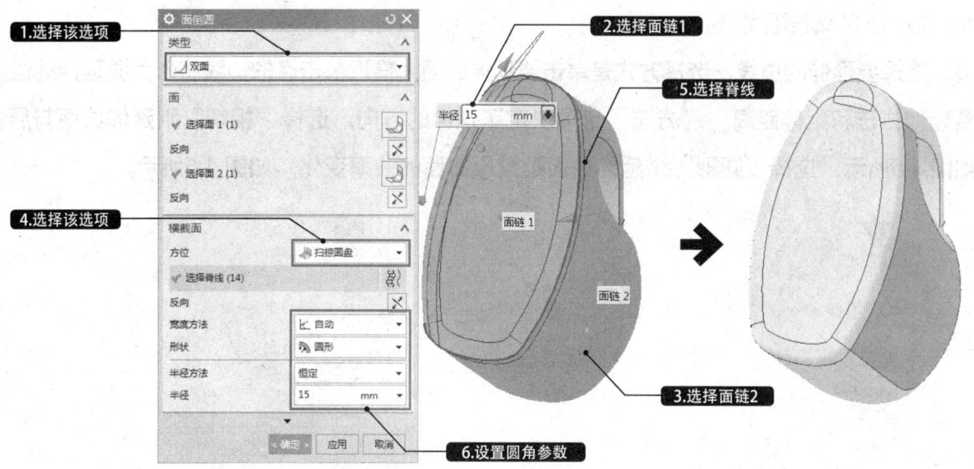

图4-3 利用“扫掠圆盘”创建面倒圆特征

4.3 延伸曲面

延伸曲面主要用来扩大曲面片体。该命令用于在已经存在的片体上建立延伸片体。延伸通常采用近似方法建立，但是如果原始曲面是B-曲面，则延伸结果可能与原曲面相同，也是B-曲面。

选择“曲面”→“曲面”→“更多”→“延伸曲面”选项，或者选择“菜单”→“插入”→“弯曲曲面”→“延伸”选项，弹出“延伸曲面”对话框。选择延伸的类型，单击要延伸的曲面，再设置好相应的参数，单击“确定”按钮，即可延伸曲面。在“类型”下拉列表中提供了两种延伸曲面的方法。

4.3.1 边

在“类型”下拉列表中选择“边”选项时，需要选择靠近边的待延伸曲面（系统自动判断要延伸的边），如图 4-4所示。

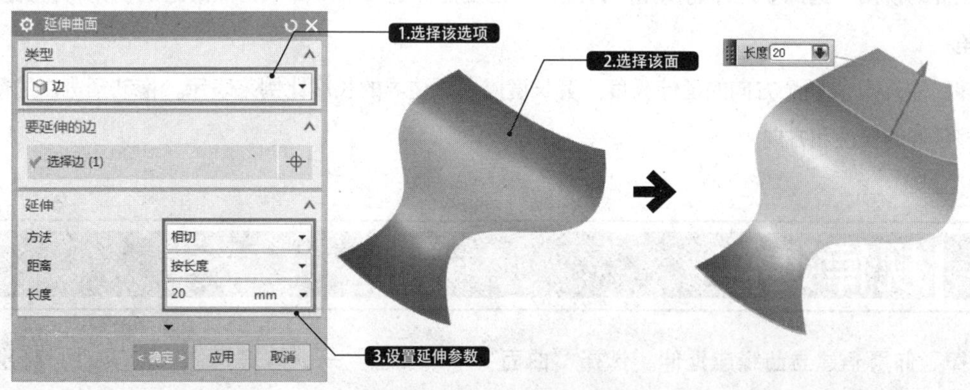

图 4-4 从曲面边开始延伸

对话框中各选项组含义说明如下。

- 要延伸的边：选择要延伸的边线。选择方式是单击要延伸的面，靠近单击点的边线将作为要延伸的边。
- 延伸：设置延伸方法和延伸距离。“方法”选项决定了延伸的方向，选择“相切”则延伸曲面与原曲面相切，如图4-5所示，选择“圆形”，延伸曲面延续原曲面的曲率变化，如图4-6所示。

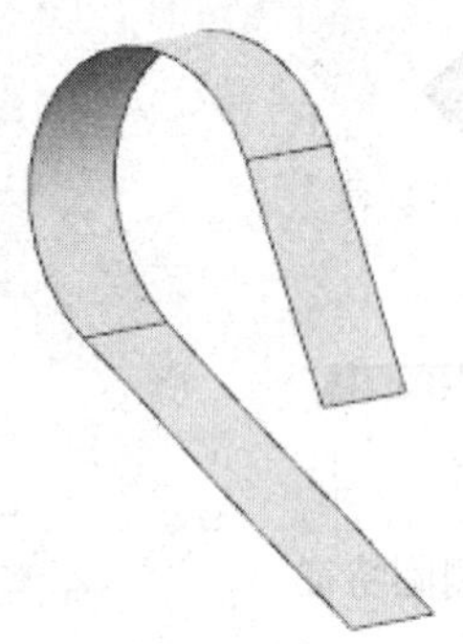

图 4-5 相切延伸

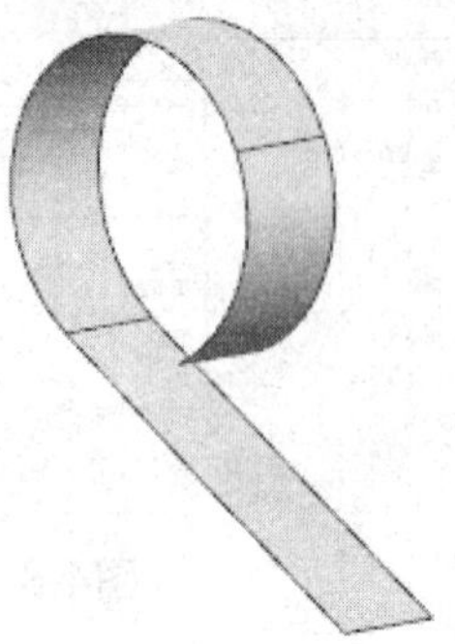

图 4-6 圆形延伸

4.3.2 拐角

延伸拐角是将曲面按拐角向U、V两个方向延伸，如图4-7所示。

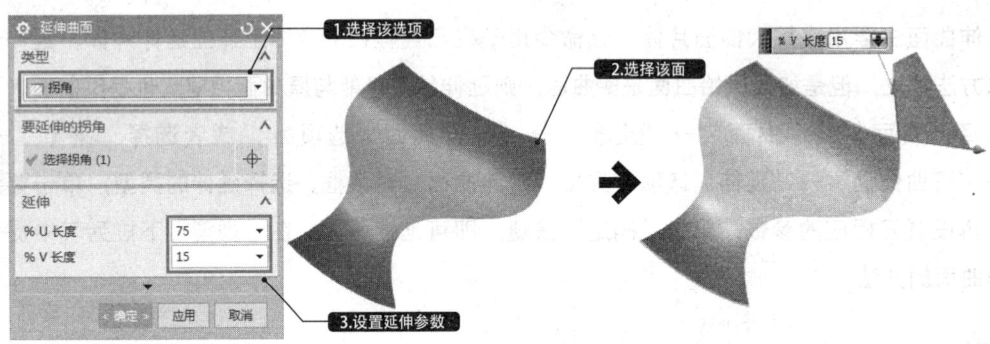

图 4-7 从曲面拐点开始延伸

对话框中各选项组含义说明如下。

- 要延伸的拐角：选择要延伸的拐角。方法是单击要延伸的曲面，离单击点最近的拐角将作为要延伸的拐角。
- 延伸：输入U、V两个方向的延伸长度，其长度以占原边界的长度比例来表示。拖动预览中的箭头可以调整延伸的长度和方向。

4.4 规律延伸

规律延伸用于建立凸缘或延伸。选择“曲面”→“曲面”→“规律延伸”选项，弹出“规律延伸”对话框，如图4-8所示。该对话框中主要选项的功能及含义如下所述。

◆ 矢量：用于定义延伸面的参考方向。

◆ 面：用于选择规律延伸的参考方式。选择该选项时，选择面将是激活的。

◆ 规律类型：下拉列表用来选择一种控制延伸角度的方法，同时要在下面的规律值中输入大约的数值。

◆ 沿着脊线的值：用于在基准曲线的两边同时延伸曲面。

◆ 角度规律：下拉列表用来选择一种控制延伸角度的方法，同时要在下面的规律值中输入大约的数值。

◆ 脊线：选择一条曲线来定义局部用户坐标系的原点。

要利用“规律延伸”工具延伸曲面，首先选择曲线和基准面，然后单击“指定新的位置”按钮，并指定坐标；最后设置长度参数和角度参数即可，效果如图4-9所示。

图4-8 “规律延伸”对话框

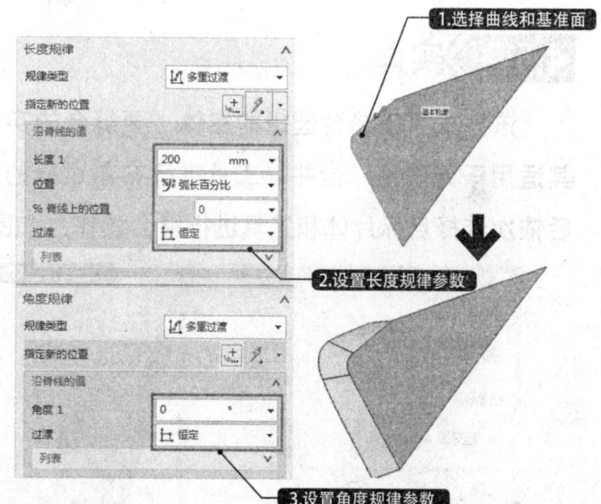

图4-9 规律延伸曲面效果

4.5 缝合曲面

缝合就是将多个片体修补从而获得新的片体或实体特征。该工具是将具有公共边的多个片体缝合在一起，组成一个整体的片体。封闭的片体经过缝合能够变成实体。选择“缝合”选项，在弹出的“缝合”对话框中提供了创建缝合特征的两种方式，具体介绍如下。

4.5.1 片体

该方式指将具有公共边或具有一定缝隙的两个片体缝合在一起组成一个整体的片体。当对具有一定缝隙的两个片体进行缝合时，两个片体间的最短距离必须小于缝合的公差值。选择“类型”下拉列表中的“片体”选项，然后依次选择目标片体和工具片体进行缝合操作，如图4-10所示。

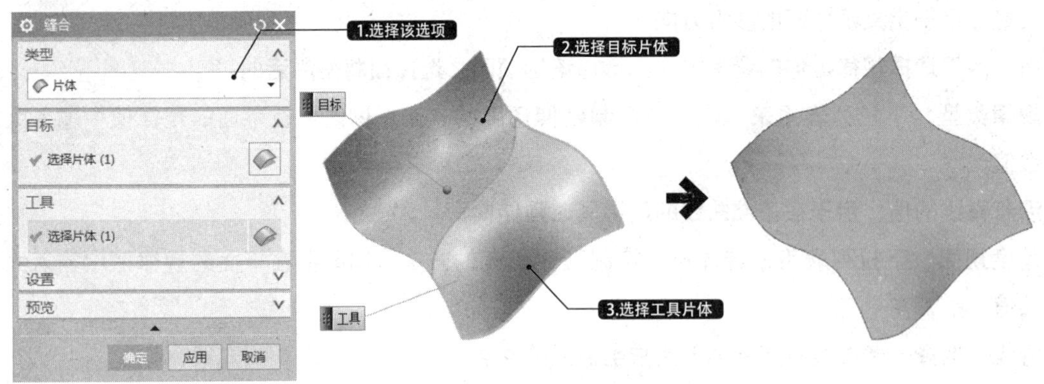

图4-10 利用片体创建缝合特征

4.5.2 实体

该方式用于缝合选择的实体。要缝合的实体必须是具有相同形状、面积相近的表面。该方式尤其适用于无法用“合并”工具进行布尔运算的实体。选择“类型”下拉列表中的“实体”选项，然后依次选择目标片体和工具进行缝合操作，如图4-11所示。

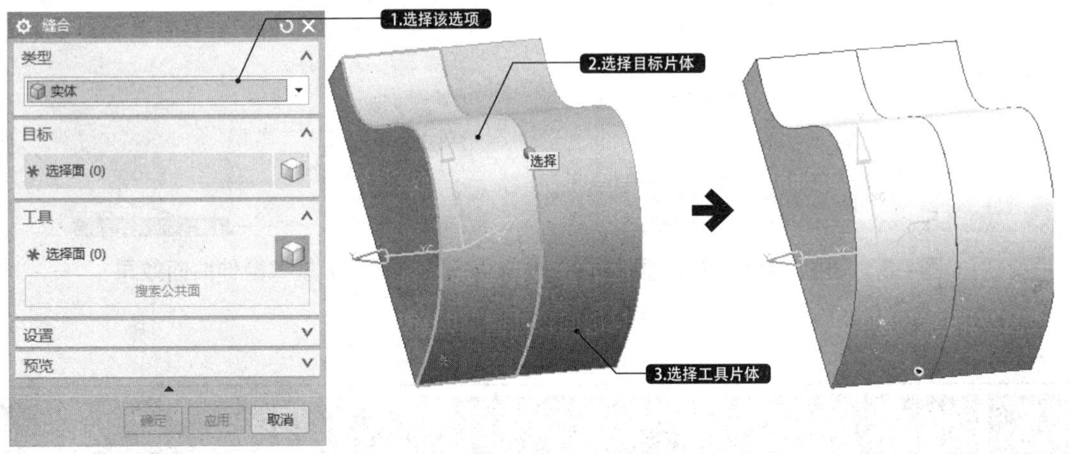

图4-11 利用实体创建缝合特征

4.6 过渡曲面

过渡曲面功能可以在两张或多张曲面的交叉处创建连接所选截面的曲面。但在创建过渡曲面时，选择的截面线不能是封闭的。选择“曲面”→“曲面”→“更多”→“过渡”选项 ，弹出“过渡”对话框，在绘图区中分别选择3个曲面边缘的边线组，即可创建曲面，如图4-12所示。

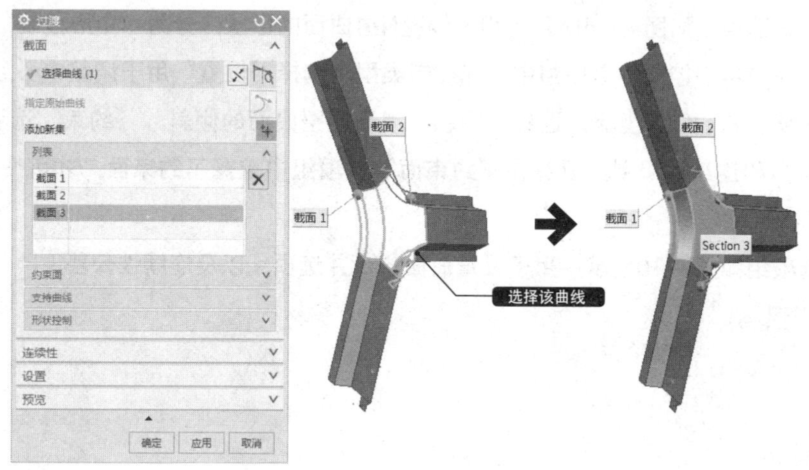

图4-12 创建过渡曲面

4.7 N 边曲面

使用“N边曲面”命令可以创建由一组端点相连曲线封闭的曲面。选择“曲面”→“曲面”→“N边曲面”选项，弹出“N边曲面”对话框，如图 4-13所示。创建N边曲面的步骤如图 4-14所示。

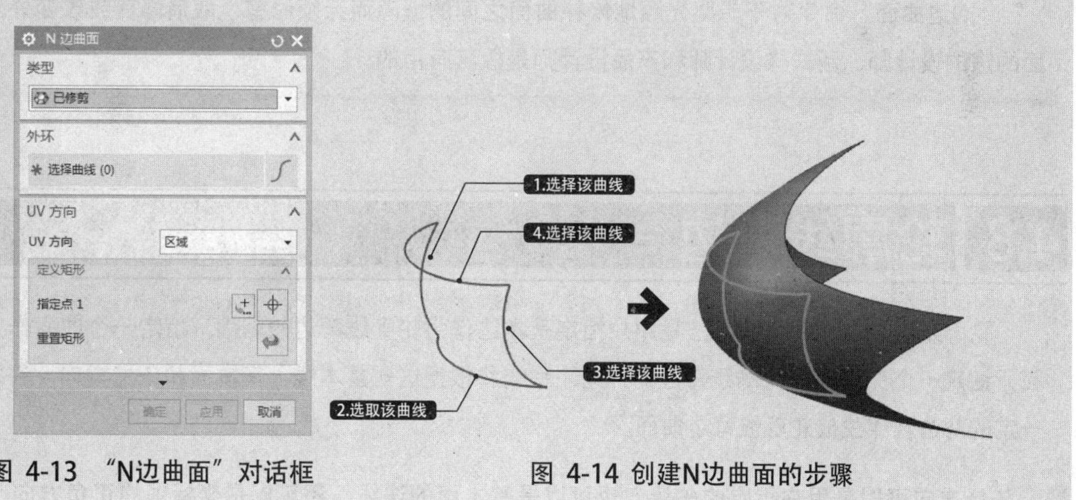

图 4-13 “N边曲面”对话框　　图 4-14 创建N边曲面的步骤

对话框中各选项组的功能介绍如下。

- 类型：在“类型”下拉列表中可选择“已修剪”和“三角形”两种曲面类型。当选择“已修剪”类型选项时，选择用来定义外部环的曲线组（串）不必闭合；而当选择“三角形”类型选项时，选择用来定义外部环的曲线组（串）必须封闭，否则系统会提示线串不封闭。
- 约束面：该选项组用于选择一个实体面或片体面作为N边曲面的约束面，不能使用基准平面。

◆ 形状控制：该选项组如图 4-15所示。用于调整N边曲面的形状，分为“中心控制”和“约束”两个选项组。在“中心控制”选项组中选择控制类型，选择“位置”用于调整中心点的位置，拖动滑动条即可调整X、Y、Z坐标；选择“倾斜”用于调整曲面的倾斜。“约束”选项组用于设置N边曲面的流向和连续性级别，只有在“约束面”选项组中选择了约束面，才可使用G1及更高的连续级别。

◆ 设置：该选项组如图 4-16所示。用于设置曲面的合并选项，以及连续性公差。

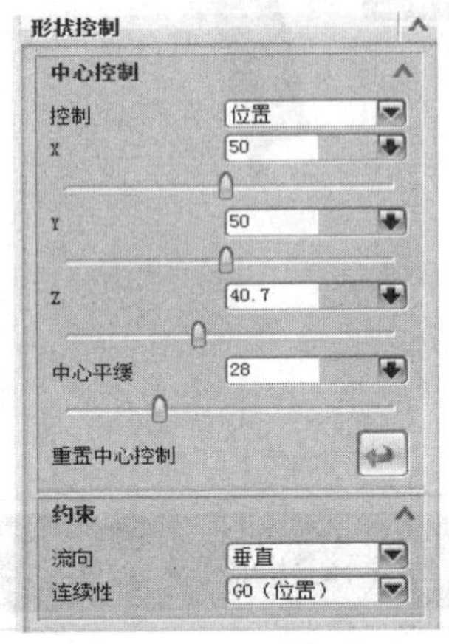

图 4-15 “形状控制”选项组

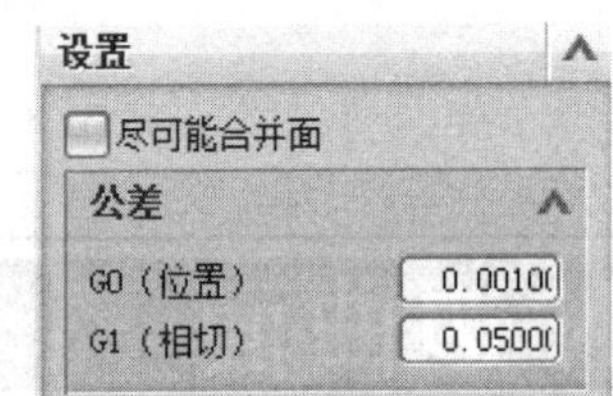

图 4-16 “设置”选项组

提 示

“N边曲面”命令对于想要光顺地修补曲面之间的缝隙而无须修剪、取消修剪或改变外部曲面的边的设计师、新式样设计师和产品设计师是极其有用的。

4.8 轮廓线弯边

轮廓线弯边创建曲面的方法是用户指定基本边作为轮廓线弯边的基础，指定一个曲面作为基面，指定一个矢量作为轮廓线弯边的方向，系统将根据这些基本线、基本面和矢量方向，并按照一定的弯边规律生成轮廓线弯边曲面。

矢量方向可以是用户指定的矢量，也可以是基本面的法线，还可以是坐标轴的正负方向。弯边规律主要有两种：一种是根据距离和角度，另一种是指定半径。此外，还可以选择轮廓线弯边的输出类型，输出类型有“圆角和弯边”“仅管道”和“仅弯边”，这些选项将决定输出轮廓线弯边曲面的形状。

选择“曲面”→“曲面”→“曲面”→“轮廓线弯边”选项，弹出“轮廓线弯边”对话框。在“类型”下拉列表中包括了三种方式：基本尺寸、绝对差和视觉差型，下面分别介绍。

4.8.1 基本尺寸

创建基本尺寸轮廓弯边时不需要已存在的轮廓线弯边，可以在曲面的边线或曲线上进行弯边操作，弯边的参考方向可以是曲面法向也可以是用户自定义的矢量。弹出“轮廓线弯边”对话框后，在“类型”下拉列表中选择“基本尺寸”选项，在绘图区中选择基本曲线和基本面，并确定参考方向，即可创建轮廓线弯边，如图4-17所示。

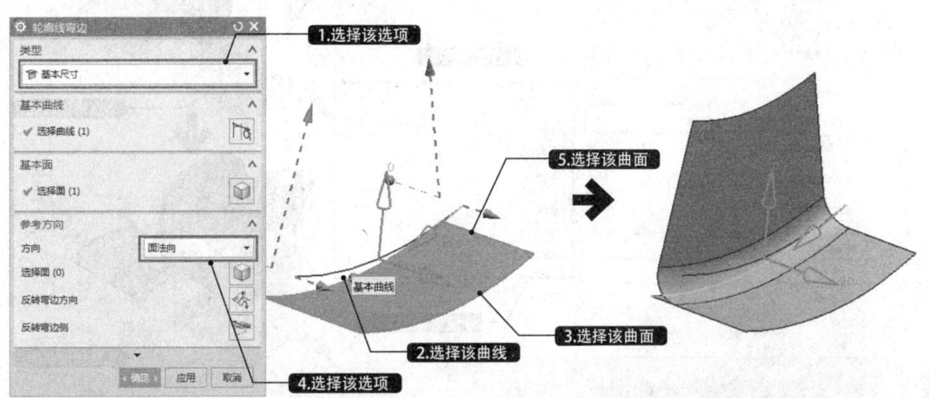

图4-17 利用基本尺寸创建轮廓线弯边

4.8.2 绝对差型

创建绝对差型轮廓线弯边时需要选择已存在的轮廓线弯边作为参考，并且可以设置创建的轮廓线弯边与参考轮廓线弯边之间的视觉差。弹出“轮廓线弯边”对话框后，在“类型”下拉列表中选择“绝对差”选项，在绘图区中选择基本曲线和基本面，并设置参考方向和弯边参数，创建方法如图4-18所示。

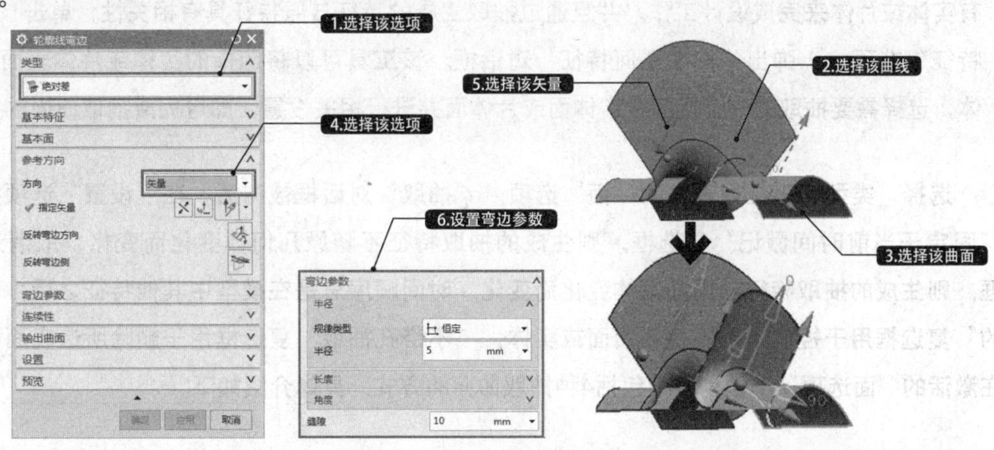

图4-18 利用绝对差创建轮廓线弯边

4.8.3 视觉差型

创建视觉差型轮廓线弯边时需要选择 已存在的轮廓线弯边作为参考，并且可以设置创建的轮廓线弯边与参考轮廓线弯边之间的间隙值，间隙值定义为两弯边间的最小距离。弹出“轮廓线弯边”对话框后，在“类型”下拉列表中选择“视觉差”选项，在绘图区中选择基本曲线和基本面，并设置参考方向和弯边参数，即可创建轮廓线弯边，如图4-19所示。

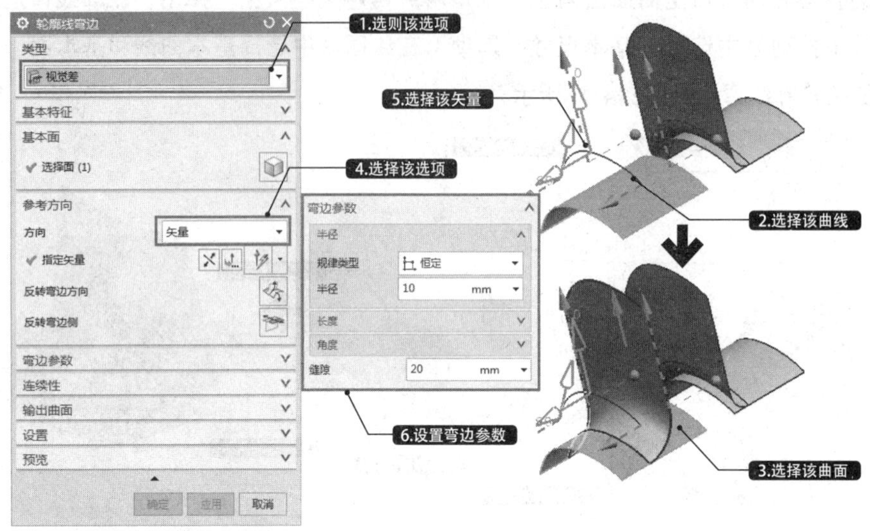

图4-19 利用视觉差创建轮廓线弯边

4.9 抽取曲面

该工具可以通过复制一个面、一组面或一个实体特征来创建片体或实体。该工具充分利用现有实体或片体来完成设计工作，并且通过抽取生成的特征与原特征具有相关性。单击“抽取几何特征”选项，弹出“抽取几何特征”对话框。该工具可以将选择的实体或片体表面抽取为片体。选择需要抽取的一个或多个实体面或片体面并进行相关设置，即可完成抽取曲面的操作。

选择“类型”下拉列表中的“面”选项，“抽取”对话框被激活。在“设置”选项组中，选择“固定于当前时间戳记”复选框，则生成的抽取特征不随原几何体变化而变化；取消选择该复选框，则生成的抽取特征随原几何体变化而变化，时间顺序总是在模型中其他特征之后；“隐藏原先的”复选框用于控制是否隐藏原曲面或实体；“不带孔抽取”复选框用于删除所选表面中的内孔。在激活的“面选项”下拉列表中包括4种抽取曲面的方式，具体介绍如下。

4.9.1 单个面

利用该选项可以将实体或片体的某个单个表面抽取为新的片体。图4-20所示为选择圆柱的端面并选择“隐藏原先的”复选框时创建的片体。在“表面类型”下拉列表中包括以下3种抽取生成曲面类型。

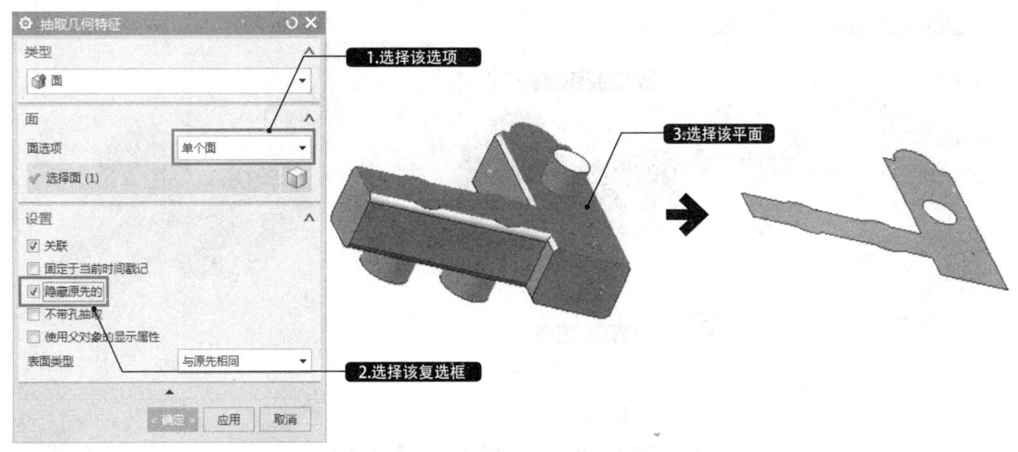

图4-20 利用“单个面”抽取片体

◆ 与原先相同：用此方式抽取与原表面具有相同特征属性的表面。

◆ 三次多项式：用此方式抽取的表面接近但并不是完全复制。这种方式抽取的表面可以转换到其他CAD、CAM和CAE应用中。

◆ 一般B曲面：用此方式抽取的曲面是原表面的精确复制，很难转换到其他系统中。

4.9.2 面与相邻面

利用该选项可以选择实体或片体的某个表面，其他与其相连的表面也会自动选中，将这组表面抽取为新的片体。图4-21所示为选择与底部圆柱体端面相邻的曲面并选择“隐藏原先的”复选框时创建的片体。

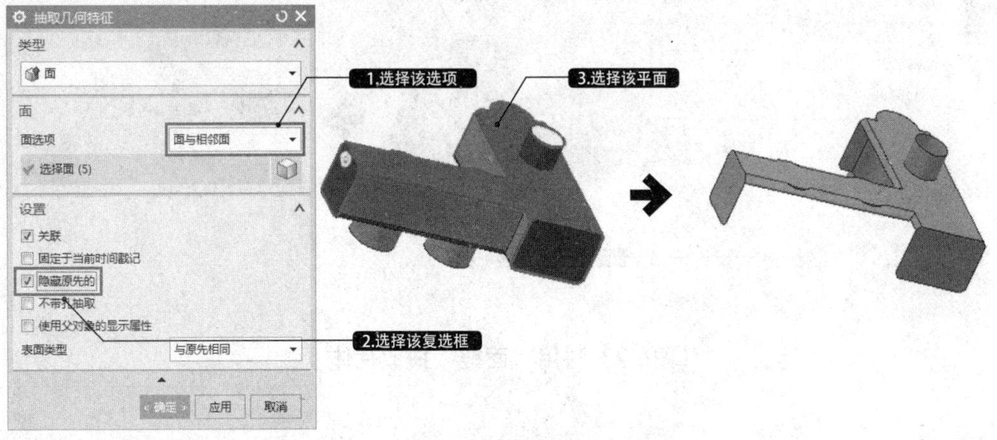

图4-21 利用“面与相邻面”抽取

4.9.3 体的面

利用该选项可以将实体特征所有的曲面抽取为片体。图4-22所示为选择实体特征的所有曲面并“隐藏原先的”复选框时创建的片体。

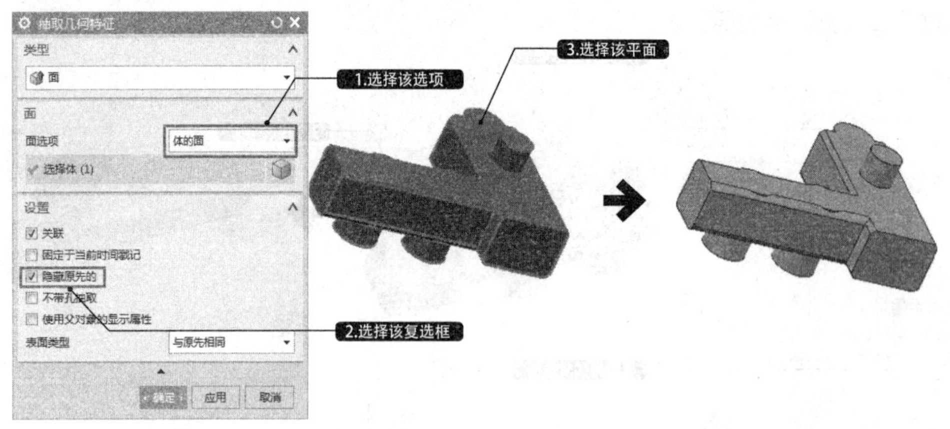

图4-22 利用“体的面”抽取片体

4.9.4 面链

利用该方式可以选择实体或片体的某个表面，然后选择其他与其相邻的表面，将这组表面抽取为新的片体。它与“相邻面”方式的区别在于：相邻面是将与对象表面相邻的所有表面均抽取为片体，而面链是根据需要依次选择与对象表面相邻的表面，并且还能够成链条选择与其相邻的表面连接的面，将其抽取为片体。

图4-23所示为依次选择图中小圆柱的圆柱与其相邻的面链并选择“隐藏原先的”复选框时创建的片体。

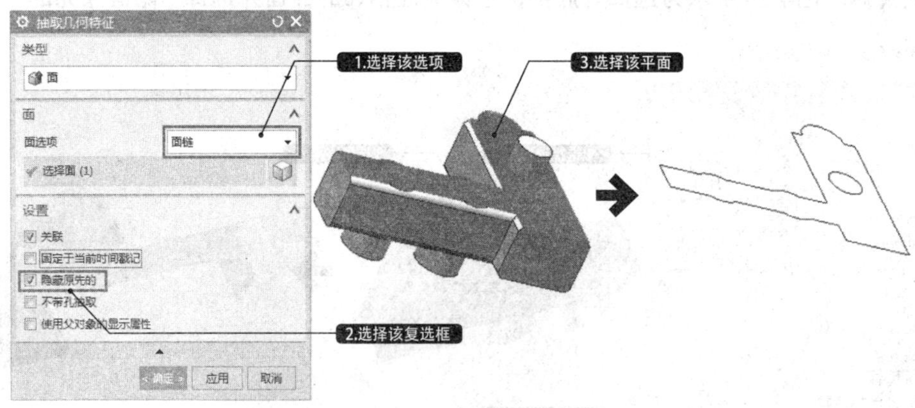

图4-23 利用“面链”抽取片体

4.10 偏置曲面

该功能用于将一些已存在的曲面沿法线方向偏移生成新的曲面，并且原曲面位置不变，即相当于同时实现了曲面的偏移和复制。

选择“曲面”→“曲面工序”→“偏置曲面”选项，或者选择“主页”→“曲面”→“更多”→“偏置曲面”选项，弹出“偏置曲面”对话框。首先选择一个或多个欲偏置的曲面，并设置偏置的参数，然后单击“确定”按钮，即可创建出一个或多个偏置曲面，如图4-24所示。

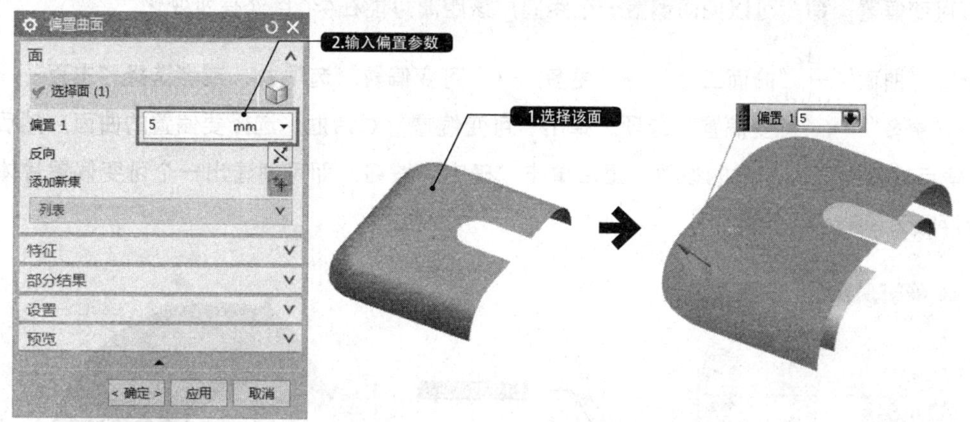

图 4-24 创建偏置曲面

对话框中各选项组含义说明如下。

- 面：激活“选择面”选项，然后选择一组要偏置的面，并在“偏置1”文本框中输入偏置的距离。选择“反向”选项，可以反转偏置的方向；选择“添加新集”选项，可以创建另一组面的偏置。
- 特征：该选项组中的“输出”下拉列表用于设置偏置结果的输出类型。选择“每个面对应一个特征”，则每个曲面的偏置结果单独作为一个“偏置曲面”特征，并在部件导航器中列出；如果选择“所有面对应一个特征”，则所有曲面的偏置结果合并为一个“偏置曲面”特征，并在部件导航器中列出。“面的法向”下拉列表只有选择“每个面对应一个特征”时才会出现，用于选择面的法向参考，当曲面的法向不统一时，如图4-25所示，就选择使用“从内部点”选项，将曲面的法向设为一致，效果如图4-26所示。
- 设置：该选项组用于设置偏置的公差。

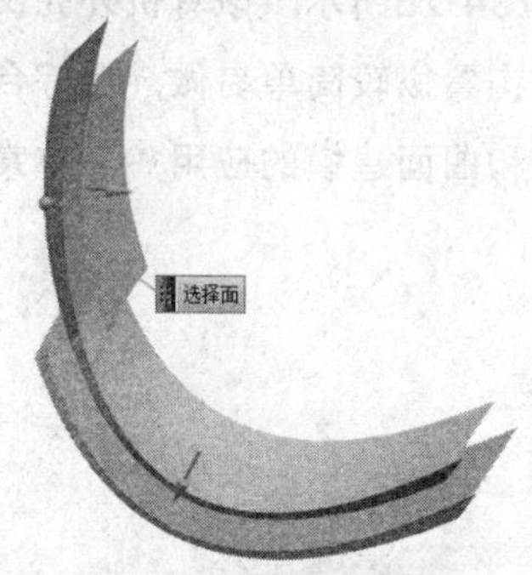

图 4-25 不统一的法向

图 4-26 统一的法向的效果

当偏置一个偏置曲面时，完全与第一个偏置相关联。如果第一个偏置距离发生更改，则第二个偏置将为第一个偏置保留其原始距离。当删除原始选定的曲面时，会删除这两个偏置曲面，因为已经删除了它们的父项。如果变换原始选定的曲面，则偏置曲面将更新到新的位置以保持关联性。

4.11 可变偏置

"可变偏置"命令可以使面偏置一个距离，该距离可能在4个点处有所变化。

选择"曲面"→"曲面工序"→"更多"→"可变偏置"选项，或者选择"主页"→"曲面"→"更多"→"可变偏置"选项，弹出"可变偏置"对话框，选择要偏置的曲面，然后便可在4个角点处分别输入偏置的参数，最后单击"确定"按钮，即可创建出一个可变偏置片体，如图 4-27所示。

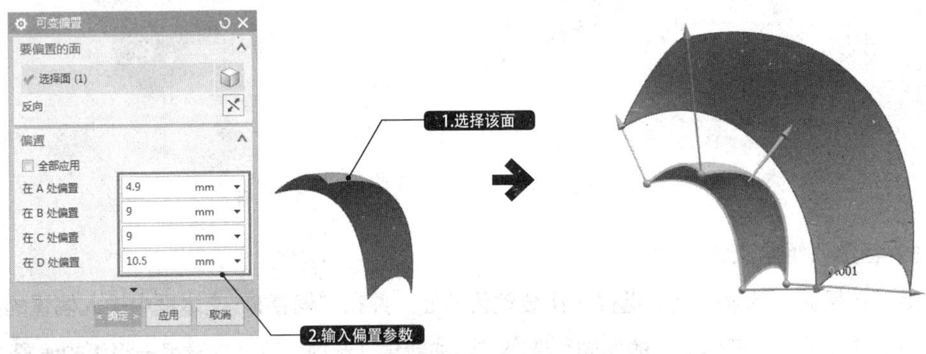

图 4-27 创建可变偏置曲体

4.12 案例实战——创建 MP3 耳机外壳

最终文件：素材\第4章\MP3耳机外壳.prt

视频文件：视频\4.12创建MP3耳机外壳.mp4

本例是一款MP3、MP4等常用的耳机外壳模型，如图4-28所示。该耳机外壳由耳机壳体、螺孔、导线孔、凸台等结构组成。该模型比较常见，结构看似较简单易做，但综合了实体建模和曲面建模。通过本实例可以更进一步加深对实体建模和曲面建模的应用，着重掌握"修剪片体""修剪体""偏置面"和"缝合"等工具的运用。

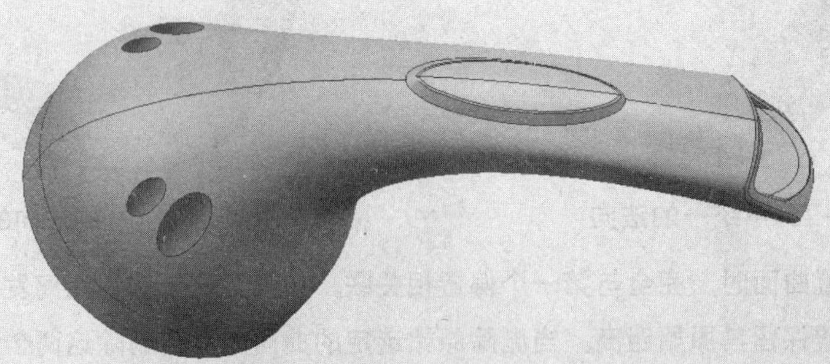

图4-28 MP3耳机外壳模型

4.12.1 设计流程图

在创建本实例时，可以首先创建出耳机的基本线框，以及创建耳机壳的网格曲面；然后利用“修剪片体”“扫掠”“缝合”和“加厚”等工具创建出基本的耳机壳体，并创建出耳机柄端的导线孔。最后利用“拉伸”“修剪体”“拆分体”和“偏置面”等工具创建出耳机上的螺孔和凸台，即可创建出该耳机外壳模型，如图4-29所示。

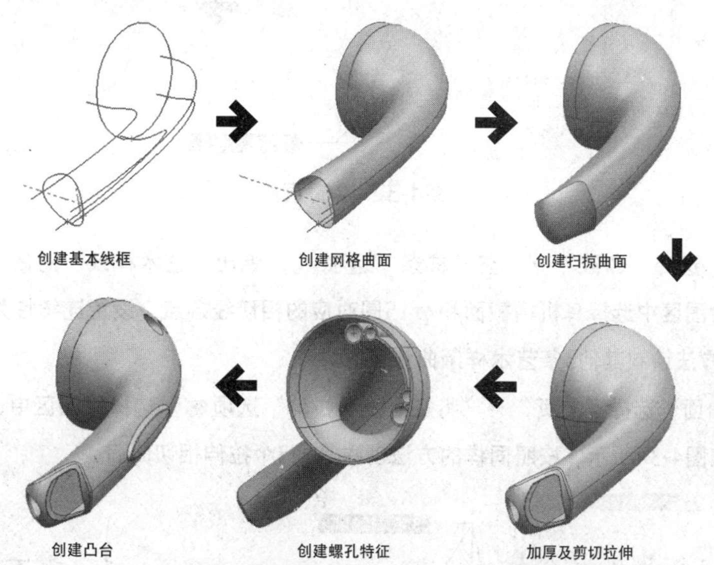

图4-29 MP3耳机外壳的设计流程图

4.12.2 具体设计步骤

01 创建草图和基准平面1。首先以*XC-YC*基准平面为草绘平面，绘制以坐标系中心为圆心、直径为15的圆，然后利用“基准平面”工具创建*XC-ZC*平面向-Y方向平移27的基准平面1，如图4-30所示。

02 绘制耳机柄截面草图。选择“主页”→“草图”选项，弹出“创建草图”对话框。在绘图区中选择基准平面1为草绘平面，绘制如图4-31所示的耳机柄截面草图。

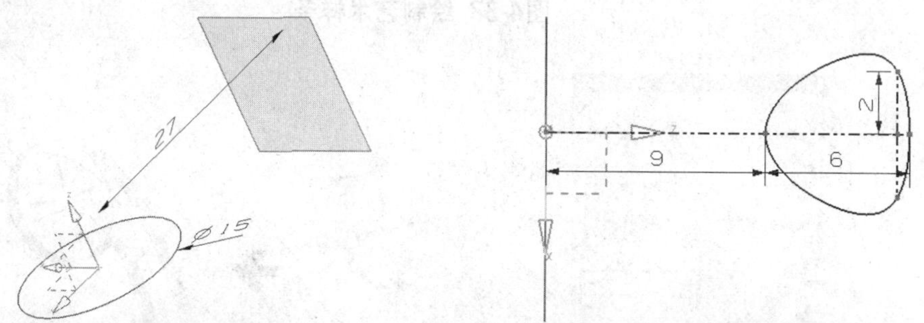

图4-30 创建草图和基准平面1　　图4-31 绘制耳机柄截面草图

03 绘制直线。选择“曲线”→“直线”选项，弹出“直线”对话框。在绘图区中绘制耳机柄截面和φ15圆上样条曲线的4条相切线，φ15圆上的相切线与Z轴平行，耳机柄截面线上的相切线与Y轴平行，如图4-32所示。

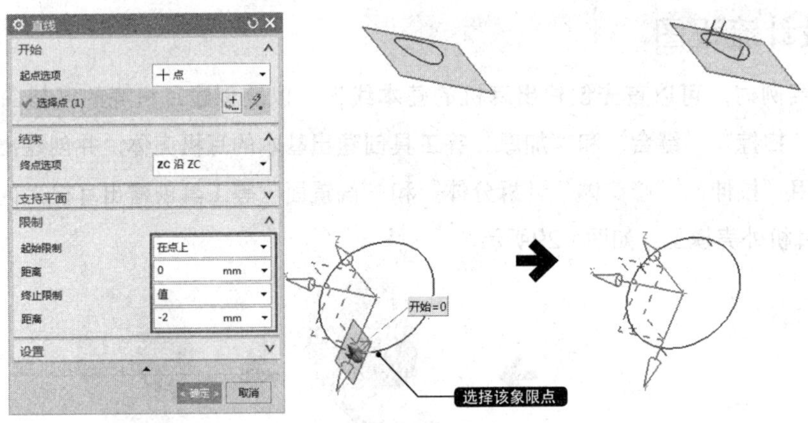

图4-32 绘制直线

04 绘制艺术样条。选择“曲线”→“艺术样条”选项，弹出“艺术样条”对话框。在对话框中设置“次数”为3，在绘图区中选择耳机柄截面和φ15圆对应的相切线端点，设置连续性为G1相切，如图4-33所示。按照同样的方法绘制其他3条艺术样条曲线。

05 创建拉伸相切曲面。选择“主页”→“特征”→“拉伸”选项，选择绘图区中φ15圆的半圆弧，设置拉伸距离为2，如图4-34所示。按照同样的方法创建其他3个拉伸相切曲面。

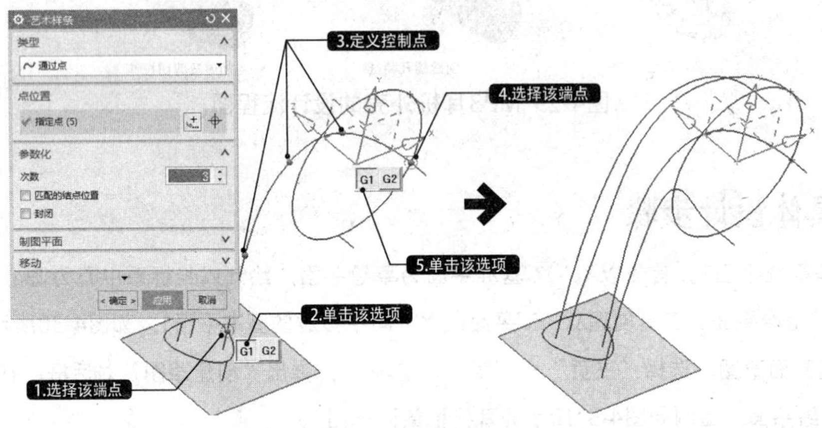

图4-33 绘制艺术样条

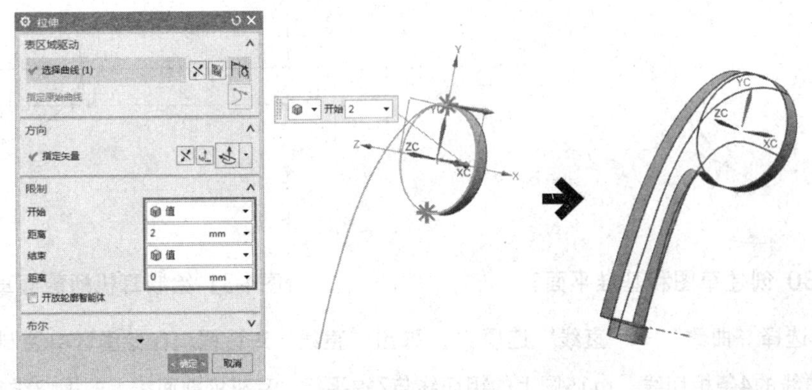

图4-34 创建拉伸相切曲面

06 创建曲线网格曲面。选择“主页”→“曲面”→“通过曲线网格”选项，弹出“通过曲线网格”对话框。在绘图区中依次选择截面线为主曲线，选择艺术样条为交叉曲线，并选择对应的相切面设置相应的G1相切连续，如图4-35所示。

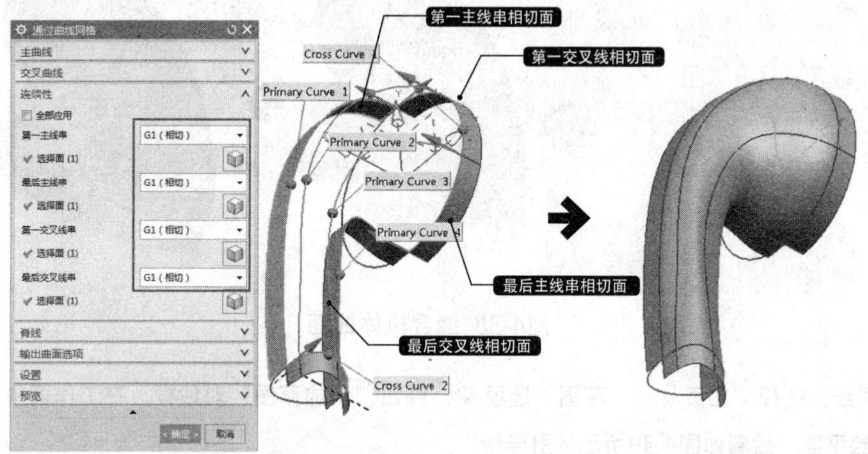

图4-35 创建曲线网格曲面

07 镜像机体曲面。选择“主页”→“特征”→“镜像特征”选项，在工作区中选中上步骤创建的曲线网格曲面为目标面，选择*YC-ZC*基准平面为镜像平面，如图4-36所示。

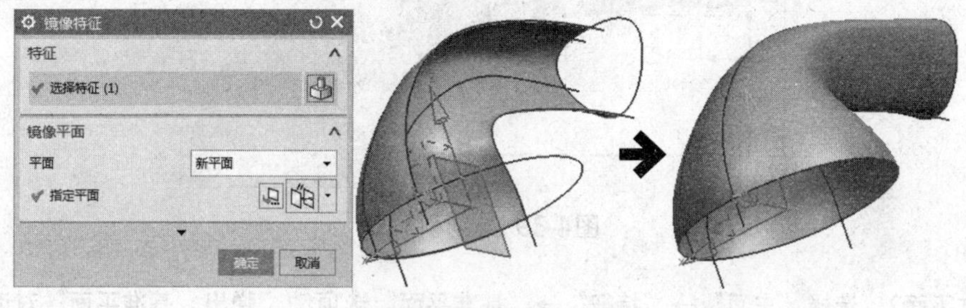

图4-36 镜像机体曲面

08 创建拉伸曲面。选择“主页”→“特征”→“拉伸”选项，选择绘图区中φ15的圆，设置向-Z方向拉伸的“距离”为2，如图4-37所示。

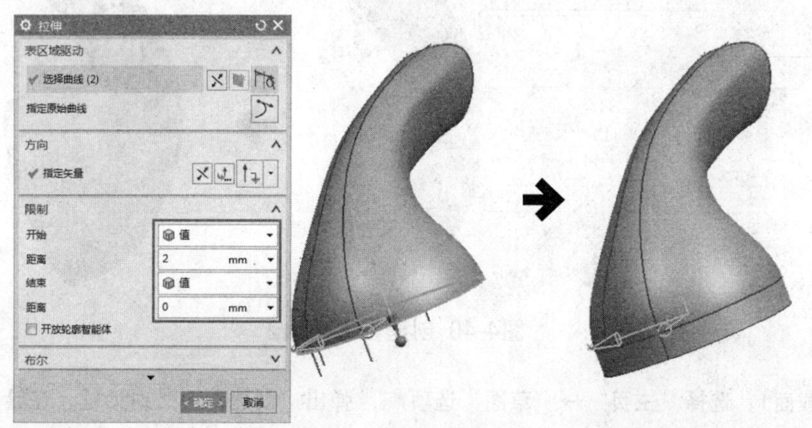

图4-37 创建拉伸曲面

09 缝合机体曲面。选择“菜单”→“插入”→“组合体”→“缝合”选项，弹出“缝合”对话框。在绘图区中选择曲线网格曲面为目标体，选择其他曲面为工具，如图4-38所示。

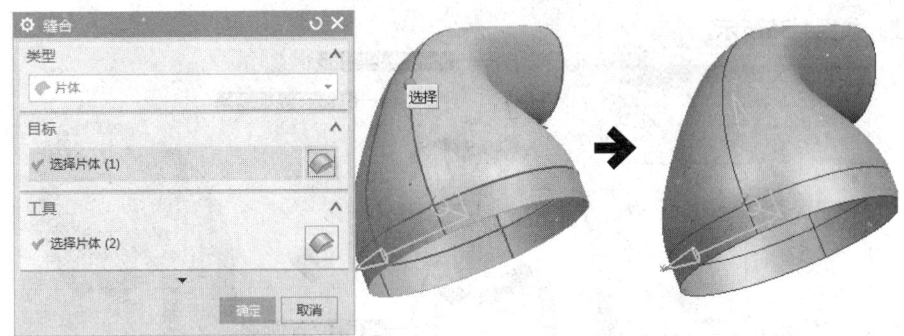

图4-38 缝合机体曲面

10 绘制引导线。选择“主页”→“草图”选项，弹出“创建草图”对话框，在工作区中选择*YC-ZC*基准平面为草绘平面，绘制如图4-39所示的引导线。

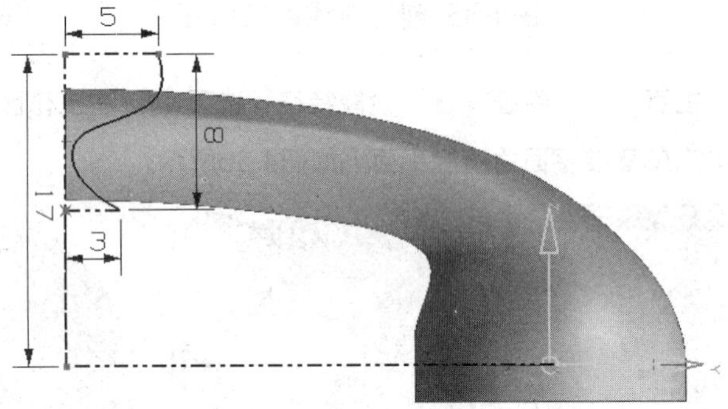

图4-39 绘制引导线

11 创建基准平面2。选择“主页”→“特征”→“基准平面”选项，弹出“基准平面”对话框，在“类型”下拉列表中选择“点和方向”选项，并在工作区中选择引导线的端点，如图4-40所示。

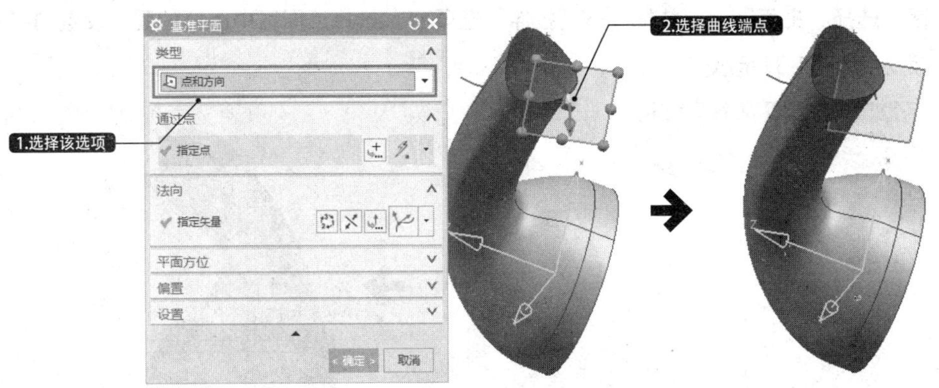

图4-40 创建基准平面2

12 绘制扫掠截面1。选择“主页”→“草图”选项，弹出“创建草图”对话框。在绘图区中选择基准平面2为草绘平面，绘制如图4-41所示的扫掠截面1。

13 绘制扫掠截面2。选择“主页”→“草图”选项，弹出“创建草图”对话框。在绘图区中选择基准平面2为草绘平面，绘制如图4-42所示的扫掠截面2。

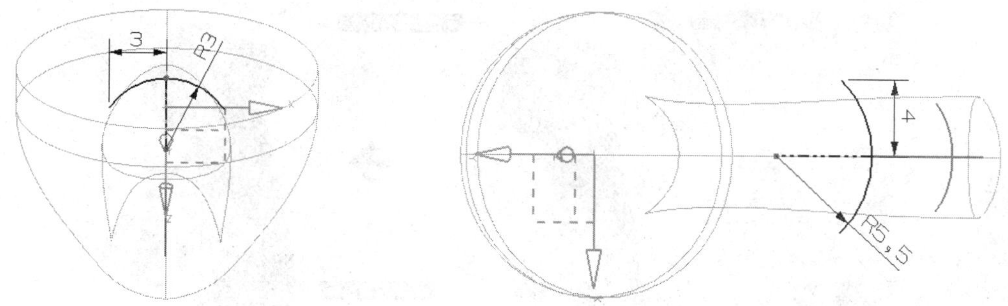

图4-41 绘制扫掠截面1

图4-42 绘制扫掠截面2

14 创建基准平面3。选择“主页”→“特征”→“基准平面”选项，弹出“基准平面”对话框，在“类型”下拉列表中选择“点和方向”选项，并在绘图区中选择引导线的另一端点，如图4-43所示。

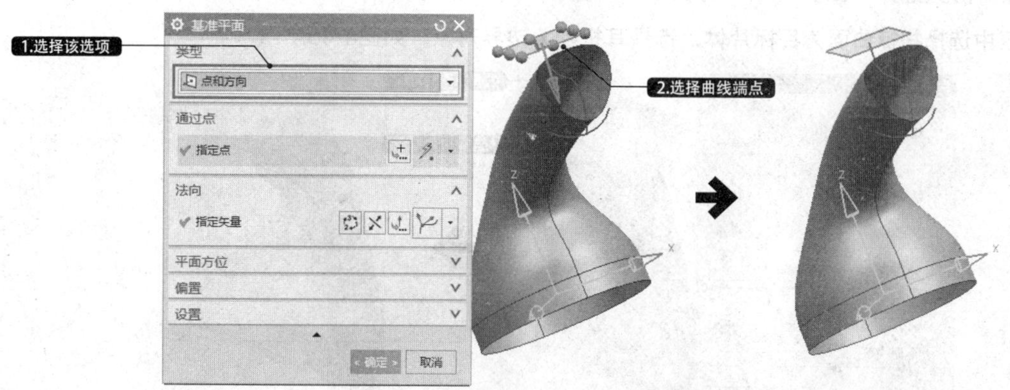

图4-43 创建基准平面3

15 扫掠曲面。选择“主页”→“曲面”→“扫掠”选项，弹出“扫掠”对话框。在绘图区中选择一条截面线，然后单击对话框中的“添加新集”按钮，选择另一条截面线，并选择引导线，如图4-44所示。

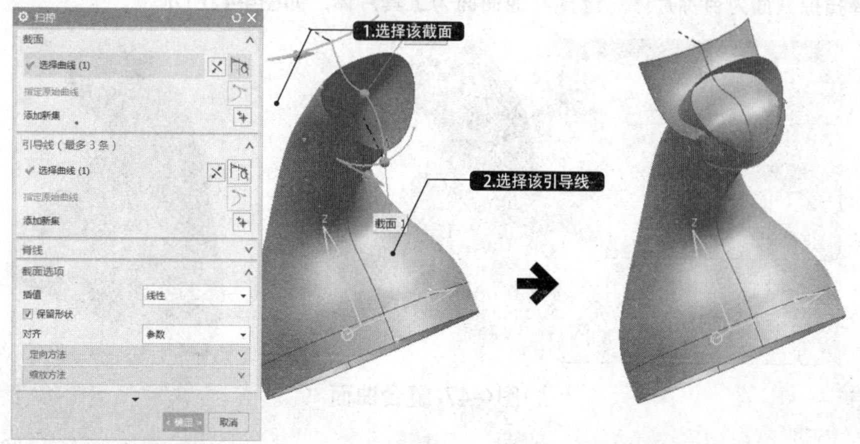

图4-44 扫掠曲面

16 修剪耳机柄曲面。选择“主页”→“特征”→“更多”→“修剪片体”选项，弹出“修剪片体”对话框。在绘图区中选择耳机柄为目标片体，选择扫掠曲面为边界对象，如图4-45所示。

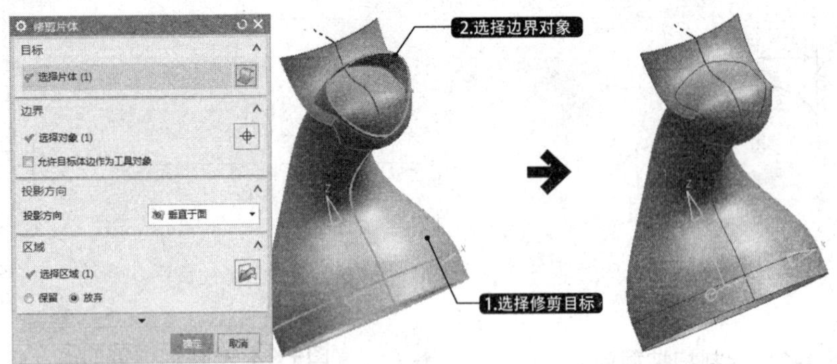

图4-45 修剪耳机柄曲面

17 修剪扫掠曲面。选择“主页”→“特征”→“更多”→“修剪片体”选项，弹出“修剪片体”对话框。在绘图区中选择扫掠曲面为目标片体，选择耳机柄为边界对象，如图4-46所示。

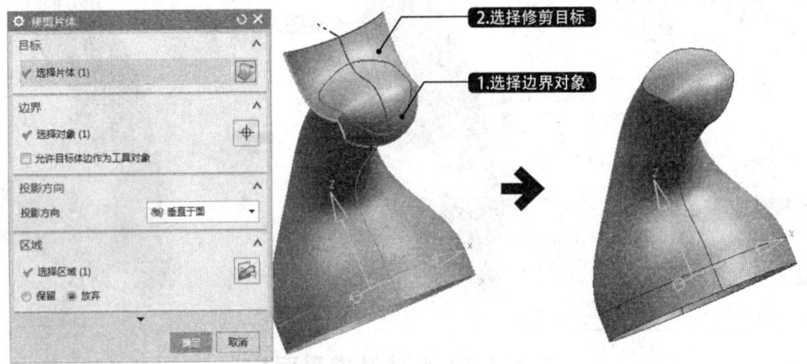

图4-46 修剪扫掠曲面

18 缝合曲面。在“菜单”选项中选择“插入”→“组合体”→“缝合”选项，弹出“缝合”对话框，在绘图区中选择扫掠曲面为目标片体，选择其他曲面为工具片体，如图4-47所示。

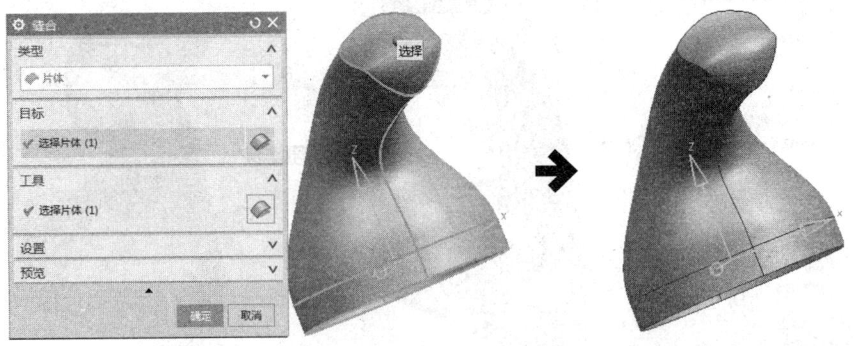

图4-47 缝合曲面

19 加厚曲面。选择“主页”→“特征”→“更多”→“加厚”选项，弹出“加厚”对话框，在绘图区中选择片体，设置向内“偏置1”的厚度为0.3，如图4-48所示。

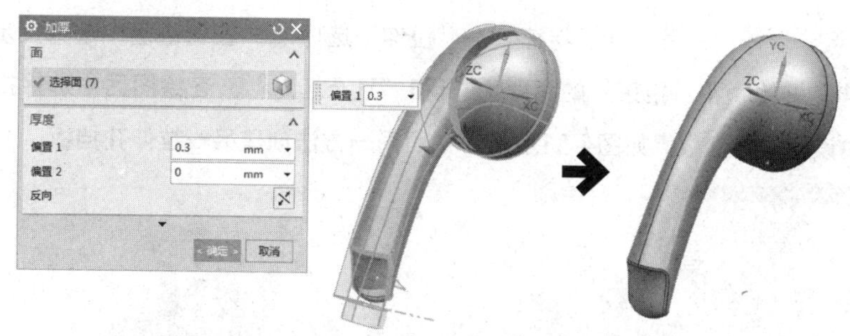

图4-48 加厚曲面

20 剪切拉伸导线孔。选择“主页”→“特征”→“拉伸”选项，在“拉伸”对话框中单击按钮，选择基准平面1为草绘平面，绘制草图后返回“拉伸”对话框；设置“限制”选项组中“开始”和“结束”的“距离”为5.6和0，并设置“布尔”运算为“减去”，如图4-49所示。

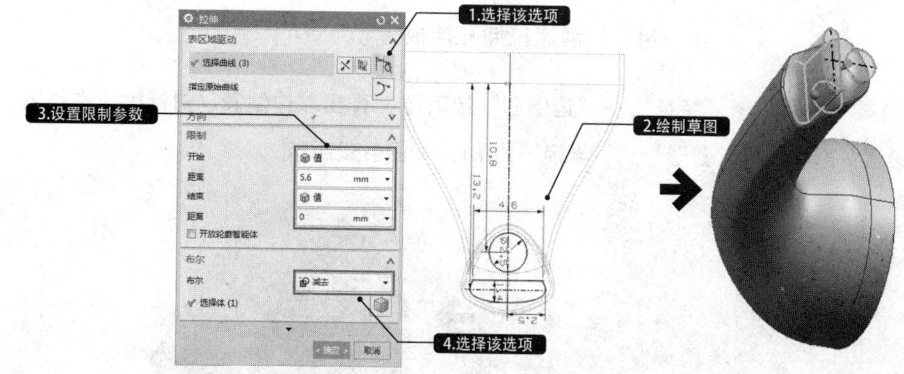

图4-49 剪切拉伸导线孔

21 平移螺孔截面。选择“菜单”选项中“编辑”→“移动对象”选项，弹出“移动对象”对话框，在绘图区中选择上步骤绘制的草图，设置距离和非关联副本数参数，如图4-50所示。

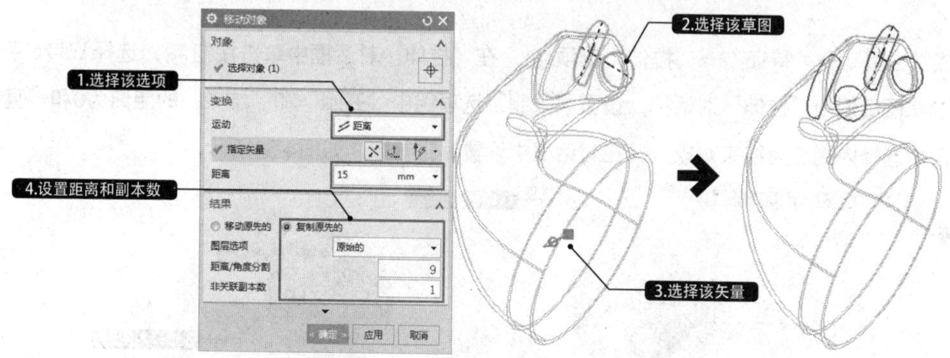

图4-50 平移螺孔截面

提 示

步骤20创建的草图为非外部的，所以不会出现在“部件导航器”中。可以在“部件导航器”中选择步骤20创建的拉伸体，单击鼠标右键，在弹出的快捷菜单中选择“使草图为外部的”选项，即可将草图外置到“部件导航器”中。

22 创建拉伸孔挡板。选择“主页”→“特征”→“拉伸”选项，在绘图区中选择上步骤的平移孔截面为截面，设置拉伸“开始”和“结束”的距离为1.1和“直至选定”，在绘图区中选择扫掠曲面为结束对象，并在对话框中设置偏置参数，如图4-51所示。按照同一方法创建另一拉伸孔挡板。

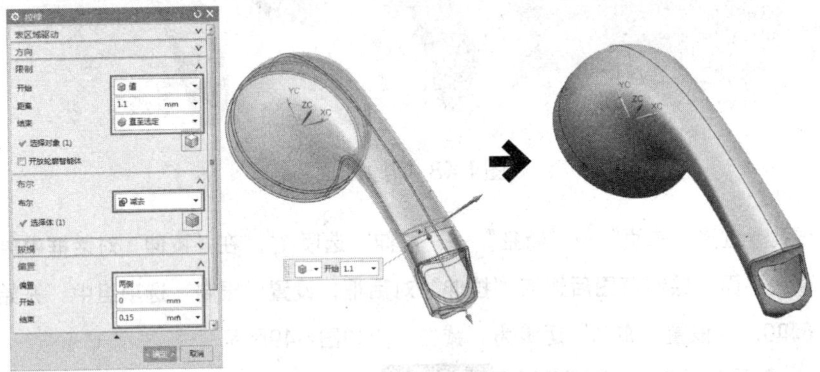

图4-51 创建拉伸孔挡板

23 创建边倒圆1。选择“主页”→“特征”→“边倒圆”选项，弹出“边倒圆”对话框。在绘图区中选择孔的边缘线，设置“形状”为“圆形”，“半径”为0.1，如图4-52所示。

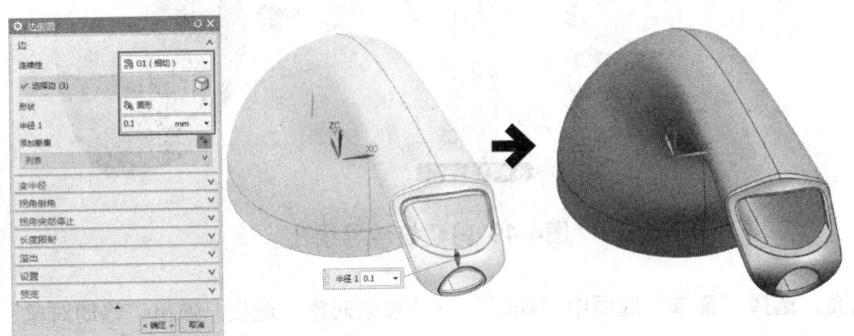

图4-52 创建边倒圆1

24 拉伸肋板。选择“主页”→“特征”→“拉伸”选项，在“拉伸”对话框中单击按钮，选择*XC-YC*平面为草绘平面，绘制草图后返回“拉伸”对话框，设置“限制”选项组中“开始”和“结束”的距离为0和“直至选定”，在绘图区中选择内侧面为结束对象，并在对话框中设置偏置参数，如图4-53所示。

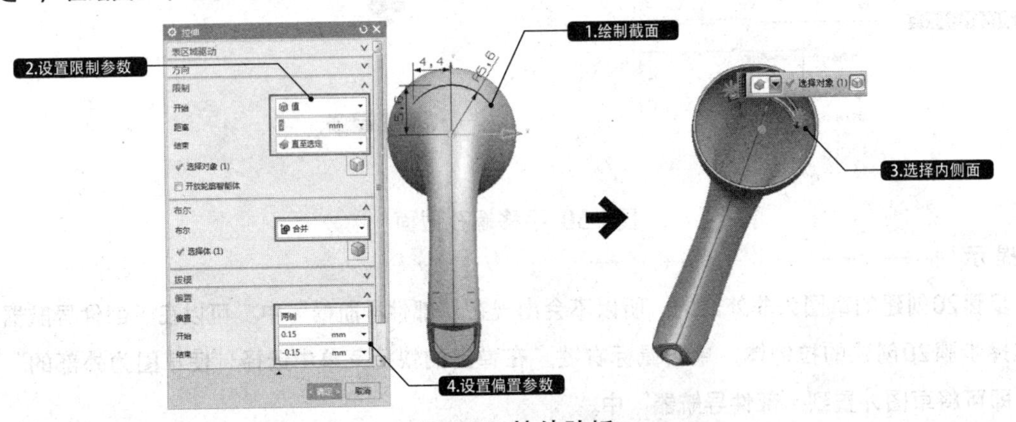

图4-53 拉伸肋板

25 剪切拉伸螺孔。选择“主页”→“特征”→“拉伸”选项，在“拉伸”对话框中单击按钮，选择*XC-YC*平面为草绘平面，绘制草图后返回“拉伸”对话框；设置“限制”选项组中“开始”和“结束”的距离为0和8，并设置“布尔”运算为“减去”，如图4-54所示。

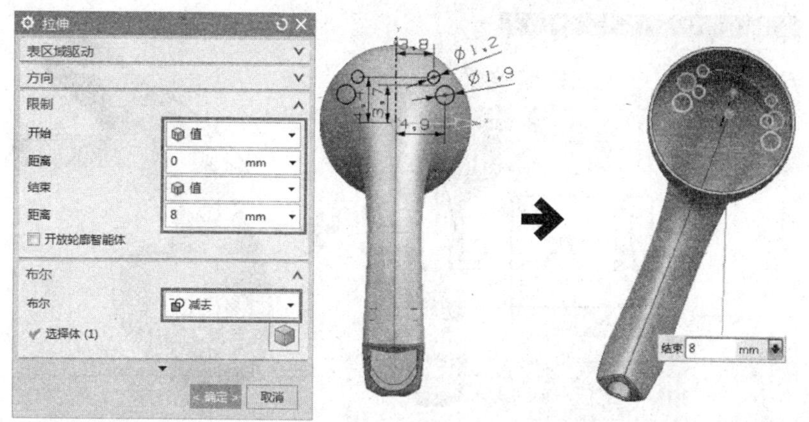

图4-54 剪切拉伸螺孔

26 拉伸螺孔柱。选择“主页”→“特征”→“拉伸”选项，在绘图区中选择上步骤创建的草图为截面，设置“限制”选项组中“开始”和“结束”的距离为0和8，并设置“布尔”运算为“合并”，如图4-55所示。

27 修剪螺孔柱。选择“主页”→“特征”→“修剪体”选项，弹出“修剪体”对话框。在绘图区中选择螺孔柱为目标体，选择步骤9创建的缝合曲面为工具，如图4-56所示。

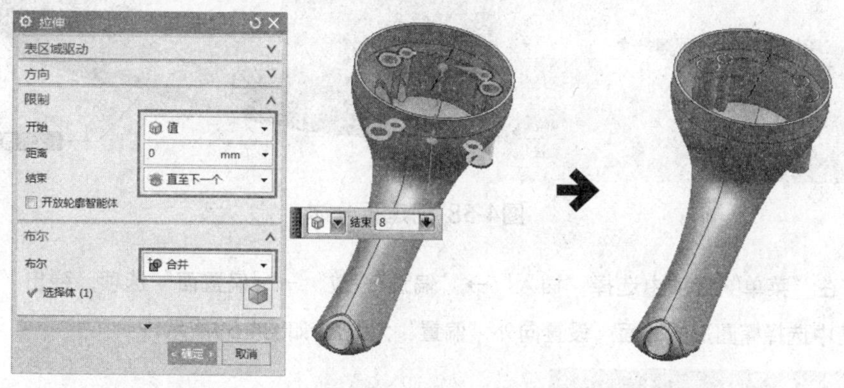

图4-55 拉伸螺孔柱

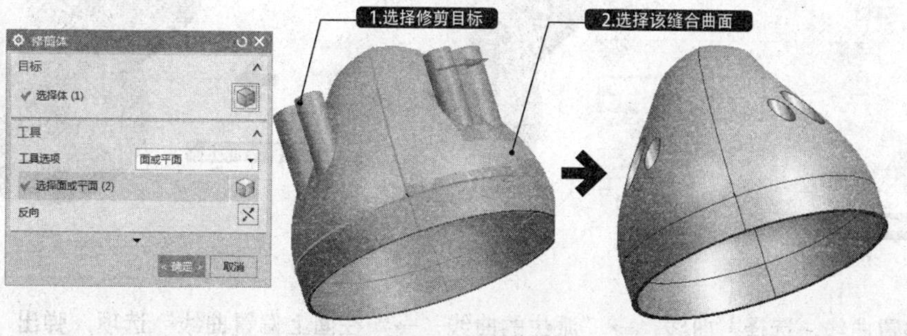

图4-56 修剪螺孔柱

28 拉伸片体。选择“主页”→“特征”→“拉伸”选项，在“拉伸”对话框中单击按钮，选择*XC-YC*平面为草绘平面，绘制草图后返回“拉伸”对话框；设置“限制”选项组中“开始”和“结束”的距离为10和15，如图4-57所示。

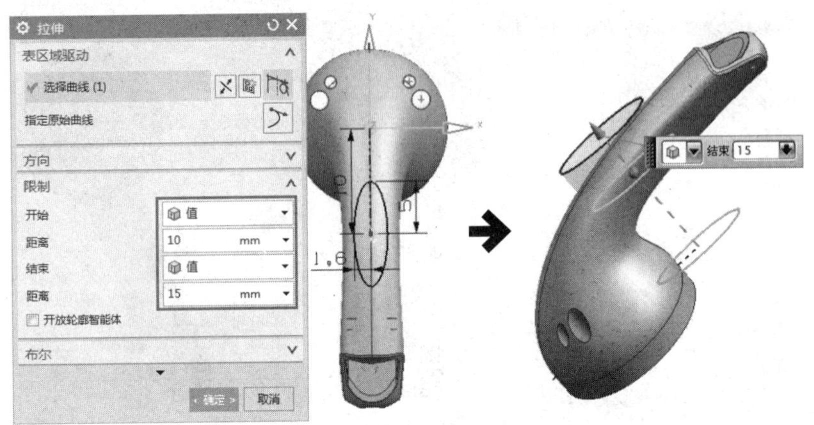

图4-57 拉伸片体

29 创建拆分体。选择“主页”→“特征”→“更多”→“拆分体”选项，弹出“拆分体”对话框。在绘图区中选择耳机壳体为目标体，选择上步骤创建的拉伸片体为工具，如图4-58所示。

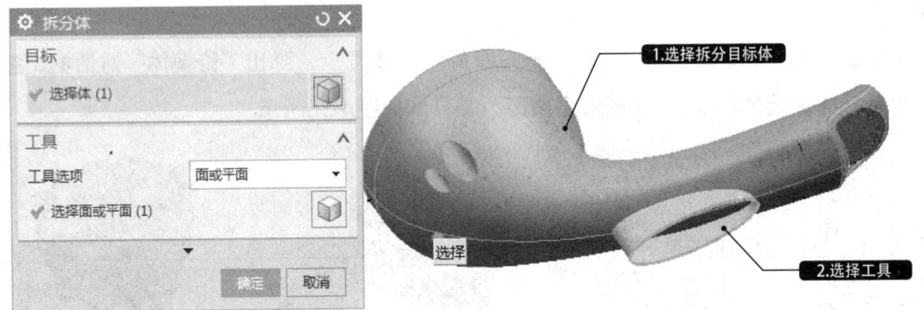

图4-58 创建拆分体

30 偏置面。在“菜单”选项中选择“插入”→“偏置/缩放”→“偏置面”选项，弹出“偏置面”对话框。在绘图区中选择椭圆形的曲面，设置向外“偏置”为0.3，如图4-59所示。

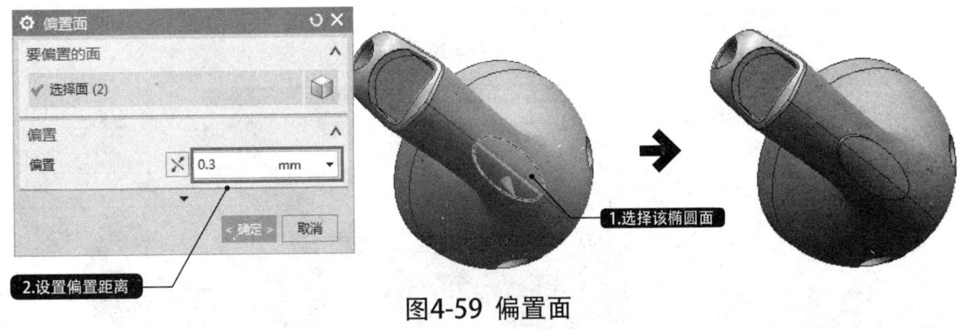

图4-59 偏置面

31 在面上偏置曲线。选择“曲线”→“派生的曲线”→“在面上偏置曲线”选项，弹出“在面上偏置曲线”对话框。在绘图区中选择椭圆形的曲面的边缘线，设置“截面线1：偏置1”为0.4，如图4-60所示。

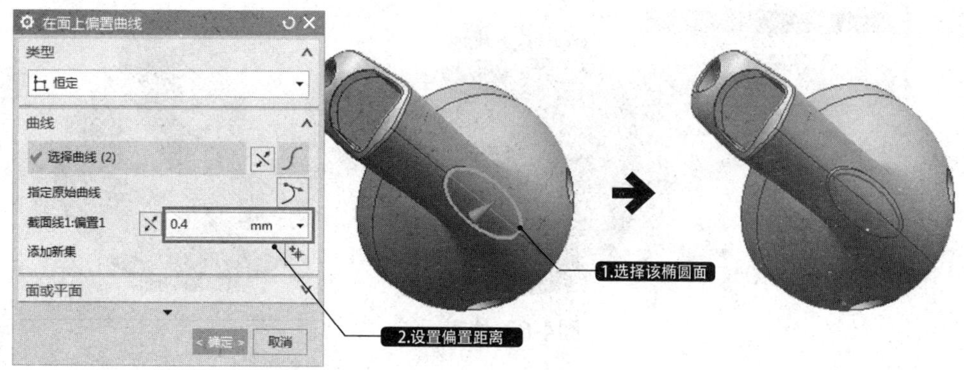

图4-60 在面上偏置曲线

32 合并实体。选择“主页”→“特征”→“合并”选项，弹出“合并”对话框。在绘图区中选择椭圆轮廓实体为目标体，选择其他的实体为工具体，如图4-61所示。

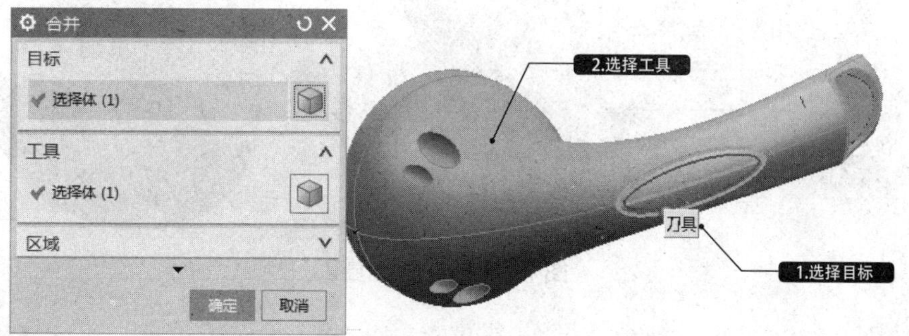

图4-61 合并实体

33 创建曲线组曲面，选择“主页”→“曲面”→“通过曲线组”选项，弹出“通过曲线组”对话框。在绘图区中依次选择偏置曲线和相交曲线，如图4-62所示。

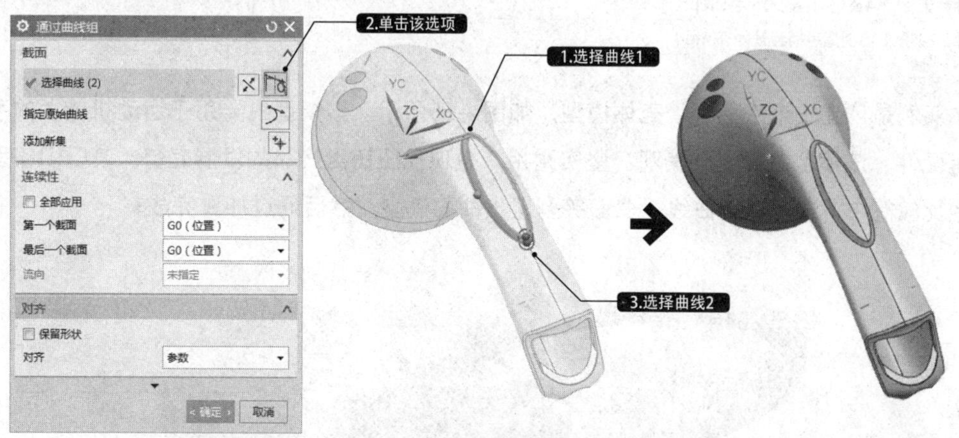

图4-62 创建曲线组曲面

34 修剪凸台。选择“主页”→“特征”→“修剪体”选项，弹出“修剪体”对话框。在绘图区中选择耳机壳体为目标，选择上步骤创建的曲面为工具，如图4-63所示。

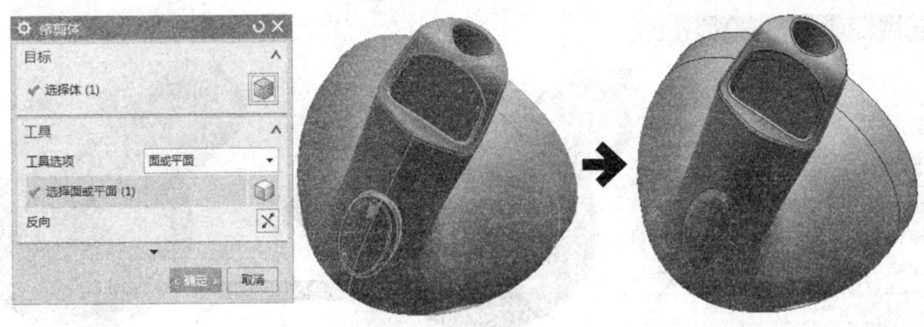

图4-63 修剪凸台

35 创建边倒圆2。选择“主页”→“特征”→“边倒圆”选项，弹出“边倒圆”对话框。在绘图区中选择凸台的边缘线，设置“形状”为“圆形”，“半径”为0.2，如图4-64所示。

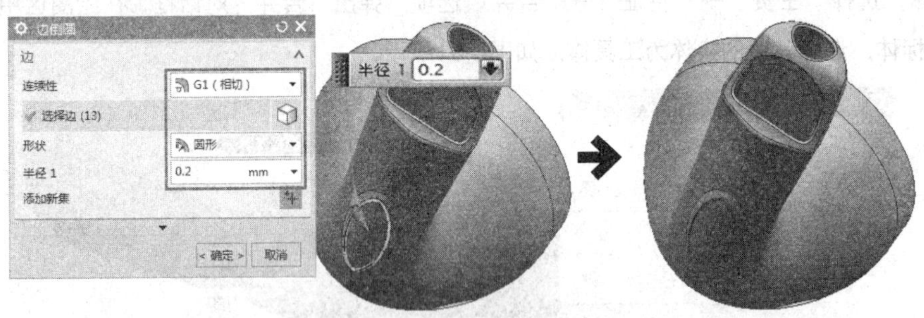

图4-64 创建边倒圆2

4.13 案例实战——创建手柄套管外壳

原始文件：素材\第4章\手柄套管外壳.prt

最终文件：素材\第4章\手柄套管外壳-OK.prt

视频文件：视频\4.13创建手柄套管外壳.mp4

本实例是创建一个手柄套管壳体模型，如图4-65所示。该模型主要用于运动机械上的手柄、吊环等配件。该模型曲面安全美观、坚实耐用，是现代压铸类产品的发展趋势。其CAD模型创建方法也比较简单，主要利用曲线、曲面等创建出曲面模型，然后通过加厚完成。

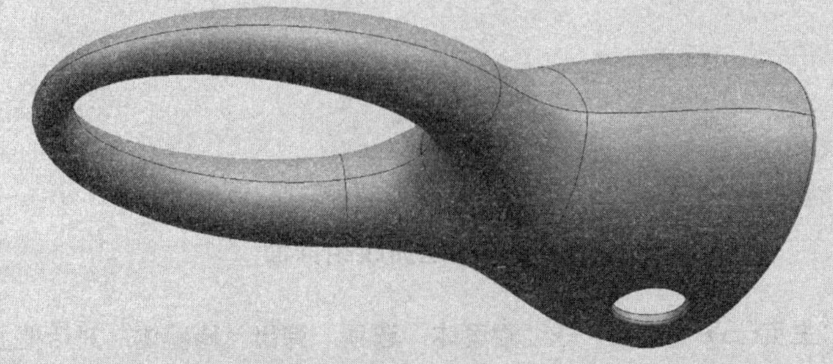

图4-65 手柄套管外壳模型效果

4.13.1 设计流程图

在创建本实例时，可以先利用“截面曲线”“桥接曲线”等工具创建出套管的基本线框，以及利用“通过曲线网格”“缝合”和“镜像体”等工具创建壳体的网格曲面，然后利用“修剪片体”“抽取”“缝合”和“加厚”等工具创建出基本的套管基本壳体，并创建出剪切拉伸孔，最后利用“边倒圆”工具创建出壳体上的边倒圆，即可创建出该手柄套管外壳模型，如图4-66所示。

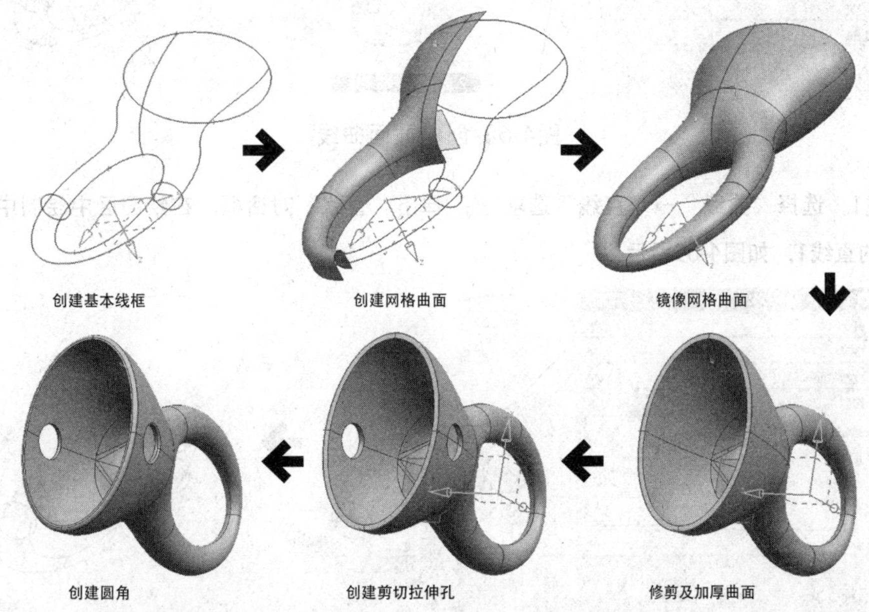

图4-66 手柄套管外壳的设计流程图

4.13.2 具体设计步骤

01 创建基准平面1。选择“主页”→“特征”→“基准平面”选项，弹出“基准平面”对话框，在“类型”下拉列表中选择“曲线和点”选项，在绘图区中选择中间曲线的端点，如图4-67所示。

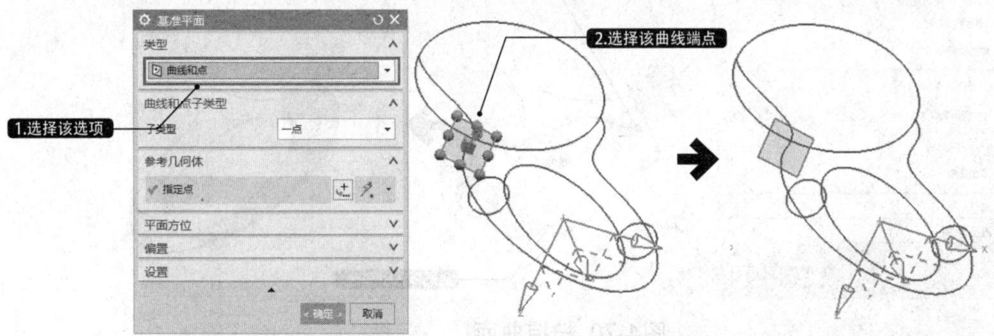

图4-67 创建基准平面1

02 创建截面曲线。选择“曲线”→“派生的曲线”→“截面曲线”选项，弹出“截面曲线”对话框。在绘图区中选择两个椭圆曲线，选择基准平面1和*YC-ZC*平面为剖切平面，如图4-68所示。

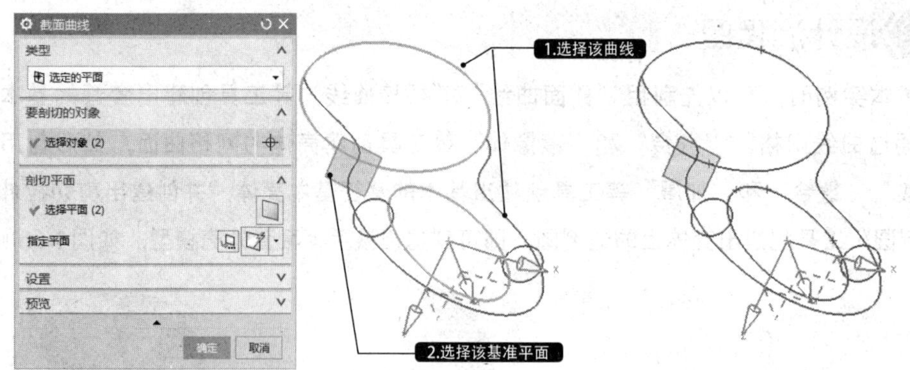

图4-68 创建截面曲线

03 绘制直线1。选择“曲线”→“直线”选项，弹出“直线”对话框。在绘图区中绘制中间曲线端点和剖切点处的直线1，如图4-69所示。

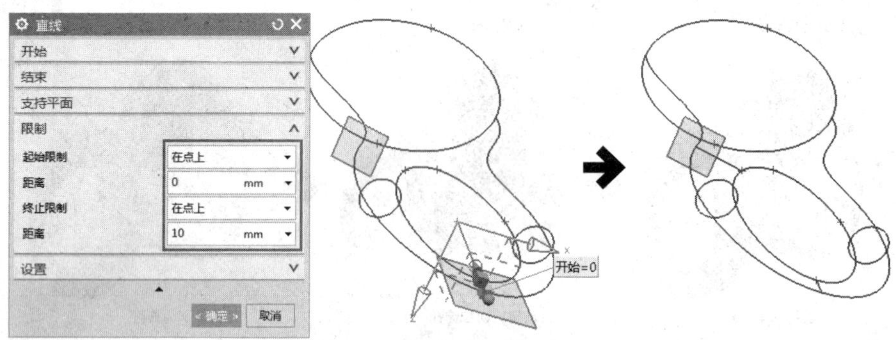

图4-69 绘制直线1

04 扫掠曲面。选择“主页”→“曲面”→“扫掠”选项，弹出“扫掠”对话框。在绘图区中选择中间的半圆为截面，选择中间的曲线段为引导线，如图4-70所示。

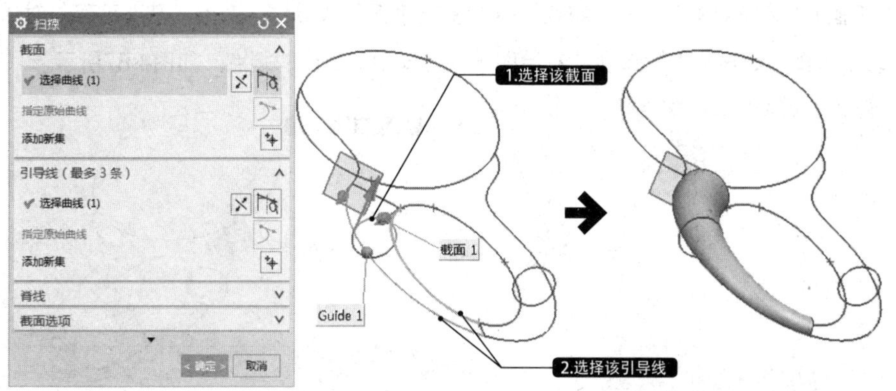

图4-70 扫掠曲面

05 创建基准平面2。选择“主页”→“特征”→“基准平面”选项，弹出“基准平面”对话框。在“子类型”下拉列表中选择“点和平面/面”选项，在绘图区中选择中间曲线的端点，并选择*XC-ZC*平面为平面对象，如图4-71所示。

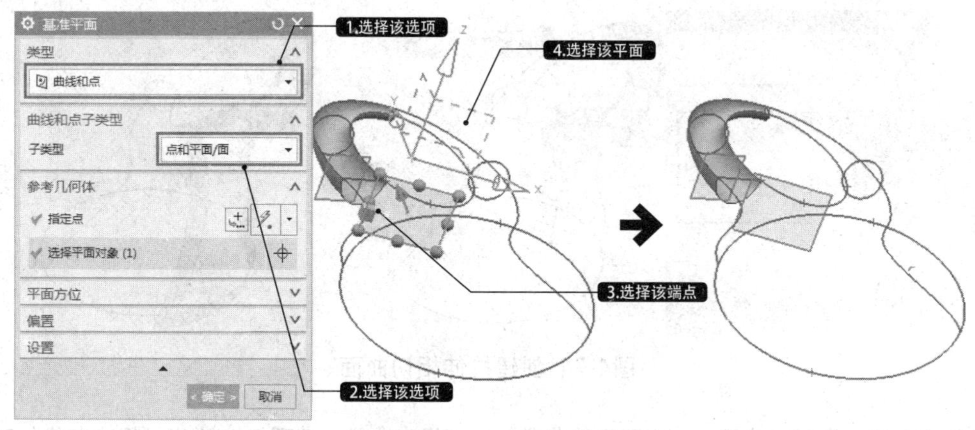

图4-71 创建基准平面2

06 绘制直线2。选择“曲线”→“直线”选项，弹出“直线”对话框。在绘图区中绘制中间曲线剖切点处的直线2，如图4-72所示。

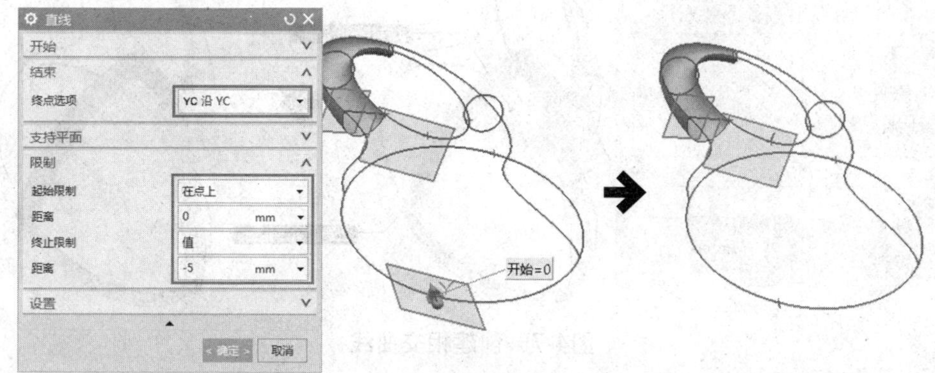

图4-72 创建直线2

07 创建桥接曲线1。选择“曲线”→“派生的曲线”→“桥接曲线”选项，弹出“桥接曲线”对话框。在绘图区中桥接上步骤绘制的两条直线，如图4-73所示。

08 创建拉伸相切曲面。选择“主页”→“特征”→“拉伸”选项，选择绘图区中椭圆中的一段圆弧，设置“结束”的距离为10，如图4-74所示。按照同样的方法创建其他3个拉伸相切曲面。

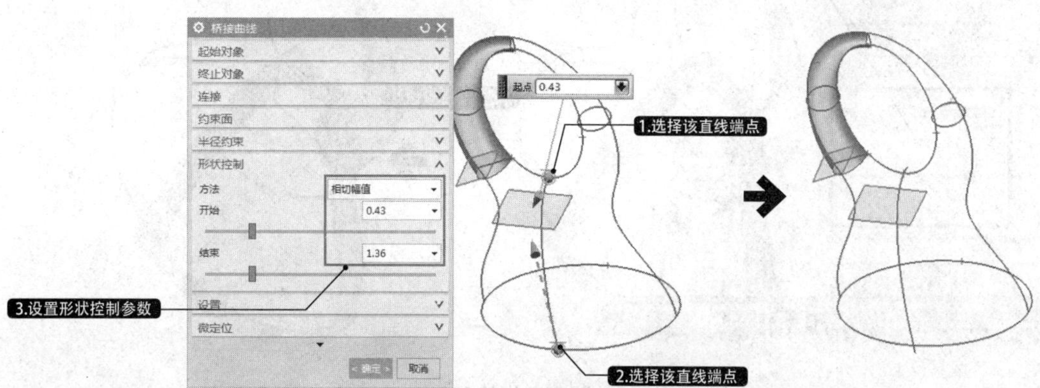

图4-73 创建桥接曲线1

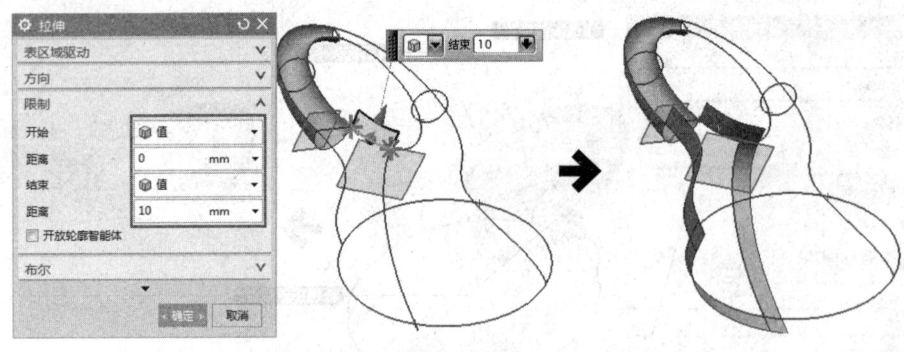

图4-74 创建拉伸相切曲面

09 创建相交曲线。选择“曲线”→“派生的曲线”→“相交曲线”选项，弹出“相交曲线”对话框。在绘图区中选择中间的相切曲面和基准平面2，如图4-75所示。

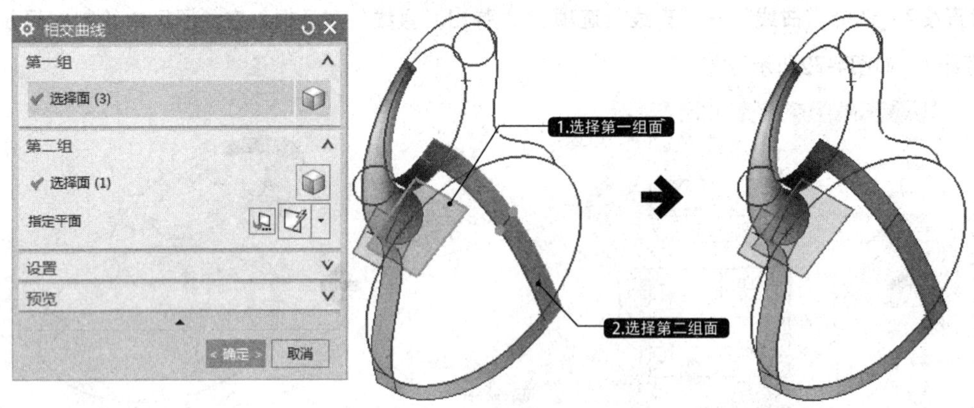

图4-75 创建相交曲线

10 创建桥接曲线2。选择“曲线”→“派生的曲线”→“桥接曲线”选项，弹出“桥接曲线”对话框。在绘图区中桥接上步骤绘制的相交曲线和拉伸片体边缘线，并在对话框中设置形状控制参数，如图4-76所示。

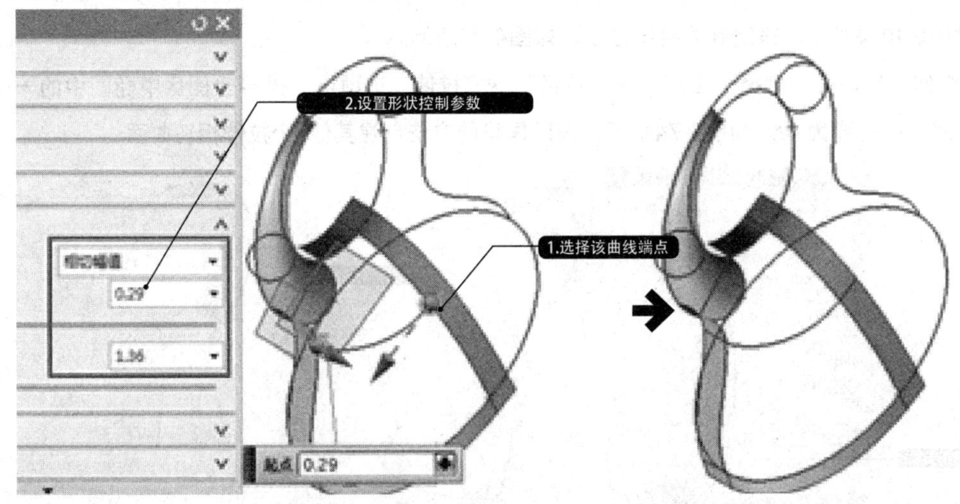

4-76 创建桥接曲线2

11 创建曲线网格曲面1。选择“主页”→“曲面”→“通过曲线网格”选项，弹出“通过曲线网格”对话框。在绘图区中依次选择截面线为主曲线，选择样条为交叉曲线，并选择对应的相切面，设置相应的G1相切连续，如图4-77所示。按照同样的方法创建曲线网格曲面2，如图4-78所示。

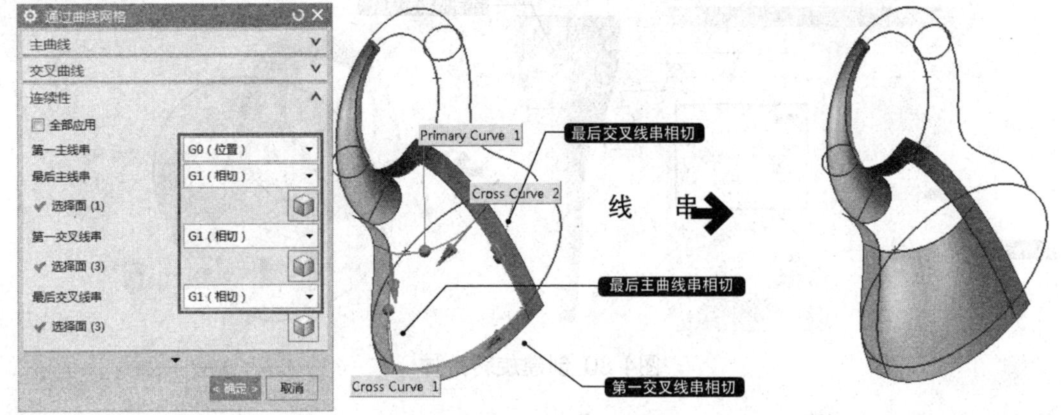

图4-77 创建曲线网格曲面1

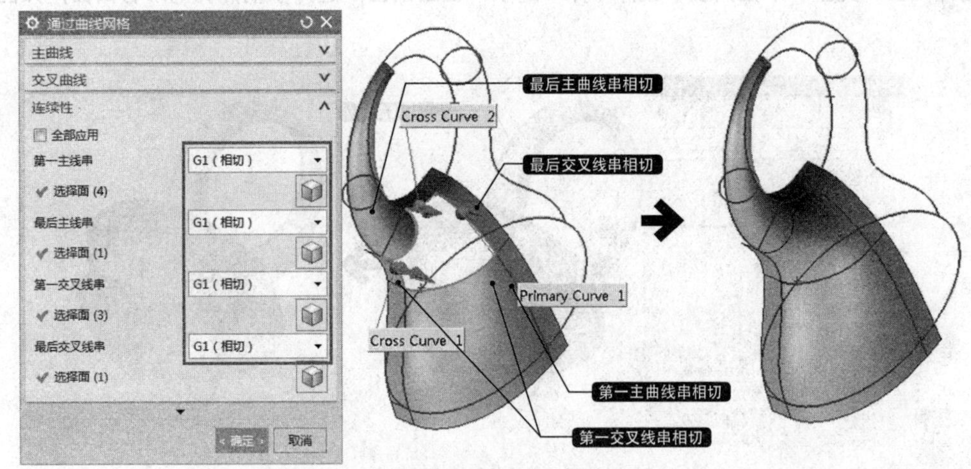

图4-78 创建曲线网格曲面2

12 镜像和缝合曲面。先利用“缝合”工具将1/4的扫掠曲面和网格曲面缝合，然后利用“镜像体”工具两次镜像，如图4-79所示。

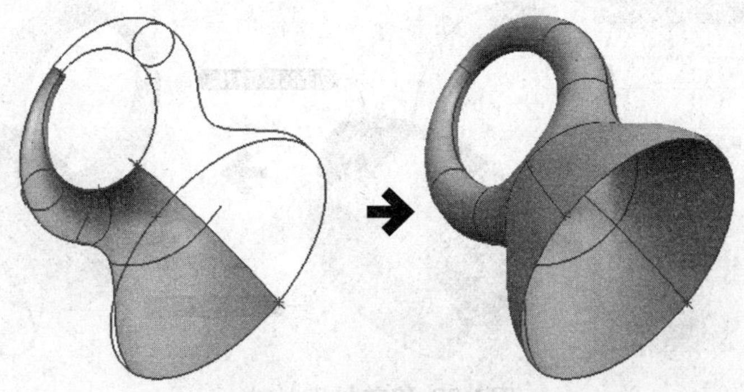

图4-79 镜像和缝合曲面

13 创建旋转片体。单击选项卡“主页”→“旋转”选项，单击“旋转”对话框中的“草图”按钮，在绘图区中选择*YC-ZC*平面为草绘平面，绘制草图；完成草图回到“旋转”对话框后，在绘图区中选择旋转中心，并设置旋转角度，如图4-80所示。

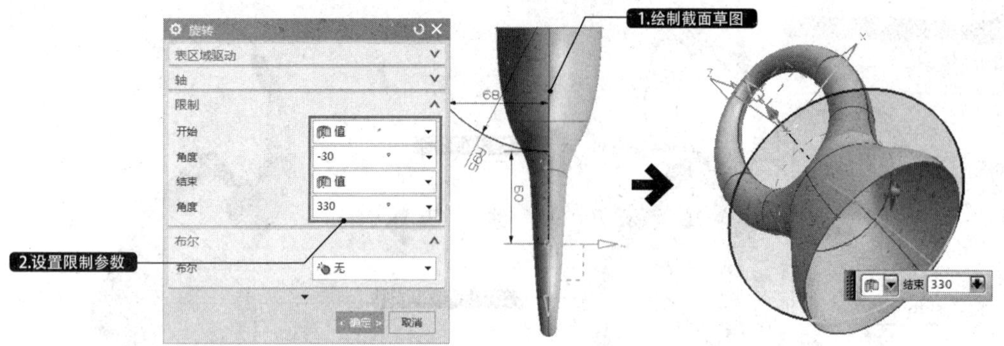

图4-80 创建旋转片体

14 抽取片体。选择“菜单”选项“插入”→“关联复制”→“抽取几何特征”选项，弹出“抽取几何特征”对话框。在“类型”下拉列表中选择“体”选项，在绘图区中选择手柄外壳的所有曲面，如图4-81所示。

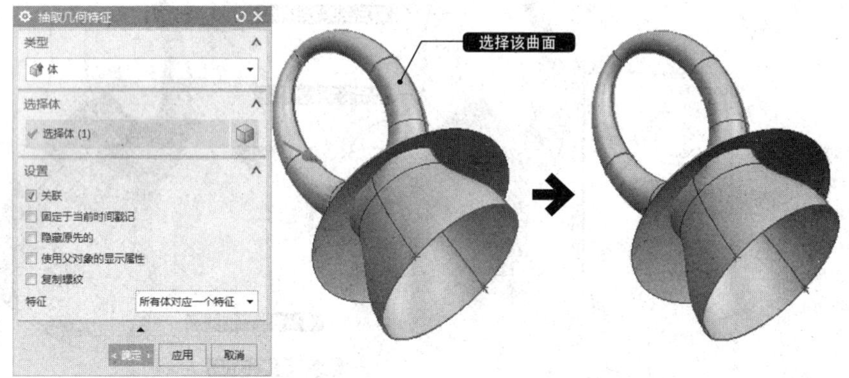

图4-81 抽取片体

15 修剪抽取片体。选择“主页”→“特征”→“更多”→“修剪片体”选项，弹出“修剪片体”对话框。在绘图区中选择抽取的片体为目标片体，选择旋转曲面为边界对象，如图4-82所示。

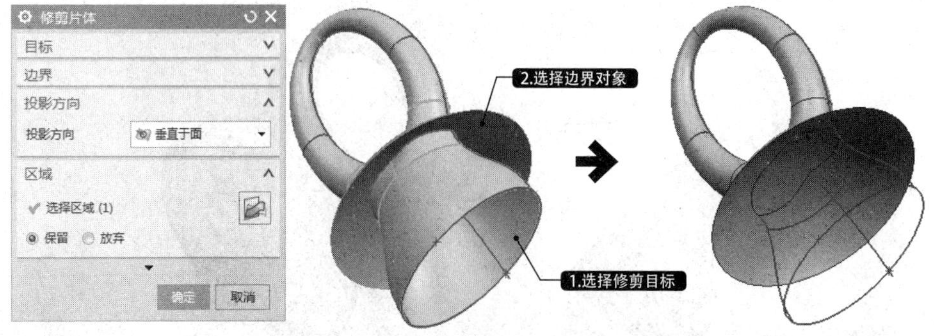

图4-82 修剪抽取片体

16 修剪旋转片体。选择“主页”→“特征”→“更多”→“修剪片体”选项，弹出“修剪片体”对话框。在绘图区中选择旋转曲面为目标片体，选择抽取的片体为边界对象，如图4-83所示。

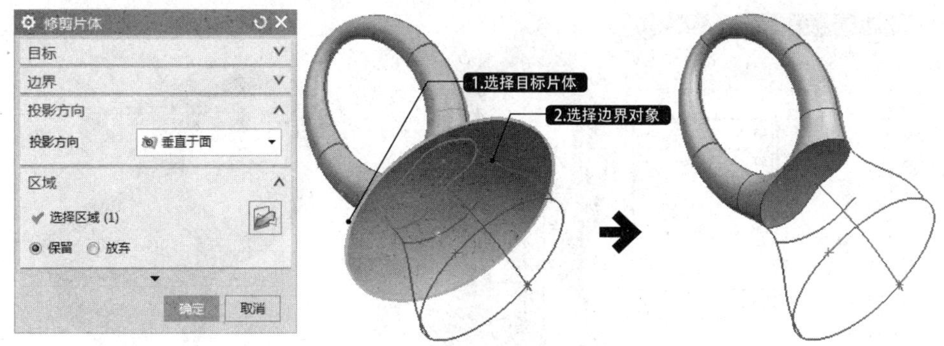

图4-83 修剪旋转片体

17 缝合片体实体化。在“菜单”选项中选择“插入”→“组合体”→“缝合”选项，弹出“缝合”对话框。在绘图区中选择旋转曲面为目标，选择其他曲面为工具，如图4-84所示。

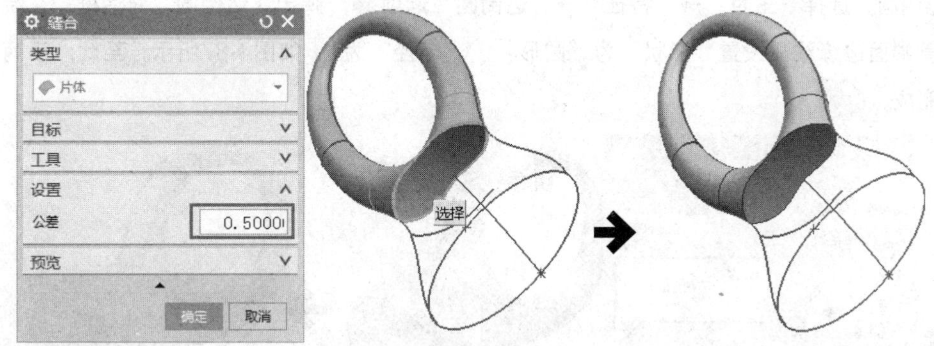

图4-84 缝合片体实体化

18 加厚片体。选择“主页”→“特征”→“更多”→“加厚”选项，弹出“加厚”对话框。在绘图区中选择步骤12缝合的片体，设置向内“偏置1”的厚度为3，并设置“布尔”运算为“合并”，如图4-85所示。

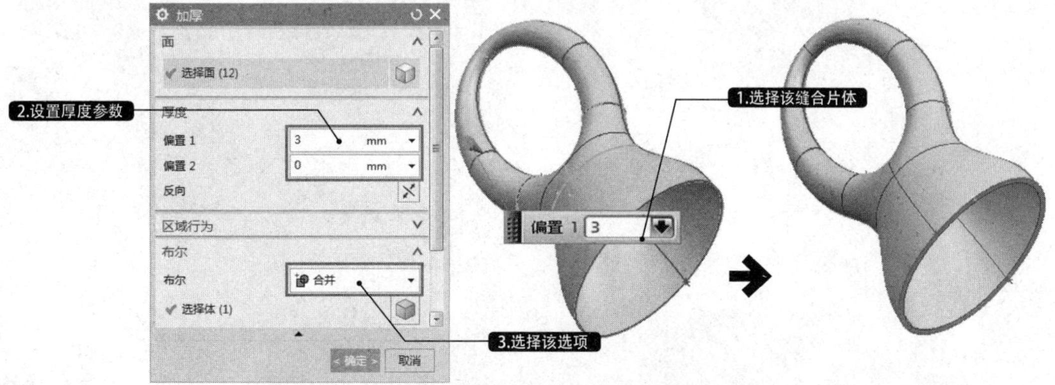

图4-85 加厚片体

19 创建剪切拉伸孔。选择“主页”→“特征”→“拉伸”选项，在“拉伸”对话框中单击按钮，选择*XC*-*YC*平面为草绘平面，绘制草图后返回“拉伸”对话框；设置“限制”选项组中“开始”和“结束”的距离为50和-50，并设置“布尔”运算为“减去”，如图4-86所示。

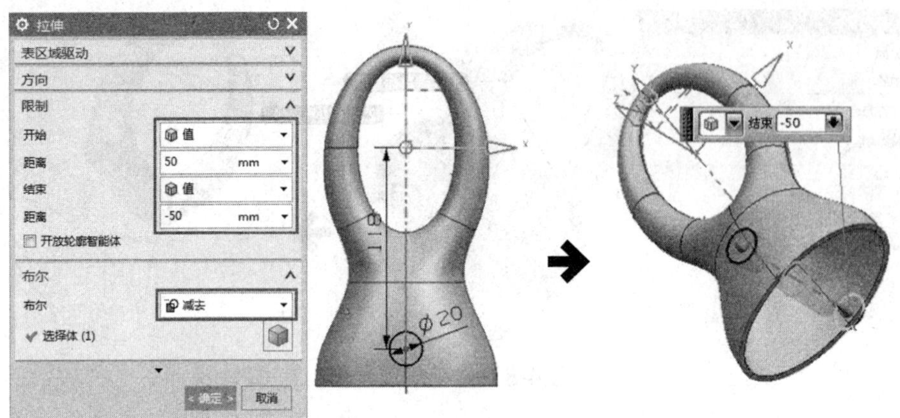

图4-86 创建剪切拉伸孔

20 创建边倒圆。选择“主页”→“特征”→“边倒圆”选项，弹出“边倒圆”对话框。在绘图区中选择孔和套管端面边缘线，设置“形状”为“圆形”，“半径”为1，如图4-87所示。至此，手柄套管壳体模型创建完成。

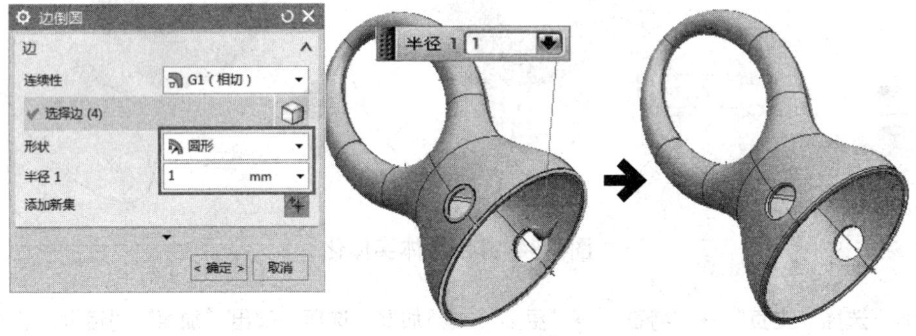

图4-87 创建边倒圆

第5章

自由曲面

学习目标：

曲面上的曲线	案例实战——创建钓竿支架模型
四点曲面	案例实战——创建鼠标外壳模型
艺术曲面	
曲面变形	
样式拐角	
样式扫掠	

自由曲面造型常用于产品外观的概念设计。在实际的曲面建模中，只使用简单的特征建模方式就可以完成曲面产品设计的情况是非常少见的。因此，除前面章节介绍的基本曲面创建方法外，还可以通过“自由曲面形状”工具来设计或创建自由曲面外形。

本章将对主要的自由曲面形状及另外一些操作功能进行介绍，包括整体突变，四点曲面、艺术曲面和样式扫掠等。

5.1 曲面上的曲线

曲面上的曲线指在所选择的曲面上快速创建曲线，创建的曲线是阶次不低于3次的样条曲线，使用该功能可以为过渡曲面或圆角定义相切控制线，也可以定义修剪边线。选择功能区“曲线”→“曲线”→“曲面上的曲线”选项，弹出“曲面上的曲线”对话框。在绘图区中选择要创建曲线的面，并绘制样条，样条的绘制同样可以通过连续性设置与面上的曲线相切，系统默认设置为位置连续。曲面上的曲线创建方法如图5-1所示。

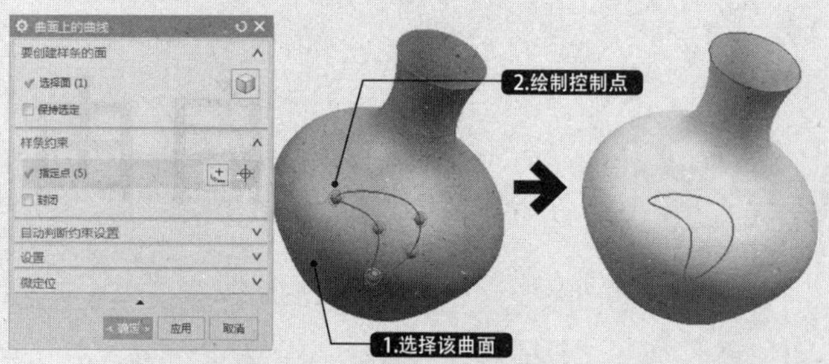

图5-1 创建曲面上的曲线

5.2 四点曲面

四点曲面指通过4个不在同一直线上的点来创建曲面，创建的曲面过这4个点。点的定义顺序决定了创建的曲面形状。选择功能区“曲面”→“曲面”→“四点曲面”选项，弹出“四点曲面”对话框；然后在模型中依次选择四点，便可创建自由曲面；改变点的选择顺序，所创建的曲面将不同，如图5-2所示。

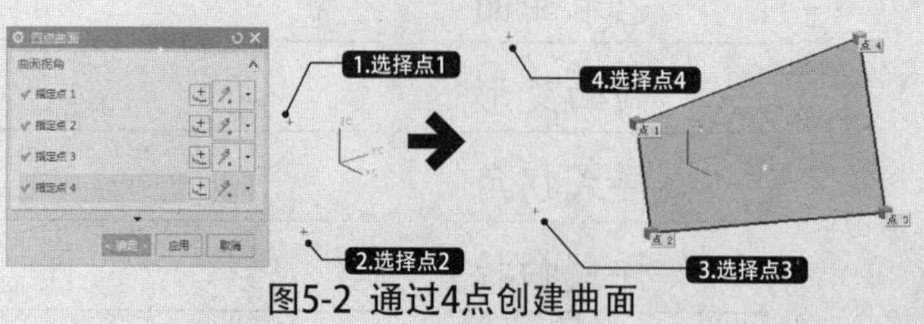

图5-2 通过4点创建曲面

5.3 艺术曲面

艺术曲面可以通过预先设置的曲面构造方式来生成曲面。在UG NX 12中，艺术曲面可以根据所选择的主线串自动创建符合要求的B曲面。在创建曲面后，可以添加交叉线串或引导线串来更改原来曲面的形状和复杂程度。

单击功能区“曲面”→“曲面”→“艺术曲面”选项，弹出“艺术曲面”对话框。“艺术曲面”对话框的形式和“通过曲线网格”工具基本一样，其操作方法也很相似。两者的不同点在于：艺术曲面不一定要选择交叉曲线也可以自动生成曲面（功能类似“通过曲线组”工具），并且所选择的主曲线不能为点。相比之下，“艺术曲面”更适合用于自由曲面造型，“通过曲线网格”更适合在已有网格基础上或已存在的点、面的边上创建曲面。艺术曲面创建方法如图5-3所示。

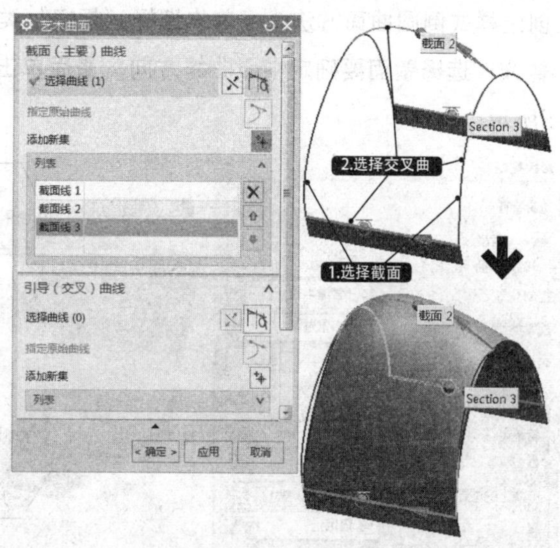

图5-3 创建艺术曲面的方法

5.4 样式倒圆

样式倒圆是将相切或曲率约束应用到圆角的相切曲线，从而创建出平滑过渡的圆角曲面，其中平滑过渡的相邻面称为壁。选择功能区“曲面”→“曲面”→“样式倒圆”选项，弹出“样式圆角”对话框，如图5-4所示。该对话框中常用选项的功能及含义如下所述。

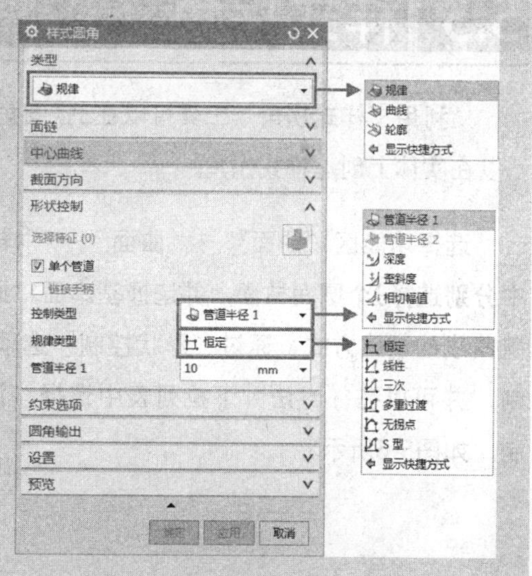

图5-4 “样式圆角”对话框

- 规律：该选项是通过规律控制相切的方式产生圆角。
- 曲线：该选项指通过曲线生成圆角。
- 为壁1选择面：选择该选项，选择倒圆的第1壁面。
- 为壁2选择面：选择该选项，选择倒圆的第2壁面。
- 中心曲线：选择“中心曲线”选项，选择圆角面所在的中心线即壁面交线。
- 脊线：选择该选项，选择圆角面所在的曲面。

创建样式倒圆曲面方法为：首先选择“规律”类型选项，然后依次选择面链1、面链2、中心曲线和脊线，选择壁面要确定中心曲线方向；最后单击“确定”按钮即可完成创建样式倒圆操作，如图5-5所示。

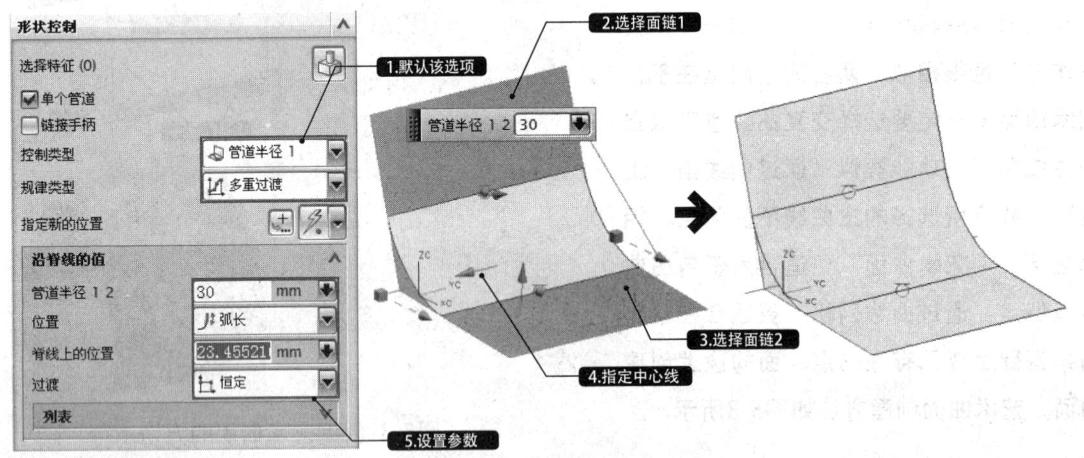

图5-5 创建样式倒圆

5.5 样式拐角

利用“样式拐角”工具可以在3张圆角曲面与基本曲面的投影交点处创建一个A类拐角，也可以在实体上创建样式拐角。

选择功能区“曲面”→“曲面”→“样式拐角”选项，弹出“样式拐角”对话框。在绘图区中分别选择3个圆角曲面，并选择基本面。通过“修剪曲线控制”选项组中可以控制圆角曲面之间修剪曲线的创建方式；通过“形状控制”选项组可以对拐角的顶部基本曲线和底部桥接曲线等进行控制，并可以在“方法”下拉列表中选择“深度”“歪斜”“相切幅值”和“桥接”等方式进行控制，如图5-6所示。

图5-6 创建样式拐角

5.6 样式扫掠

样式扫掠指通过沿一条或两条引导线扫掠一组截面线创建A类曲面。和“扫掠”曲面相比，“样式扫掠”工具提供了更加灵活的扫描方式。“样式扫掠”内置了多种扫掠方式，可以选择不同的扫掠方式来生成扫掠曲面。样式扫掠可以最多选择150条截面线；可以控制截面线沿引导线扫掠时的方向；可以对扫掠进行旋转和比例缩放等控制。

选择功能区“曲面”→“曲面”→“更多”→“样式扫掠”选项，弹出“样式扫掠”对话框。在“类型”下拉列表中选择“1条引导线串”，并在绘图区中选择截面曲线和引导线。在对话框“扫掠属性”选项组中可以设置选择截面线之间的过渡方式，扫掠曲面拟合引导线或截面线间的固定线串，在“截面方向”和“参考”下拉列表中可以设置沿引导线时截面的方向。通过“形状控制”选项组可以改变扫掠的位置，或对曲面进行旋转，或改变选择截面处曲线的深度，或沿U向或V向对扫掠曲面进行修剪。样式扫掠创建方法如图5-7所示。

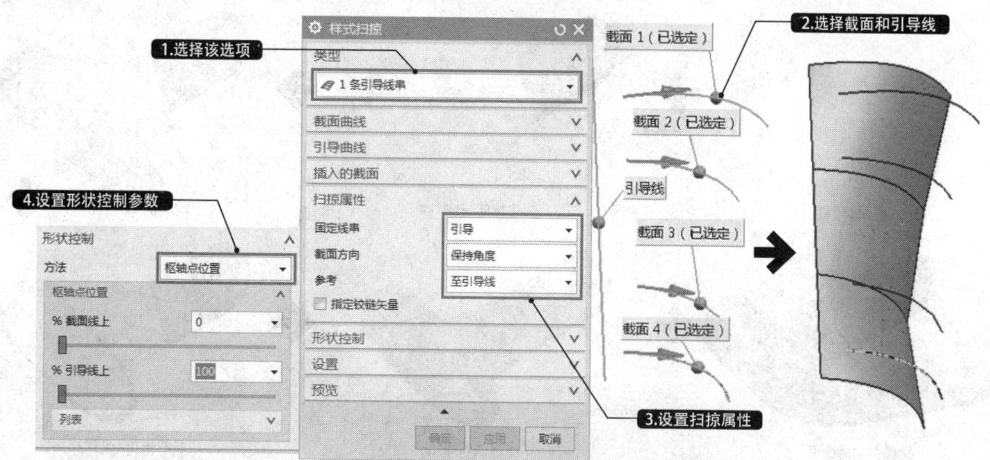

图5-7 创建样式扫掠的方法

5.7 案例实战——创建钓竿支架模型

最终文件：素材\第5章\钓鱼支架-OK.prt

视频文件：视频\5.7创建钓竿支架模型.avi

本实例是一款休闲钓竿支架模型，如图5-8所示。该模型整体结构相对比较简单，但是拐角连接处是比较复杂的，控制难度较大，必须利用曲线工具绘制满足连续性条件的线框，才可以创建出平滑的连接。通过本实例可以熟练掌握通过现有曲面创建连续性线框的创建方式，将特征建模和曲面建模工具运用自如。

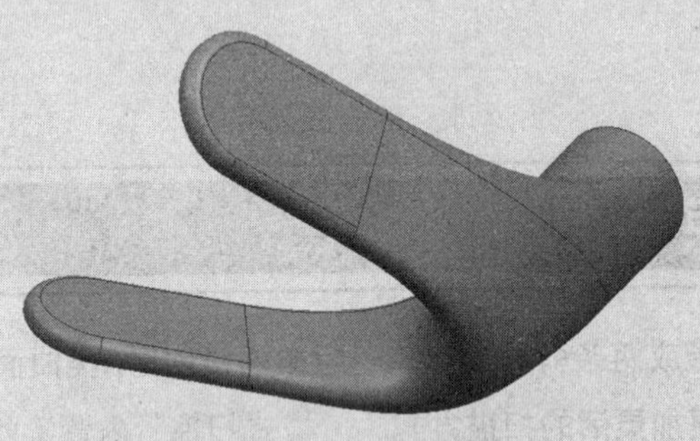

图5-8 钓竿支架模型

5.7.1 设计流程图

在创建本实例时，可以先利用“基准平面”“草图”和“投影曲线”等工具创建出钓竿支架的基本线框，以及利用“扫掠”“拉伸”和“边倒圆”等工具创建支架拐角两端的定位特征；然后利用“点”“桥接曲线”“直线”“相交曲线”和“曲面上的曲线”等工具创建出拐角处的曲线；最后利用“通过曲线网格”“缝合”和“镜像体”等工具创建出钓竿支架的曲面，并利用“加厚”工具加厚曲面，即可创建出本实例，其设计流程如图5-9所示。

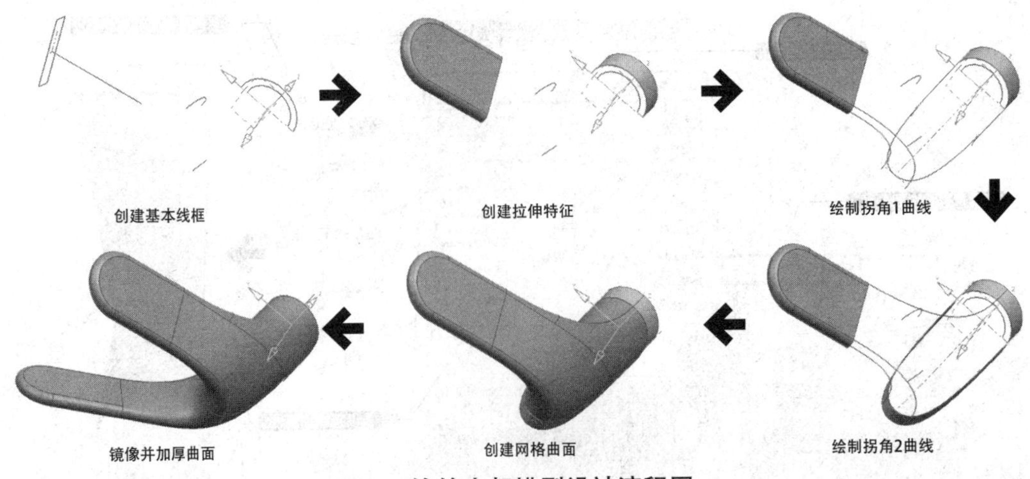

图5-9 钓竿支架模型设计流程图

5.7.2 具体设计步骤

01 绘制支架端面截面。选择功能区“主页”→“草图”选项，弹出“创建草图”对话框。在绘图区中选择XY平面为草绘平面，绘制如图5-10所示的支架端面截面。

02 创建拉伸片体。选择功能区“主页”→“特征”→“拉伸”选项，弹出“拉伸”对话框。在“拉伸”对话框中单击按钮，弹出“创建草图”对话框，选择基准平面*YC-ZC*为草绘平面，绘制草图，返回拉伸对话框后，在“拉伸”对话框中“限制”选项组中设置“开始”和“结束”的“距离”为20和0，如图5-11所示。

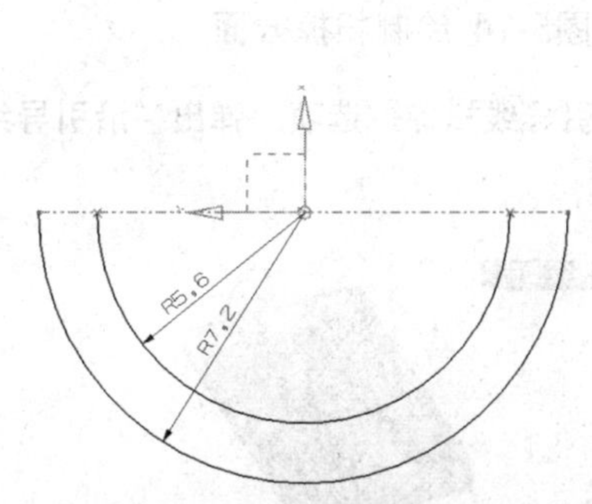

图5-10 绘制支架端面截面

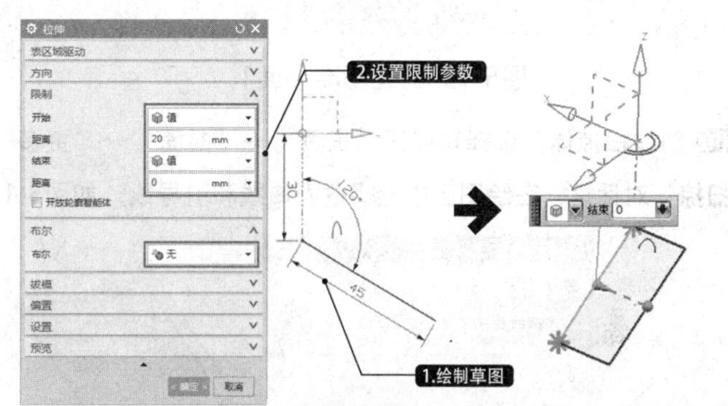

图5-11 创建拉伸片体

03 创建投影曲线。选择功能区“曲线”→“派生的曲线”→“投影曲线”选项，弹出“投影曲线”对话框。在绘图区中选择图5-12所示的草图曲线，将其投影到上步骤创建的拉伸片体上。

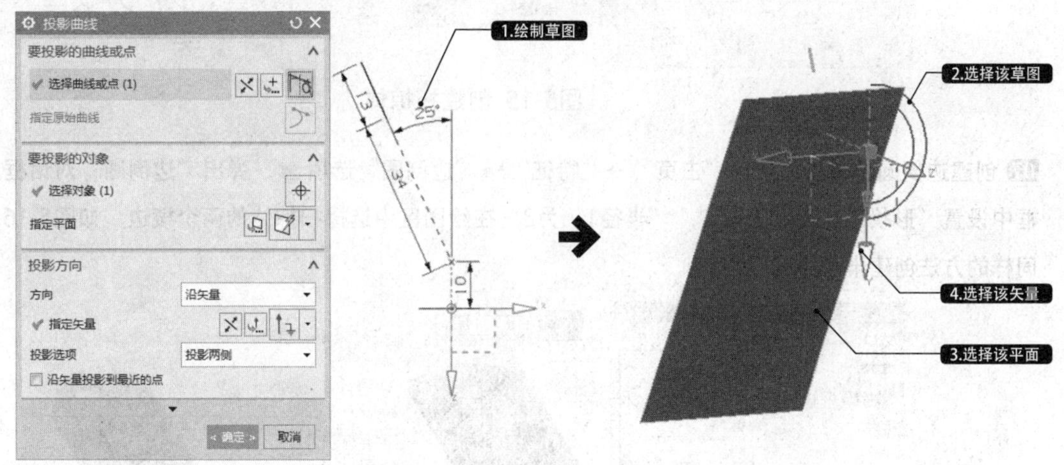

图5-12 创建投影曲线

04 创建基准平面1。选择功能区“主页”→“特征”→“基准平面”选项，弹出“基准平面”对话框。在“类型”下拉列表中选择“点和方向”选项，并在绘图区中选择投影曲线的端点，如图5-13所示。

05 绘制扫掠截面。选择功能区“主页”→“草图”选项，弹出“创建草图”对话框。在绘图区中选择上步骤创建的基准平面1为草绘平面，绘制如图5-14所示的扫掠截面。

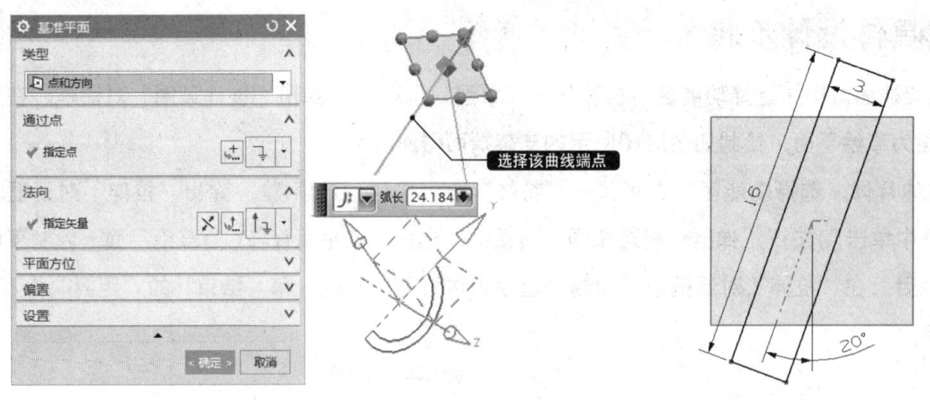

图5-13 创建基准平面1　　图5-14 绘制扫掠截面

06 创建扫掠体。选择功能区“主页”→“曲面”→“更多”→“沿引导线扫掠”选项，弹出“沿引导线扫掠”对话框。在绘图区中选择截面曲线和引导线，如图5-15所示。

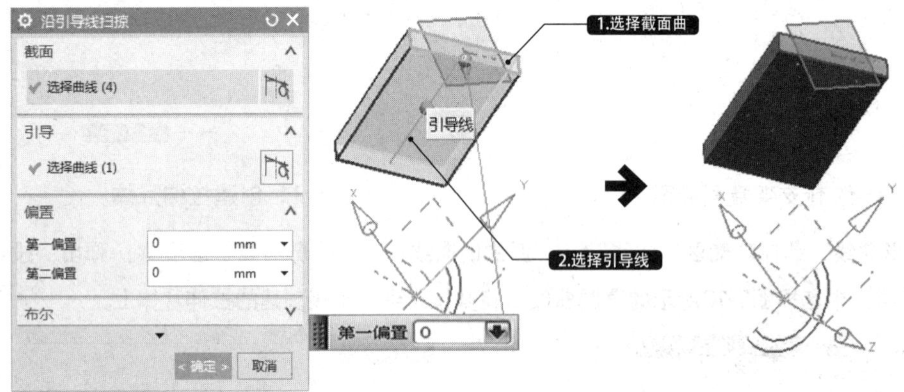

图5-15 创建扫掠体

07 创建边倒圆。单击功能区“主页”→“特征”→“边倒圆”选项，弹出“边倒圆”对话框。在对话框中设置“形状”，为“圆形”，“半径1”为8，在绘图区中选择扫掠体的两个棱边，如图5-16所示。按同样的方法创建半径为8的边倒圆。

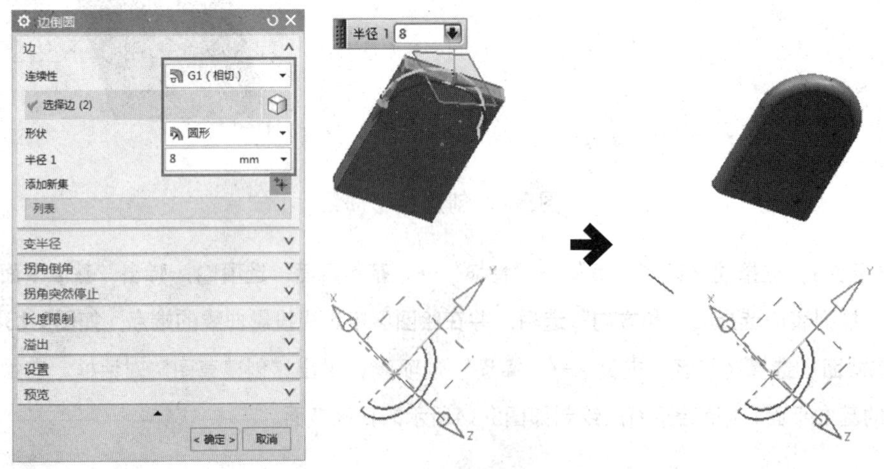

图5-16 创建边倒圆

08 创建相切拉伸曲面。单击功能区“主页”→“特征”→“拉伸”选项，弹出“拉伸”对话框。在绘图区中选择步骤1绘制的支架端面截面，设置“限制”选项组中“开始”和“结束”的“距离”为5和0，如图5-17所示。

09 绘制相切线。选择功能区“主页”→“草图”选项，弹出“创建草图”对话框。在绘图区中选择*YC-ZC*平面为草绘平面，绘制如图5-18所示的相切线。

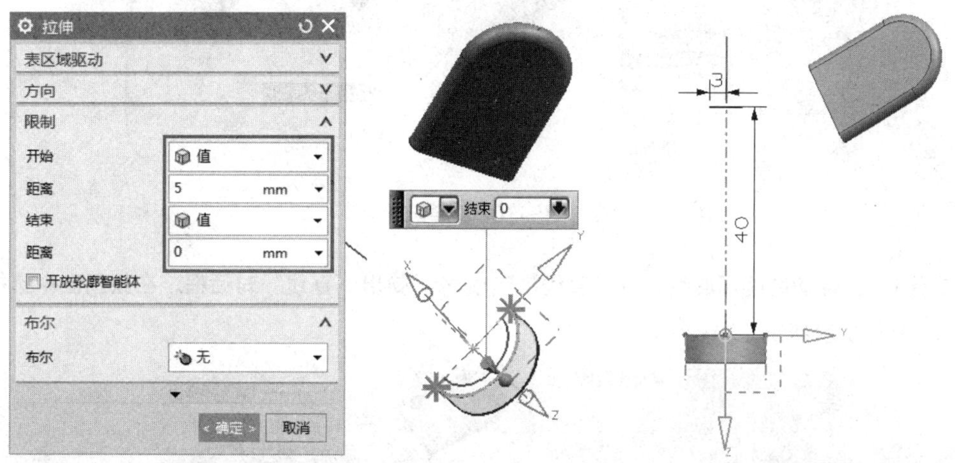

图5-17 创建相切拉伸曲面1　　图5-18 绘制相切线

10 创建桥接曲线1。选择功能区“曲线”→“派生的曲线”→“桥接曲线”选项，弹出“桥接曲线”对话框。在绘图区中选择相切拉伸曲面1边缘和上步骤所创建的相切线，并在对话框“形状控制”选项组中设置参数，如图5-19所示。

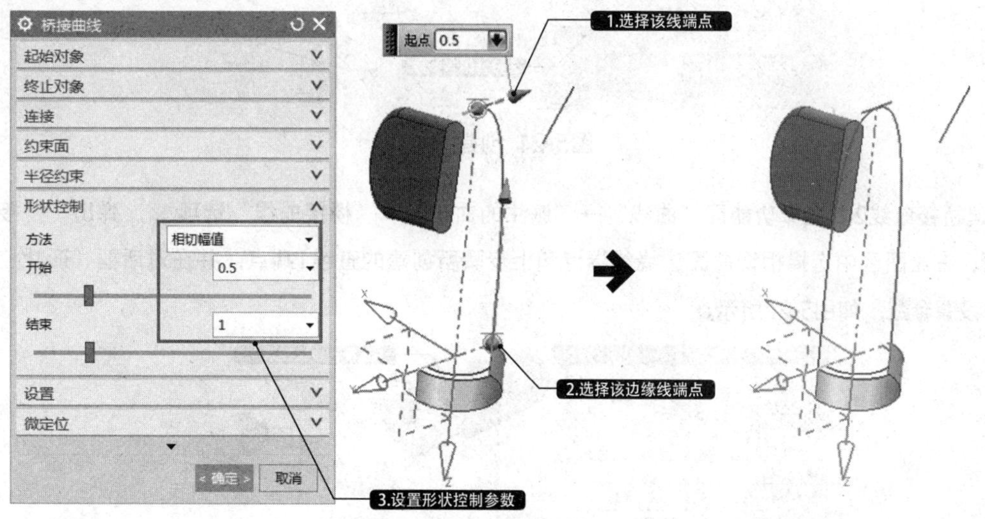

图5-19 创建桥接曲线1

11 创建点1。选择功能区“曲线”→“点”选项，弹出“点”对话框。在“类型”下拉列表中选择“曲线/边上的点”选项，在绘图区中选择要创建边界点的曲线；然后在对话框中设置U向“参数百分比”为20，如图5-20所示。

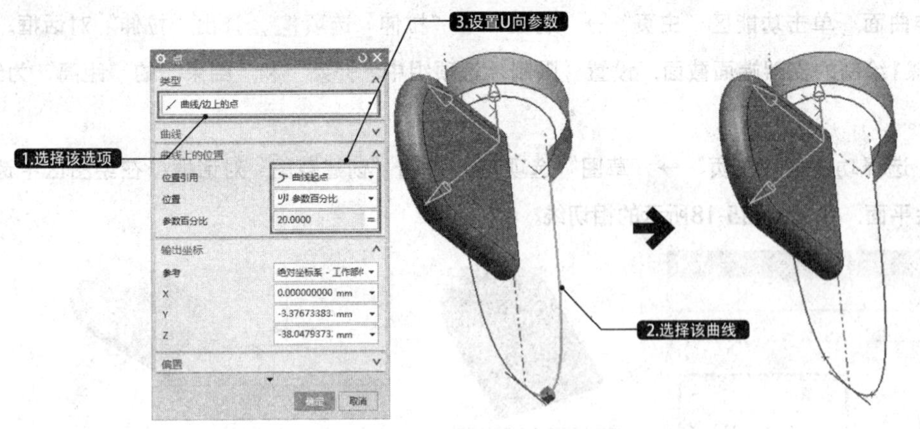

图5-20 创建点1

12 创建直线1。选择功能区“曲线”→“直线”选项，弹出“直线”对话框。在绘图区中选择上步骤创建的点1，如图5-21所示。

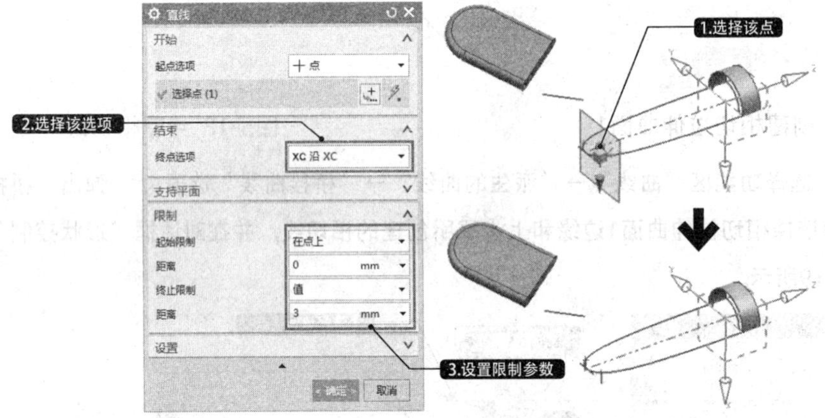

图5-21 创建直线1

13 创建桥接曲线2。选择功能区“曲线”→“派生的曲线”→“桥接曲线”选项，弹出“桥接曲线”对话框。在绘图区中选择相切曲面边缘线端点和上步骤所创建的直线1端点，并在对话框“形状控制”选项组中设置参数，如图5-22所示。

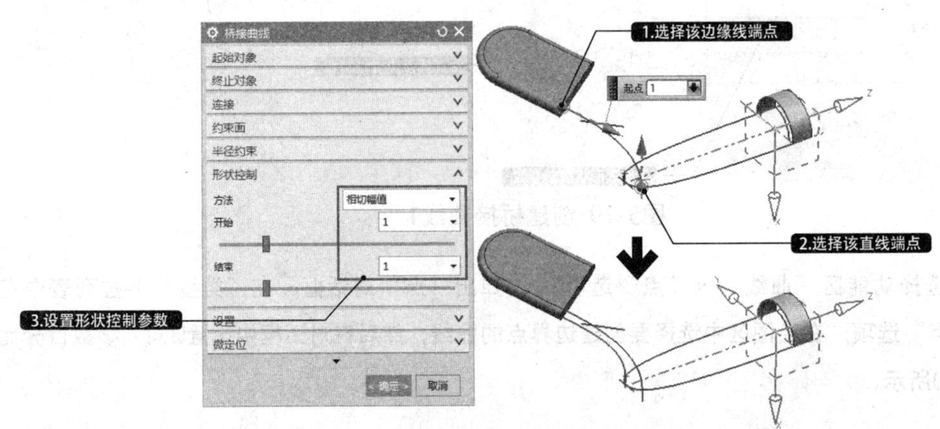

图5-22 创建桥接曲线2

14 创建点2。选择功能区“曲线”→“点”选项十，弹出“点”对话框。在“类型”下拉列表中选择“曲线/边上的点”选项，在绘图区中选择要创建边界点的曲线；然后在对话框中设置U向“参数百分比”为80，如图5-23所示。

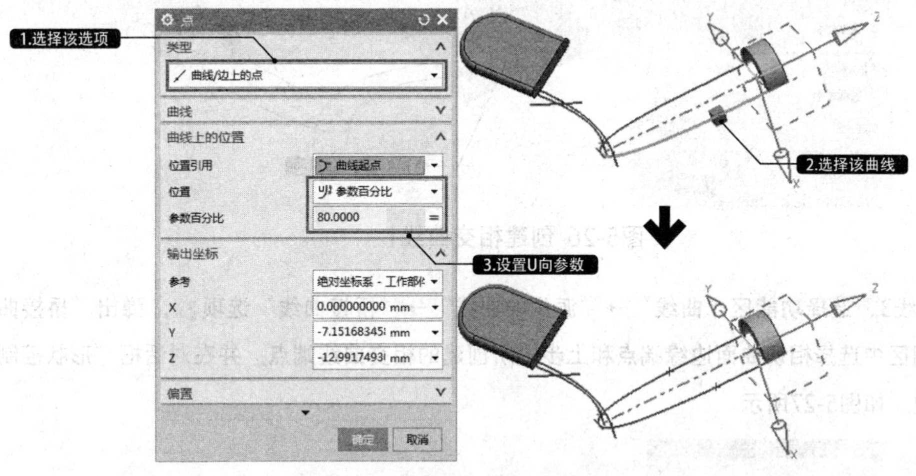

图5-23 创建点2

15 创建直线2。选择功能区“曲线”→“直线”选项，弹出“直线”对话框。在绘图区中选择上步骤创建的点2，如图5-24所示。

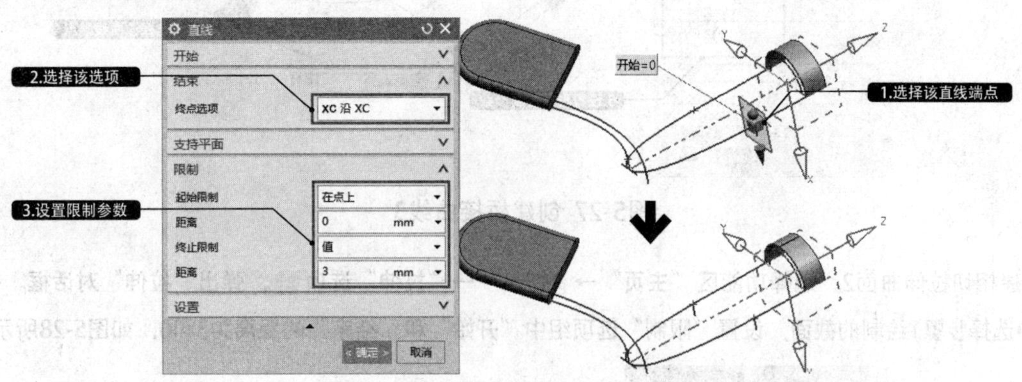

图5-24 创建直线2

16 创建基准平面2。选择功能区“主页”→“特征”→“基准平面”选项，弹出“基准平面”对话框。在“类型”下拉列表中选择“二等分”选项，并在绘图区中选择扫掠体上、下两个表面，如图5-25所示。

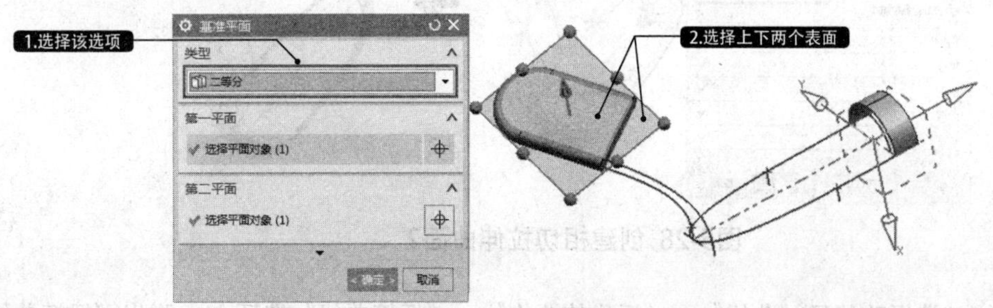

图5-25 创建基准平面2

17 创建相交曲线1。选择功能区“曲线”→“派生的曲线”→“相交曲线”选项，弹出“相交曲线”对话框。在绘图区中选择扫掠体表面为第一组面，选择步骤16所创建的基准平面2为第二组面，如图5-26所示。

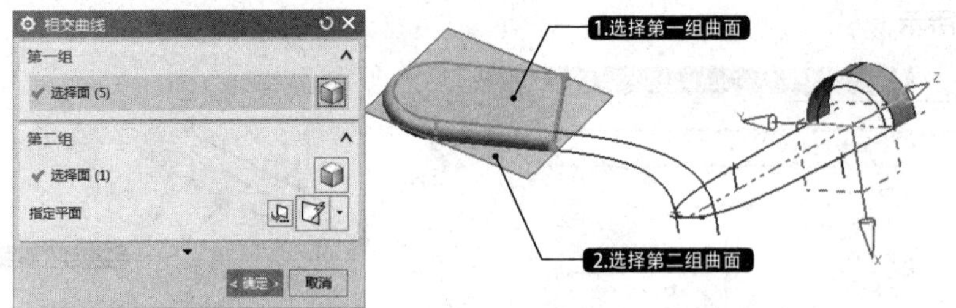

图5-26 创建相交曲线1

18 创建桥接曲线3。选择功能区“曲线”→“派生的曲线”→“桥接曲线”选项，弹出“桥接曲线”对话框。在绘图区中选择相切曲面边缘端点和上步骤所创建的相交曲线端点，并在对话框“形状控制”选项组中设置参数，如图5-27所示。

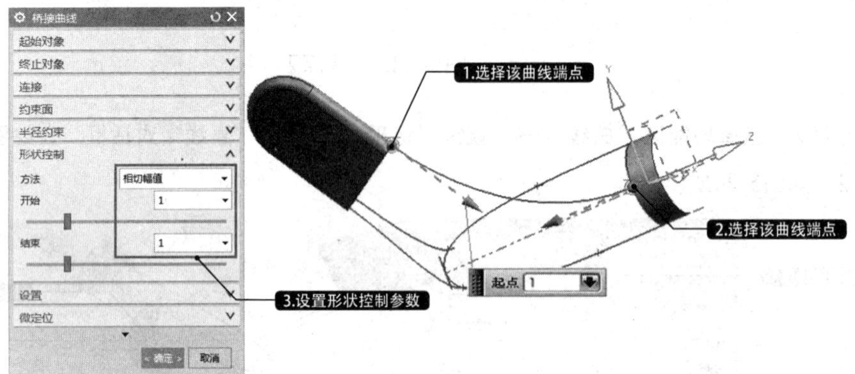

图5-27 创建桥接曲线3

19 创建相切拉伸曲面2。选择功能区“主页”→“特征”→“拉伸”选项，弹出“拉伸”对话框。在绘图区中选择步骤1绘制的截面，设置“限制”选项组中“开始”和“结束”的距离为3和0，如图5-28所示。

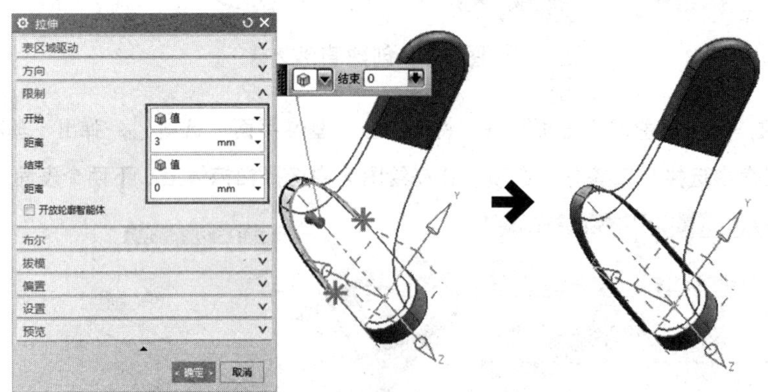

图5-28 创建相切拉伸曲面2

20 创建桥接曲线4。选择功能区“曲线”→“派生的曲线”→“桥接曲线”选项，弹出“桥接曲线”对话框，在工作区中选择相切曲面边缘和上步骤所创建的相切直线，并在对话框“形状控制”选项组中设置参数，如图5-29所示。

21 创建曲线网格曲面1。选择功能区“主页”→“曲面”→“通过曲线网格”选项，弹出“通过曲线网格”对话框。在绘图区中依次选择拉伸片体和扫掠体端面曲线为主曲线，选择4条桥接曲线为交叉曲线，创建曲线网格曲面1，如图5-30所示。

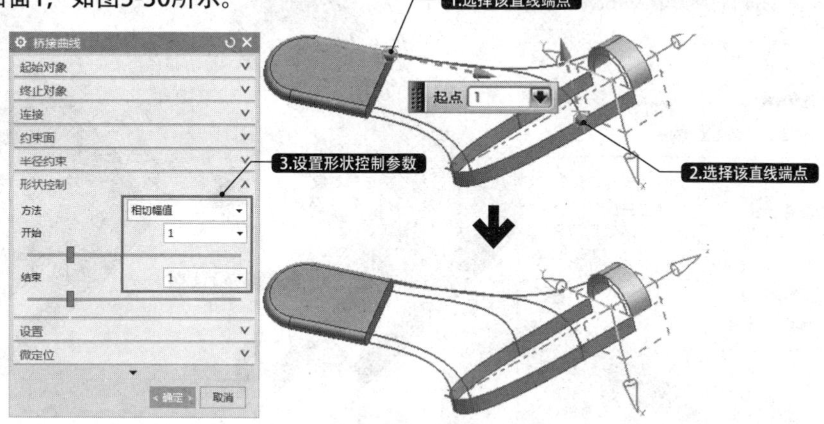

图5-29 创建桥接曲线4

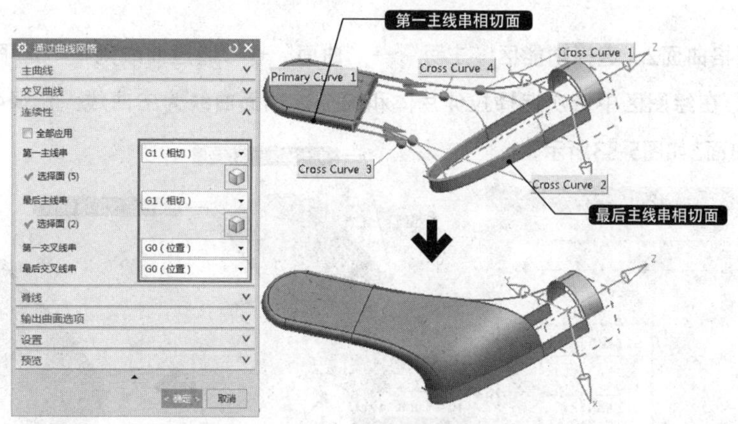

图5-30 创建曲线网格曲面1

22 创建曲面上的曲线。选择功能区“曲线”→“曲面上的曲线”选项，弹出“曲面上的曲线”对话框，在工作区中选择要创建曲线的面，创建连接平面边缘线的圆角曲线，并选择与边缘线的连续性为G1相切，如图5-31所示，按同样的方法创建另一侧面上的曲线。

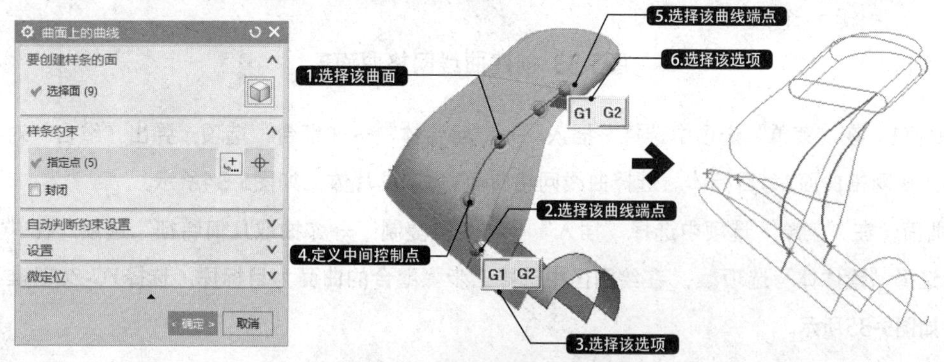

图5-31 创建曲面上曲线

23 修剪片体。选择功能区“主页”→“特征”→“更多”→“修剪片体”选项，弹出“修剪片体”对话框。在绘图区中选择曲线网格曲面1为目标片体，选择上步骤创建的曲面上的曲线为边界对象，修剪片体如图5-32所示。

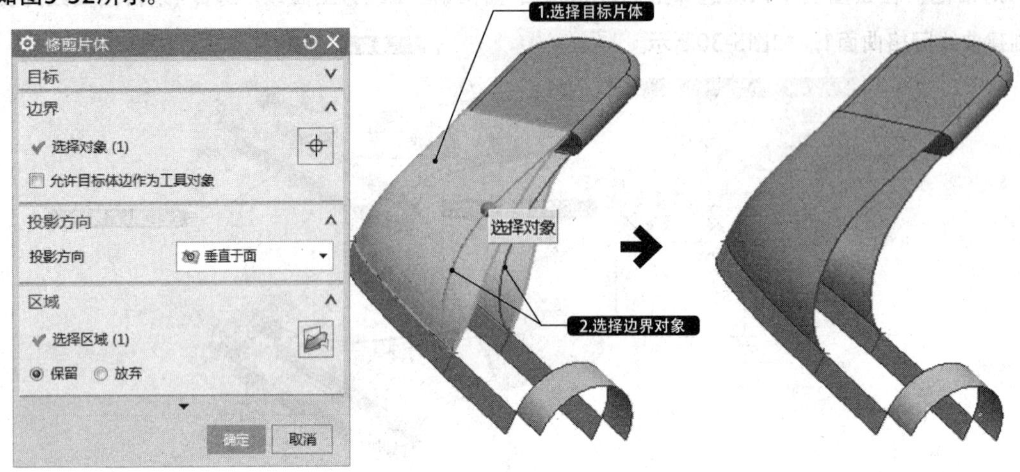

图5-32 修剪片体

24 创建曲线网格曲面2。选择功能区“主页”→“曲面”→“通过曲线网格”选项，弹出“通过曲线网格”对话框。在绘图区中依次选择拉伸片体和扫掠体端面曲线为主曲线，选择4条桥接曲线为交叉曲线，创建网格曲面2如图5-33所示。

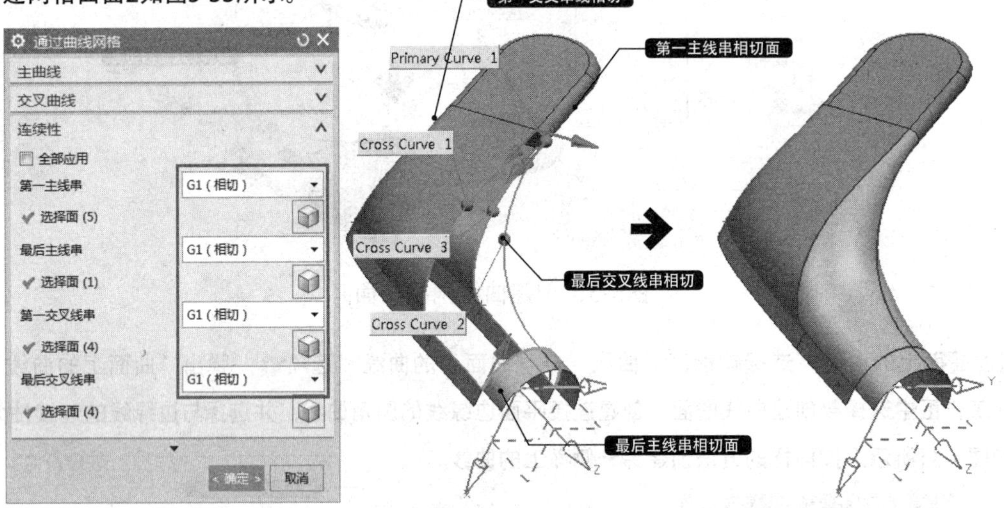

图5-33 创建曲线网格曲面2

25 缝合曲面1。在“菜单”选项中选择“插入”→“组合体”→“缝合”选项，弹出“缝合”对话框。在绘图区中选择网格曲面2为目标体，选择曲线网格曲面1为工具片体，如图5-34所示。

26 镜像曲面。在“菜单”选项中选择“插入”→“关联复制”→“抽取几何特征”选项，在“类型”下拉列表中选择“镜像体”选项，在绘图区中选择上步骤缝合的曲面为目标体，选择*YC-ZC*基准平面为镜像平面，如图5-35所示。

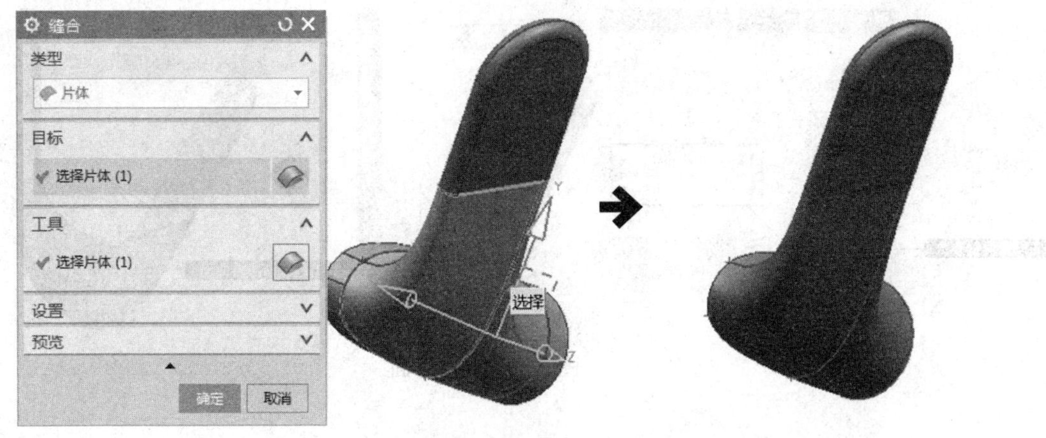

图5-34 缝合曲面1

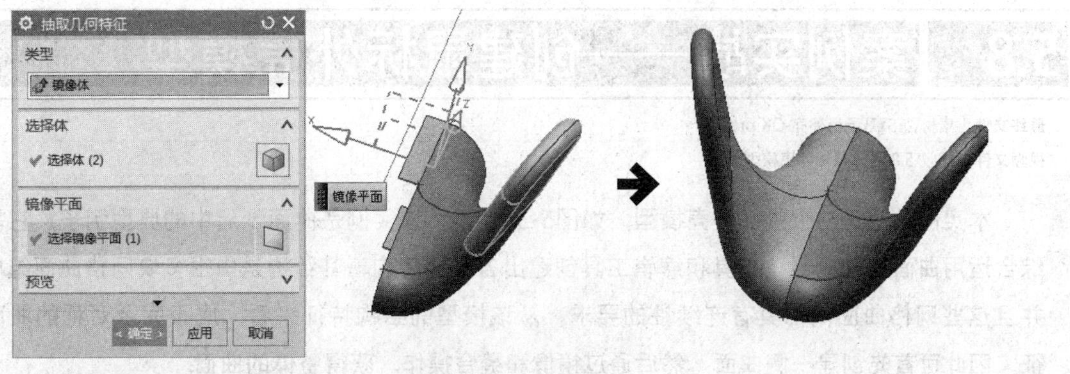

图5-35 镜像曲面

27 缝合曲面2。在“菜单”选项中选择“插入”→“组合体”→“缝合”选项，弹出“缝合”对话框。在绘图区中选择步骤25缝合的曲面为目标片体，选择上步骤镜像的曲面为工具片体，如图5-36所示。

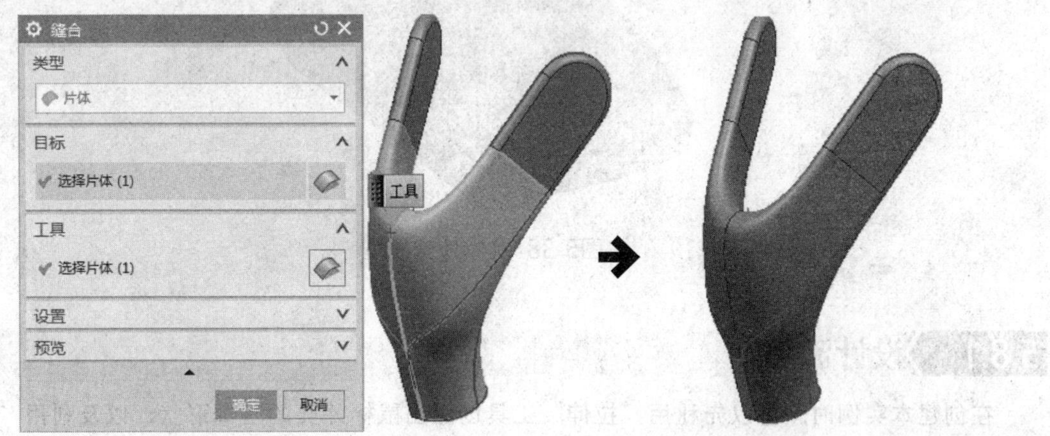

图5-36 缝合曲面2

28 加厚曲面。选择功能区“主页”→“特征”→“更多”→“加厚”选项，弹出“加厚”对话框。在绘图区中选择片体，设置向内偏置的厚度为1.2，如图5-37所示。至此，钓竿支架模型创建完成。

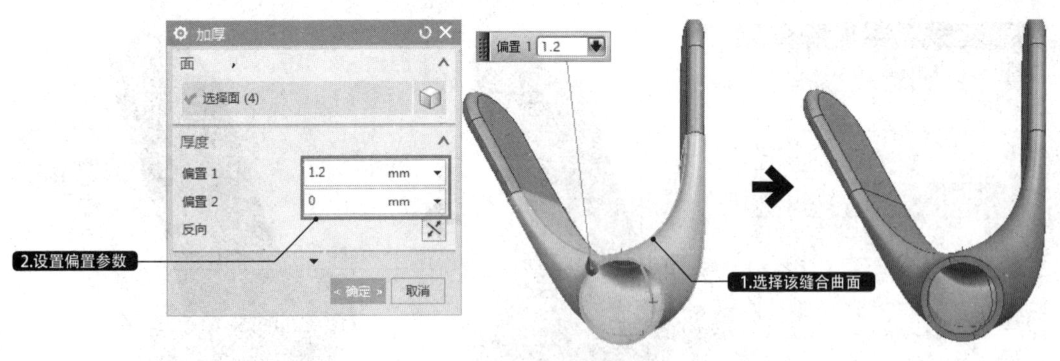

图5-37 加厚曲面

5.8 案例实战——创建鼠标外壳模型

最终文件：素材\第5章\鼠标外壳-OK.prt

视频文件：视频\5.8 创建鼠标外壳模型.avi

本实例是创建一个鼠标外壳模型，如图5-38所示。该实例是曲面创建中的典型例子，它需要综合运用曲面大部分创建工具和编辑工具创建出各部分结构。其结构是由很多块网格曲面组成，并且这些网格曲面间都具有连续性的要求。从该模型的结构特征来看，属于完全对称的曲面特征，因此可首先创建一侧曲面，然后通过镜像和缝合操作，获得整体的曲面。

图5-38 鼠标外壳模型

5.8.1 设计流程图

在创建本实例时，可以先利用“拉伸”工具创建出鼠标外壳的基本形状，以及利用“投影曲线”“相交曲线”和“修剪片体”等工具创建出鼠标侧面和顶面的相切曲面。然后利用“桥接曲线”和“直线”等工具绘制网格曲面所需要的相切曲线，并利用“通过曲线网格”工具创建网格曲面；最后利用“缝合”“镜像体”等工具创建出鼠标另一侧的曲面，并利用“面倒圆”等工具创建倒圆，即可完成本实例。其设计流程图如图5-39所示。

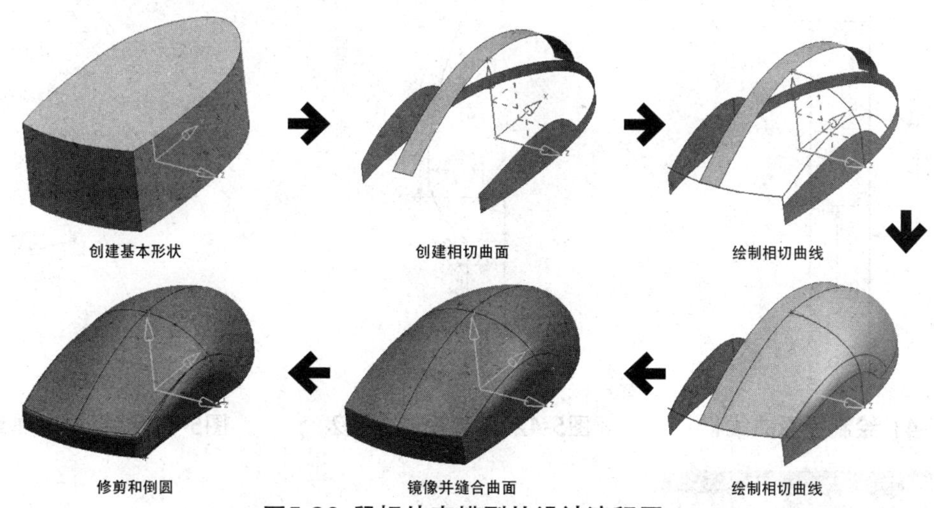

图5-39 鼠标外壳模型的设计流程图

5.8.2 具体设计步骤

01 创建拉伸体。选择功能区“主页”→“特征”→“拉伸”选项，弹出“拉伸”对话框。在“拉伸”对话框中单击按钮，弹出“创建草图”对话框，选择基准平面*XC-ZC*为草绘平面，绘制草图。返回“拉伸”对话框后，在“限制”选项组中设置“开始”和“结束”的距离为0和40，如图5-40所示。

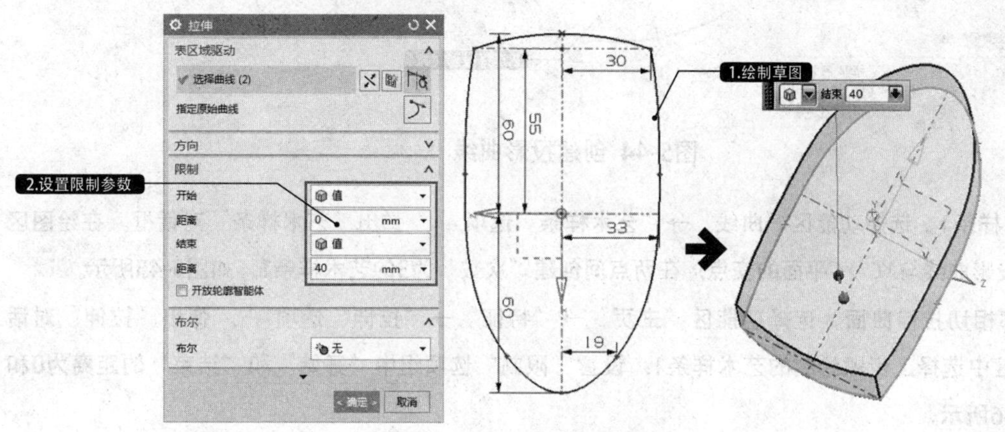

图5-40 创建拉伸体

02 投影曲线草图。选择功能区“主页”→“草图”选项，弹出“创建草图”对话框。在绘图区中选择*YC-ZC*平面为草绘平面，绘制如图5-41所示的投影曲线1。按同样方法在*XC-YC*上绘制如图5-42所示的投影曲线2，绘制投影曲线草图后的效果如图5-43所示。

03 创建投影曲线。选择功能区“曲线”→“派生的曲线”→“投影曲线”选项，弹出“投影曲线”对话框。在绘图区中选择上步骤绘制的投影曲线1，将其投影到-Y方向的侧面上，按同样的方法选择投影曲线2，将其投影到沿*Z*轴方向的侧面上，如图5-44所示。

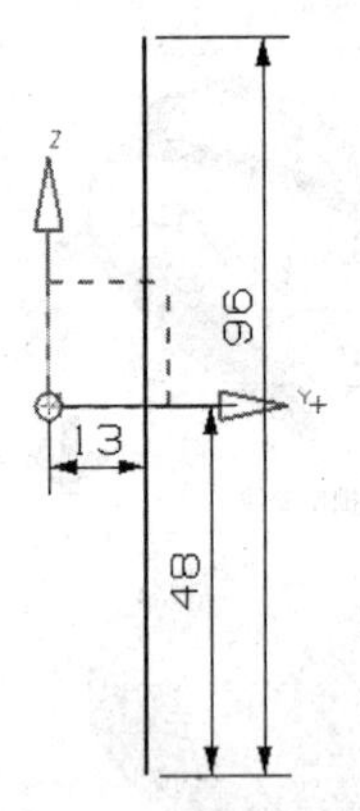

图5-41 绘制投影曲线1

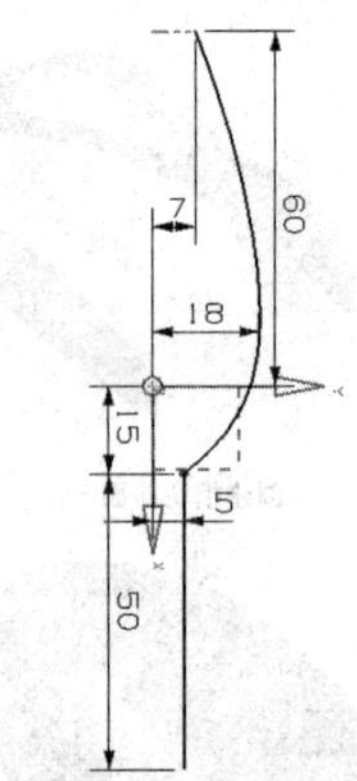

图5-42 绘制投影曲线2

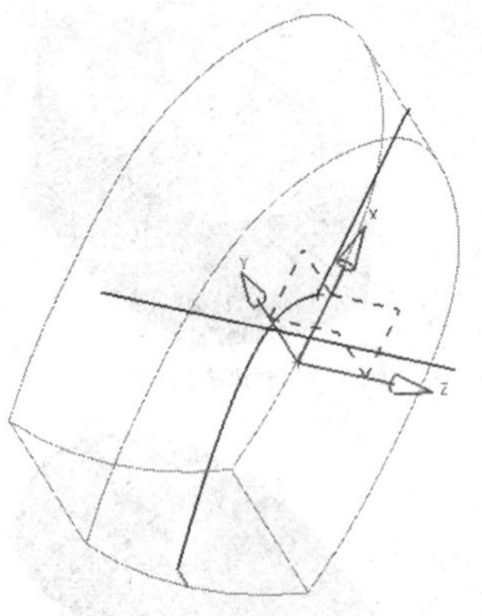

图5-43 绘制投影曲线效果

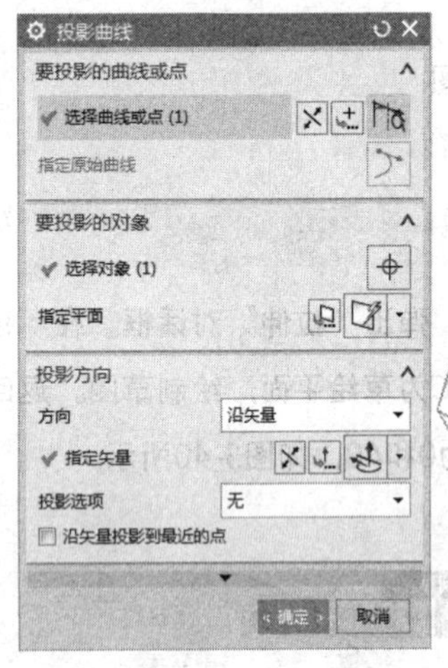

图5-44 创建投影曲线

04 绘制艺术样条1。选择功能区“曲线”→“艺术样条”选项，弹出“艺术样条”对话框。在绘图区中连接两条投影曲线与*XC-YC*平面的交点，在两点间创建“次数”为3的艺术样条1，如图5-45所示。

05 创建轮廓相切拉伸曲面。选择功能区“主页”→“特征”→“拉伸”选项，弹出“拉伸”对话框。在绘图区中选择上步骤绘制的艺术样条1，设置“限制”选项组中“开始”和“结束”的距离为0和10，如图5-46所示。

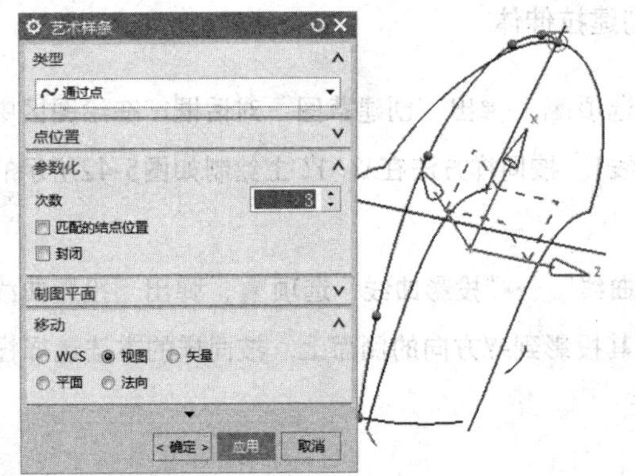

图5-45 绘制艺术样条1

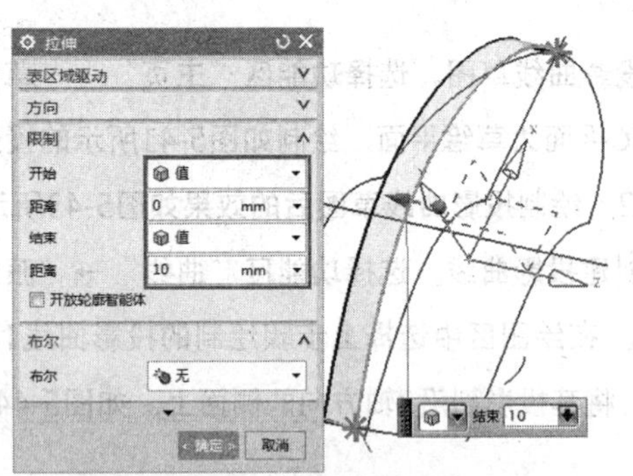

图5-46 创建轮廓相切拉伸曲面

06 抽取片体。选择“插入”→“关联复制”→“抽取几何特征”选项，弹出“抽取几何特征”对话框，在“面选项”下拉列表中选择“单个面”选项，在绘图区中选择拉伸曲面的侧面，抽取片体如图5-47所示。

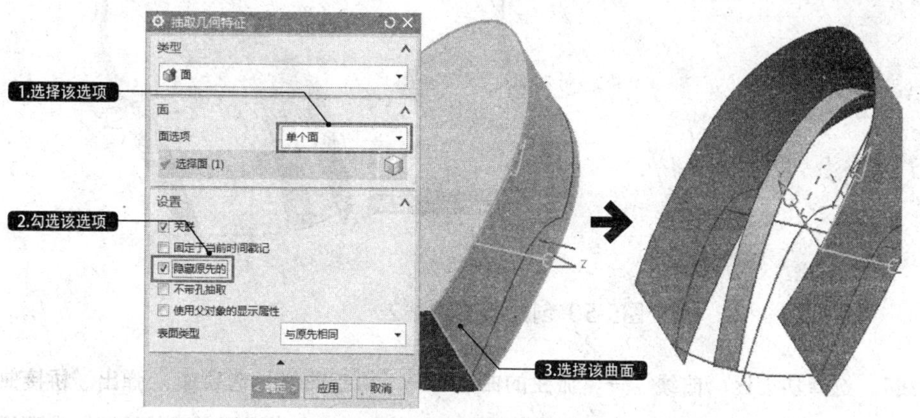

图5-47 抽取片体

07 修剪片体。单击功能区“主页”→“特征”→“更多”→“修剪片体”选项，弹出“修剪片体”对话框。在绘图区中选择上步骤抽取的片体为目标片体，选择投影曲线2为边界对象，修剪片体如图5-48所示。

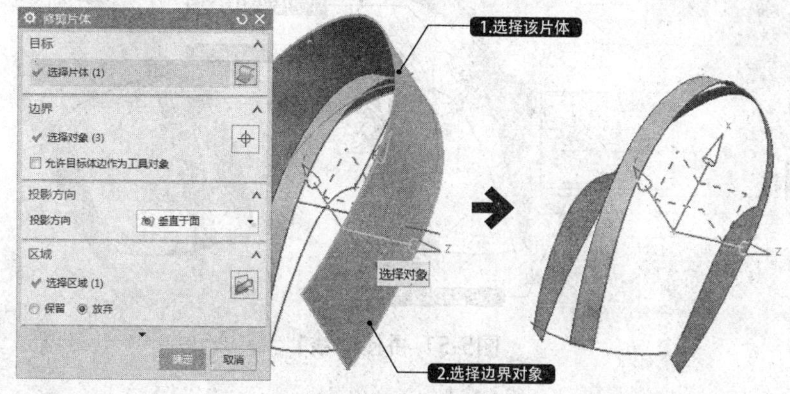

图5-48 修剪片体

08 创建相交曲线。选择功能区“曲线”→“派生的曲线”→“相交曲线”选项，弹出“相交曲线”对话框。在绘图区中选择修剪片体和相切拉伸曲面为第一组面，选择*YC-ZC*平面为第二组面，如图5-49所示。按同样的方法选择修剪片体为第一组面，选择*XC-YC*平面为第二组面，创建相交曲线2，如图5-50所示。

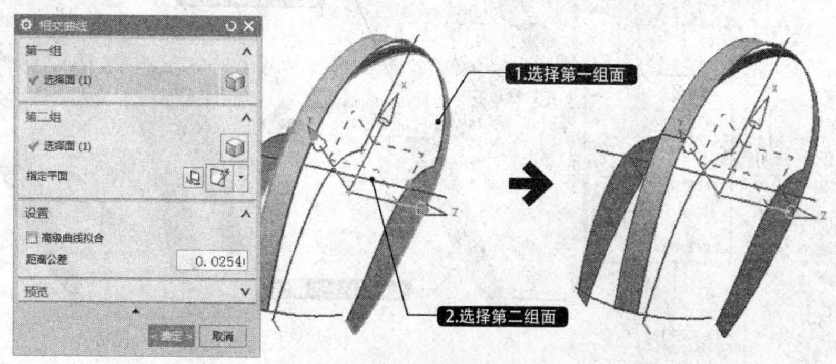

图5-49 创建相交曲线1

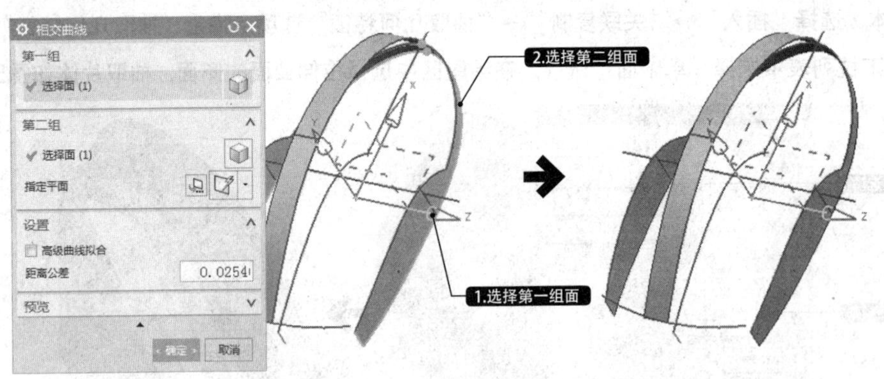

图5-50 创建相交曲线2

09 创建桥接曲线1。选择功能区“曲线”→“派生的曲线”→“桥接曲线”选项，弹出“桥接曲线”对话框。在绘图区中选择相切曲面边缘和上步骤所创建的相交曲线，并在对话框“形状控制”选项组中设置参数，如图5-51所示。

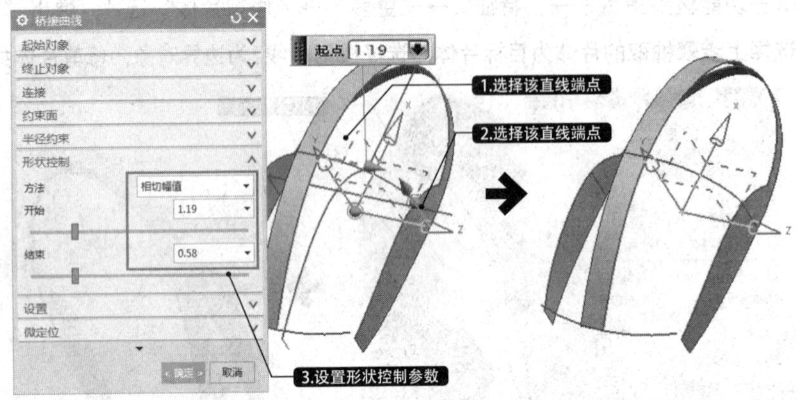

图5-51 桥接曲线1

10 创建曲线网格曲面1。单击功能区“主页”→“曲面”→“通过曲线网格”选项，弹出“通过曲线网格”对话框。在绘图区中依次选择桥接曲线1和修剪片体边缘线为主曲线，选择拉伸曲面和修剪片体的边缘线为交叉曲线，创建曲线网格曲面1，如图5-52所示。

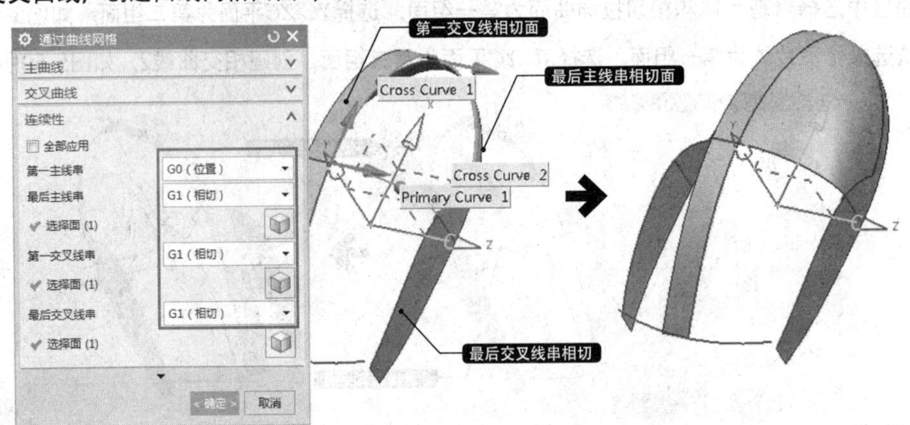

图5-52 创建曲线网格曲面1

11 创建直线1。选择功能区“曲线”→“直线”选项，弹出“直线”对话框。在绘图区中连接投影曲线1端点和修剪片体的边缘线端点，如图5-53所示。

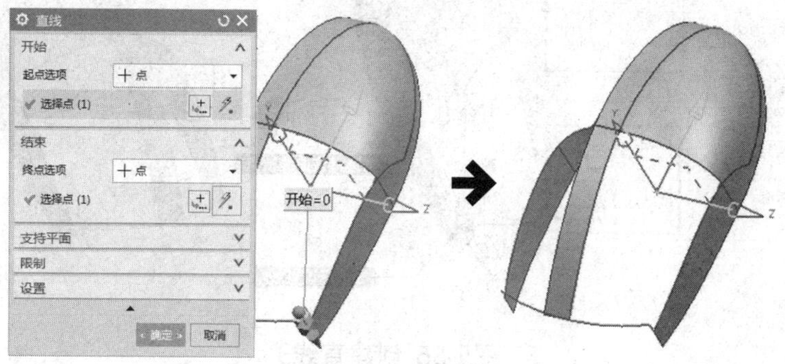

图5-53 创建直线1

12 创建面上偏置曲线。选择功能区“曲线”→“派生的曲线”→“在面上偏置曲线”选项，弹出“在面上偏置曲线”对话框。在绘图区中选择曲线网格曲面1的边缘线，向内偏置7，如图5-54所示。

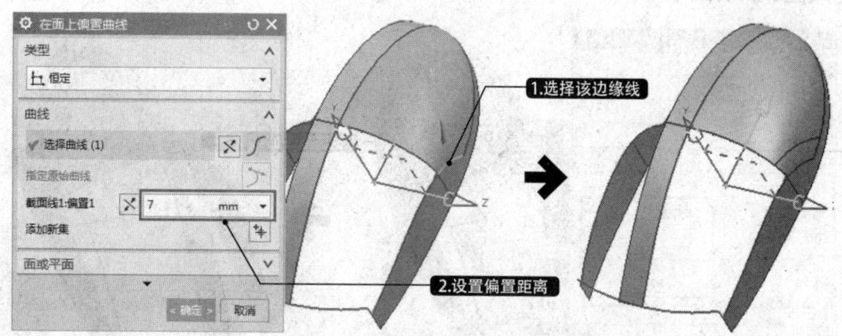

图5-54 创建面上偏置曲线

13 创建直线2。选择功能区“曲线”→“直线”选项，弹出“直线”对话框。在绘图区中选择修剪片体的边缘线的端点，并选择“终点选项”下拉列表中的“相切”选项，设置与边缘线相切，如图5-55所示。

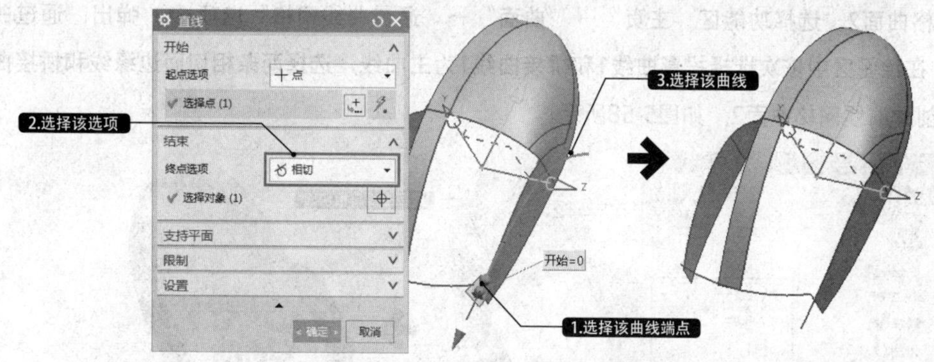

图5-55 创建直线2

14 创建直线3。选择功能区“曲线”→“直线”选项，弹出“直线”对话框。在绘图区中选择修剪片体的边缘线的端点，并选择“终点选项”下拉列表中的“成一角度”选项，设置与直线2的相交角度为0，在“限制”选项组中设置“终止限制”的距离为8，如图5-56所示。

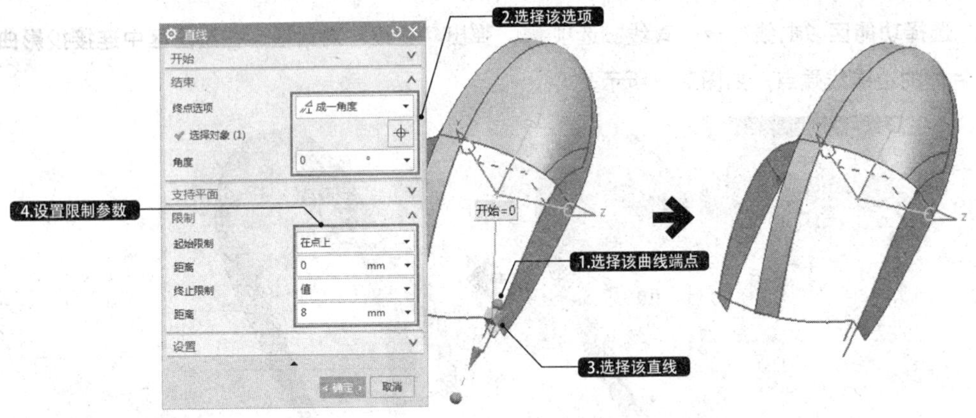

图5-56 创建直线3

15 创建桥接曲线2。选择功能区“曲线”→“派生的曲线”→“桥接曲线”选项，弹出“桥接曲线”对话框。在绘图区中选择面上偏置曲线端点和上步骤所创建的直线3端点，并在对话框“形状控制”选项组中设置参数，如图5-57所示。

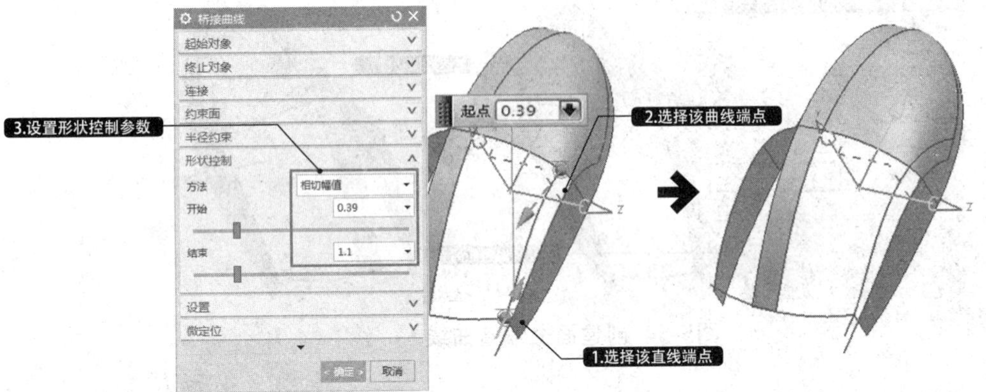

图5-57 创建桥接曲线2

16 创建曲线网格曲面2。选择功能区“主页”→“曲面”→“通过曲线网格”选项，弹出“通过曲线网格”对话框。在绘图区中依次选择投影曲线1和桥接曲线1为主曲线，选择两条相切面边缘线和桥接曲线2为交叉曲线，创建曲线网格曲面2，如图5-58所示。

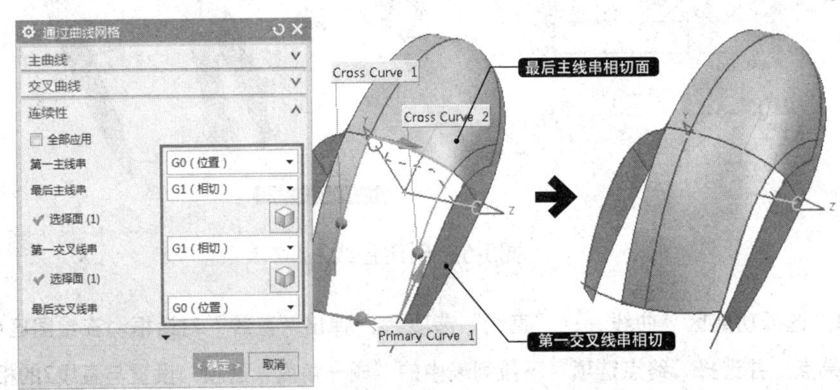

图5-58 创建曲线网格曲面2

17 创建曲线网格曲面3。选择功能区“主页”→“曲面”→“通过曲线网格”选项，弹出“通过曲线网格”对话框。在绘图区中依次选择直线1和桥接曲线1为主曲线，选择两条相切面边缘线和桥接曲线2为交叉曲线，创建曲线网格曲面3，如图5-59所示。

18 缝合单侧外壳曲面。在“菜单”选项中选择“插入”→“组合体”→“缝合”选项，弹出“缝合”对话框。在绘图区中选择曲线网格曲面2为目标片体，选择其他曲线网格曲面为工具片体，如图5-60所示。

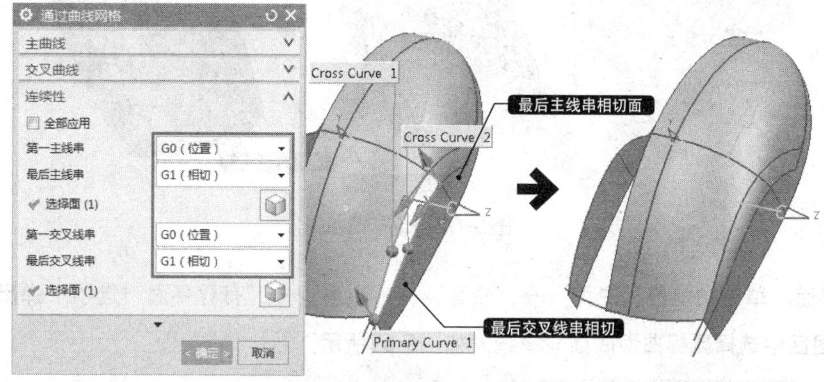

图5-59 创建曲线网格曲面3

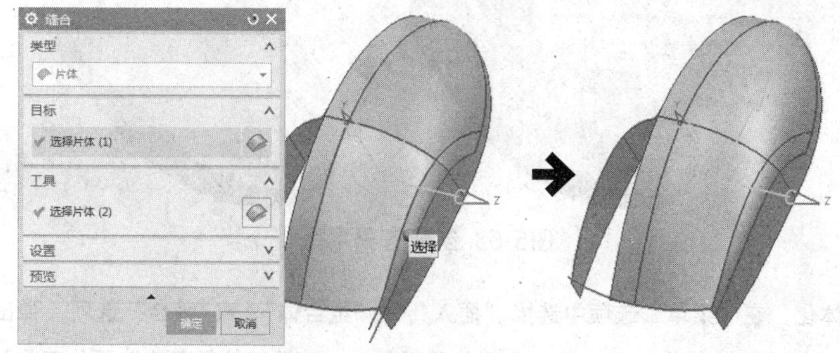

图5-60 缝合单侧外壳曲面

19 创建镜像体1。选择“菜单”→“插入”→“关联复制”→“抽取几何特征”→“镜像体”选项，弹出“镜像体”对话框。在绘图区中选择上步骤缝合的曲面为目标体，选择*XC-YC*平面为镜像平面，如图5-61所示。

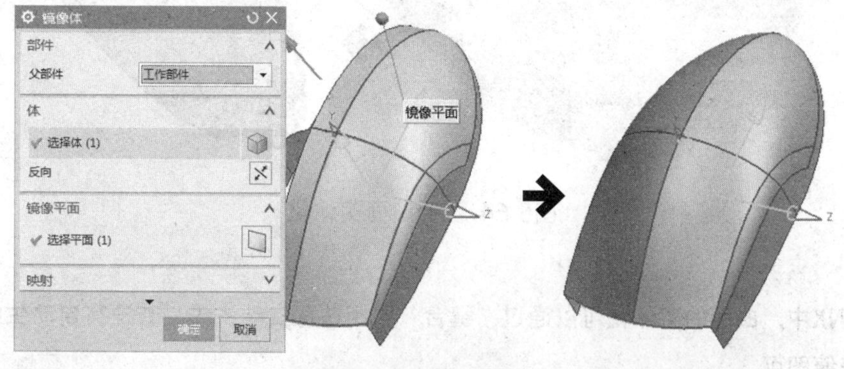

图5-61 创建镜像体1

20 扫掠曲面。选择功能区“主页”→“曲面”→“扫掠”选项，弹出“扫掠”对话框。在绘图区中选择相切面的边缘线为截面，选择投影曲线1为引导线，如图5-62所示。

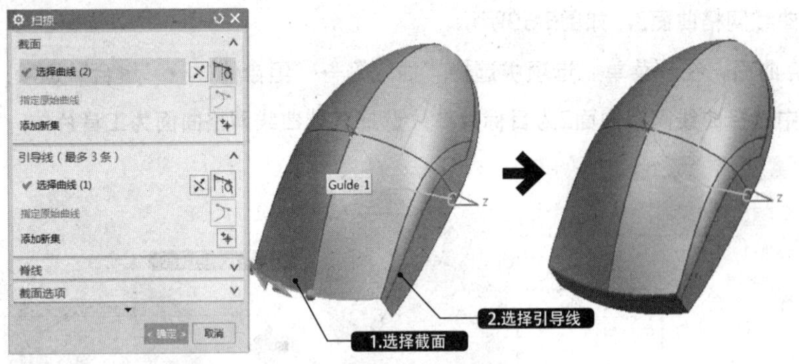

图5-62 扫掠曲面

21 创建有界平面。单击功能区“主页”→“曲面”→“更多”→“有界平面”选项，弹出“有界平面”对话框。在绘图区中选择鼠标曲面底面轮廓线，如图5-63所示。

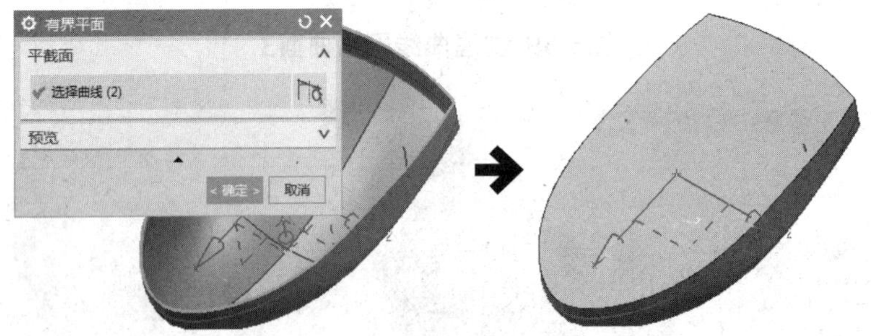

图5-63 创建有界平面

22 缝合曲面实体化。在“菜单”选项中选择“插入”→“组合体”→“缝合”选项，弹出“缝合”对话框。在绘图区中选择步骤18缝合的单侧外壳曲面为目标片体，选择其他所有的曲面为工具片体，并设置合适的公差使曲面缝合。如图5-64所示。

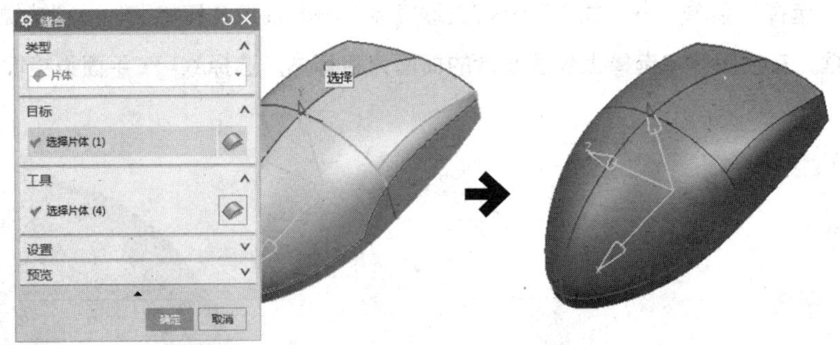

图5-64 缝合曲面实体化

提 示

在UG NX中，曲面的实体化可以通过“缝合”封闭曲面自动生成，若没有自动生成，通过加大缝合公差值即可。

23 创建倒斜角1。选择功能区“主页”→“特征”→“倒斜角”选项，弹出“倒斜角”对话框。选择“横截面”下拉列表中的“非对称”选项，设置“距离1”为6，“距离2”为4，在绘图区中选择鼠标前端底面的边缘线，如图5-65所示。

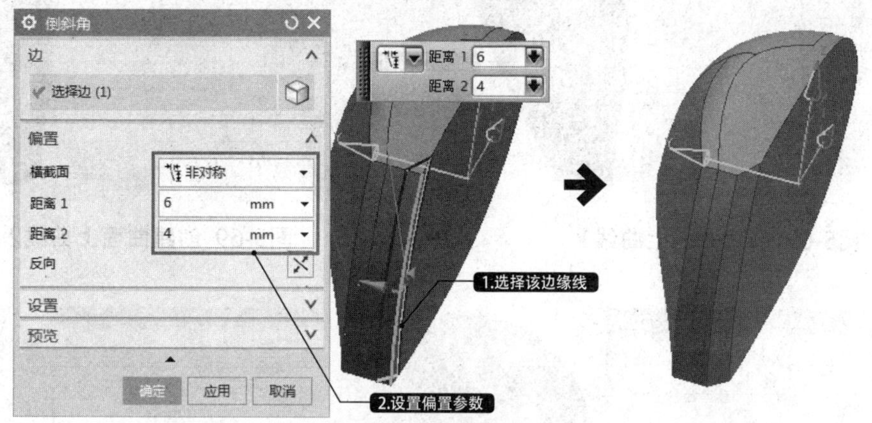

图5-65 创建倒斜角1

24 创建点1、点2和点3。选择功能区“曲线”→“点”选项，弹出“点”对话框。在“类型”下拉列表中选择“曲线/边上的点”选项，在绘图区中选择鼠标底面边缘线，然后在对话框中设置U向“参数百分比”为21.76，如图5-66所示。按同样方法选择倒角的边缘线，设置U向参数为30，创建点2和点3，如图5-67所示。

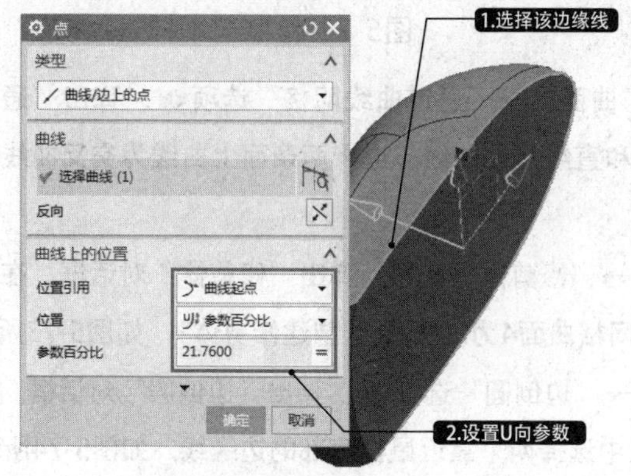

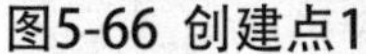
图5-66 创建点1

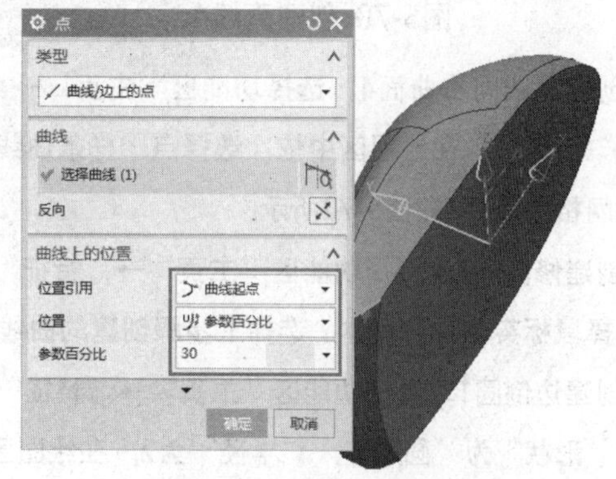

图5-67 创建点2和点3

25 创建曲面上曲线1和曲线2。选择功能区“曲线”→“曲面上的曲线”选项，弹出“曲面上的曲线”对话框。在绘图区中选择要创建曲线的面，创建连接点1和点2的曲线1，如图5-68所示。按照同样的方法创建底面上连接点1和点3的曲线2，如图5-69所示。

26 创建直线4。选择功能区“曲线”→“直线”选项，弹出“直线”对话框，在绘图区中创建连接点2和点3的直线4，如图5-70所示。

27 绘制艺术样条2。选择功能区“曲线”→“艺术样条”选项，弹出“艺术样条”对话框。在绘图区中选择两个面上曲线中间点，在两点间创建“次数”为3的艺术样条2，如图5-71所示。

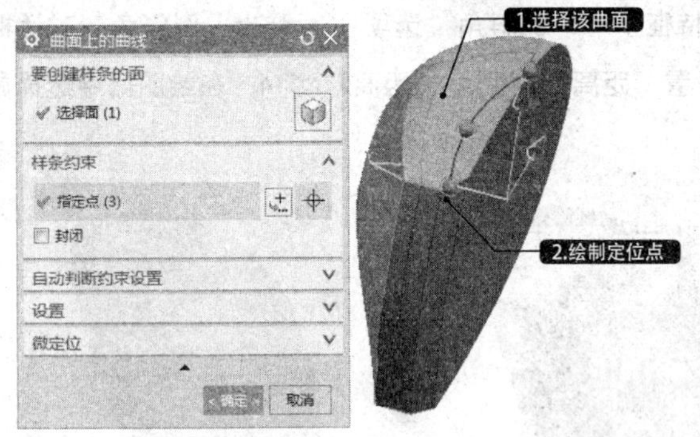

图5-68 创建曲面上曲线1

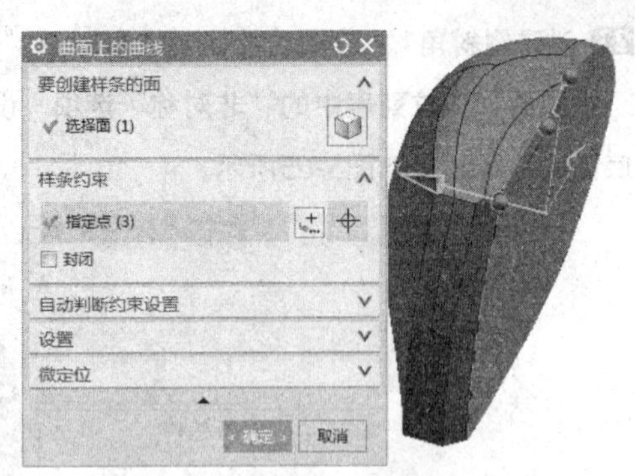

图5-69 创建曲面上曲线2

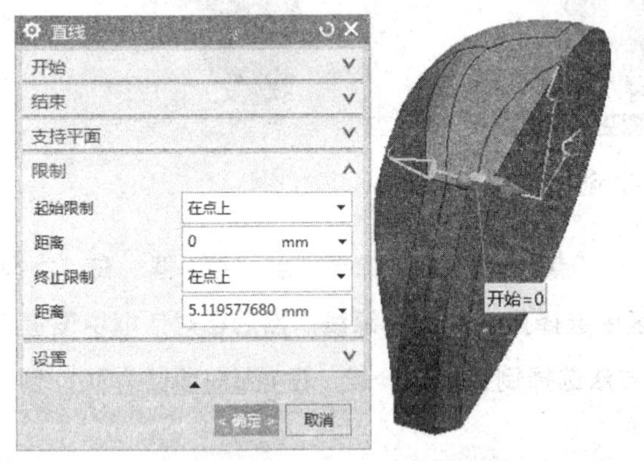

图5-70 创建直线4

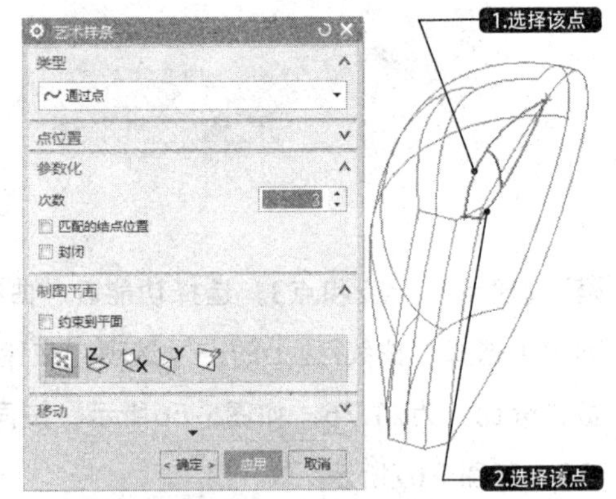

图5-71 绘制艺术样条2

28 创建曲线网格曲面4。选择功能区“主页”→“曲面”→“通过曲线网格”选项，弹出“通过曲线网格”对话框。在绘图区中依次选择点、样条曲线和直线为主曲线，选择两条面上曲线为交叉曲线，创建曲线网格曲面4，如图5-72所示。

29 创建修剪体1。选择功能区“主页”→“特征”→“修剪体”选项，弹出“修剪体”对话框。在绘图区中选择鼠标实体为目标体，选择上步骤创建的曲线网格曲面4为工面具，创建修剪体1，如图5-73所示。

30 创建边倒圆1。选择功能区“主页”→“特征”→“边倒圆”选项，弹出“边倒圆”对话框，在其中设置“形状”为“圆形”，“半径”为2，在绘图区中选择两个靠近鼠标底部的边缘线，如图5-74所示。

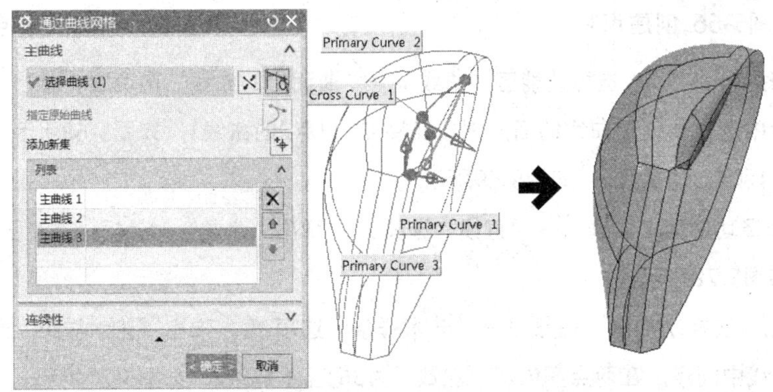

图5-72 创建曲线网格曲面4

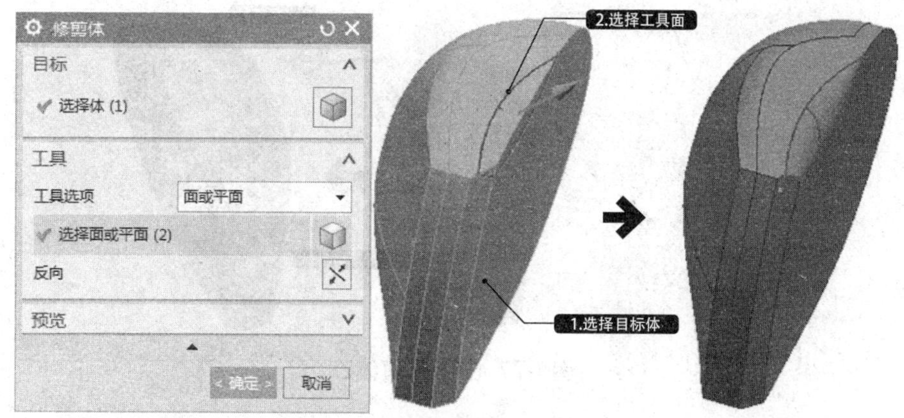

图5-73 创建修剪体1

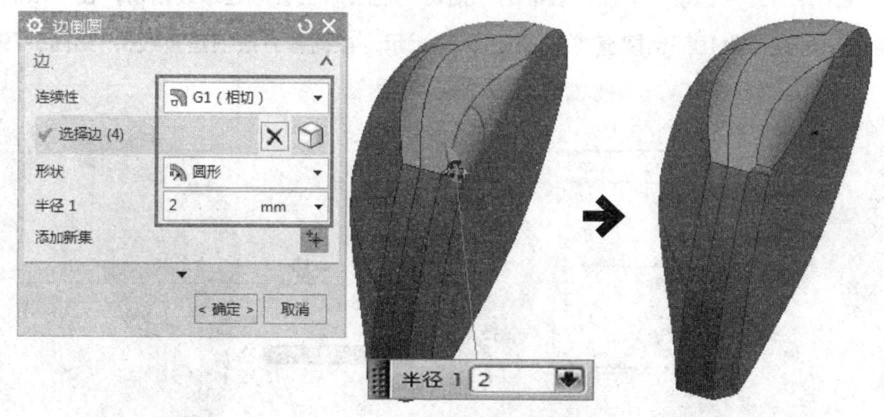

图5-74 创建边倒圆1

31 绘制曲线组截面草图。选择功能区“主页”→“草图”选项，弹出“创建草图”对话框。在绘图区中选择*XC-ZC*平面为草绘平面，绘制如图5-75所示的曲线组截面草图。

32 创建曲线组曲面。选择功能区“主页”→“曲面”→“通过曲线组”选项，弹出“通过曲线组”对话框。在绘图区中选择上步骤绘制的草图和曲线网格曲面3的边缘线，创建曲线组曲面，如图5-76所示。

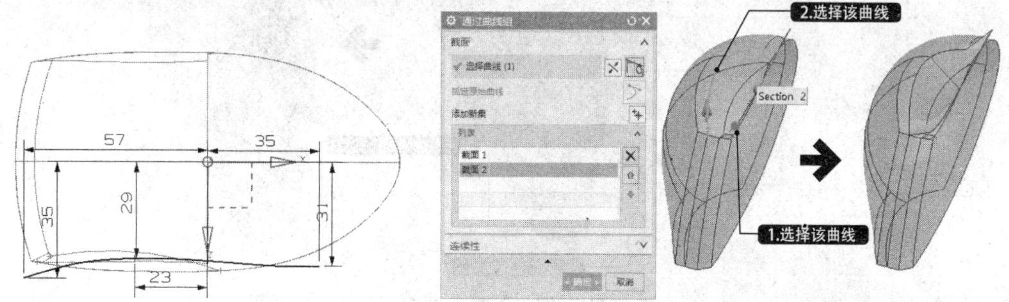

图5-75 绘制曲线组截面草图

图5-76 创建曲线组曲面

33 创建修剪体2。选择功能区“主页”→“特征”→“修剪体”选项，弹出“修剪体”对话框。在绘图区中选择鼠标实体为目标体，选择上步骤创建的曲线组曲面为工具面，修剪体2，如图5-77所示。

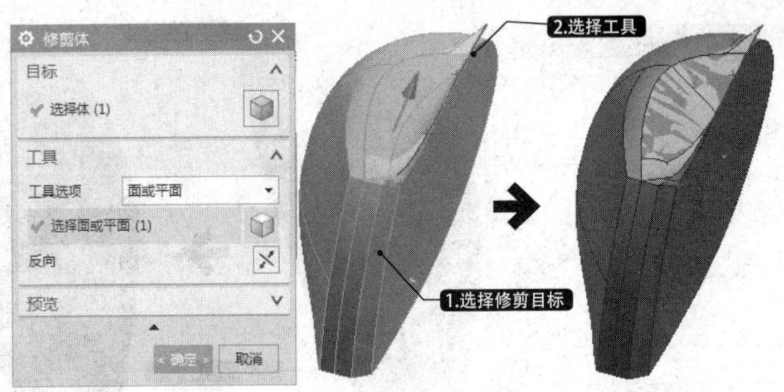

图5-77 创建修剪体2

34 创建直线5和直线6。选择功能区“曲线”→“直线”选项，弹出“直线”对话框。在绘图区中选择边缘上的点，并选择“终点选项”下拉列表中的“相切”选项，设置与边缘线相切；在“限制”选项组中设置“终止限制”的距离为10，创建直线5，如图5-78所示。按同样方法创建直线6，如图5-79所示。

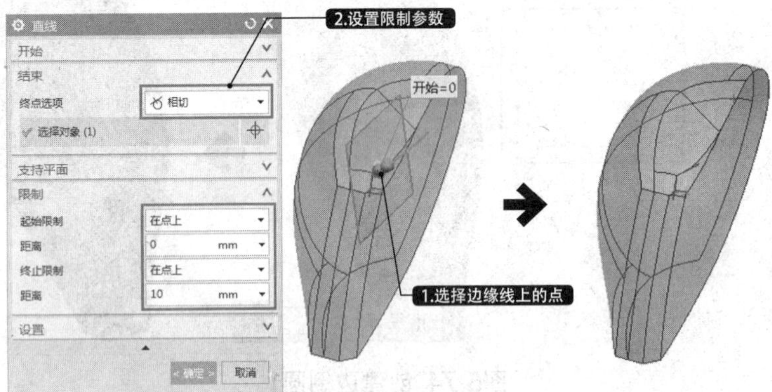

图5-78 绘制直线5

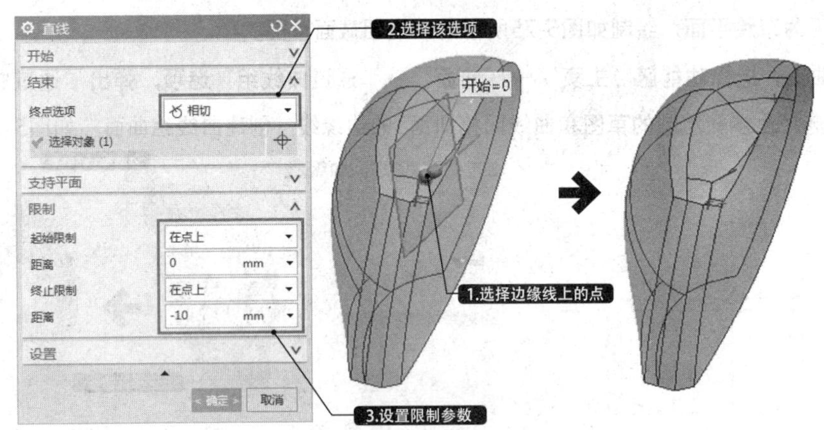

图5-79 绘制直线6

35 创建桥接曲线3。选择功能区“曲线”→“派生的曲线”→“桥接曲线”选项，弹出“桥接曲线”对话框。在绘图区中选择上步骤绘制的直线5和直线6的端点，并在对话框“形状控制”选项组中设置参数，如图5-80所示。

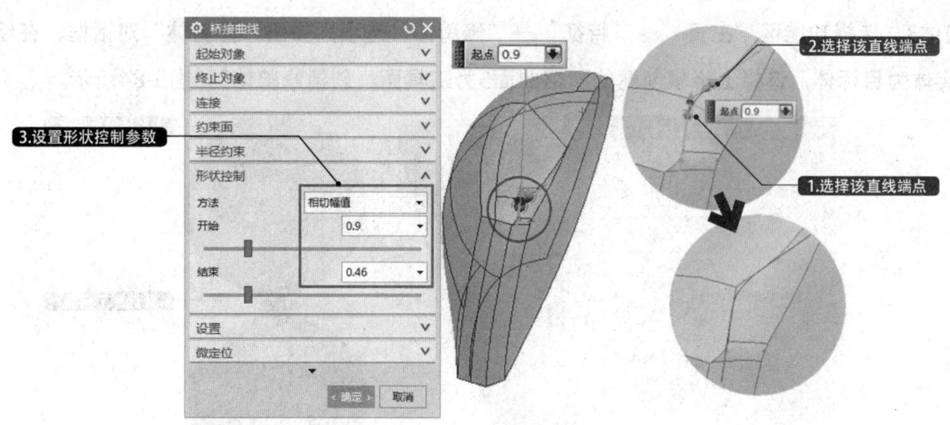

图5-80 创建桥接曲线3

36 创建曲面上曲线3和曲线4。选择功能区“曲线”→“曲面上的曲线”选项，弹出“曲面上的曲线”对话框。在绘图区中选择要创建曲线的面，创建连接直线5端点和边缘线上点的曲线3，如图5-81所示。按照同样的方法创建连接直线6和边缘线上点的曲线4，如图5-82所示。

37 创建曲线网格曲面5。选择功能区“主页”→“曲面”→“通过曲线网格”选项，弹出“通过曲线网格”对话框。在绘图区中依次选择上步骤创建的两条面上曲线为主曲线，选择桥接曲线3和边缘线为交叉曲线，创建曲线网格曲面5如图5-83所示。

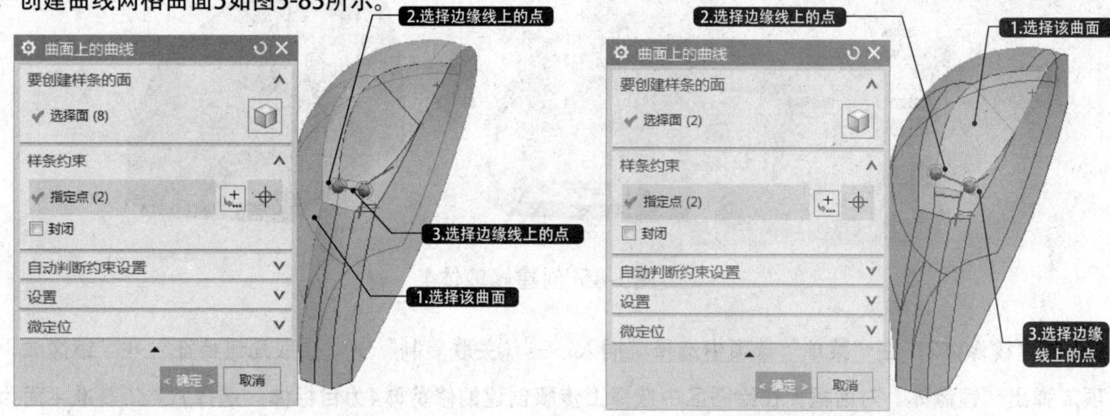

图5-81 创建曲面上曲线3

图5-82 创建曲面上曲线4

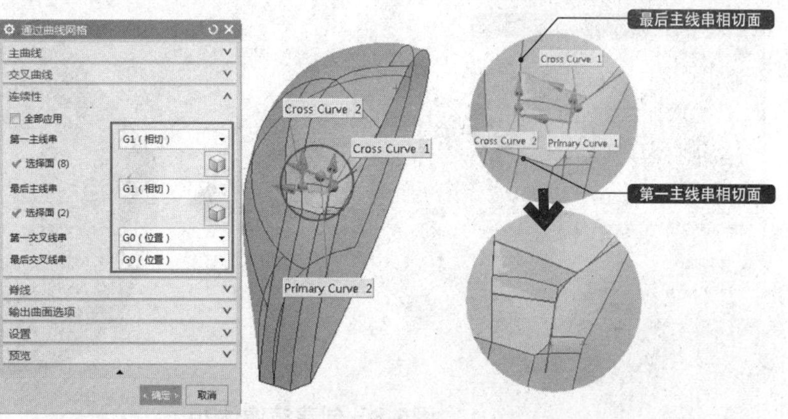

图5-83 创建曲线网格曲面5

38 创建修剪体3。选择功能区“主页”→“特征”→“修剪体”选项，弹出“修剪体”对话框。在绘图区中选择鼠标实体为目标体，选择上步骤创建的网格曲面5为工具面，创建修剪体3如图5-84所示。

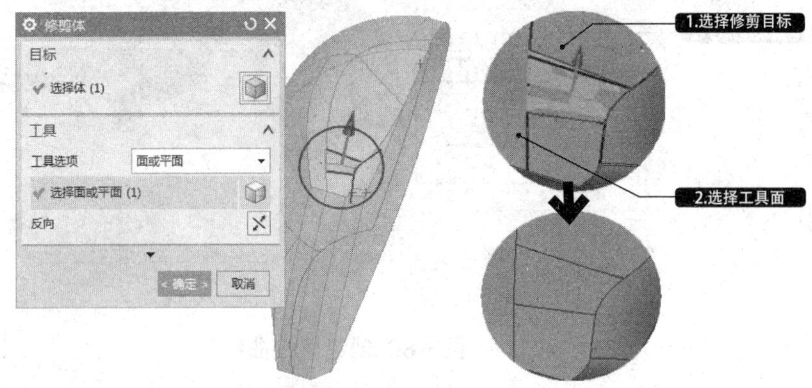

图5-84 创建修剪体3

39 创建修剪体4。选择功能区“主页”→“特征”→“修剪体”选项，弹出“修剪体”对话框。在绘图区中选择鼠标实体为目标体，选择*XC-YC*平面为工具面，修剪掉另一边没有创建细节特征的部分，创建修剪体4，如图5-85所示。

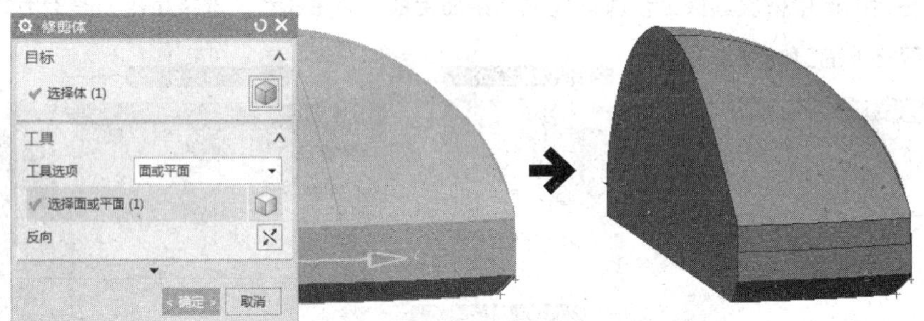

图5-85 创建修剪体4

40 创建镜像体2。在“菜单”选项中选择“插入”→“关联复制”→“抽取几何特征”→“镜像体”选项，弹出“镜像体”对话框。在绘图区中选择上步骤创建的修剪体4为目标体，选择*YC-ZC*基准平面为镜像平面，如图5-86所示。

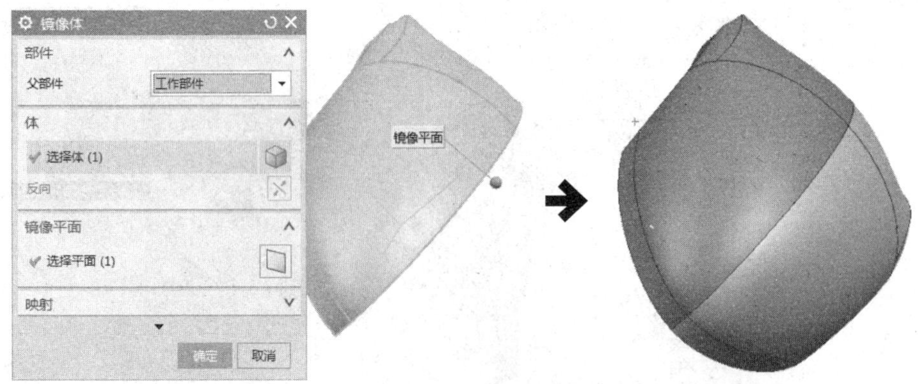

图5-86 创建镜像体2

41 合并实体。选择功能区“主页”→“特征”→“合并”选项，弹出“合并”对话框。在绘图区中选择镜像体和修剪体，将两者合并，如图5-87所示。

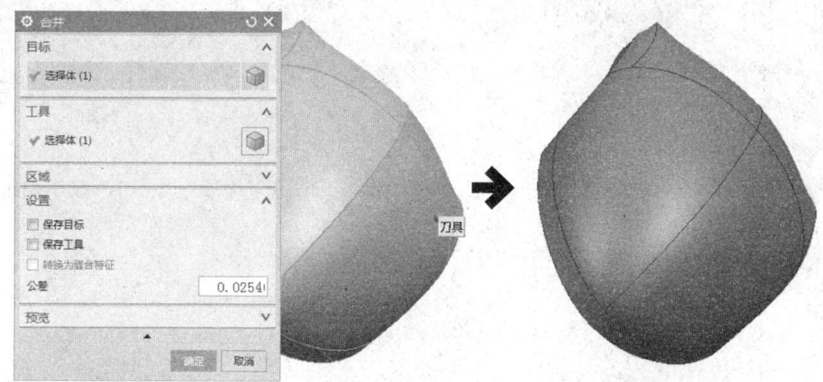

图5-87 合并实体

42 创建边倒圆2。选择功能区“主页”→“特征”→“边倒圆”选项，弹出“边倒圆”对话框。在对话框中设置“形状”为“圆形”，“半径1”为4，在绘图区选择鼠标前端的两条边缘线，如图5-88所示。

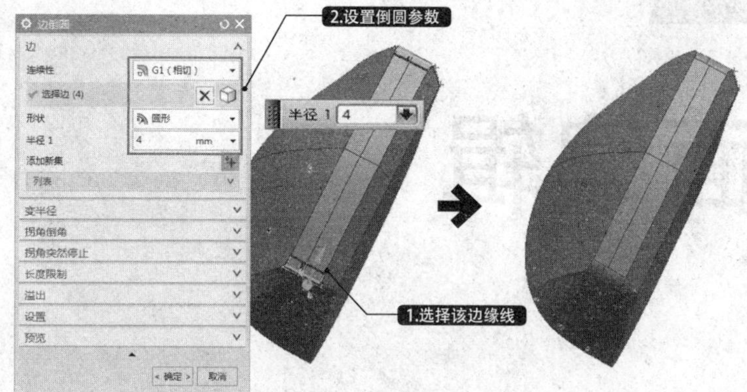

图5-88 创建边倒圆2

43 创建面倒圆。选择功能区“曲面”→“曲面”→“面倒圆”选项，弹出“面倒圆”对话框。在对话框中设置“横截面”选项组中的参数，在绘图区中选择鼠标上盖曲面的边缘线，如图5-89所示。至此，鼠标外壳模型创建完成。

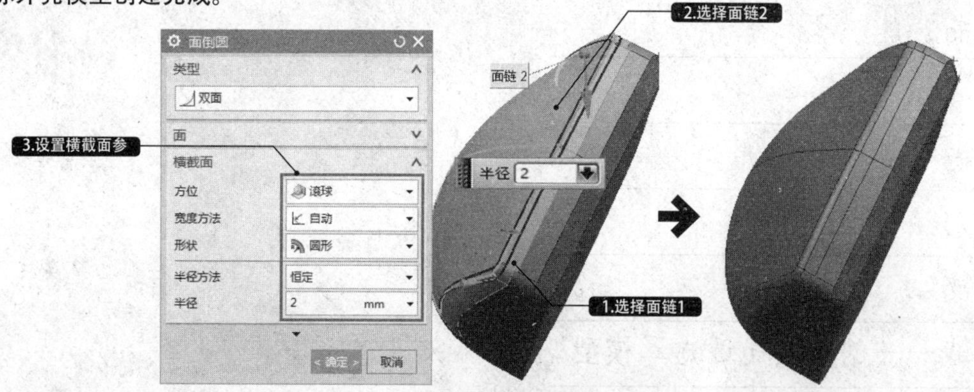

图5-89 创建面倒圆

第6章

曲面编辑

学习目标：

- 修剪和延伸
- 修剪曲面
- X成形
- 扩大曲面
- 整体变形
- 整体突变
- 案例实战——创建空气过滤罩模型
- 案例实战——创建轿车方向盘模型

编辑曲面是对已经存在的曲面进行修改。在建模过程中，当曲面被创建后，往往根据需要对曲面进行相关的编辑才能符合设计的要求。UG NX中的编辑曲面功能可以重新编辑曲面特征的参数，也可以通过变形和再生工具对曲面直接进行编辑操作，从而创建出风格多变的自由曲面造型，以满足不同的产品设计需求。

6.1 修剪和延伸

“修剪与延伸”分为两个独立命令。以前版本在执行“修剪与延伸”命令时，只能对模型进行简单的延伸与剪切式修剪，而“延伸片体”命令能在“偏置”文本框中输入负值，可以对曲面进行缩短，如图6-1 所示。

6.1.1 修剪和延伸

选择“曲面”→“曲面工序”→“修剪和延伸”选项，弹出“修剪和延伸”对话框，如图6-2所示。对话框中主要选项组的功能介绍如下。

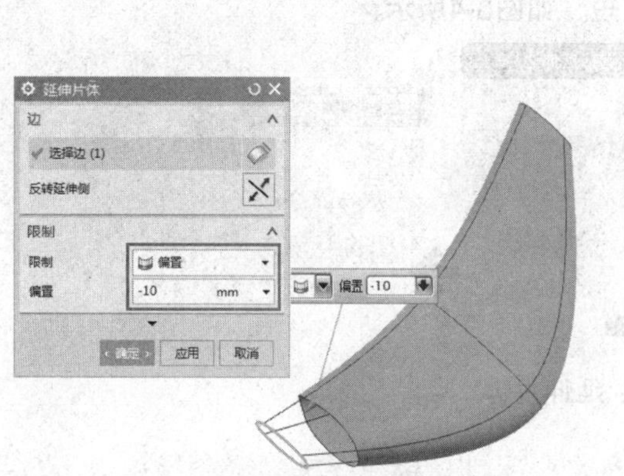

图6-1 对曲面进行缩短

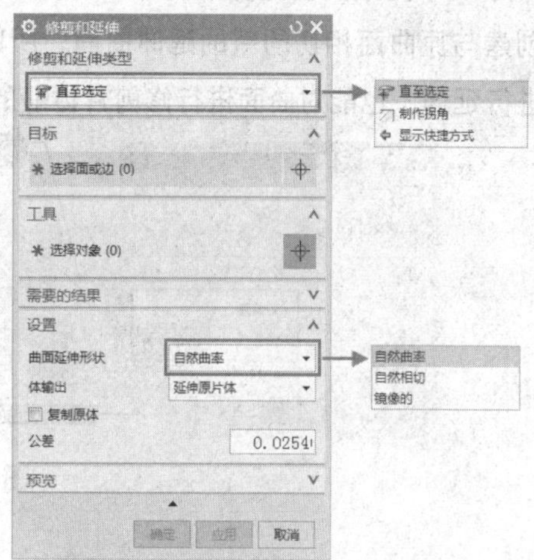

图6-2 “修剪和延伸”对话框

1. 类型

该选项组用于选择修剪和延伸的类型，具体包括“直至选定”和“制作拐角”两种。

- 直至选定：该类型是非参数化的操作，它通过选择对象为参照来限制延伸的面，常用于复杂相交曲面之间的延伸，如图6-3所示。
- 制作拐角：该类型与“直至选定”类型类似，其区别在于该类型还可以通过参照对象来定义延伸曲面的拐角形式。

2. 设置

该选项组用于控制延伸后曲面与原曲面之间的连续性，具体包括3种连续方式。选择“自然曲率”方式，用于控制曲面延伸后与原曲面线性连续；选择“自然相切”方式，用于控制曲面延伸后与原曲面相切连续；选择“镜像的”方式，用于控制曲面延伸与原曲面的曲率呈镜像分布。

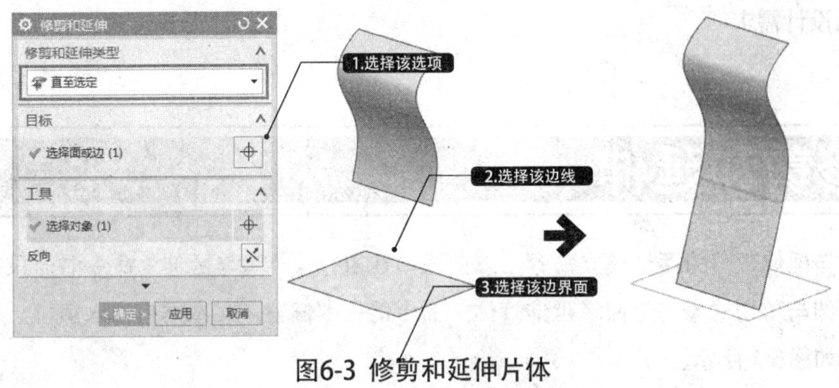

图6-3 修剪和延伸片体

6.1.2 延伸片体

延伸片体用以延伸和修剪曲面。在以往的UG版本中，要对曲面进行延伸可以通过“修剪与延伸”命令来完成，但延伸曲面却只能将曲面延长，无法缩短。即使是按反方向延伸的话，也只会重新创建与原曲面相切的新的延伸曲面。所以，在此基础之上，新出的“延伸片体”命令既能对曲面进行延伸，也能对曲面进行修剪片体般的缩短。如图6-4所示。

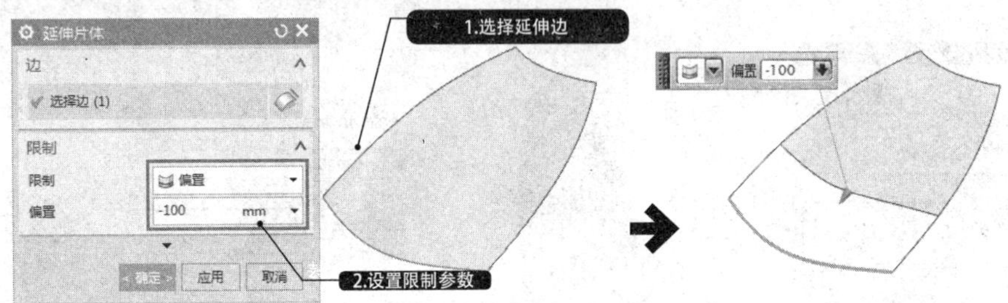

图6-4 延伸片体

6.2 修剪曲面

修剪曲面功能可以将曲线或曲面作为边界，对已存在的目标曲面进行修剪。当选择曲线作为修剪的边界时，曲线可以在目标曲面上，也可以在目标曲面外，这时通过指定投影方向来确定修剪的边界。在UG NX 12中可以通过两个工具“修剪体”和“修剪片体”来修剪曲面，下面分别进行介绍。

6.2.1 修剪体

该工具是利用平面、曲面或基准平面对实体进行修剪操作，这些修剪面必须完全通过实体，否则无法完成修剪操作。修剪后仍然是参数化实体，并保留实体创建时的所有参数。选择“主页”→“特征”→“修剪体”选项，弹出“修剪体”对话框。选择要修剪的实体对象，并利用“工具选项”工具指定基准面或曲面。该基准面或曲面上将显示绿色矢量箭头，矢量所指的方向就是要移除的部分，也可单击“反向”按钮，反向选择要移除的实体，如图6-5所示。

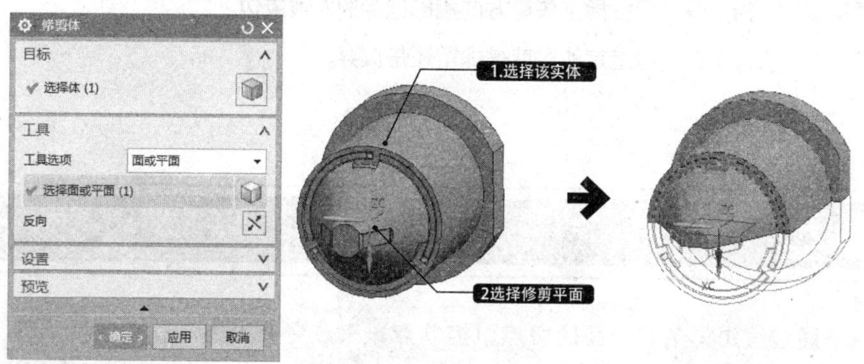

图6-5 创建修剪体

6.2.2 修剪片体

修剪片体是通过投影边界轮廓线修剪片体。系统根据指定的投影方向，将一边界（该边界可以使用曲线、实体或片体的边界、实体或片体的表面、基准平面等）投影到目标片体，剪切出相应的轮廓形状，结果是关联性的修剪片体。

选择“主页”→“特征”→“更多”→“修剪片体”选项，弹出“修剪片体”对话框。该对话框中的“目标”选项组用来选择要修剪的片体；“边界”选项组用来选择执行修剪操作的工具对象；通过选择“区域”选项组中的“放弃”或“保留”单选按钮，可以控制修剪片体的保留或放弃，如图6-6所示。

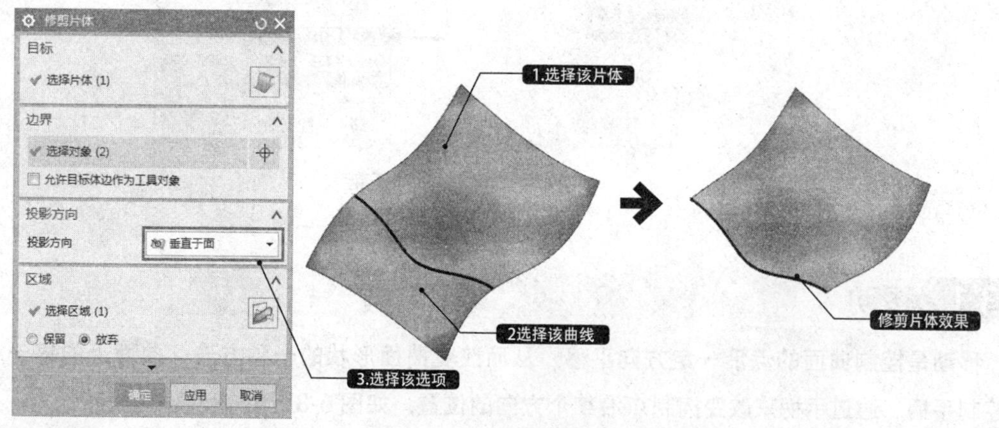

图6-6 修剪片体

对话框中其余各选项组含义说明如下。

◆ 边界：选择修剪的边界工具，该工具可以是与修剪目标相交的片体或基准平面，也可以是一组能够在修剪目标上生成投影的曲线。如果选择“允许目标边作为工具对象”复选框，可以将目标片体的边作为修剪对象过滤掉。

◆ 投影方向：可以定义修剪边界工具曲面/边的投影方向。“垂直于面”选项是通过曲面法向投影选定的曲线或边；“垂直于曲线平面”选项将选定的曲线或边投影到曲面上，该曲面将修剪为垂直于这些曲线或边的平面；“沿矢量”即按指定矢量方向投影选定的曲线或边。

◆ 区域：可以定义在修剪曲面时选定的区域是保留还是放弃。

6.3 X型

X型用于通过编辑样条和曲面的极点（控制点）来改变曲面的形状，包括平移、旋转、缩放、垂直于曲面移动，以及极点平面化等变换类型，常用于复杂曲面的局部变形操作。

选择“曲面”→“编辑曲面”→“X型”选项，弹出“X型”对话框，如图 6-7所示。该对话框中的“方法”选项组中包含了以下4种X型的方法。

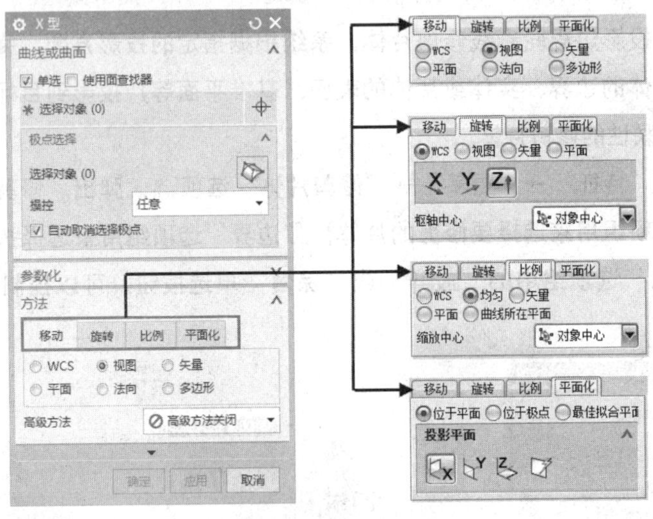

图 6-7 “X型”对话框

6.3.1 移动

移动是控制曲面的点沿一定方向平移，从而改变曲面形状的一种方法。曲面上的每一点代表一个控制手柄，通过手柄来改变控制点沿某个方向的位置，如图 6-8所示。

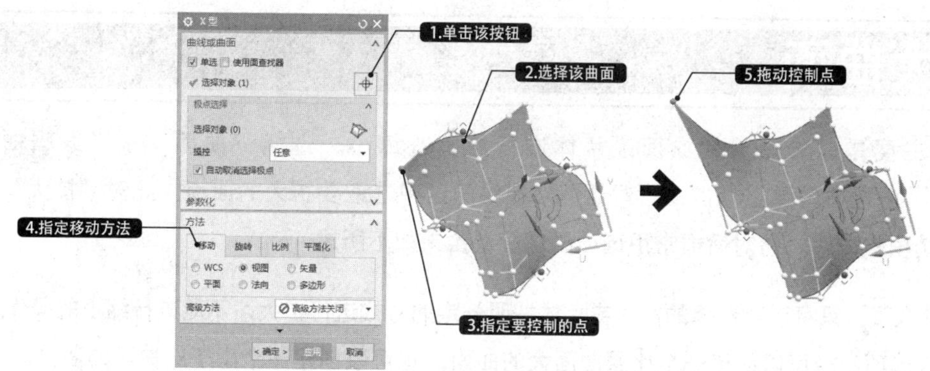

图 6-8 沿视图方向移动效果

6.3.2 旋转

旋转指绕指定的枢轴点和矢量旋转单个或多个点或极点，可用的选项和约束因用户选择的对象的类型而异。一般是对旋转对象所在的平面或是绕着某一旋转轴进行旋转，效果如图 6-9所示。

6.3.3 比例

比例是通过将曲面控制点沿某一方向为轴进行旋转操作，从而改变曲面形状。该方法不仅可以沿某个方向进行缩放，还可以将整体按比例进行缩放，效果如图 6-10所示。

图 6-9 旋转效果

图 6-10 缩放效果

6.3.4 平面化

该选项指通过选择各极点所在的折线，将该极点用一条直线连接在一起；如果将所有的折线进行该操作，则该曲面变为一个平面，效果如图 6-11所示。

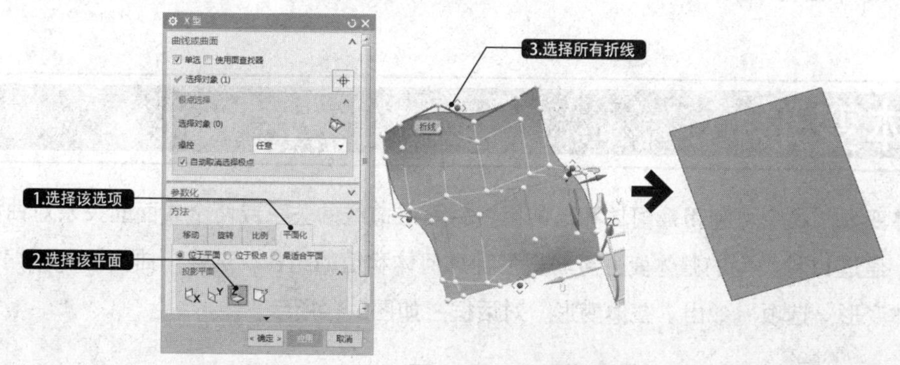

图 6-11 平面化效果

6.4 扩大曲面

扩大曲面主要是对未修剪的曲面或片体进行放大或缩小。选择“曲面”→“编辑曲面”→“扩大”选项，弹出“扩大”对话框。在绘图区中选取要扩大的曲面，此时“扩大”对话框中的各选项被激活。该对话框常用选项的功能及含义如下所述。

- 线性：选择该选项，只可以对选择的曲面或片体按照一定的方式进行扩大，不能进行缩小的操作。
- 自然：选择该选项，既可以创建一个比原曲面大的曲面，也可以创建一个小于原曲面的薄体。
- 起点/终点：这4个文本框主要用来输入U向、V向外边缘进行变化的比例，也可以通过拖动滑块来修改变化程度。
- 全部：选择该复选框后，%U起点、%U终点、%V起点、%V终点4个文本框将同时增加或减少相同的比例。
- 重置：选择该选项后，系统将自动恢复设置，即生成一个与原曲面相同大小的曲面。
- 编辑副本：选择该复选框，在原曲面不被删除的情况下生成一个编辑后的曲面。

创建扩大曲面的方法：在“扩大”对话框中的“模式”选项组下选择扩大的方式，并在相应的文本框中设置扩大的参数或拖动相应的滑块；最后单击“确定”即可创建扩大曲面，如图6-13所示。

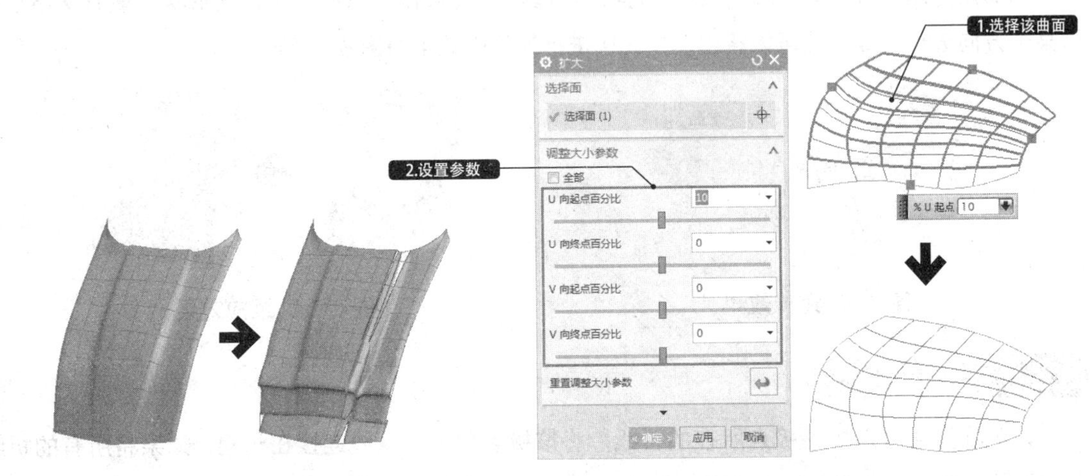

图6-12 平面化效果　　图6-13 扩大曲面效果

6.5 整体变形

通过“整体变形”命令可利用几何体和值的组合、两条曲线的关系或两个曲面的关系对曲面区域进行变形。通过11种类型的整体变形可获得多种几何体和值的组合。选择“曲面”→“编辑曲面”→“整体变形”选项，弹出“整体变形”对话框，如图6-14所示。

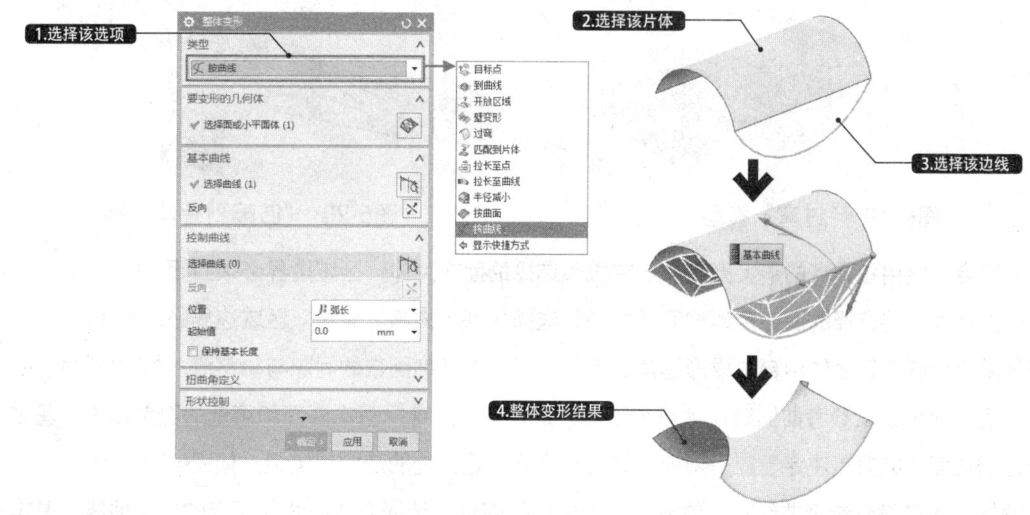

图6-14 “整体变形”对话框

在“整体变形”对话框中，有11种整体变形类型，其含义如下：

◆ 目标点：使用指定点的最大高度加冠选择的面或片体。区域边界必须封闭。可以选择多个点，如图6-15所示。

◆ 到曲线：将选择的面或片体加冠到选择的开放或封闭的高度曲线。可以使用一条或两条曲线，如图6-16所示。

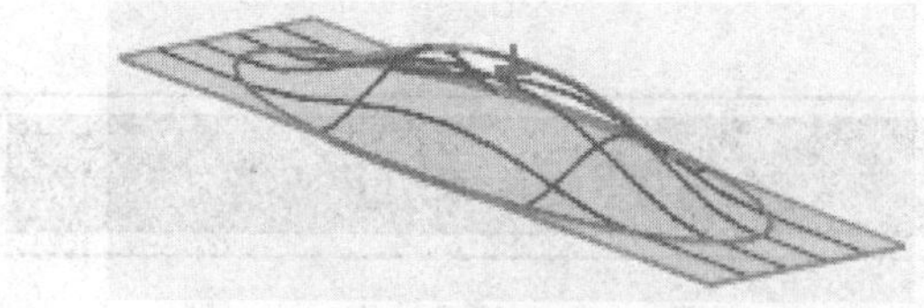

图6-15 “目标点”类型

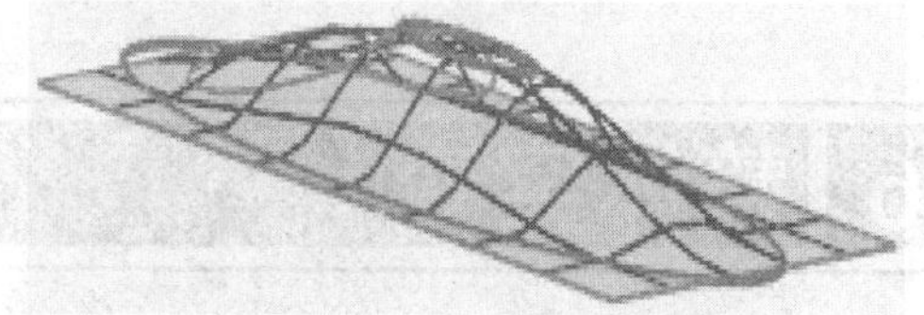

图6-16 “到曲线”类型

◆ 开放区域：将选择的面或片体加冠到选择的开放式高度曲线。两个区域边界曲线都是开放的，如图6-17所示。

◆ 壁变形：沿给定方向对壁进行变形，并保持与相邻圆角相切，如图6-18所示。

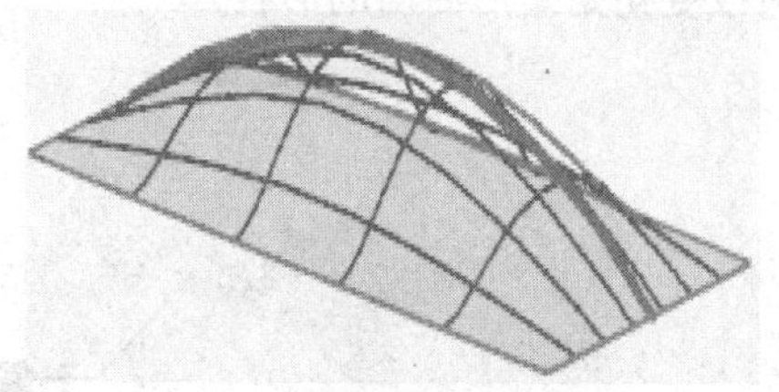

图6-17 “开放区域”类型

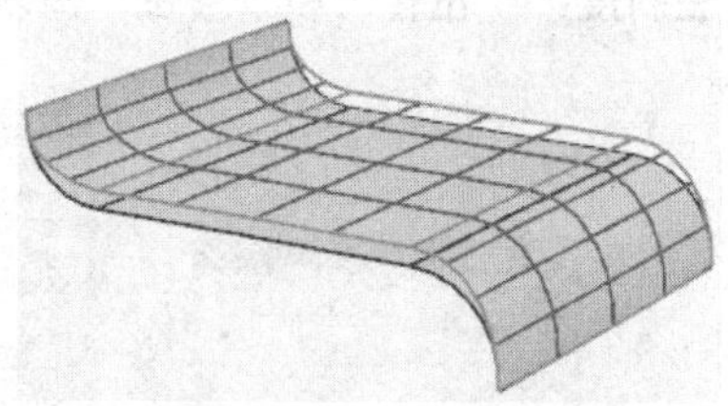

图6-18 “壁变形”类型

◆ 过弯：通过绕指定折弯线旋转指定角度或沿曲线的距离值对体进行变形。可以控制折弯线处的相切，并将旋转和变形限于指定区域，如图6-19所示。

◆ 匹配到片体：对片体的边进行变形，以便它与目标片体上的目标曲线匹配。变形片体的相切将与目标片体匹配，如图6-20所示。

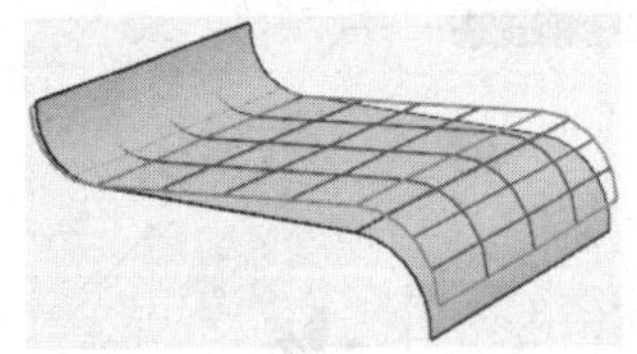

图6-19 “过弯”类型

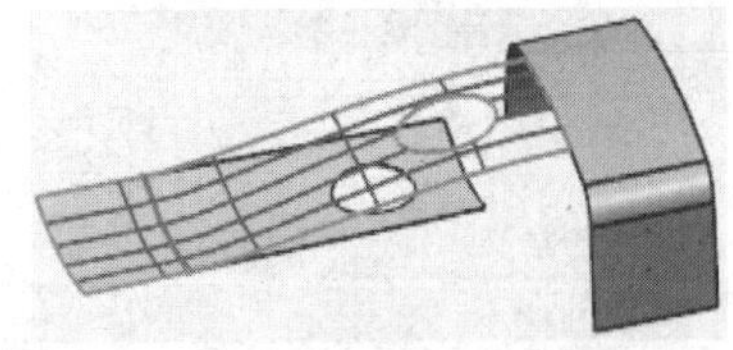

图6-20 “匹配到片体”类型

- ◆ 拉长至点：使用指定点的最大高度加冠并拉长选择的面或片体。区域边界必须封闭。
- ◆ 拉长至曲线：将选择的面或片体加冠并拉长到选择的开放式高度曲线。区域边界必须封闭。
- ◆ 半径减小：减小钣金体中自由成形圆角的半径，以考虑切削函数的间隙与材料流，如图6-21所示。
- ◆ 按曲面：通过编辑参考曲面对片体或小平面体进行变形。选择基本曲面和可选的控制曲面。基本曲面与控制曲面间的偏差决定着应用到新片体的在任何给定点处的法向偏置量，如图6-22所示。
- ◆ 按曲线：通过编辑参考曲线对片体或小平面体进行变形。选择基本曲线和可选的控制曲线。基本曲线与控制曲线间的偏差决定着应用到新片体的在任何给定点处的法向偏置量，如图6-23所示。

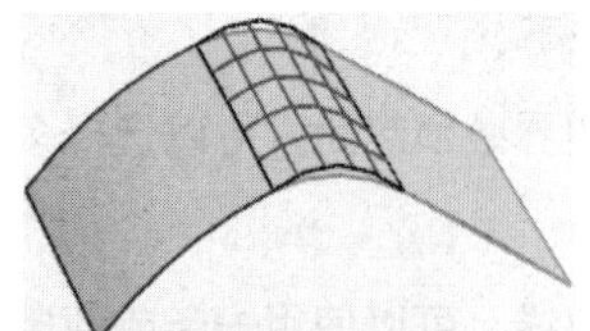

图6-21 “半径减小”类型

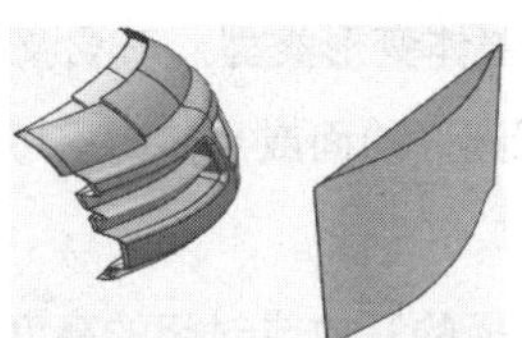

图6-22 “按曲面”类型

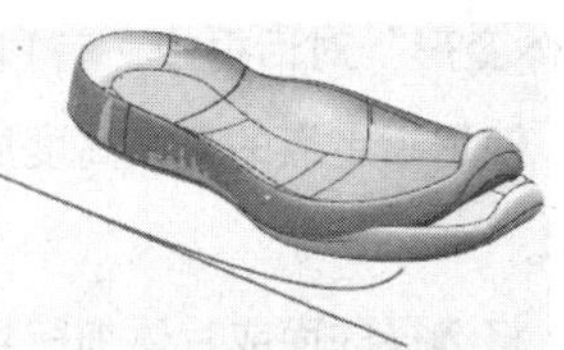

图6-23 “按曲线”类型

6.6 整体突变

“整体突变”命令用于通过拉长、折弯、歪斜度、扭转和移位操作动态创建曲面。选择“曲面”→“曲面”→“更多”→“整体突变”选项，弹出“点”对话框；通过“点构造器”在绘图区中指定两点作为初始矩形曲面的两个对角点，指定完毕后系统会自动创建如图 6-24所示的初始矩形曲面，同时也会弹出“整体突变形状控制”对话框；在其中，通过对“拉长”“折弯”“歪斜度”“扭转”和“移位”滑块的调节，即可改变初始矩形曲面的形状。

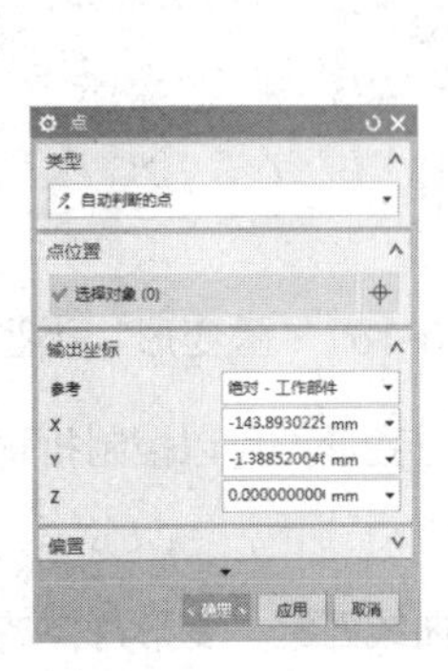

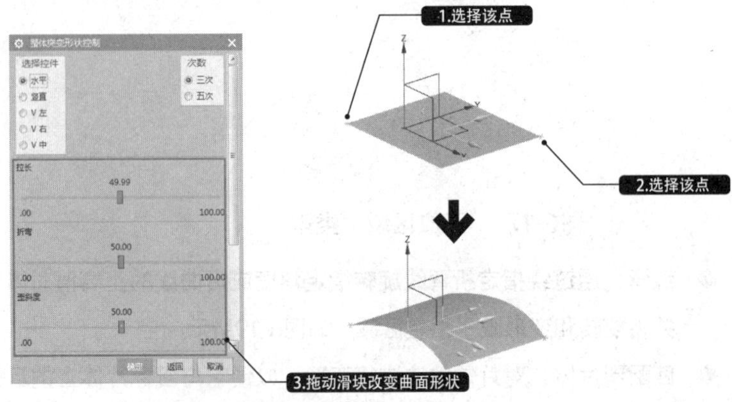

图 6-24 整体突变创建曲面

6.7 案例实战——创建空气过滤罩模型

最终文件：素材\第6章\空气过滤罩-OK.prt

视频文件：视频\6.7创建空气过滤罩模型.mp4

本案例是创建一个空气过滤罩模型，如图6-25所示。该过滤罩上端曲面是空气过滤罩模型的主要曲面，空气过滤罩一般用于洁净车间、洁净厂房、实验室及洁净手术室。

图6-25 空气过滤罩模型

6.7.1 设计流程图

在创建本实例时，可以先利用“基准平面”“草图”和“截面曲线”等工具创建出过滤罩上端曲面的基本线框，以及利用“有界平面”和“通过曲线网格”等工具创建上端的网格曲面；然后利用“拉伸”“投影曲线”和“修剪片体”等工具创建出下端的曲面；最后利用“加厚”“边倒圆”“软倒圆”和“拉伸”等工具创建出壳体模型及过滤孔，即可创建出本实例，如图6-26所示。

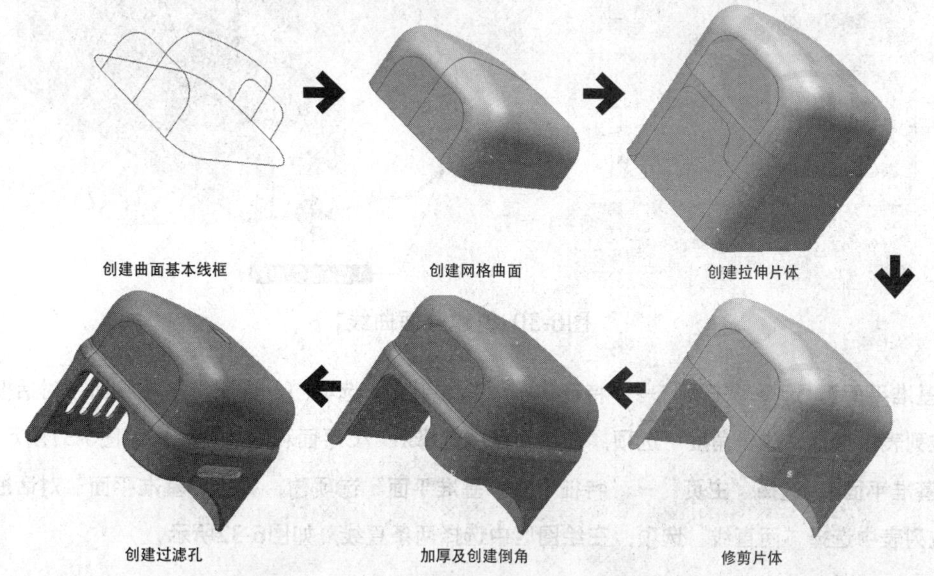

图6-26 空气过滤罩模型的设计流程图

6.7.2 具体设计步骤

01 绘制曲面截面。选择“主页”→“草图”选项，弹出“创建草图”对话框，在绘图区中选择*YC-ZC*平面为草绘平面，绘制如图6-27所示的曲面截面。

02 创建基准平面。选择“主页”→“特征”→“基准平面”选项，弹出“基准平面”对话框，在“类型”下拉列表中选择“按某一距离”选项，在绘图区中选择*XC-ZC*平面，创建距离值为19的基准平面1和距离值为43的基准平面1，如图6-28所示。

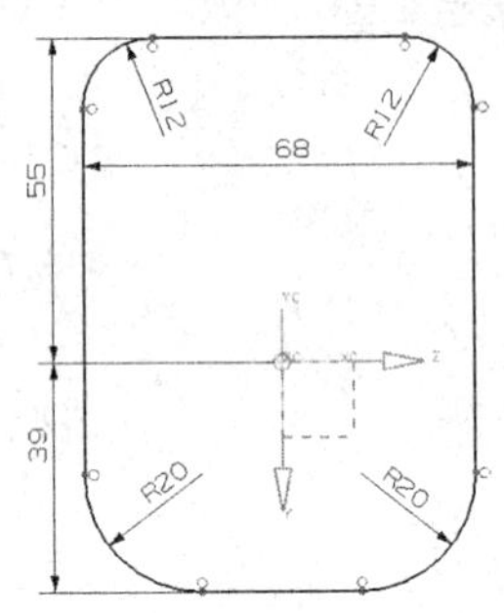

图6-27 绘制曲面截面

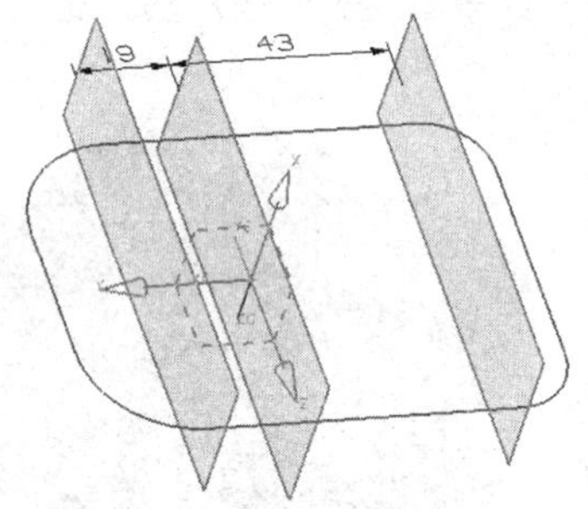

图6-28 创建基准平面1

图6-29 绘制交叉网格线

03 绘制交叉网格线。选择“主页”→“草图”选项，弹出“创建草图”对话框。在绘图区中选择*XC-YC*平面为草绘平面，绘制如图6-29所示的交叉网格线。

04 截面曲线1。选择“曲线”→“派生的曲线”→“截面曲线”选项，弹出“截面曲线”对话框。在绘图区中选择上步骤绘制的交叉网格线为剖切曲线，选择步骤2创建的基准平面为剖切平面，如图6-30所示。

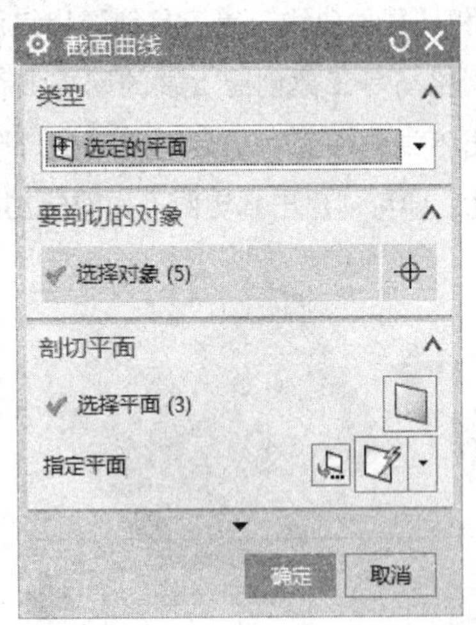

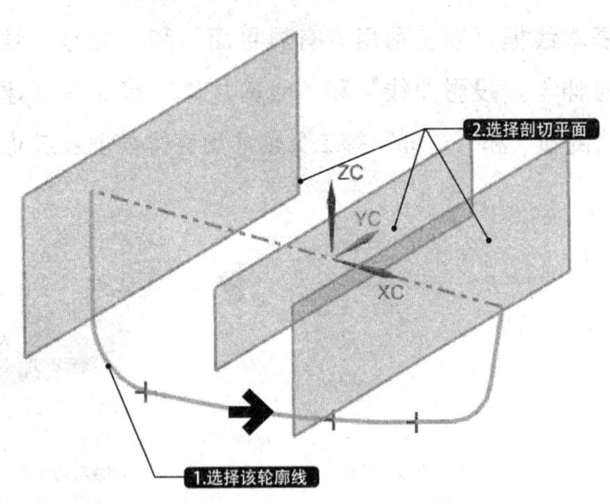

图6-30 创建截面曲线1

05 创建基准平面2。选择“主页”→“特征”→“基准平面”选项，弹出“基准平面”对话框。在“类型”下拉列表中选择“成一角度”选项，在绘图区中选择*XC-YC*平面和通过的轴，如图6-31所示。

06 创建基准平面4。选择“主页”→“特征”→“基准平面”选项，弹出“基准平面”对话框。在“类型”下拉列表中选择“两直线”选项，在绘图区中选择两条直线，如图6-32所示。

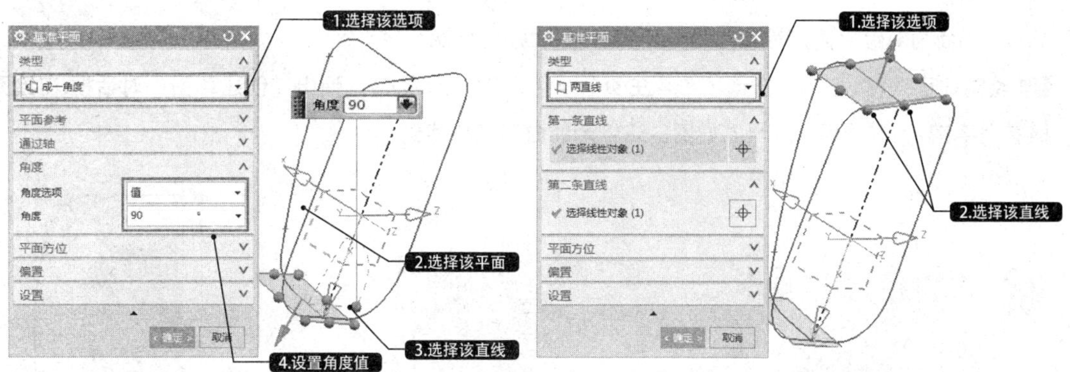

图6-31 创建基准平面2　　图6-32 创建基准平面4

07 绘制曲面网格线1。选择“主页”→“草图”选项，弹出“创建草图”对话框。在绘图区中选择基准平面3为草绘平面，绘制如图6-33所示的曲面网格线1。

08 绘制曲面网格线2。选择“主页”→“草图”选项，弹出“创建草图”对话框。在绘图区中选择基准平面4为草绘平面，绘制如图6-34所示的曲面网格线2。

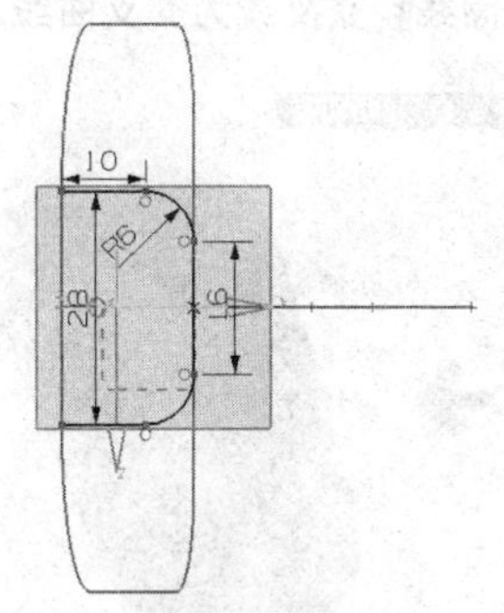

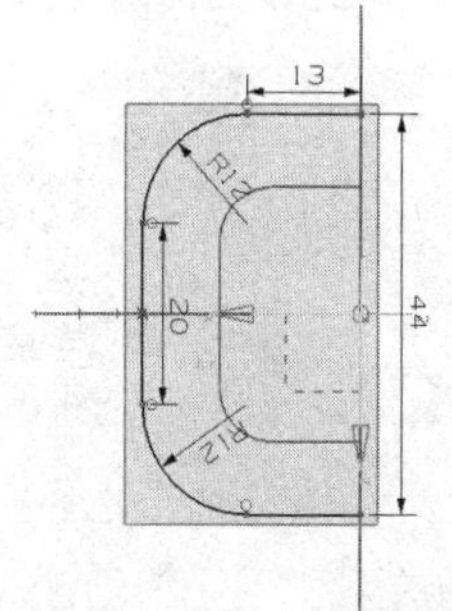

图6-33 绘制曲面网格线1　　图6-34 绘制曲面网格线2

09 创建有界平面。选择“主页”→“曲面”→“更多”→“有界平面”选项，弹出“有界平面”对话框。在绘图区中选择上步骤绘制的曲面网格曲线2和底面线，创建有界平面；按同样的方法创建另一侧有界平面，如图6-35所示。

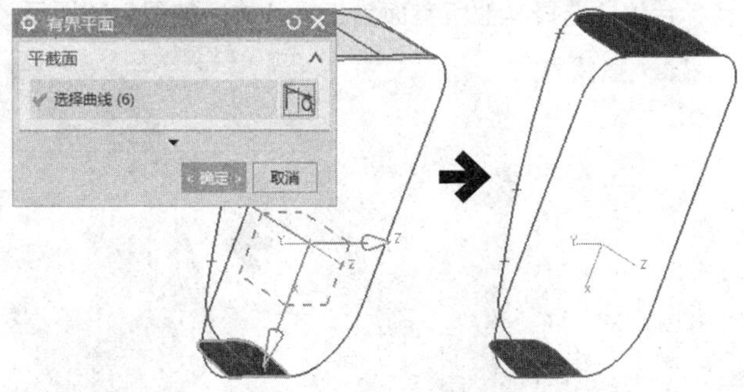

图6-35 创建有界平面

10 绘制曲面网格线3。选择“主页”→“草图”选项，弹出“创建草图”对话框。在绘图区中选择基准平面1为草绘平面，绘制如图6-36所示的曲面网格线3。

11 绘制曲面网格线4。选择“主页”→“草图”选项，弹出“创建草图”对话框。在绘图区中选择

*XC-ZC*平面为草绘平面，绘制如图6-37所示的曲面网格线4。

12 绘制曲面网格线5。单击选项卡“主页”→“草图”选项，弹出“创建草图”对话框.在绘图区中选择基准平面2为草绘平面，绘制如图6-38所示的曲面网格线5。

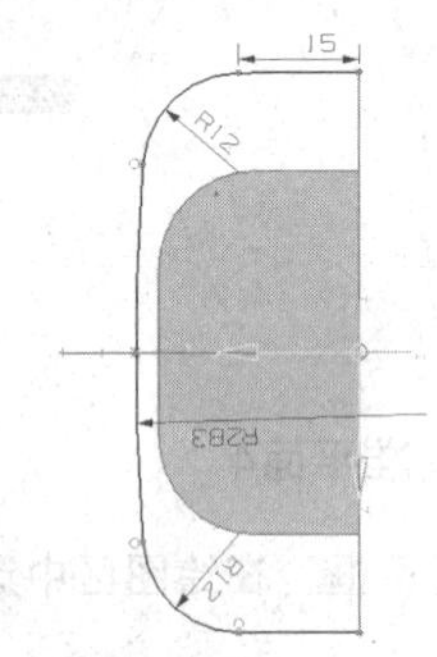

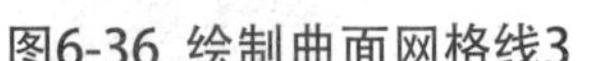

图6-36 绘制曲面网格线3

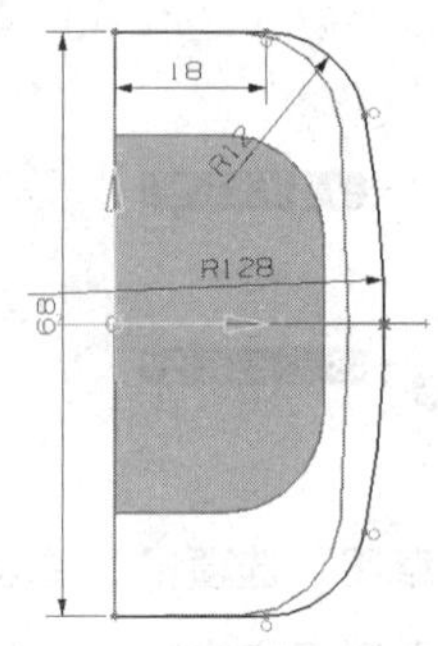

图6-37 绘制曲面网格线4

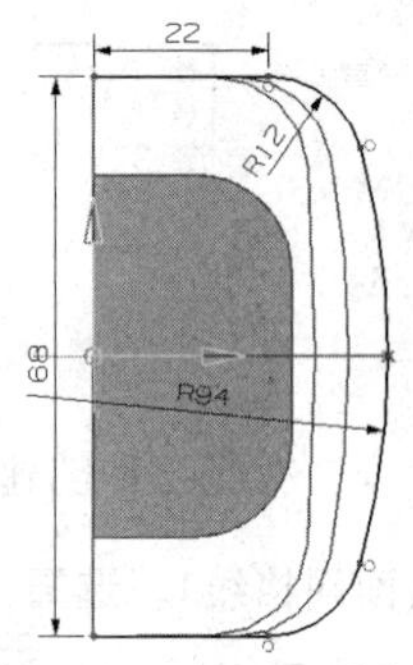

图6-38 绘制曲面网格线5

13 创建曲线网格曲面。选择“主页”→“曲面”→“通过曲线网格”选项，弹出“通过曲线网格”对话框。在绘图区中依次选择5条曲面网格线为主曲线，选择截面线和交叉线为交叉曲线，如图6-39所示。

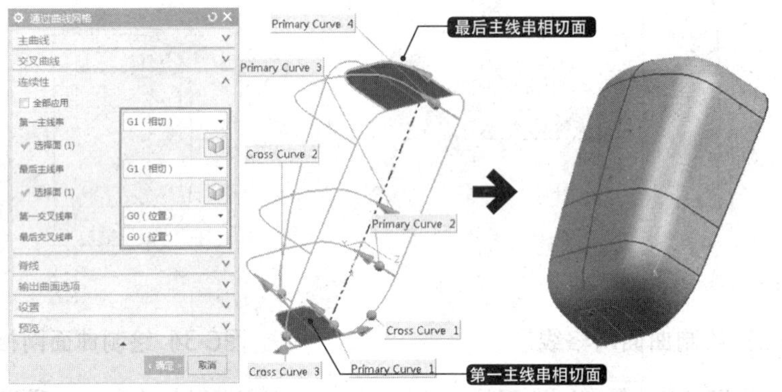

图6-39 创建曲线网格曲面

14 缝合曲面。在“菜单”选项中选择“插入”→“组合体”→“缝合”选项，弹出“缝合”对话框。在绘图区中选择有界平面为目标片体，选择其他所有面为工具片体，如图6-40所示。

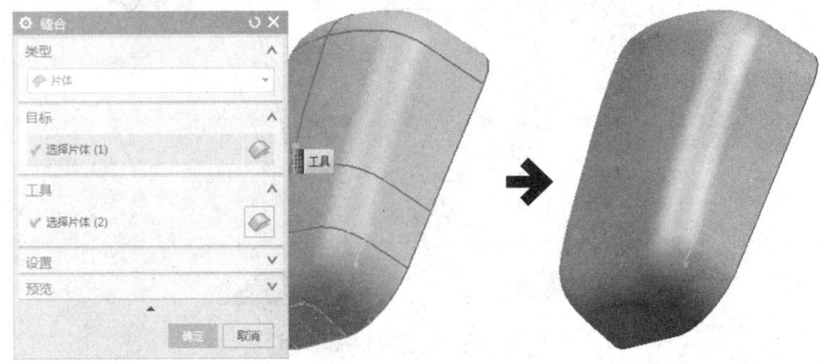

图6-40 缝合曲面

15 加厚曲面。选择“主页”→“特征”→“更多”→“加厚”选项，弹出“加厚”对话框。在绘图区中选择片体，设置向内偏置的厚度为2，如图6-41所示。

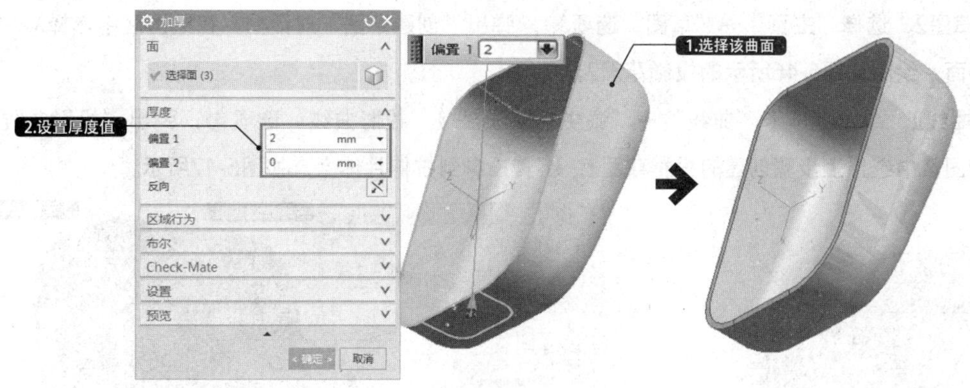

图6-41 加厚曲面

16 创建基准平面5。选择“主页”→“特征”→“基准平面”选项，弹出“基准平面”对话框。在“类型”下拉列表中选择“按某一距离”选项，在绘图区中选择*YC-ZC*平面，设置“偏置”距离为48，如图6-42所示。

17 创建拉伸体1。选择“主页”→“特征”→“拉伸”选项。在绘图区中选择曲线网格曲面底面边缘线，设置拉伸“开始”和“结束”的距离为0和“直至选定”，在绘图区中选择基准平面5，如图6-43所示。

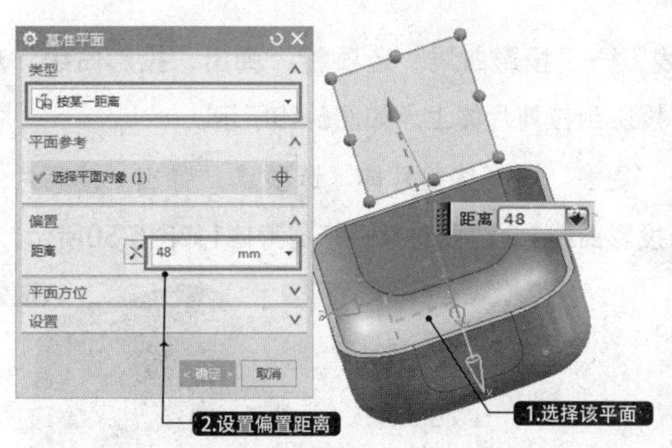

图6-42 创建基准平面5

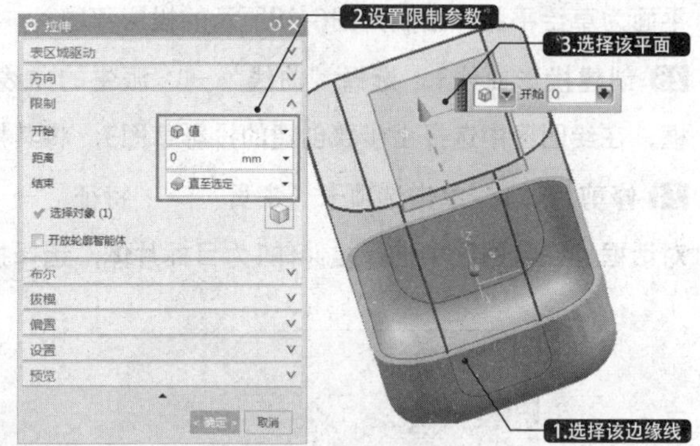

图6-43 创建拉伸体1

18 绘制投影草图1。选择“主页”→“草图”选项，弹出“创建草图”对话框。在绘图区中选择*XC-YC*平面为草绘平面，绘制如图6-44所示的投影草图1。

19 创建投影曲线1。选择“曲线”→“派生的曲线”→“投影曲线”选项，弹出“投影曲线”对话框。在绘图区中选择上步骤创建的投影草图1，将其投影到拉伸片体上，如图6-45所示。

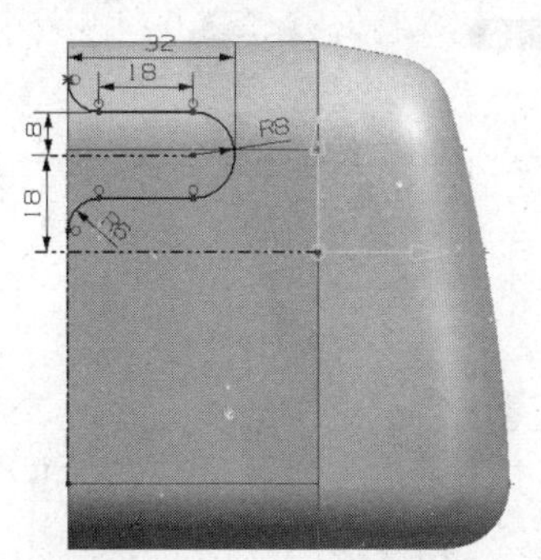

图6-44 绘制投影草图1

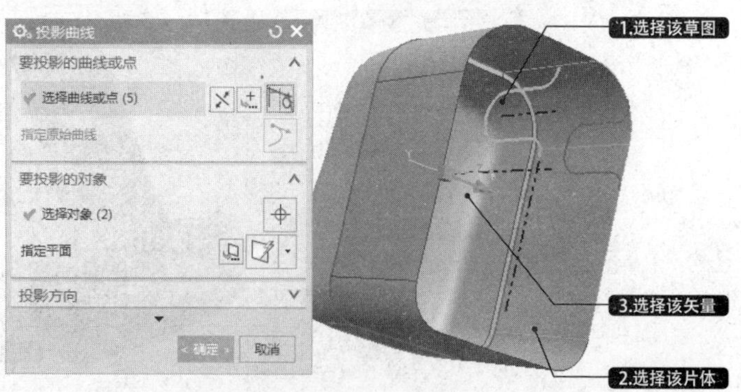

图6-45 创建投影曲线1

20 绘制投影草图2。选择“主页”→“草图”选项，弹出“创建草图”对话框。在绘图区中选择*XC-YC*平面为草绘平面，绘制如图6-46所示的投影草图2。

21 创建投影曲线2。单击选项卡“曲线”→“派生的曲线”→“投影曲线”选项，弹出“投影曲线”对话框。在绘图区中选择上步骤创建的投影草图2，将其投影到拉伸片体上，如图6-47所示。

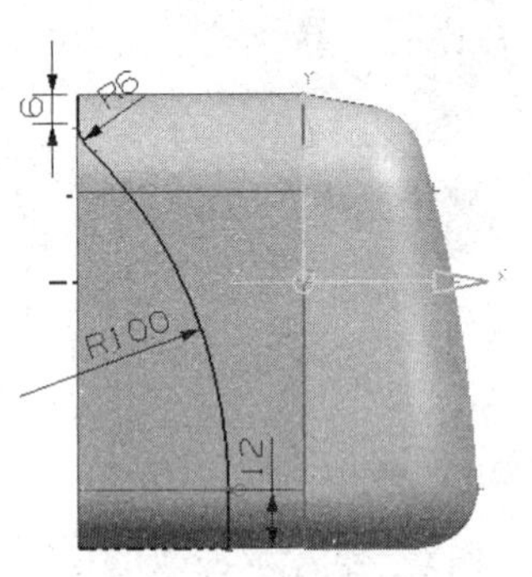

图6-46 绘制投影草图2

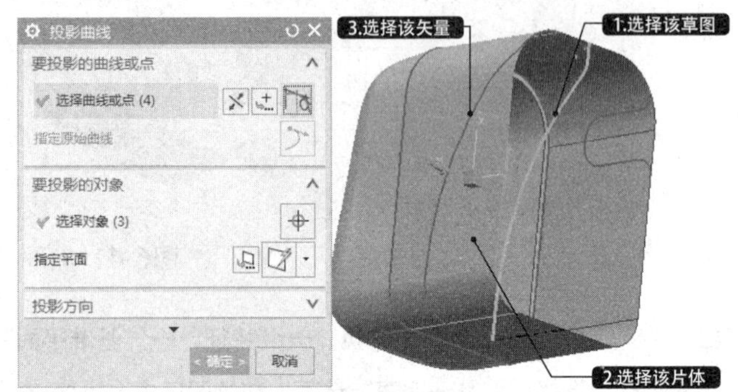

图6-47 创建投影曲线2

22 绘制投影草图3。选择“主页”→“草图”选项，弹出“创建草图”对话框。在绘图区中选择*XC-ZC*平面为草绘平面，绘制如图6-48所示的投影草图3。

23 创建投影曲线3。选择“曲线”→“派生的曲线”→“投影曲线”选项，弹出“投影曲线”对话框。在绘图区中选择上步骤创建的投影草图3，将其投影到拉伸片体上，如图6-49所示。

24 修剪片体1。单击选项卡“主页”→“特征”→“更多”→“修剪片体”选项，弹出“修剪片体”对话框。在绘图区中选择拉伸体1为目标片体，选择投影曲线1为边界对象，修剪片体1如图6-50所示。

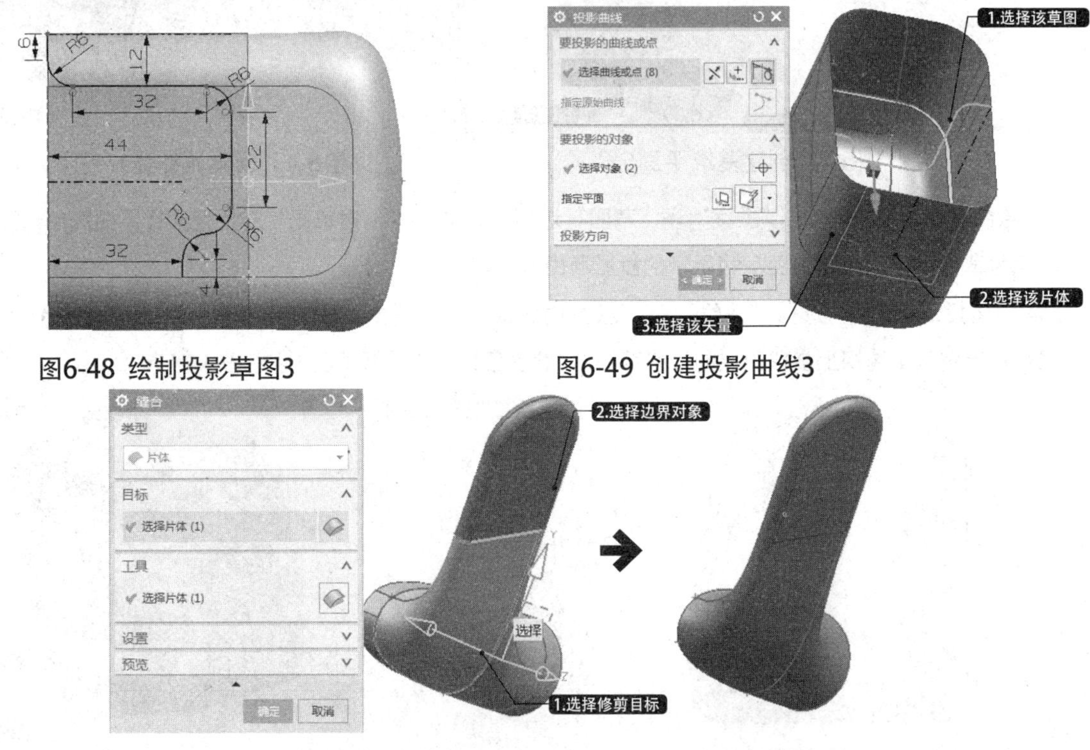

图6-48 绘制投影草图3

图6-49 创建投影曲线3

图6-50 修剪片体1

25 修剪片体2。选择“主页”→“特征”→“更多”→“修剪片体”选项，弹出“修剪片体”对话框，在绘图区中选择拉伸片体为目标片体，选择投影曲线2和投影曲线3为边界对象，修剪片体2如图6-51所示。

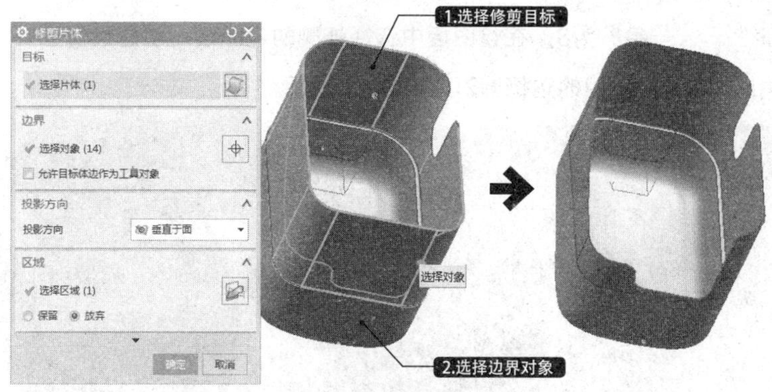

图6-51 修剪片体2

26 加厚片体。选择“主页”→“特征”→“更多”→“加厚”选项，弹出“加厚”对话框。在绘图区中选择修剪片体，设置向外偏置的厚度为2，如图6-52所示。

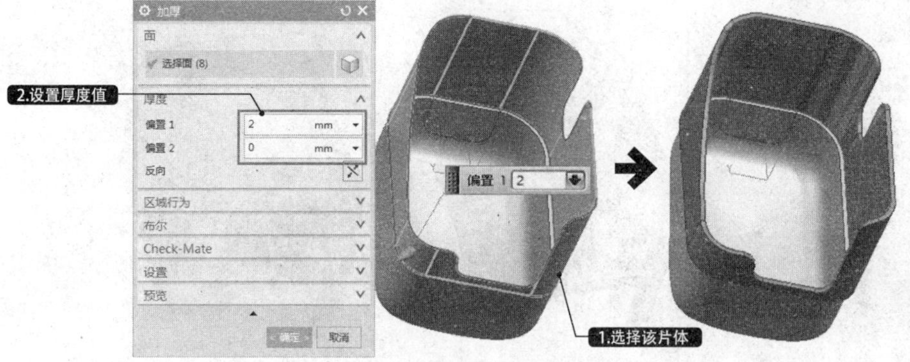

图6-52 加厚片体

27 创建拉伸体。选择“主页”→“特征”→“拉伸”选项，在绘图区中选择加厚片体端面内外边缘线，设置“结束”的距离为4，并设置“布尔”运算为“合并”，如图6-53所示。

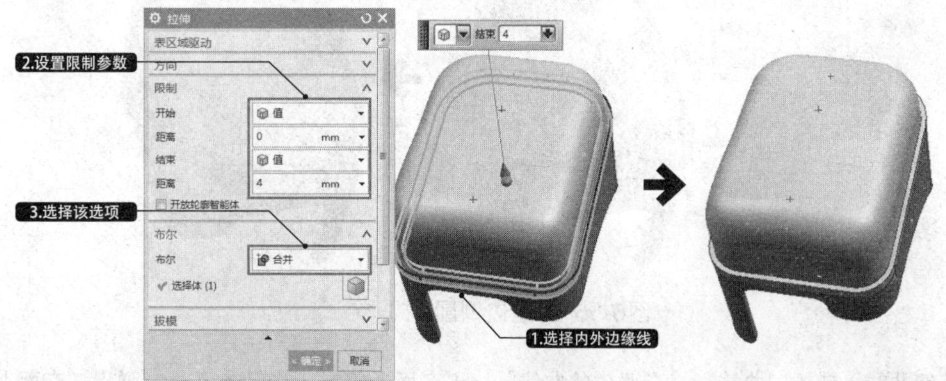

图6-53 创建拉伸体2

28 合并实体。选择“主页”→“特征”→“合并”选项，弹出“合并”对话框。在绘图区中选择加厚片体为目标体，依次逐个选择其他的几何体为工具体，如图6-54所示。

29 创建边倒圆。选择“主页”→“特征”→“边倒圆”选项，弹出“边倒圆”对话框。在对话框中设置“形状”为“圆形”，“半径”为8，在绘图区中选择外侧的边缘线，创建边倒圆1，如图6-55所示。按同样方法创建内侧相交线处半径为2的边倒圆2，如图6-56所示。

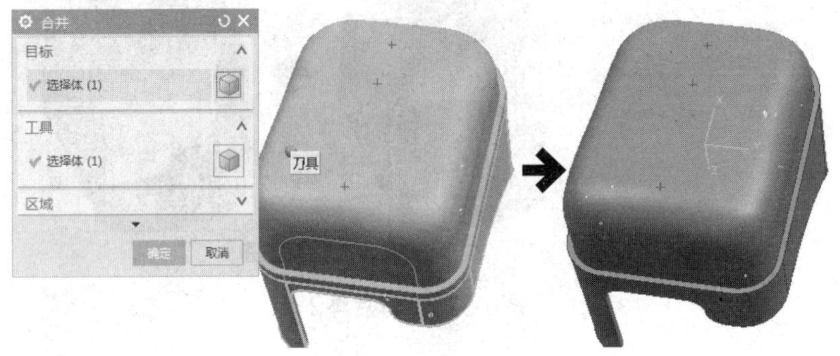

图6-54 合并实体

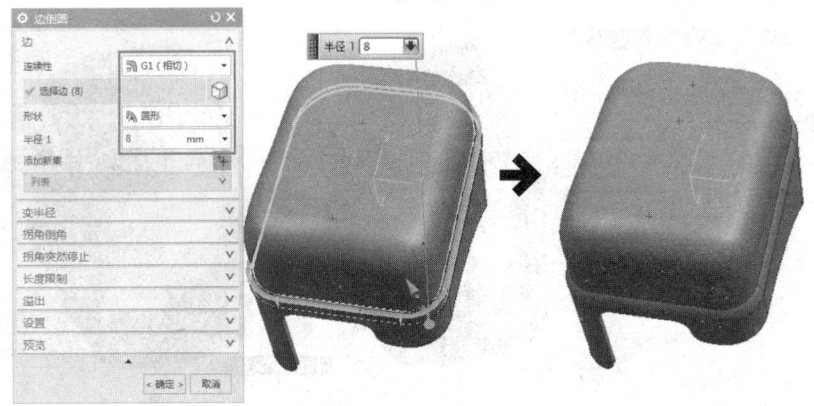

图6-55 创建边倒圆1

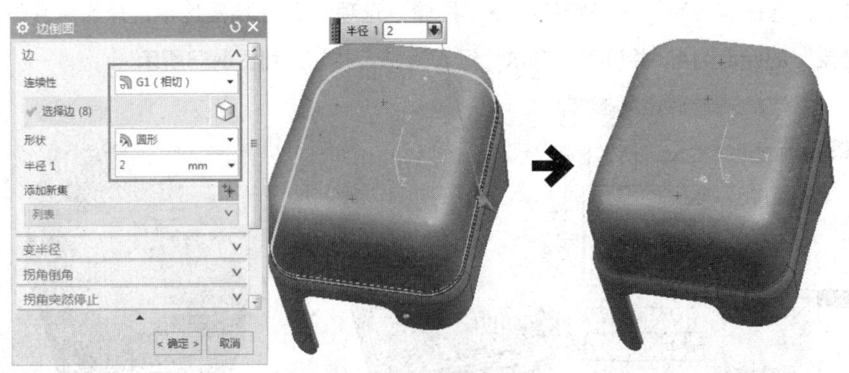

图6-56 创建边倒圆2

30 创建面上偏置曲线。选择“曲线”→“派生的曲线”→“在面上偏置曲线”选项，弹出“在面上偏置曲线”对话框。在绘图区中选择曲线网格曲面的边缘线，向内偏置4.5，如图6-57所示。

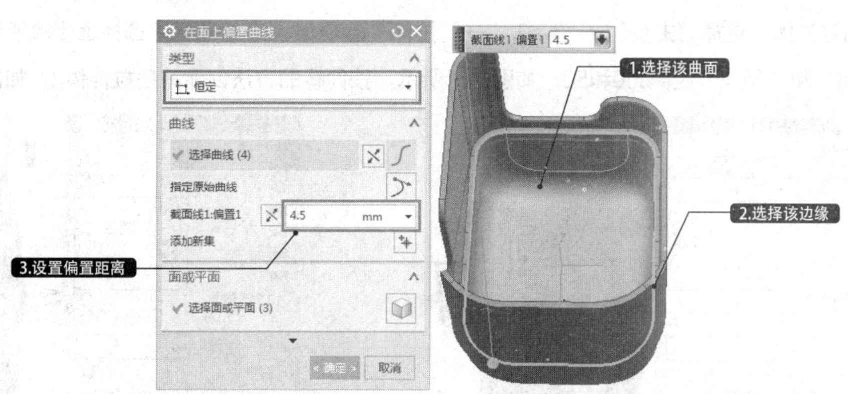

图6-57 面中的偏置曲线

31 编辑软圆角。选择“曲面”→“曲面”→“软倒圆”选项，弹出“编辑软圆角”对话框。在绘图区中选择加厚曲面内侧表面和阶梯面为第一组面，选择曲线网格曲面加厚内侧面为第二组面，选择加厚曲面内侧表面和阶梯面的相交线为第一相切曲线，选择偏置曲线为第二相切曲线，创建软圆角如图6-58所示。

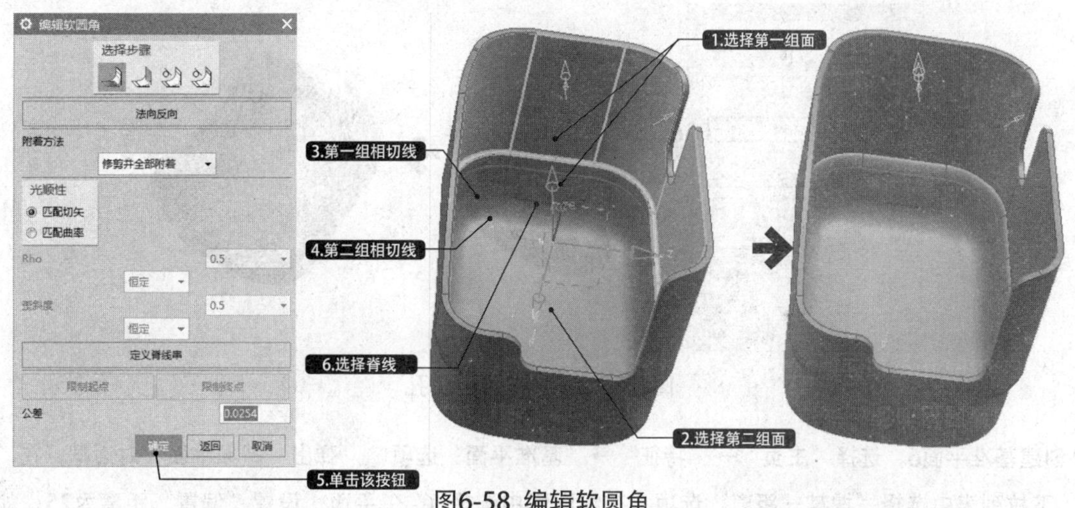

图6-58 编辑软圆角

32 绘制过滤孔截面草图。选择“主页”→“草图”选项，弹出“创建草图”对话框。在绘图区中选择*XC-YC*平面为草绘平面，绘制如图6-59所示过滤孔截面草图。按同样的方法绘制过滤孔2截面草图，如图6-60所示。

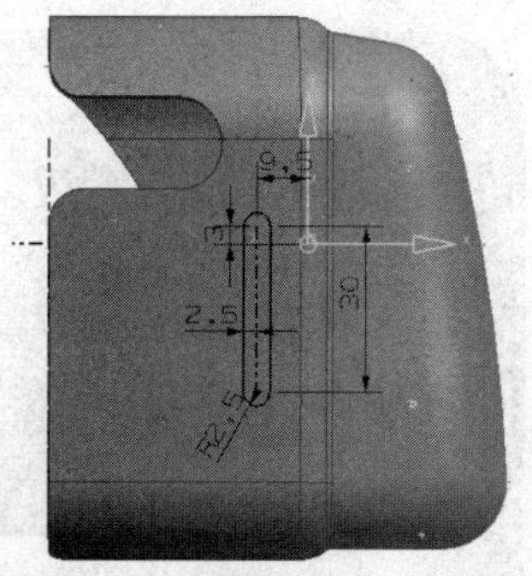

图6-59 绘制过滤孔1截面草图

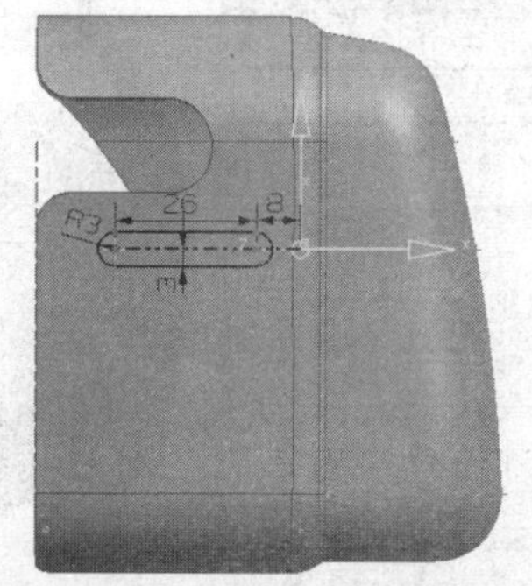

图6-60 绘制过滤孔2截面草图

33 创建剪切拉伸体。选择“主页”→“特征”→“拉伸”选项，在绘图区中选择上步骤所绘制的草图，设置拉伸“开始”和“结束”距离为0和50，如图6-61所示。按同样的方法创建剪切拉伸体2，如图6-62所示。

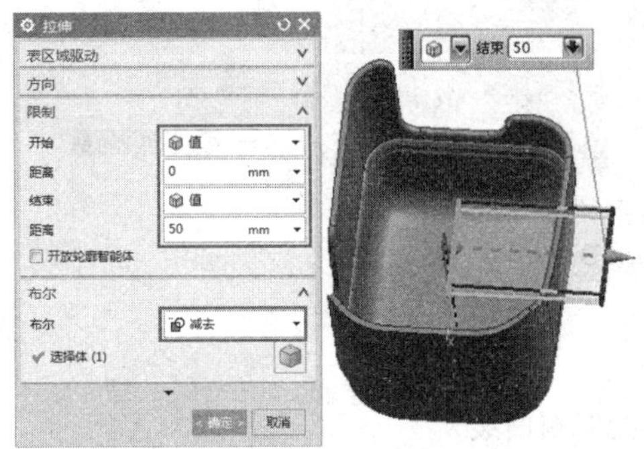

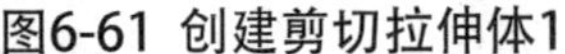
图6-61 创建剪切拉伸体1

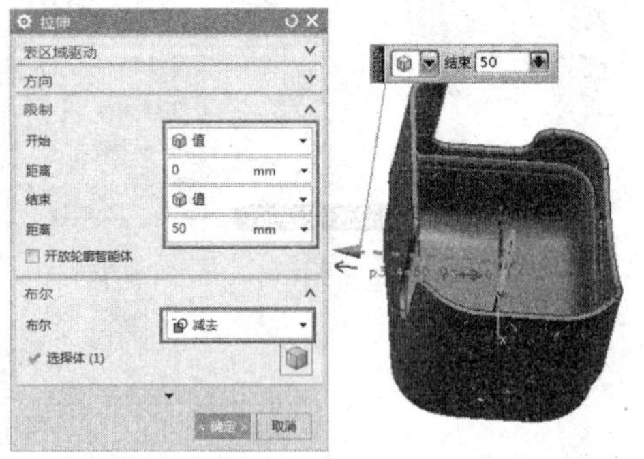

图6-62 创建剪切拉伸体2

34 线性阵列过滤孔。选择“主页”→“特征”→“阵列特征”选项，选择“布局”中的“线性”选项，在绘图区中选择过滤孔特征，在“数量”和“节距”中输入6与10，并选择阵列方向，如图6-63所示。

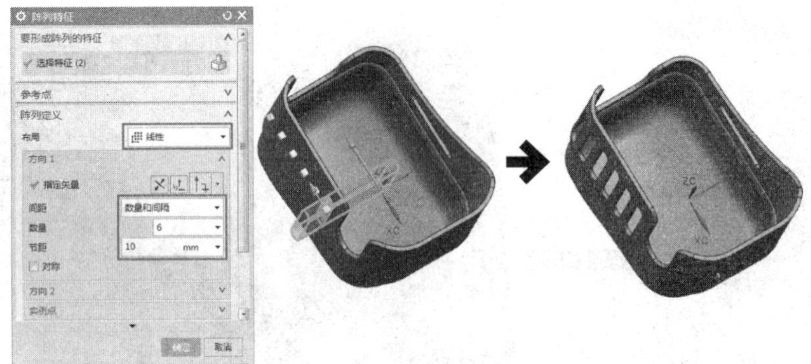

图6-63 线性阵列过滤孔

35 创建基准平面6。选择“主页”→“特征”→“基准平面”选项，弹出“基准平面”对话框。在“类型”下拉列表中选择“按某一距离”选项，在绘图区中选择*YC-ZC*平面，设置“偏置”距离为25，如图6-64所示。

36 绘制拉伸体截面草图。选择“主页”→“草图”选项，弹出“创建草图”对话框。在绘图区中选择上步骤创建的基准平面6为草绘平面，绘制如图6-65所示的拉伸体截面草图。

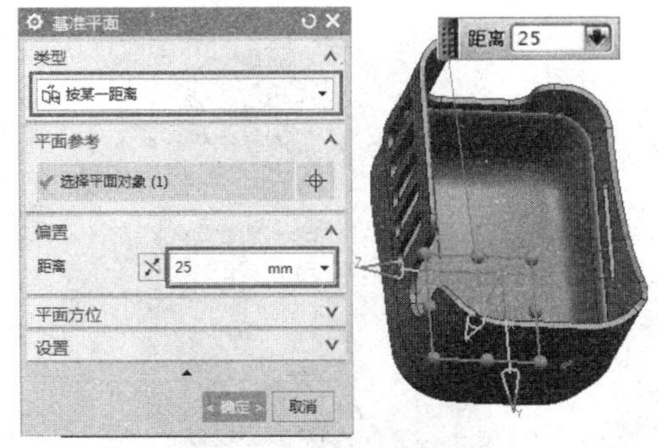

图6-64 创建基准平面6

图6-65 绘制拉伸体截面草图

37 创建拉伸体3。选择“主页”→“特征”→“拉伸”选项，在绘图区中选择上步骤所绘制的草图，设置拉伸“开始”和“结束”的距离为0和“直至下一个”，并在绘图区中选择内侧壳体面，如图6-66所示。

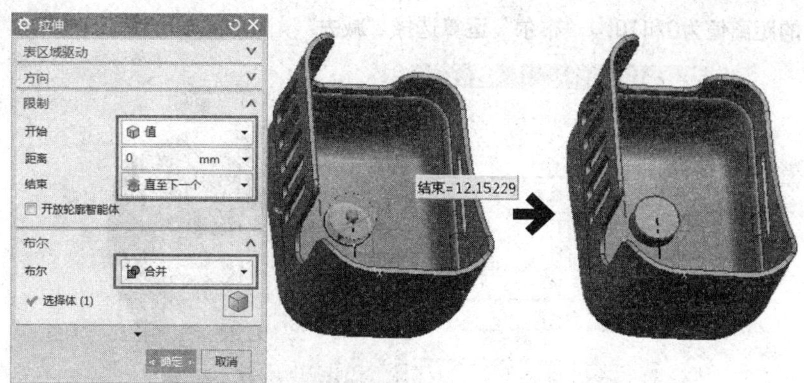

图6-66 创建拉伸体3

38 创建简单孔。选择“主页”→“特征”→“孔”选项，弹出“孔”对话框，在工作区中选择上步骤创建的圆柱体底圆中心，选择“成形”下拉列表框中的“简单孔”选项，设置孔的参数，如图6-67所示。

39 创建基准平面7。选择“主页”→“特征”→“基准平面”选项，弹出“基准平面”对话框。在“类型”下拉列表中选择“按某一距离”选项，在绘图区中选择基准平面6，设置偏置“距离”为3，如图6-68所示。

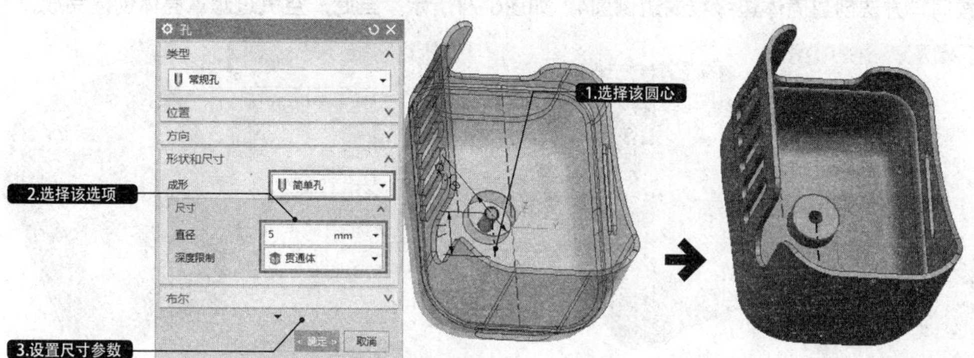

图6-67 创建简单孔

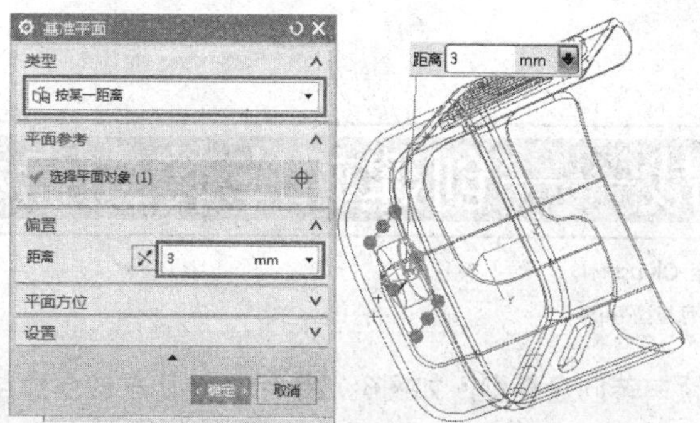

图6-68 创建基准平面7

40 创建剪切拉伸体3。选择“主页”→“特征”→“拉伸”选项，在“拉伸”对话框单击按钮，选择基准平面7为草绘平面，绘制直径为10的圆；返回“拉伸”对话框后，设置“限制”选项组中“开始”和“结束”的距离值为0和10，“布尔”运算选择“减去”，如图6-69所示。

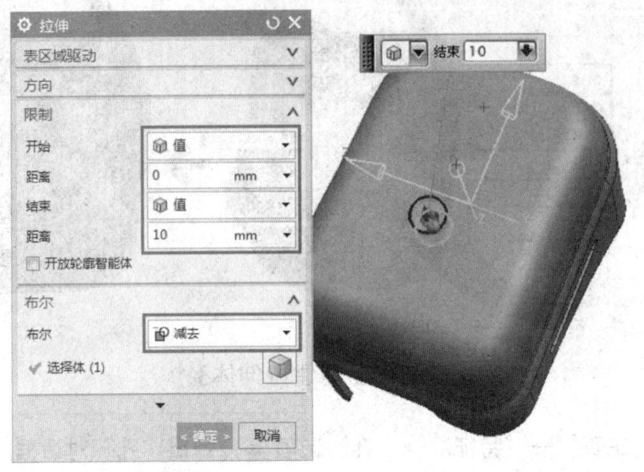

图6-69 创建剪切拉伸体3

41 创建边倒圆。选择“主页”→“特征”→“边倒圆”选项，弹出“边倒圆”对话框。在对话框中设置“形状”为“圆形”，“半径”为1，在绘图区中选择剪切拉伸体3和过滤孔的边缘线，创建边倒圆3，如图6-70所示。按同样方法创建壳体边缘线的边倒圆4，如图6-71所示。至此，空气过滤罩壳体创建完成。

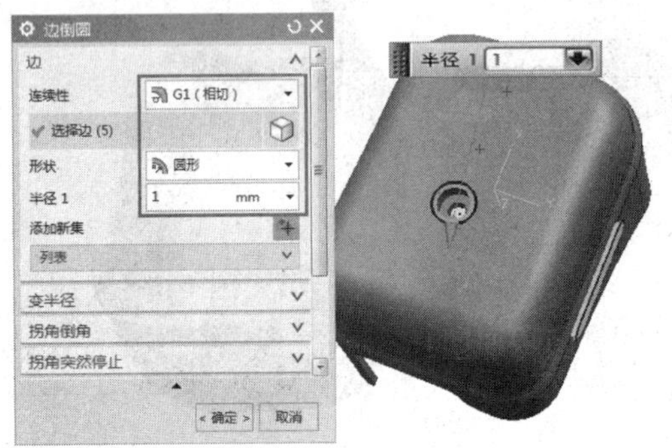

图6-70 创建边倒,3

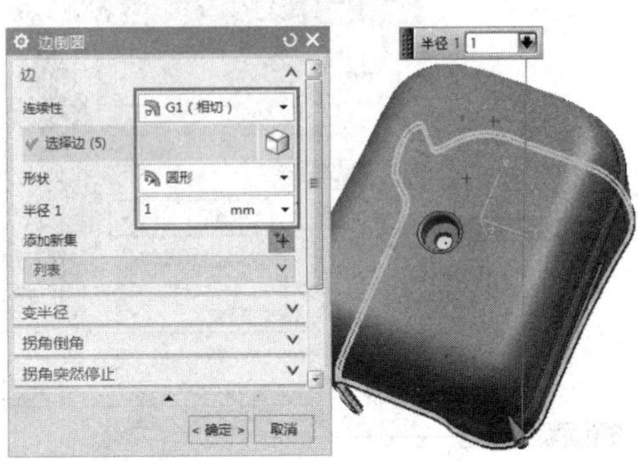

图6-71 创建边倒圆4

6.8 案例实战——创建轿车转向盘模型

最终文件：素材\第6章\轿车转向盘-OK.prt

视频文件：视频\6.8创建轿车转向盘模型.mp4

本案例是创建一个轿车转向盘模型，如图6-72所示。该轿车转向盘结构精简、结实，通过三个手柄孔将转向盘旋转柄连接起来，各个曲面通过光滑的圆角顺接过渡，造型美观且经久耐用，是现代汽车零件行业中不可或缺的产品。

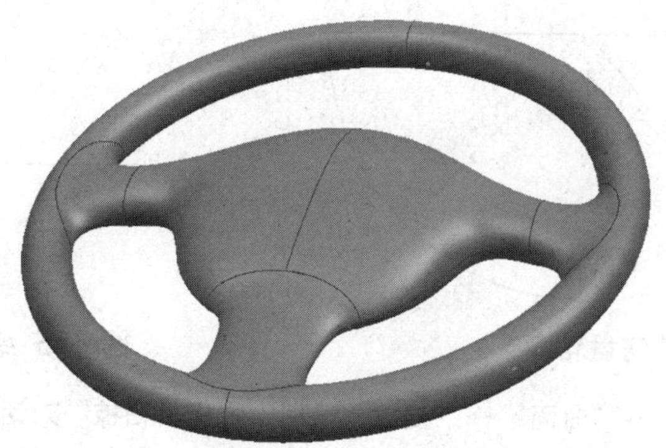

图6-72 轿车转向盘模型

6.8.1 设计流程图

在创建本实例时，可以先利用“基准平面”“草图”“艺术样条”等工具创建一侧的基本线框，以及利用“扫掠”“通过曲线网格”等工具创建出一侧的基本曲面；然后利用“曲面上的曲线”“相交曲线”“修剪片体”和“艺术样条”等工具修剪曲面及绘制圆角曲线，并利用“通过曲线网格”创建出圆角曲面1；最后利用“镜像体”“缝合”等工具创建出转向盘另一侧曲面，并用创建圆角曲面1的方法创建圆角曲面2，即可创建出本实例，如图6-73所示。

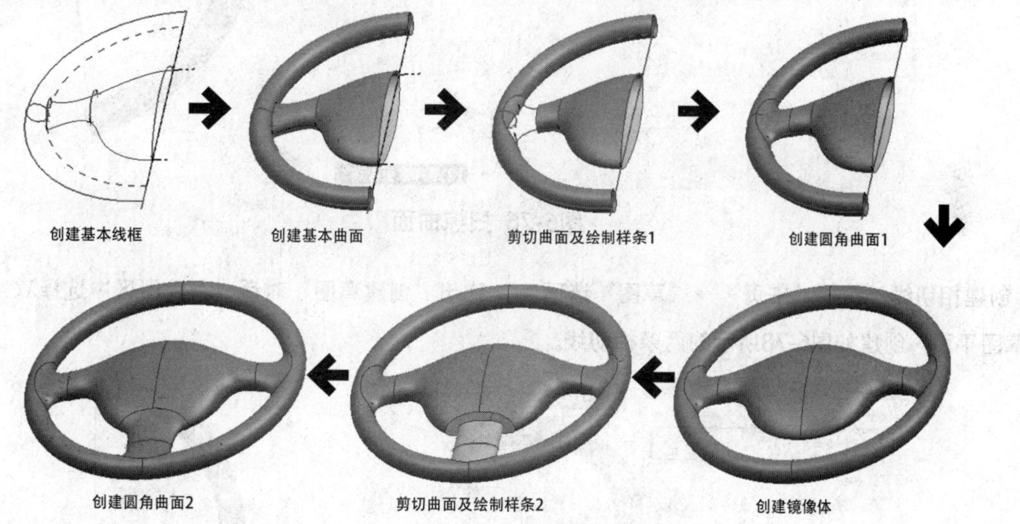

图6-73 轿车转向盘模型的设计流程图

6.8.2 具体设计步骤

01 绘制转向盘轮廓。选择“主页”→“草图”选项，弹出“创建草图”对话框。在绘图区中选择*XC-ZC*平面为草图平面，绘如图6-74所示的草图。

02 绘制手轮截面。选择“主页”→“草图”选项，弹出“创建草图”对话框。在绘图区中选择*XC-YC*平面为草图平面，绘如图6-75所示的草图。

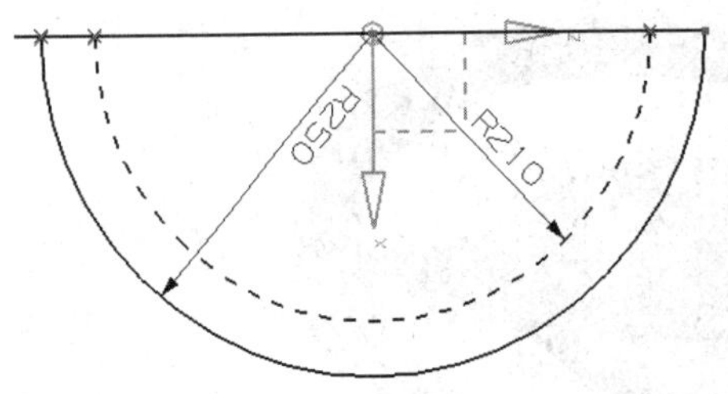

图6-74 绘制转向盘轮廓

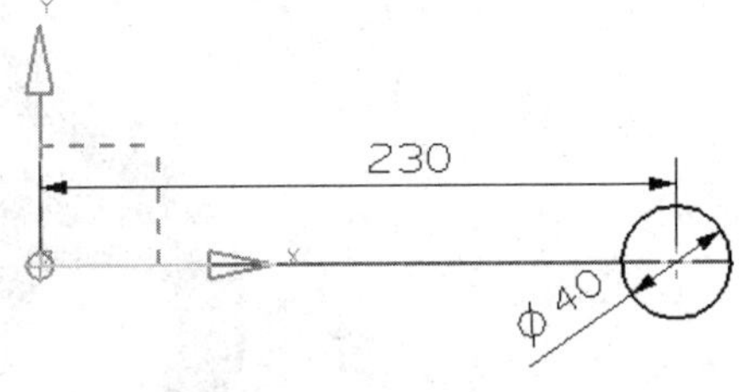

图6-75 绘制手轮截面

03 扫掠曲面。选择“主页”→“曲面”→“扫掠”选项，弹出“扫掠”对话框。在绘图区中选择截面曲线和引导线，如图6-76所示。

04 创建基准平面1。选择“主页”→“特征”→“基准平面”选项，弹出“基准平面”对话框，在“类型”下拉列表中选择“按某一距离”选项，在绘图区中选择*YC-ZC*平面，并设置“距离”为128，如图6-77所示。

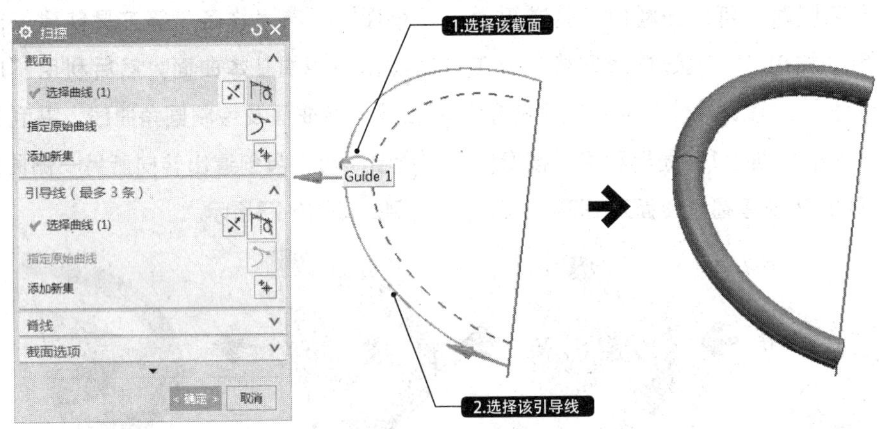

图6-76 扫掠曲面

05 创建相切线。选择“主页”→“草图”选项，弹出“创建草图”对话。在绘图区中选择*XC-ZC*平面为草图平面，创建如图6-78所示的两条相切线。

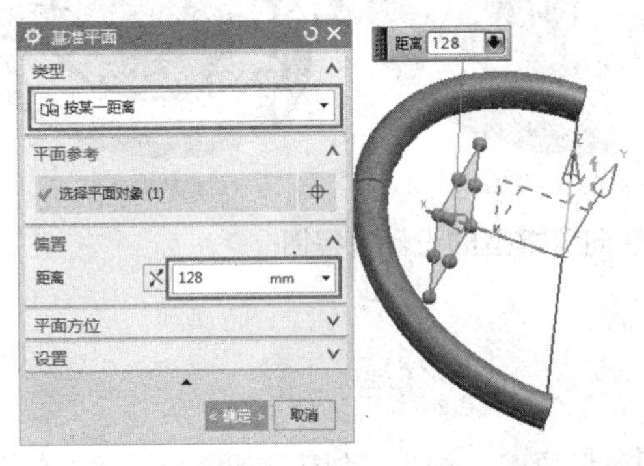

图6-77 创建基准平面1

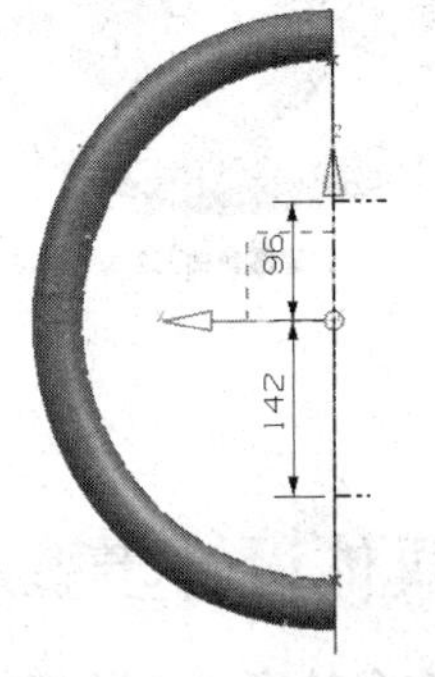

图6-78 创建相切线

06 绘制艺术样条1。选择“曲线”→“曲线”→“艺术样条”选项，弹出“艺术样条”对话框。在绘图区中选择连接相切线和轮廓线上的点，绘制如图6-79所示的艺术样条1，并设置连续性为G1相切连续。

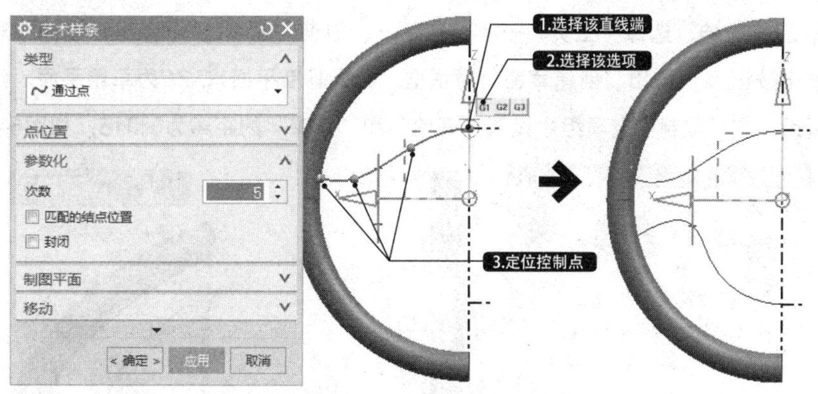

图6-79 绘制艺术样条1

07 创建两条直线。选择“曲线”→“直线”选项，弹出“直线”对话框。在绘图区中选择艺术样条1的两个端点，绘制沿Y轴方向的两条直线，如图6-80所示。

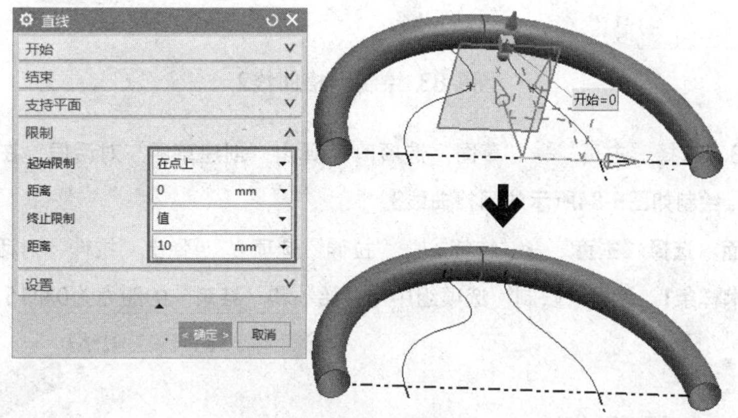

图6-80 创建两条直线

08 创建基准平面2。选择“主页”→“特征”→“基准平面”选项，弹出“基准平面”对话框。在“类型”下拉列表中选择“两直线”选项，并在绘图区中选择上步骤创建的两条直线，如图6-81所示。

09 绘制网格曲线1。选择“主页”→“草图”选项，弹出“创建草图”对话框。在绘图区中选择基准平面2为草绘平面，绘制如图6-82所示的网格曲线1。

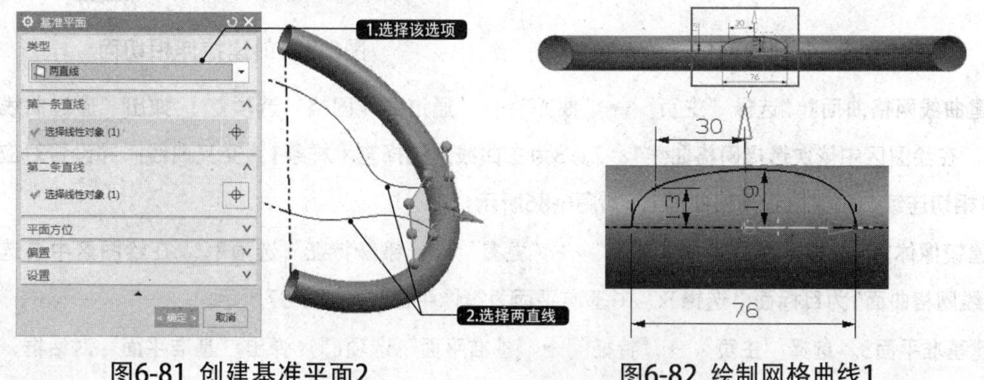

图6-81 创建基准平面2

图6-82 绘制网格曲线1

10 绘制网格曲线2并拉伸。选择“主页”→“特征”→“拉伸”选项，弹出“拉伸”对话框。在“拉伸”对话框中单击按钮，弹出“创建草图”对话框。选择基准平面*YC-ZC*为草绘平面，绘制草图。返回“拉伸”对话框后，在“限制”选项组中设置“开始”和“结束”的距离为0和15，如图6-83所示。

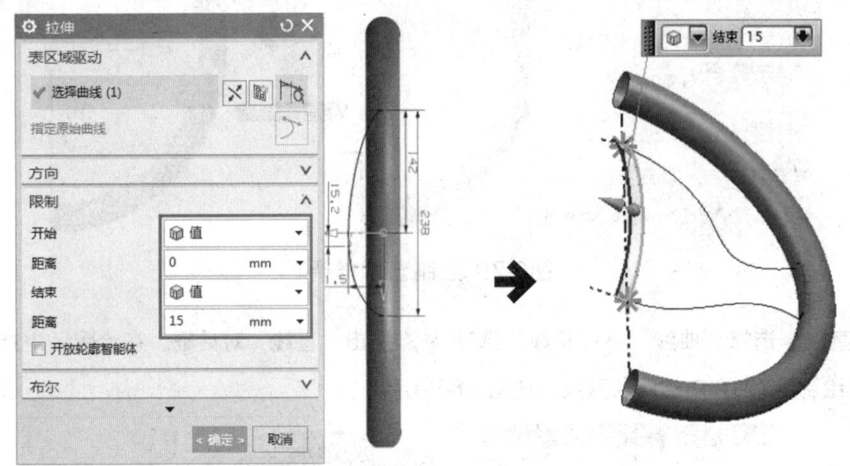

图6-83 绘制网格曲线2

11 绘制网格曲线3。选择“主页”→“草图”选项，弹出“创建草图”对话框。在绘图区中选择基准平面1为草图平面，绘制如图6-84所示的网格曲线3。

12 创建拉伸相切面。选择“主页”→“特征”→“拉伸”选项，弹出“拉伸”对话框。在绘图区中选择步骤6绘制的艺术样条1，设置“限制”选项组中“开始”和“结束”的距离为0和15，如图6-85所示。

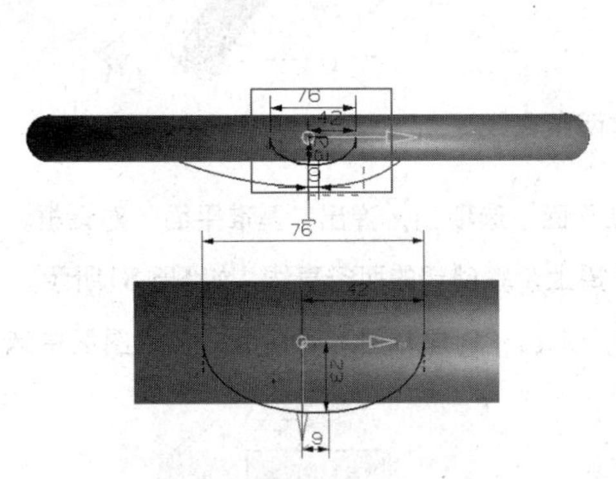

图6-84 创建网格曲线3

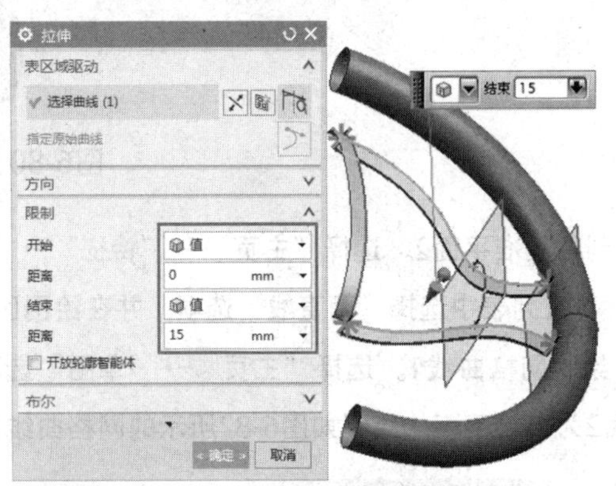

图6-85 创建拉伸相切面

13 创建曲线网格曲面1。选择“主页”→“曲面”→“通过曲线网格”选项，弹出“通过曲线网格”对话框。在绘图区中依次选择网格曲线1、2、3为主曲线，选择艺术样条1为交叉曲线，并设置对应相切片体为G1相切连续，创建曲线网格曲面1，如图6-86所示。

14 创建镜像体1。选择“主页”→“特征”→“更多”→“镜像特征”选项。在绘图区中选选择上步骤的曲线网格曲面1为目标面，选择*YC-ZC*基准平面为镜像平面，如图6-87所示。

15 创建基准平面3。选择“主页”→“特征”→“基准平面”选项，弹出“基准平面”对话框。在“类型”下拉列表中选择“按某一距离”选项，并在绘图区中选择基准平面1，设置向外“偏置”的距离为

40，如图6-88所示。

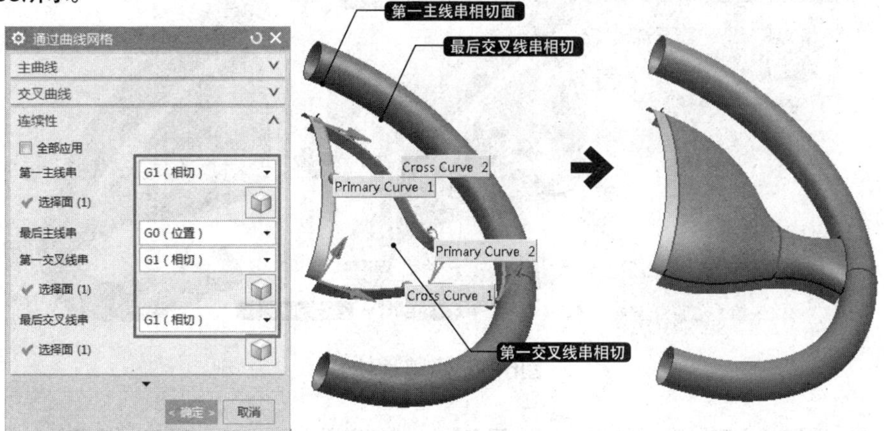

图6-86 创建曲线网格曲面1

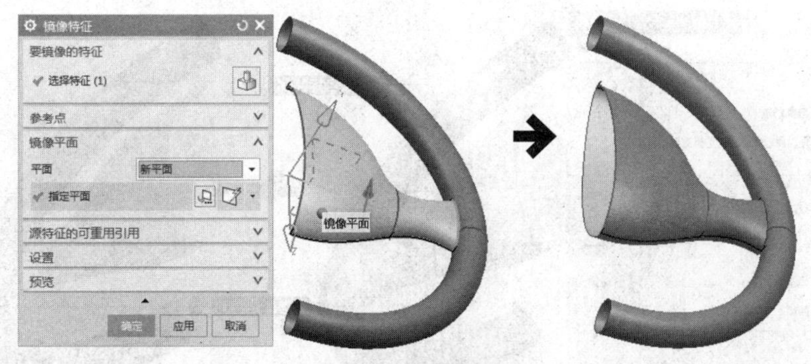

图6-87 创建镜像体1

16 创建曲面上的曲线1。选择“曲线”→“曲线”→“曲面上的曲线”选项，弹出“曲面上的曲线”对话框。在绘图区中选择要创建曲线的面，创建如图6-89所示的封闭且对称的曲面上的曲线1。

图6-88 创建基准平面3　　　　图6-89 创建曲面上的曲线1

17 修剪片体1。选择“主页”→“特征”→“更多”→“修剪片体”选项，弹出“修剪片体”对话框。在绘图区中选择步骤3创建的扫掠曲面为目标片体，选择上步骤创建的曲面上的曲线为边界对象，修剪片体1，如图6-90所示。

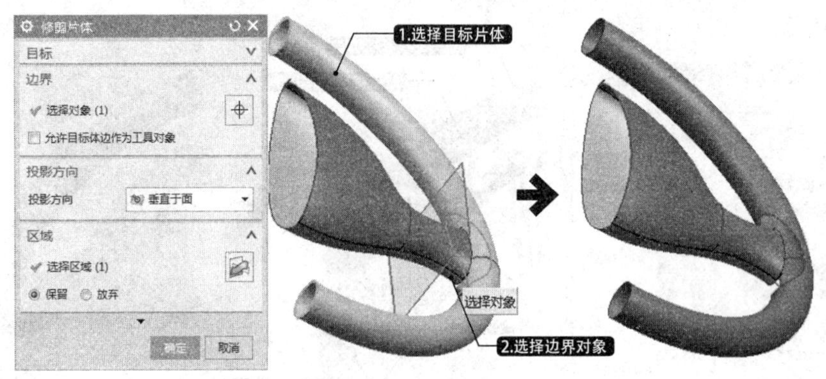

图6-90 修剪片体1

18 修剪片体2。选择“主页”→“特征”→“更多”→“修剪片体”选项，弹出“修剪片体”对话框。在绘图区中选择曲线网格曲面1为目标片体，选择基准平面3为边界对象，修剪片体2如图6-91所示。

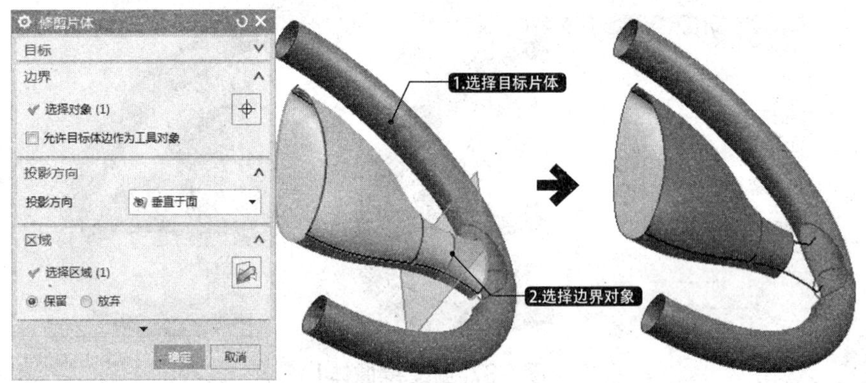

图6-91 修剪片体2

19 创建相交曲线1。选择“曲线”→“派生的曲线”→“相交曲线”选项，弹出“相交曲线”对话框。在绘图区中选择修剪片体2的外表面为第一组面，选择*XC-ZC*基准平面为第二组面，如图6-92所示。

20 绘制艺术样条2。选择“曲线”→“艺术样条”选项，弹出“艺术样条”对话框。在绘图区中连接曲线网格曲面1和扫掠曲面上的相交曲线的端点，绘制如图6-93所示的两条艺术样条，并设置连续性为G1相切连续。

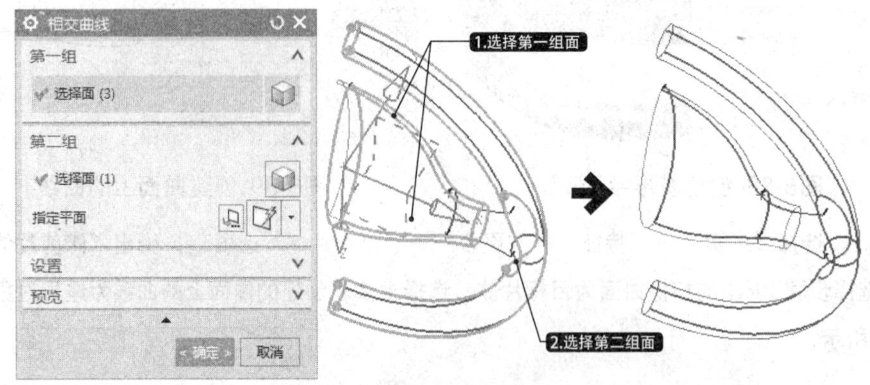

图6-92 创建相交曲线1

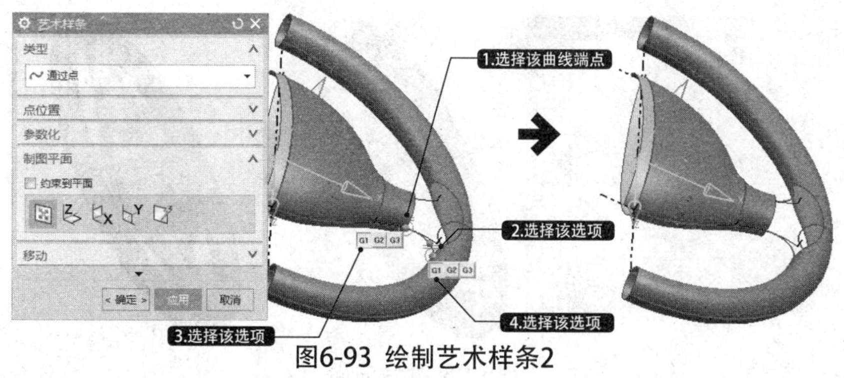

图6-93 绘制艺术样条2

21 创建曲线网格曲面2。选择“主页”→“曲面”→“通过曲线网格”选项，弹出“通过曲线网格”对话框。在绘图区中选择修剪片体的两条边缘线为主曲线，选择艺术样条2为交叉曲线，并设置对应相切片体为G1相切连续，创建曲线网格曲面2，如图6-94所示。

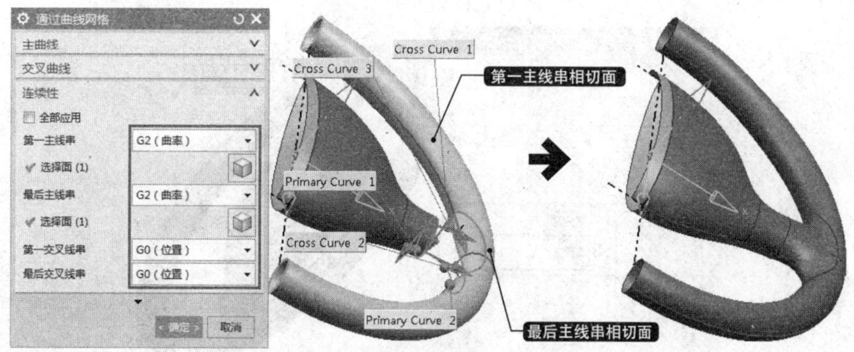

图6-94 创建曲线网格曲面2

22 创建镜像体2。选择“菜单”→“插入”→“关联复制”→“抽取几何特征”→“镜像体”选项，弹出“镜像体”对话框。在绘图区中选择所有曲面为目标体，选择*YC-ZC*基准平面为镜像平面，如图6-95所示。

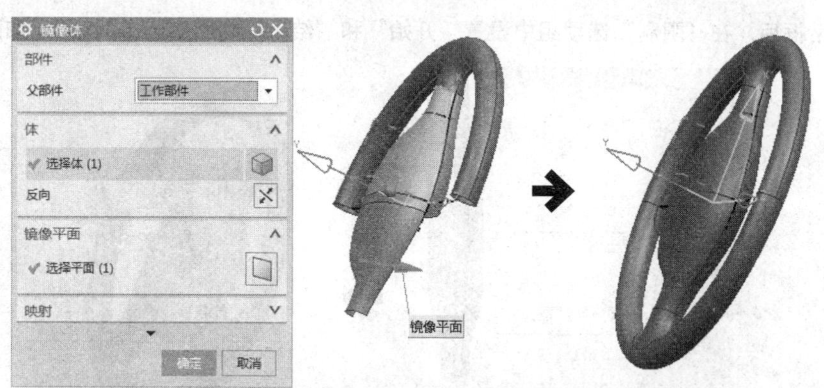

图6-95 创建镜像体2

23 缝合曲面。在“菜单”→“插入”→“组合体”→“缝合”选项，弹出“缝合”对话框。在绘图区中选择扫掠曲面为目标片体，选择绘图区中其他的曲面为工具片体，如图6-96所示。

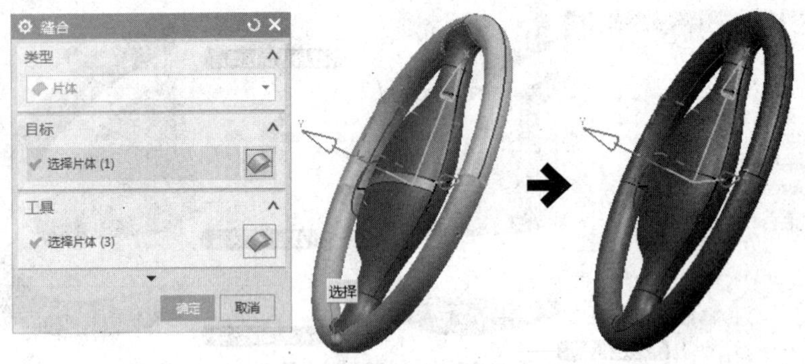

图6-96 缝合曲面

24 创建基准平面4。选择“主页”→“特征”→“基准平面”选项，弹出“基准平面”对话框，在“类型”下拉列表中选择“按某一距离”选项，并在绘图区中选择*XC-YC*平面，设置向外“偏置”的距离为175，如图6-97所示。

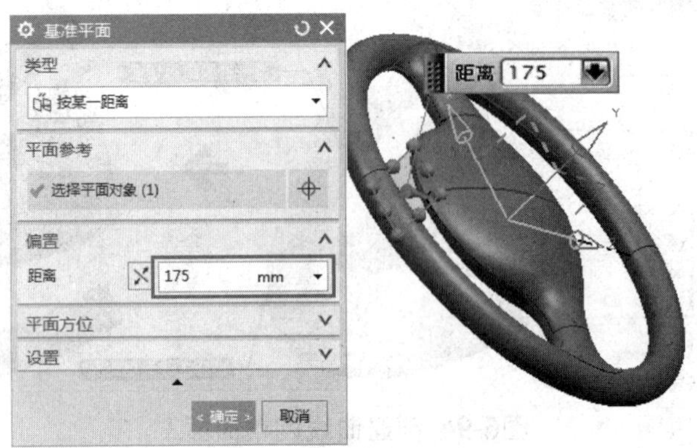

图6-97 创建基准平面4

25 创建拉伸体1。单击选项卡“主页”→“特征”→“拉伸”选项，弹出“拉伸”对话框。在“拉伸”对话框中单击按钮，弹出“创建草图”对话框，选择创建的基准平面3为草绘平面，绘制草图。返回“拉伸”对话框后，在“限制”选项组中设置“开始”和“结束”的距离为-50和60，如图6-98所示。

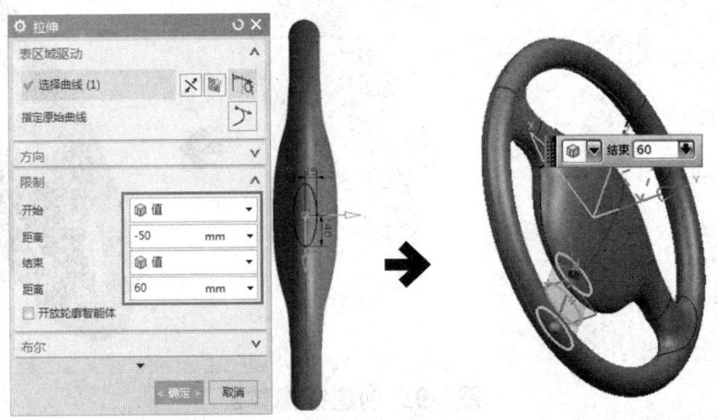

图6-98 创建拉伸体1

26 创建相交曲线2。选择“曲线”→“派生的曲线”→“相交曲线”选项，弹出“相交曲线”对话框。在绘图区中选择缝合曲面1为第一组面，选择拉伸体1为第二组面，如图6-99所示。

27 创建面上偏置曲线1。选择“曲线”→“派生的曲线”→“在面上偏置曲线”选项，弹出“在面上偏置曲线”对话框。在绘图区中选择上步骤创建的相交曲线2，向外偏置25，如图6-100所示。

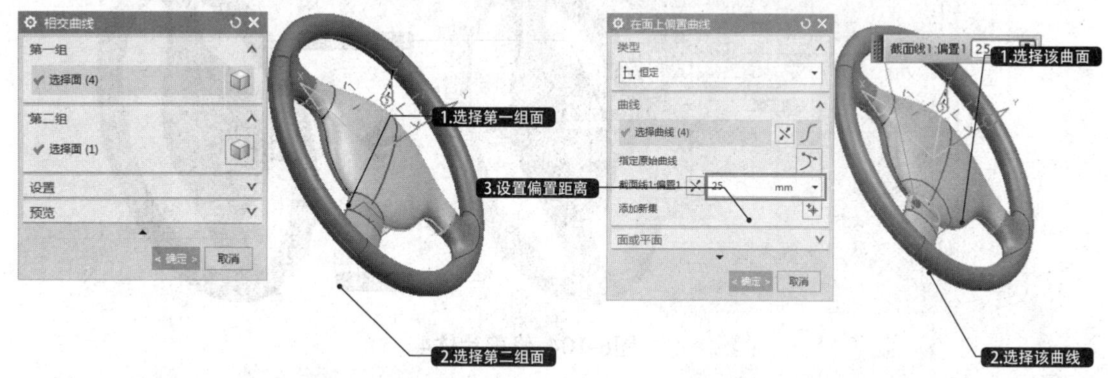

图6-99 创建相交曲线2　　图6-100 创建面上偏置曲线1

28 修剪片体3。选择“主页”→“特征”→“更多”→“修剪片体”选项，弹出“修剪片体”对话框。在绘图区中选择缝合曲面1为目标片体，选择偏置曲线1为边界对象，修剪片体3如图6-101所示。

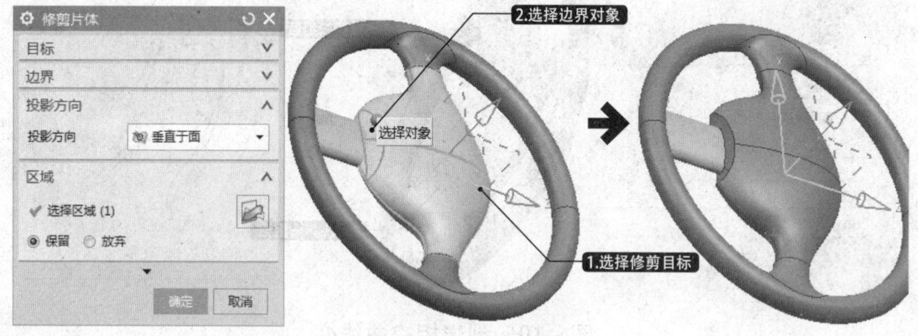

图6-101 修剪片体3

29 创建相交曲线3。选择“曲线”→“派生的曲线”→“相交曲线”选项，弹出“相交曲线”对话框。在绘图区中选择缝合曲面1为第一组面，选择拉伸片体为第二组面，如图6-102所示。

30 创建在面上偏置曲线2。选择“曲线”→“派生的曲线”→“在面上偏置曲线”选项，弹出“在面上偏置曲线”对话框。在绘图区中选择上步骤创建的相交曲线3，向外偏置14，如图6-103所示。

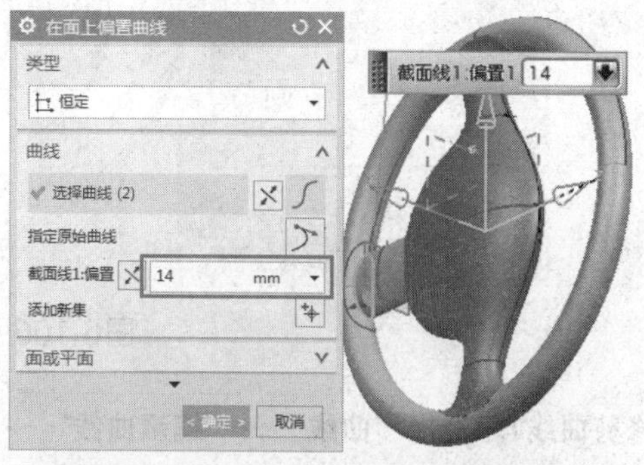

图6-102 创建相交曲线3　　图6-103 创建面上偏置曲线2

31 修剪片体4。选择“主页”→“特征”→“更多”→“修剪片体”选项，弹出“修剪片体”对话框。在绘图区中选择缝合曲面1为目标片体，选择偏置曲线2为边界对象，修剪片体4，如图6-104所示。

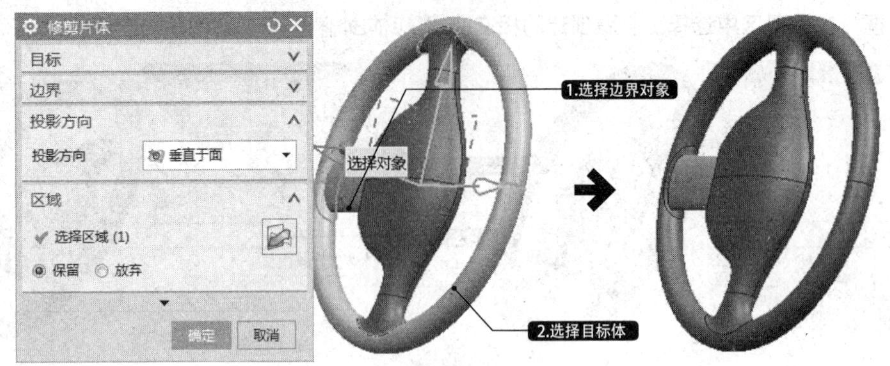

图6-104 修剪片体4

32 创建相交曲线4。选择“曲线”→“派生的曲线”→“相交曲线”选项，弹出“相交曲线”对话框。在绘图区中选择缝合曲面为第一组面，选择*XC-ZC*平面为第二组面，如图6-105所示。

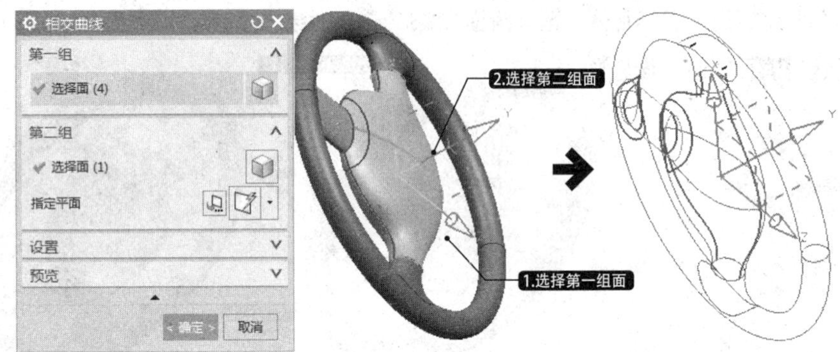

图6-105 创建相交曲线4

33 创建相交曲线5。选择“曲线”→“派生的曲线”→“相交曲线”选项，弹出“相交曲线”对话框。在绘图区中选择缝合曲面为第一组面，选择*XC-ZC*平面为第二组面，如图6-106所示。

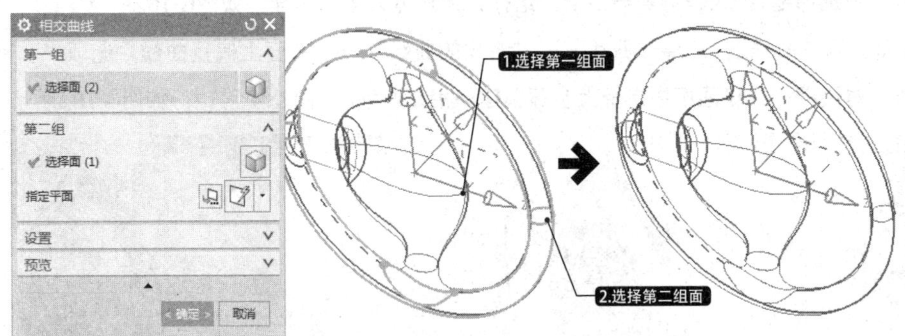

图6-106 创建相交曲线5

34 修剪曲线1。选择“曲线”→“编辑曲线”→“修剪曲线”选项，弹出“修剪曲线”对话框。在绘图区中选择相交曲线4和边界对象点，修剪曲线1，如图6-107所示。

35 修剪曲线2。选择“曲线”→“编辑曲线”→“修剪曲线”选项，弹出“修剪曲线”对话框。在绘图区中选择相交曲线5和边界对象点，修剪曲线2，如图6-108所示。

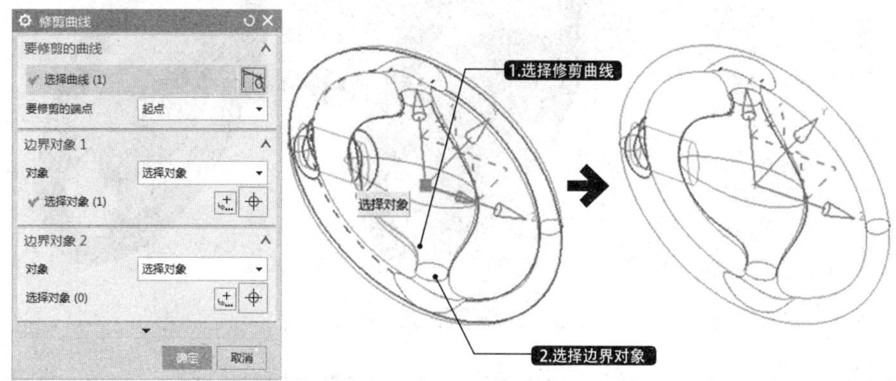

图6-107 修剪曲线1

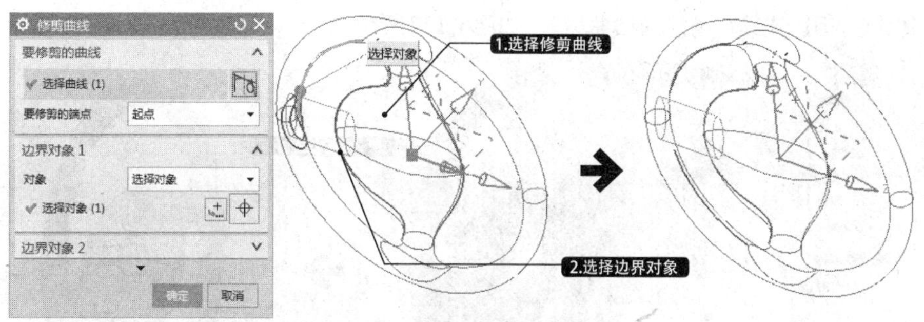

图6-108 修剪曲线2

36 绘制艺术样条3。选择“曲线”→“曲线”→“艺术样条”选项，弹出“艺术样条”对话框。在绘图区中连接曲线网格曲面和扫掠曲面上的相交曲线，绘制如图6-109所示的两条艺术样条，并设置连续性为G1相切连续。

图6-109 绘制艺术样条3

37 创建拉伸体2。单击选项卡“主页”→“特征”→“拉伸”选项，弹出“拉伸”对话框。在绘图区中选择上步骤绘制的艺术样条3为截面，设置“限制”选项组中“开始”和“结束”的距离为20和0，如图6-110所示。

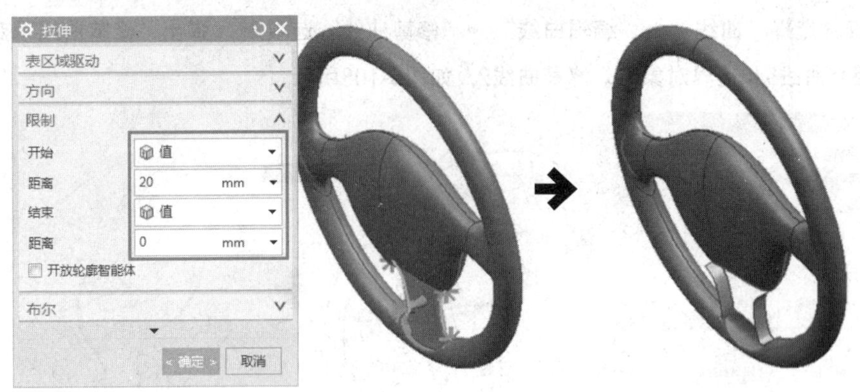

图6-110 创建拉伸体2

38 创建曲线网格曲面3。选择“主页”→“曲面”→“通过曲线网格”选项，弹出“通过曲线网格”对话框。在绘图区中选择偏置曲线1、偏置曲线2和拉伸体2为主曲线，选择艺术样条为交叉曲线，并设置对应相切片体为G1相切连续，创建网格曲面2，如图6-111所示。

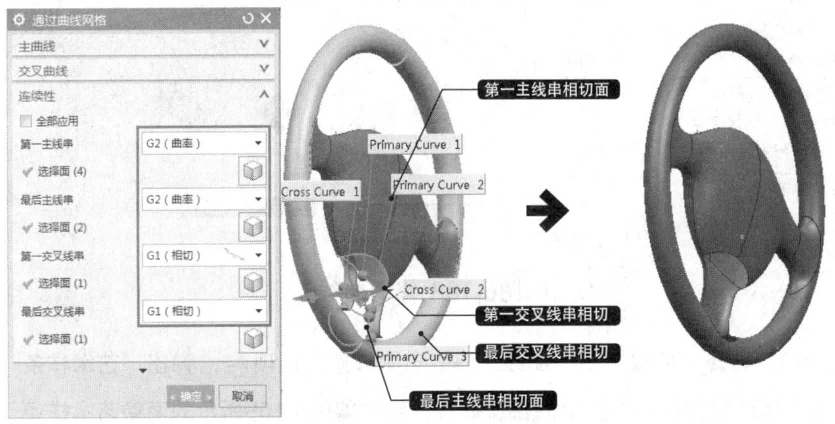

图6-111 创建曲线网格曲面3

39 创建镜像曲面特征。选择“主页”→“特征”→“更多”→“镜像特征”选项，弹出“镜像特征”对话框。在绘图区中选择上步骤创建的曲线网格曲面3，选择*XC-ZC*基准平面为镜像平面，如图6-112所示。至此，轿车转向盘模型创建完成。

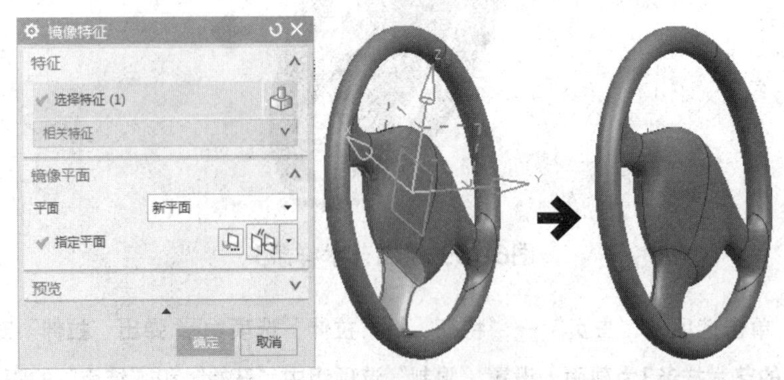

图6-112 镜像曲面特征

第7章

曲面分析

学习目标：

- 曲线分析
- 距离测量
- 角度测量
- 检查几何体
- 偏差测量
- 截面分析
- 高亮线分析
- 曲面连续性分析
- 曲面半径分析
- 曲面反射分析
- 曲面斜率分析
- 案例实战——创建触摸手机上壳及截面分析
- 案例实战——创建旋盖手机上壳及曲面分析

在用UG进行曲面建模的过程中，经常需要对所要创建的曲面进行分析，从而对所创建的曲面的形状进行分析验证，改变曲面创建的参数和设置，以满足曲面设计分析工作的需要，这样才能够更好地完成比较复杂的曲面建模工作。

UG NX 12.0曲面建模提供了多种多样的分析方法。常见的分析方法主要集中在“分析”选项卡下的各个组中，如图7-1所示。这些分析工具可以非常方便地用于曲面曲线分析，本章将对其中的一些分析工具进行介绍。

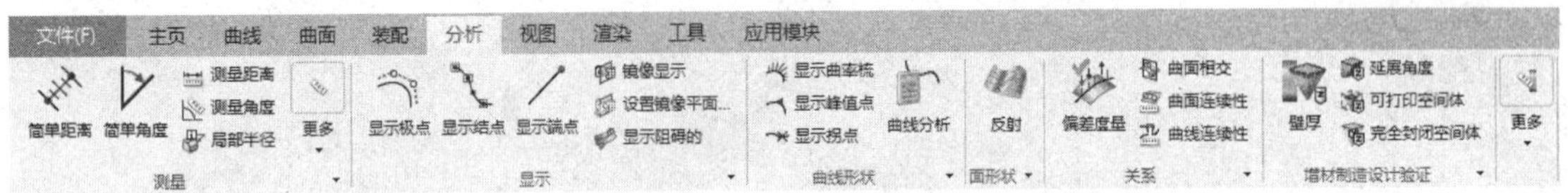

图7-1 “分析”选项卡

7.1 曲线分析

“曲线分析”工具可以分析所选曲线的曲率、峰值点和拐点等。在绘图区中选择要分析的曲线后，选择“分析”→“曲线形状”→“显示曲率梳”选项、“显示峰值点”选项或“显示拐点”选项，可分别对曲线的曲率梳、峰值和拐点进行分析，也可以在“菜单”选项中选择“分析”→“曲线”→“曲线分析”选项，弹出“曲线分析”对话框，在“分析显示”选项组中选择“显示曲率梳”选项，通过拖动“针比例”和“针数”滑块可以控制显示曲率梳的形状；选择“峰值”选项后，在绘图区中将显示曲线的峰值，如图7-2所示。

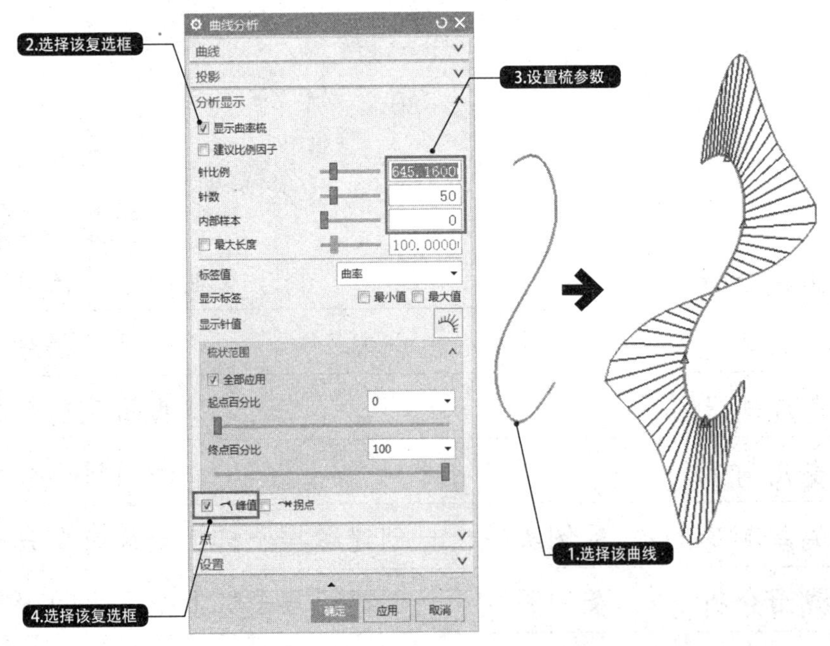

图7-2 曲线曲率和峰值分析

7.2 距离测量

在UG NX的曲面设计中，曲面测量以及误差的修改非常重要。在曲面测量过程中，一般要测量点到面的误差、曲线到曲面的偏差，对外观要求较高的曲面还要检查表面的光顺度。距离测量指对指定两点、两面之间的距离、投影距离、屏幕距离以及曲线长度和半径等进行测量。选择“分析”→“测量”→“测量距离”选项测量距离，弹出“测量距离”对话框；在“类型”下拉列表中选择“距离”选项，在绘图区中选择两个曲面分别作为起点和终点。在“距离”下拉列表中选择“最小值”，系统会测量两张曲面之间的最小距离；在“距离”下拉列表中选择“最大值”，系统会测量两张曲面之间的最大距离。如图7-3所示。

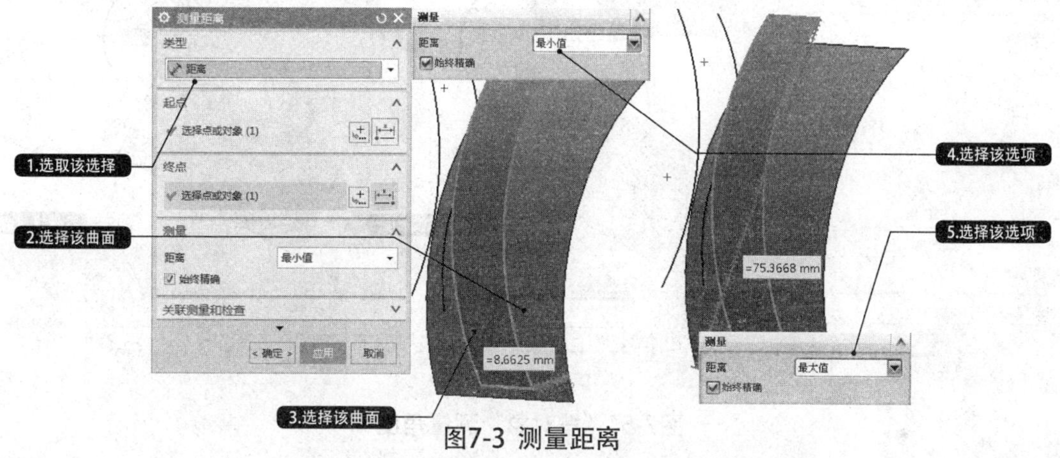

图7-3 测量距离

再次打开“测量距离”对话框，在“类型”下拉列表中选择“投影距离”，在“矢量”选项组中设置投影方向矢量，并在绘图区中选择起点和终点，系统会测量所选起点和终点在矢量方向上的距离，如图7-4所示。

有兴趣的读者可以在“类型”下拉列表中选择“屏幕距离”“长度”“半径”和“点在曲线上”等选项，测量其他对象如曲线与曲面、点与曲线等之间的距离，。

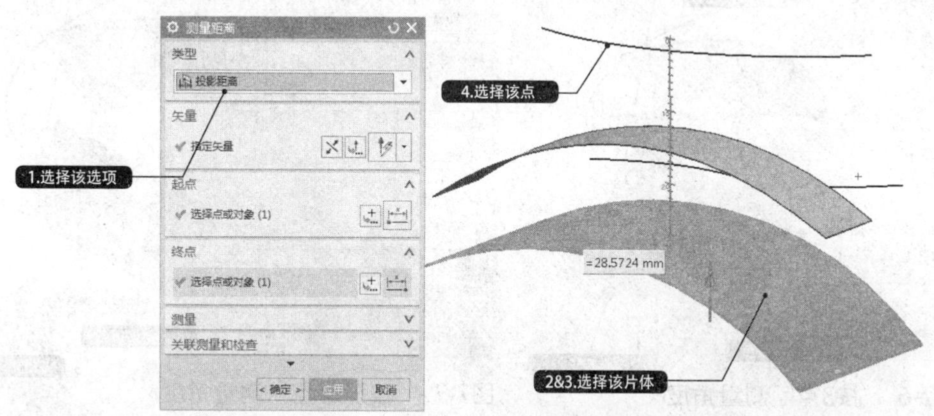

图7-4 投影距离

7.3 角度测量

使用"测量角度"工具可精确计算两对象之间（两曲线间、两平面间、直线和平面间）的角度参数。在菜单选项中选择"分析"→"测量角度"选项，弹出"测量角度"对话框，在"类型"下拉列表中选择"按对象"选项，在绘图区中选择两个曲线分别作为第一个参考和第二个参考。在"方向"下拉列表中选择"内角"选项，系统会测量两条曲线之间的内角；在"方向"下拉列表中选择"外角"，系统会测量两条曲线之间的外角。如图7-5所示。

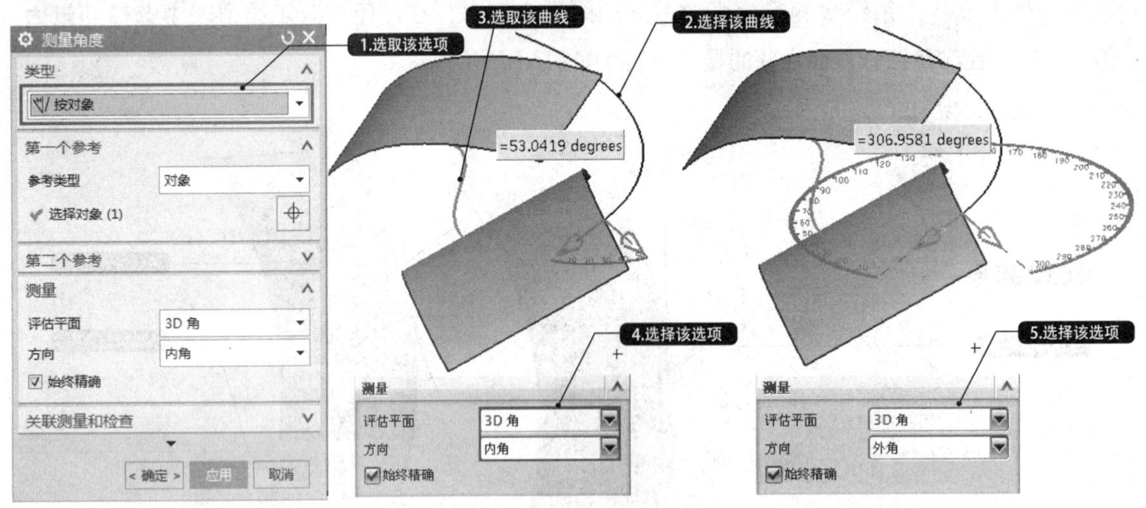

图7-5 "按对象"测量角度

再次打开"测量角度"对话框，在"类型"下拉列表中选择"按3点"，并在绘图区中选择基点、基线的终点和量角器的终点，系统会测量所选以基点为中心的起点和终点之间的角度，如图7-6所示。在"类型"下拉列表中选择"按屏幕点"，其操作方法与"按3点"类似，系统会测量所选3个点在屏幕方向上的角度，如图7-7所示。

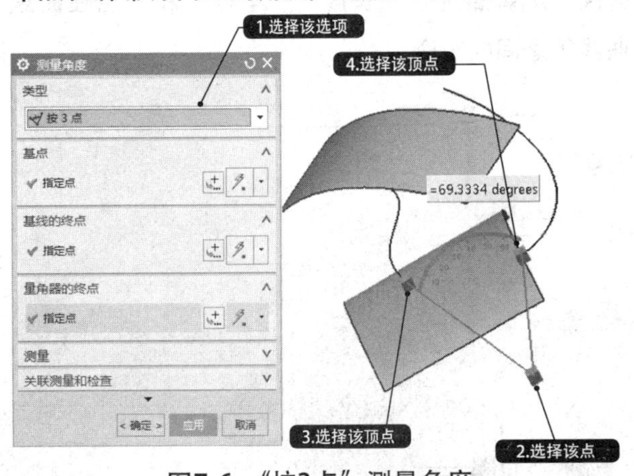

图7-6 "按3点"测量角度

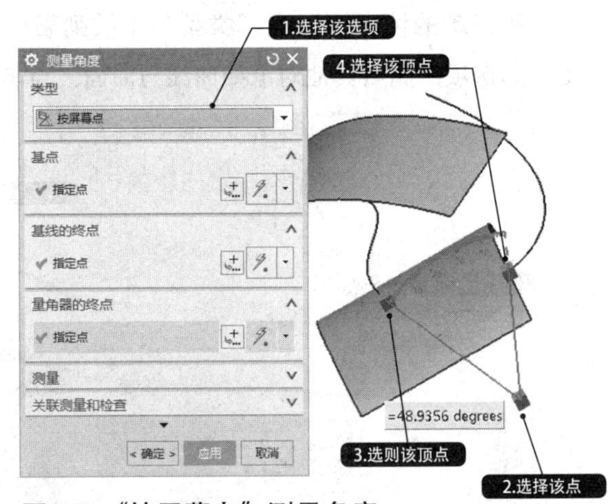

图7-7 "按屏幕点"测量角度

7.4 检查几何体

“检查几何体”在UG 逆向设计中主要用于检查几何体的状态，包括曲面光顺性、自相交、锐刺/细缝等。当一张曲面不光顺时，可求此曲面的一些截面，调整这些截面使其光顺，再利用这些截面重新构面，效果要好些，这是UG逆向造型设计常用的一种方法。

要执行检查几何体操作，可在“菜单”选项中选择“分析”→“检查几何体”选项，弹出如图7-8所示的“检查几何体”对话框。该对话框包括了多个选项组，各选项组中包含多个选项，各选项组的含义及设置方法见表7-1。

表7-1 “检查几何体”对话框中各选项组的含义及设置方法

选项组	含义及设置方法
对象检查/检查后状态	该选项组用于设置对象的检查功能，选择“微小的”复选框，可在几何对象中查找所有微小的实体、面、曲线和边；选择“未对齐”复选框，可检查所选几何对象与坐标轴的对齐情况
体检查/检查后状态	该选项组用于设置实体的检查功能，选择“数据结构”复选框，可检查每个选择实体中的数据结构有无问题；选择“一致性”复选框，可检查每个选择实体内部是否有冲突；选择“面相交”复选框，可检查每个选择实体表面是否交叉；选择“片体边界”复选框，可查找选择片体的所有边界
面检查/检查后状态	该选项组用于设置表面的检查功能，选择“光顺性”复选框，可检查B表面的平滑过渡情况；选择“自相交”复选框，可检查所选表面是否自交；选择“锐利/细缝”复选框，可检查表面是否被分割
边检查/检查后状态	该选项组用于设置边缘的检查功能，选择“光顺性”复选框，可检查所有与表面连接但不光滑的边；选择“公差”复选框，可检查超出距离误差的边
检查准则	该选项组用于设置最大公差大小，可在“距离”和“角度”文本框中输入对应的最大公差值

在该对话框中选择“选择对象”选项，然后在工作区中选择要分析的对象，并根据几何对象的类型和要检查的项目在对话框中选择相应的选项，接着选择“操作”选项组中的“检查几何体”选项，并单击右侧的“信息”选项，弹出“信息”窗口，其中将列出相应的检查结果，如图7-9所示。

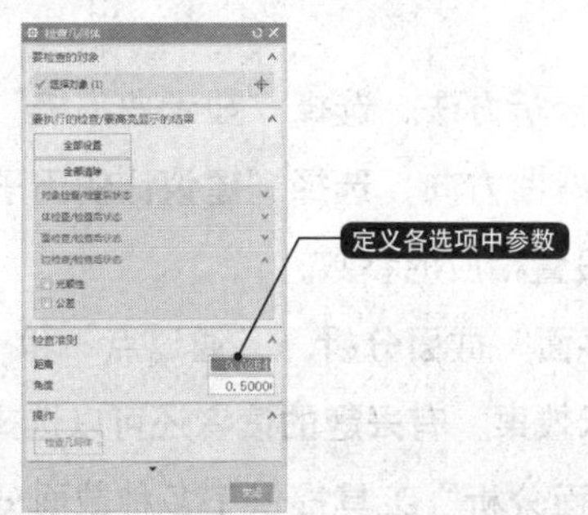

图7-8 “检查几何体”对话框

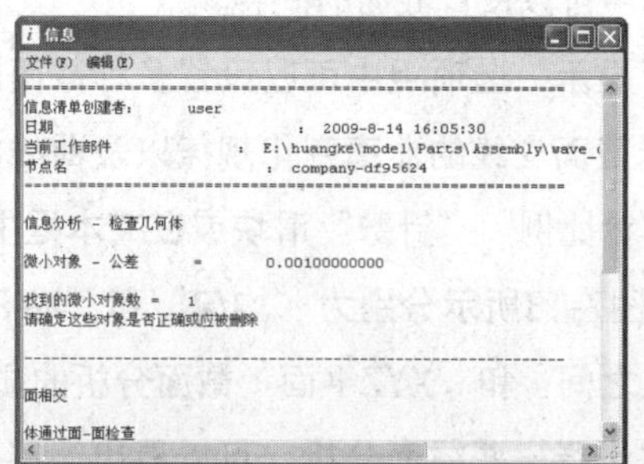

图7-9 检查几何体的“信息”窗口

7.5 偏差度量

“偏差度量”工具主要用于分析曲线或曲面与其他几何元素之间的偏差，能够动态地提供图形或数值结果显示。在所分析的曲线或曲面上还可以显示超出最大允许偏差值的位置，以及偏差数值最小或最少的地方。这些图形或数值表示的结果包括矢量表示、标记、数值等，通常可以称之为偏差度量对象。

选择“分析”→“关系”→“偏差度量”选项，弹出“偏差度量”对话框。在绘图区中选择要比较的两个对象，对象包括曲线、边缘、面和动态偏差对象。在“测量定义”选项组中可以定义测量的方法、最大检查距离、最大检查角度和样本分辨率等参数，如图7-10所示。

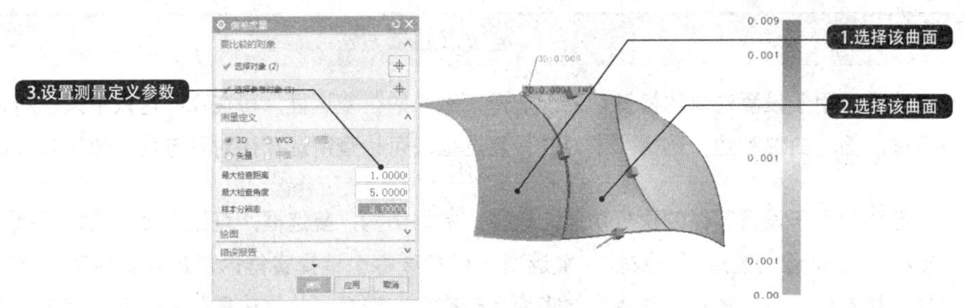

图7-10 偏差度量效果

7.6 截面分析

“截面分析”工具可以用于分析自由表面的形状和质量。UG NX 12.0提供了多种截面分析的方法。通过这些截面与目标曲面产生交线，进一步通过分析这些交线的曲率变化情况来分析表面的情况。

在“菜单”选项中选择“分析”→“形状”→“截面分析”选项，弹出“截面分析”对话框。在绘图区中选择要分析截面的曲面，在“定义”选项组中可以设置“截面放置”和“截面对齐”的方式，选择“数量”复选框后可以拖动滑块或在文本框中输入截面的数量，拖动“间距”滑块或在文本框中可以设置截面的间距。

在“分析显示”选项组中可以设置多种截面的分析方法。选择“显示曲率梳”复选框，可以比较形象地显示截面交线的曲率变化规律以及曲线的弯曲方向；选择“建议比例因子”复选框，可以通过下面的“针比例”“针数”滑块或在文本框中设置相应的参数。

图7-11~图7-13所示分别为“均匀”和“XYZ平面”截面分析、“通过点”和“XYZ平面”截面分析、“在点之间”和“XYZ平面”截面分析的显示效果。有兴趣的读者还可以选择其他截面放置和对齐组合方式进行一些截面分析。可以看出，“截面分析”工具提供了多种截面分析方法和截面参数的分析比较情况，因此可以比较灵活地显示曲面分析的能力和要求。

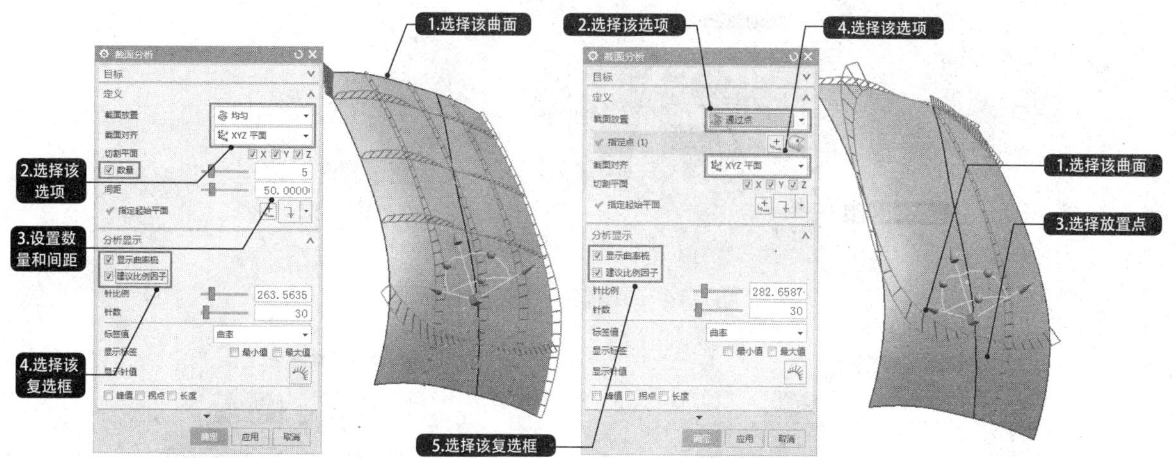

图7-11　“均匀”和“XYZ平面”截面分析　　图7-12　“通过点”和“XYZ平面”截面分析

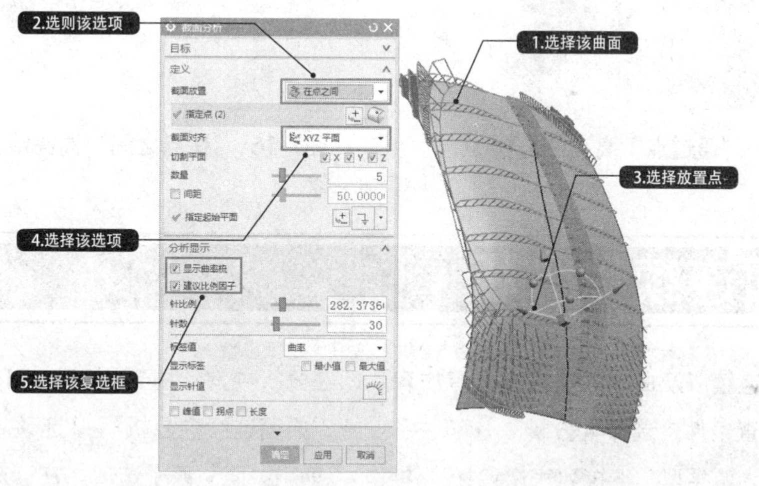

图7-13　“在点之间”和“XYZ平面”截面分析

7.7 高亮线分析

高亮线分析是一种反射分析方法，常用于分析曲面的质量，能够通过一组特定的光源投影到曲面上，在曲面上形成一组反射线。通过旋转改变曲面的视角，可以很方便地观察曲面的变化情况。选择“分析”→“面形状”→“高亮线”选项，弹出“高亮线”对话框。在“光源放置”下拉列表中有3个选项，“均匀”指等距、等间隔的光源，可以在“光源数”文本框中输入光源数目，在“光源间距”文本框中输入光源间距；“通过点”则需要在曲面上选择一系列光源需要通过的点；“在点之间”则可以在曲面上选择两个点作为光源照射的边界点。

在选择了“光源放置”的选项后，在绘图区中选择要高亮线分析的曲面，并设置相关的参数即可。具体设置方法如图7-14～图7-16所示。

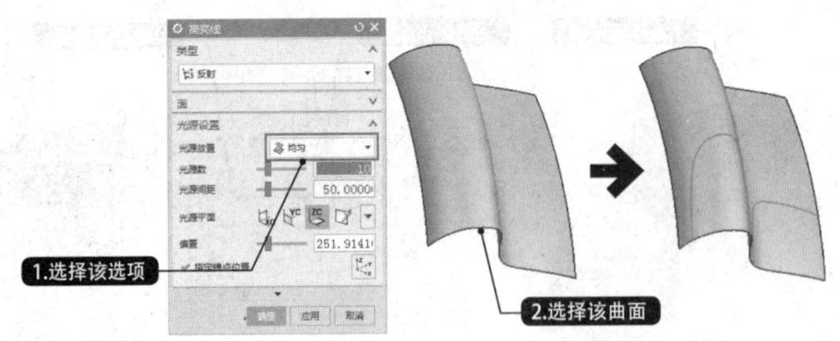

图7-14 “均匀”高亮线分析

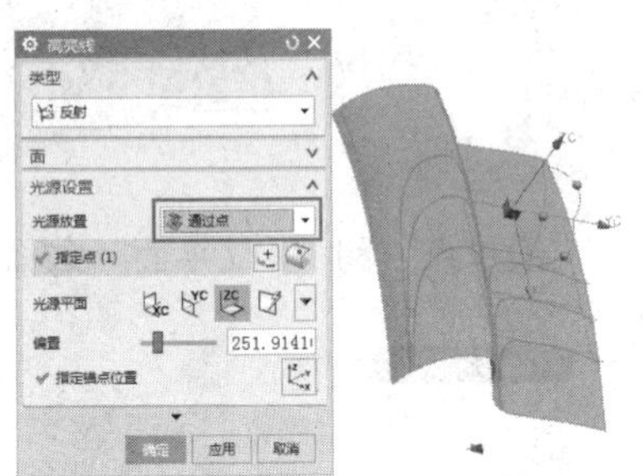

图7-15 “通过点”高亮线分析

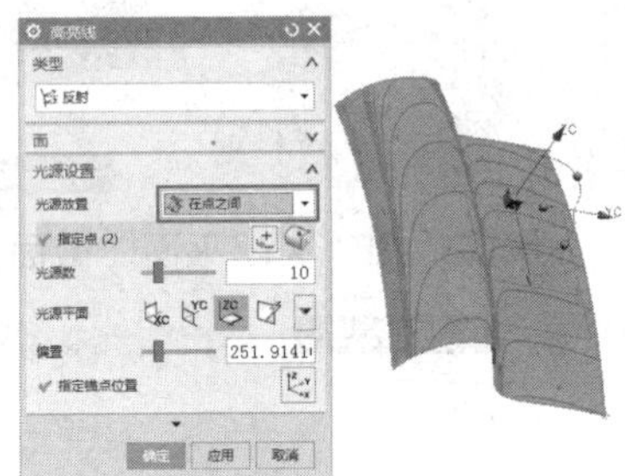

图7-16 “在点之间”高亮线分析

7.8 曲面连续性分析

连续、曲率连续以及曲率的斜率连续等内容，即在分析中常常提到的G0、G1、G2和G3连续性分析判断检查条件。选择“分析”→“关系”→“曲面连续性分析”选项，弹出“曲面连续性”对话框。“类型”下拉列表中包括“边-边”和“边-面”两个选项；在“对照对象”选项组中可以选择要分析曲面的边和参考边；在“连续性检查”选项组中可以进行G0、G1、G2和G3连续性分析，在“分析显示”选项组中可以设置连续指针的显示和比例因子，控制针的显示长度以及密度。

打开“曲面连续性”对话框后，可以设置分析曲面连续性的类型，这里选择“边-边”，然后在绘图区中选择目标边和参考边，分别对曲面进行G0\G1d连续性分析，如图7-17和图7-18所示。

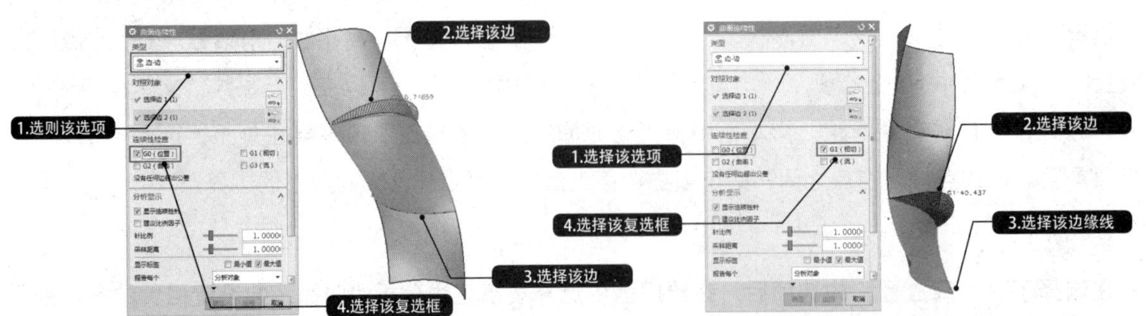

图7-17 “G0(位置)”曲面连续性分析　　图7-18 “G1（相切）”曲面连续性分析

7.9 曲面半径分析

曲面半径分析方法可用于检查整张曲面的曲率分布情况，曲面上的不同位置的曲率情况可以通过不同的模态进行显示，可以非常直观地观察曲面上的曲率半径的分布情况和变化情况。选择“分析”→“更多”→“半径”选项，弹出“半径分析”对话框。在“类型”下拉菜列表中包括以下选项。

◆ 高斯：在所选曲面上显示每个点的高斯曲率半径。

◆ 最大值：在所选的曲面上显示每个点的最大曲率半径。

◆ 最小值：在所选的曲面上显示每个点的最小曲率半径。

◆ 平均：在所选的曲面上显示每个点的平均曲率半径。

◆ 正常：显示截平面内的曲率半径，截平面由曲面法向和参考矢量方向确定。如果参考矢量方向与某点处法向平行，则该点处的曲率为0。

◆ 截面：显示截平面内的曲率半径，采用此种类型的截平面平行于参考平面，如果参考平面平行于某点处的切平面，则该点处的截面曲率为0。

◆ U：在所选曲面上显示每个点的U方向曲率半径。

◆ V：在所选曲面上显示每个点的V方向曲率半径。

在“模态”下拉列表中包括“云图”“刺猬梳”和“轮廓线”3个选项，下面分别介绍如下。

◆ 云图：根据曲面上每一点的曲率大小产生不同的颜色，将所有点联系起来进行显示，同时配有图标显示不同颜色曲率的大小。

◆ 刺猬梳：同样根据颜色来显示不同的曲率，同时通过每一点的曲率方向代表此处的曲率方向。

◆ 轮廓线：通过将相同曲率半径的点连接起来构成轮廓线，即曲率等值线图，可以在进行“轮廓线”分析时显示所设置轮廓线的数目。

在“类型”下拉列表中选择“平均”，在“模态”下拉列表中选择“云图”，在绘图区中选择要分析的曲面，单击“应用”按钮即可得到曲率半径分析结果。在绘图区右侧颜色条中的不同颜色代表了不同的曲率半径，如图7-19所示。

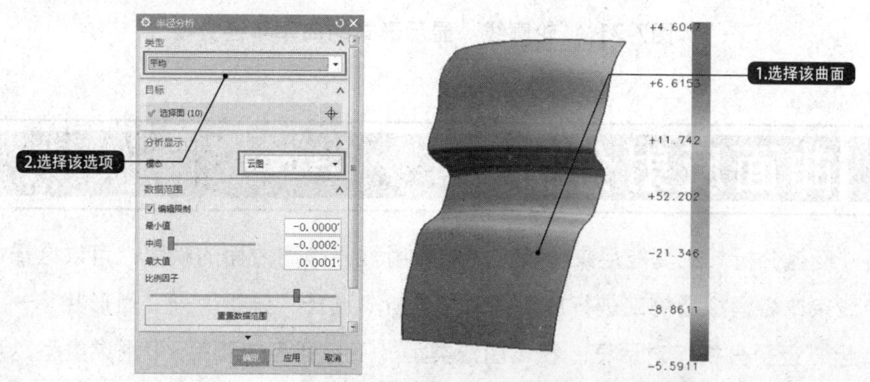

图7-19 “云图”显示形式的曲率半径分析

在“类型”下拉列表中选择“U”，在“模态”下拉列表中选择“刺猬梳”，在“锐刺长度”文本框中输入10，在绘图区中选择要分析的曲面，单击“应用”按钮，得到曲率半径分析结果。右侧颜色条中的不同颜色代表了不同的曲率半径，梳齿方向表示了曲面的法向，如图7-20所示。

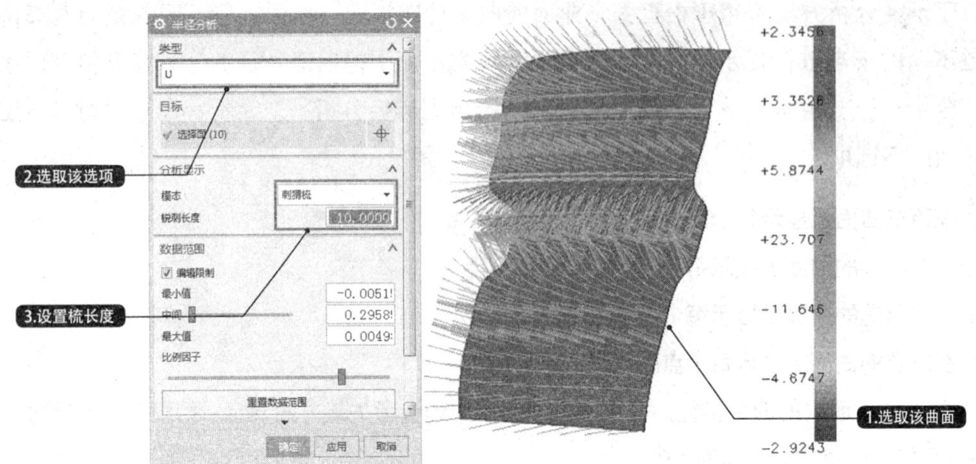

图7-20 刺猬梳形式的曲率半径分析

在“类型”下拉列表中选择“最大值”，在“模态”下拉列表中选择“轮廓线”，在“线的数量”文本框中输入19，在绘图区中选择要分析的曲面，单击“应用”按钮，得到曲率半径分析结果。右侧颜色条中的不同颜色代表了不同的曲率半径，如图7-21所示。

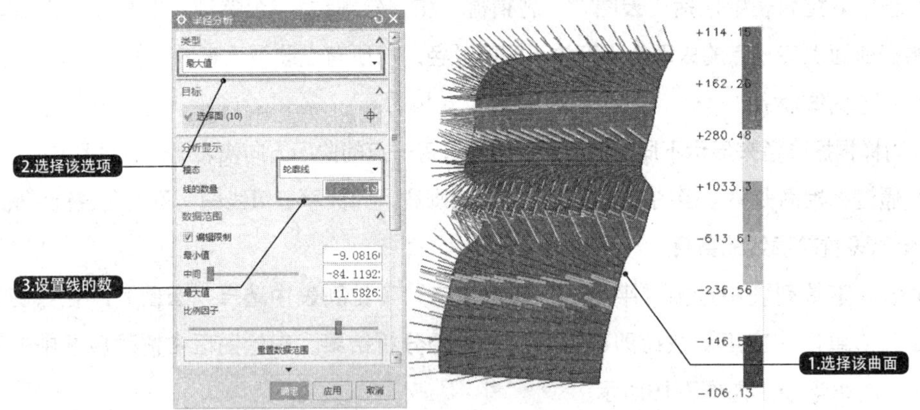

图7-21 “轮廓线”显示形式的曲率半径分析

7.10 曲面反射分析

曲面“反射分析”工具能用来分析曲面的反射性并检测曲面的缺陷，可以选择使用黑色线条、彩色线条或者模拟场景来进行反射性能的分析。选择“分析”→“面形状”→“反射”选项，弹出“反射分析”对话框。在“图像类型”下拉列表中包括3个图像类型，下面分别介绍。

◆ 直线图像：表示选择使用直线图形进行反射性分析，可以在“图像”选项组中对“线的数量”“线的方向”进行设置。

◆ 场景图像：选择此选项，可以在“图像”选项组中根据系统提供的场景类型来进行曲面曲率分析。

◆ 用户指定的图像：选择此选项，可以由用户指定图像文件作为反射图像。

在打开“反射分析”对话框后，在“类型”下拉列表中选择“直线图像”选项，在“图像”选项组中选择“黑线和白线”图标，并在绘图区中选择要分析的曲面，在“线的数量”下拉列表中选择16，在“线的方向”下拉列表中选择“竖直”，单击“应用”按钮，即可得到反射分析结果。图中条纹疏密程度显示了曲面曲率的变化情况，条纹越密的地方曲面曲率变化越大，条纹折断的地方表示没有G1以上的连续性，如图7-22所示。

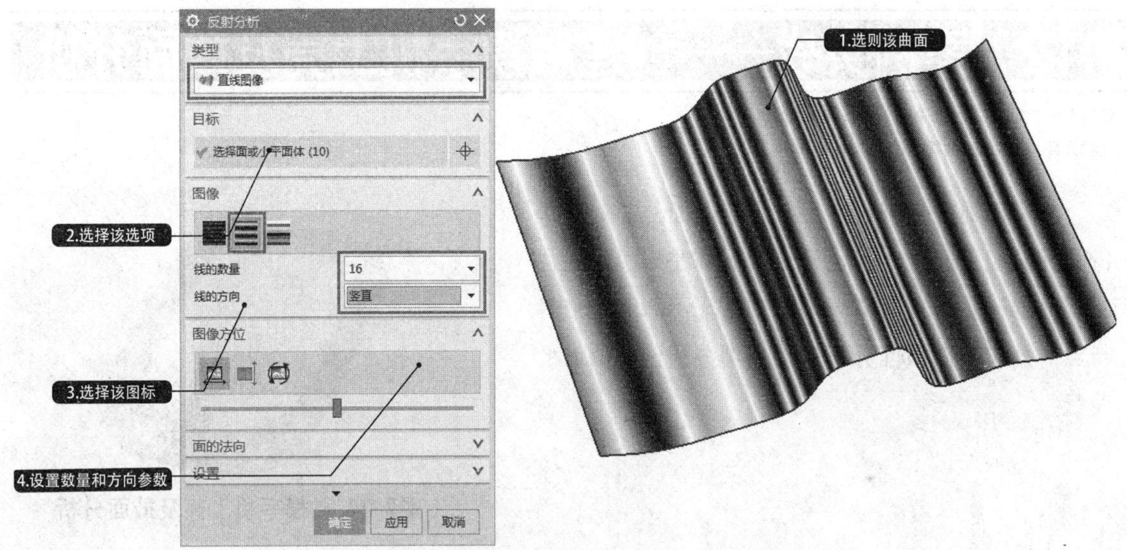

图7-22 “直线图像”类型的反射分析

7.11 曲面斜率分析

曲面“斜率分析”工具可以用于分析曲面上每一点的法向与指定的矢量方向之间的夹角，并通过颜色图显示和表现出来。在模具设计分析中，曲面斜率分析方法应用得十分广泛，主要以模具的拔模方向参考矢量对曲面的斜率进行分析，从而判断曲面的拔模性能。

选择“分析”→“更多”→“斜率”选项，弹出“斜率分析”对话框。“模态”选项组中包括有“云图”“刺猬梳”和“轮廓线”3个选项，在“曲面半径分析”一节中有介绍，因此不再叙述，这里选择“云图”选项。在“指定矢量”下拉列表中选择“XC轴”作为参考矢量。单击“应用”按钮，即得到斜率分析结果。右侧颜色条中的不同颜色代表了曲面上每点的法向与参考矢量方向的夹角值，如图7-23所示。

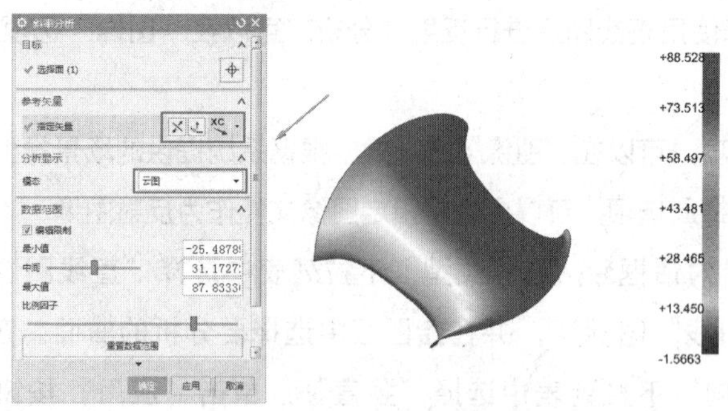

图7-23 “云图”显示形式的斜率分析

7.12 案例实战——创建触摸手机上壳及截面分析

最终文件：素材\第2章\手机上壳曲面-OK.prt

视频文件：视频\2.6创建手机上壳曲面.mp4

本实例创建一个触摸手机上壳曲面，并对其进行截面分析，如图7-24所示。该壳体是手机外壳最主要的部分，外表面需体现美观、光滑和流线形等特点，通过曲面截面分析可以辅助分析创建曲面的质量。

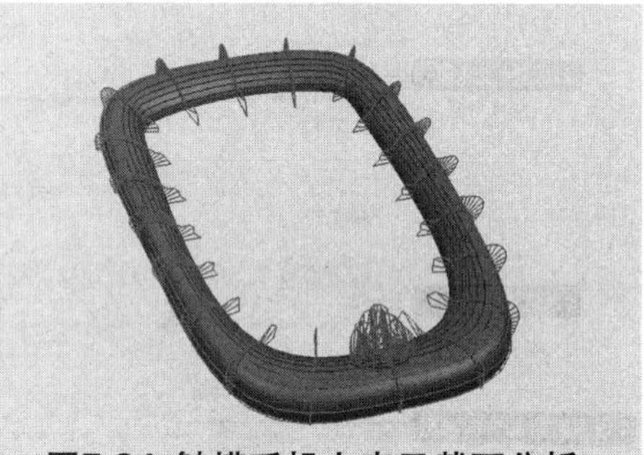

图7-24 触摸手机上壳及截面分析

7.12.1 设计流程图

在创建本实例时，可以先利用“基准平面”“草图”“艺术样条”和“直线”等工具创建一侧的基本线框，以及利用“通过曲线网格”“镜像体”工具创建出手机基本曲面；然后利用“草图”“投影曲线”“修剪片体”等工具修剪凹孔曲面，并利用“桥接曲线”“通过曲线网格”工具创建出凹孔曲面；最后利用“截面分析”工具以“XYZ平面”和“等参数”的对齐方式对壳体曲面进行截面分析，如图7-25所示。

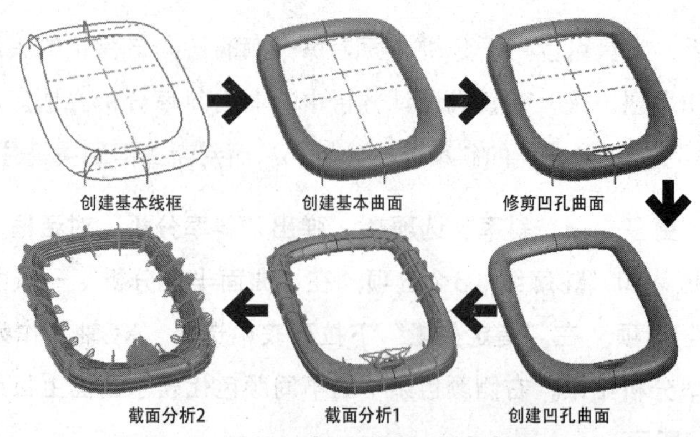

图7-25 触摸手机上壳的设计流程图

7.12.2 具体设计步骤

01 手机壳轮廓草图。选择“主页”→“草图”选项，打开“创建草图”对话框。在绘图区中选择*XC-YC*平面为草绘平面，绘制如图7-26所示的手机壳外轮廓草图。按同样的方法绘制手机壳内轮廓草图，如图7-27所示。

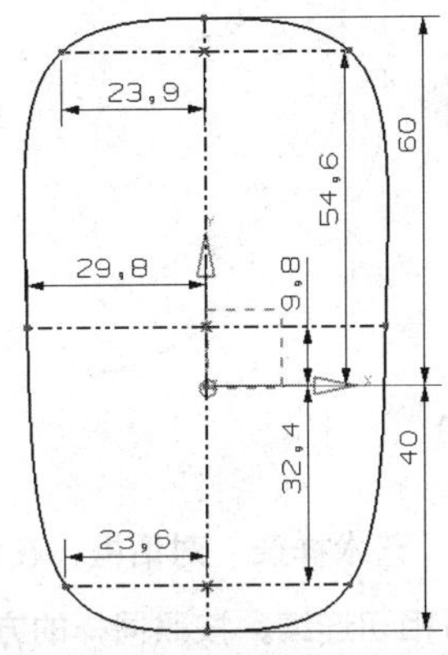

图7-26 绘制手机壳外轮廓草图

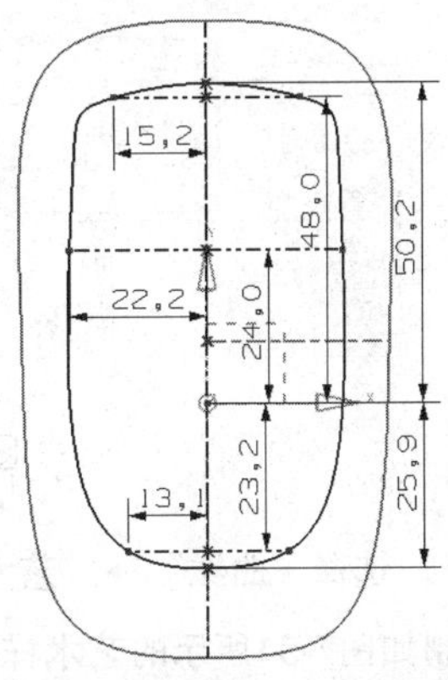

图7-27 绘制手机壳内轮廓草图

02 创建直线1和直线2。选择“曲线”→“直线”选项，弹出“直线”对话框。在绘图区中选择内、外轮廓上的两个点，创建网格曲线的定位线，即直线1，如图7-28所示。按同样的方法创建另一条网格曲线定位线，即直线2，如图7-29所示。

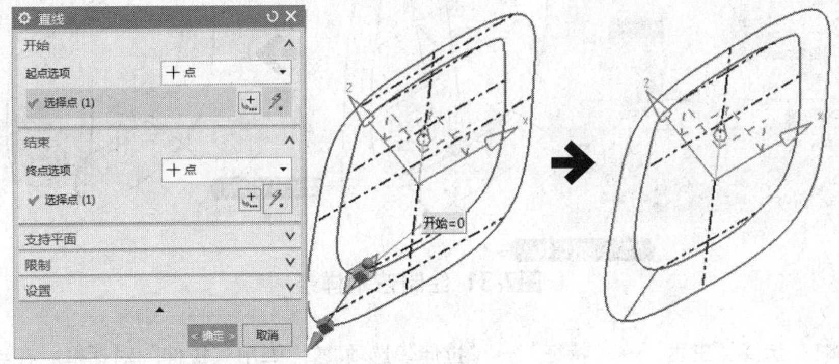

图7-28 创建直线1

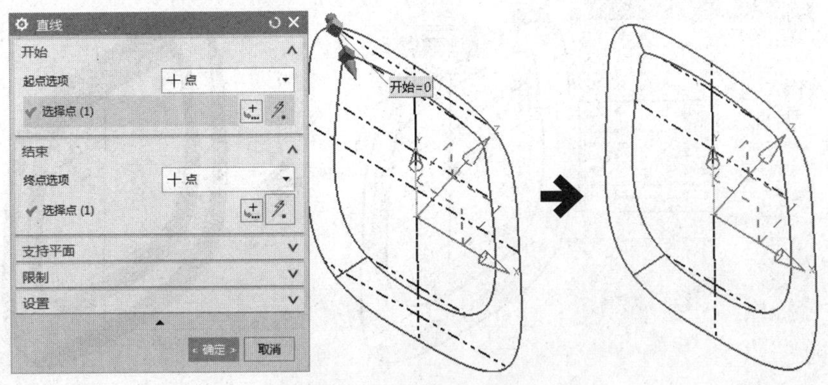

图7-29 创建直线2

03 绘制相切直线段。选择“曲线”→“直线”选项，弹出“直线”对话框。在绘图区中选择网格曲线定位线的端点，绘制-Z轴方向长度为4的8条相切直线段，如图7-30所示。

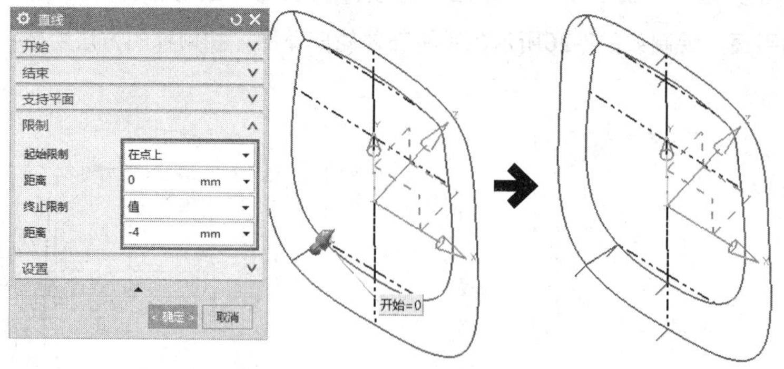

图7-30 绘制相切直线段

04 绘制艺术样条。选择“曲线”→“艺术样条”选项，弹出“艺术样条”对话框。在绘图区中相切直线段的端点，绘制如图7-31所示的艺术样条，并设置连续性为G1相切连续。按照同样的方法绘制其他3条艺术样条。

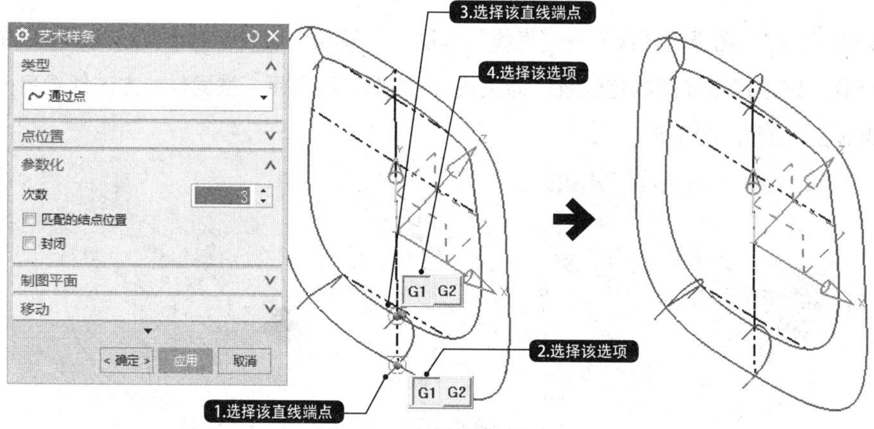

图7-31 绘制艺术样条

05 创建拉伸体1。选择“主页”→“特征”→“拉伸”选项，弹出“拉伸”对话框。在绘图区中选择手机壳的内、外轮廓线，设置“限制”选项组中“开始”和“结束”的距离为5和0，如图7-32所示。

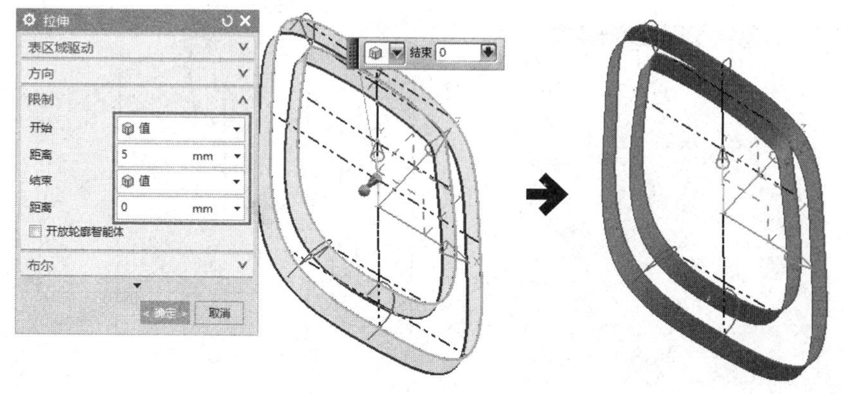

图7-32 创建拉伸体1

06 创建拉伸体2。选择“主页”→“特征”→“拉伸”选项，弹出“拉伸”对话框。在绘图区中选在*YC-ZC*平面内的两条艺术样条，设置“限制”选项组中“开始”和“结束”的距离为5和0，如图7-33所示。

07 创建曲线网格曲面1。选择“主页”→“曲面”→“通过曲线网格”选项，弹出“通过曲线网格”对话框。在绘图区中依次选择艺术样条为主曲线，选择内外轮廓线为交叉曲线，并设置对应相切片体为G1相切连续，创建曲线网格曲面1如图7-34所示。

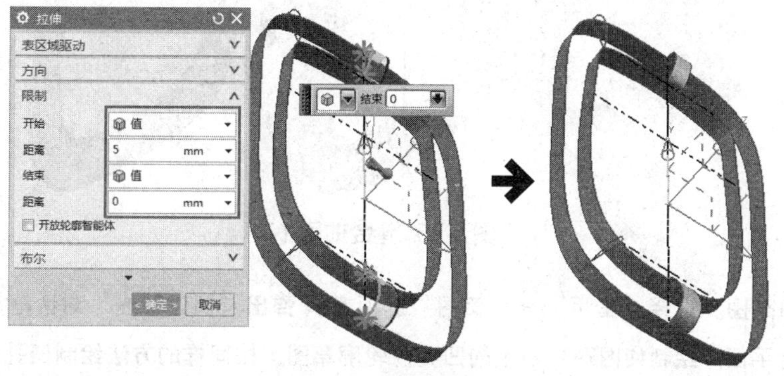

图7-33 创建拉伸体2

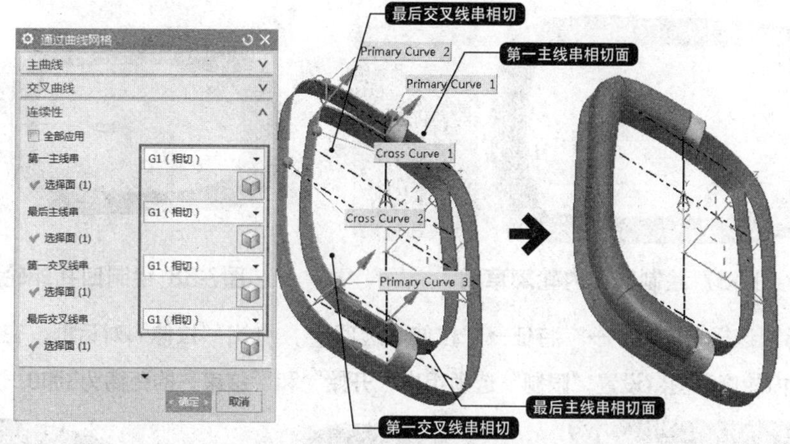

图7-34 创建曲线网格曲面1

08 创建镜像体1。在“菜单”选项中选择“插入”→“关联复制”→“抽取几何体”选项，在“类型”下拉列表中选择“镜像体”，在绘图区中选择上步骤创建的曲线网格曲面为目标体，选择*YC-ZC*基准平面为镜像平面，如图7-35所示。

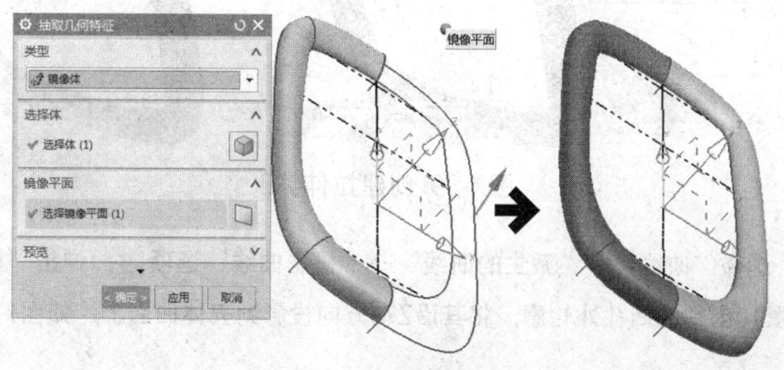

图7-35 创建镜像体1

09 缝合曲面1。在“菜单”选项中选择“插入”→“组合体”→“缝合”选项，弹出“缝合”对话框。在绘图区中选择曲线网格曲面1为目标片体，选择绘图区中其他的曲面为工具片体，如图7-36所示。

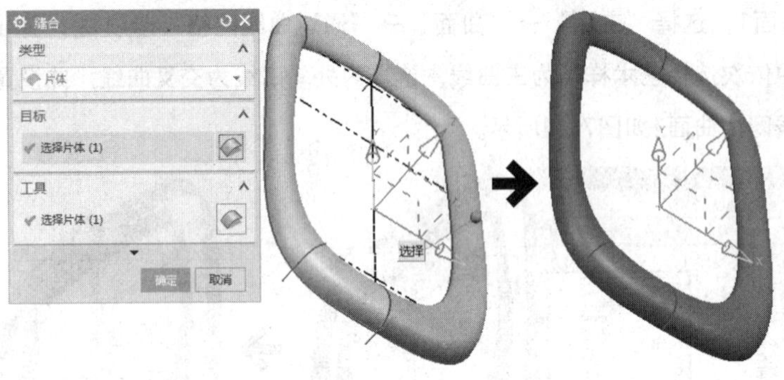

图7-36 缝合曲面1

10 绘制凹孔轮廓草图。选择“主页”→“草图”选项，弹出“创建草图”对话框。在绘图区中选择*XC-YC*平面为草绘平面，绘制如图7-37所示的凹孔内轮廓草图。按同样的方法绘制凹孔外轮廓草图，如图7-38所示。

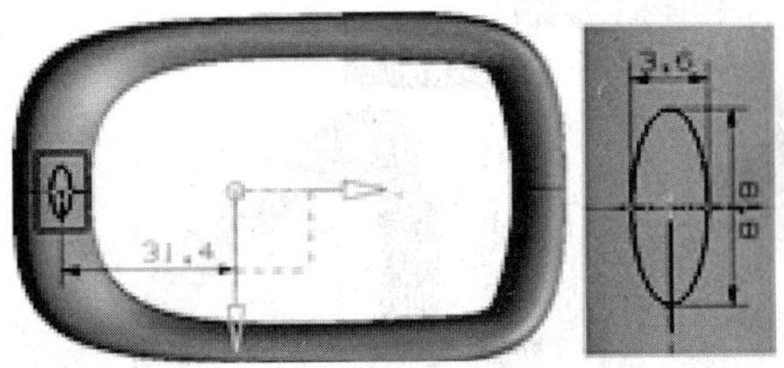

图7-37 绘制凹孔内轮廓草图

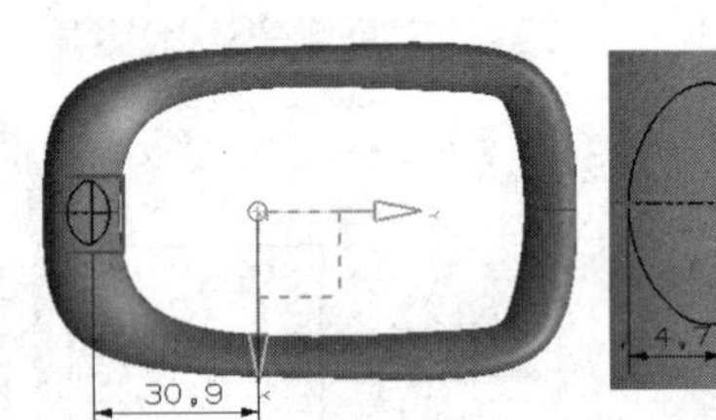

图7-38 绘制凹孔外轮廓草图

11 创建拉伸体3。选择“主页”→“特征→“拉伸”选项，弹出“拉伸”对话框。在绘图区中选择上步骤绘制的凹孔内轮廓草图，设置“限制”选项组中“开始”和“结束”的距离为3和0，如图7-39所示。

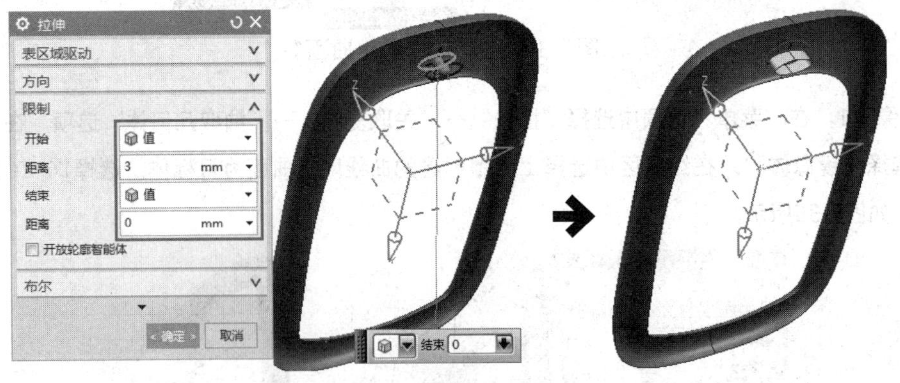

图7-39 创建拉伸体3

12 创建投影曲线。选择“曲线”→“派生的曲线”→“投影曲线”选项，弹出“投影曲线”对话框。在绘图区中选择步骤10创建的凹孔外轮廓，将其沿Z轴方向投影到壳体曲面上，如图7-40所示。

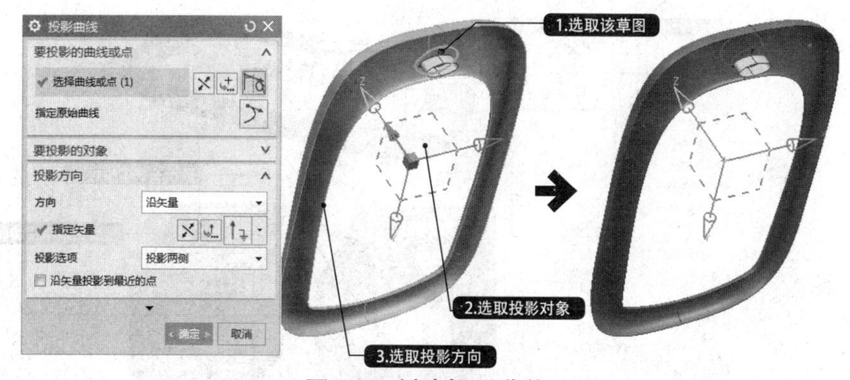

图7-40 创建投影曲线

13 修剪片体。选择“主页”→“特征”→“更多”→“修剪片体”选项，弹出“修剪片体”对话框。在绘图区中选择手机壳体为目标片体，选择上步骤创建的投影曲线为边界对象，修剪片体如图7-41所示。

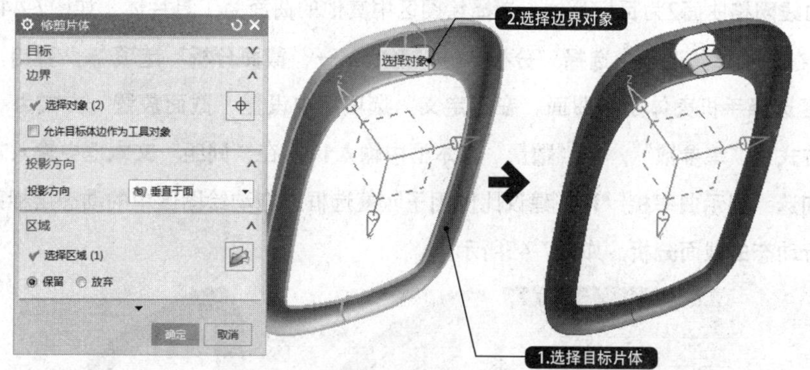

图7-41 修剪片体

14 桥接曲线。选择“曲线”→“派生的曲线”→“桥接曲线”选项，弹出“桥接曲线”对话框。在绘图区中选择拉伸体3上的侧面线端点和壳体上修剪片体上对应的曲线端点，并在对话框“形状控制”选项组中设置参数，如图7-42所示。按同样的方法创建另一侧桥接曲线。

15 创建曲线网格曲面2。选择“主页”→“曲面”→“通过曲线网格”图标，弹出“通过曲线网格”对话框.在绘图区中依次选择内外轮廓线为主曲线，选择艺术样条为交叉曲线，并设置对应相切片体为G1相切连续，如图7-43所示。

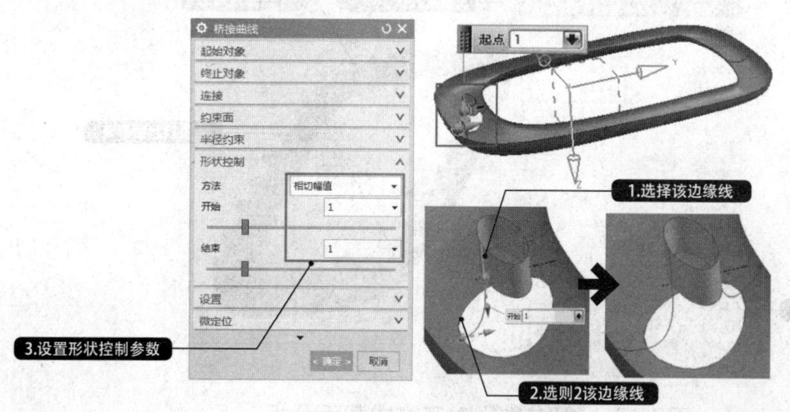

图7-42 创建桥接曲线

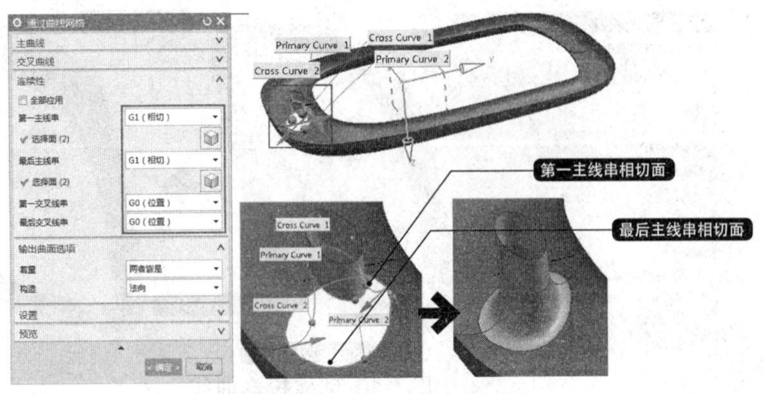

图7-43 创建曲线网格曲面2

16 缝合曲面2。在“菜单”选项中选择“插入”→“组合体”→“缝合”选项，弹出“缝合”对话框。在绘图区中选择曲线网格曲面2为目标片体，选择绘图区中其他的曲面为工具片体，如图7-44所示。

17 截面分析。在“菜单”选项中选择“分析”→“形状”→“截面分析”选项，弹出“截面分析”对话框。在绘图区选择手机壳体所有曲面。在“定义”选项组中设置“截面放置”方式为“均匀”，设置“截面对齐”方式为“等参数”，在“数量”文本框中输入11，在“间距”文本框中输入10。在“分析显示”选项组中勾选“显示曲率梳”和“建议比例因子”复选框。拖动绘图区中的动态坐标系到合适位置，即可对曲面进行动态的截面分析，如图7-45所示。

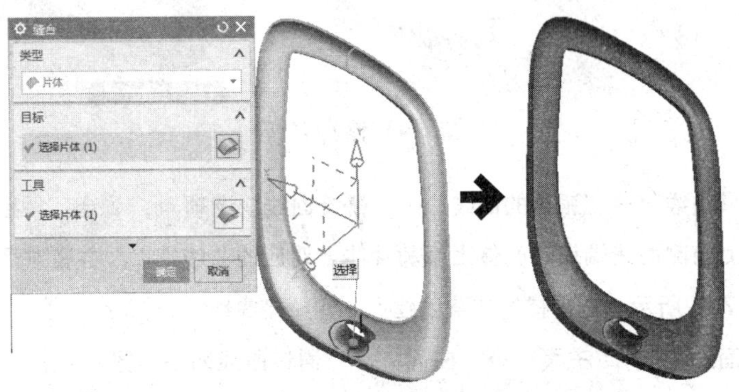

图7-44 缝合曲面

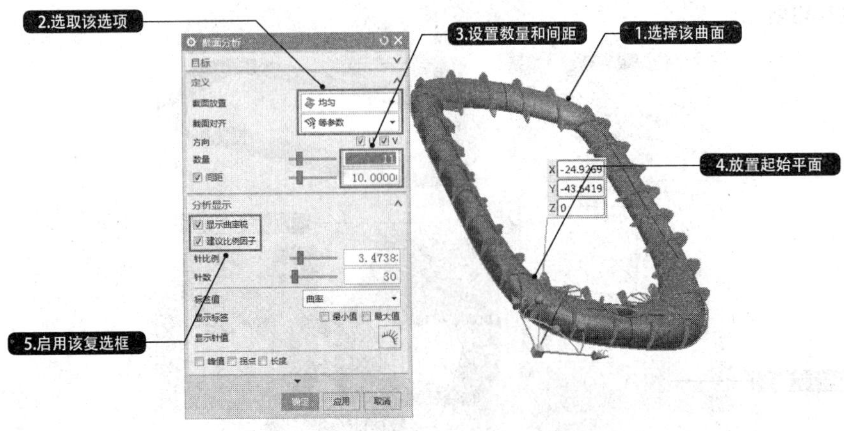

图7-45 “等参数”对齐方式截面分析

7.13 案例实战——创建旋盖手机上壳及曲面分析

最终文件：素材\第7章\旋盖手机上壳.prt

视频文件：视频\7.13创建旋盖手机上壳及曲面分析.mp4

本实例是创建一个旋盖手机上壳曲面，并对其进行曲面分析，如图7-46所示。手机类零件是使用曲面特征最多的产品之一。为追求手机壳体表面的光滑，体现手机品味和美观等特点，还需要控制曲面的质量，并对其在模具设计中进行验证，曲面分析显得尤为重要。

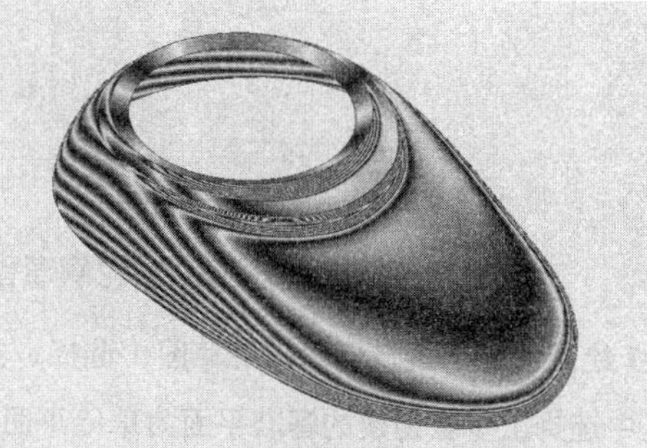

图7-46 旋盖手机上壳及面分析

7.13.1 设计流程图

在创建本实例时，可以先利用“基准平面”“草图”“桥接曲线”和“直线”等工具创建手机壳上的基本线框，以及利用“通过曲线网格”工具创建出手机上壳的基本曲面；然后利用“偏置曲线”“通过曲线组”等工具创建出手机上壳边缘曲面，并利用“缝合”“加厚”工具创建出手机上壳；最后利用“曲面连续性”“半径分析”和“反射分析”分别对手机上壳曲面进行分析，如图7-47所示。

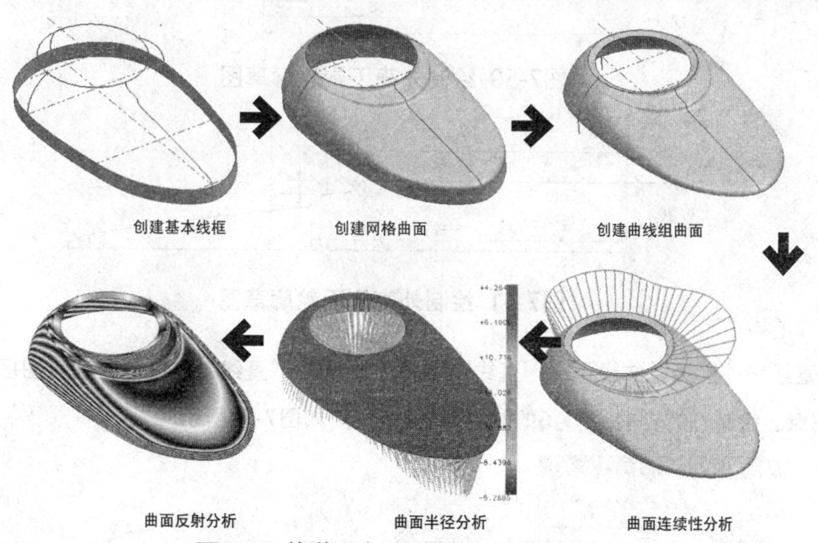

图7-47 旋盖手机上壳的设计流程图

7.13.2 具体设计步骤

01 绘制外壳上端轮廓草图。选择“主页”→“草图”选项，弹出“创建草图”对话框。在绘图区中选择*XC-ZC*平面为草绘平面，绘制如图7-48所示的外壳上端轮廓草图。

02 创建基准平面。选择“主页”→“特征”→“基准平面”选项，弹出“基准平面”对话框。在“类型”下拉列表中选择“按某一距离”选项，在绘图区中选择*XC-ZC*平面，设置偏置距离为14，如图7-49所示。

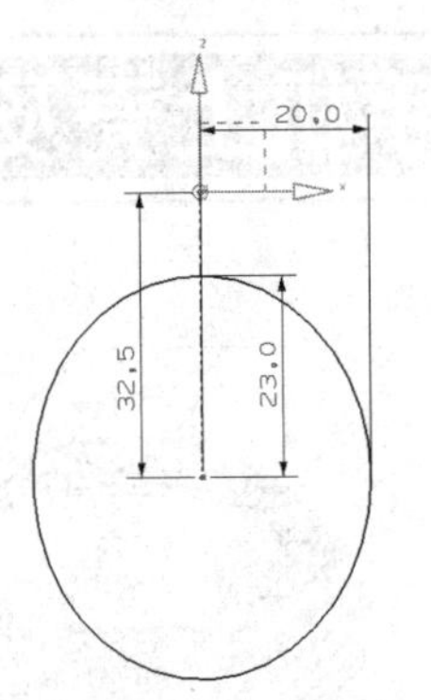

图7-48 绘制外壳上端轮廓草图

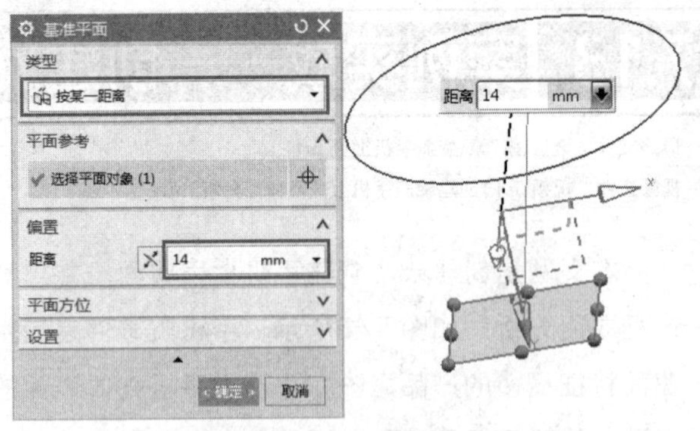

图7-49 创建基准平面

03 绘制外壳下端及侧面轮廓草图。选择“主页”→“草图”选项，弹出“创建草图”对话框。在绘图区中选择上步骤创建的基准平面为草绘平面，绘制如图7-50所示的外壳下端轮廓草图。按同样的方法，以*YC-ZC*平面为草绘平面，绘制外壳侧面轮廓草图，如图7-51所示。

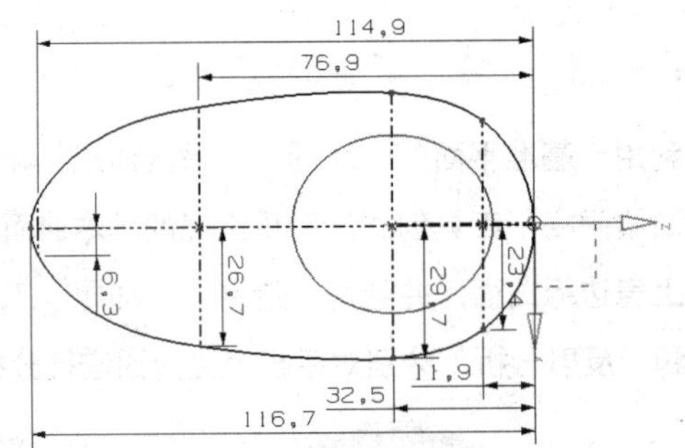

图7-50 绘制外壳下端轮廓草图

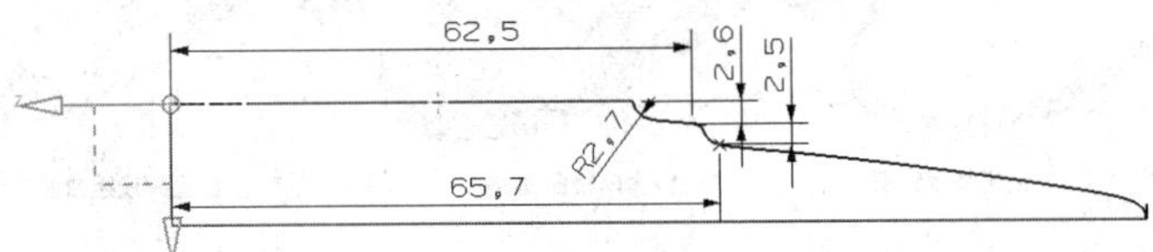

图7-51 绘制外壳侧面轮廓草图

04 绘制相切直线段。选择“曲线”→“直线”选项，弹出“直线”对话框。在绘图区中选择下端轮廓线控制线的端点，绘制Y轴方向长度为6的3条相切直线段，如图7-52所示。

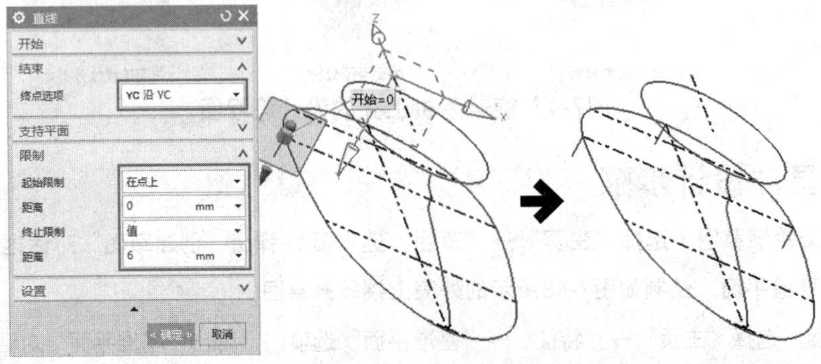

图7-52 绘制相切直线段

05 创建桥接曲线。选择“曲线”→“派生的曲线”→“桥接曲线”选项，弹出“桥接曲线”对话框。在绘图区中选择上端轮廓曲线的象限点和对应的相切直线端点，并在“形状控制”选项组中设置参数，如图7-53所示。按同样的方法创建其他的两条桥接曲线。

06 创建拉伸体。选择“主页”→“特征”→“拉伸”选项，弹出“拉伸”对话框。在绘图区中选择步骤3绘制的壳体下端轮廓草图，设置“限制”选项组中“开始”和“结束”的距离为6和0，如图7-54所示。

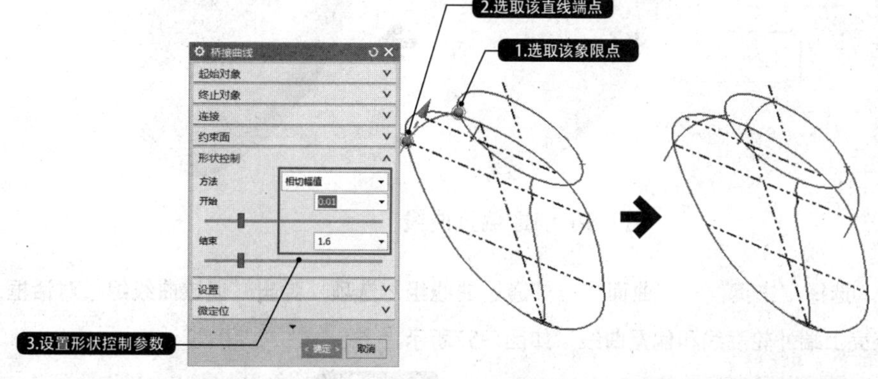

图7-53 创建桥接曲线

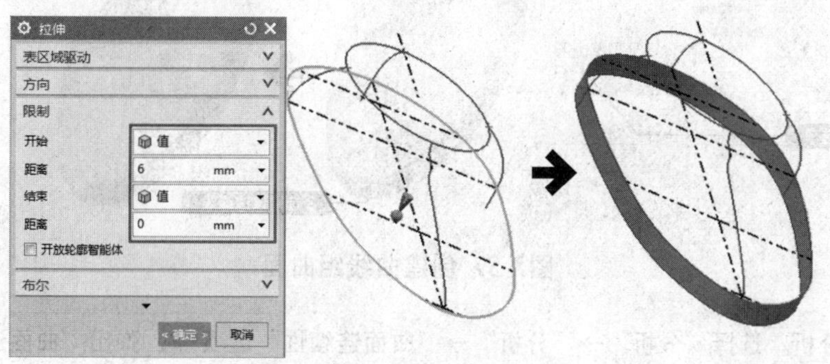

图7-54 创建拉伸体

07 创建曲线网格曲面3。选择“主页”→“曲面”→“通过曲线网格”选项，弹出“通过曲线网格”对话框，在工作区中依次选择上、下轮廓曲线为主曲线，选择桥接曲线和侧面轮廓线为交叉曲线，并设置对应相切片体为G1相切连续，创建曲线网格曲面，如图7-55所示。

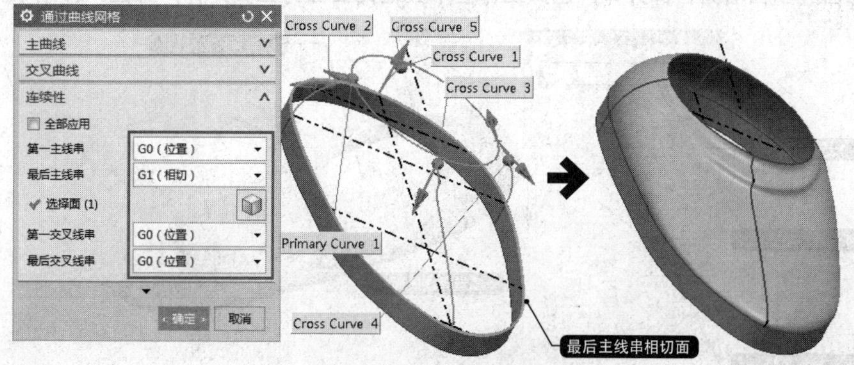

图7-55 创建曲线网格曲面3

08 创建偏置曲线。选择“曲线”→“派生的曲线”→“偏置曲线”选项，弹出“偏置曲线”对话框。在“类型”下拉列表中选择“拔模”选项，在绘图区中选择外壳上端轮廓曲线，并设置偏置“高度”为-1，偏置“角度”为70度，如图7-56所示。

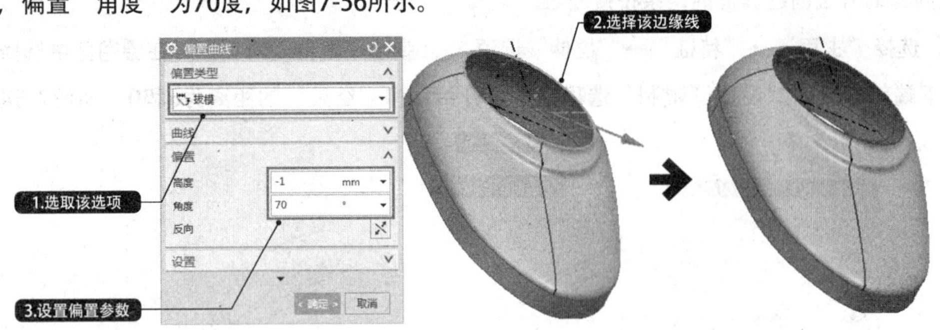

图7-56 创建偏置曲线

09 创建曲线组曲面。选择“主页”→“曲面”→“通过曲线组”选项，弹出“通过曲线组”对话框，在绘图区中依次选择外壳上端外轮廓线和偏置曲线，如图7-57所示。

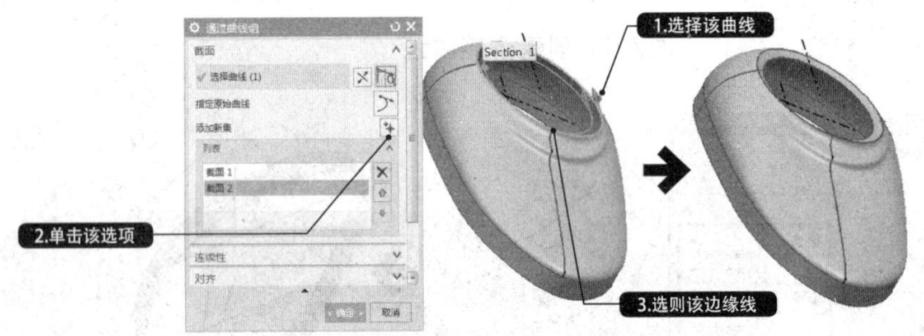

图7-57 创建曲线组曲面

10 曲面连续性分析。选择“分析”→“分析”→“曲面连续性”选项，弹出“曲面连续性”对话框。在“类型”下拉菜单中选择“边-边”选项，在绘图区中选择曲线网格曲面和曲线组曲面，选择“连续性检查”选项组中的“G1相切”复选框，并选择“分析显示”选项组中“显示连续性针”和“建立比例因子”复选框，即可分析曲线网格曲面和曲线组曲面的连续性，如图7-58所示。

11 缝合曲面3。在“菜单”选项中选择“插入”→“组合体”→“缝合”选项，弹出“缝合”对话框，在工作区中选择曲线组曲面为目标片体，选择工作区中其他的曲面为工具片体，如图7-59所示。

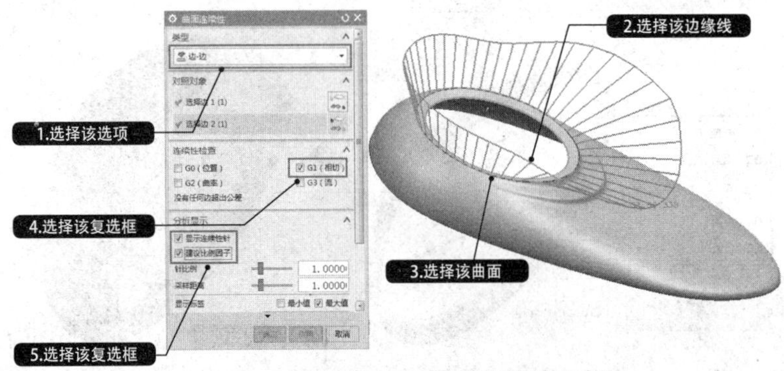

图7-58 曲面连续性分析

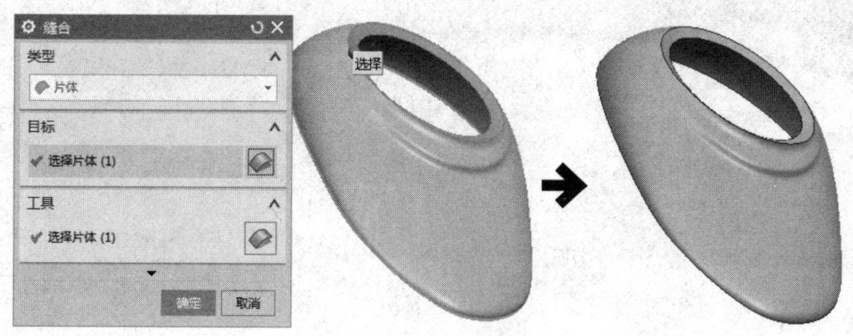

图7-59 缝合曲面3

12 曲面半径分析。选择“分析”→“更多”→“半径”选项，弹出“半径分析”对话框。在“类型”下拉列表中选择“高斯”选项，在“模态”下拉列表中选择“刺猬梳”选项，在绘图区中选择缝合的曲面，单击“应用”按钮，即可对手机上壳进行曲面半径分析，如图7-60所示。

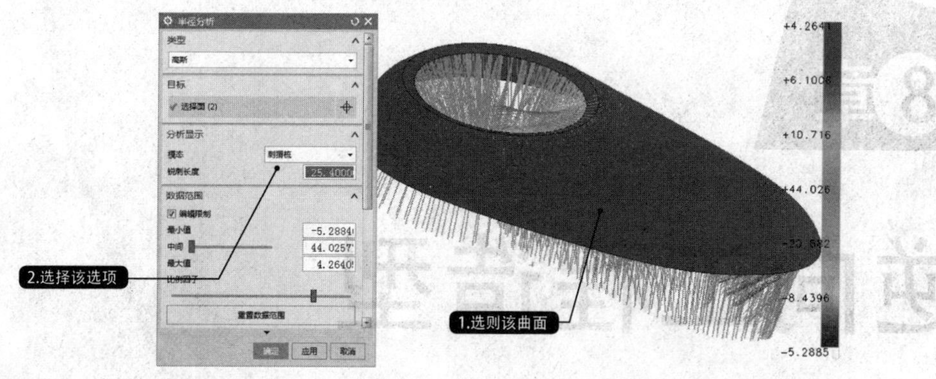

图7-60 曲面半径分析

13 曲面反射分析。选择“分析”→“面形状”→“反射”选项，弹出“反射分析”对话框。在“类型”下拉列表中选择“直线图像”选项，在“图像”选项组中选择“黑线和白线”图标，并在绘图区中选择缝合的手机壳体；在“线的数量”下拉列表中选择32，在“线的方向”下拉列表中选择“水平”，单击“应用”按钮，即可得到曲面反射分析结果，如图7-61所示。旋盖手机壳曲面分析完成。

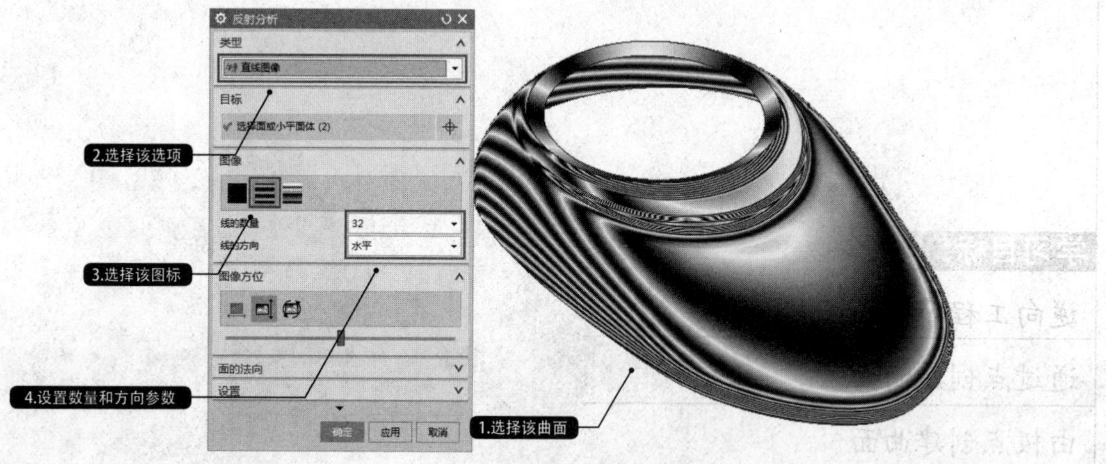

图7-61 曲面反射分析

第8章

逆向工程造型

学习目标：

- 逆向工程简介
- 通过点创建曲面
- 由极点创建曲面
- 案例实战——电吹风外壳逆向造型

逆向工程通过实物模型采集大量的三维坐标点，并通过CAD软件对数据进行处理来重构几何模型。相对于传统的产品设计方法，逆向工程技术具有设计周期短、更成熟可靠、成本更低及传承性更好等特点。随着逆向工程技术的不断发展，现已成为产品设计及生产的前沿技术之一。本章主要介绍逆向工程造型的过程、思路及方法，并以UG NX为平台，详细介绍了由点、极点和点云创建曲面的方法。本章最后通过实战案例，具体地、全方位地介绍逆向工程造型的具体设计过程。

8.1 逆向工程简介

在现代科技飞速发展的情形下，如果仅仅依靠单一的思维去开发创建具有领先意识的设计方案是很困难的，特别是随着现代数字化科技的飞速发展，产品的开发领域已经向着来样设计等更快、更精确要求发展。像这种通过样件开发产品的过程称为逆向工程。

8.1.1 逆向工程概述

逆向工程的概念是相对于传统的产品设计流程即所谓的正向工程而提出的。正向工程是从概念设计到模型设计、再到生产制造的流程。逆向工程则是通过实物模型采集大量的三维坐标点，并通过CAD软件对数据进行处理来重构几何模型。逆向工程是在已有实物的基础上进行再设计，相对于传统的正向工程，具有以下优点：

- 产品设计周期更短。正向工程是一个“从无到有”的过程，需预先构思好产品的功能结构，这需要灵感和缜密思考，而逆向工程是以实物为参照物，较直观，在此基础上进行复制和改进设计，可节省产品的构思时间。
- 产品设计更成熟可靠。正向工程具有一定的局限性和不可预见性，即使经验丰富的设计师也不可能考虑得面面俱到，而在已有成熟产品上进行改进设计，风险会小很多，设计出的产品也会更成熟可靠。
- 产品设计成本更低。正向工程出来的产品一般都需要经过很多试验来测试其可靠性，无论是功能、装配和耐久性等都需要经过检验，不仅时间周期长，而且成本也较高；逆向工程的产品是在原有产品上进行改进，产品相对成熟，在试验的时间和频率上可适当减少以降低成本。
- 产品的传承性更好。参照已有的产品进行逆向工程，可以更好地继承原有产品的优点，改进其缺点，使设计的产品不断获得改进与提高。

随着逆向工程技术的不断发展，逆向工程已经成为联系新产品开发过程中各种先进技术的桥梁，被广泛应用于家用电器、汽车、飞机等产品的改型与创新设计中。逆向工程技术在实际应用中主要包括以下几点：

- 新零件的设计。主要用于产品的改型或仿型设计。
- 已有零件的复制。再现原产品的设计意图。
- 损坏或磨损零件的还原。

◆ 数字化模型的检测。例如，检测产品的变形量、焊接质量，以及进行模型的比较等。

逆向工程不仅仅是对现实世界的模仿，更是对现实世界的改造，是一种超越。它所涉及的关键技术主要包括三维实体几何形状数据采集、规则或大量离散数据处理、三维实体模型重建和加工等。

8.1.2 三坐标测量仪采集数据

三坐标测量仪是近几十年来随着计算机和机床业的飞速发展而产生的一种高效、高精度的测量仪器。它采用坐标测量的原理，在计算机软件的控制和驱动下，完成对工件几何尺寸和形位公差的三坐标数据采集；它有机地结合了数字控制技术，利用了计算机软件技术，采用了先进的位置传感技术和精密机构技术，并使之完美结合；它顺应了硬件软件化的技术发展方向，使诸如齿轮、凸轮、蜗轮蜗杆等以前需要专用检测设备才能完成的工件，现在可用通用的三坐标测量仪来进行数据采集，结合相应的测量、评价软件来实现专业的检测、评价。通过了解三坐标测量仪的原理，人们很容易知道其优越的特性：高效、高精度、高柔性和相当的专用性。

在实际的曲面产品设计中，很多情况下只有样件或模型，要获得其CAD数学模型，一般都是利用三坐标测量仪来完成可靠的三维数据的测量。三坐标测量仪作为逆向工程中的硬件设备，相对于其他类型的设备，由于具有精度高、价格低、易操作、数据量少、易于后续处理等优点被广泛地应用，是逆向工程实现的基础和关键技术之一，也是逆向工程中最基本、最不可缺少的工具。通常把三坐标测量仪在逆向工程中的应用称为曲面扫描。

8.1.3 数据采集规划

采集规划的目的是使采集的数据正确而又高效。正确指所采集的数据足够反映样件的特性而不会产生误导、误解；高效指在能够正确表示产品特性的情况下，所采集的数据尽量少、所走过的路径尽量短、所花费的时间尽量少。对产品数据采集，有一条基本的原则，即沿着特征方向走，顺着法向方向采集。就好比火车，沿着轨道走，顺着枕木采集数字信息。这是一般原则，实际应用中应根据具体产品和逆向工程软件来定，下面分四个方面进行介绍。

1. 规则形状的数据采集规划

对规则形状，如点、直线、圆弧、平面、圆柱、圆锥、球等，也包括扩展规则形状，如双曲线、螺旋线、齿轮及凸轮等，数据采集多用精度高的接触式探头，依据数字定义这些元素所需的点信息进行数据采集规划，这里不做过多说明。虽然我们把一些产品的形状归结为特征，但现实产品不可能是理论形状，加工、使用环境的不同，也影响着产品的形状。作为逆向工程的测量规划，就不能仅停留在“特征”的抽取上，更应考虑产品的变化趋势，即分析形位公差。

2. 自由曲面的数据采集规划

非规则形状的曲面统称为自由曲面，多采用接触式探头或非接触式探头，或二者相结合的方式采集点数据。原则上要描述自由形状的产品，只要记录足够的数据点信息即可，但评判足够数据点是很难的。在实际数据采集规划中，多依据工件的整体特征和流向，进行顺着特征和法向特征的方式采集数据，特别对于局部变化较大的地方，多采用此类方式进行分块采集数据。

3. 智能数据采集规划

当前智能数据采集还处于刚起步阶段，但它是三坐标测量仪所追求的目标，它包括样件自动定位、自动元件识别、自动采集规划和自动数据采集。

4. 逆向工程中产品重建规划

逆向工程的数据处理过程包括：首先分析现有产品或系统，对其原理进行抽取，结合新技术、改进并超越现有产品，然后在逆向的基础上转化为正向工程的模式，通过线架重建直接改良和继承来完成设计。

8.1.4 UG逆向工程造型的一般流程

UG的逆向工程造型遵循测量点→拟合曲线→重构曲面的流程。

- 测量点：在测量点之前，需要由设计人员提出测量点时的要求。一般原则是在曲率变化比较大的地方多测量一些点，而在曲率变化平缓的地方只需测量较少的点。对于分型线和轮廓线等特征线也要多测量一些点，这会在重构曲面时带来方便。
- 拟合曲线：在拟合曲线之前要先对测量得到的点进行整理，去除有缺陷或错误的点，然后进行点连线操作。连接分型线点时要尽量做到误差最小并且曲线光滑，连线可用直线、圆弧或样条曲线，最常用的是样条曲线。
- 重构曲面：可以采用前面几章介绍的多种创建曲面的方式进行曲面重构，包括直纹面、通过曲线组的曲面、通过曲线网格的曲面以及扫掠曲面等。重构一个单张并且比较平坦的曲面时，可以直接采用下面要介绍的由点云创建曲面的方法，但这种方法不适用于构造曲率变化较大的曲面。有时可以通过桥接曲面操作来填补曲面之间的空隙。总而言之，逆向工程造型时，需要灵活选用创建曲面的方式进行曲面重构。

8.2 通过点创建曲面

通过点创建曲面指通过指定矩形点阵来创建自由曲面，创建的曲面通过所指定的点。矩形点阵的指定可以通过“点构造器”在模型中选择或者创建，也可以事先创建一个点阵文件，通过指定点阵文件来创建曲面。选择“曲面”→“通过点”选项◇，或者选择“插入”→“曲面”→“通过点”选项，弹出“通过点”对话框，如图8-1所示。下面分别对对话框中的含义进行介绍。

- 补片类型：指生成的自由曲面是由单个组成还是多个片体组成。一般情况下尽量选择“多个”，因为多个片体能更好地与所有指定的点阵吻合，而“单个”在创建较复杂平面时容易失真，如图8-2和图8-3所示。

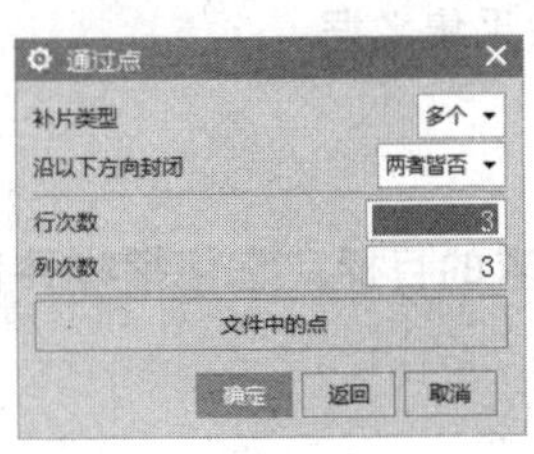

图8-1 “通过点”对话框

图8-2 利用“多个”效果图

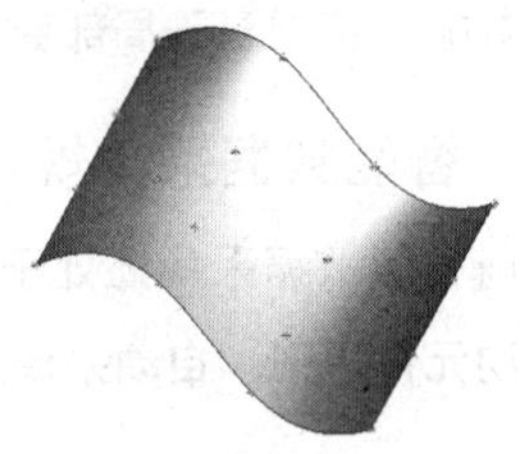

图8-3 利用“单个”效果图

◆ 沿以下方向封闭：指用于指定一种封闭方式来封闭创建的自由曲面，共有4种方式。“两者皆否”表示行列都不封闭；“行”表示点阵的第一列和最后一列首尾相接；“列”表示点阵的第一行和最后一行首尾相接；“两者都是”表示行和列都封闭。一般情况下选择“两者都是”会形成实体而非片体，4种封闭方式的效果如图8-4所示。

◆ 行次数：指在U向为自由曲面指定阶次，系统默认的阶次是3，用户可以根据自己的需要设置不同的行阶次，但必须注意一点，行数要比阶次至少大1，例如，行阶次为3，行数就必须大于或等于4。

◆ 列次数：列阶次是指在V向为自由曲面指定阶次，系统默认的阶次是3，用户可以根据自己的需要设置不同的列阶次。同样，列数比列阶次至少大1。

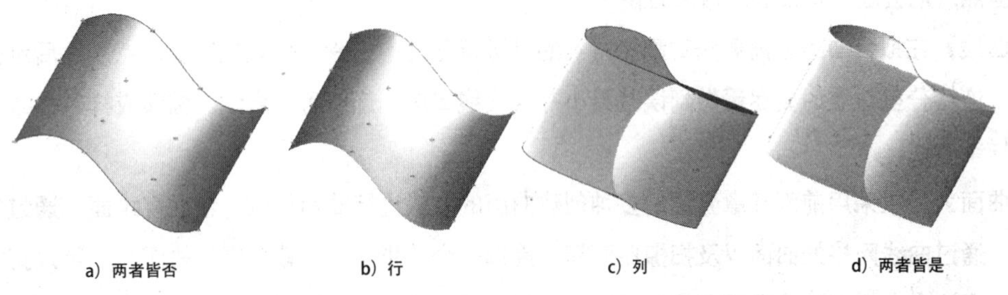

a）两者皆否　b）行　c）列　d）两者皆是

图8-4 “沿以下方向封闭”方式的效果

设置完上述4个参数后，可以单击“文件中的点”按钮，通过指定点数据文件来创建曲面，也可以直接单击“确定”按钮，弹出“过点”对话框。其中，前面3项都是用于指定模型中已存在的点，而最后一项“点构造器”用于在模型中构造点来作为通过点。选择“全部成链”，在绘图区中按顺序依次选择每行的终点和起点，系统会自动确定一行中的所有点，选择完毕后单击“确定”按钮，即可创建出相应的自由曲面，如图8-5所示。

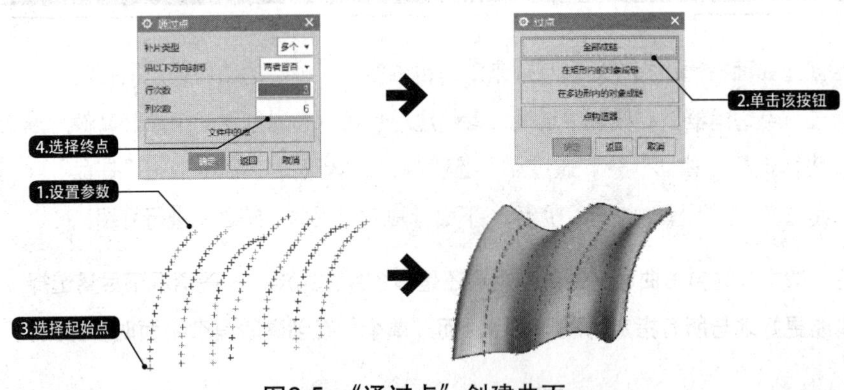

图8-5 “通过点”创建曲面

8.3 从极点创建曲面

"从极点"创建曲面指通过指定矩形点阵来创建自由曲面，创建的曲面以指定的点作为极点，矩形点阵的指定可以通过"点构造器"在模型中选择或者创建，也可以事先创建一个点阵文件，通过指定点阵文件来创建曲面。

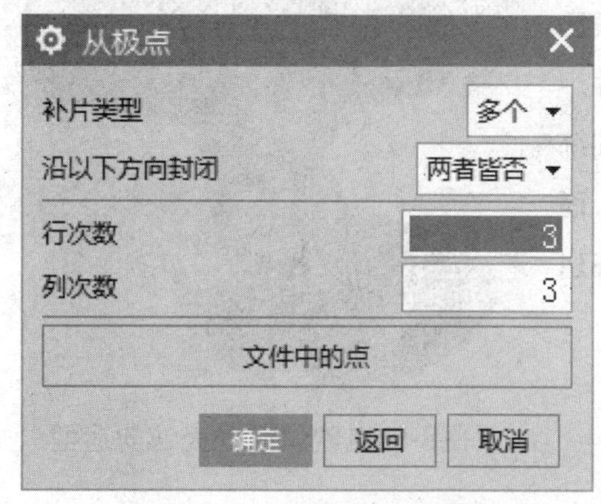

图8-6 "从极点"对话框

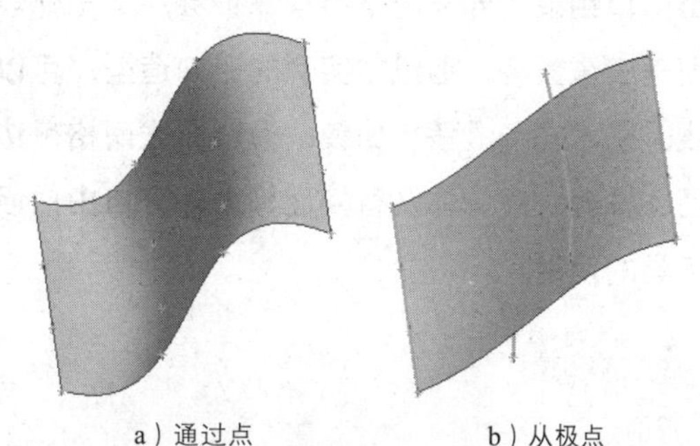

a）通过点　　b）从极点

图8-7 "通过点"和"从极点"效果对比图

选择"插入"→"曲面"→"从极点"选项，弹出"从极点"对话框，如图8-6所示。其中有"补片类型""沿以下方向封闭""行次数"和"列次数"4项需要设置，其含义与"通过点"创建曲面相同，这里不再介绍。"通过点"和"从极点"的效果对比如图8-7所示，由图可知，"从极点"创建的曲面不通过所有的点，类似于曲线的拟合。

"从极点"创建曲面的方法与"通过点"创建曲面的方法大致相同。不同的是"从极点"创建曲面时只能通过一个一个的选择点来确定每一行点，所以在选择每行点时应注意选择点的顺序要一致，具体操作步骤如图8-8所示。

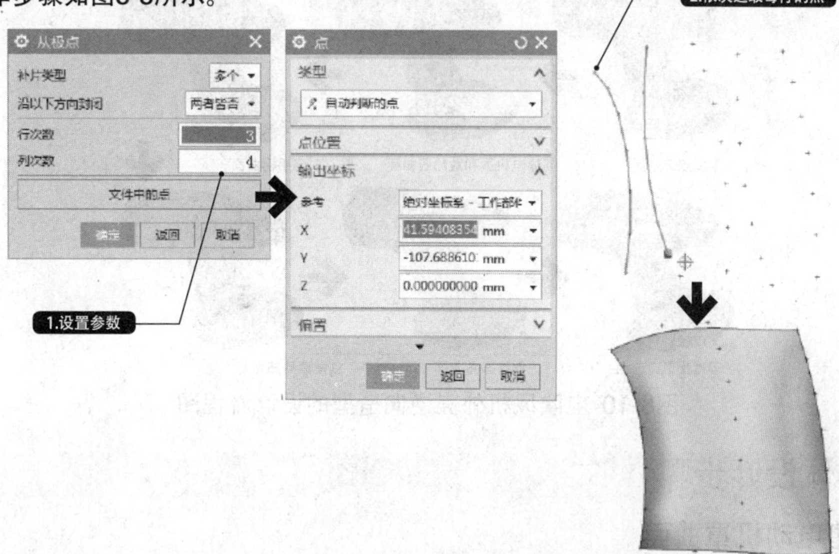

图8-8 "从极点"创建曲面操作步骤

8.4 案例实战——电吹风机外壳逆向造型

原始文件：素材\第8章\电吹风.prt

最终文件：素材\第8章\电吹风-OK.prt

视频文件：视频\8.4 电吹风外壳逆向造型.mp4

本实例利用逆向工程设计一个电吹风机外壳造型，如图8-9所示。电吹风机外壳主要由电动机罩、手柄、底座及出风口组成。外壳既是结构保护层，又是外表装饰件，造型美、重量轻。通过本实例的逆向造型，可以综合训练直线、艺术样条、桥接曲线、通过曲线网格、边倒圆、面倒圆、抽壳、镜像体及替换面等大部分自由曲面和特征建模工具的使用。

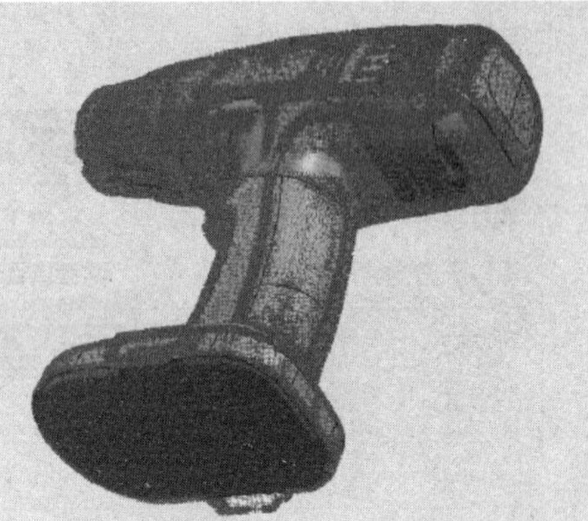

图8-9 电吹风机外壳逆向造型

8.4.1 设计流程图

在创建本实例时，可以先利用“基准平面”“草图”“艺术样条”“直线”“桥接曲线”“投影曲线”“通过曲线网格”等工具创建电动机罩的线框和曲面，以及利用“草图”“拉伸”“边倒圆”“编辑软圆角”工具创建手柄的基本曲面；然后利用“拉伸”“截面曲线”“修剪体”等工具创建出底座曲面，并利用“拉伸”“投影曲线”“剖切曲面”“相交曲线”等工具创建圆角曲面；最后利用“草图”“回转”工具创建出风口曲面，即可完成本实例逆向造型，如图8-10所示。

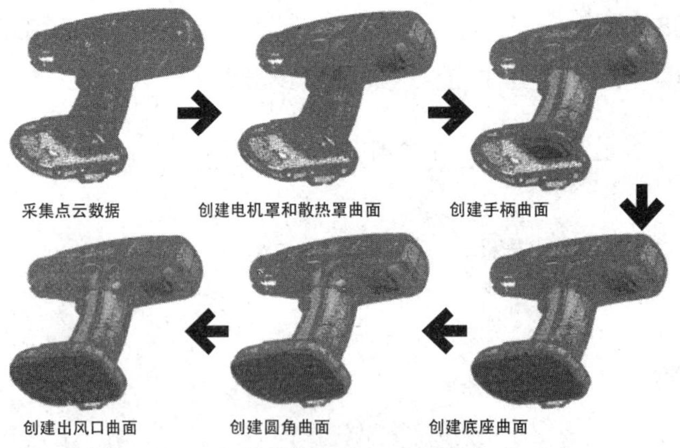

图8-10 电吹风机外壳逆向造型的设计流程图

8.4.2 具体设计步骤

1. 创建电动机罩曲面

01 打开点云文件。在做逆向造型之前，首先要采集要逆向造型对象的点数据，本书已经为读者采集到了电吹风机的点云数据。启动UG NX 12.0软件后，选择本章配套光盘中电吹机风外壳的点云文件“电吹风.prt”，将其打开。

02 创建电动机罩端面拉伸体。选择功能区“主页”→“特征”→“拉伸”选项，弹出“拉伸”对话框。在“拉伸”对话框中单击按钮，弹出“创建草图”对话框，选择*XC-ZC*平面为草绘平面，绘制如图8-11所示尺寸的草图。返回“拉伸”对话框后，设置“限制”选项组中“开始”和“结束”的距离为-0和50，如图8-11所示。

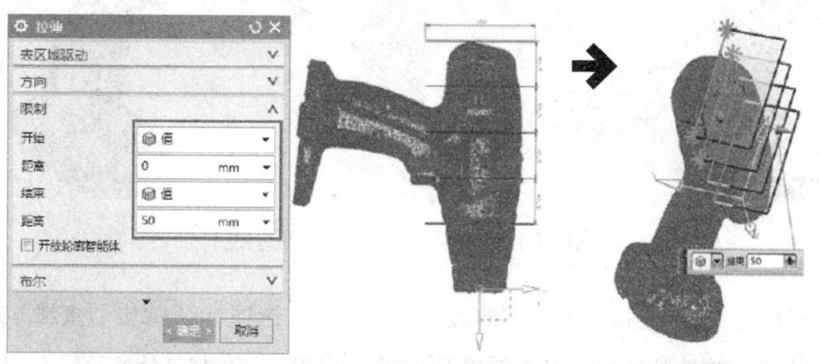

图8-11 创建电动机罩端面拉伸体

03 绘制电动机罩端面边缘线。选择功能区“主页”→“草图”选项，弹出“创建草图”对话框。在绘图区中选择上步骤位于电动机罩端面的拉伸体为草绘平面，绘制如图8-12所示的电动机罩端面边缘线。

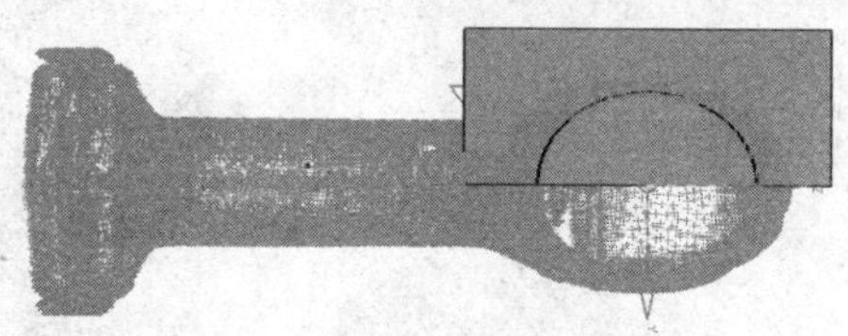

图8-12 绘制电动机罩端面边缘线

04 绘制电动机罩侧面轮廓线。单击功能区“曲线”→“艺术样条”选项，弹出“艺术样条”对话框。在绘图区*XC-ZC*平面中描点绘制电吹风机侧面的两条轮廓线（艺术样条）。按照同样的方法在*XC-YC*平面中描点绘制另一侧面的一条轮廓线（艺术样条），如图8-13所示。

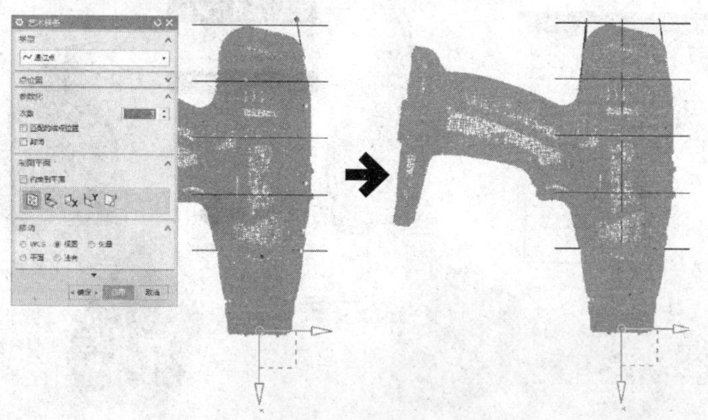

图8-13 绘制电动机罩侧面轮廓线

05 创建网格曲线相切直线1。选择功能区“曲线”→“直线”选项，弹出“直线”对话框。在绘图区中选择艺术样条与拉伸体1的交点，创建Y轴方向、长度为20的8条相切直线1，如图8-14所示。

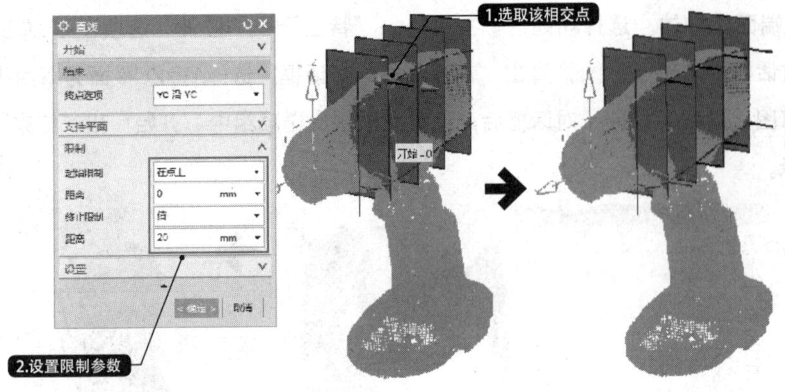

图8-14 创建网格曲线相切直线1

06 创建网格曲线相切直线2。选择功能区“曲线”→“直线”选项，弹出“直线”对话框。在绘图区中选择另一侧艺术样条和拉伸片体的交点，创建Z轴方向、长度为20的4条相切直线2，如图8-15所示。

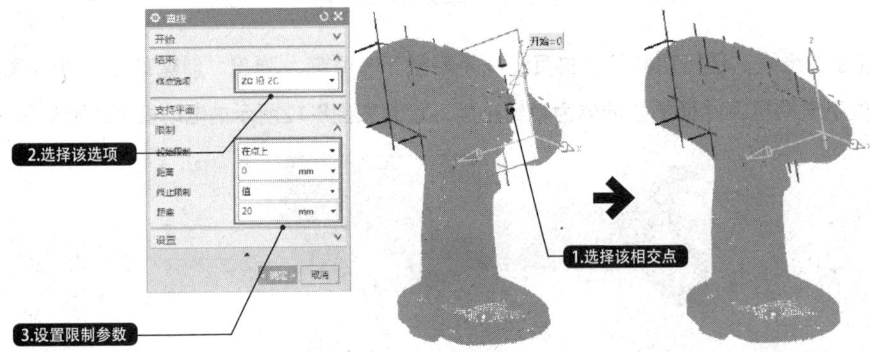

图8-15 创建网格曲线相切直线2

07 创建侧面轮廓桥接曲线。选择功能区“曲线”→“派生的曲线”→“桥接曲线”选项，弹出“桥接曲线”对话框。在绘图区中选择步骤5和步骤6所创建的相切直线，并在对话框“形状控制”选项组中设置参数，使轮廓尽量贴合点云。按同样的方法创建另一侧轮廓桥接曲线，如图8-16所示。

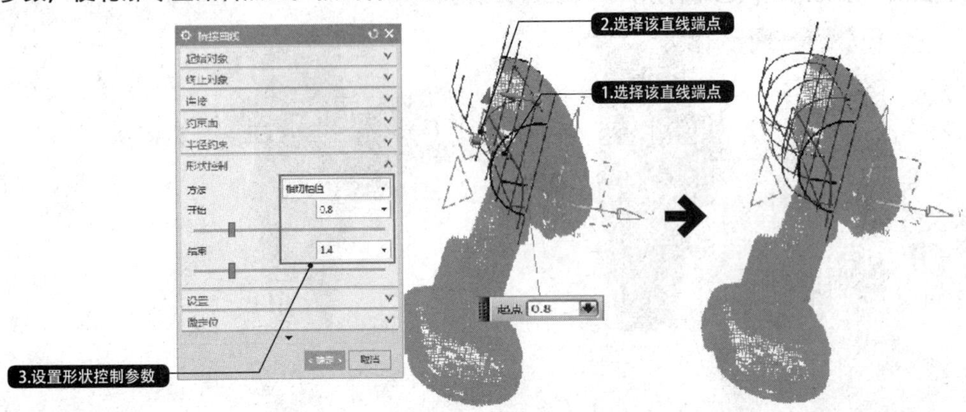

图8-16 创建侧面轮廓桥接曲线

08 创建拉伸相切片体。选择功能区“主页”→“特征”→“拉伸”选项，弹出“拉伸”对话框。在绘图区中选择两条轮廓的边缘线，设置“限制”选项组中“开始”和“结束”的距离为0和25，如图8-17所示。

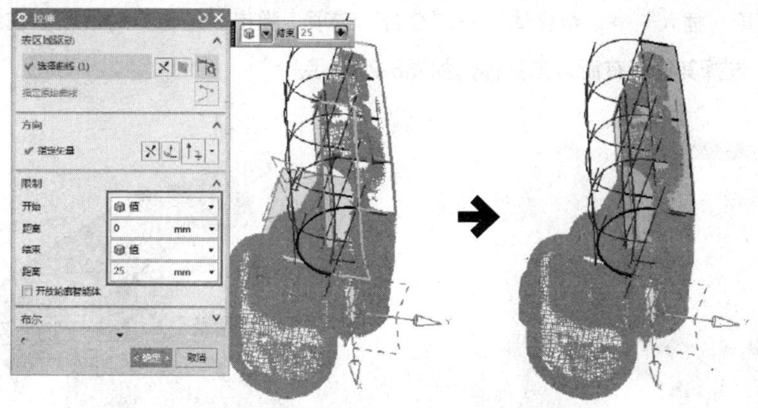

图8-17 创建拉伸相切片体

09 创建曲线网格曲面。选择功能区“主页”→“曲面”→“通过曲线网格”选项，弹出“通过曲线网格”对话框。在绘图区中依次选择两条艺术样条为主曲线，选择5条桥接曲线为交叉曲线，并设置相关相切片体的连续性为G1，如图8-18所示。

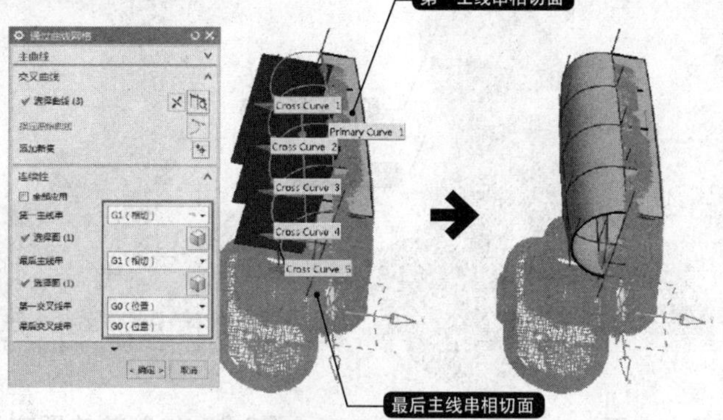

图8-18 创建曲线网格曲面

10 创建镜像体。选择“菜单”→“插入”→“关联复制”→“抽取几何特征”选项，在“类型”下拉列表中选择“镜像体”，在绘图区中选择上步创建的曲线网格曲面为目标体，选择XC-ZC基准平面为镜像平面，如图8-19所示。

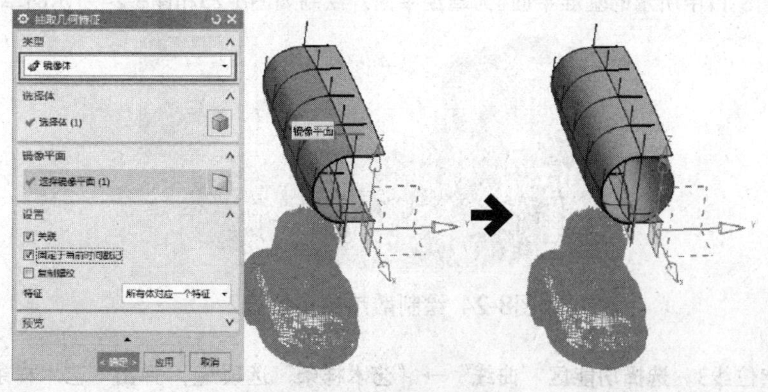

图8-19 创建镜像体

11 创建有界平面。选择功能区“主页”→“曲面”→“更多”→“有界平面”选项，弹出“有界平面”对话框。在绘图区中选择机罩端面的边缘线，如图8-20和图8-21所示。

12 缝合曲面。选择“插入”→“组合体”→“缝合”选项，弹出“缝合”对话框。在绘图区中选择有界平面为目标片体，选择其他所有面为工具体，如图8-22所示。

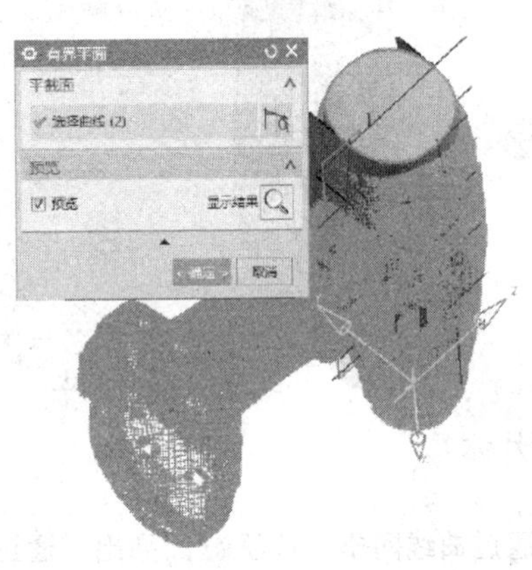

图8-20 创建有界平面1

图8-21 创建有界平面2

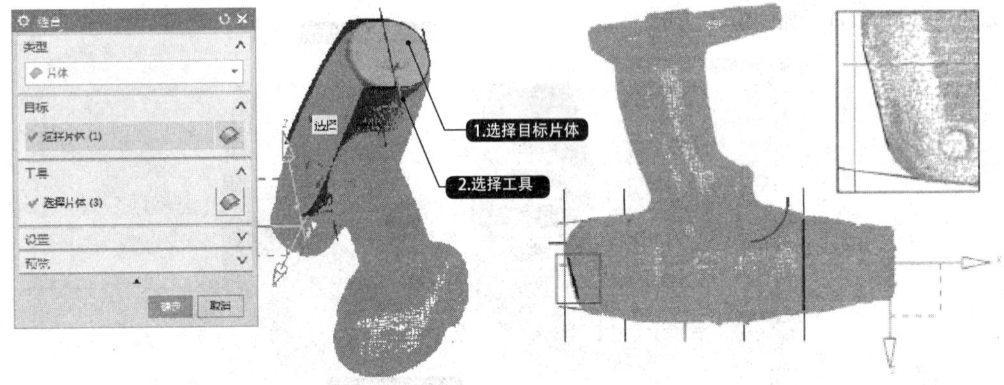

图8-22 缝合曲面

图8-23 绘制散热罩定位线1

2. 创建散热罩曲面

01 绘制散热罩定位线1和定位线2。选择功能区“主页”→“草图”选项，弹出“创建草图”对话框。在绘图区中选择图8-11中所示的基准平面4为草绘平面，绘制如图8-23和图8-24所示的草图。

图8-24 绘制散热罩定位线2

02 绘制散热罩定位线3。选择功能区“曲线”→“艺术样条”选项，弹出“艺术样条”对话框。在绘图区中绘制散热罩的定位线3（艺术样条），如图8-25所示。

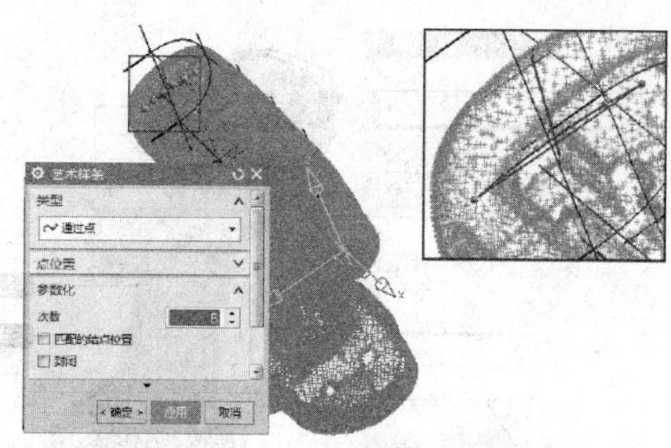

图8-25 绘制散热罩定位线3

03 创建散热罩拉伸曲面。选择功能区“主页”→“特征”→“拉伸”选项，弹出“拉伸”对话框。在绘图区中选择上步骤绘制的艺术样条，设置“限制”选项组中“开始”和“结束”的距离为0和30，如图8-26所示。

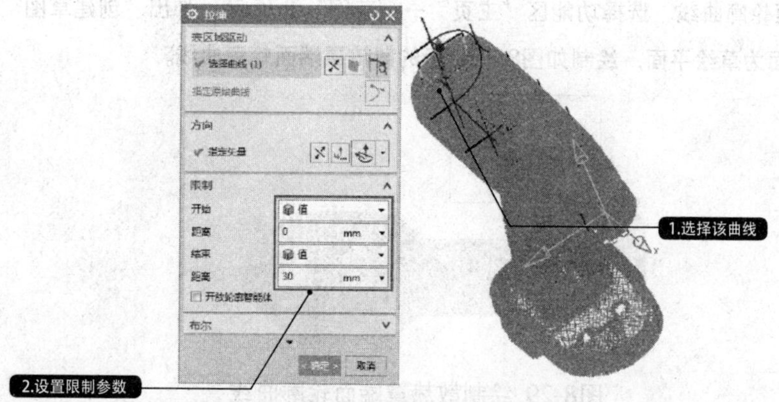

图8-26 创建散热罩拉伸曲面

04 创建替换面1。选择功能区“主页”→“同步建模”→“替换面”选项，弹出“替换面”对话框。在绘图区中选择电动机罩端面为要替换的面，选择上步骤创建的拉伸曲面为替换面，如图8-27所示。

05 创建基准平面。选择功能区“主页”→“特征”→“基准平面”选项，弹出“基准平面”对话框。在“类型”下拉列表中选择“成一角度”选项，并在绘图区中选择*YC-ZC*平面为平面参考，选择散热罩定位线1为通过轴，并设置角度为90度，如图8-28所示。

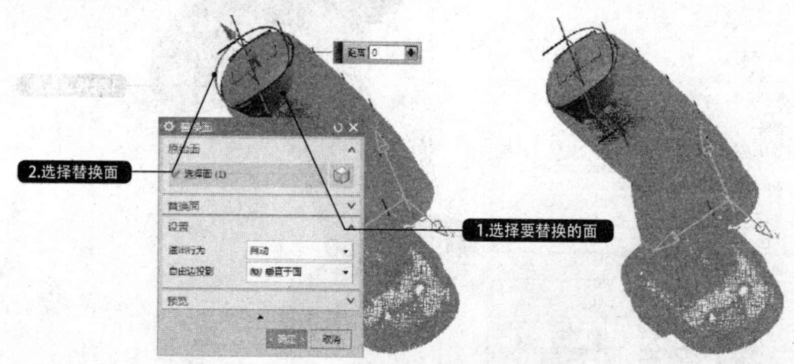

图8-27 创建替换面

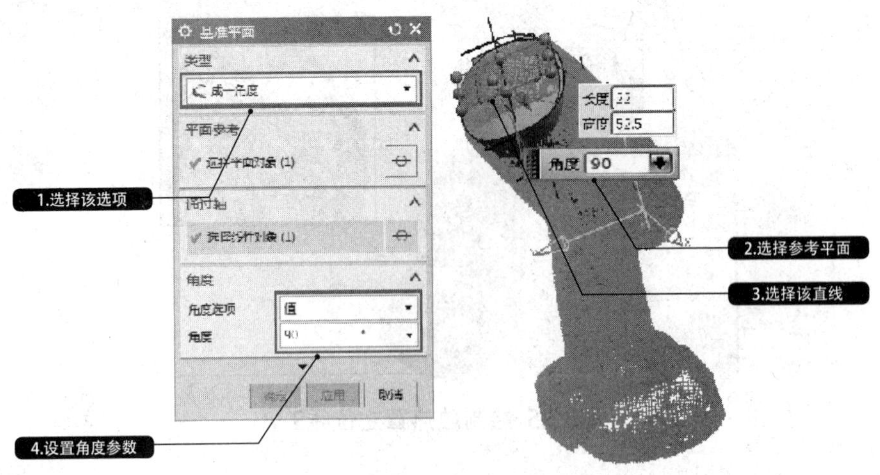

图8-28 创建基准平面1

06 绘制散热罩端面轮廓曲线。选择功能区“主页”→“草图”选项，弹出“创建草图”对话框。在绘图区中选择基准平面为草绘平面，绘制如图8-29所示的散热罩端面轮廓曲线。

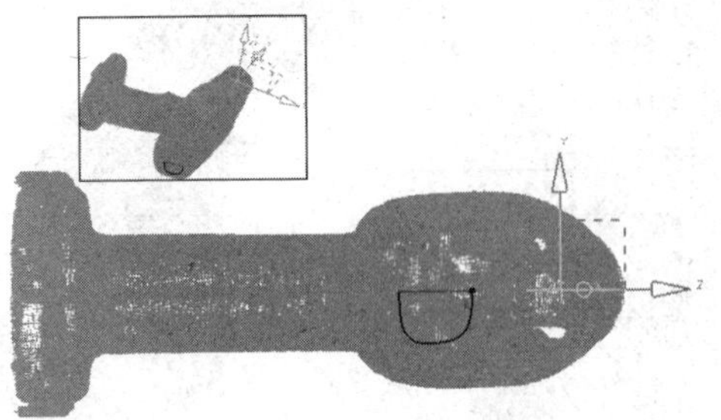

图8-29 绘制散热罩端面轮廓曲线

07 投影轮廓曲线。选择功能区“曲线”→“派生的曲线”→“投影曲线”选项，弹出“投影曲线”对话框。在绘图区中选择上步骤创建的散热罩端面轮廓曲线，将其投影到电动机罩端面上，如图8-30所示。

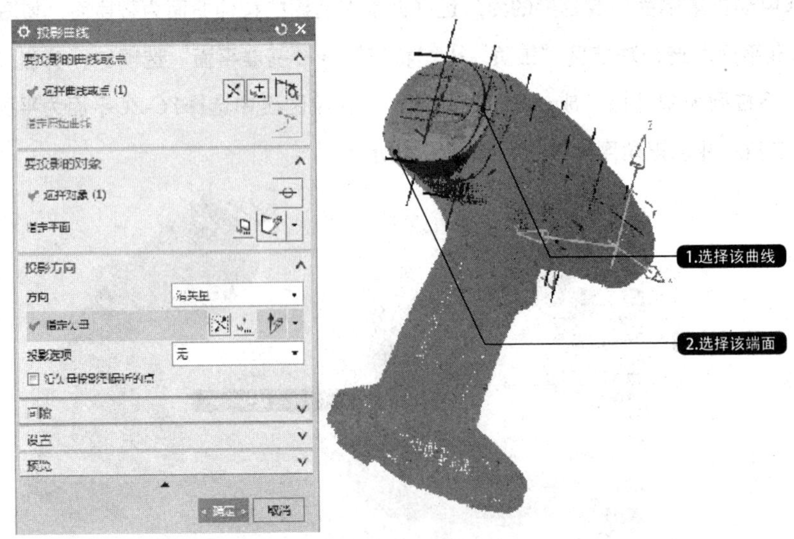

图8-30 投影轮廓曲线

08 绘制圆角边缘线。选择功能区“曲线”→“艺术样条”选项，弹出“艺术样条”对话框。在绘图区中按照点云的形状绘制圆角边缘线，如图8-31所示。

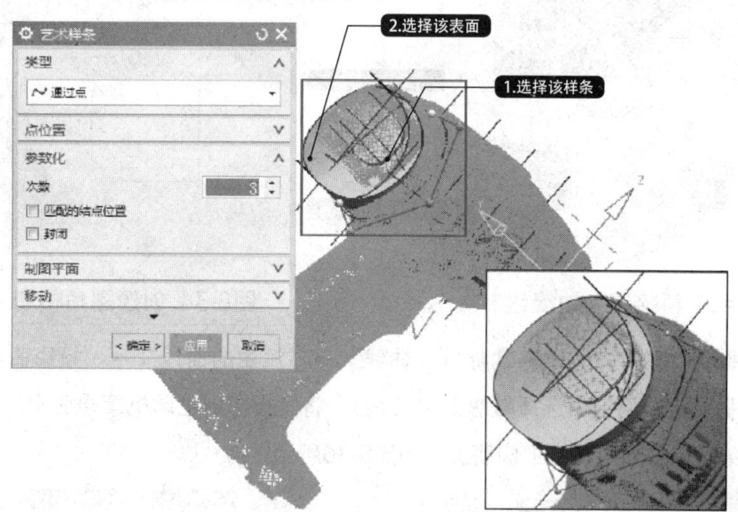

图8-31 绘制圆角边缘线

09 投影圆角边缘线。选择功能区“曲线”→“派生的曲线”→“投影曲线”选项，弹出“投影曲线”对话框。在绘图区中选择上步骤绘制的圆角边缘线，将其投影到电动机罩端面上，如图8-32所示。

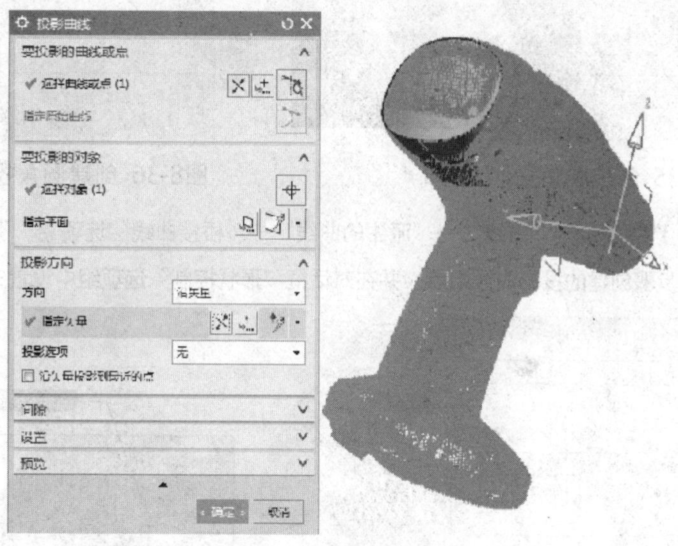

图8-32 投影圆角边缘线

10 桥接圆角边缘线1。选择功能区“曲线”→“派生的曲线”→“桥接曲线”选项，弹出“桥接曲线”对话框。在绘图区中选择圆角边缘线端点和电动机罩侧面边缘线的端点，并在对话框“形状控制”选项组中设置参数，如图8-33所示。按同样的方法创建另一侧的桥接曲线。

11 创建圆角相切片体。选择功能区“主页”→“特征”→“拉伸”选项，弹出“拉伸”对话框。在绘图区中选择上步骤绘制的桥接曲线，设置“限制”选项组中“开始”和“结束”的距离为0和30，如图8-34所示。

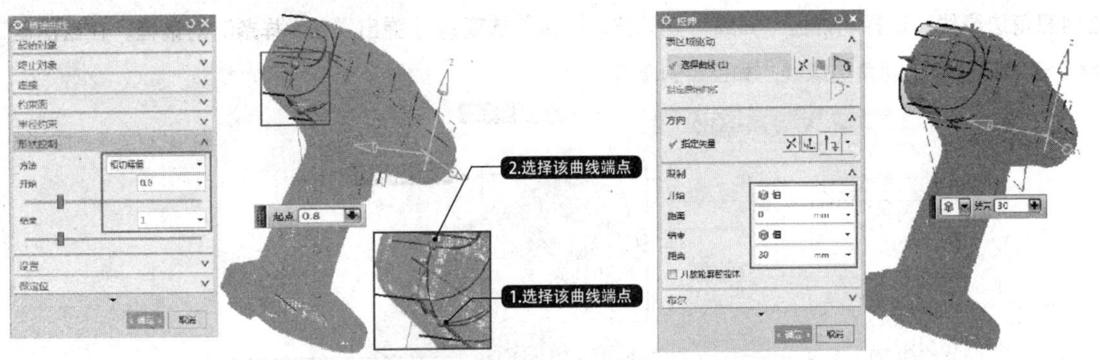

图8-33 桥接圆角边缘线1　　图8-34 创建圆角相切片体

12 创建圆角投影曲线1和曲线2。选择功能区“曲线”→“派生的曲线”→“投影曲线”选项，弹出“投影曲线”对话框。在绘图区中选择散热罩定位线3，将其投影到电动机罩端面上，如图8-35所示。按同样方法将圆角边缘线投影到电动机罩侧面上，如图8-36所示。

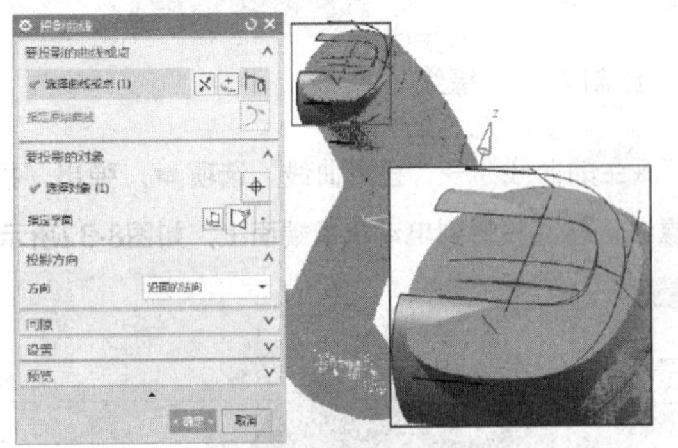

图8-35 创建圆角投影曲线1

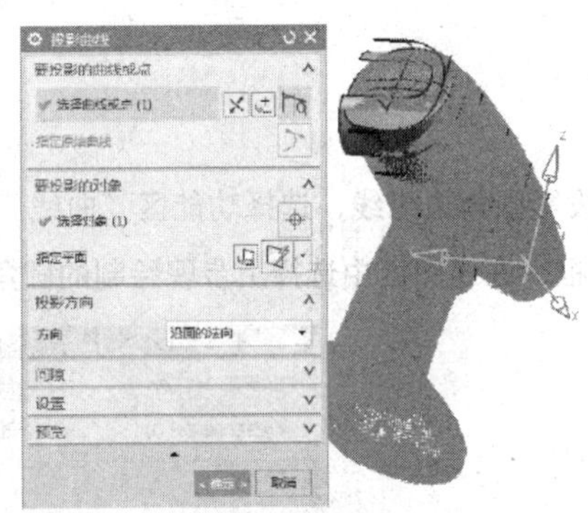

图8-36 创建圆角投影曲线2

13 桥接圆角边缘线2。选择功能区“曲线”→“派生的曲线”→“桥接曲线”选项，弹出“桥接曲线”对话框。在绘图区中选择上步骤创建的投影曲线端点，并在对话框“形状控制”选项组中设置参数，如图8-37所示。

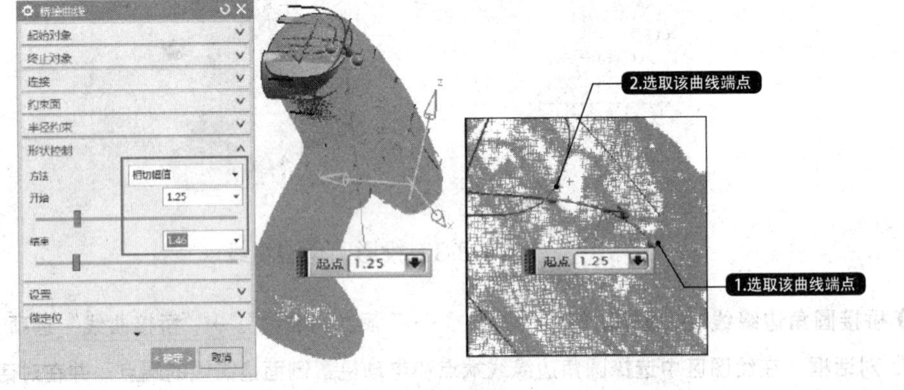

图8-37 桥接圆角边缘线2

14 创建曲线网格曲面。选择功能区“主页”→“曲面”→“通过曲线网格”选项，弹出“通过曲线网格”对话框。在绘图区中依次选择两条艺术样条为主曲线，选择5条桥接曲线为交叉曲线，并设置与相关相切片体的连续性为G1，如图8-38所示。

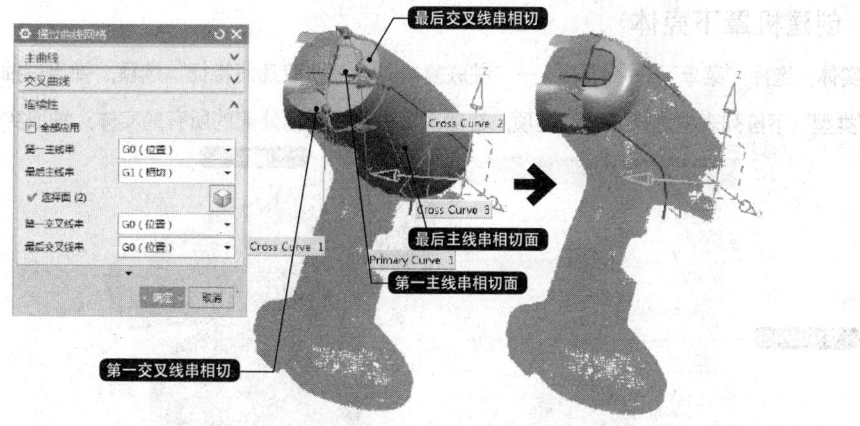

图8-38 创建曲线网格曲面

15 创建镜像体。选择“菜单”→“插入”→“关联复制”→“抽取几何特征”选项，在“类型”下拉列表中选择“镜像体”，在绘图区选择上步创建的曲线网格曲面为目标体，选择*XC-ZC*基准平面为镜像平面，如图8-39所示。

16 通过补片修剪圆角。选择“菜单”→“插入”→“组合体”→“补片”选项，弹出“补片”对话框。在绘图区中选择电动机罩实体为目标体，选择上步骤创建的曲线网格曲面和镜像体为工具体，如图8-40所示。

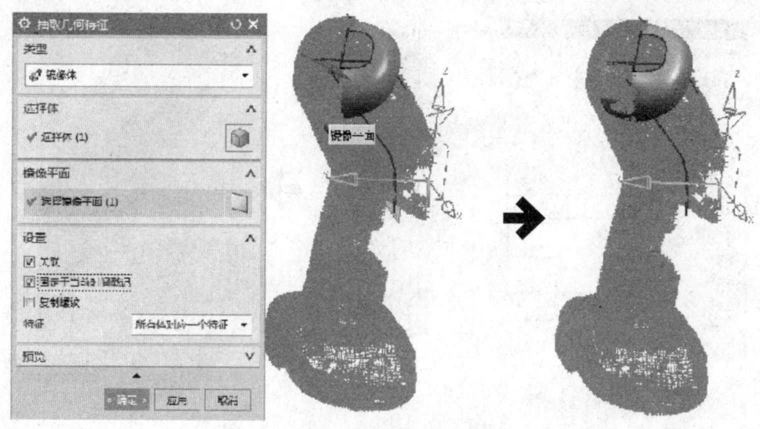

图8-39 创建镜像体

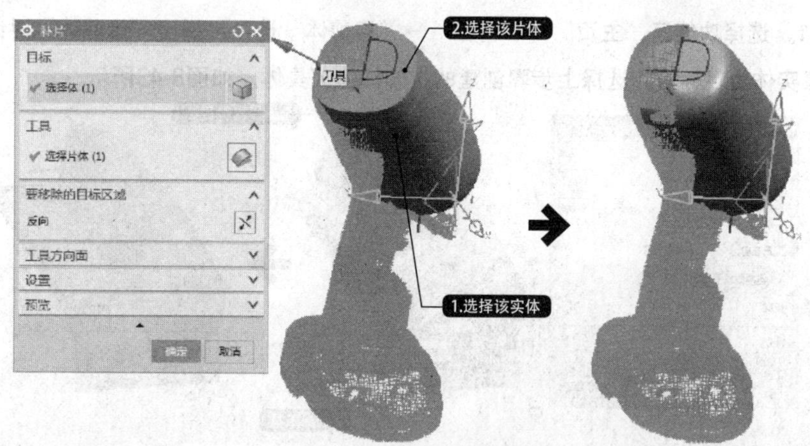

图8-40 通过补片修剪圆角

3. 创建机罩下壳体

01 抽取实体。选择“菜单”→“插入”→“关联复制”→“抽取几何特征”选项，弹出“抽取几何特征”对话框。在“类型”下拉列表中选择“体”选项，在绘图区中选择手柄外壳的所有的实体，抽取实体如图8-41所示。

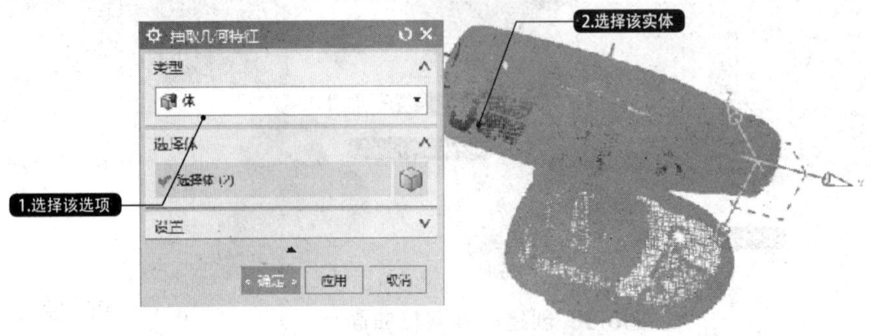

图8-41 抽取实体

02 创建拉伸体。选择功能区“主页”→“特征”→“拉伸”选项，弹出“拉伸”对话框。在“拉伸”对话框中单击按钮，弹出“创建草图”对话框，选择*XC-ZC*平面为草绘平面，绘制如图8-42所示尺寸的草图。返回“拉伸”对话框后，在“限制”选项组中设置“开始”和“结束”的距离为-35和35，如图8-42所示。

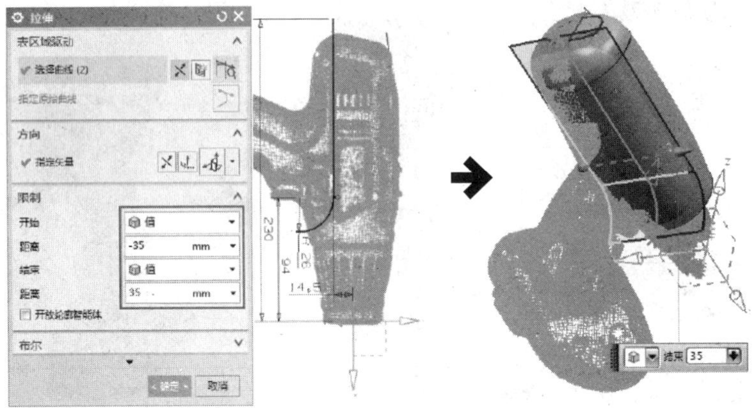

图8-42 创建拉伸体

03 创建修剪体1。选择功能区“主页”→“特征”→“修剪体”选项，弹出“修剪体”对话框。在绘图区中选择电动机罩实体为目标体，选择上步骤创建的拉伸体为工具体，如图8-43所示。

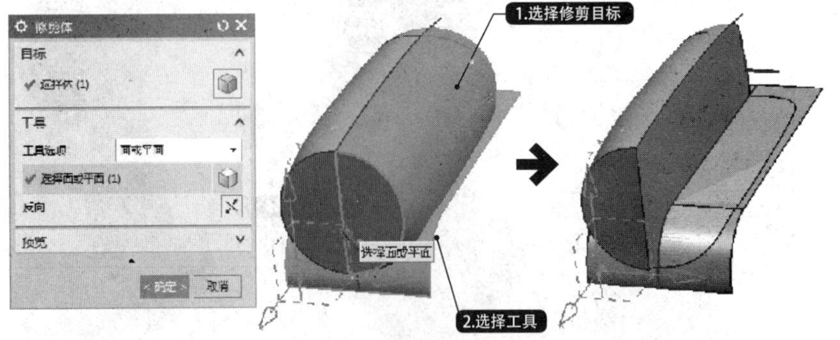

图8-43 创建修剪体1

04 创建壳体。选择功能区“主页”→“特征”→“抽壳”选项，在绘图区中选择上步骤创建的修剪体的面为要穿透的面，设置壳体“厚度”为0.8，如图8-44所示。

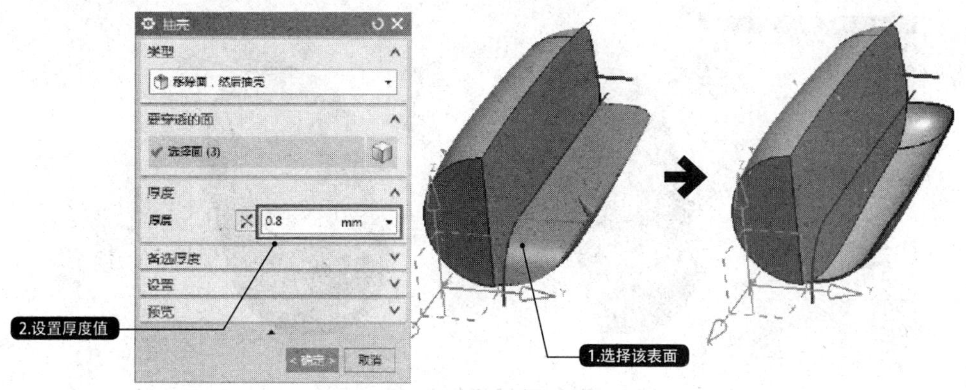

图8-44 创建壳体

05 创建镜像体1。选择“菜单”→“插入”→“关联复制”→“抽取几何特征”选项，在“类型”下拉列表中选择“镜像体”选项。在绘图区中选择上步骤创建的壳体为目标，选择*XC-ZC*基准平面为镜像平面，如图8-45所示。

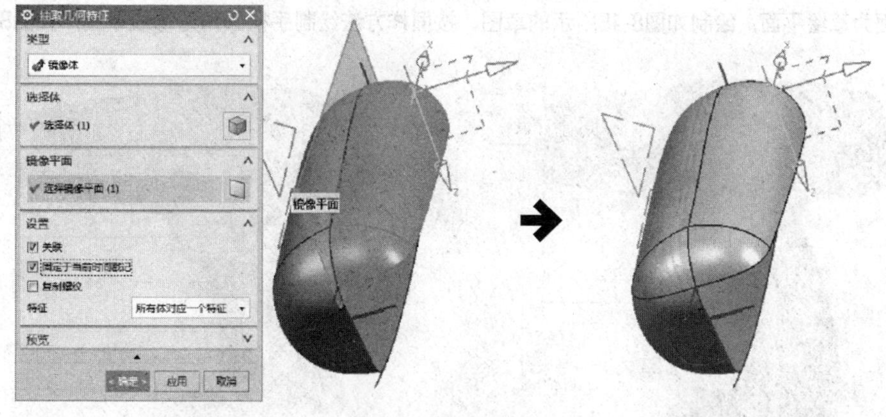

图8-45 创建镜像体1

05 创建求差实体。选择功能区“主页”→“特征”→“求差”选项，弹出“求差”对话框。在绘图区中选择另一侧的电动机罩为目标体，选择上步骤创建的镜像体1为工具体，如图8-46所示。

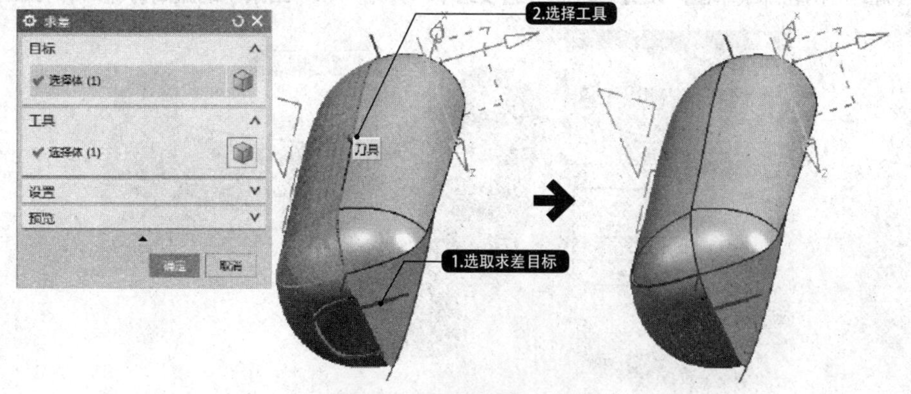

图8-46 创建求差实体

07 创建镜像体2。选择“菜单”→“插入”→“关联复制”→“抽取几何特征”选项，在“类型”下拉列表中选择“镜像体”，在绘图区中选择上步骤创建的求差实体为目标，选择*XC-ZC*基准平面为镜像平面，如图8-47所示。

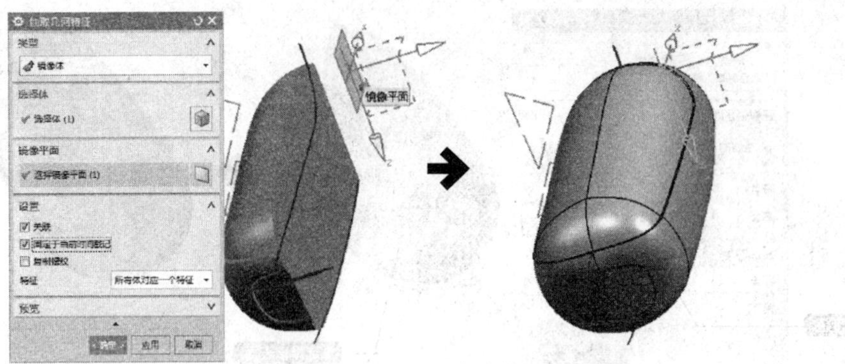

图8-47 创建镜像体2

4. 创建手柄曲面

01 绘制手柄轮廓线草图。选择功能区“主页”→“草图”选项，弹出“创建草图”对话框。在绘图区中选择*XC-ZC*平面为草绘平面，绘制如图8-48所示的草图。按同样方法绘制手柄圆角边缘线草图，如图8-49所示。

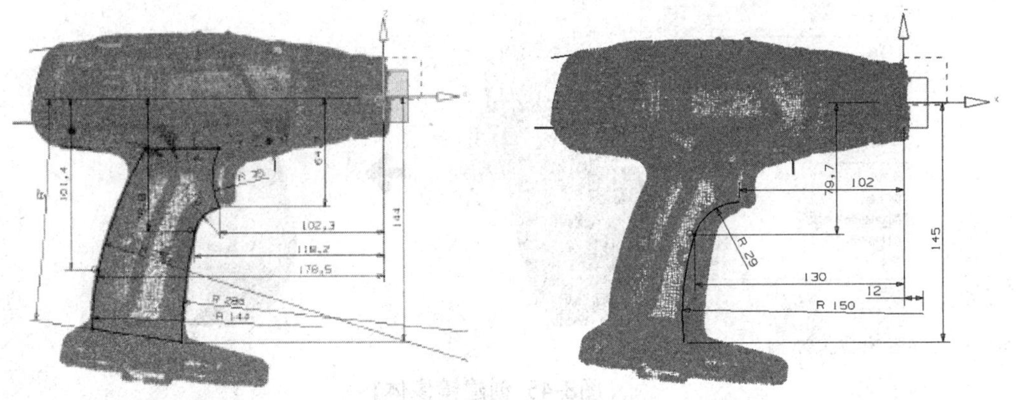

图8-48 绘制手柄轮廓线草图　　　　图8-49 绘制手柄圆角边缘线

02 创建手柄拉伸实体。选择功能区“主页”→“特征”→“拉伸”选项，弹出“拉伸”对话框。在绘图区选择上步骤绘制的手柄轮廓线草图，设置“限制”选项组中“开始”和“结束”的距离为0和19，如图8-50所示。

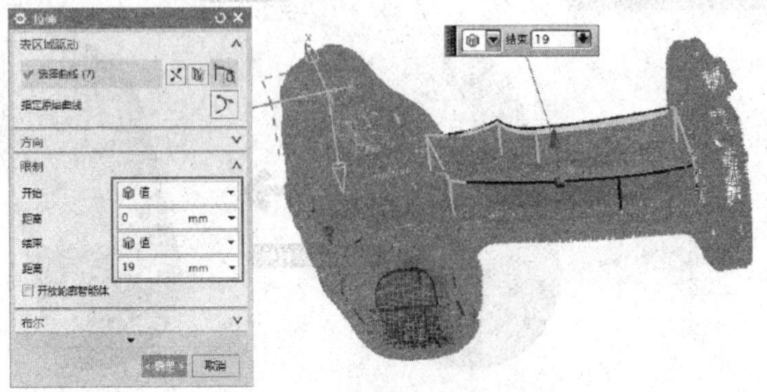

图8-50 创建手柄拉伸实体

03 投影手柄圆角边缘线1。选择功能区“曲线”→“派生的曲线”→“投影曲线”选项，弹出“投影曲线”对话框。在绘图区中选择步骤1绘制的手柄圆角边缘线，将其投影到手柄表面上，如图8-51所示。

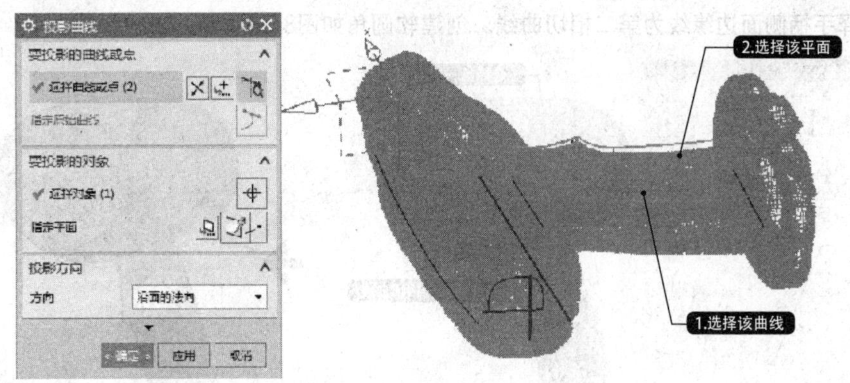

图8-51 投影手柄圆角边缘线1

04 创建边倒圆1。选择功能区“主页”→“特征”→“边倒圆”选项，弹出“边倒圆”对话框，在对话框中设置“形状”为圆形，“半径1”为9.5，在绘图区中选择手柄靠近电动机罩部分的短边缘线，如图8-52所示。

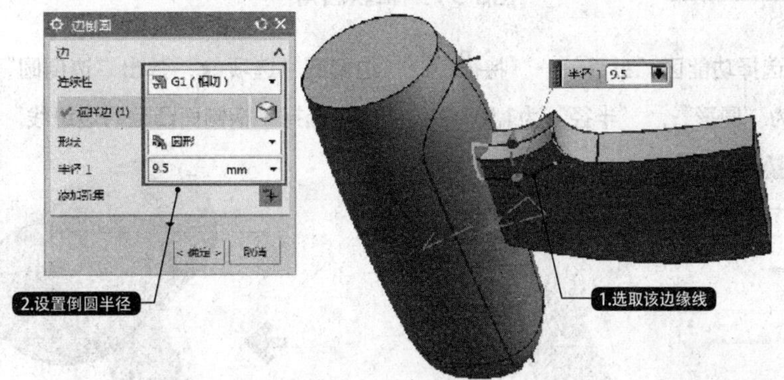

图8-52 创建边倒圆1

05 创建面倒圆。选择功能区“曲面”→“曲面”→“面倒圆”选项，弹出“面倒圆”对话框。在对话框中设置“倒圆横截面”选项组中的参数，在绘图区中选择手柄靠近电动机罩的长边缘线，如图8-53所示。

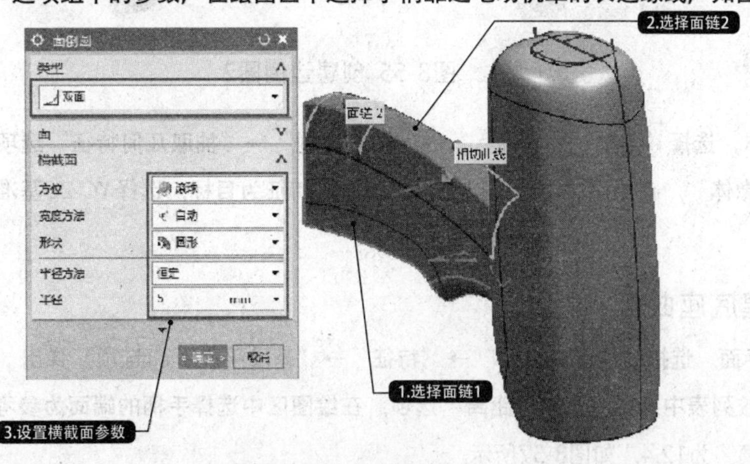

图8-53 创建面倒圆

06 编辑软圆角。选择功能区“曲面”→“曲面”→“软圆角”选项，弹出“编辑软圆角”对话框。在绘图区中选择手柄上表面为第一组面，选择手柄侧面表面为第二组面，选择投影手柄圆角边缘线为第一相切曲线，选择手柄侧面边缘线为第二相切曲线，创建软圆角如图8-54所示。

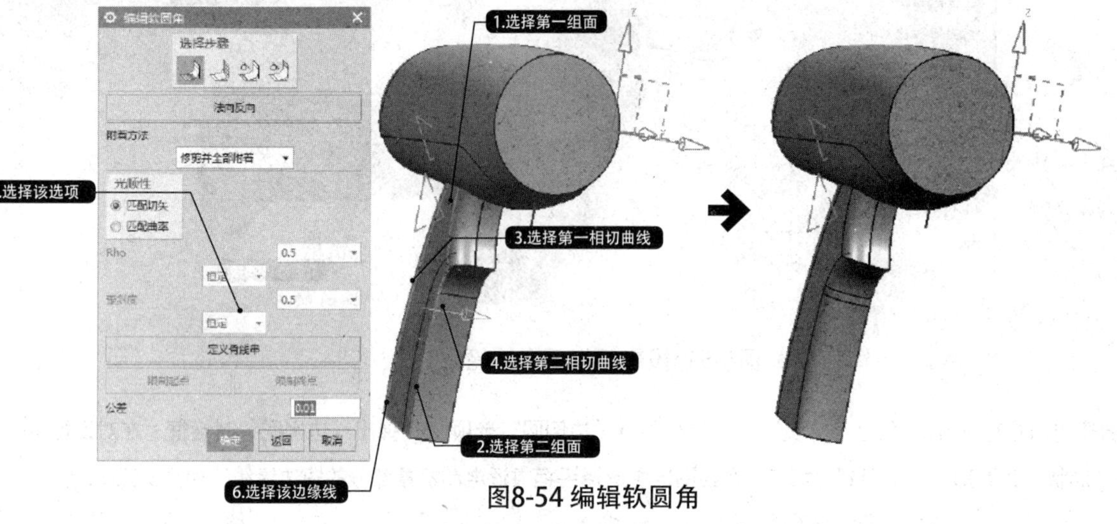

图8-54 编辑软圆角

07 创建边倒圆2。选择功能区“主页”→“特征”→“边倒圆”选项，弹出“边倒圆”对话框。在对话框中设置“形状”为“圆形”，“半径”为1.5，在绘图区中选择手柄侧面凸起的边缘线，如图8-55所示。

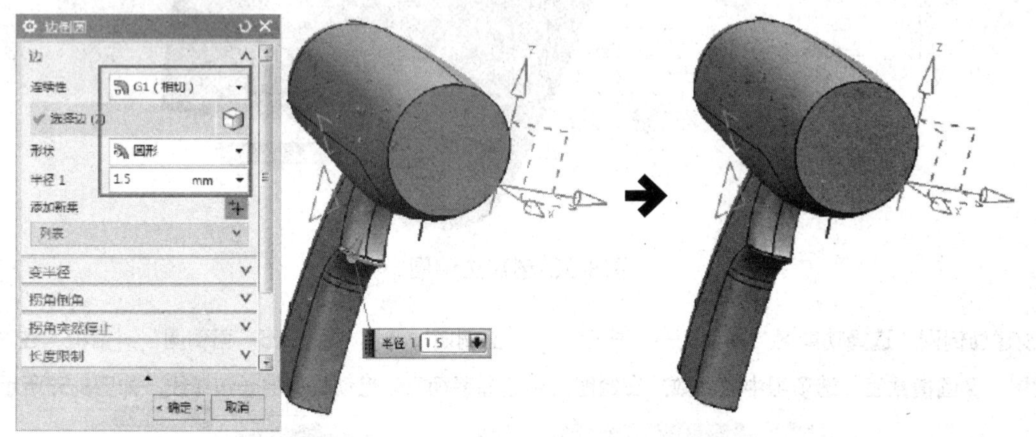

图8-55 创建边倒圆2

08 创建镜像体。选择“菜单”→“插入”→“关联复制”→“抽取几何特征”选项，在“类型”下拉列表中选择“镜像体”，在绘图区中选择以上步骤创建的特征为目标，选择*XC-ZC*基准平面为镜像平面，如图8-56所示。

5. 创建底座曲面

01 创建基准平面。选择功能区“主页”→“特征”→“基准平面”选项，弹出“基准平面”对话框。在“类型”下拉列表中选择“按某一距离”选项，在绘图区中选择手柄的端面为参考平面，并设置在-Z轴上的偏置“距离”为12.4，如图8-57所示。

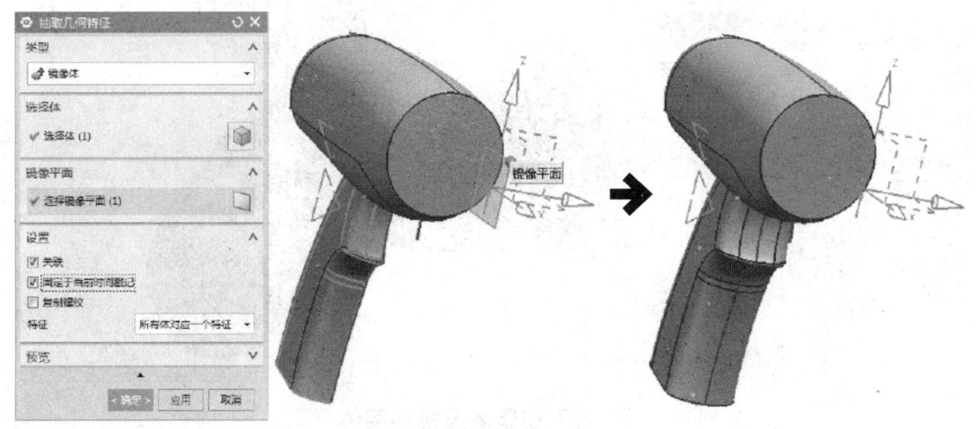

图8-56 创建镜像体

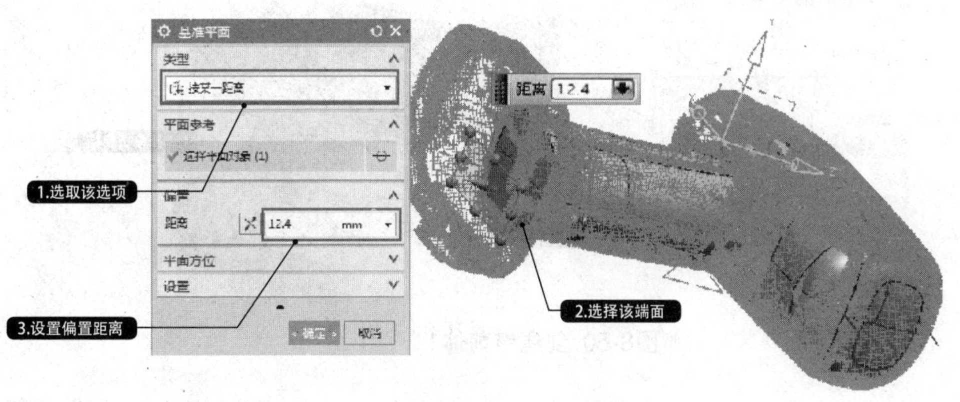

图8-57 创建基准平面

02 绘制底座轮廓。选择功能区“主页”→“草图”选项，弹出“创建草图”对话框。在绘图区中选择上步创建的基准平面为草绘平面，绘制如图8-58所示的底座轮廓草图。

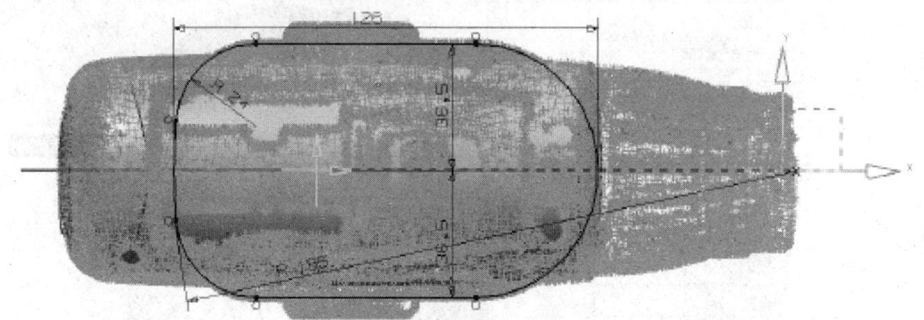

图8-58 绘制底座轮廓草图

03 创建底座拉伸实体。选择功能区“主页”→“特征”→“拉伸”选项，弹出“拉伸”对话框。在绘图区中选择上步骤绘制的底座轮廓草图，设置“限制”选项组中“开始”和“结束”的距离为22和-6，如图8-59所示。

04 创建修剪体1。选择功能区“主页”→“特征”→“修剪体”选项，弹出“修剪体”对话框，在绘图区中选择底座实体为目标，选择*XC-ZC*平面为工具体，创建修剪体1，如图8-60所示。

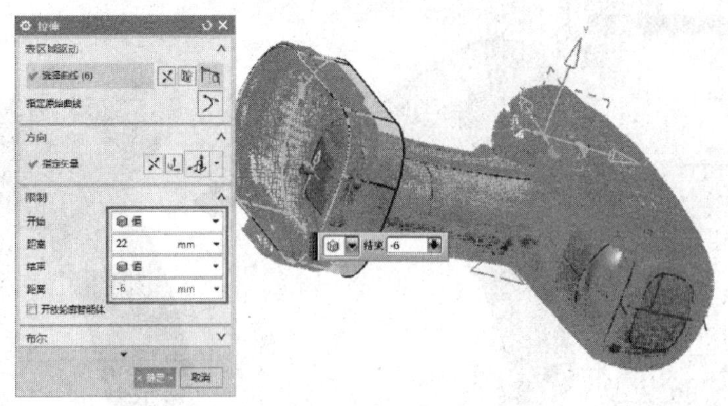

图8-59 创建底座拉伸实体

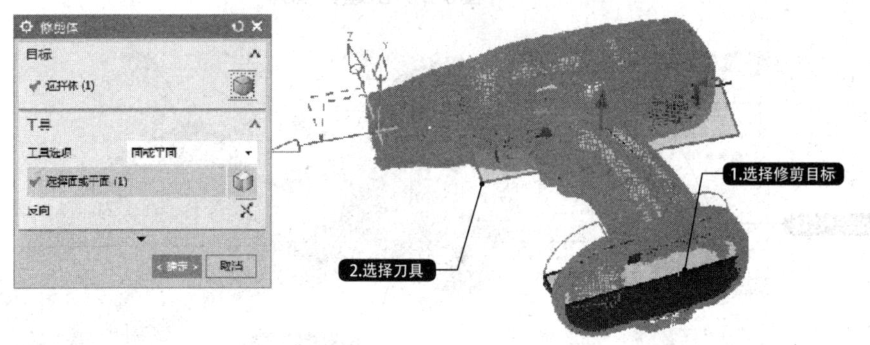

图8-60 创建修剪体1

05 创建修剪体1截面曲线。选择功能区“曲线”→“派生的曲线”→“截面曲线”选项，弹出“截面曲线”对话框。在绘图区中选择手柄轮廓线草图为要剖切的对象，选择底座拉伸实体的上表面为剖切平面，如图8-61所示。

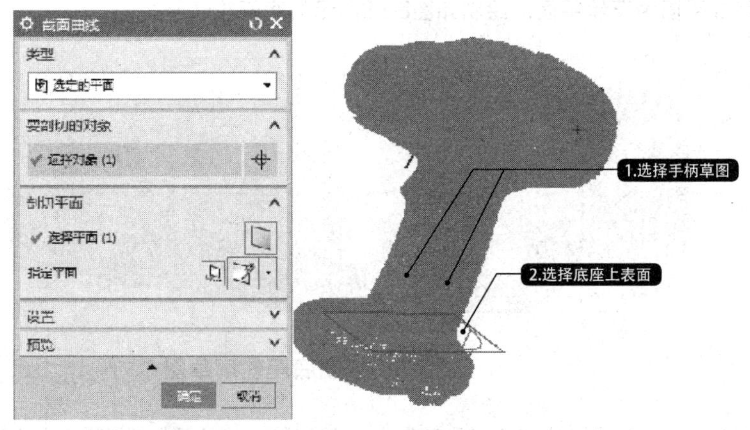

图8-61 创建截面曲线

06 创建修剪曲线1和修剪曲线2。选择功能区“曲线”→“编辑曲线”→“修剪曲线”选项，弹出“修剪曲线”对话框。在绘图区中选择手柄轮廓草图为要修剪的曲线，选择上步骤创建的剖切点为边界对象1，创建修剪曲线1如图8-62所示。按同样的方法创建修剪曲线2，如图8-63所示。

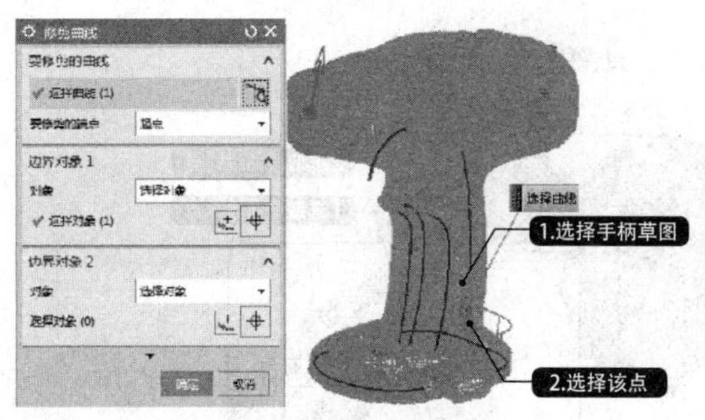

图8-62 创建修剪曲线1

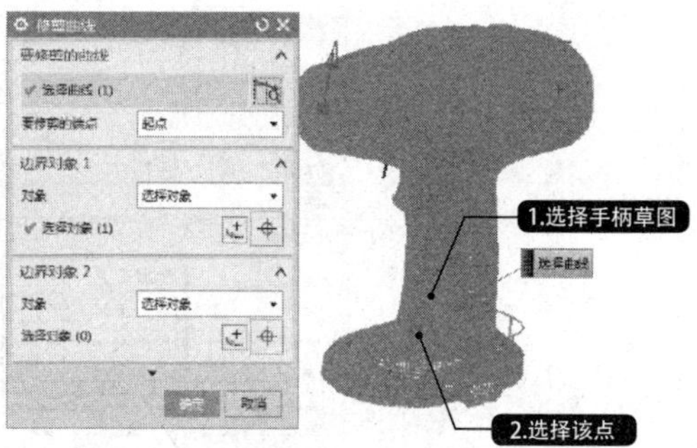

图8-63 创建修剪曲线2

07 创建相交曲线。单击功能区“曲线”→“派生的曲线”→“相交曲线”选项，弹出“相交曲线”对话框。在绘图区中选择手柄外表面为第一组面，选择底座拉伸实体上表面为第二组面，如图8-64所示。

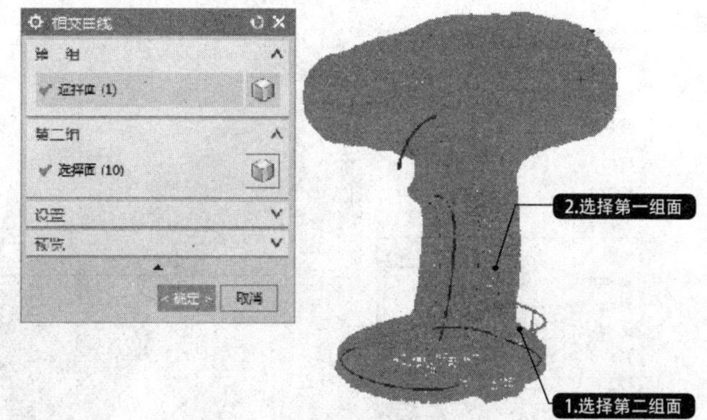

图8-64 创建相交曲线

08 绘制定位线1。选择功能区“曲线”→“直线”选项，弹出“直线”对话框。在绘图区中绘制底座上表面的定位线，如图8-65所示。

09 创建桥接曲线1。选择功能区“曲线”→“派生的曲线”→“桥接曲线”选项，弹出“桥接曲线”对话框。在绘图区中选择以上步骤创建的修剪曲线端点和定位线1的端点，并在对话框“形状控制”选项组中设置参数，使轮廓尽量贴合点云，如图8-66所示。

10 绘制相切直线。选择功能区“曲线”→“直线”选项，弹出“直线”对话框。在绘图区中绘制底座侧面的相切直线，如图8-67所示。按同样的方法绘制另一侧相切直线。

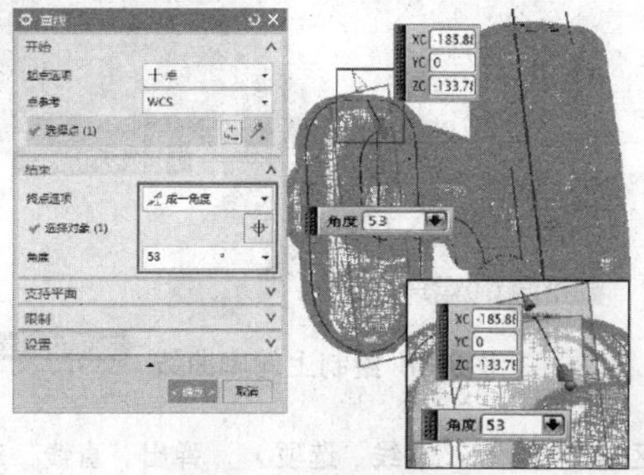

图8-65 绘制定位线1

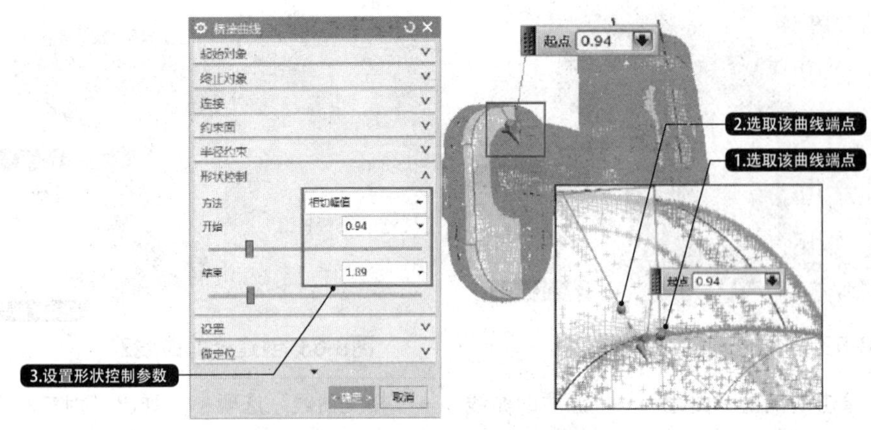

图 8-66 创建桥接曲线 1

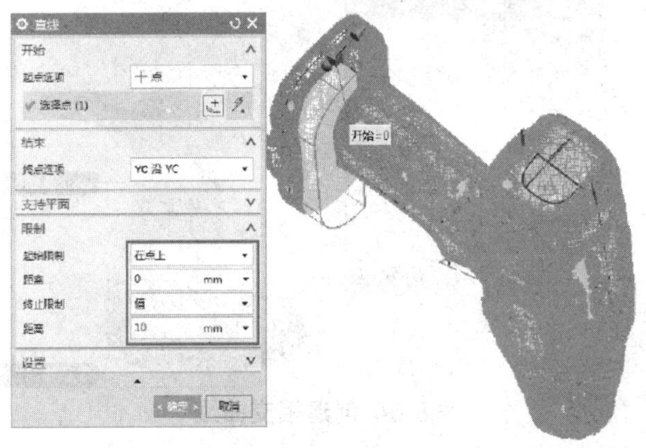

图8-67 绘制相切直线

11 绘制上轮廓曲线。选择功能区“曲线”→“曲线”→“曲面上的曲线”选项，弹出“曲面上的曲线”对话框。在绘图区中选择底座侧面，并选择与上步骤绘制的相切直线为G1相切连续，在侧面上的描点尽量贴合圆角点云，如图8-68所示。

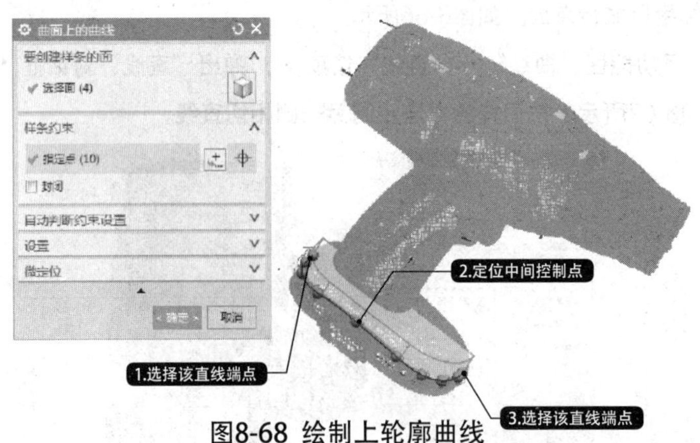

图8-68 绘制上轮廓曲线

12 绘制定位线2。选择功能区“曲线”→“直线”选项，弹出“直线”对话框，在绘图区中绘制底座上表面另一侧的定位线2，如图8-69所示。

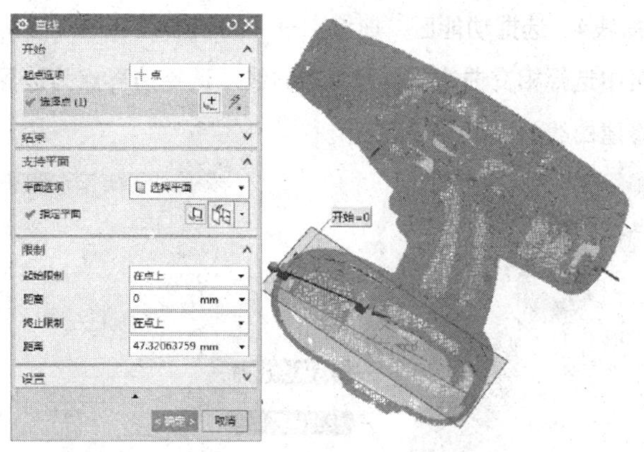

图8-69 绘制定位线2

13 创建桥接曲线2。选择功能区“曲线”→“派生的曲线”→“桥接曲线”选项，弹出“桥接曲线”对话框。在绘图区中选择手柄轮廓线上的修剪曲线端点和定位线2端点，并在对话框“形状控制”选项组中设置参数，使轮廓尽量贴合圆角点云，如图8-70所示。

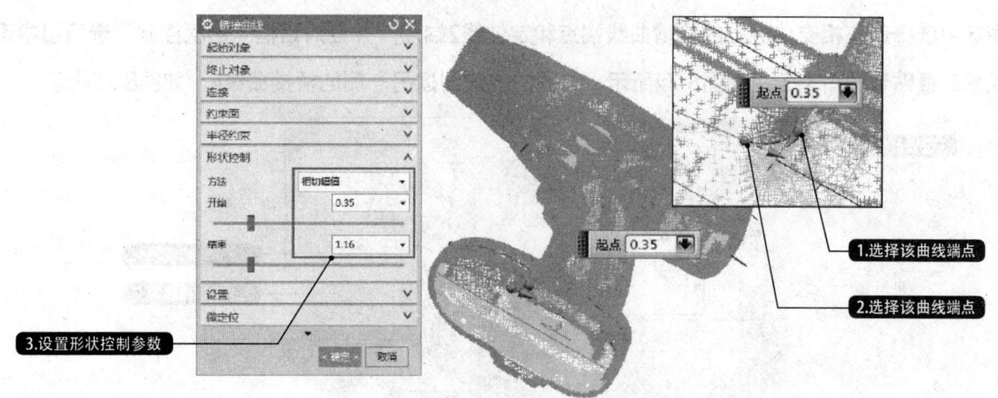

图8-70 创建桥接曲线2

14 平移上轮廓曲线。选择“菜单”→“编辑”→“移动对象”选项，弹出“移动对象”对话框。在绘图区中选择步骤11创建的上轮廓曲线，并设置向-Z轴方向平移“距离”为2，如图8-71所示。

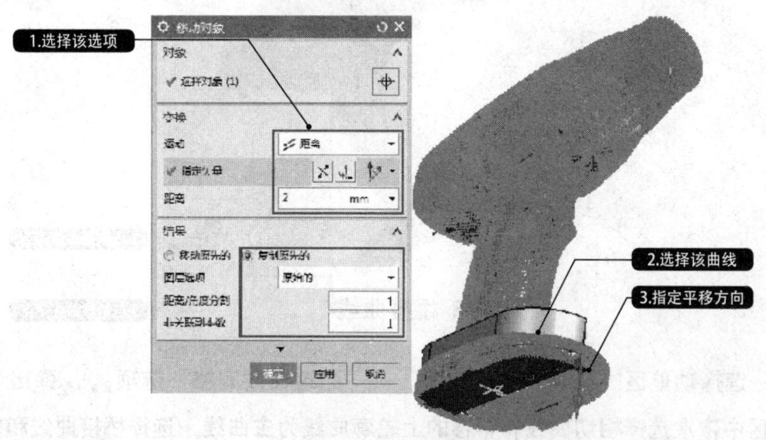

图8-71 平移上轮廓曲线

15 创建修剪曲线3和修剪曲线4。选择功能区“曲线”→“编辑曲线”→“修剪曲线”选项，弹出“修剪曲线”对话框。在绘图区中选择相交曲线为要修剪的曲线，选择边界点为边界对象1，修剪曲线3图8-72所示。按同样的方法创建修建曲线4，如图8-73所示。

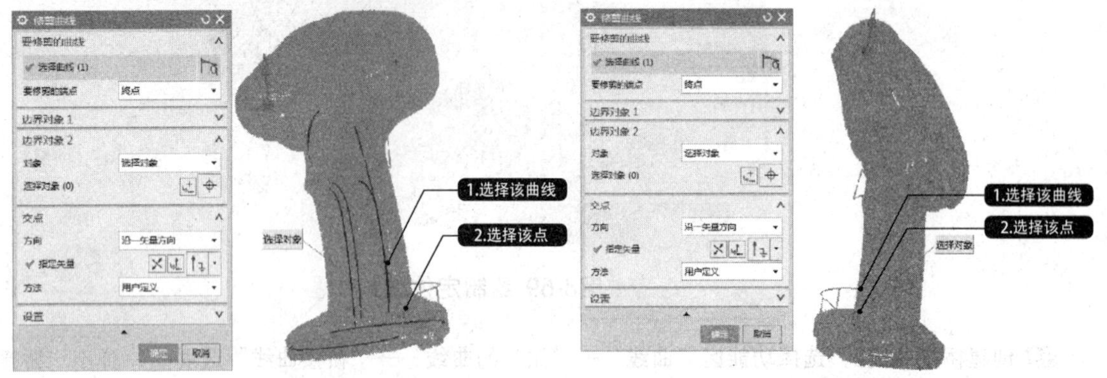

图8-72 创建修剪曲线3　　图8-73 创建修剪曲线4

16 创建桥接曲线3。选择功能区“曲线”→“派生的曲线”→“桥接曲线”选项，弹出“桥接曲线”对话框。在绘图区中选择底座相交曲线上的修剪曲线端点和定位线2端点，并在对话框“形状控制”选项组中设置参数，使轮廓尽量贴合圆角点云，如图8-74所示。按同的方法创建另一侧的桥接曲线4，如图8-75所示。

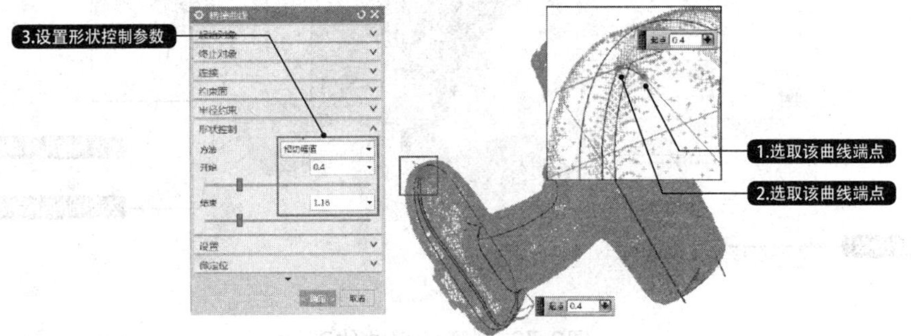

图8-74 创建桥接曲线3

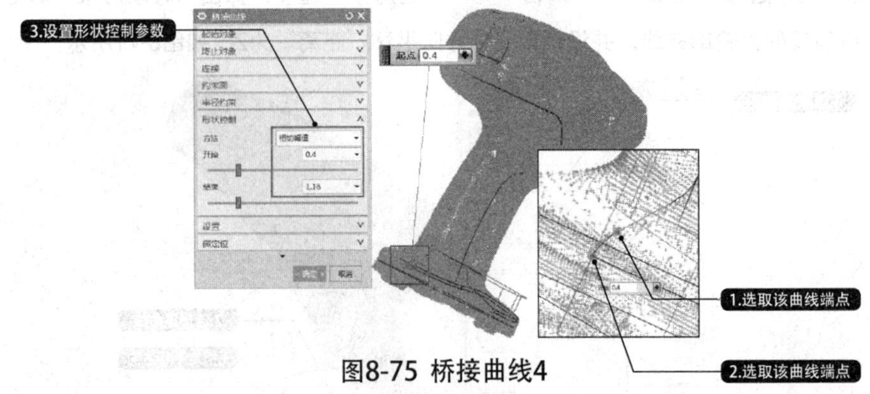

图8-75 桥接曲线4

17 创建底座上表面。选择功能区“主页”→“曲面”→“通过曲线网格”选项，弹出“通过曲线网格”对话框。在绘图区中依次选择相切曲线和平移的上轮廓曲线为主曲线，选择桥接曲线和定位线为交叉曲线，并设置与相关相切片体的连续性为G1，如图8-76所示。

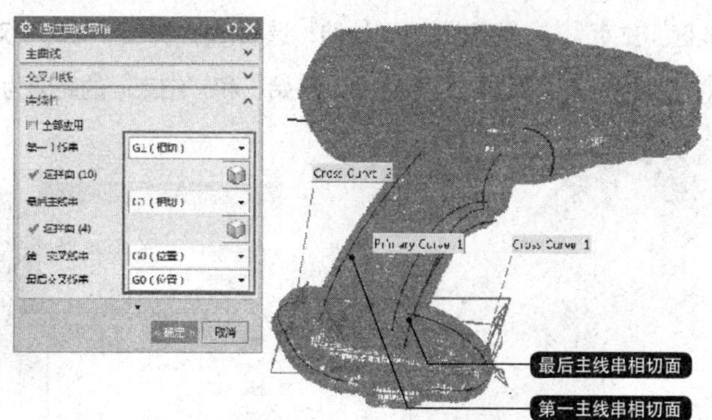

图8-76 创建底座上表面

18 创建修剪体2。单击功能区“主页”→“特征”→“修剪体”选项，弹出“修剪体”对话框。在绘图区中选择底座实体为目标体，选择上步骤创建的底座上表面为工具体，如图8-77所示。

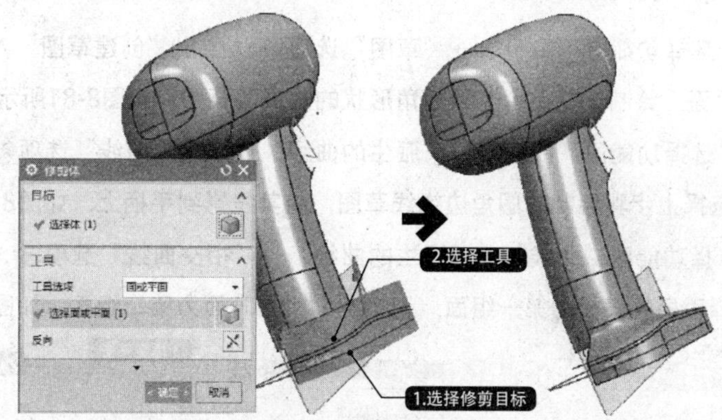

图8-77 创建修剪体2

19 创建镜像体5。选择菜单栏“插入”→“关联复制”→“抽取几何特征”选项，在“类型”下拉列表中选择“镜像体”，在绘图区中选择以上步骤创建的特征为目标，选择*XC-ZC*基准平面为镜像平面，如图8-78所示。

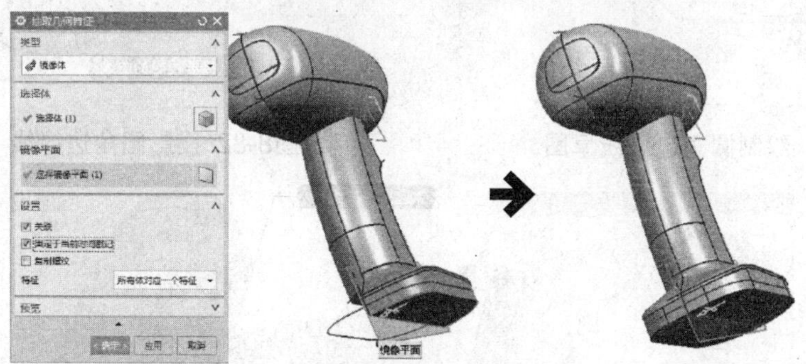

图8-78 创建镜像体5

6. 创建圆角曲面

01 创建艺术样条。选择功能区“曲线”→“艺术样条”选项，弹出“艺术样条”对话框。在绘图区手柄端面中描点绘制电吹风机电动机罩与手柄之间圆角的大概形状，注意描点要尽量贴合圆角曲面，如图8-79所示。

02 创建拉伸体。选择功能区“主页”→“特征”→“拉伸”选项，弹出“拉伸”对话框。在绘图区中选择上步骤绘制的艺术样条，在对话框中设置“限制”选项组中“开始”和“结束”的距离为-10和30，如图8-80所示。

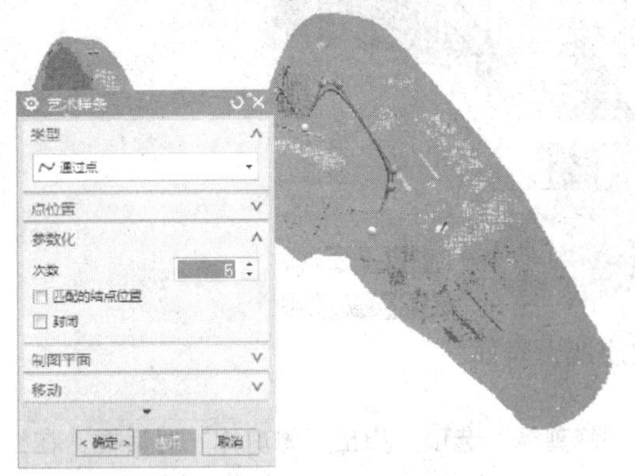
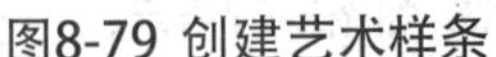
图8-79 创建艺术样条

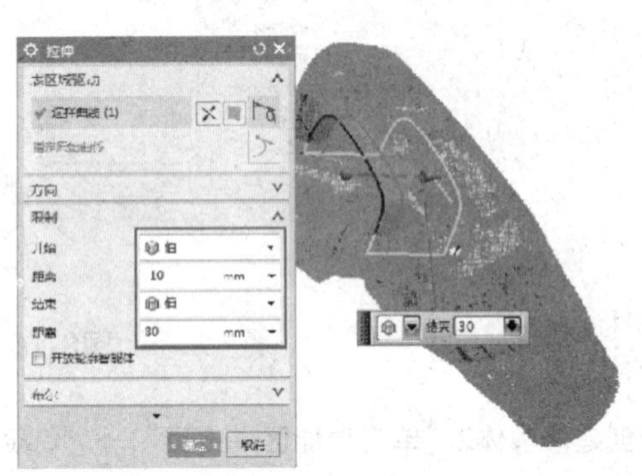
图8-80 创建拉伸体

03 绘制圆角边缘线。选择功能区“主页”→“草图”选项，弹出“创建草图”对话框。在绘图区中选择*XC-ZC*平面为草绘平面，绘制尽量贴合点云圆角形状的边缘线草图，如图8-81所示。

04 投影圆角边缘线。选择功能区“曲线”→“派生的曲线”→“投影曲线”选项，弹出“投影曲线”对话框。在绘图区中选择上步骤绘制的圆角边缘线草图，将其投影到手柄上，如图8-82所示。

05 创建相交曲线。选择功能区“曲线”→“派生的曲线”→“相交曲线”选项，弹出“相交曲线”对话框。在绘图区中选择手柄外表面为第一组面，选择电动机罩表面为第二组面，如图8-83所示。

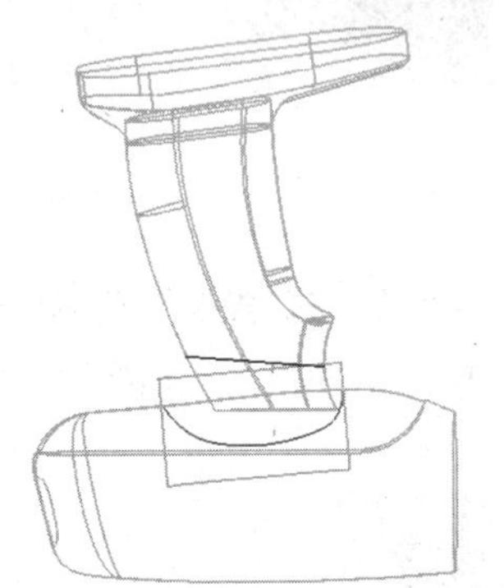
图8-81 绘制圆角边缘线草图

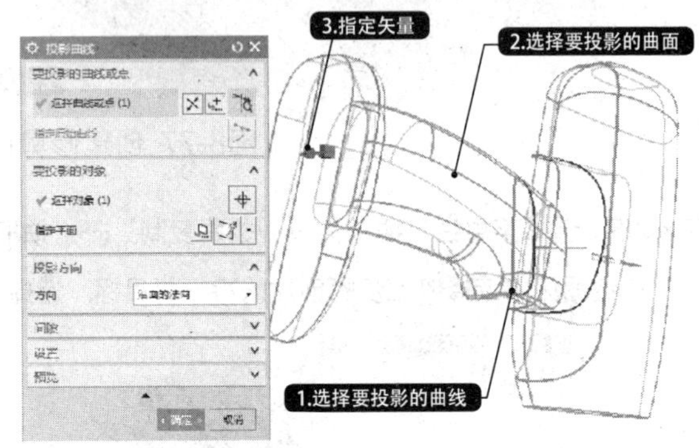

图8-82 投影圆角边缘线

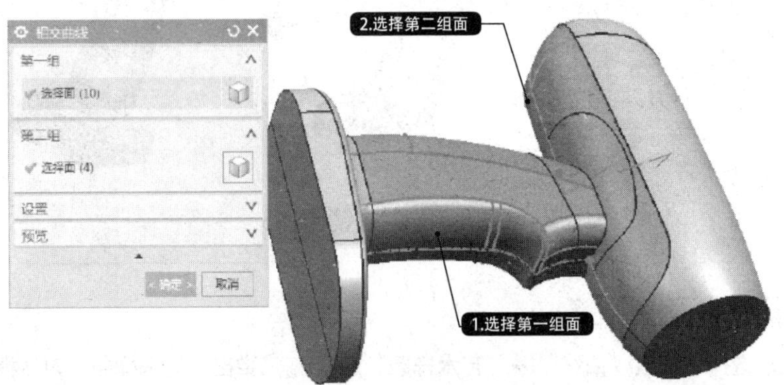

图8-83 创建相交曲线

06 截面曲面创建圆角。选择功能区“曲面”→“曲面”→“截面曲面”选项，弹出“截面曲面”对话框。在“模式”下拉列表中选择Rho选项，在绘图区中分别选择手柄表面为起始面，电动机罩曲面为终止面，并在绘图区中选择起始引导线、终止引导线和脊线，如图8-84所示。

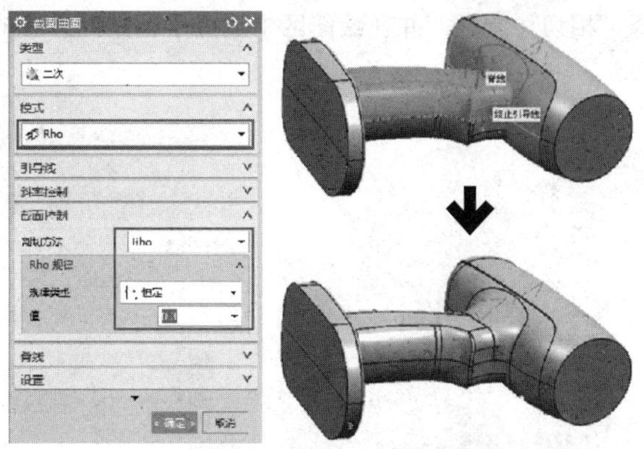

图8-84 截面曲面创建圆角

07 创建镜像体6。选择“菜单”→“插入”→“关联复制”→“抽取几何特征”选项，在“类型”下拉列表中选择“镜像体”，在绘图区中选择以上步骤创建的特征为目标，选择*XC-ZC*基准平面为镜像平面，如图8-85所示。

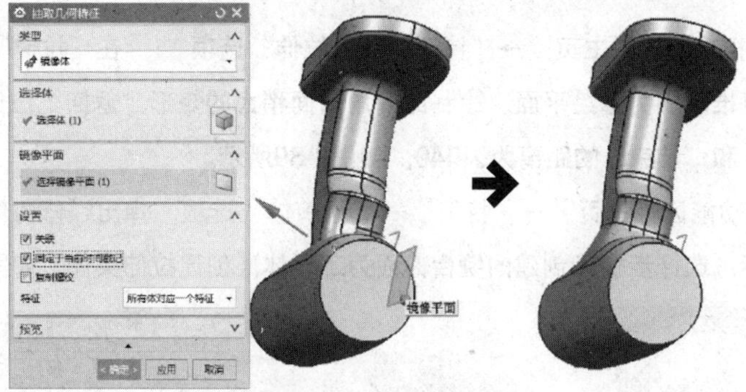

图8-85 创建镜像体6

08 创建N边曲面。选择功能区“曲面”→“曲面”→“N边曲面”选项，弹出“N边曲面”对话框。在“类型”下拉列表中选择“已修剪”选项，在绘图区中选择创建的曲面边缘线，如图8-86所示。按同样的方法创建另一侧N边曲面。

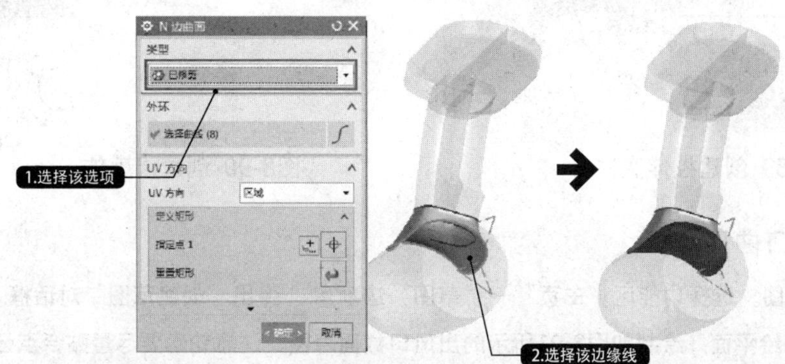

图8-86 创建N边曲面

09 缝合曲面。选择“插入”→“组合体”→“缝合”选项，弹出“缝合”对话框。在绘图区中选择前窗面为目标片体，选择其他的所有曲面为工具体，如图8-87所示。

10 创建基准平面。选择功能区“主页”→“特征”→“基准平面”选项，弹出“基准平面”对话框。在“类型”下拉列表中选择“相切”选项，并在绘图区中选择手柄中间投影的曲线为参考几何体，如图8-88所示。

图8-87 缝合曲面

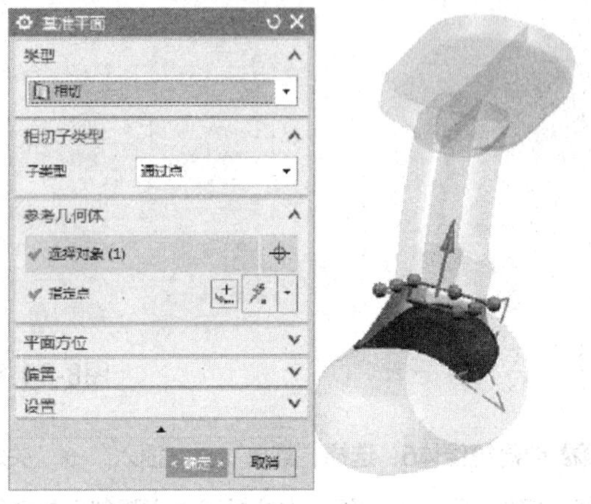

图8-88 创建基准平面

11 创建拉伸实体。选择功能区“主页”→“特征”→“拉伸”选项，在“拉伸”对话框中单击按钮，选择上步骤创建的基准平面为草绘平面，绘制比圆角曲面稍大的矩形。返回“拉伸”对话框，设置“限制”选项组中“开始”和“结束”的距离为0和40，如图8-89所示。

12 创建修剪体。选择功能区“主页”→“特征”→“修剪体”选项，弹出“修剪体”对话框。在绘图区中选择拉伸实体为目标，选择步骤10创建的缝合曲面为工具体，创建拉伸实体，如图8-90所示。

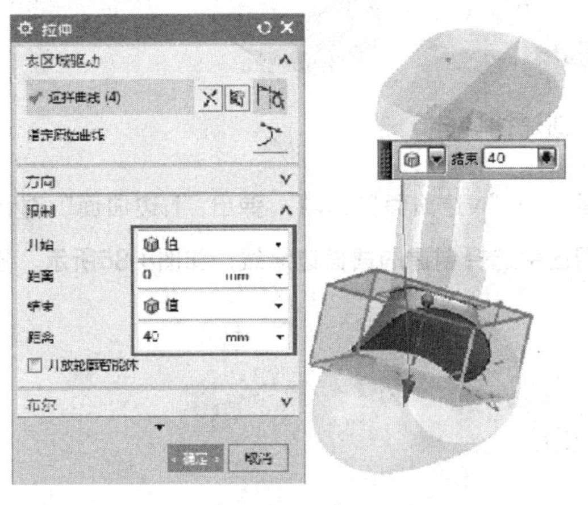

图8-89 创建拉伸实体

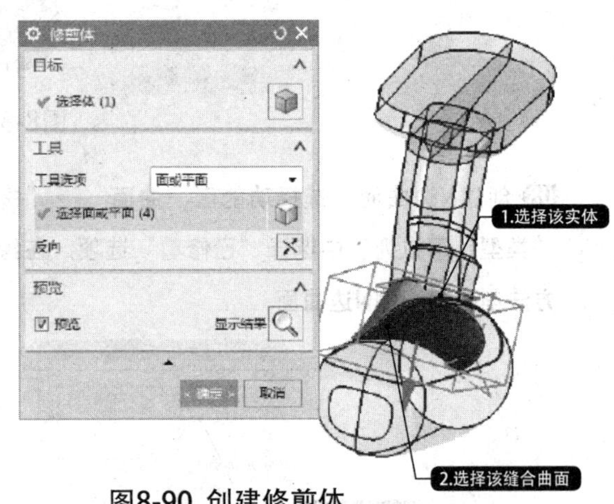

图8-90 创建修剪体

7. 创建出风口曲面

01 绘制出风口截面草图。选择功能区“主页”→“草图”选项，弹出“创建草图”对话框。在绘图区中选择*XC-ZC*平面为草绘平面，绘制如图8-91所示的出风口截面草图。注意轮廓要尽量贴合点云轮廓。

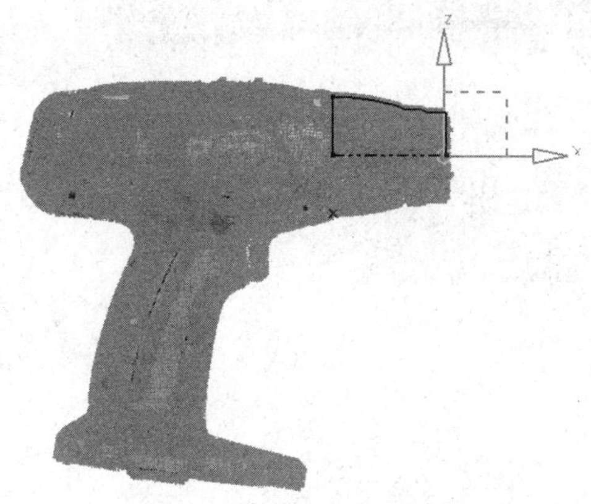

图8-91 绘制出风口截面草图

02 创建出风口旋转实体。选择功能区“主页”→“特征”→“旋转”选项，弹出“旋转”对话框。在绘图区中选择上步骤绘制的草图轮廓为截面，并选择旋转中心，如图8-92所示。

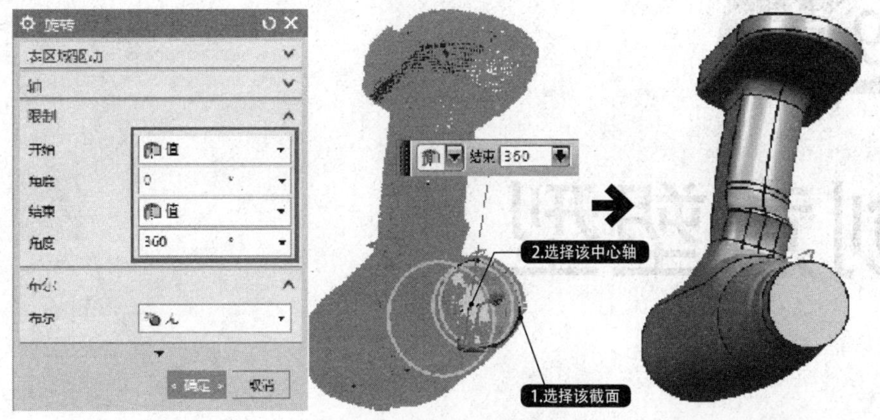

图8-92 创建出风口旋转实体

03 创建边倒圆。选择功能区“主页”→“特征”→“边倒圆”选项，弹出“边倒圆”对话框。在对话框中设置“形状”为“圆形”，“半径1”为3，在绘图区中选择出风口的边缘线，如图8-93所示。在此，电吹风机外壳逆向造型完成。

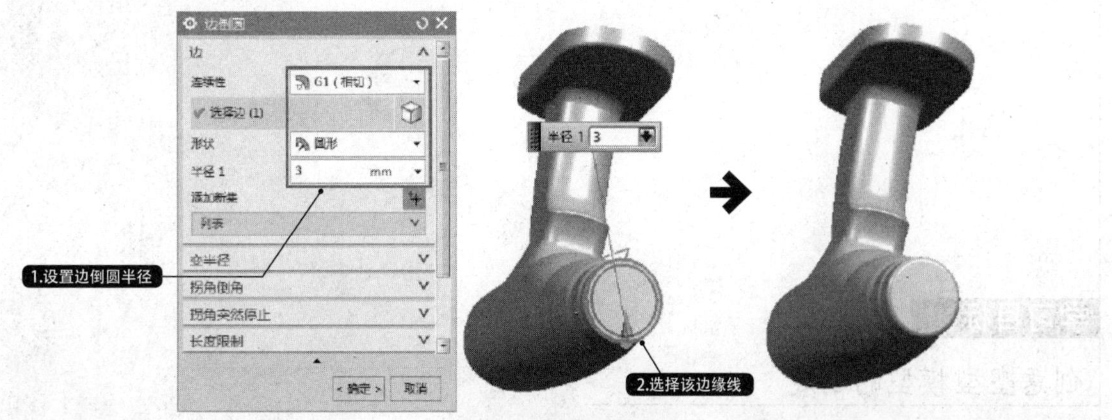

图8-93 创建边倒圆

第9章

创意塑型

学习目标：

创意塑型模型的创建

创意塑型模型的修改

本章主要介绍UG NX 12.0的重要功能——创意塑型。“创意塑型”命令主要用来创建一些外观不规则，或是很难通过常规曲面建模来创建的实体。本命令的添加丰富了UG建模的种类，也拓展了UG所能设计的外形范围。

9.1 创意塑型概述

使用过UG的读者可能知道，UG具有强大的建模能力，只要使用熟练，日常生活中绝大部分的常见物体都能通过UG创建出模型，但仍然有些物体是无法通过建模得到模型的，如人体、动物、植物等。

这些物体所具备的一个共同特点就是外形不规则、不可控，而UG等工程类建模软件所侧重的却是参数化、可控的建模思路，因此在原则上就无法满足这类物体的建模条件（典型UG模型见图9-1），但其他偏视觉性的建模软件，如3ds max、Zbrush、Rhino等却可以满足，即使是精细复杂的人脸曲面也能极大地还原（3ds Max模型见如图9-2）。

图9-1 典型UG模型

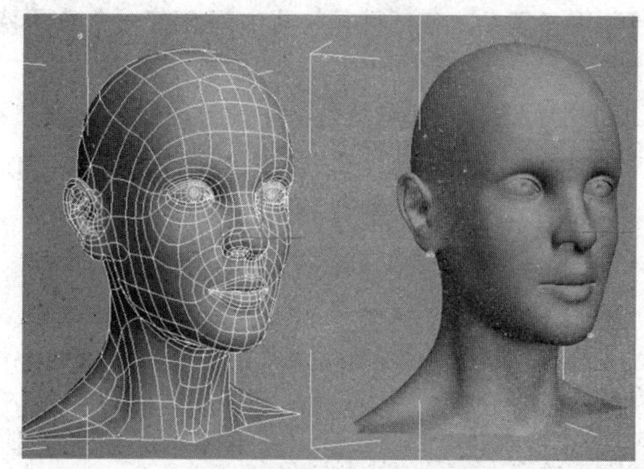

图9-2 3ds Max模型

两类建模软件的差异，究其原因还是在于它们所各自服务的对象不同：UG主要的服务对象是工厂的设计人员和加工人员，所建立出来的模型要应用到加工（如数控、模具等）当中，因此它的建模能力就受限于当时大环境下的加工能力，不然就算能建立出复杂且美观的模型，也无法通过加工得到，这自然是不切实际的；而3ds Max主要应用于外观、影视等方面的动画建模，最终结果仍然存在于虚拟的网络空间中，因此就不需要考虑加工方面的问题，软件设计者就可以全力开拓相关的自由建模功能，让设计师充分释放自己的想象力，并能得到随心所欲的模型。

近年来，随着科技的不断进步和生产力水平的不断提高，一些新型的加工方法不断涌现，对于传统制造业的冲击正在一步步地加深，尤其是3D打印等技术的日渐成熟，已经让产品的快速成型成为可能，只要能在计算机上设计出所需的模型，便能得到所需的实物，这无疑是加工上的一个飞跃，而与传统加工相对应的传统建模习惯自然也就无法满足设计人员的使用要求。

因此，UG为了满足未来用户的使用需要，跟随时代的进步，于2014年12月推出了UG NX 10.0，其中最大的一项改进就是新增了“创意塑型”命令，让UG建立自由形体变为可能，极大地提高了UG的建模能力。通过UG创意塑型得到的模型如图9-3所示。

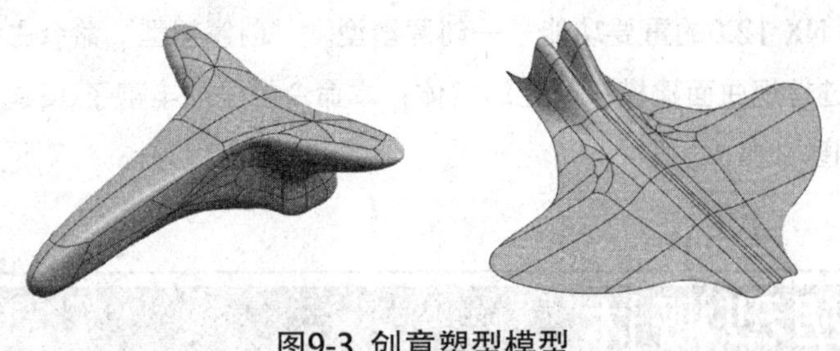
图9-3 创意塑型模型

9.2 创意塑型的创建

“创意塑型”是一项独立的命令种类，在创建创意塑型时，会与草图一样打开一个独有的工作环境，并通过其中的命令创建所需的图形，而不管其中创建的图形有多复杂，返回建模环境后，都会在部件导航器中留下一个特征种类——“分割体”。这点类似于草图绘制，无论草图图形绘制得多复杂，在部件导航器中都会有一个草图特征。

UG NX 12.0的“创意塑型”命令分属在“曲面”菜单项中，选择“曲面”→“曲面”→“创意塑型”选项，或者选择“菜单”→“插入”→“NX创意塑型”选项，都能进入创意塑型的环境，此时的功能区如图9-4所示。

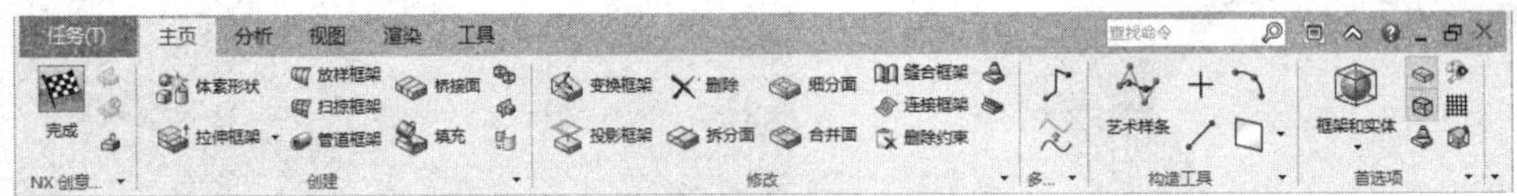
图9-4 “创意塑型”的功能区

9.2.1 体素形状

“体素形状”命令可以创建创意塑型环境下的体素特征，一般作为塑型的第一道命令，类似于创建毛坯。该命令操作方法与建模环境中的一样。在创意塑型环境下选择“主页”→“创建”→“体素形状”选项，即可弹出“体素形状”对话框。其中提供了6种体素类型，分别介绍如下。

1. 球

球体是三维空间中到一个点的距离小于或等于某一定值的所有点的集合所形成的实体，广泛应用于机械、家具等结构设计中，如创建球轴承的滚子、球头螺栓和家具拉手等。

在创意塑型环境中，球是最为常用的建模毛坯，任何复杂的模型都可以通过球体毛坯来得到。相对于建模环境下的“球体”命令，创意塑型环境下球体的创建方法只有一种，即“中心点和直径”，指定中心点，输入尺寸大小，即可创建球体。

创建后会同时产生包裹球体的蓝色框架，这种蓝色框架便是“创意塑型”命令的主要操作部分，通过对框架的面、线、点操作来创建所需模型。“球”体素创建后会产生6个相等的框架面，通过对框架的操作便可获得自由形状，如图9-5所示。

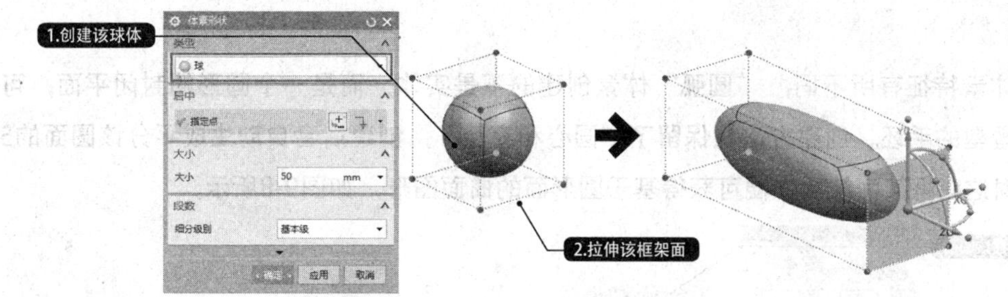

图9-5 “球”体素形状

提 示

这里需要明确指出的是，所输入的数值大小并不是球体的直径大小，而是包裹球体蓝色框架的边长，下同。

2. 圆柱

圆柱体可以看作是以长方形的一条边为旋转中心线，并绕其旋转360°所形成的实体。此类实体特征比较常见，如机械传动中最常用的轴类、销钉类等零件。如果要创建这类的模型，可以创建圆柱体毛坯。创建方法只保留了“轴、直径和高度”，创建完成后同样会生成6面体框架，如图9-6所示。

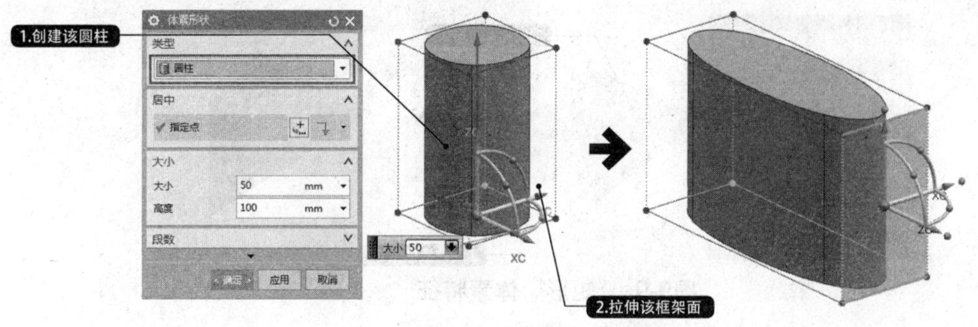

图9-6 “圆柱”体素形状

3. 块

“块”体素即长方体体素，利用该工具可直接在绘图区中创建长方体或正方体等一些具有规则形状特征的三维实体，并且其各边的边长通过具体参数来确定。在创建一些座体类零部件时，可以用块体来作毛坯。创建方法只保留了“原点和边长”，创建完成后生成与块体面重合的框架，如图9-7所示。

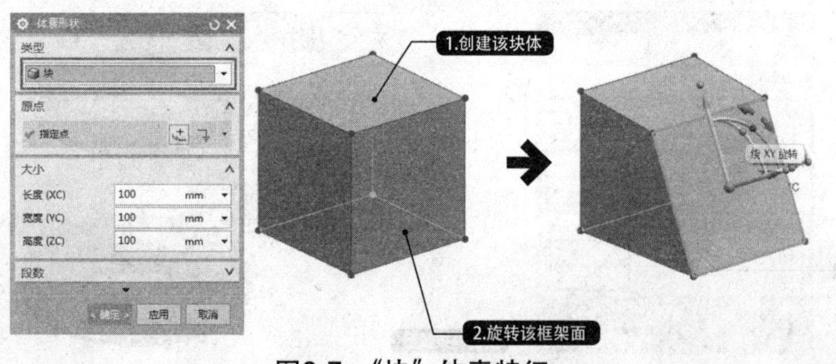

图9-7 “块”体素特征

4. 圆弧

与前三种体素特征有所不同，“圆弧”体素创建的不是实体，而是一个圆形的封闭平面，可以用来创建曲面塑型的毛坯。创建方法只保留了“圆心和直径”，创建后会自动生成平分该圆面的5个框架面，通过对这些框架面的操作便可获得基于圆形面的曲面图形，如图9-8所示。

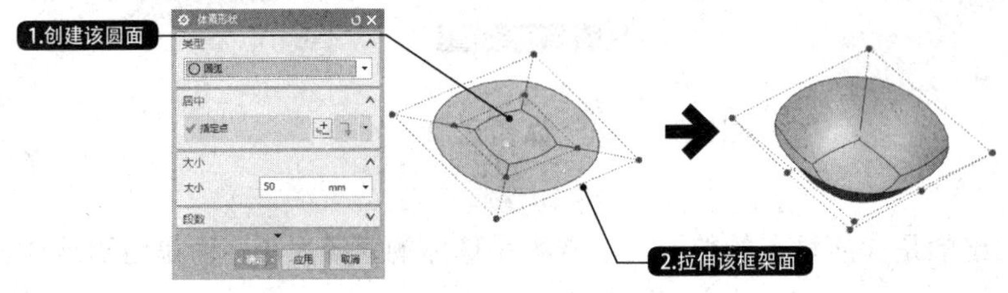

图9-8 “圆弧”体素形状

5. 矩形

“矩形”体素创建的同样不是实体，而是一个矩形的封闭平面，可以用来创建一些基于矩形的曲面塑型。创建方法只保留了“原点和边长”，创建完成后，也只会生成一个与矩形面同样大小的框架面，如图9-9所示。

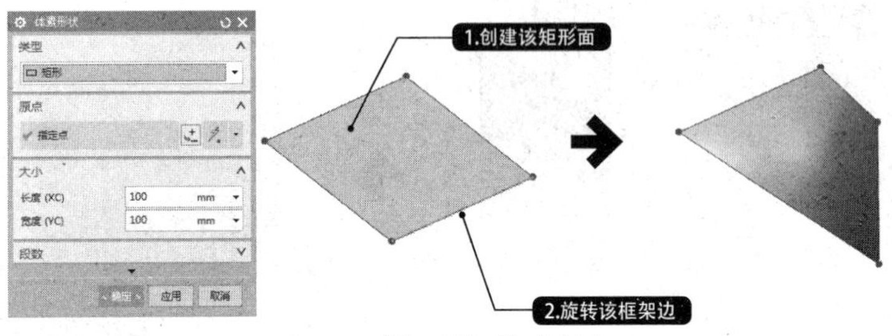

图9-9 “矩形”体素特征

6. 圆环

选择“圆环”类型的对话框如图9-10所示。“圆环”体素特征是创意塑型环境中独有的体素特征，可以输入“外部”和“内部”大小确定圆环形状，还可以在“径向”和“圆形”文本框中设置框架面的数量，数量越多，圆环面的可控框架就越多，模型效果也越接近正常体素，如图9-11所示。

任何内部带孔或者间隙的自由模型，都可以通过“圆环”体素特征来创建。

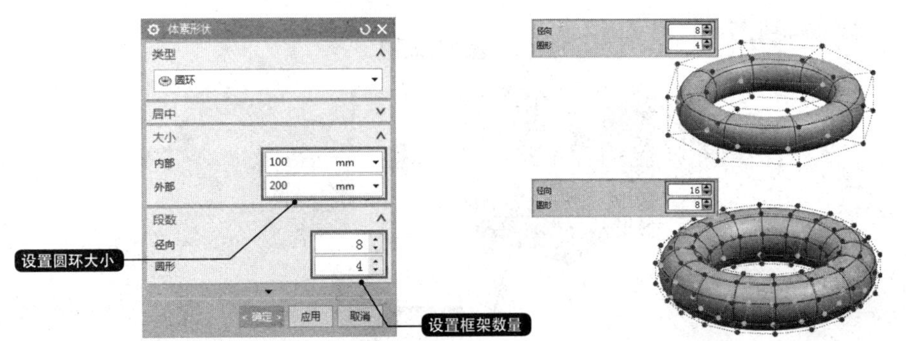

图9-10 选择“圆环”类型的对话框　　图9-11 段数与模型的关系

9.2.2 构造工具

在建模环境中，可以通过先绘制平面草图，然后对草图进行拉伸、旋转、扫掠等操作得到所需的模型。同样，在创意塑型环境下，也可以通过这种方式来创建所需的模型。与建模环境不同的是，创意塑型环境下可供拉伸、旋转的不是草图元素，而是框架线，也就是上文中包裹体素模型的蓝色框架边。

除了创建体素形状间接得到自动生成的框架线外，还可以通过“构造工具”选项组绘制出草图形状。“构造工具”命令相当于创意塑型环境下的草图，但是却不如建模中的草图强大，操作与空间曲线的绘制方法一致，目前只能绘制点、线段、圆弧和多段线等基本线型，还无法进行编辑和其他操作，如图9-12所示。

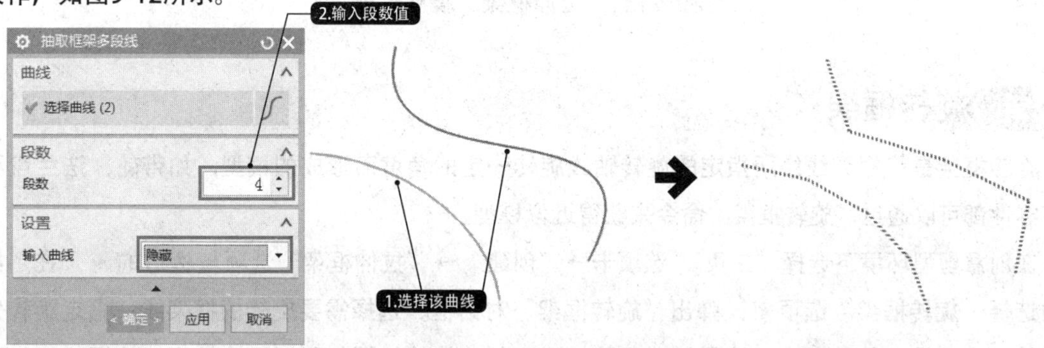

图9-12 构造工具转换为框架线

提 示

由于在创意塑型环境下通过构造工具生成的曲线无法被单独删除，退出创意塑型环境时也不会被保留。因此，为了使图形空间保持整洁，通常在将其转换为框架线时选择“隐藏”或“删除”，而如果是在建模环境下创建的曲线，则无法被删除，只能选择“隐藏”将其消隐。

通过“构造工具”命令绘制好图形后，可以选择 “主页”选项卡→“多段线”→“抽取框架多段线”选项，弹出“抽取框架多段线”对话框（见图9-12），该对话框中的选项含义说明如下。

- “段数”文本框：转换后生成的框架线段数。段数越多，生成的框架线与原曲线越接近，可供操作的线框也越多，模型越复杂。
- “输入曲线”下拉列表：包含3个选项。“保留”选项即保留原始曲线，不做更改；“隐藏”可将原始曲线隐藏；“删除”即将原始曲线删除。

9.2.3 拉伸框架

绘制好框架线后，就可以通过拉伸、旋转等操作来获取所需的模型。在创意塑型环境中，“拉伸”命令被称为“拉伸框架”，操作方法与建模环境下的“拉伸”命令一致。

在创意塑型环境下选择 “主页” 选项卡→“创建”→“拉伸框架”选项，弹出“拉伸框架”对话框。选择需要拉伸的框架线，指定拉伸方向，输入拉伸距离，设置好分段数，即可创建拉伸的框架面（无论被拉伸的框架边封不封闭，都只会生成片体），其操作示例如图9-13所示。

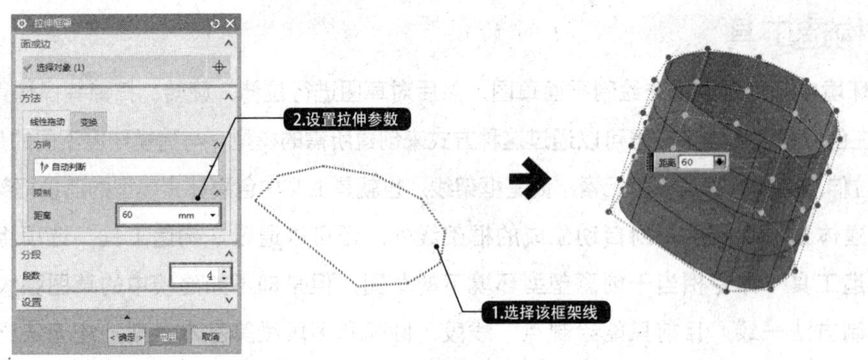

图9-13 “拉伸框架”操作示例

9.2.4 旋转框架

旋转框架是将框架线绕所指定的旋转轴线旋转一定的角度而形成的模型，如带轮、法兰盘和轴类等零件都可以通过“旋转框架”命令来获得近似模型。

在创意塑型环境下选择“主页”选项卡→“创建”→“拉伸框架”选项旁边的，在下拉菜单中选择“旋转框架”选项，弹出“旋转框架”对话框。选择需要旋转的框架线，指定旋转矢量和旋转原点，输入旋转角度，设置好分段数，即可创建旋转的框架面（无论被旋转的框架边封不封闭，都只会生成片体），其操作示例如图9-14所示。

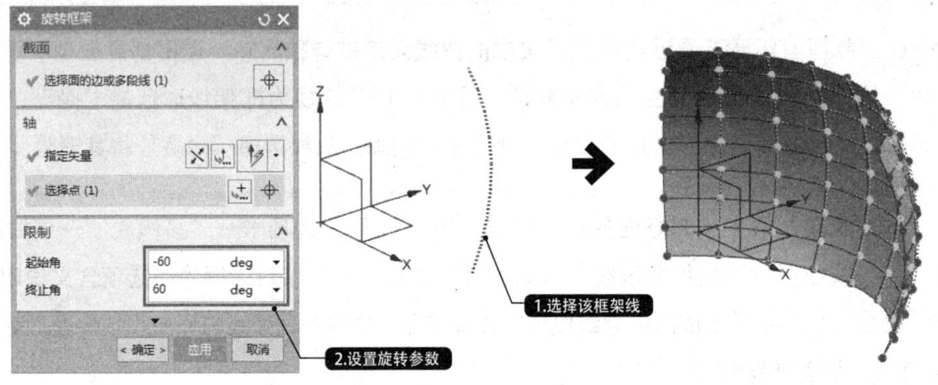

图9-14 “旋转框架”操作示例

9.2.5 放样框架

放样框架可以在选定的面的边和多段线集之间创建可控制的框架面放样。“放样框架”的操作类似于建模环境中的“通过曲线组”，需要指定两个或两个以上的框架线截面来创建放样框架，其余操作方法与建模环境中的一致。

在创意塑型环境下选择“主页”选项卡→“创建”→“放样框架”选项，弹出“放样框架”对话框。依次选择框架线构成的截面（至少两个），即可生成放样的框架面。与之前的拉伸框架、旋转框架操作一样，放样框架所创建的框架面同样是片体，而不是实体，其操作示例如图9-15所示。

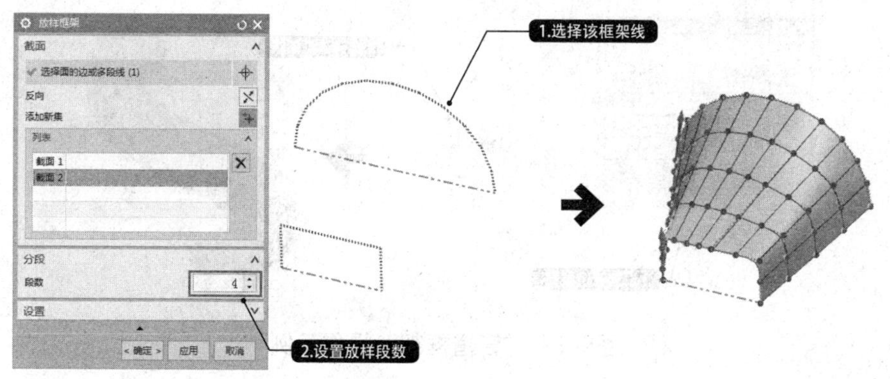

图9-15 “放样框架”操作示例

9.2.6 扫掠框架

扫掠框架是将一个截面框架沿指定的引导框架线运动，从而创建出三维框架片体，其引导线可以是直线、圆弧或样条曲线等曲线转换而来的框架线。在创建具有相同截面轮廓形状且具有曲线特征的框架模型时，可以先在两个互相垂直或成一定角度的基准平面内分别创建具有实体截面形状特征的草图轮廓线和具有实体曲率特征的扫掠路径曲线，然后进入到创意塑型环境中，利用“抽取框架多段线”命令将其转换为框架线，再选择“主页”→“创建”→“扫掠框架”选项，指定截面和引导框架线，单击“确定”按钮，即可创建出所需的框架模型。这里需要指出的是，扫掠框架最多只能有两条引导线，而不是建模中的3条，其操作示例如图9-16所示。

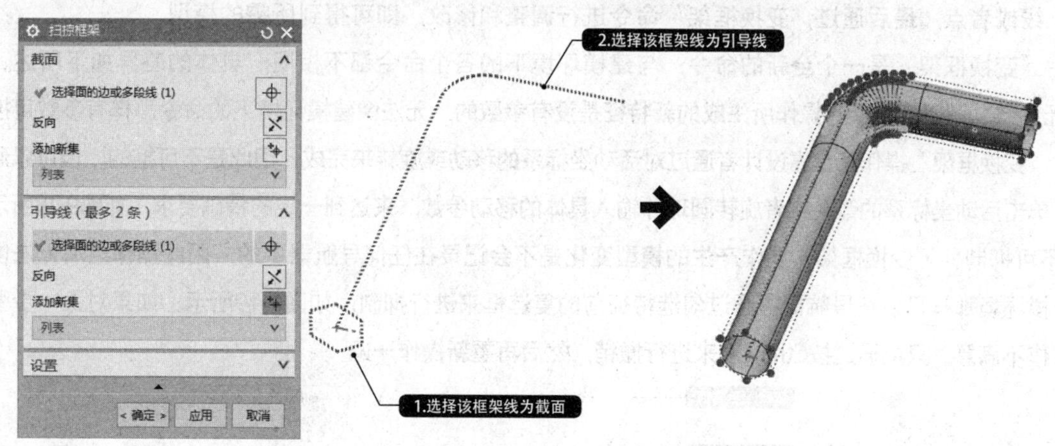

图9-16 “扫掠框架”操作示例

9.2.7 管道框架

管道框架是沿曲线扫掠生成的空心圆面管道。创建管道时，不需要扫掠截面，只需选择扫掠路径并输入管道框架的大小和段数即可。这里需要注意的是，大小指的是包裹管道模型的框架大小，而非管道的大小，具体可参考体素框架。另外，段数越多，所创建的管道框架越精细，模型也越复杂。在创意塑型环境下选择“主页”选项卡→“创建”→“管道框架”选项，弹出“管道框架”对话框。选择要生成管道的框架线，单击“确定”按钮，即可创建管道框架，其操作示例如图9-17所示。

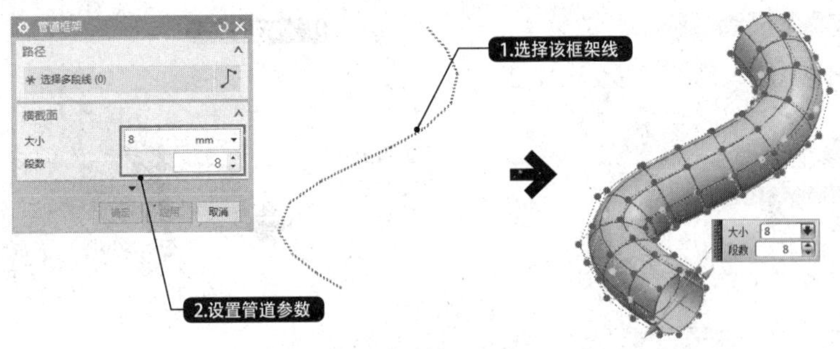

图9-17 “管道框架”操作示例

9.3 创意塑型的修改

通过构造工具和其他方法创建出创意塑型的毛坯后，还要对毛坯进行修改，方能能得到最终理想的自由模型。本小节将介绍几种常用的创意塑型的修改方法。

9.3.1 变换框架

“变换框架”是创意塑型中最为常用的修改操作之一，也是用来构建理想自由模型的主要命令。先创建创意塑型的毛坯（如体素特征、旋转框架、拉伸框架等），然后再在该基础上选择框架面、线或者点，最后通过“变换框架”命令进行调整和修改，即可得到所需的模型。

“变换框架”是一个全新的命令，与建模环境下的各个命令都不相同，具体的差异如下所述。

◆ 无参数：“变换框架”操作所生成的新特征是没有参数的，无法像建模环境下的命令那样有参数可控，“变换框架”操作完全靠设计者通过对活动坐标系的移动或旋转来完成，因此是不可控的。但可以通过单击活动坐标系的箭头或者旋转圆球并输入具体的移动参数，来达到一定的精确要求，如图9-18所示。

◆ 不可抑制：“变换框架”操作产生的模型变化是不会记录在任何导航器中的，因此操作之后无法像建模环境那样可以在导航器中通过勾选特征前的复选框来进行抑制，如图9-19所示。如果对上一步骤操作不满意，只能通过按Ctrl+Z键来进行撤销，然后再重新操作一遍。

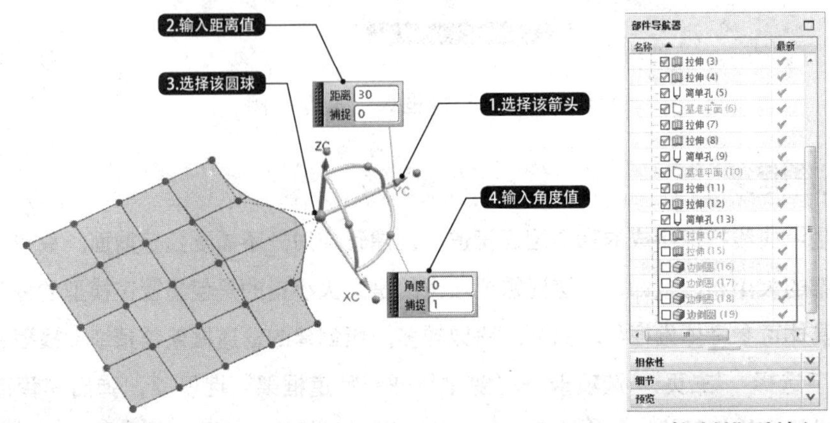

图9-18 精确输入数值来进行调整　　图9-19 抑制模型特征

通过拉伸框架、旋转框架等创建方法得到创意塑型的毛坯后，可以选择“主页”→“修改”→“变换框架”选项，也可以直接选择要进行操作的框架对象（只能是面、边或点），在弹出的快捷菜单中选择“变换框架”选项（见图9-20），同样也能打开“变换框架”对话框，如图9-21所示。通过该对话框便可以对模型进行修改操作。

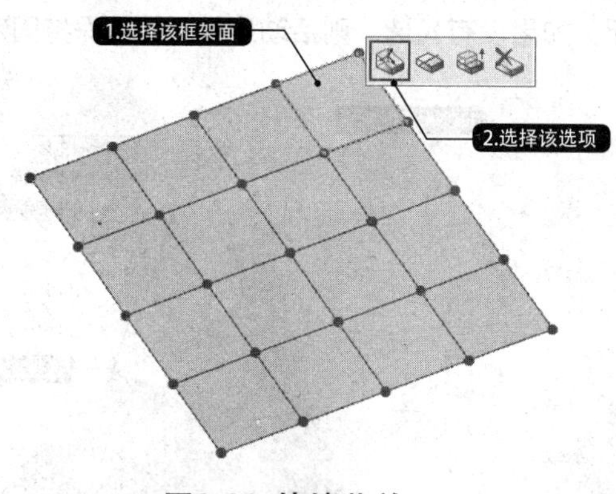

图9-20 快捷菜单

图9-21 “变换框架”对话框

对话框中的“方法”选项组中有两个选项卡，分别介绍如下。

1. “拖动”选项卡

该选项卡如图9-22所示。此选项卡的作用是定位活动坐标系的位置，从而让创意塑型获得更好的变换操作。

它具体提供了6种定位方法，而最为常用的是WCS。选择“WCS”单选按钮，然后在上边框条中激活各种点的捕捉设置，在要放置的点处单击鼠标左键，即可将活动坐标系定位至该点，如图9-23所示。

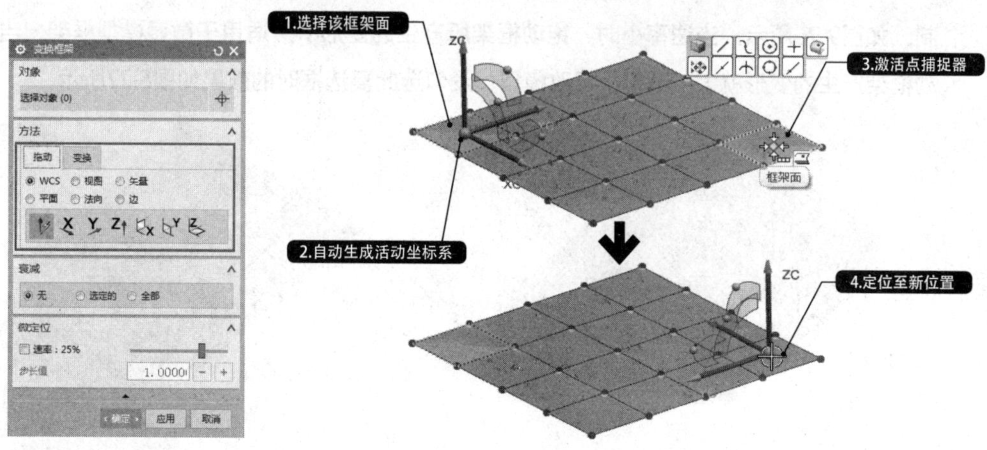

图9-22 “拖动”选项卡

图9-23 重新活动坐标系

2. “变换”选项卡

“变换”选项卡是系统默认的选项卡，如图9-21所示。它包含3个复选框，分别介绍如下。

◆ 仅移动工具：勾选该复选框，活动坐标系颜色将加深，作用类似于“拖动”选项卡和建模操作中的“仅移动坐标系”，能对活动坐标系进行重新定位而不对框架对象产生作用。

◆ 将工具重定位至选定位置：默认为勾选状态。当该复选框处于勾选状态时，每选择新的对象，活动坐标系都会自动移动至新对象，并与之匹配；如果没有勾选，则不会移动，活动坐标系始终停留在上一个位置或是坐标原点处（没有上一个对象时），如图9-24所示。

◆ 将工具重定位至选定方向：默认为勾选状态。当该复选框处于勾选状态时，每选择新的对象，活动坐标系的3个轴方向都会自动更新，与新对象匹配；如果没有勾选，则活动坐标系始终保持固定的3个原始方向，如图9-25所示。

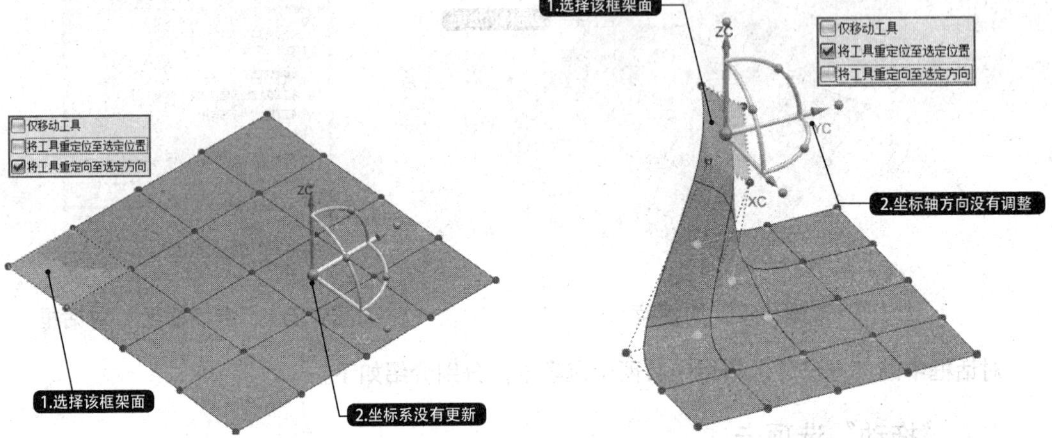

图9-24 取消勾选“将工具重定位至选定位置”　　图9-25 取消勾选“将工具重定位至选定方向”

对话框中其余选项说明如下。

◆ 自动选择取消：默认为勾选状态。当勾选该复选框时，每选择一个新的对象，旧的对象都会被视为取消选择；当不勾选时，每选择新的对象，旧的选择对象仍然保留，因此可以选择多个对象。

◆ 速率：默认为取消勾选状态。该复选框可通过速率滑块的调整对变换框架所产生的变形效果快慢进行控制，如图9-26所示，当速率小时，拖动框架所产生的变形小，适用于微调模型框架；当速率大时，拖动框架产生的变形就大，适用于修改模型。没勾选此复选框时的效果如图8-27所示。

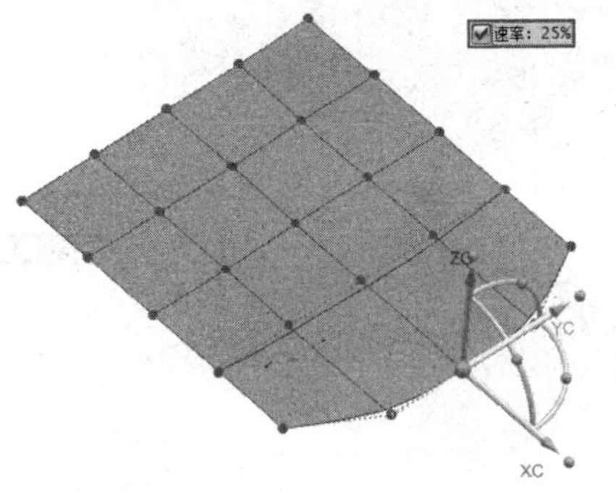

图9-26 勾选“速率”复选框时的效果

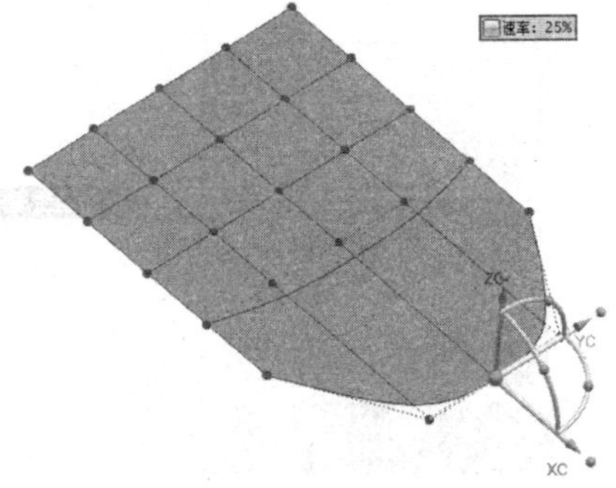

图9-27 没勾选“速率”复选框时的效果

9.3.2 拆分面

“拆分面”命令可以将框架面均匀地拆分或者通过线来拆分，能将一个大的框架面分割为众多的小框架面，从而可以进行更精细的操作，如图9-28所示。

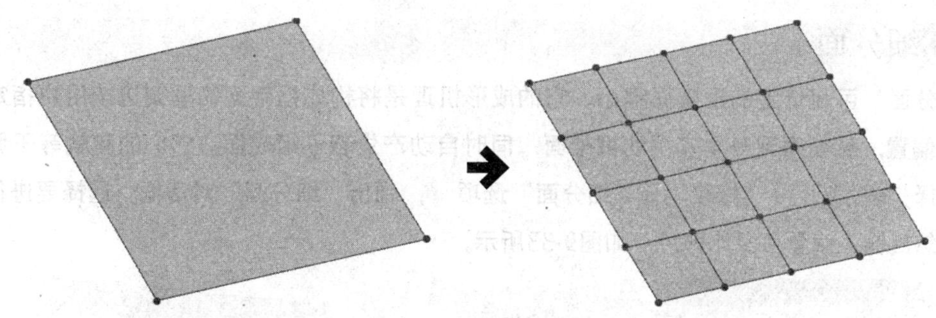

图9-28 拆分面示例

要进行拆分面操作，可选择 “主页” → “修改” → “拆分面” 选项，也可以直接选择要拆分的面，然后在弹出的快捷菜单中选择 “拆分面” 选项，都可以打开 “拆分面” 对话框，如图9-29所示。其中 “类型” 下拉列表中包括两种拆分方法，分别介绍如下。

1. 均匀

“均匀” 拆分能够将框架面按等分割线整齐地划分，用户只需要输入等分割线的数量和选择等分割线所垂直的边（参考边）即可，如图9-30所示。

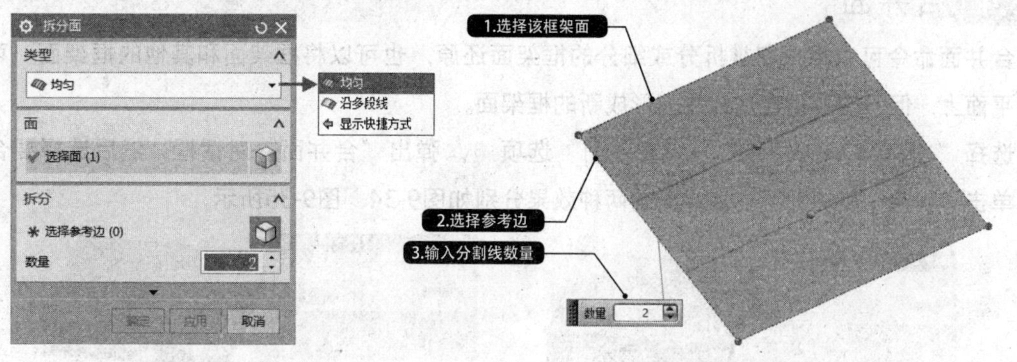

图9-29 “拆分面” 对话框　　　图9-30 “均匀” 拆分

2. 沿多段线

在 “类型” 下拉列表中选择 “沿多段线” 选项，如图9-31所示。“沿多段线” 拆分可以将框架面以用户绘制的多段线为边界进行分割，不需要事先指定框架面，系统会自动判断需进行分割的框架面，如图9-32所示。

图9-31 选择 “沿多段线” 选项

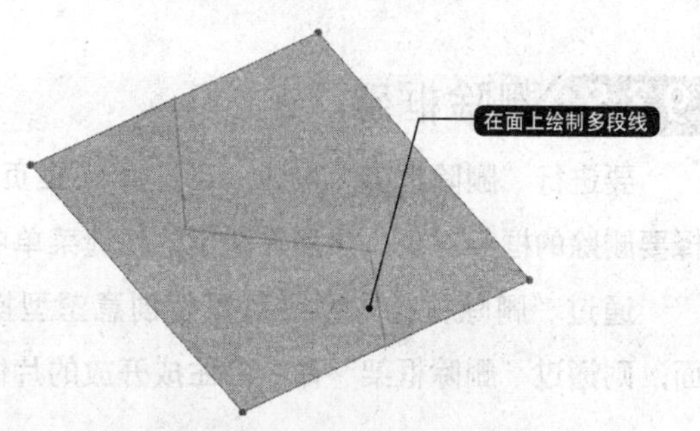

图9-32 “沿多段线” 拆分

9.3.3 细分面

“细分面”可将选定的框架面缩小。它的成形机理是将构成框架面的框架边按用户指定的百分比向内侧偏置，从而得到一个较小的框架面，同时自动产生若干组成面，它们的和就等于原来的框架面。选择“主页”→“修改”→“细分面”选项，弹出“细分面”对话框。选择要进行细分的框架面，然后输入偏置百分比即可，如图9-33所示。

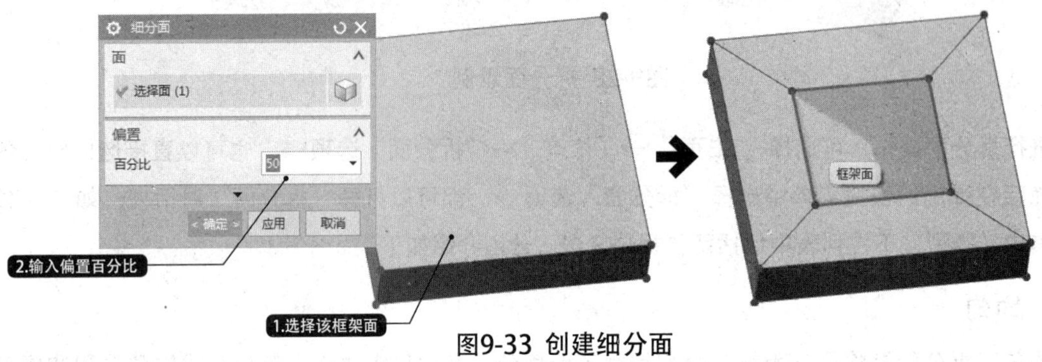

图9-33 创建细分面

9.3.4 合并面

合并面命令可以用来将被拆分或细分的框架面还原，也可以将框架面和其他的框架面（可以在不同平面上，但一定要相连）合并，形成新的框架面。

选择“主页”→“修改”→“合并面”选项，弹出“合并面”对话框，然后选择要合并的面，单击“确定”按钮即可。合并面的两种效果分别如图9-34、图9-35所示。

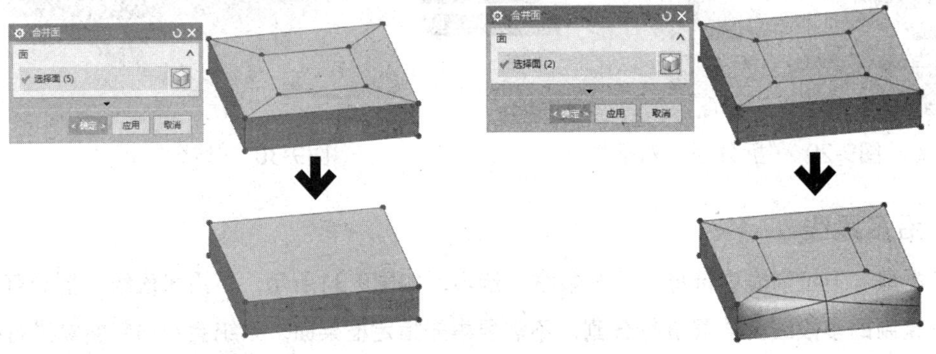

图9-34 共面时的合并面效果

图9-35 不共面时的合并面效果

9.3.5 删除框架

要进行“删除框架”操作，可选择“主页”→“修改”→“删除框架”选项，也可以直接选择要删除的框架对象，然后在弹出的快捷菜单中选择“删除框架”选项，都可以完成删除操作。

通过“删除框架”命令可以将创意塑型操作中多余的框架面删除，如果是封闭实体上的框架面，则通过“删除框架”命令会生成开放的片体，如图9-36所示。

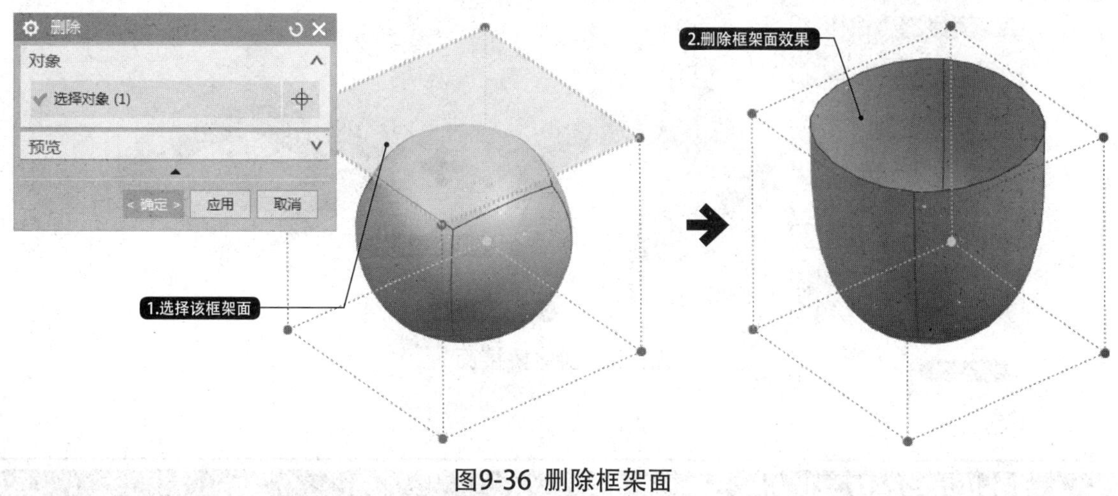

图9-36 删除框架面

9.3.6 填充

“删除框架”命令可以将模型的框架面删除，将实体转换为开放的片体，而“填充”命令能将开放的片体通过缝合框架转换为封闭的实体。

选择“主页”→“创建”→“填充”选项，弹出“填充”对话框，选择要封闭的框架边（至少两条），系统会根据所选框架边的数量和位置自动将其合并为一个新的框架面，如图9-37所示。

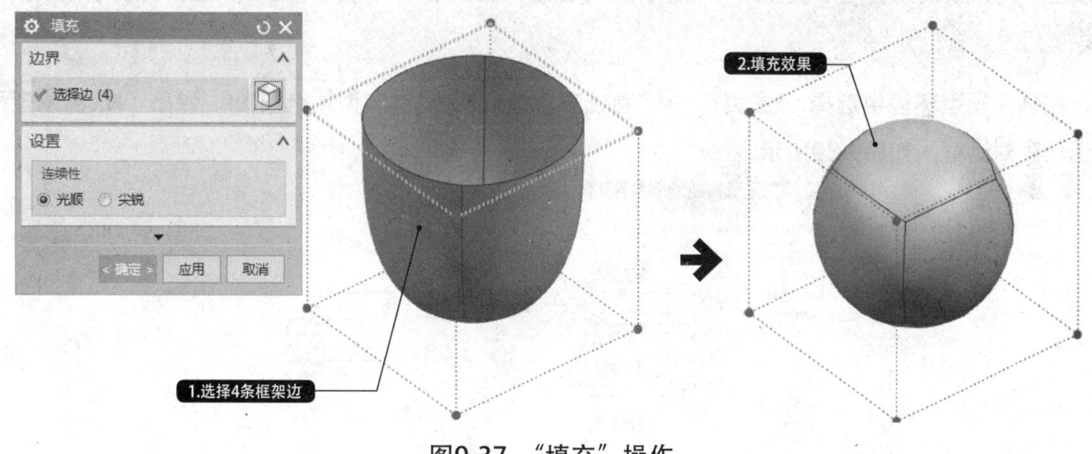

图9-37 “填充”操作

9.3.7 桥接面

“桥接面”工具可以在两个不相接触的框架面之间构建桥（模型为实体时）或者隧道（模型为片体时），同时还能指定所生成桥或隧道的段数。通过该命令，可以很方便地创建一些首尾相接的环形特征，如手柄、提手等。

选择“主页”→“创建”→“桥接面”选项，弹出“桥接面”对话框，然后分别选择要桥接的两个框架面，设置好段数，单击“确定”按钮，即可创建桥接面，如图9-38所示。

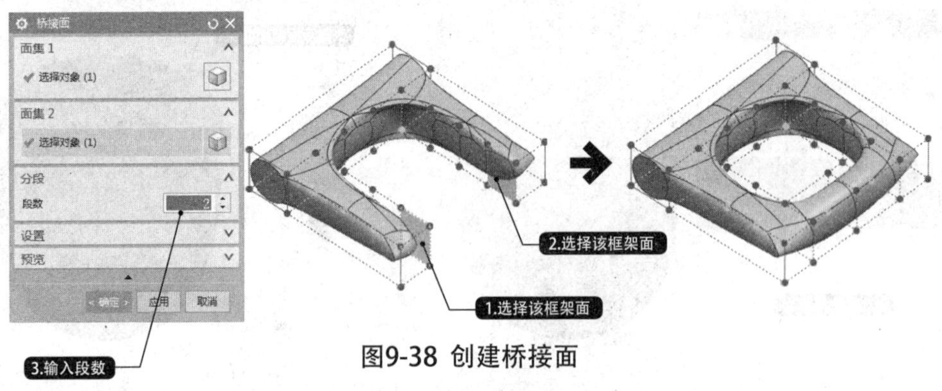

图9-38 创建桥接面

9.4 创意塑型的首选项

创意塑型首选项用来对该模块的默认控制参数进行设置，如定义新对象、可视化、调色板、背景等。

首选项下所做的设置只对当前文件有效，保存当前文件即会保存当前的环境设置到文件中。在退出NX后再打开其他文件时，将恢复到系统或用户默认设置的状态。如果需要永久保存，可以在“用户默认设置”中设置，其设置方法与首选项设置基本一样。下面对创意塑型首选项的一些常用设置进行介绍。

在创意塑型环境中选择“主页”→“首选项”→“NX创意塑型”选项，弹出“NX创意塑型首选项”对话框，如图9-39所示。

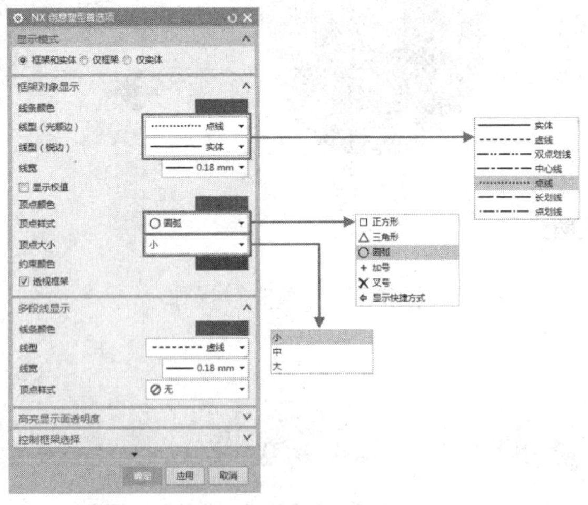

图9-39 “NX创意塑型首选项”对话框

9.4.1 显示模式

“NX创意塑型首选项”对话框中“显示模式”选项组包括3个单选按钮，可以设置创意塑型模型的外观显示方式。

◆ 框架和实体：选择该单选按钮，在图形空间中不仅显示控制框架，还显示结果细分体（即模型效果），两者同时显示且同步更新，如图9-40所示。此方式为默认显示方式。

◆ 仅框架：选择该单选按钮，在图形空间中仅显示由控制框架构成的体，模型本身被隐藏，如图9-41所示。此方式能提高框架的编辑效率，加快模型显示速度，减小所占的CPU和内存。

◆ 仅实体：仅显示模型，不显示控制框架，如图9-42所示。此方式能最好地观察设计完成后的模型。

图9-40 “框架和实体”显示　　图9-41 “仅框架”显示　　图9-42 “仅实体”显示

“NX创意塑型首选项”对话框中“框架对象显示”选项组可以设置框架的显示效果，包括线条

9.4.2 框架对象显示

颜色、线型、线宽以及框架顶点的大小和显示样式等。

◆ 顶点样式：该下拉列表提供了5种框架顶点的显示模式，一般默认为圆弧，其余的显示效果如图9-43所示。

◆ 顶点大小：该下拉列表中有3种大小可选，默认为小，具体显示效果如图9-44所示。

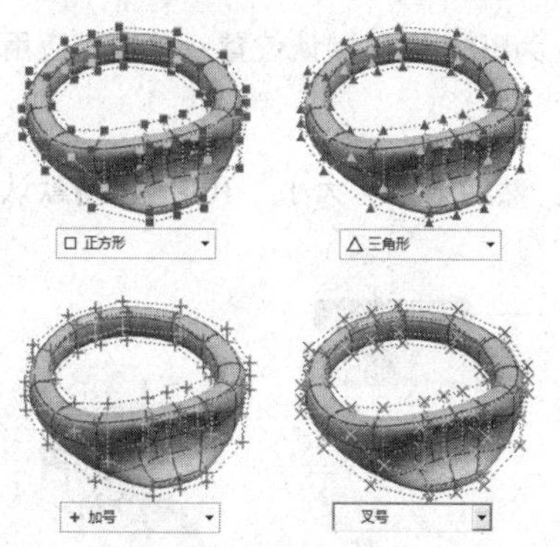

图9-43 “顶点样式”显示效果

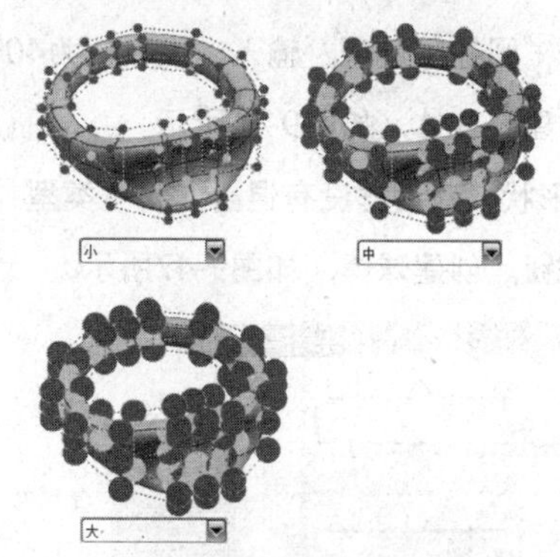

图9-44 “顶点大小”显示效果

◆ 透视框架：该复选框可以控制被模型遮盖的框架中的显示效果。勾选则显示，否则不显示，默认为勾选状态。效果如图9-45所示。用户也可以选择“主页”→“首选项”→“透视框架”选项来进行控制。

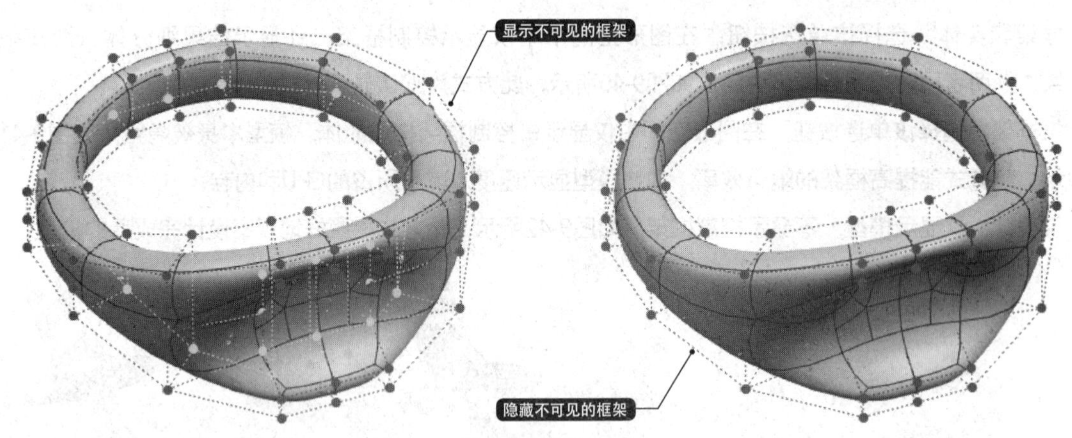

图9-45 “透视框架”的显示效果

9.5 案例实战——创建油壶模型

最终文件：材\第9章\油壶.prt

视频文件：视频\第9章\9.5创建油壶模型.mp4

本实例创建油壶模型。之前创建同类模型所用的工具都是UG中常规的曲面造型工具，如通过曲线网格、通过曲线组、修剪片体等，而本次实例将通过创意塑型工具来创建。根据对同类模型的创建，读者可以很好地了解这两种造型方法的差异。

01 新建一个空白文件，进入建模环境。选择“曲面” →“曲面”→ “创意塑型”选项，进入创意塑型环境。

02 单击 “主页” 选项卡→ “创建” → “体素形状” 选项，弹出“体素形状”对话框。在“类型”下拉列表中选择“圆柱”选项，输入“大小”为40”，“高度”为80，保持默认位置，单击“应用”按钮，在绘图区中创建圆柱体，如图9-46所示。

03 “体素形状”对话框没有退出，将“类型”改为“球”，然后输入“大小”100，保持默认位置，单击“确定”按钮，创建球体，如图9-47所示。

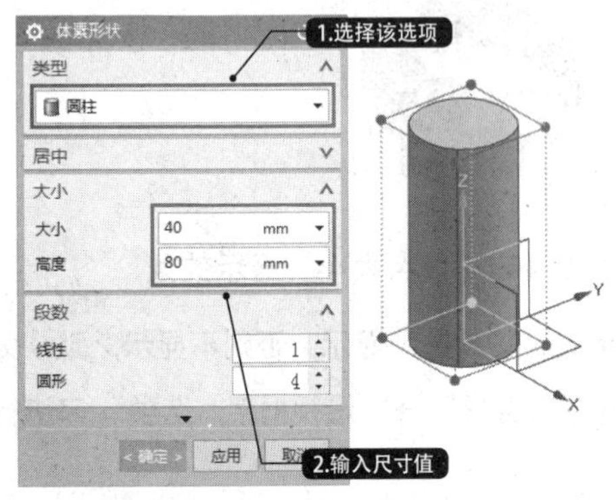

图9-46 创建圆柱体

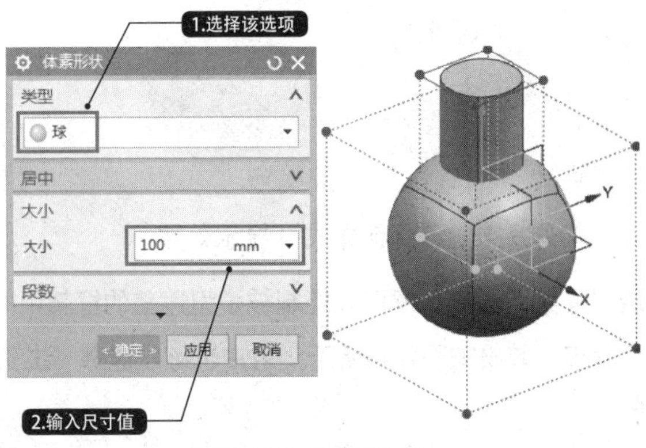

图9-47 创建球体

04 选择球体的一个框架面，在弹出的快捷菜单中选择“拉伸框架”选项，弹出“拉伸框架”对话框。输入“距离”为90，其余为默认选项，单击“确定”按钮，拉伸球的框架面，如图9-48所示。

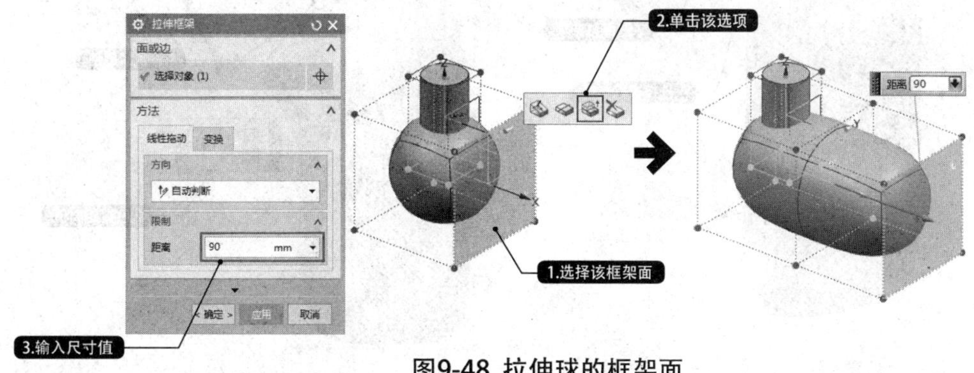

图9-48 拉伸球的框架面

05 选择球体底部的两个框架面，按同样的方法向下拉伸150，单击“应用”按钮，如图9-49所示。

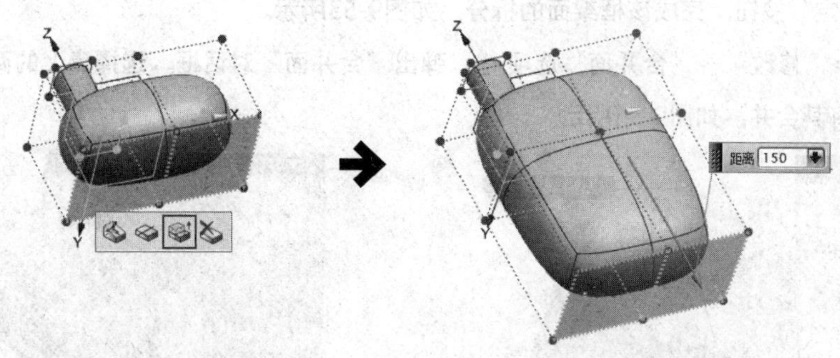

图9-49 拉伸球体底部框架面

06 “拉伸框架”对话框没有退出，选择的对象仍然为两个底部框架面，重新输入拉伸“距离”为100，单击“确定”按钮，创建两个新的拉伸框架，如图9-50所示。

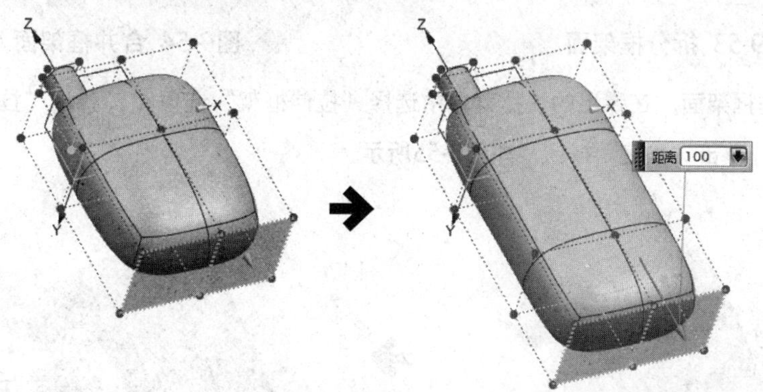

图9-50 创建新的拉伸框架

07 选择球体右上角的框架边，在弹出的快捷菜单中选择“变换框架”选项，如图9-51所示。

08 弹出“变换框架”对话框。移动活动坐标系至合适的位置（图中参数可供参考，读者也可自由发挥），如图9-52所示。

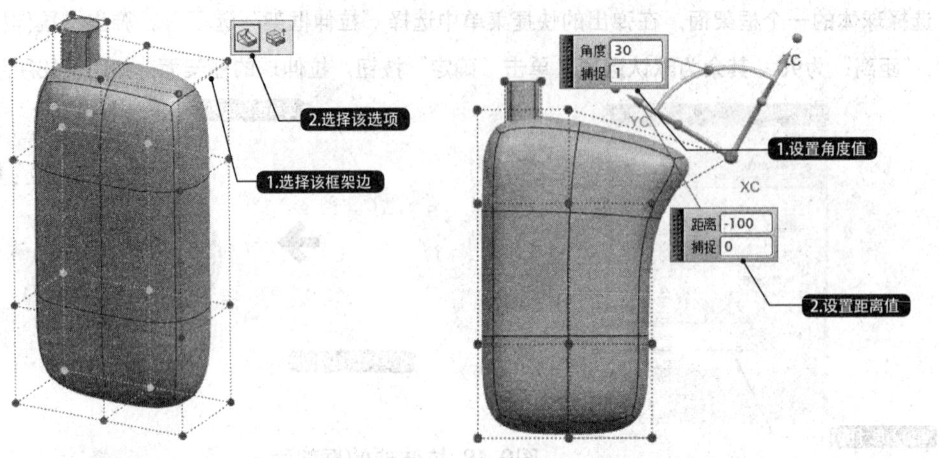

图9-51 选择“变换框架”选项　　　　图9-52 移动活动坐标系

09 选择“主页”→“修改”→“拆分面”选项，选择下方倾斜的框架面，指定参考边，输入拆分“数量”为3，单击“确定”按钮，完成该框架面的拆分，如图9-53所示。

10 选择“主页”→“修改”→“合并面”选项，弹出“合并面”对话框。选择靠上的两个拆分面，单击“确定”按钮，将其合并，如图9-54所示。

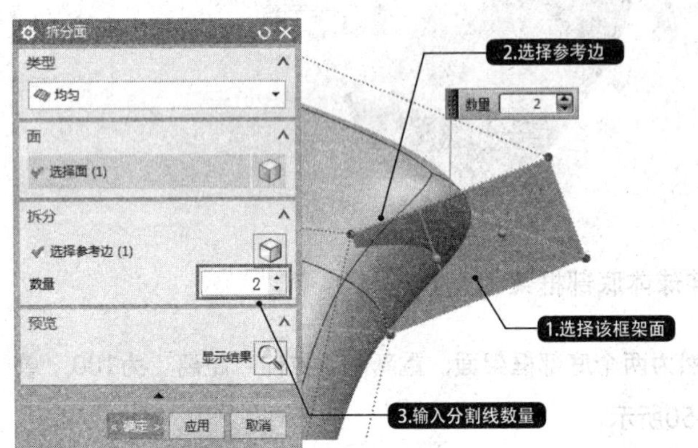

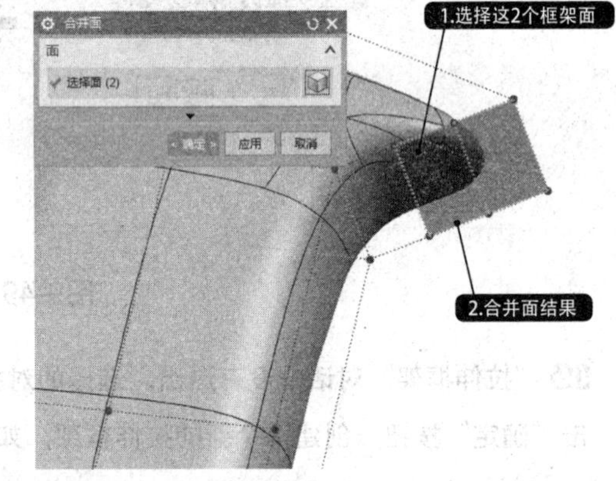

图9-53 拆分框架面　　　　图9-54 合并框架面

11 选择底部侧面的框架面，在弹出的快捷菜单中选择“拉伸框架”选项，弹出“拉伸框架”对话框，输入“距离”为60，单击“确定”按钮，如图9-55所示。

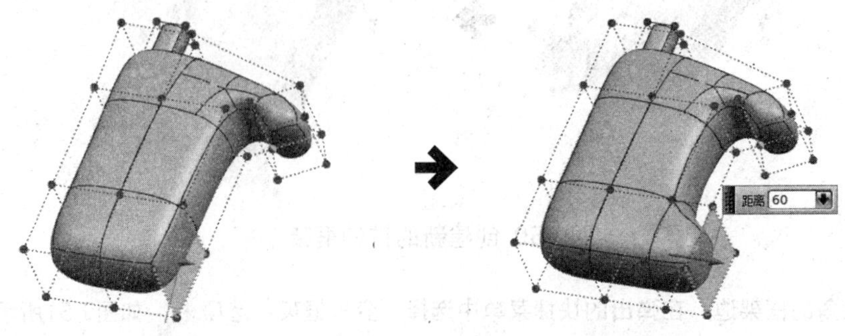

图9-55 拉伸框架面

⑫ 选择拉伸后的底部侧面框架面，在弹出的快捷菜单中选择“变换框架”选项，将该框架面调整至合适位置，如图9-56所示。

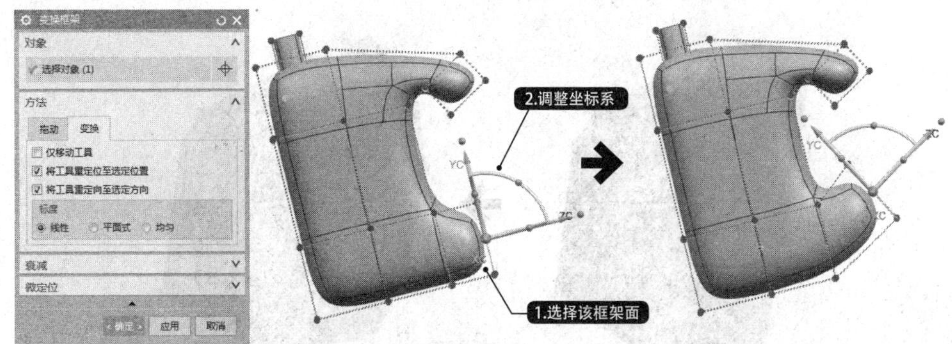

图9-56 调整框架面的位置

⑬选择“主页”→“创建”→“桥接面”选项，弹出“桥接面”对话框。分别选择上、下两个框架面，在“段数”文本框中输入2，单击“确定”按钮，桥接框架面，如图9-57所示。

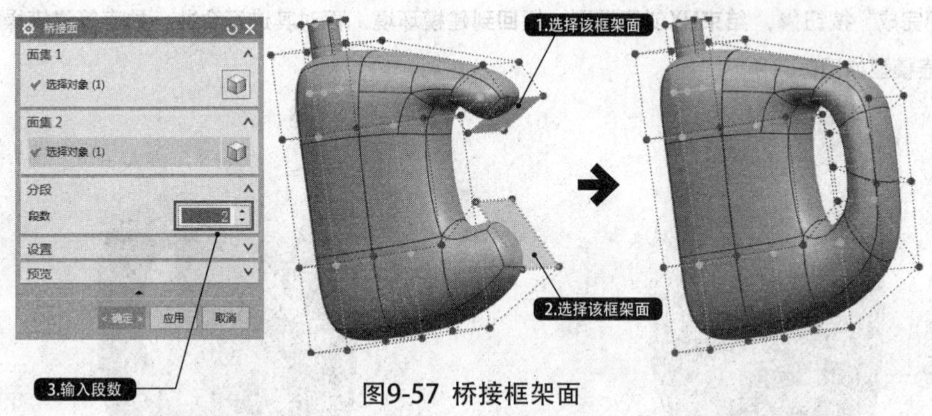

图9-57 桥接框架面

⑭ 选择“主页”→“首选项”→“框架和实体”下拉菜单，选择“仅框架”选项，将显示模式转换为仅显示框架。

⑮ 选择提手侧面的两组框架面（共6个），在弹出的快捷菜单中选择“变换框架”选项，接着在活动坐标系中拖动“Y缩放”的圆球，将该提手框架面缩放至所需宽度，如图9-58所示。

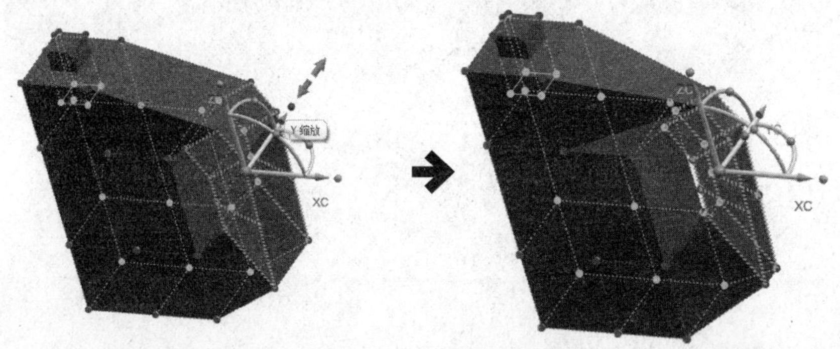

图9-58 缩放提手框架面

16 按同样方法，选择壶身的两组侧面（共4个面），向外拖动“Y缩放”的圆球，将壶身面加宽至所需宽度，如图9-59所示。

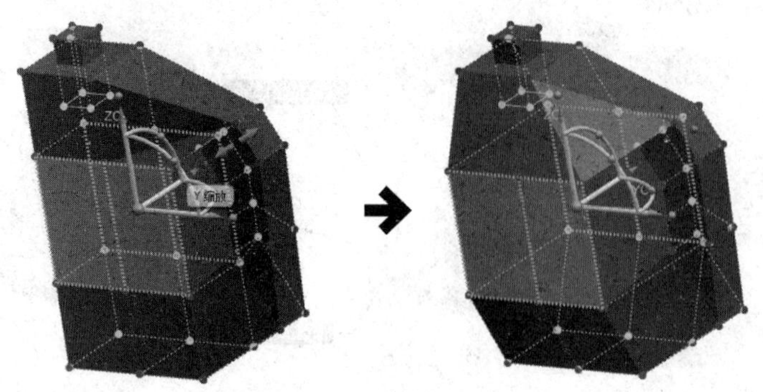

图9-59 缩放壶身框架面

17 将“显示模式”转换为“框架和实体”，创建的油壶框架模型如图9-60所示。

18 单击“完成”按钮，结束NX创意塑型，返回到建模环境，再对其进行合并、抽壳等建模操作，最终创建的油壶模型如图9-61所示。

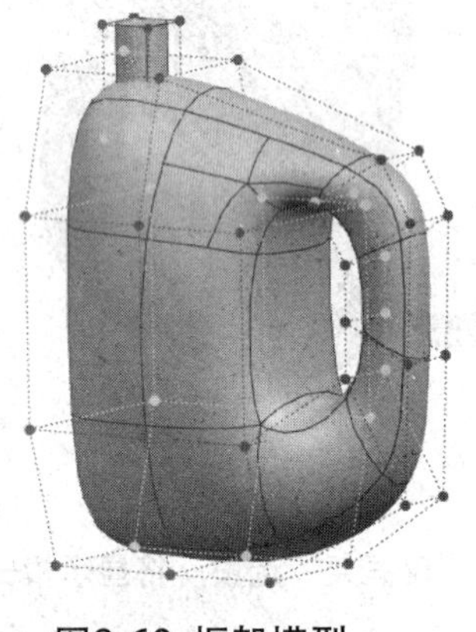

图9-60 框架模型

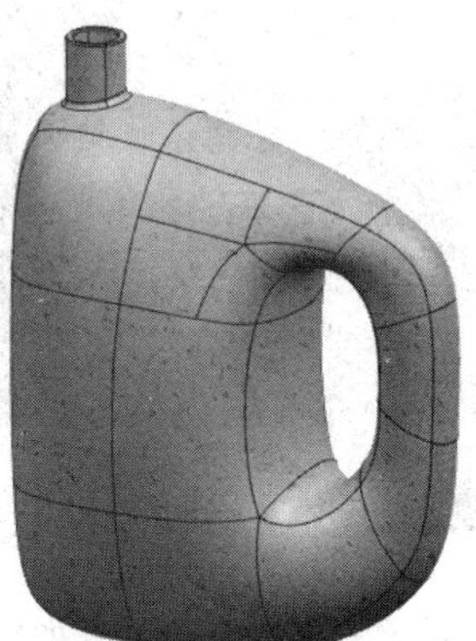

图9-61 最终模型

第10章

综合实例——创建骰子模型

学习目标：

实体模型的编辑方法

曲面模型的进阶设计方法

曲面特征的编辑

最终文件：素材\第10章\骰子.prt

视频文件：视频\第10章\创建骰子模型.mp4

本实例创建骰子模型，效果如图10-1所示。骰子模型看似简单，但为了取得光滑的手感，需由复杂的曲面进行创建。创建骰子的实体模型时，可以按照先总后分的思路创建。

先利用“长方体”工具创建出骰子的整体模型；然后利用“桥接曲线”“等参数曲线”“网格曲面”等工具依次创建骰子上的拐角特征，再利用“阵列特征”工具创建出骰子上的主体模型；最后利用“球”工具完成骰子模型上各点数的创建。

图10-1 骰子模型效果

10.1 设计流程图

在创建本实例时，可将模型分为3个阶段进行创建，即先利用基本的体素特征创建出骰子的本体，然后再使用“通过曲线网格”等工具创建出顶点部分的圆滑曲面，这部分是骰子模型的创建重点和难点。骰子模型的顶点部分看似可以用“样式拐角”工具来创建，但其实和其他表面的衔接度不是很好，这点可以通过分析曲面光顺度来检验。创建好顶点部分的圆滑曲面后，再创建若干球体并执行布尔运算，即可得到骰子模型上的点数，骰子模型便创建完毕，如图10-2所示。

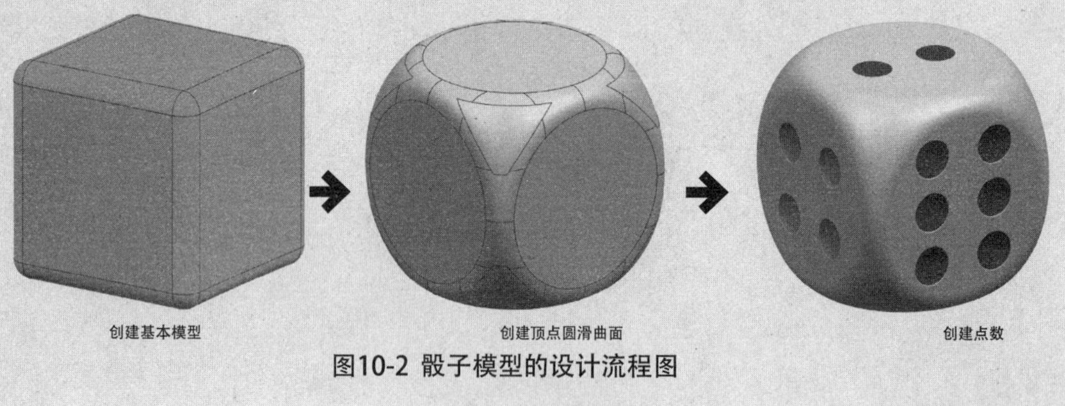

图10-2 骰子模型的设计流程图

10.2 具体设计步骤

下面按设计流程介绍的步骤来进行操作。

10.2.1 创建骰子主体模型

01 选择“主页”→“特征”→“更多”选项，在弹出下拉菜单中选择“设计特征”→“长方体”选项，在“类型”下拉列表中选择“原点和边长”选项，单击“指定点”按钮，输入原点坐标为（-8.25，-8.25，-8.25）；然后输入长、宽、高均为16.5，单击“确定”按钮，完成创建，如图10-3所示。

图10-3 创建长方体

02 选择“主页”→“特征”→“边倒圆”选项，弹出“边倒圆”对话框。在绘图区选择长方体的所有边线，设置倒圆“半径1”为1.5，如图10-4所示，单击“确定”按钮。

03选择“曲面”→“曲面操作”→“抽取几何特征”选项，弹出“抽取几何特征”对话框，在“类型”下拉列表中选择“面”选项，然后选择图10-5所示的6个面，抽取完成后隐藏实体特征。

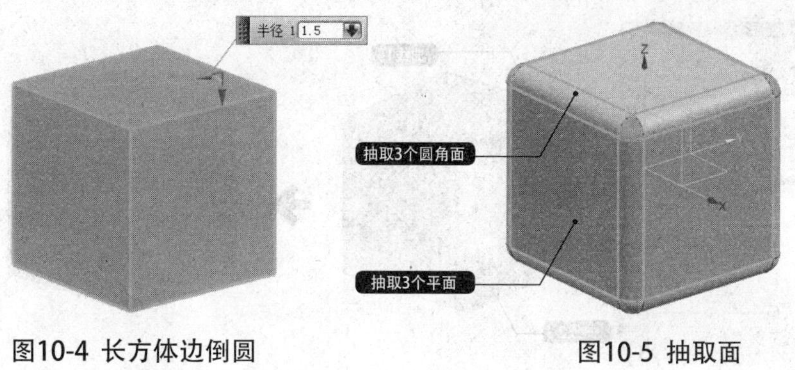

图10-4 长方体边倒圆　　图10-5 抽取面

10.2.2 创建顶点圆滑曲面

由于骰子有8个角点，而且是中心对称结构，因此只需创建出其中一个顶点部分的曲面，再进行镜像操作，即可快速获得其他顶点上的曲面，这也是在创建较为复杂曲面模型时常用的方法。

1. 创建顶点曲面

01 选择“抽取几何特征”选项，弹出“抽取几何特征”对话框，在“类型”下拉列表中选择“复合曲线”选项，然后选择上步骤所抽取3个圆角面的各两条直线边，共6条直线，抽取直线，如图10-6所示。

02 选择“曲线”→“更多”→“分割曲线”选项，弹出“分割曲线”对话框，选择类型为“等分段”，设置“段数”为2；然后选择上步骤所抽取的一条直线，单击“确定”按钮，创建分割曲线，如图10-7所示。

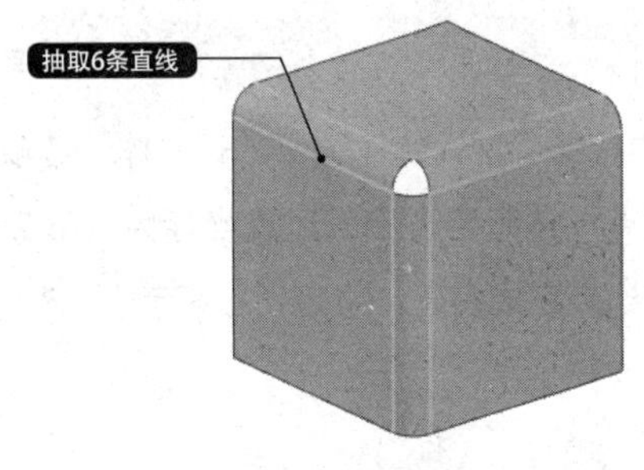

图10-6 抽取直线

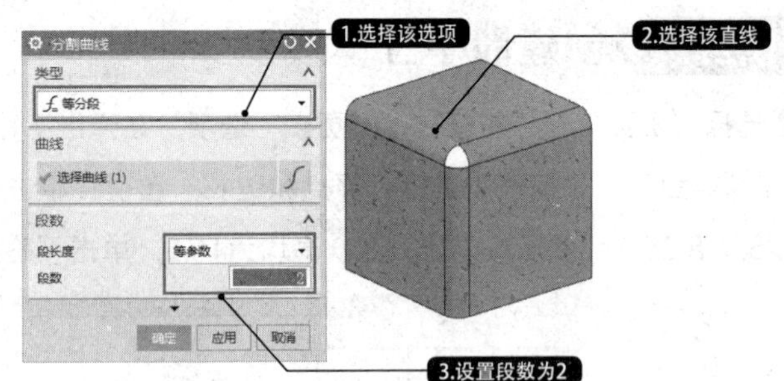

图10-7 创建分割曲线

03 使用相同的方法对其他5条抽取的直线进行分割，如图10-8所示。

图10-8 创建其余的分割曲线

04 选择“曲线”→“派生曲线”→“桥接曲线”选项，依次选择分割曲线1和分割曲线2，然后单击“确定”按钮，创建分割曲线的桥接曲线，如图10-9所示。

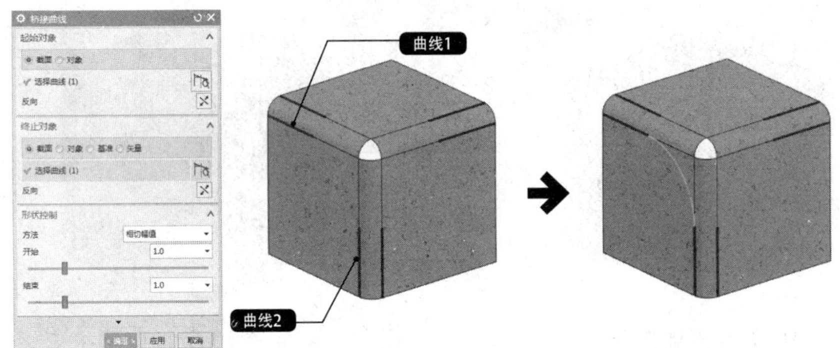

图10-9 创建分割曲线的桥接曲线

05 使用相同方法，创建其余的两条桥接曲线，如图10-10所示。

06 选择“曲线”→“曲线”→“直线”选项，绘制如图10-11所示的3条连接桥接曲线的直线。

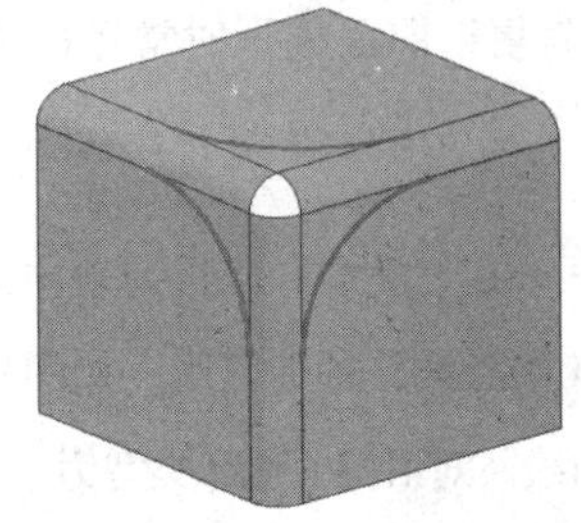

图10-10 创建其余的桥接曲线

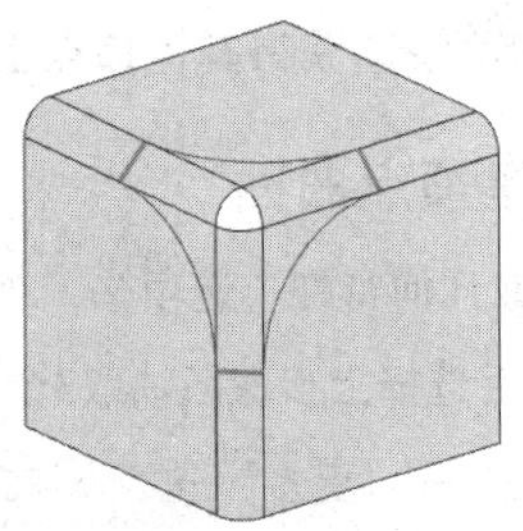

图10-11 绘制连接桥接曲线的直线

07 选择“曲线”→“派生曲线”→“投影曲线”选项，选择上步骤绘制的一条直线为要投影的曲线，然后选择对应的圆角曲面为投影面，调整投影方向，单击“确定”按钮，创建如图10-12所示的投影曲线1。

08 使用相同方法，创建其余的两条投影曲线，如图10-13所示。

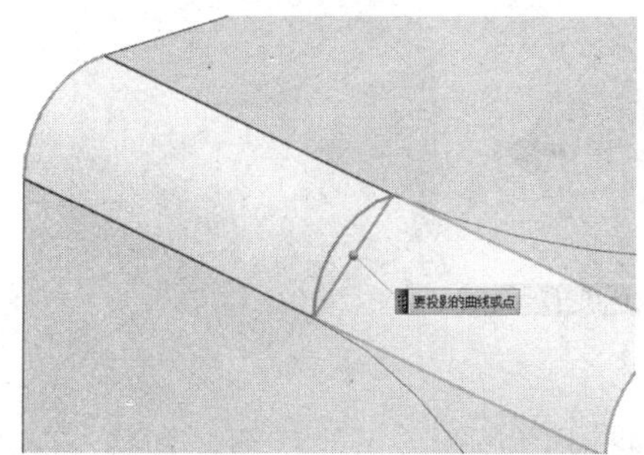

图10-12 创建投影曲线1

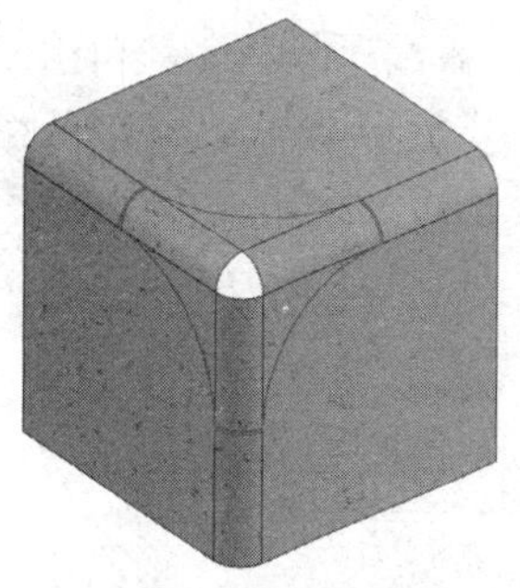

图10-13 创建其余的两条投影曲线

09 单击选项卡“曲面”→“曲面操作”→“修剪片体”选项，弹出“修剪片体”对话框。以桥接曲线和上步骤创建的投影曲线为边界，修剪曲面，如图10-14所示。

10 单击选项卡“曲线”→“曲线”→“点集”选项，弹出“点集”对话框。选择“曲线点”选项，然后选择片体的边缘，在“等弧长定义”选项组中设置“点数”为10，单击“确定”按钮，创建点集，如图10-15所示。

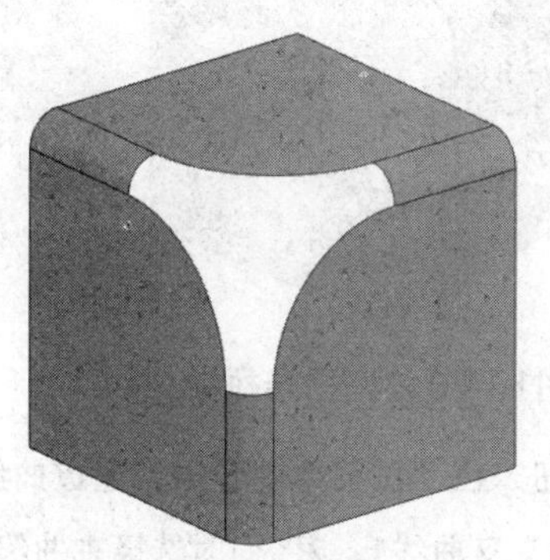

图10-14 修剪曲面

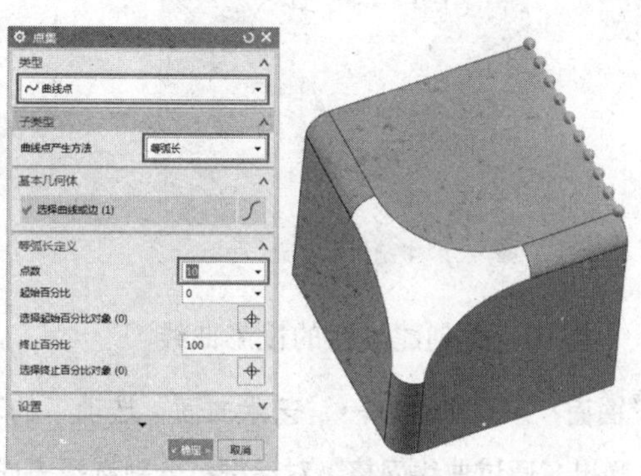

图10-15 创建点集

11 使用相同的方法在其余边上创建点集，如图10-16所示。

12 选择“曲线”→“曲线”→“直线”选项，绘制如图10-17所示的直线，长度均为30。

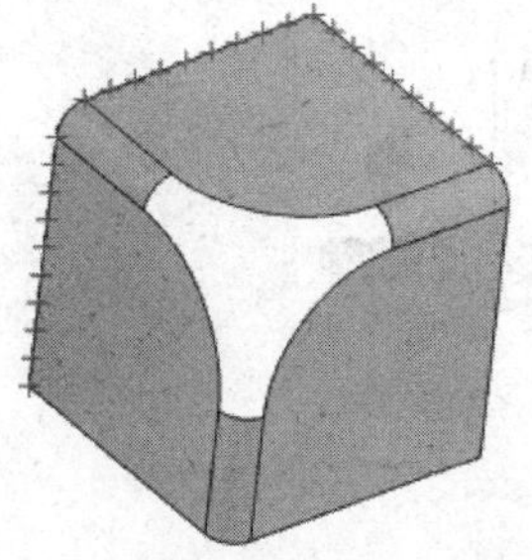

图10-16 创建其余边上的点集

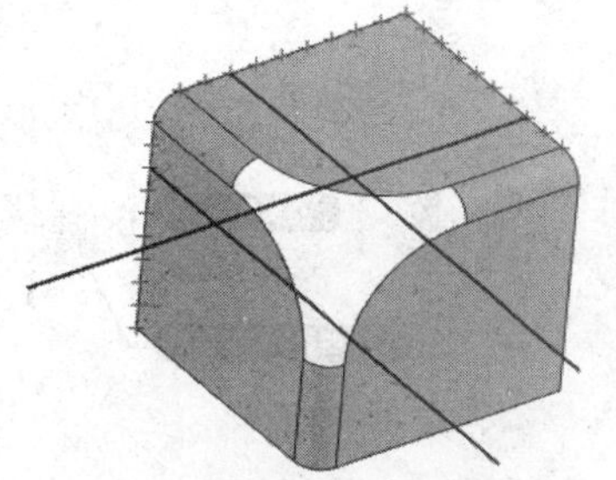

图10-17 绘制直线

13 选择“曲线”→“派生曲线”→“投影曲线”选项，选择上步骤所创建的一条直线，然后以其所在面的法向为投影方向，对所在面和垂直的面进行投影，结果如图10-18所示。

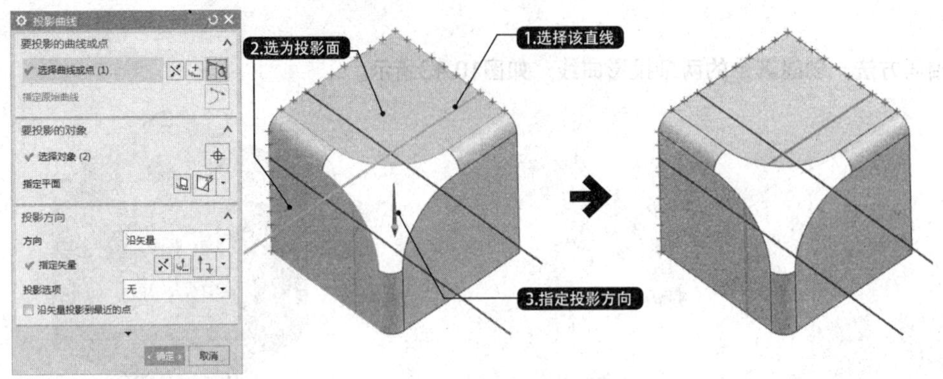

图10-18 创建投影曲线2

14 使用相同方法，创建其余的投影曲线，如图10-19所示。

15选择“曲线”→“派生曲线”→“桥接曲线”选项，根据投影曲线创建3条桥接曲线，如图10-20所示。

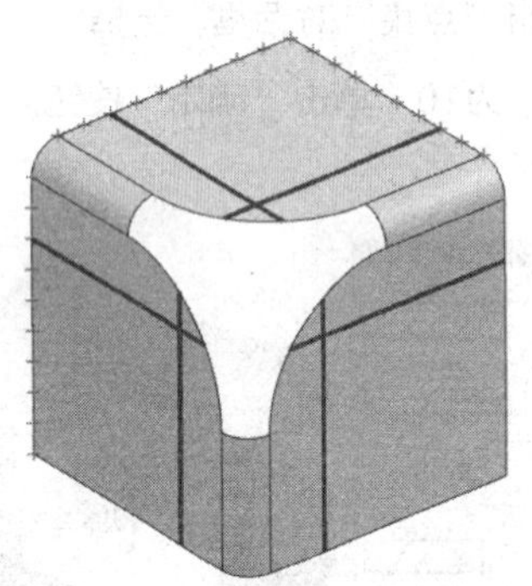

图10-19 创建其余的投影曲线

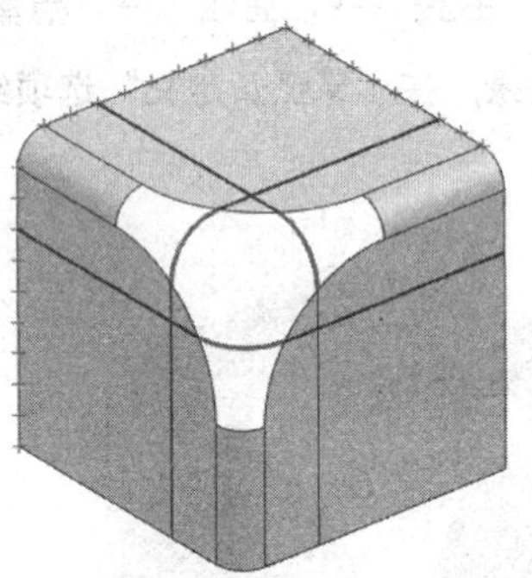

图10-20 创建3条桥接曲线

16选择“曲面”→“曲面”→“艺术曲面”选项下的下三角按钮，在下拉菜单中选择“通过曲线网格”选项，弹出“通过曲线网格”对话框。分别选择主曲线1、2和交叉曲线1、2，同时选择主曲线1和交叉曲线1、2的相切约束面，创建曲线网格曲面，如图10-21所示。

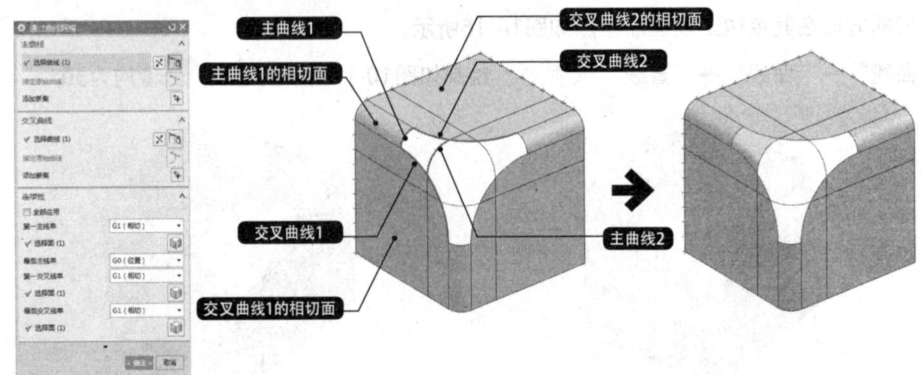

图10-21 创建曲线网格曲面

17 使用相同方法，创建其余的曲线网格曲面1，如图10-22所示。

18 选择“曲线”→“派生曲线”→“等参数曲线”选项，弹出“等参数曲线”对话框。选择上步骤创建的一个曲线网格曲面，设置“方向”为U，输入“数量”为3，单击“确定”按钮，创建等参数曲线，如图10-23所示。

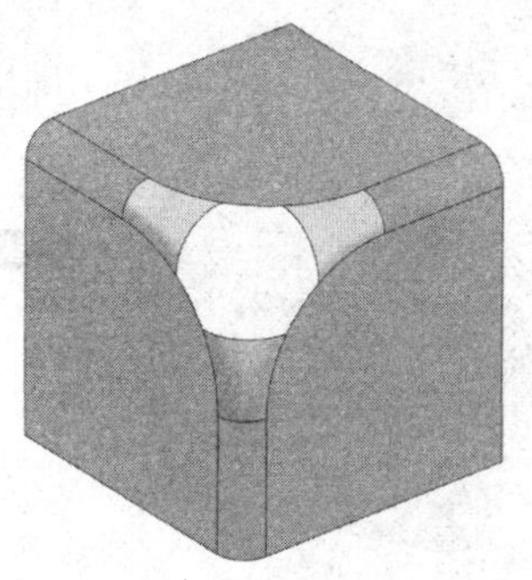

图10-22 创建曲线网格曲面1

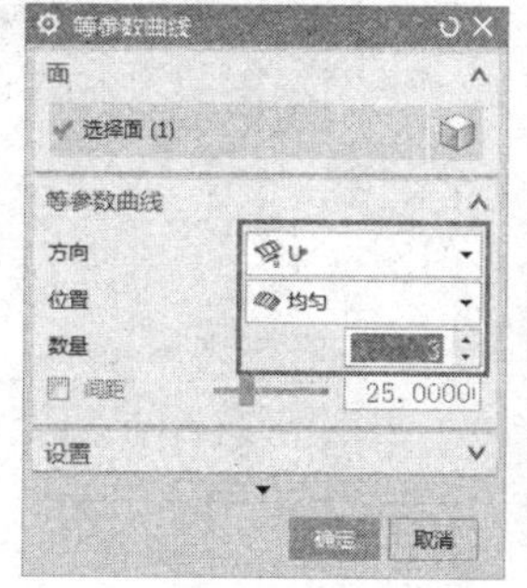

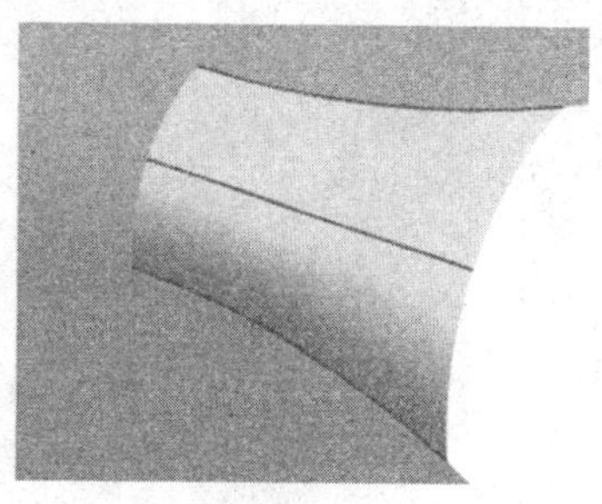

图10-23 创建等参数曲线

19 使用相同的方法创建其余曲线网格曲面上的等参数曲线，如图10-24所示。

20 选择“曲线”→“派生曲线”→“桥接曲线”选项，依次选择等参数曲线1和曲线2为“起始对象”和“终止对象”，单击“确定”按钮，创建连接等参数曲线的桥接曲线，如图10-25所示。

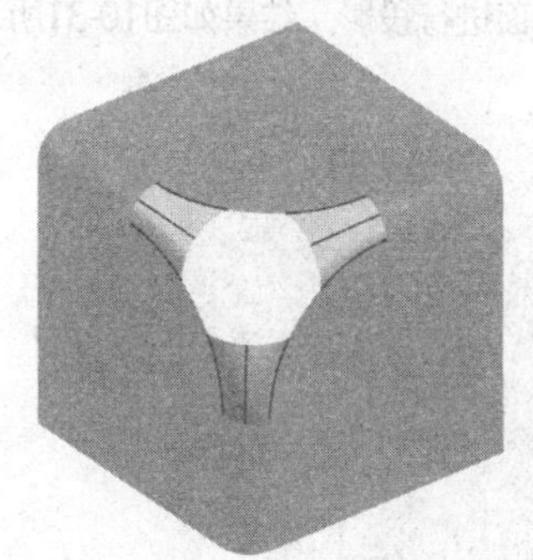

图10-24 创建其余的等参数曲线

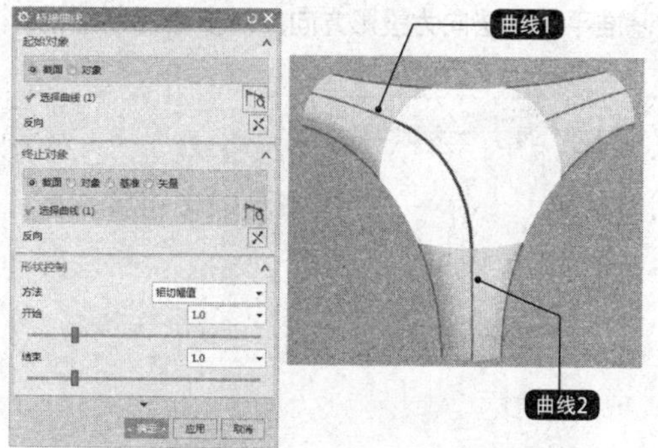

图10-25 通过连接等参数曲线的桥接曲线

21 使用相同的方法创建其余的桥接曲线，如图10-26所示。

22 选择“曲面”→“曲面”→“通过曲线网格”选项，弹出“通过曲线网格”对话框。分别选择主曲线1、2和交叉曲线1、2，同时选择它们的相切面，创建曲线网格曲面2，如图10-27所示。

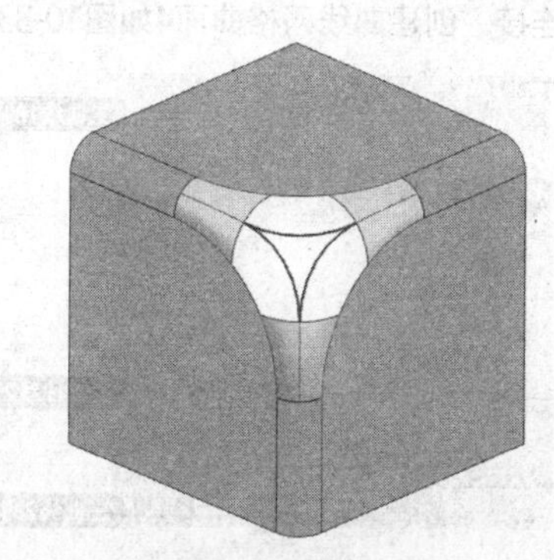

图10-26 创建其余的桥接曲线

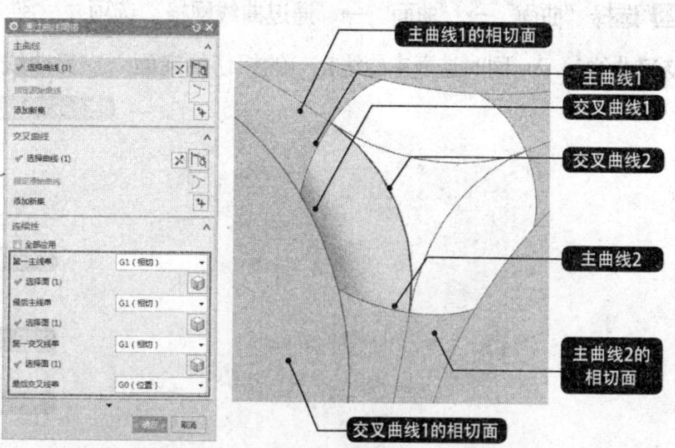

图10-27 创建曲线网格曲面2

23 使用相同的方法创建其余的曲线网格曲面3，如图10-28所示。

24 选择“主页”→“特征”→“基准平面”选项，选择类型为“两直线”，创建基准平面，如图10-29所示。

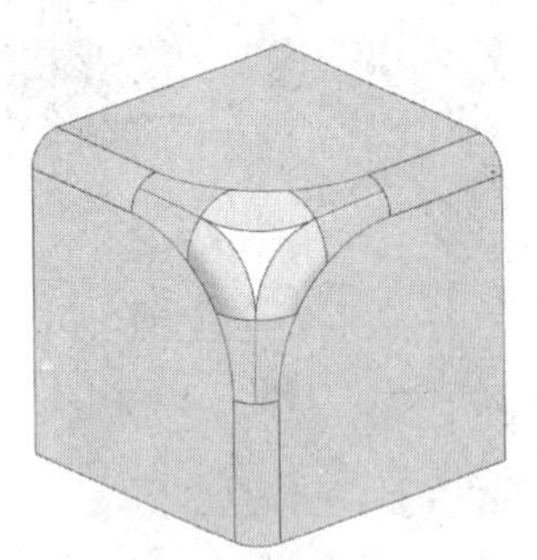

图10-28 创建曲线网格曲面3

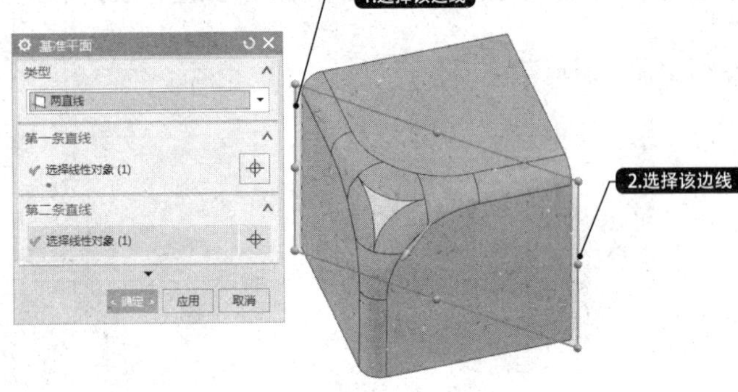

图10-29 通过两直线创建基准平面

25 在“主页”菜单项中选择“草图”选项，选择上步骤创建的基准平面为草绘平面，进入草绘环境，绘制如图10-30所示的辅助草图。

26 退出草图环境，选择“曲线”→“派生曲线”→“投影曲线”选项，选择上步骤所绘制的辅助草图，然后以其所在基准平面的法向为投影方向，对步骤23创建的3个曲线网格曲面进行投影，结果如图10-31所示。

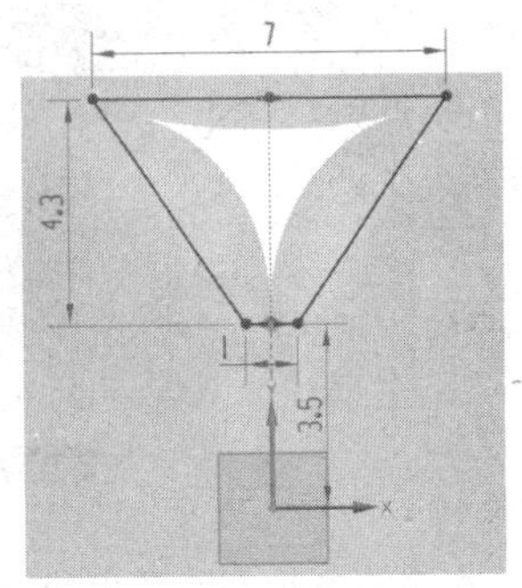

图10-30 绘制辅助草图

图10-31 创建投影曲线3

27 选择“曲面”→“曲面操作”→“修剪片体”选项，以上步骤创建的投影曲线3为边界，修剪曲线网格曲面，如图10-32所示。

28 选择“曲面”→“曲面”→“通过曲线网格”选项，弹出“通过曲线网格”对话框。分别选择主曲线1、2和交叉曲线1、2，同时选择主曲线1、2的相切约束面，交叉曲线为位置连接，创建曲线网格曲面4如图10-33所示。

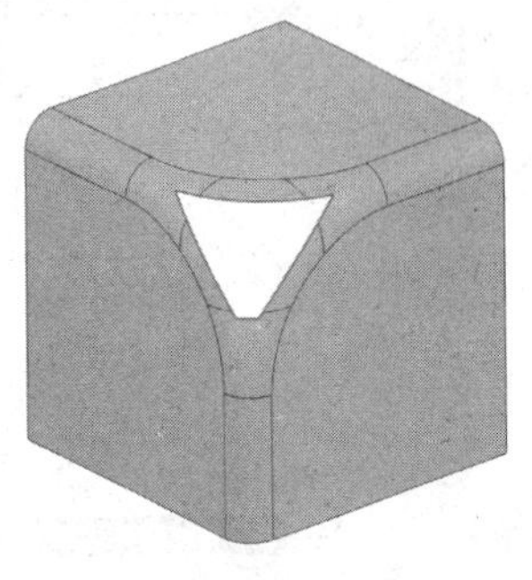

图10-32 修剪曲线网格曲面

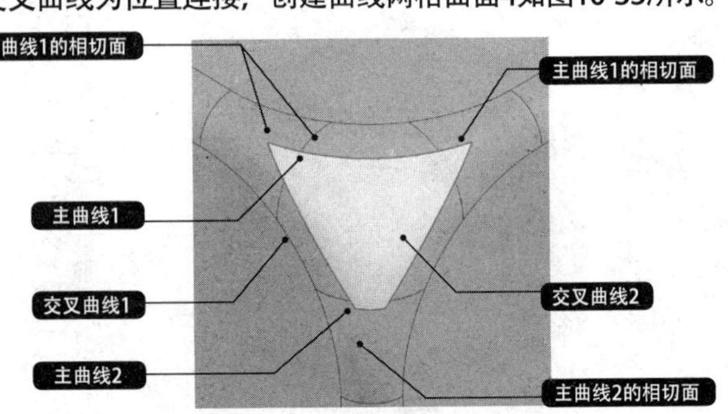

图10-33 创建曲线网格曲面4

29 选择“曲面”→“曲面操作”→“缝合”选项，选择上步骤创建的曲线网格曲面为目标片体，其余曲面为工具片体，单击“确定”按钮，缝合片体，并将其余的平面片体隐藏，如图10-34所示。

2. 镜像得到其他曲面

01选择“主页”→“特征”→“更多”→“镜像几何体”选项，选择缝合的曲面为要镜像的对象，然后指定基准平面*XC-ZC*为镜像平面，单击“确定”按钮，创建镜像曲面如图10-35所示。

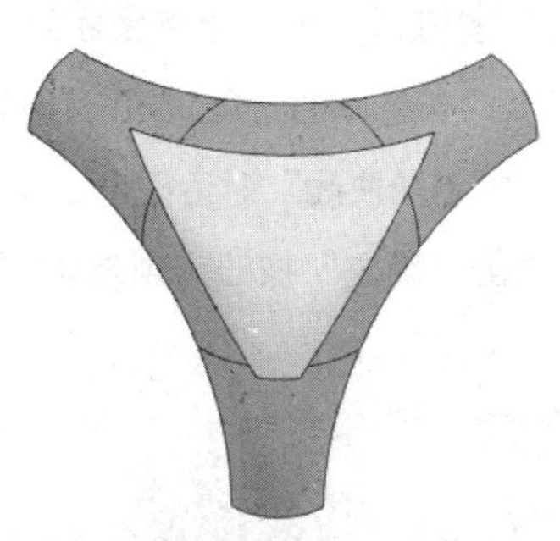

图10-34 缝合片体

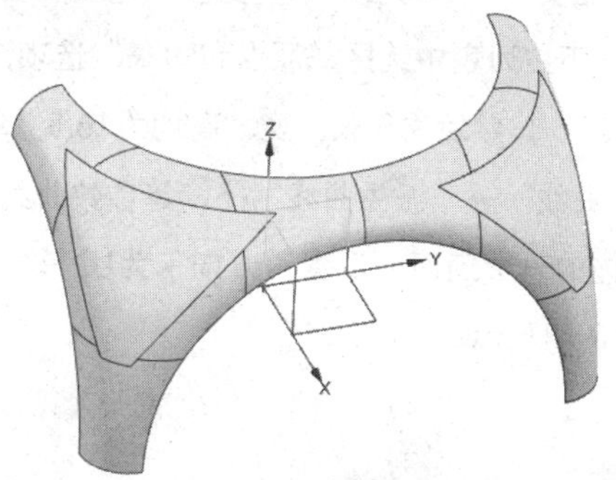

图10-35 创建镜像曲面

02 按相同方法，镜像创建其余的曲面，如图10-36所示。

03 选择“曲面”→“曲面”→“更多”→“有界平面”选项，选择圆孔处的曲面边缘，单击“确定”按钮，创建如图10-37所示的有界平面。

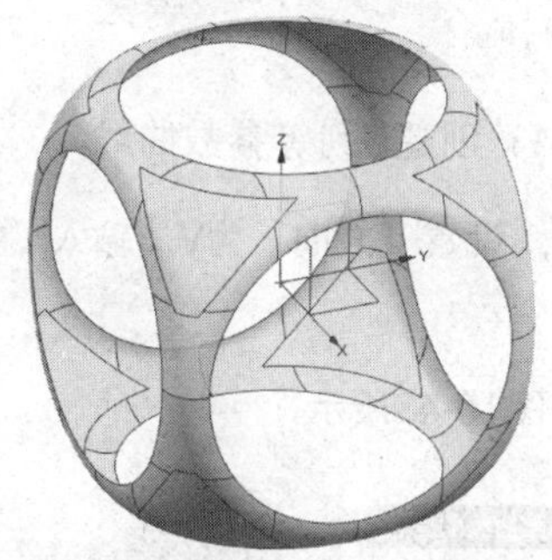

图10-36 镜像创建其余的曲面

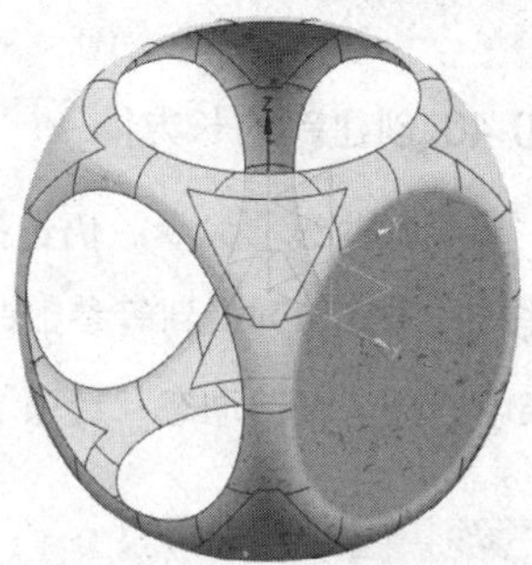

图10-37 创建有界平面

04 使用相同方法，创建其余的5个有界平面，如图10-38所示。

05 选择“曲面”→“曲面操作”→“缝合”选项，将所有曲面进行缝合，结果如图10-39所示。

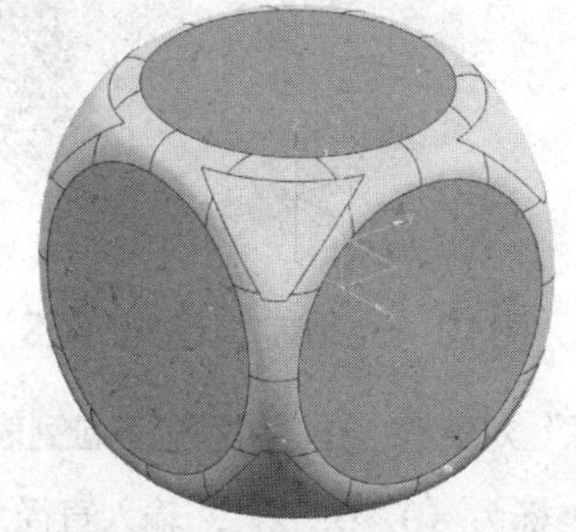

图10-38 创建其余的有界平面

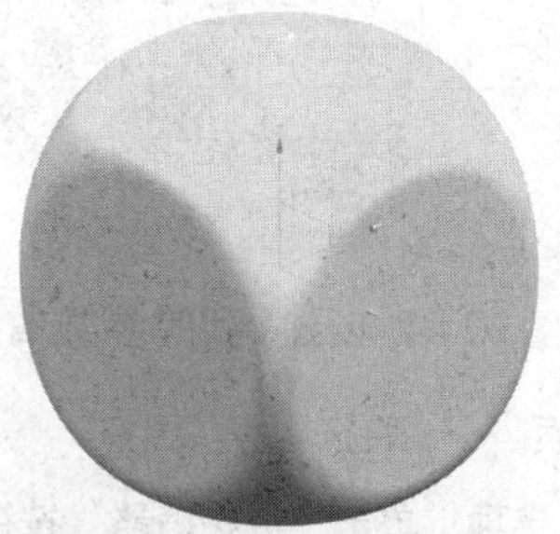

图10-39 缝合所有曲面得到实体特征

10.2.3 创建骰子点数

点数部分可以视作球形的凹坑，因此可以创建略高于骰子模型表面的球体，然后执行布尔求差操作来完成。

1. 创建“点数6”的面

01 选择“主页”→“特征”→“更多”选项，在弹下拉菜单中选择“设计特征”→“长方体”选项，在“类型”下拉列表中选择“原点和边长”选项，单击“点构造器”按钮，输入原点坐标为（-8.25，-8.25，-8.25）；然后输入长、宽、高均为16.5，单击“确定”完成新的长方体的创建，如图10-40所示。

02 选择“曲线”→“派生曲线”→“等参数曲线”选项，弹出“等参数曲线”对话框。选择上步骤创建的长方体的一个顶面，设置“方向”为U，输入“数量”为4，单击“确定”按钮，创建U列等参数曲线，如图10-41所示。

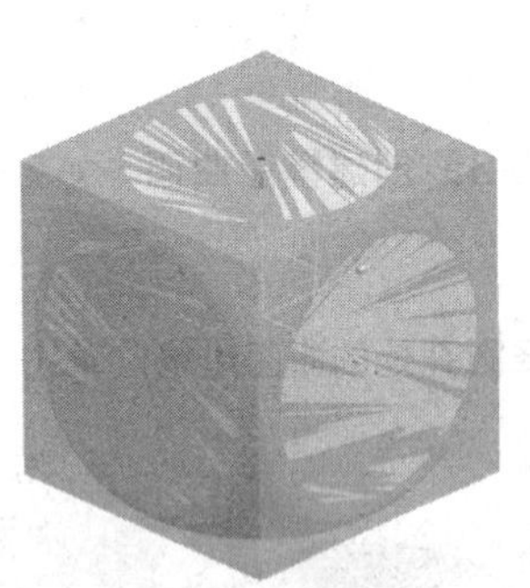

图10-40 创建新的长方体

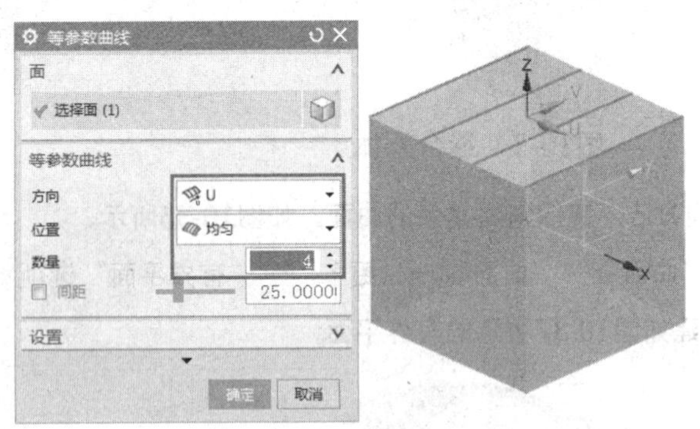

图10-41 创建U列等参数曲线

03 重复执行“等参数曲线”命令，仍选择上步骤的长方体顶面，设置“方向”为V，输入“数量”为5，单击“确定”按钮，创建V列得到等参数曲线如图10-42所示。

04 在上边框条中选择“WCS动态”选项，调整动态WCS，如图10-43所示。

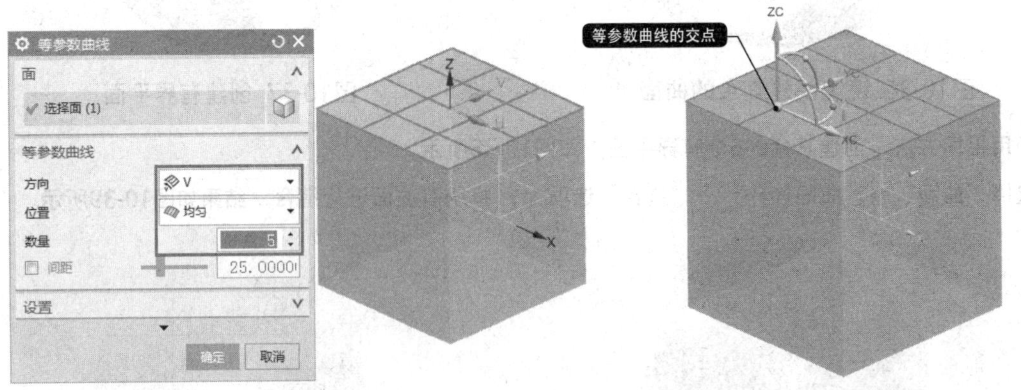

图10-42 创建V列等参数曲线

图10-43 重定义动态WCS

05 选择“主页”→“特征”→“更多”→“球”选项，弹出“球”对话框。在“类型”下拉列表中选择“中心点和直径”选项，单击“点构造器”按钮，输入球的中心点坐标为（0，0，2），输入直径为5，在“布尔”下拉列表中选择“减去”，选择骰子的主体模型为要减去的体，单击“确定”按钮，结果如图10-44所示。

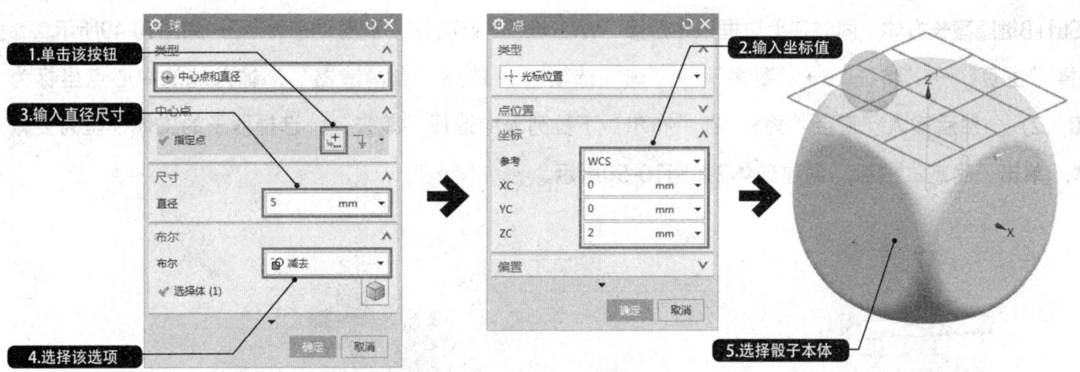

图10-44 创建球体1

06 选择“主页”→“特征”→“阵列特征”选项，弹出“阵列特征”对话框，选择上步骤创建的球为要阵列的特征，然后选择“布局”类型为“线性”，设置“方向1”和“方向2”的参数，如图10-45所示。

07 单击“确定”按钮，隐藏等参数曲线，即可创建点数6的骰子面，如图10-46所示。

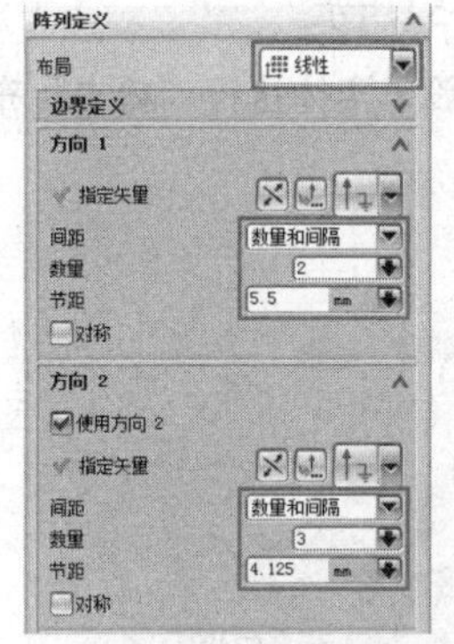

图10-45 线性阵列球体特征

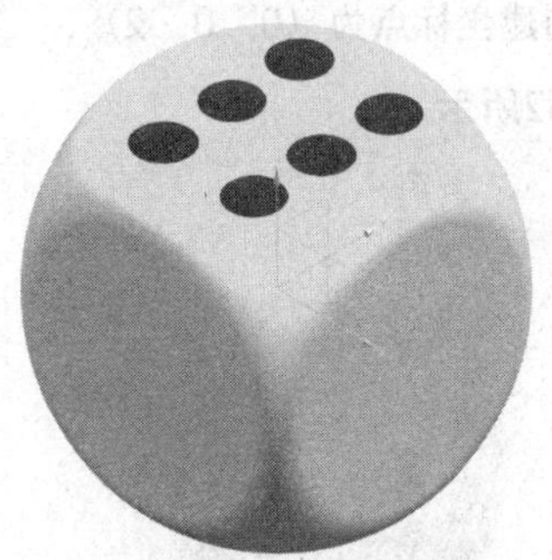

图10-46 创建点数6的骰子面

2. 创建“点数5”的面

01 按Ctrl+Shift+K键显示被隐藏的长方体，然后选择“曲线”→“曲线”→“直线”选项，绘制长方体侧面的对角线，如图10-47所示。

02 选择“曲线”→“曲线”→“圆弧和圆”选项，在“圆弧/圆”对话框中，勾选“限制”选项组中的“整圆”复选框，以上步骤所绘对角线的中点为圆心，绘制直径为9.2的圆，如图10-48所示。

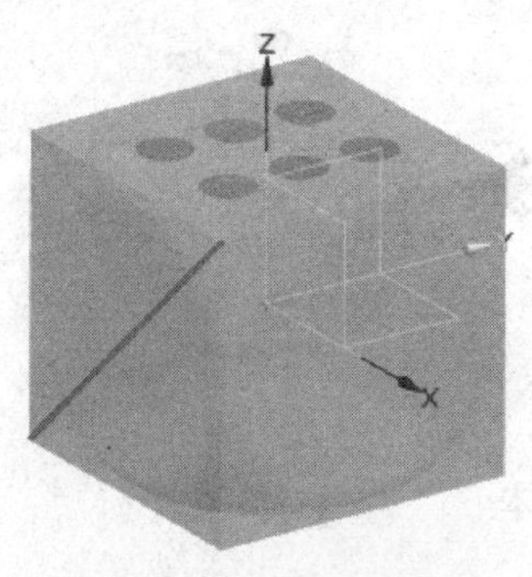

图10-47 绘制对角线

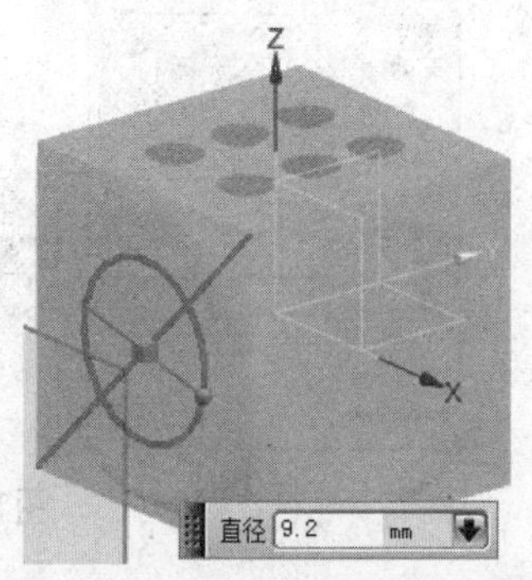

图10-48 在对角线中点处绘制圆

03 按Ctrl+B键隐藏长方体，同时在上边框条中选择“WCS动态”选项，调整动态WCS2，如图10-49所示。

04 选择“主页”→“特征”→“更多”→“球”选项，选择“点构造器”，输入球的中心点坐标为（0，0，2），然后输入“直径”为5，在“布尔”下拉列表中选择“减去”，选择骰子的主体模型为要减去的体，单击“确定”按钮，创建球体2如图10-50所示。

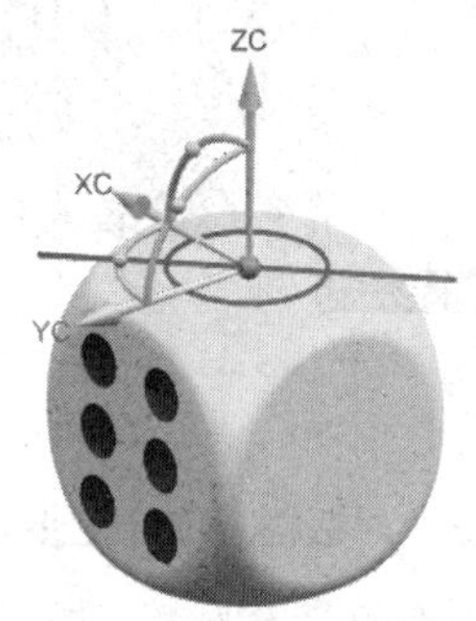

图10-49 调整动态WCS2

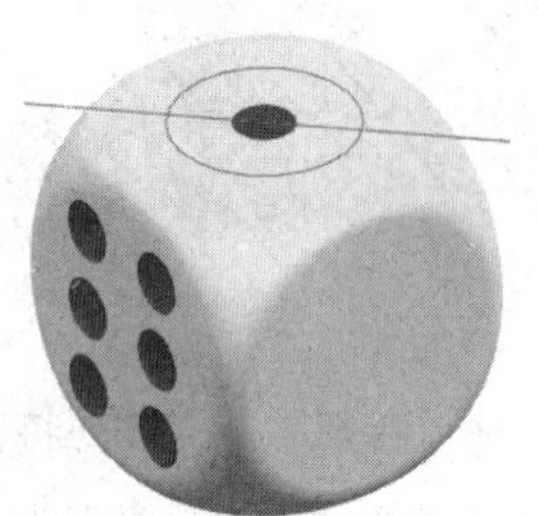

图10-50 创建球体2

05 选择上边框条中的“WCS动态”选项，调整动态WCS3，如图10-51所示。

06 按相同方法创建坐标点为（0，0，2）、“直径”为5的球，并与骰子实体执行“减去”布尔运算，创建球体3如图10-52所示。

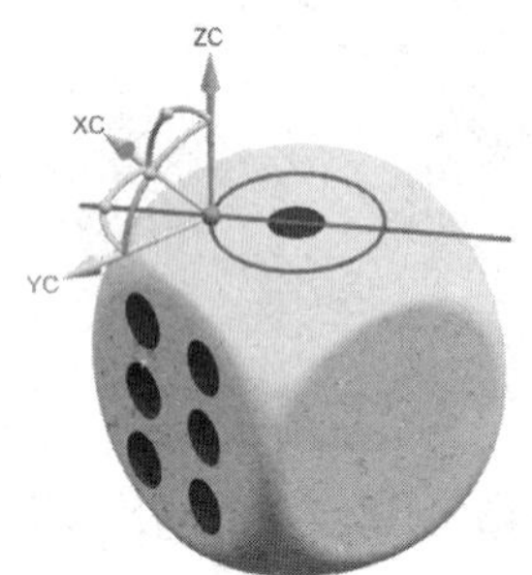

图10-51 调整动态WCS3

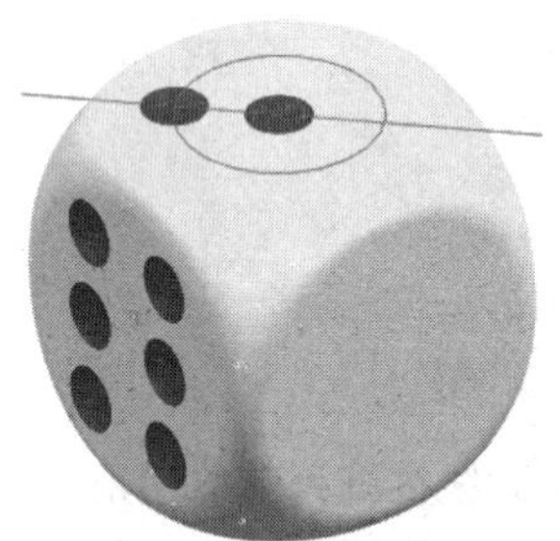

图10-52 创建球体3

07 选择“主页”→“特征”→“阵列特征”选项，弹出“阵列特征”对话框。选择上步骤的球为要阵列的特征，然后选择“布局”类型为“圆形”，选择“间距”方式为“数量和跨距”，输入“数量”为4，“跨角”为360，圆形阵列球体，如图10-53所示。

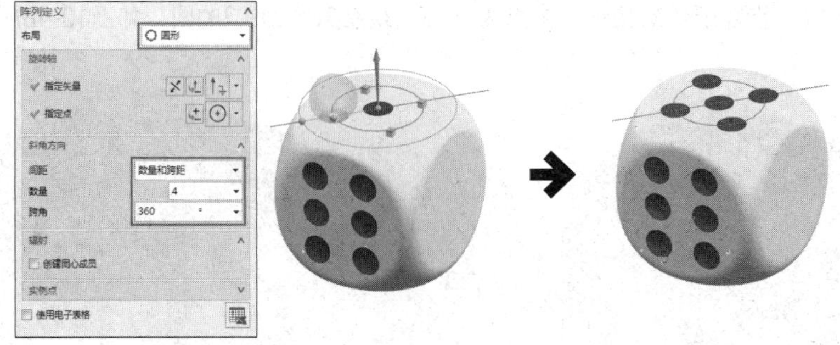

图10-53 圆形阵列球体

08 在上边框条中选择“将WCS设为绝对”选项，调整坐标系为绝对坐标系。

3. 创建“点数3”和“点数2”的面

01 再次执行“阵列特征”命令，选择“点数5”中的3点，设置“布局”方式为“圆形”，以+ZC轴为旋转轴，“间距”方式为“数量和跨距”，输入“数量”为2，“跨角”为90，结果如图10-54所示。

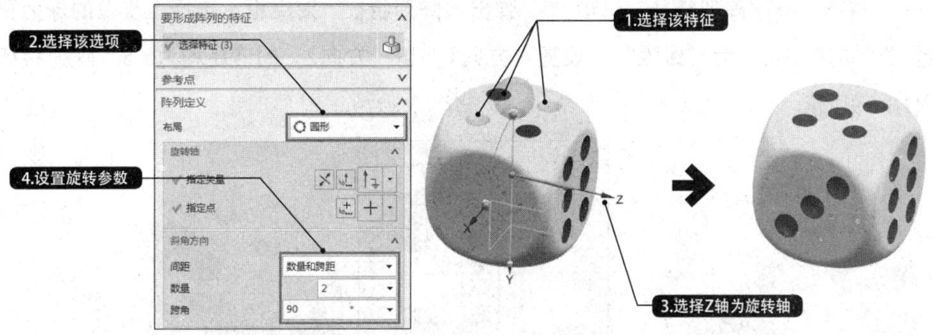

图 10-54 选择 3 个球体特征进行阵列

02 再次执行“阵列特征”命令，选择“点数6”中的中间2点，设置“布局”方式为“圆形”，以+XC轴为旋转轴，“间距”方式为“数量和跨距”，输入“数量”为2，“跨角”为-90，结果如图10-55所示。

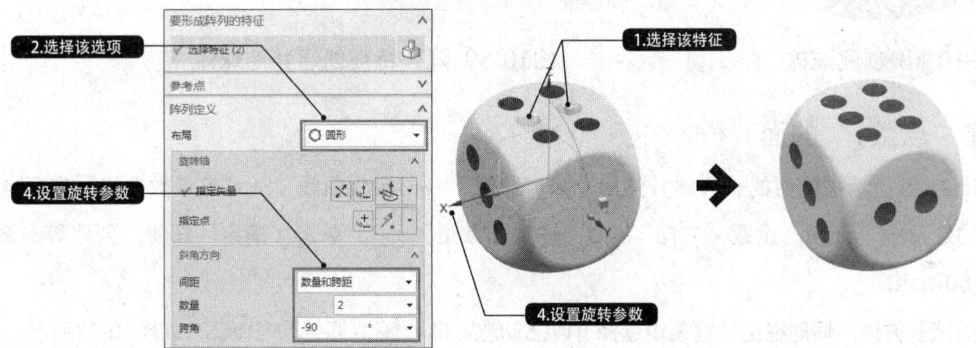

图10-55 选择2个球体特征进行阵列

4. 创建“点数4”的面

01 按Ctrl+Shift+K键显示被隐藏的长方体，然后选择“曲线”→“派生曲线”→“等参数曲线”选项，选择长方体的侧面，设置“方向”为U和V，输入“数量”为4，单击“确定”按钮，创建等参数曲线如图10-56所示。

02 在上边框条中选择“WCS动态”选项，调整动态WCS如图10-57所示。

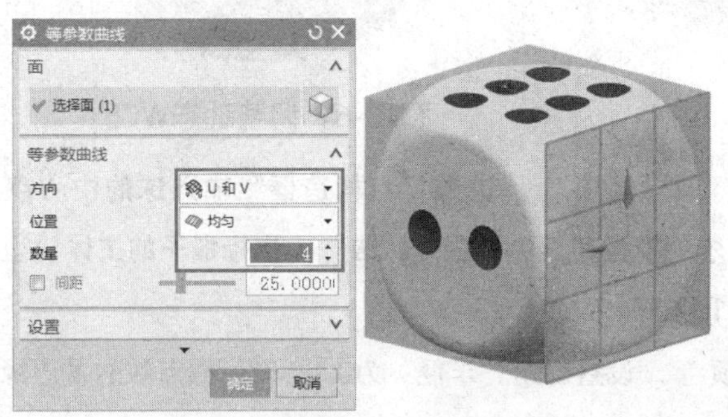

图10-56 创建等参数曲线

图10-57 调整动态WCS

03 按Ctrl+B键隐藏长方体，然后选择“主页”→“特征”→“更多”→“球”选项，选择“点构造器”，输入球的中心点坐标为（0，0，2），接着输入“直径”为5，在“布尔”下拉列表中选择“减去”，选择骰子的主体模型为要减去的体，单击“确定”按钮，创建球体，如图10-58所示。

04 选择“主页”→“特征”→“阵列特征”选项，弹出“阵列特征”对话框。选择上步骤的球为要阵列的特征，然后选择“布局”类型为“线性”，设置“方向1”和“方向2”的节距均为5.5，阵列特征创建其他球体，如图10-59所示。

图10-58 创建球体

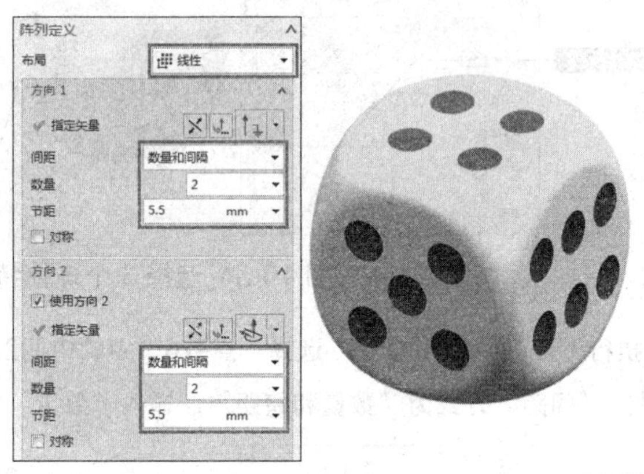

图10-59 阵列特征创建其他球体

5. 创建“点数1”的面

01 按Ctrl+Shift+K键显示被隐藏的长方体，然后选择“曲线”→“派生曲线”→“等参数曲线”选项，选择长方体的最后一个侧面，设置“方向”为U，输入“数量”为3，单击“确定”按钮，创建等参数曲线，如图10-60所示。

02 按Ctrl+B键隐藏长方体，同时在上边框条中选择“WCS动态”选项，调整动态WCS，如图10-61所示。

图10-60 创建等参数曲线

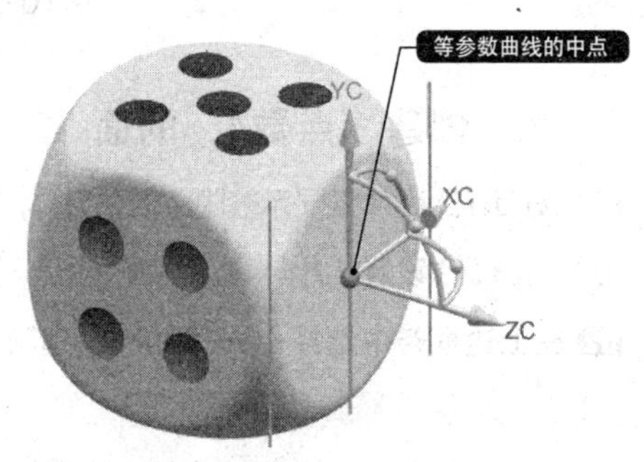

图10-61 调整动态WCS

03 选择“主页”→“特征”→“更多”→“球”选项，进入“点构造器”输入球的中心点坐标为（0，0，4），接着输入“直径”为10，“布尔”下拉列表中选择“减去”，选择骰子的主体模型为要减去的体，单击“确定”按钮，创建球体，如图10-62所示。

04 选择“主页”→“特征”→“边倒圆”选项，设置圆角“半径”为0.1，对所得点数的各边缘进行边倒圆，如图10-63所示。

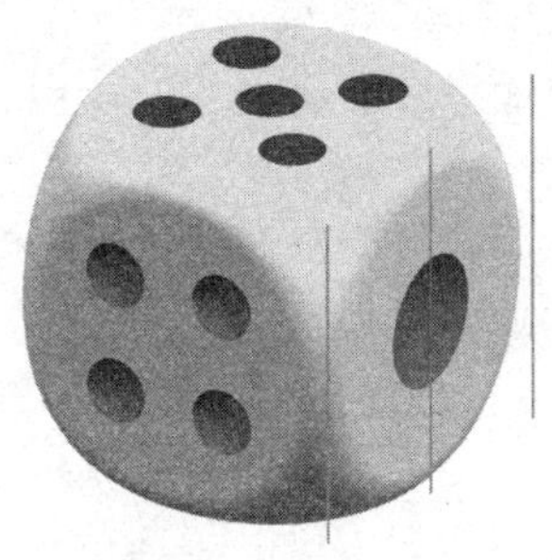

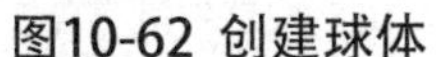

图10-62 创建球体

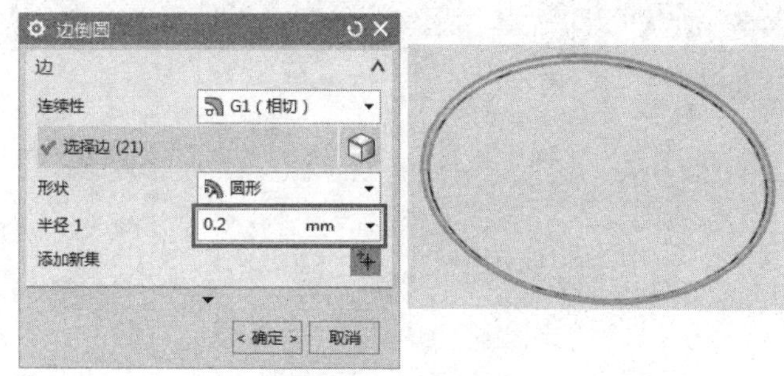

图10-63 边倒圆

05 可视情况对骰子的各个面赋予不同的颜色，得到的最终结果如图10-1所示。

图10-64 骰子模型

10.3 设计感悟

骰子模型的创建是一款经典的曲面设计案例，虽然外观看似简单，但其实有着许多由曲面构成的细节，这一点读者在创建过程中就能体会到。下面对其中一些关键部位创建技巧总结如下。

◆ 使用“通过曲线网格”工具创建曲面时，要注意选择曲线的起始方向是否一致，否则将创建扭曲曲面，或者无法创建曲面。

◆ 使用“阵列特征”功能布置模型特征时，系统默认是以*XC-YC*平面作为基准平面，因此在创建阵列特征时要注意对基准平面的修改。

◆ 使用“有界平面”功能创建曲面时，选择的曲线必须是封闭曲线或者模型边缘，否则将无法创建有界平面。

◆ “等参数曲线”是创建曲面时极其重要的一个工具，如果遇到一些主曲线、交叉曲线均不足的情况（如三条边围成的面），则可以考虑通过创建“等参数曲线”，然后再对现有曲面进行修剪并在修剪面上创建目标曲面的方法。

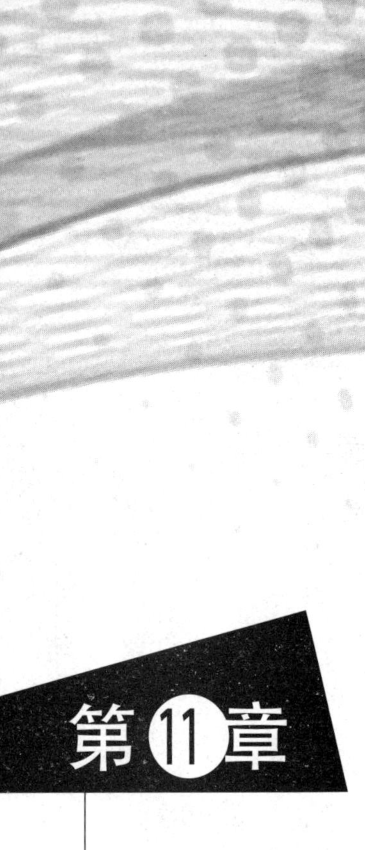

第11章

综合实例——创建乌龟茶壶

学习目标：

实体的创建和修剪

通过曲线网格创建曲面

曲面的修剪与延伸

曲面与实体建模的混合应用

素材文件：素材\第11章\乌龟茶壶.prt
最终文件：素材\第11章\乌龟茶壶-OK.prt
视频文件：视频\第11章\创建乌龟茶壶.mp4

乌龟茶壶的形状很不规则，如果使用实体建模很难实现，而使用曲面工具进行创建会变得很简单。创建本例的乌龟茶壶曲面，不仅使用到通过曲线网格、拉伸片体等建模方法，还将使用到一些曲面编辑工具，如修剪、缝合等。当曲面制作完成后，又需要将其加厚，使其变成实体，从而制作出茶壶的最终形状，如图11-1所示。

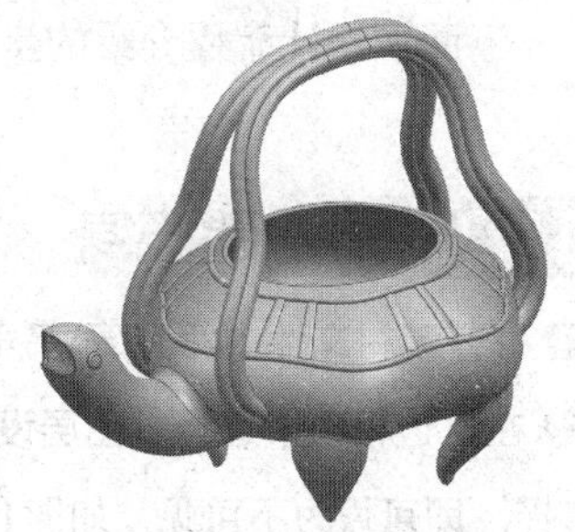

图11-1 乌龟茶壶模型

11.1 设计流程图

在创建本实例时，可将模型分为6个阶段进行创建。首先是打开素材文件，得到基本的线框图形，读者也可以根据需要自行绘制；然后创建最主要的壶身曲面，并通过加厚工具生成实体，作为其他部分的创建基准；再在壶身基础上创建壶嘴和壶尾，这两个部分的创建需要灵活运用曲面与实体建模的混合命令；接着创建茶壶支腿，可利用对称结构，先创建其中一条支腿，然后使用阵列工具得到其他支腿；然后创建茶壶的提手部分，可以利用扫描工具来完成，难点在于扫描路径的绘制；最后使用倒圆工具修缮一下模型细节，即可得到最终的乌龟茶壶模型，如图11-2所示。

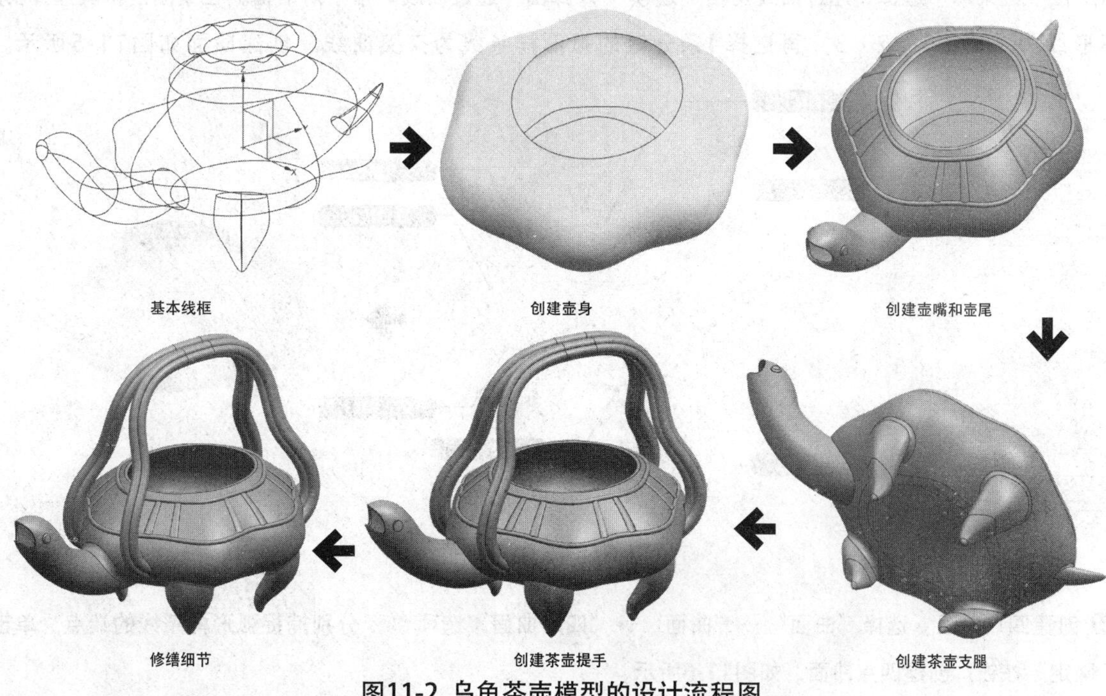

图11-2 乌龟茶壶模型的设计流程图

11.2 具体设计步骤

下面按设计流程介绍的步骤来进行操作。

11.2.1 创建壶身

01 打开素材文件“第11章\乌龟茶壶.prt”，其中已经创建好了茶壶的简单线框图形，如图11-3所示。

02 在上边框条中选择“图层设置”选项，或者按Ctrl+L键打开“图层设置”对话框，将图层2、3、4取消选择，即可设为不可见，如图11-4所示。

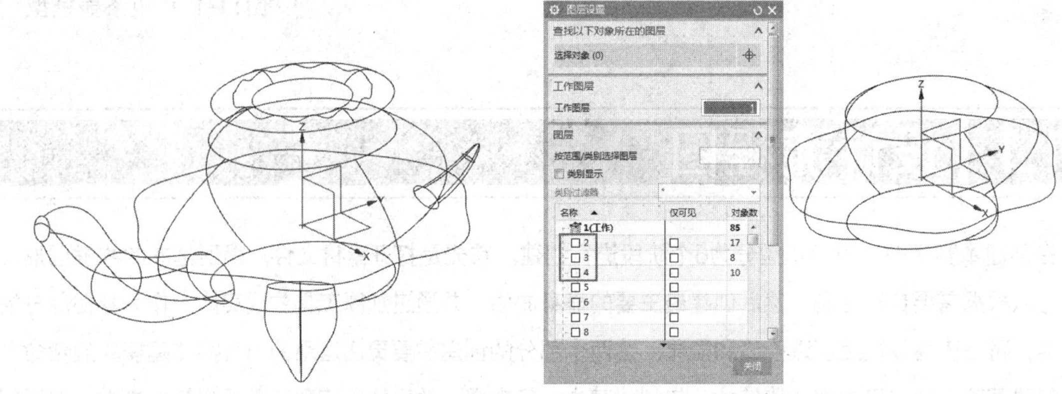

图11-3 打开素材文件　　　　图11-4 隐藏图层

03 单击“关闭”按钮回到图形空间，然后选择“曲面”→“曲面”→“艺术曲面”选项下的下三角按钮，在下拉菜单中选择“通过曲线网格”选项，弹出“通过曲线网格”对话框。在绘图区依次选择3条环形线为主曲线1、2、3，再选择4条分散的弧形样条线为交叉曲线，创建曲面如图11-5所示。

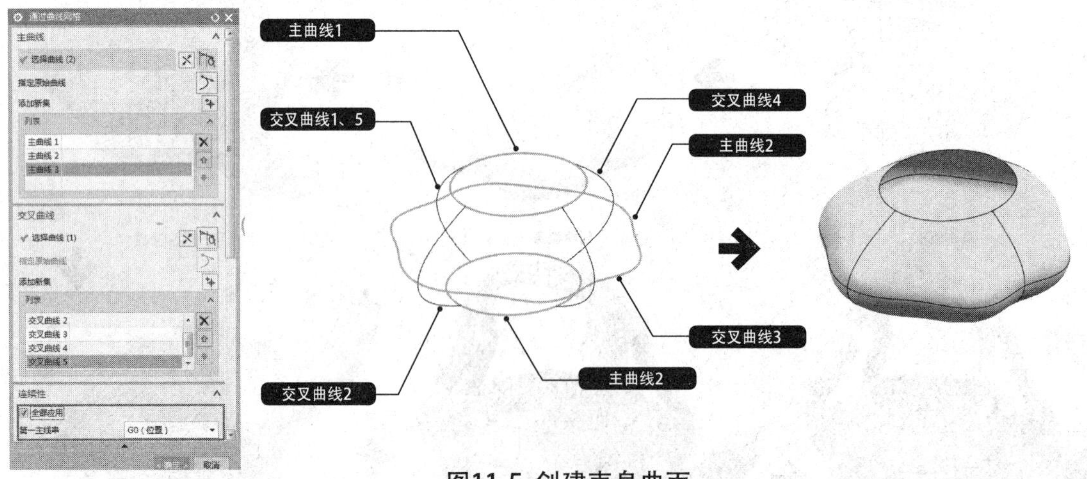

图11-5 创建壶身曲面

04 创建四点曲面。选择“曲面”→“曲面”→“四点曲面”选项，分别捕捉弧形样条线的端点，单击“确定”按钮，创建四点曲面，如图11-6所示。

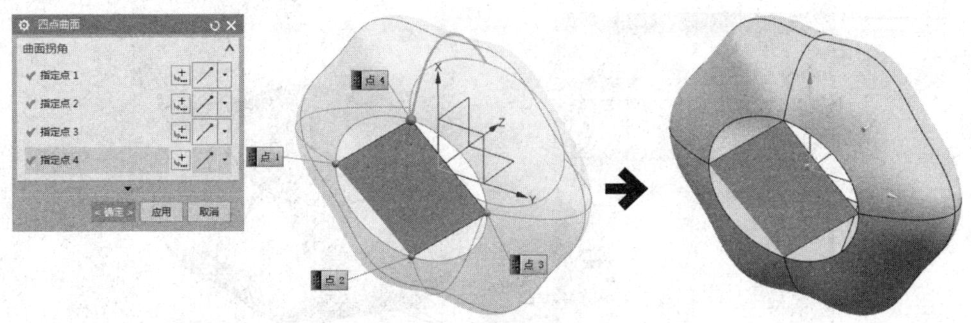

图11-6 创建四点曲面

05 选择“曲面”→“曲面操作”→“延伸片体”选项，选择上步骤所创建四点曲面的四条边，向外“偏置”40，延伸四点曲面，如图11-7所示。

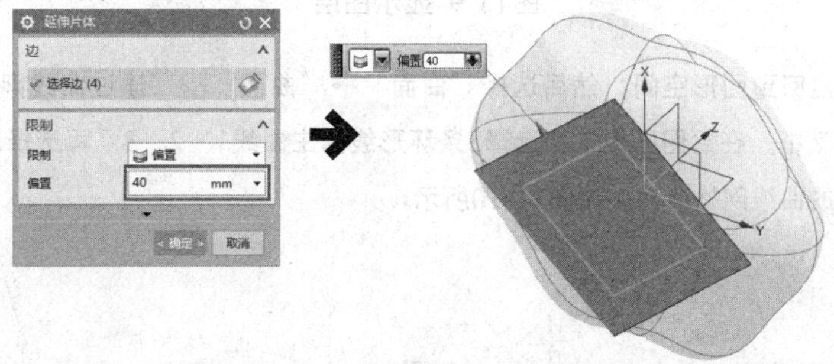

图11-7 延伸四点曲面

06 选择“曲面”→“曲面”→“面倒圆”选项，选择延伸后的四点曲面为第一组面，选择壶身曲面为第二组面；然后设定倒圆“半径”为60，其余参数如图11-8所示；最后单击“确定”按钮，对此两组曲面创建面倒圆。

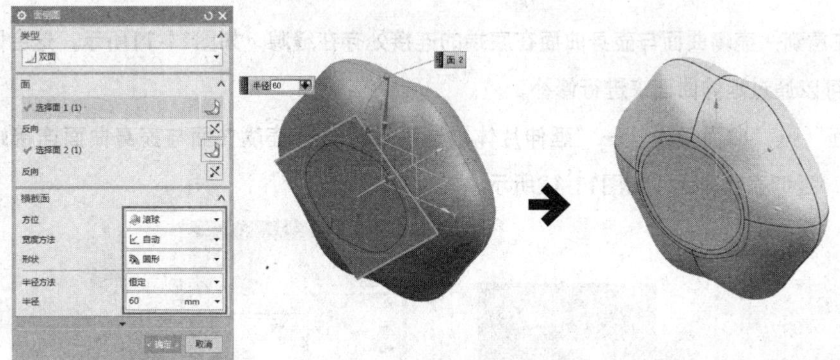

图11-8 创建面倒圆

11.2.2 创建壶嘴和壶尾

01 在上边框条中选择“图层设置”选项，或者按Ctrl+L键打开“图层设置”对话框。选择图层2，即可将图层2上的对象设为可见，如图11-9所示。

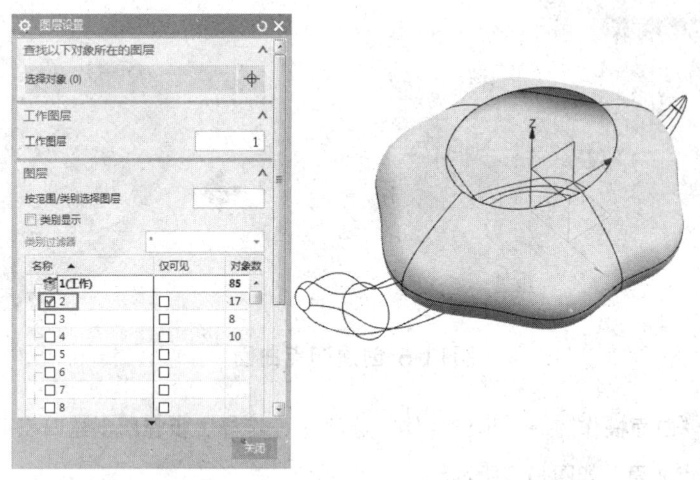

图11-9 显示图层

02 单击“关闭”按钮回到图形空间；然后选择“曲面”→“曲面”→“通过曲线网格”选项，弹出“通过曲线网格”对话框。在绘图区中依次选择3条环形线为主曲线1、2、3，再选择周边的4条样条线为交叉曲线，创建壶嘴的曲线网格曲面，如图11-10所示。

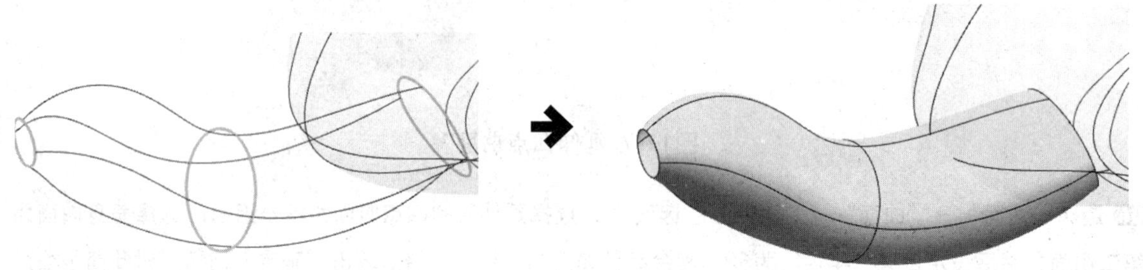

图11-10 创建壶嘴的曲线网格曲面

03 此时可以注意到，壶嘴曲面与壶身曲面在底端的连接处存在缝隙，如图11-11所示。这会阻碍后续特征的创建，因此可以通过延伸曲面来进行修补。

04 选择“曲面”→“曲面操作”→“延伸片体”选项，选择壶嘴曲面与壶身曲面连接端的边，设置“偏置”为30，延伸壶嘴曲面，如图11-12所示。

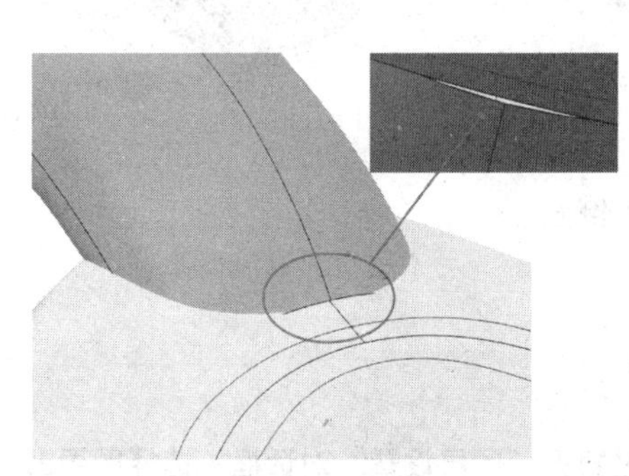

图11-11 壶嘴曲面与壶身曲面之间的缝隙

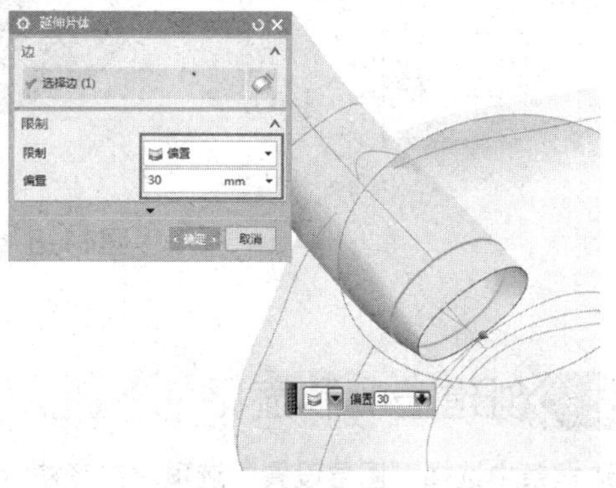

图11-12 延伸壶嘴曲面

05 创建好壶身曲面和壶嘴曲面后，可选择“曲面”→“曲面操作”→“修剪片体”选项，修剪壶嘴超出壶身的部分，如图11-13所示。

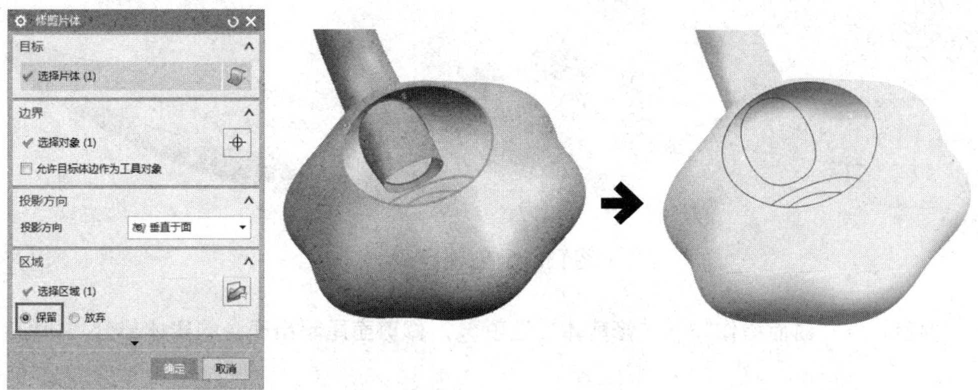

图11-13 修剪壶嘴超出的部分

06 按相同的方法，再次执行“修剪”片体命令，选择壶身曲面为目标片体，选择壶嘴曲面为修剪边界（也可以选择壶嘴与壶身的相交曲线），即可打通壶身在壶嘴处的封闭部分，如图11-14所示。

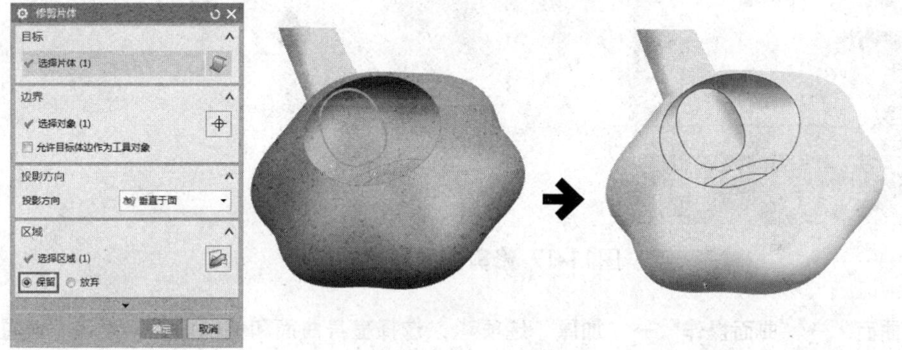

图11-14 修剪壶身曲面

07 选择“曲面”→“曲面”→“通过曲线网格”选项，在壶尾处选择两条环形线为主曲线1、2，另外选择尾部端点为主曲线3，如图11-15所示。

图11-15 选择主曲线

08 再依次选择周边的4条样条线为交叉曲线，单击“确定”按钮，创建壶尾，如图11-16所示。

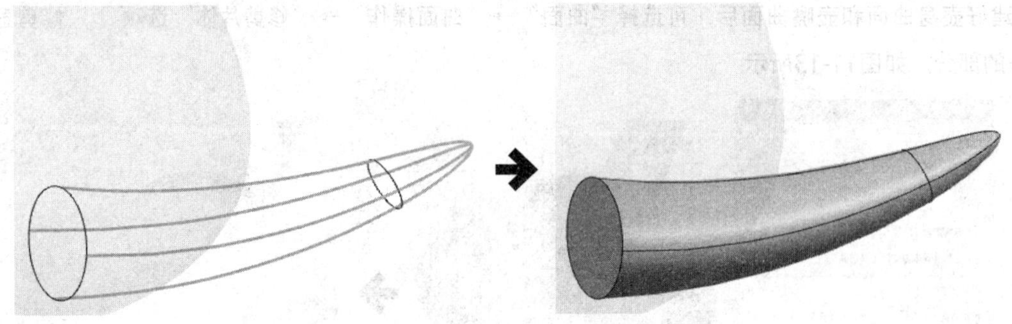

图11-16 创建壶尾

09 选择“曲面”→“曲面操作”→“修剪体”选项，修剪壶尾超出壶身的实体部分，如图11-17所示。

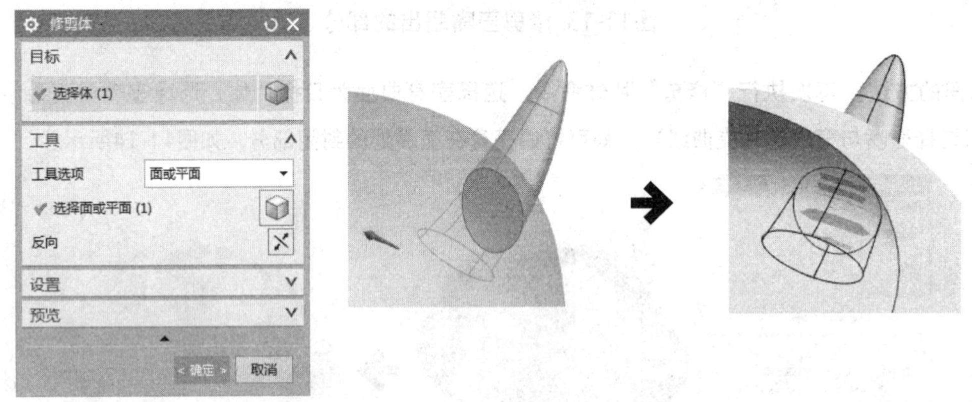

图11-17 修剪壶尾超出的部分

10 选择“曲面”→“曲面操作”→“加厚”选项，选择壶身曲面和壶嘴曲面，设置“偏置”为5，单击“确定”按钮后隐藏曲面，仅显示实体，如图11-18所示。

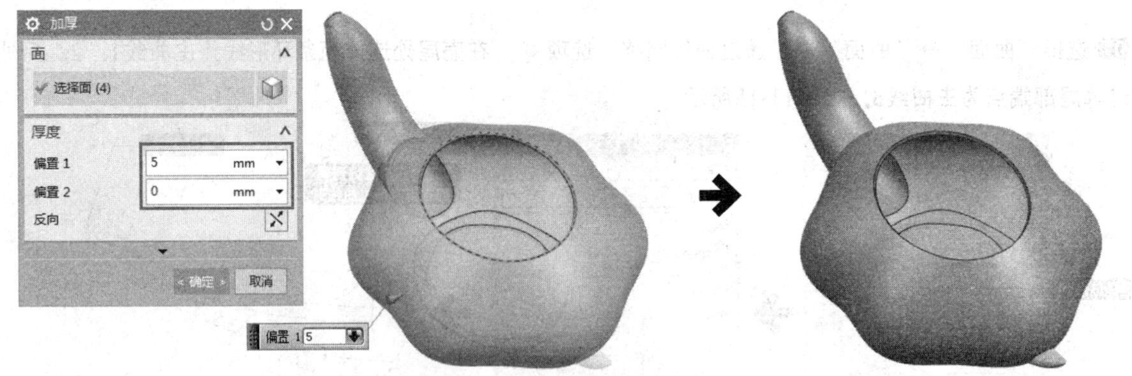

图11-18 加厚壶身与壶嘴曲面

11 选择“主页”→“特征”→“合并”选项，将上步骤所创建的壶体和壶尾合并。

12 创建茶壶的出水口。在“主页”菜单项中选择“草图”选项，选择基准*YC-ZC*平面为草绘平面，进入草绘环境，绘制如图11-19所示的出水口草图。

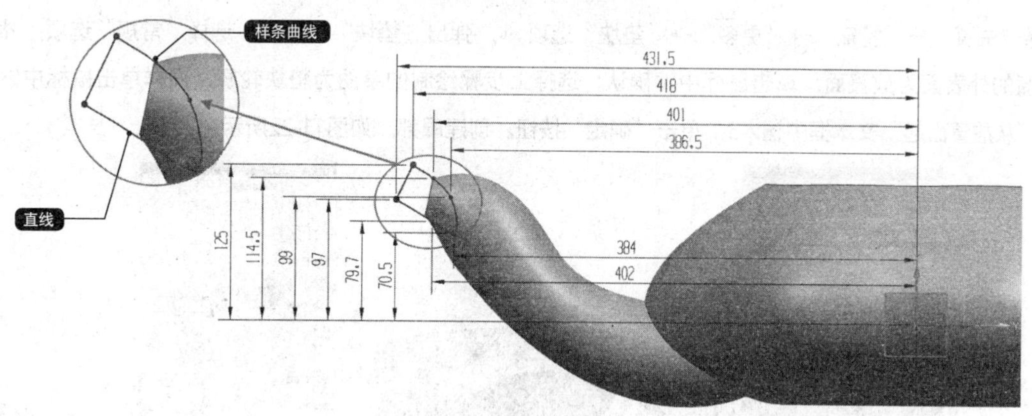

图11-19 绘制出水口草图

13 选择“主页”→“特征”→“拉伸”选项，选择上步骤绘制的出水口草图为拉伸对象，在“开始”和“结束”下拉列表中均选择“贯通”选项，同时选择”布尔“运算为“减去”，单击“确定”按钮，即可得到壶嘴出水口，如图11-20所示。

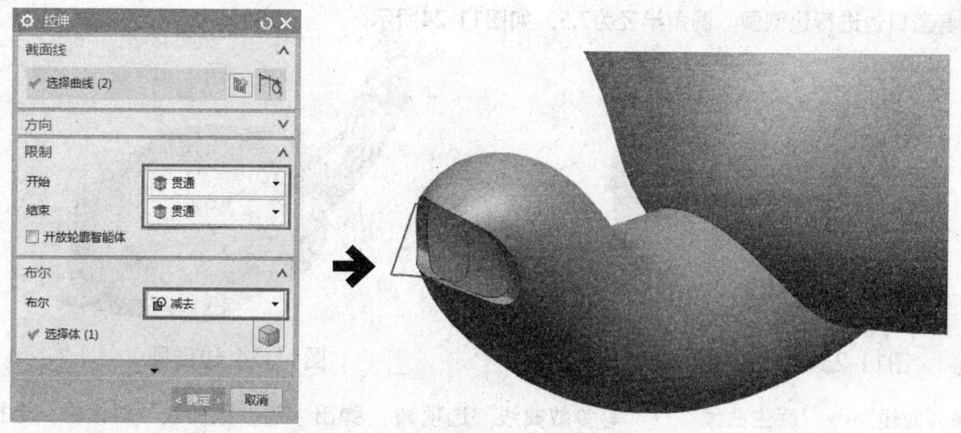

图11-20 拉伸创建壶嘴出水口

14 在“主页”菜单项中选择“草图”选项，选择基准*YC-ZC*平面为草绘平面，进入草绘环境，绘制如图11-21所示的眼部草图。

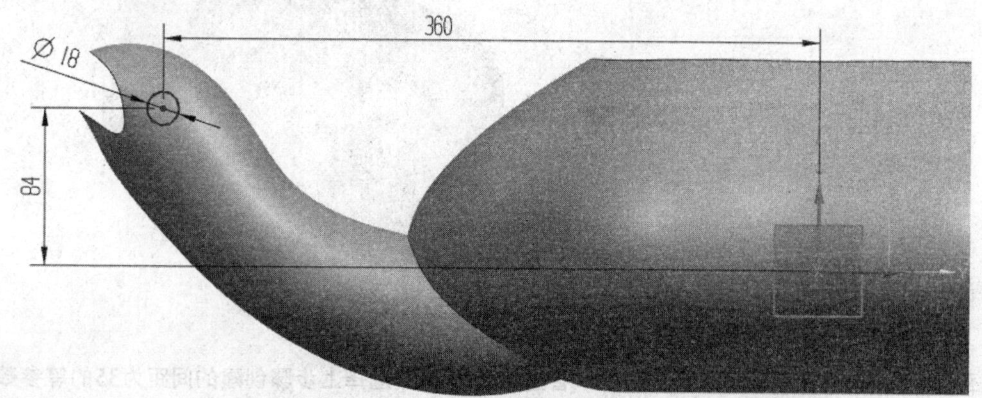

图11-21 绘制眼部草图

15 选择“主页”→“特征”→“更多”→“垫块”选项，弹出“垫块”对话框。选择“常规”选项，然后选择壶嘴的外表面为放置面，单击鼠标中键确认；选择上步骤绘制的草图为垫块轮廓，同样单击鼠标中键确认；在“从放置面起”文本框中输入3，单击“确定”按钮，创建眼部，如图11-22所示。

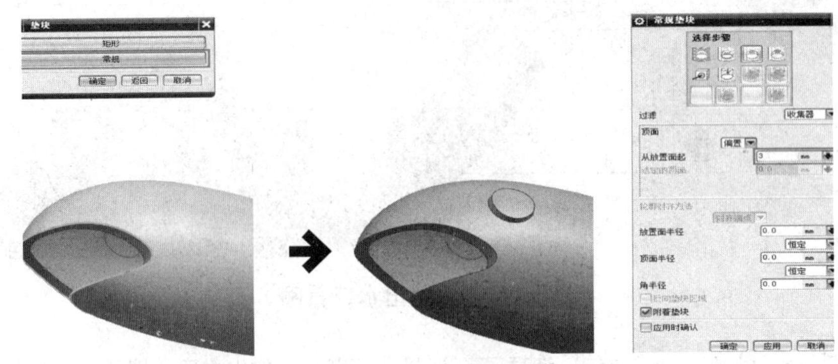

图11-22 创建眼部

16 按相同方法创建对侧的眼部，如图11-23所示。

17 对壶身盖口边进行边倒圆，圆角半径为7.5，如图11-24所示。

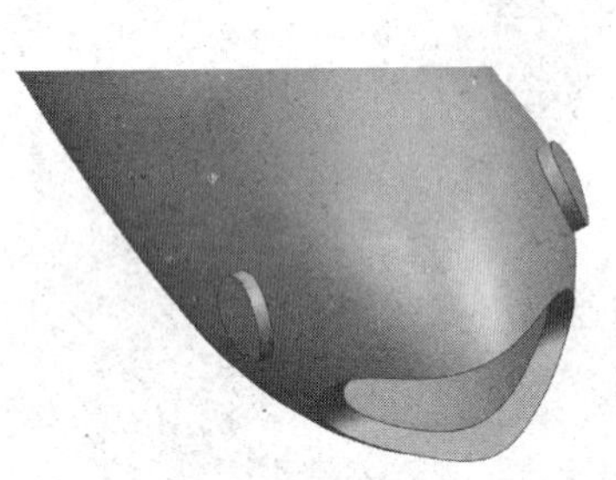

图11-23 创建对侧的眼部

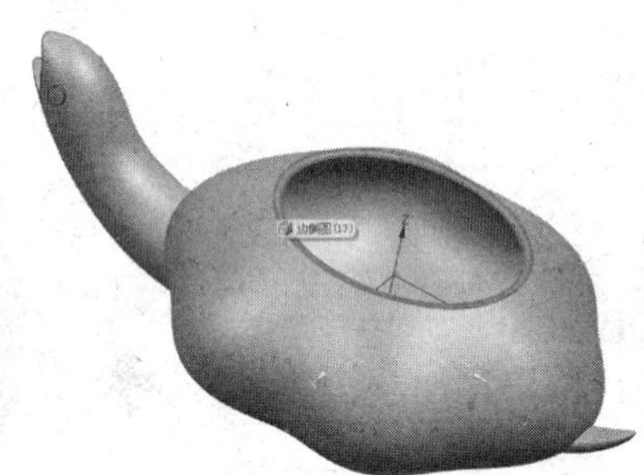

图11-24 边倒圆

18 选择“曲线”→“派生曲线”→“等参数曲线”选项，弹出“等参数曲线”对话框。选择壶身曲面，然后设置“方向”为V，“位置”为“均匀”，“数量”为2,、“间距”为35，单击“确定”按钮，即可创建等参数曲线，如图11-25所示。

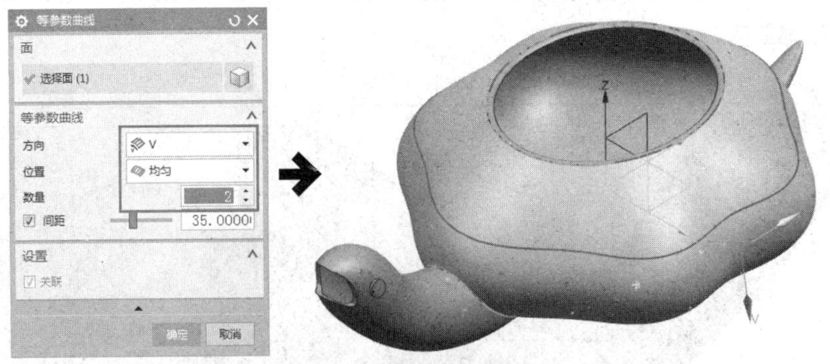

图11-25 创建等参数曲线

19 选择“曲面”→“曲面”→“更多”→“管道”选项，选择上步骤创建的间距为35的等参数曲线，创建直径为8的实心管道，并在“布尔”中选择“合并”选项，输出模式为“单段”，如图11-26所示。

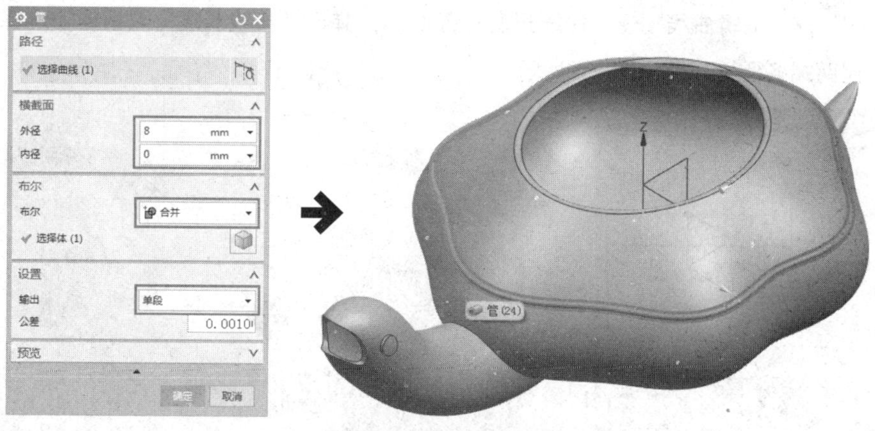

图11-26 创建修饰纹路

20 按相同方法，再创建间距为20的等参数曲线，然后根据此曲线创建直径为8的实心管道，如图11-27所示。

21 在“主页”菜单项中选择“草图”选项，选择基准*XC-YC*平面为草绘平面，进入草绘环境，绘制如图11-28所示的辅助草图。

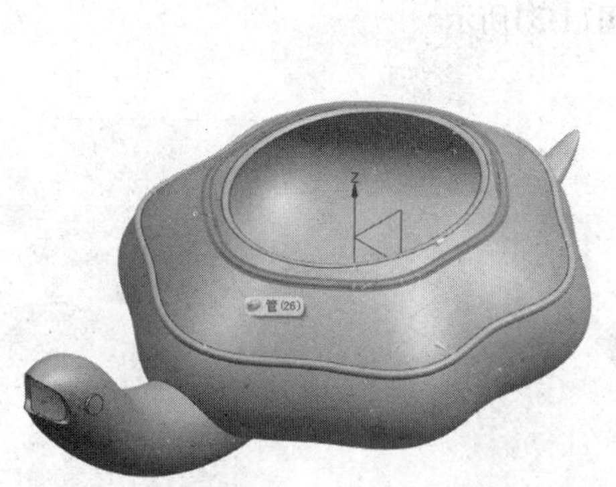

图11-27 绘制壶身侧面轮廓曲线

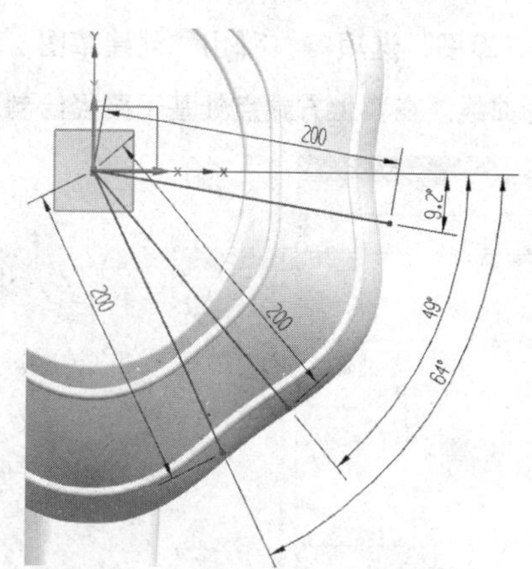

图11-28 绘制辅助草图

22 选择“曲线”→“派生曲线”→“投影曲线”选项，选择上步骤绘制的辅助草图为要投影的对象，然后选择两段管道之间的壶身外表面为投影面，选择+ZC轴为投影方向，创建三条投影曲线，如图11-29所示。

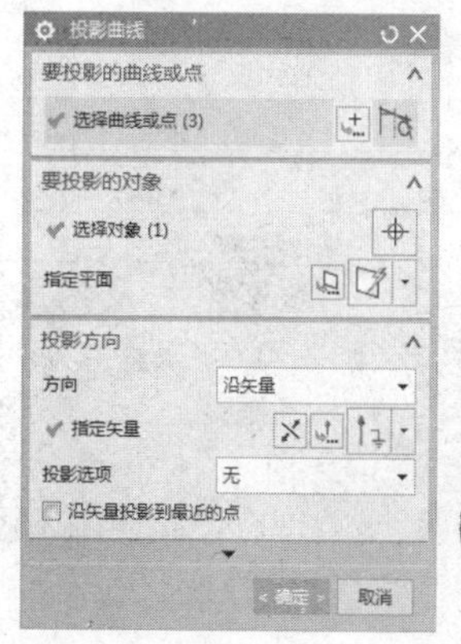

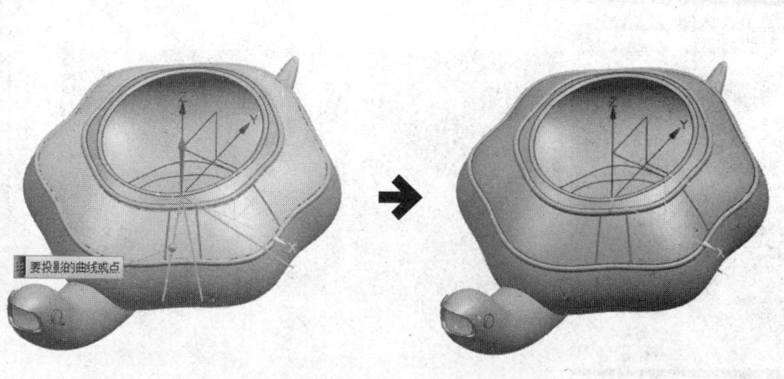

图11-29 创建投影曲线

23 选择“曲线”→“编辑曲线”→“曲线长度”选项，弹出“曲线长度”对话框。选择一条投影曲线，将其首、尾两端各延长3，如图11-30所示。

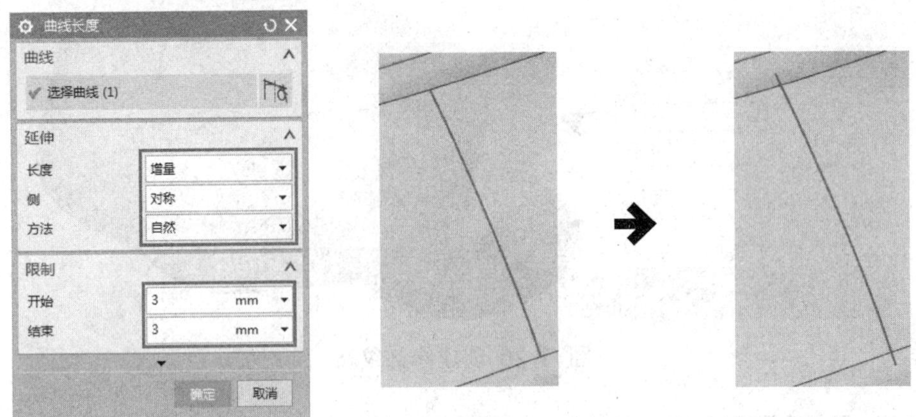

图11-30 延长投影曲线

24 按相同方法，延伸其余的两条投影曲线。

25 选择“草图”选项，弹出“创建草图”对话框。选择“草图类型”为“基于路径”，然后选择最右侧的投影曲线，在其上方端点处基于路径绘制草图，如图11-31所示。

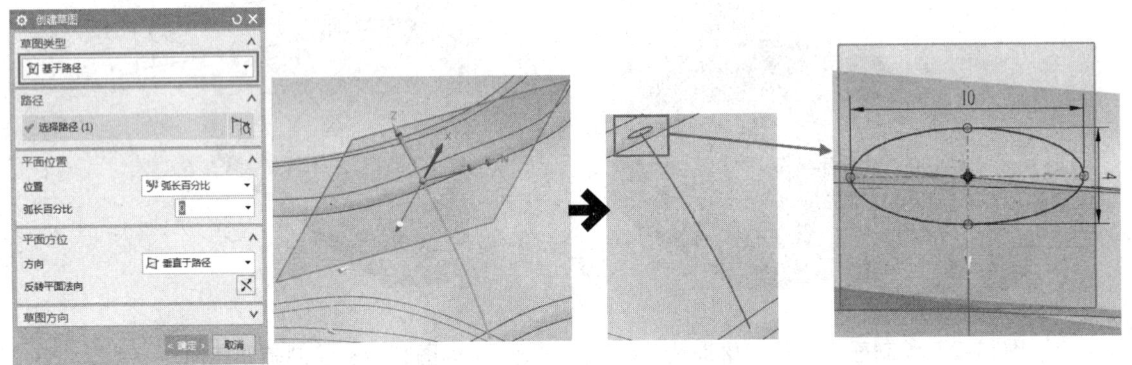

图11-31 基于路径绘制草图

26 按相同方法，在其下方端点处绘制草图如图11-32所示。

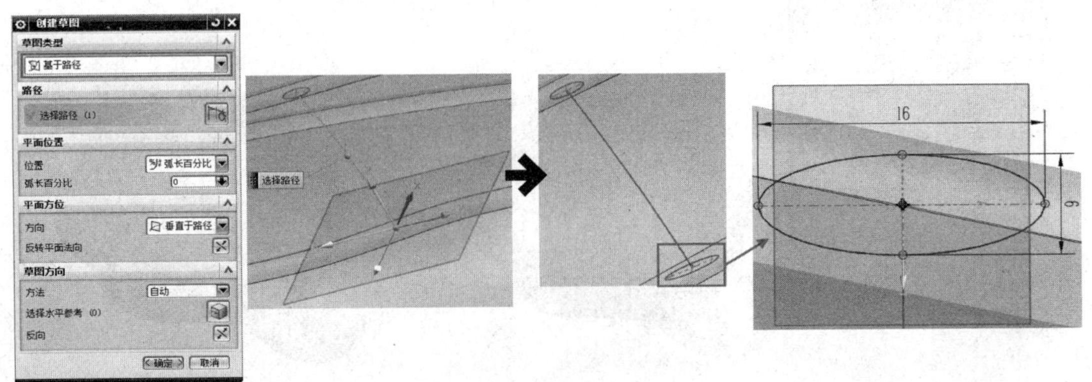

图11-32 绘制下方草图

27 选择“曲面”→“曲面”→“扫掠”选项，弹出“扫掠”对话框。选择步骤25、26所绘制的两个草图分别为截面1和截面2，投影曲线（含延伸）为引导线，创建扫掠特征，如图11-33所示。

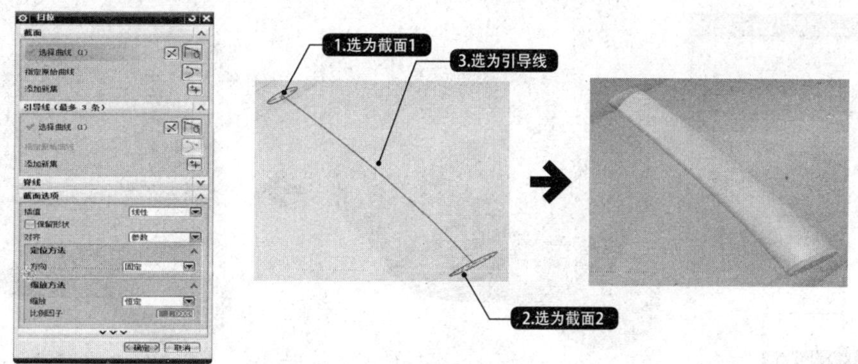

图11-33 创建扫掠特征1

28 按相同方法，绘制投影曲线上的草图，并创建扫掠特征，如图11-34、图11-35所示。

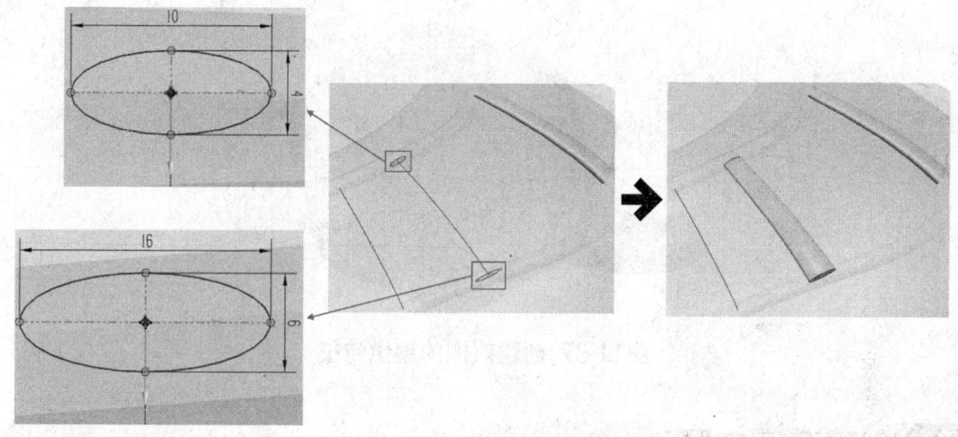

图11-34 创建扫掠特征2

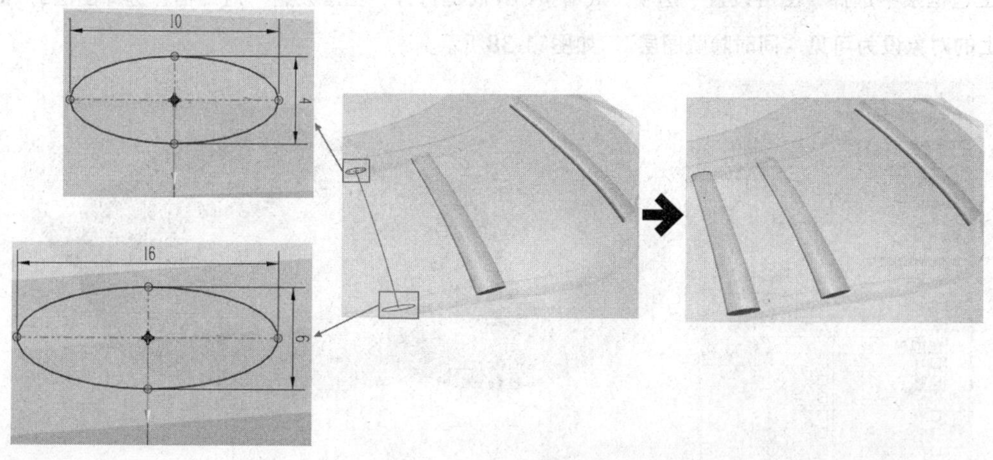

图11-35 创建扫掠特征3

29 选择“主页”→“特征”→“合并”选项，将所创建的3个扫掠特征与壶身合并。

30 选择“主页”→“特征”→“更多”→“镜像特征”选项，选择上步骤所创建的合并特征为要镜像的几何体，指定*XC-ZC*平面为镜像平面，单击“确定”按钮，创建镜像特征，如图11-36所示。

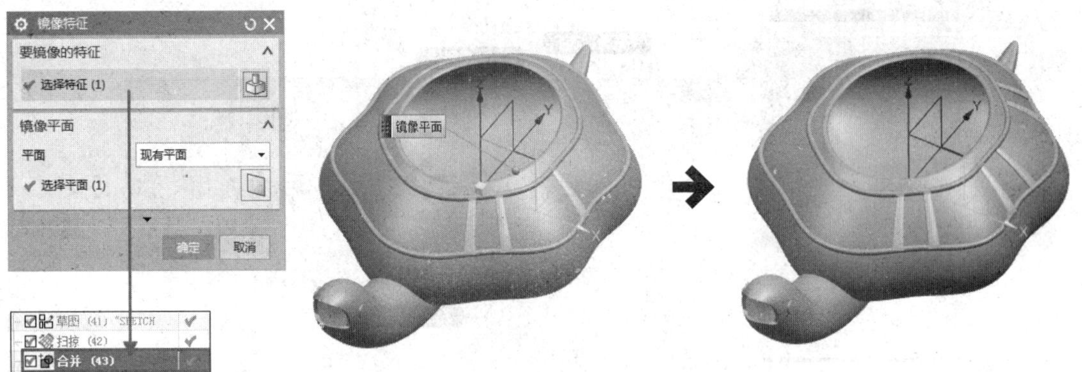

图11-36 创建镜像特征

31 按相同方法，再以*YC-ZC*平面为镜像平面，创建对侧的镜像特征，如图11-37所示。

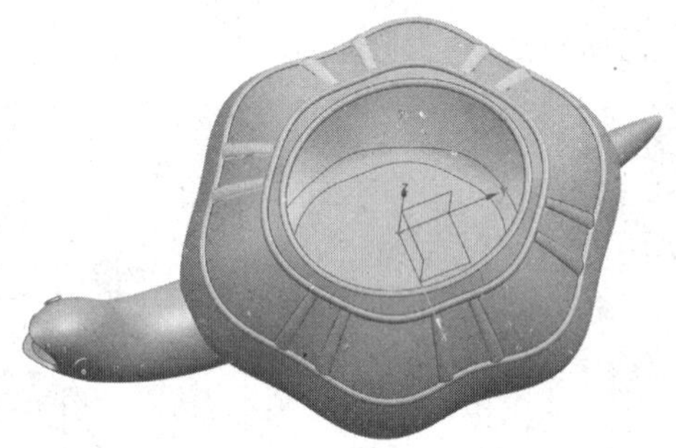

图11-37 创建对侧的镜像特征

11.2.3 创建茶壶支腿

01 在上边框条中选择“图层设置”选项，或者按Ctrl+L键打开“图层设置”对话框。选择图层3，即可将图层3上的对象设为可见，同时隐藏图层2，如图11-38所示。

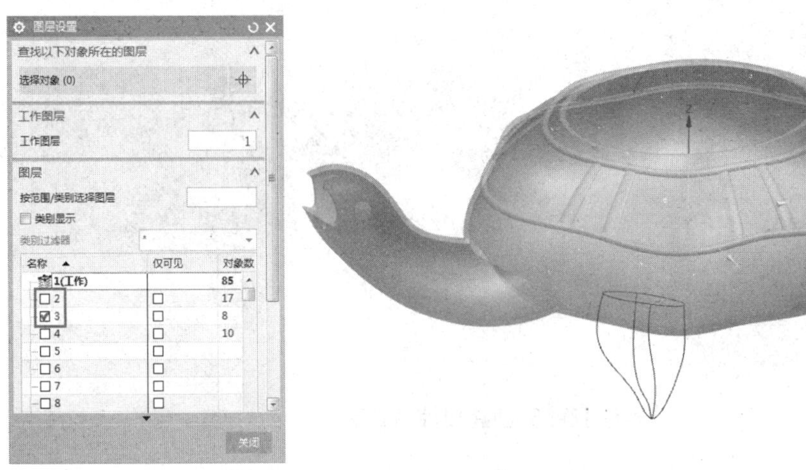

图11-38 显示图层3

02 选择“曲面”→“曲面”→“艺术曲面”选项，选择支腿曲线最下方的一段样条曲线为截面曲线，同时选择另一条为引导曲线，单击“确定”按钮，即可创建如图11-39所示的艺术曲面。

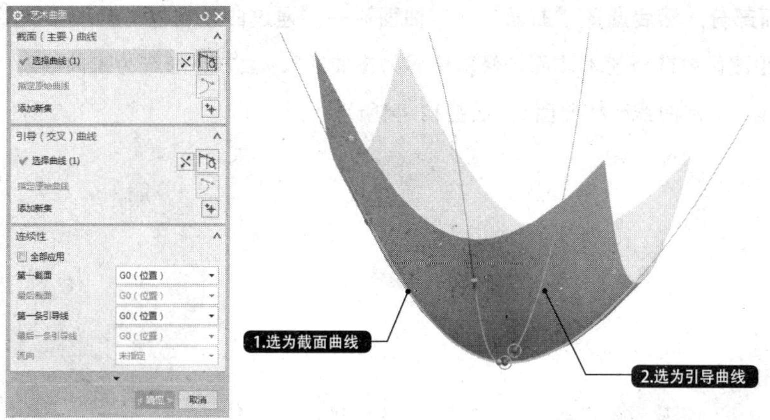

图11-39 创建艺术曲面

03 选择“曲面”→“曲面操作”→“延伸片体”选项，选择上步骤创建的艺术曲面边，将其“偏置”设置为2，如图11-40所示。

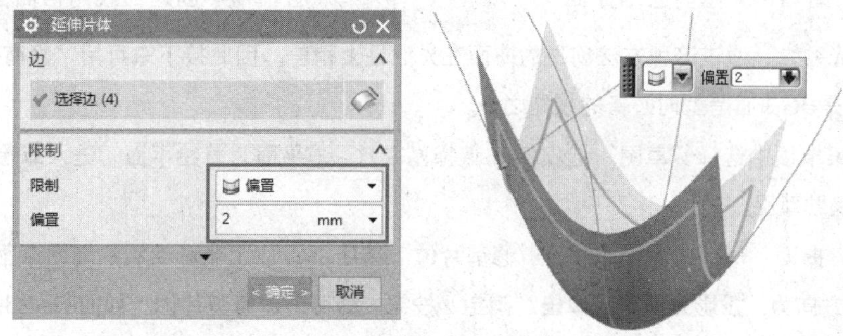

图11-40 延伸艺术曲面

04 选择“曲面”→“曲面”→“四点曲面”选项，分别捕捉艺术曲面样条线的4个端点，单击“确定”选项，创建四点曲面，如图11-41所示。

05 选择“曲面”→“曲面操作”→“延伸片体”选项，选择上步骤创建的四点曲面的四条边，向外偏置5，如图11-42所示。

图11-41 创建四点曲面

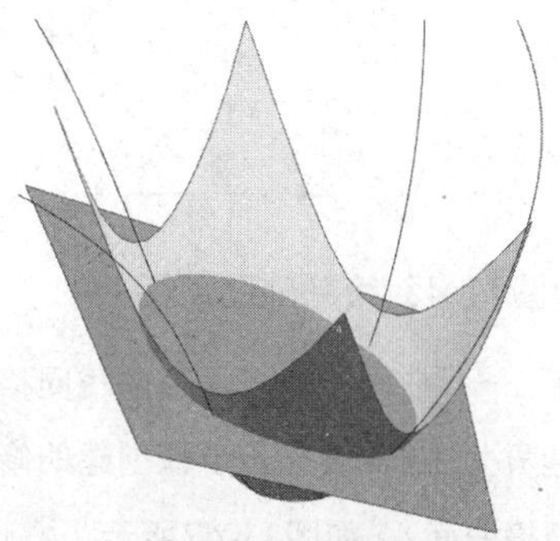

图11-42 延伸四点曲面

06选择“曲面”→“曲面操作”→“修剪片体”选项，修剪艺术曲面超出四点曲面的部分，如图11-43所示。

07 隐藏四点曲面部分，然后选择“曲面”→“曲面”→“通过曲线网格”选项，弹出“通过曲线网格”对话框。在绘图区中选择艺术曲面的修剪边界为主曲线1、上方环形线为主曲线2，再选择周边的4条样条线为交叉曲线，创建曲线网格曲面1，如图11-44所示。

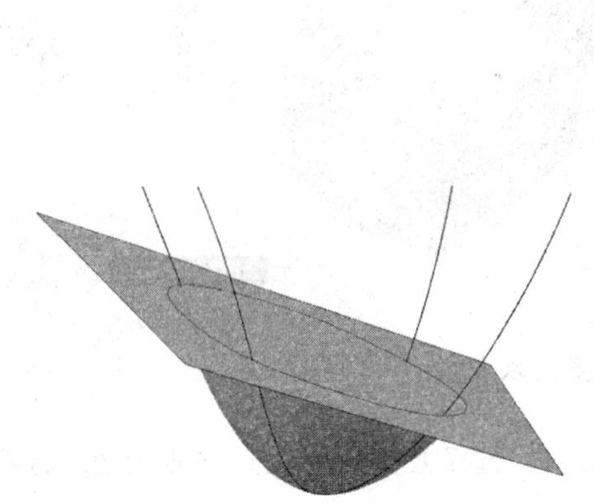

图11-43 修剪艺术曲面

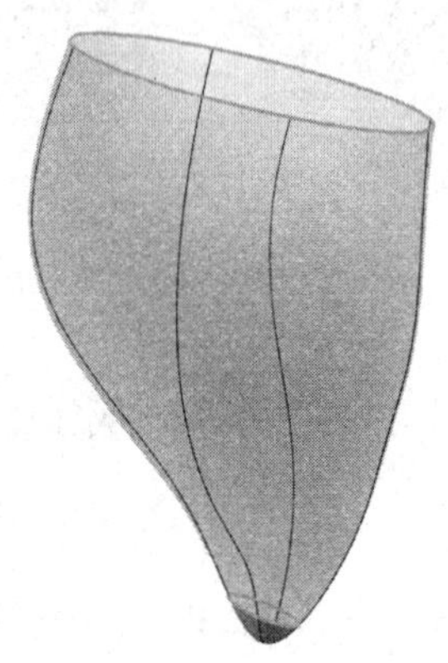

图11-44 创建曲线网格曲面1

08 调整曲面的光顺性。通过这种方法创建的曲面在光顺性上稍差，因此接下来可用“修剪-补面”的方法对其修补，这也是UG曲面造型时必备的技能之一。

09 在“主页”菜单项中选择“草图”选项，选择基准*YC-ZC*平面为草绘平面，进入草绘环境，绘制如图11-45所示的辅助草图。

10 单击选项卡“曲面”→“曲面操作”→“修剪片体”选项，以上步骤绘制的辅助草图直线为修剪边界，选择+XC轴方向为“投影方向”，单击“确定”按钮，即可创建修剪片体，如图11-46所示。

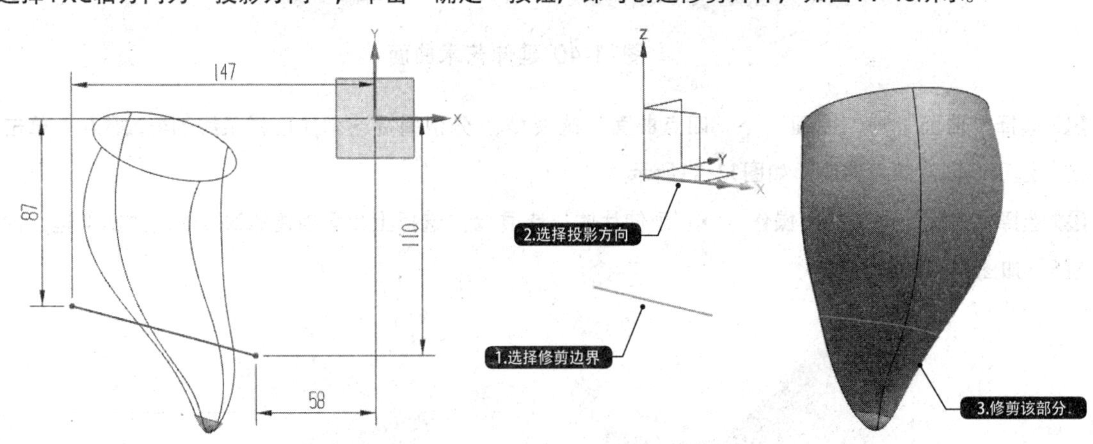

图11-45 绘制辅助草图　　图11-46 创建修剪片体

11 选择“曲面”→“曲面”→“通过曲线网格”选项，弹出“通过曲线网格”对话框。在绘图区中选择艺术曲面的边界为主曲线1、上步骤创建的修剪片体边界为主曲线2，再选择周边的4条样条线为交叉曲线，创建曲线网格曲面2，如图11-47所示。

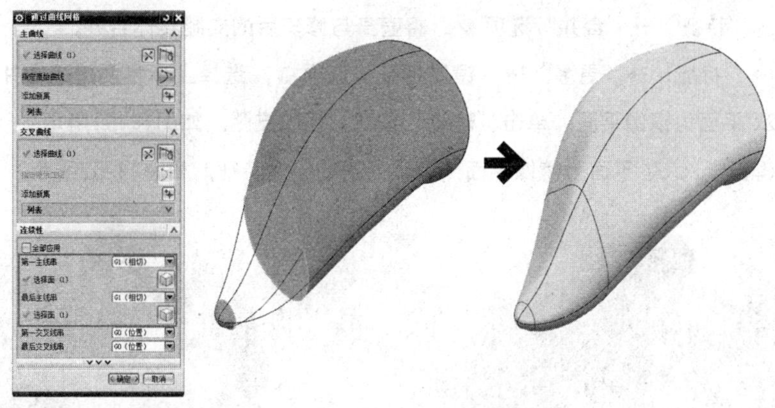

图11-47 创建曲线网格曲面2

12选择“曲面”→“曲面”→“更多”→“有界平面”选项，选择最上方的曲面边缘，单击“确定”选项，创建有界平面，如图11-48所示。

13 选择“曲面”→“曲面操作”→“缝合”选项，选择曲线网格曲面2为目标片体，其余曲面为工具，单击“确定”按钮，缝合曲面，即可将封闭的片体转换为一个实体，如图11-49所示。

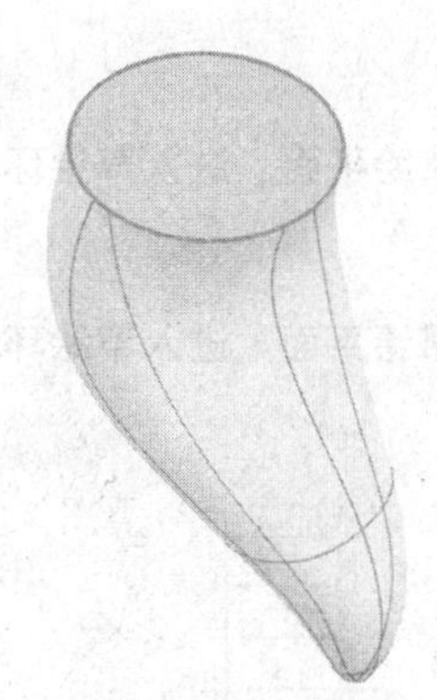
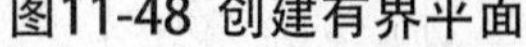

图11-48 创建有界平面

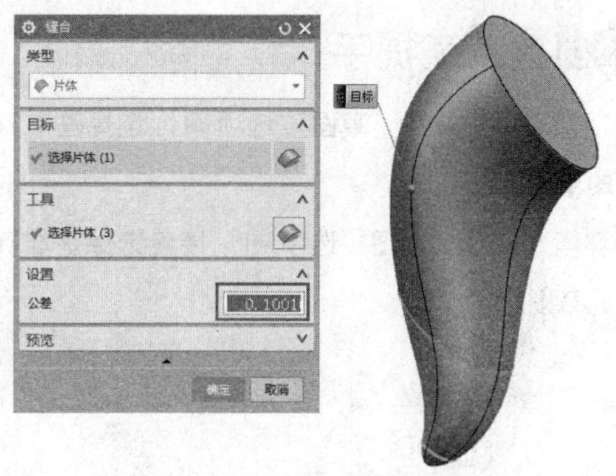

图11-49 缝合曲面

14 调整视图可见，茶壶内部有超出的支腿实体，因此可选择“曲面”→“曲面操作”→“修剪体”选项，修剪支腿超出壶身的实体部分，如图11-50所示。

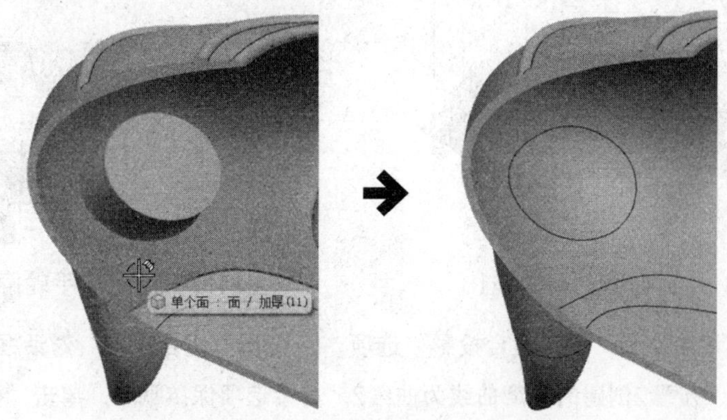

图11-50 修剪支腿超出的部分

15 选择“主页”→“特征”→“合并”选项，将壶身与修剪后的支腿实体合并。

16 选择“主页”→“特征”→“更多”→“镜像特征”选项，选择上步骤创建的合并特征为要镜像的几何体，指定*XC-ZC*平面为镜像平面，单击“确定”按钮，镜像支腿，如图11-51所示。

17 按相同方法，再指定*YC-ZC*平面为镜像平面，创建对侧的镜像特征，如图11-52所示。

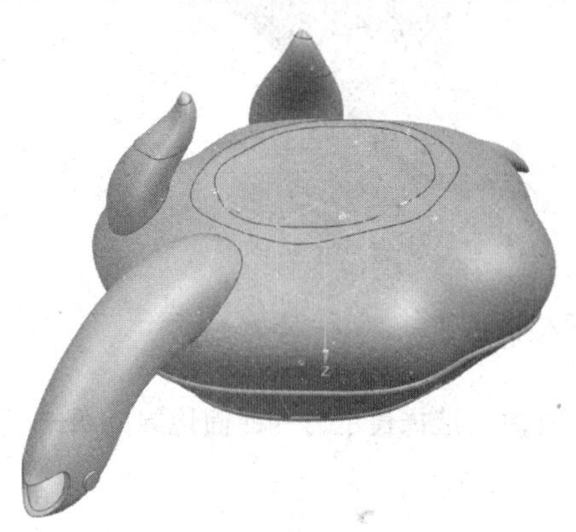

图11-51 镜像支腿

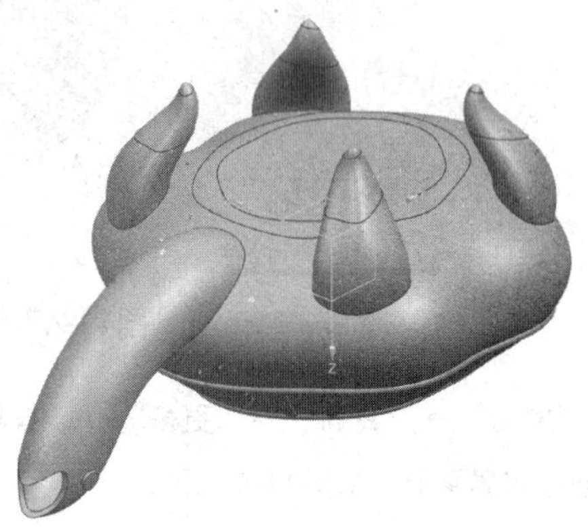

图11-52 得到完整的4条支腿

11.2.4 创建茶壶提手

01 在“主页”菜单项中选择“草图”选项，选择基准*YC-ZC*平面为草绘平面，进入草绘环境，绘制如图11-53所示的草图。

02 退出草图环境，选择“草图”选项，接着选择基准*XC-ZC*平面为草绘平面，进入草绘环境，绘制如图11-54所示的草图。

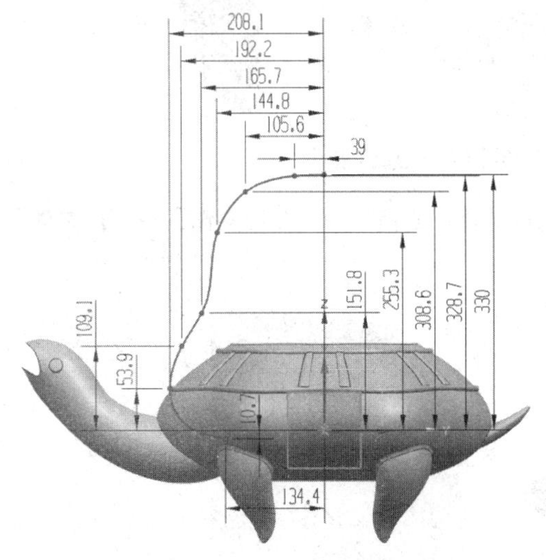

图11-53 绘制提手轮廓曲线1

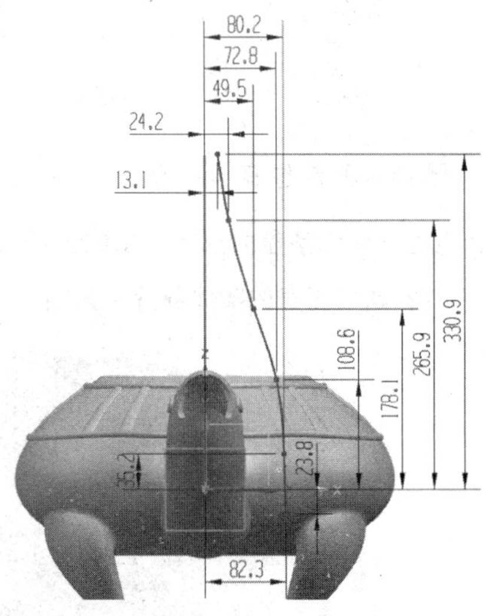

图11-54 绘制提手轮廓曲线2

03 选择“曲线”→“派生曲线”→“组合投影”选项，弹出“组合投影”对话框。选择本节步骤1创建的轮廓曲线为曲线1、步骤2创建的轮廓曲线为曲线2，其余选项保持默认，单击“确定”按钮，创建如图11-55所示的组合投影曲线。

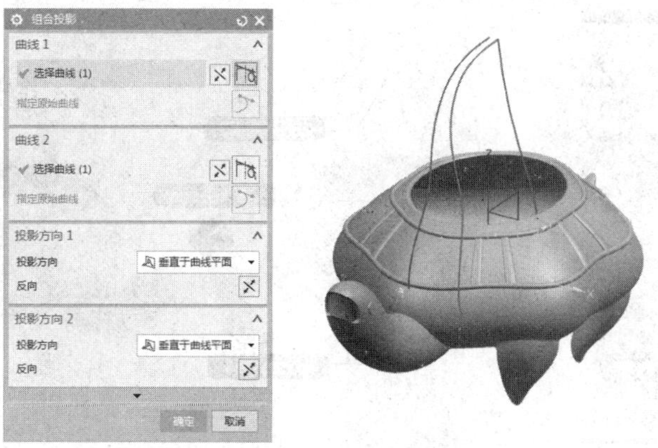

图11-55 创建组合投影

04 在“主页”菜单项中选择“草图”选项，弹出“创建草图”对话框。选择草图类型为“基于路径”，然后选择上步骤创建的组合投影曲线，在其下方端点处绘制草图，如图11-56所示。

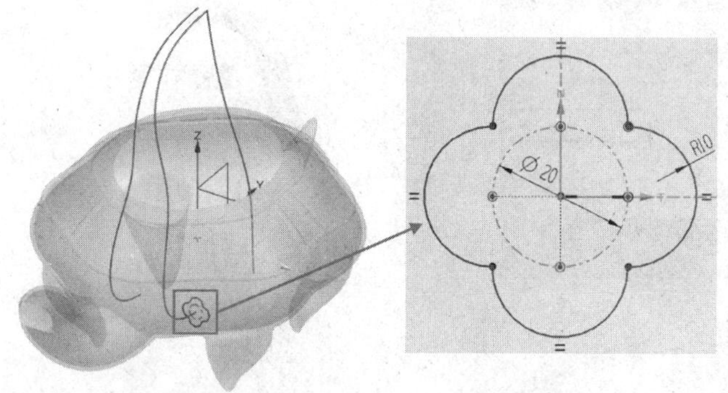

图11-56 绘制提手下端轮廓草图

05 按相同方法，在组合投影曲线的上方端点处绘制草图，如图11-57所示。

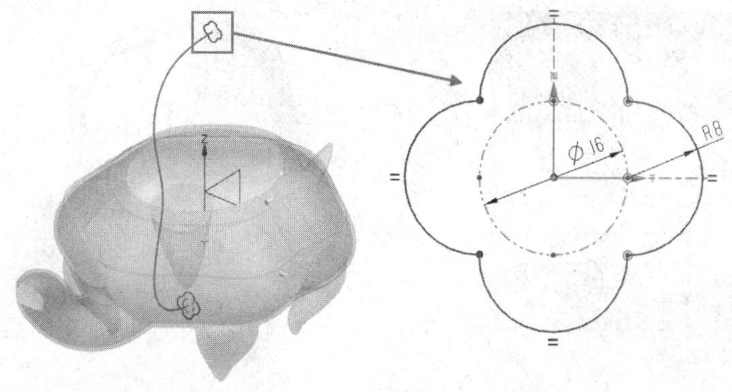

图11-57 绘制提手上端轮廓草图

06 选择“曲面”→“曲面”→“扫掠”选项，弹出“扫掠”对话框。选择步骤4、5所绘制的两个草图分别为截面1和截面2，投影曲线（含延伸）为引导线，创建扫掠特征如图11-58所示。

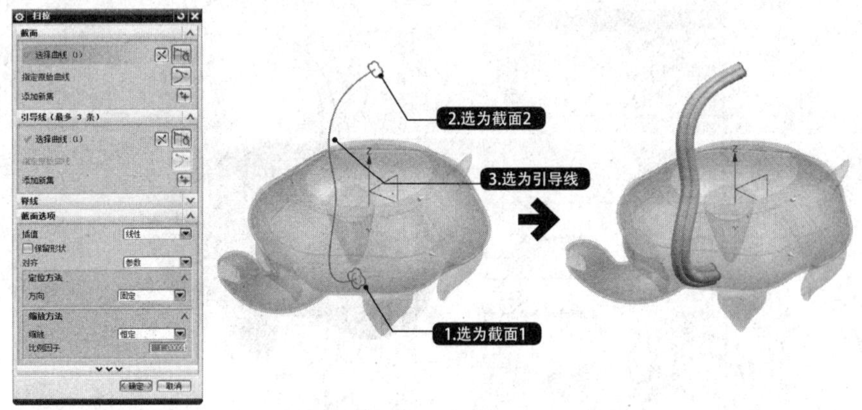

图11-58 通过扫掠创建提手

07 选择“菜单”→“插入”→“偏置/缩放”→“偏置面”选项，将提手的上方端面向内偏置30，如图11-59所示。

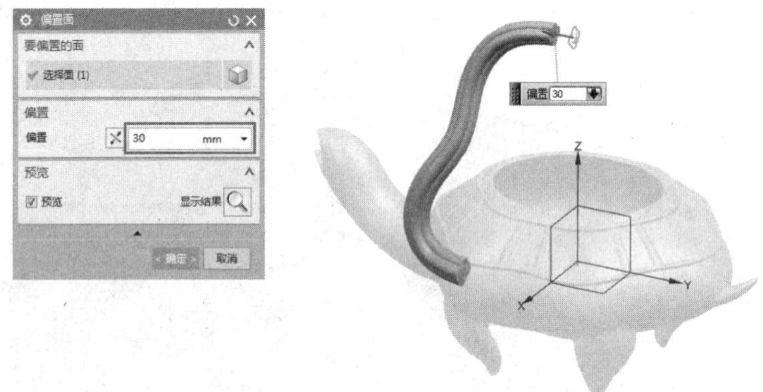

图11-59 偏置提手上方端面

08 选择“主页”→“特征”→“更多”→“镜像几何体”选项，选择提手为要镜像的几何体，指定*XC-ZC*平面为镜像平面，如图11-60所示。

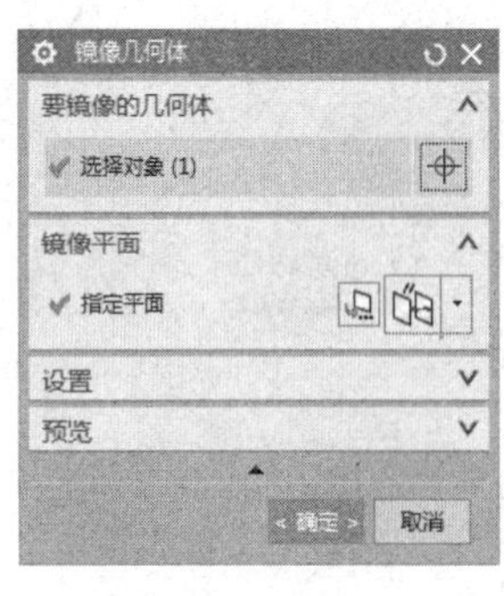

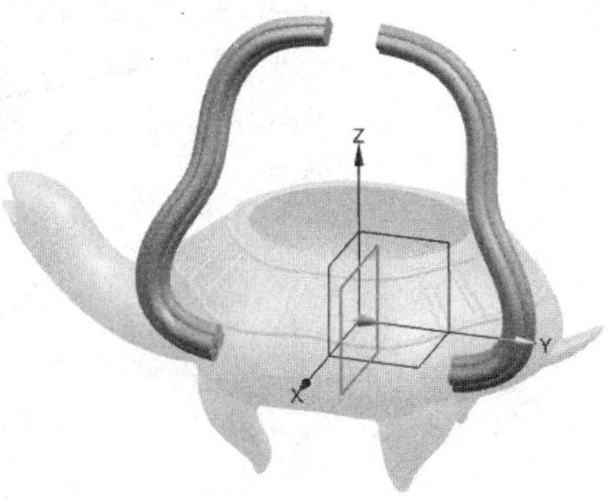

图11-60 镜像提手

09 选择“曲面”→“曲面”→“通过曲线组”选项，选择提手的两个端面边界线为截面曲线，然后设置“连续性”均为“相切”，约束面为各自的提手表面，单击“确定”按钮，即可创建如图11-61所示的曲线组曲面。

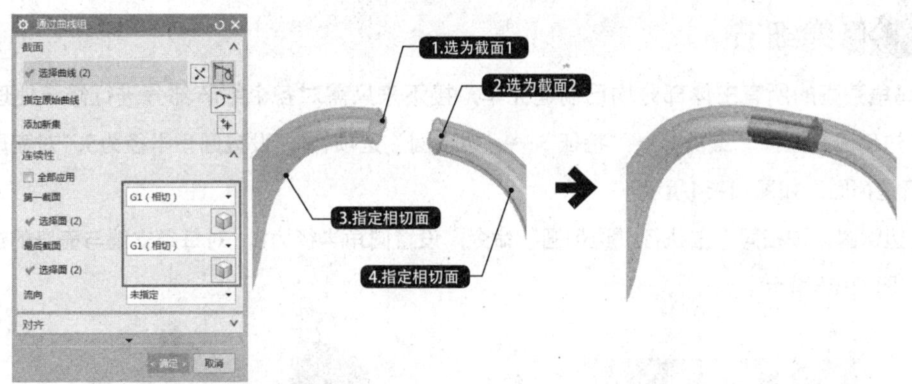

图11-61 创建通过曲线组连接提手

10 选择“主页”→“特征”→“更多”→“镜像几何体”选项，选择提手为要镜像的几何体，指定*YC-ZC*平面为镜像平面，如图11-62所示。

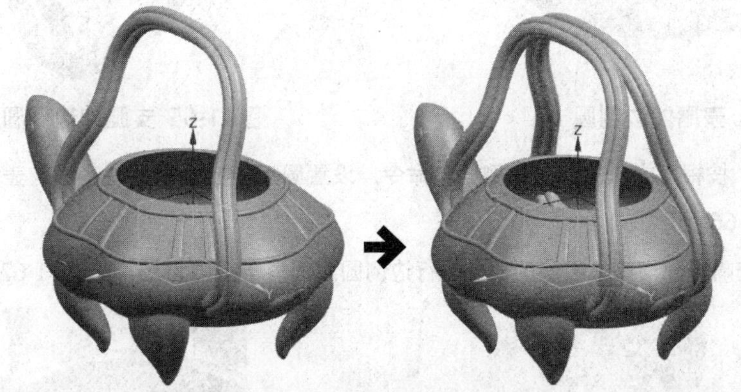

图11-62 镜像创建对侧的提手

11 调整视图可见，茶壶内部有超出的提手实体，因此可选择“曲面”→“曲面操作”→“修剪体”选项，修剪提手超出壶身的实体部分，如图11-63所示。

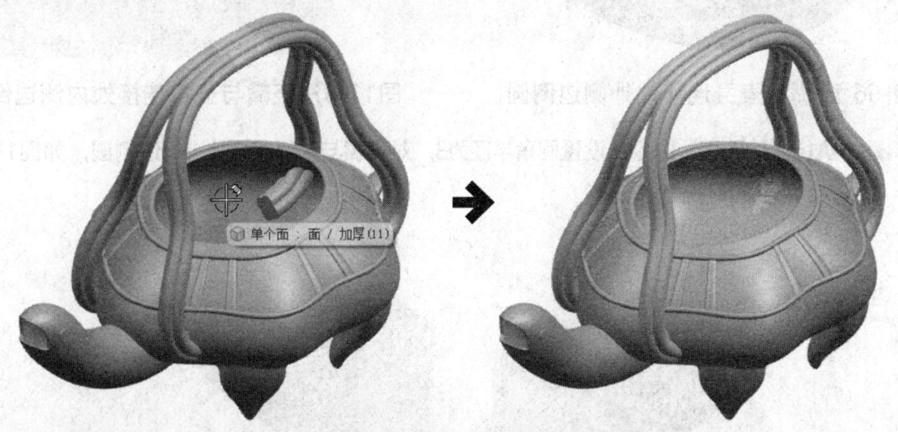

图11-63 修剪提手超出的部分

12 选择“主页”→“特征”→“合并”选项，将壶身与修剪后的支腿实体合并。

11.2.5 修缮细节

至此乌龟茶壶的所有主体部分均已创建完毕，接下来只需对各个细节部分进行修缮处理即可。

01 壶尾处边倒圆。选择“主页”→“特征”→“边倒圆”选项，设置圆角半径为5，对壶尾与壶身的连接处进行边倒圆，如图11-64所示。

02 支腿处边倒圆。按相同方法执行“边倒圆”命令，设置圆角半径为8，对每条支腿与壶身的连接处进行边倒圆，如图11-65所示。

图11-64 壶尾处边倒圆

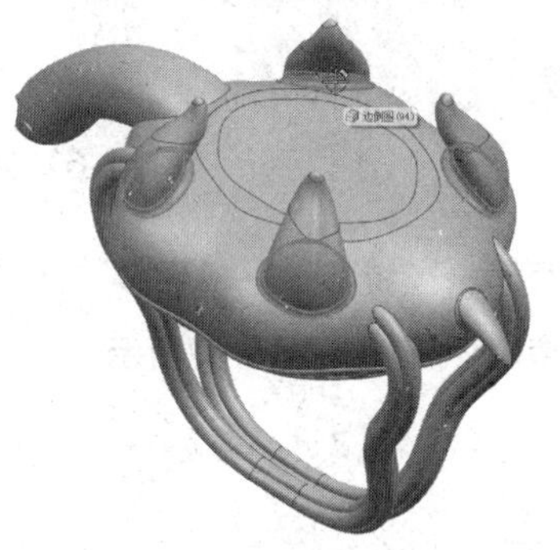

图11-65 支腿处边倒圆

03 壶嘴处边倒圆。按相同方法执行“边倒圆”命令，设置圆角半径为15，对壶嘴与壶身的连接处外侧进行边倒圆，如图11-66所示。

04 按相同方法对壶嘴内部与壶体相连的部分进行边倒圆，圆角半径仍为15，如图11-67所示。

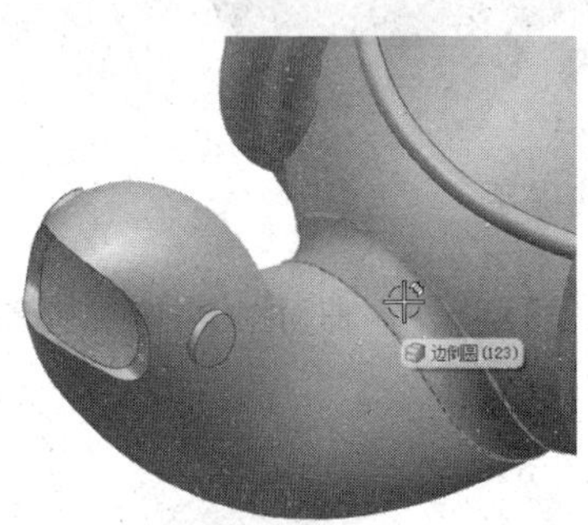

图11-66 壶嘴与壶身连接处外侧边倒圆

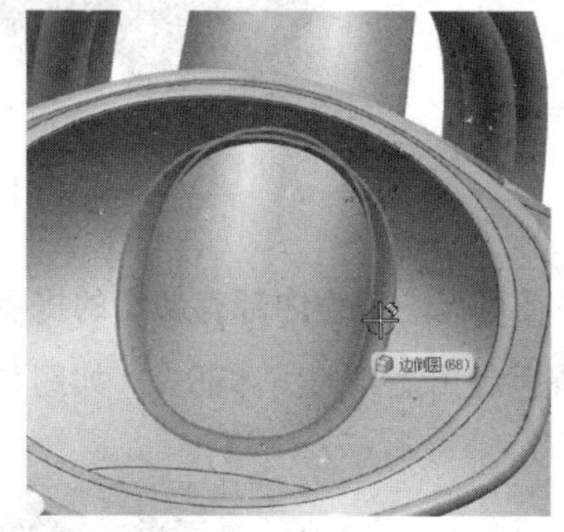

图11-67 壶嘴与壶身连接处内侧边倒圆

05 眼部边倒圆。执行“边倒圆”命令，设置圆角半径为3，对壶嘴与眼部连接处进行边倒圆，如图11-68所示。

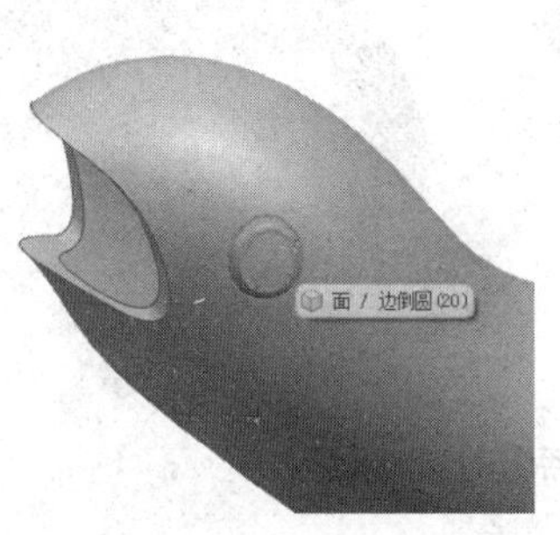

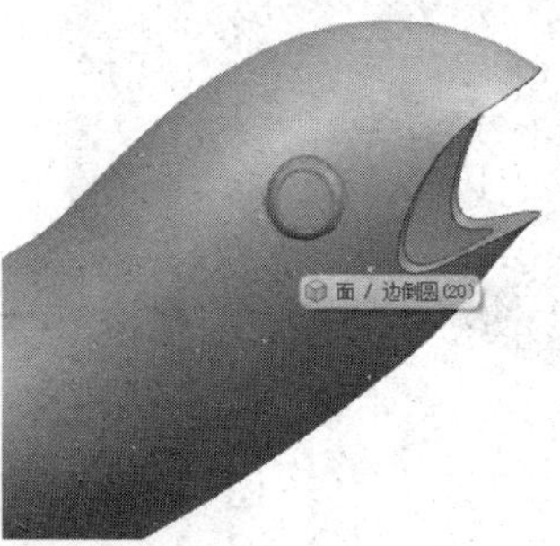

图11-68 眼部边倒圆

06 出水口边倒圆。执行“边倒圆”命令，设置圆角半径为1，对壶嘴出水口外侧进行边倒圆，如图11-69所示。

07 执行“边倒圆”命令，设置圆角半径为1，同时展开“变半径”选项组。按图11-70所示设置倒圆半径参数和弧长参数，定义倒圆位置，单击“确定”按钮，完成边倒圆操作。

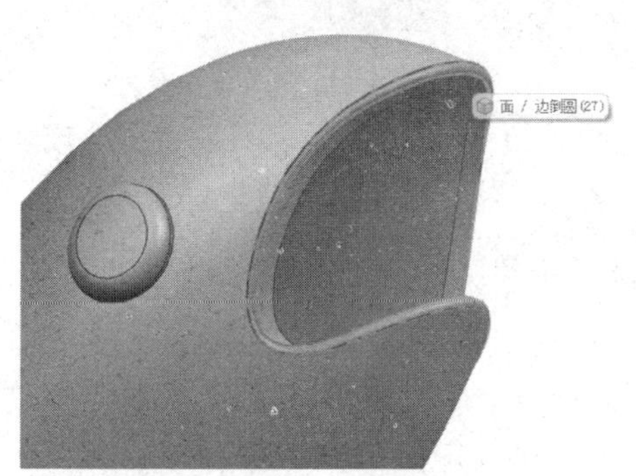

图11-69 出水口边倒圆

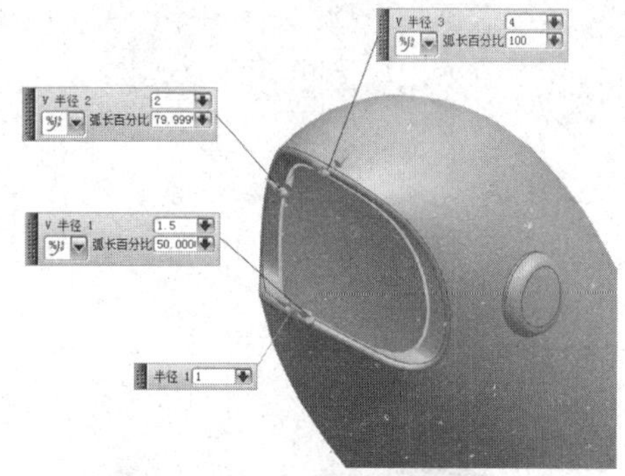

图11-70 出水口内部边倒圆

08 最终创建的乌龟茶壶模型如图11-71所示。

图11-71 乌龟茶壶模型

11.3 设计感悟

本实例详细介绍了乌龟茶壶模型的设计步骤，其中不仅包含大量的曲面创建操作，还涉及众多曲面转实体的编辑方法，总的来说比较复杂。读者在学习过程中，应注意以下几个事项。

- 在选择线、面的边缘作为线串的过程中，当起始位置无法一致时，可以先使用“抽取几何体”工具抽取出边缘曲线，再使用“分割曲线”工具分割曲线，方可改变起始位置。
- 使用“扫掠”工具创建曲面时，若选择的剖面线串两端在平面上且为封闭曲线，创建的将会是实体特征。
- 在使用“片体到实体助理”工具加厚片体时，曲面表面质量和间隙将影响是否可以创建加厚特征。

第12章

综合实例——创建玩具飞机模

学习目标：

创建变量半径倒圆

创建样条曲线来修改曲面造型

使用已成形的特征来参与建模，并提高建模的速度

最终文件：素材\第12章\玩具飞机-OK.prt

视频文件：视频\第12章\创建玩具飞机模型.mp4

本例所创建的玩具飞机模型如图12-1所示，由图可见，玩具飞机由大量圆润的曲面零部件组成，也是当前玩具设计中为避免锐边伤害到小朋友而采取的惯用措施。曲面建模是设计师必备的技能之一，但是其真正的技术核心并不在于软件操作，而是在于对产品本身的理解上。通过分析产品的用途、特性、设计参数及要求来确定产品的工艺条件，然后根据规划好的设计流程图进行建模，从整体上掌握该产品的设计思路与过程，这样才能培养良好的设计习惯，从而在设计产品过程中做到游刃有余。

图12-1 玩具飞机模型

12.1 设计流程图

玩具飞机模型的组成比较复杂，其爆炸图如图 12-2所示。对于这种由许多零部件组成的模型，在建模时可采取“逐个击破”、分别进行建模的方法来进行创建。

图 12-2 玩具飞机的爆炸图

由于玩具飞机的主体部分由上、下两个机盖组成，制成玩具后可以扣合与拆开。因此，为了保证上、下机盖的搭配效果，在建模时可以先创建机身的完整曲面，然后将其拆分为上、下两部分，再在此基础之上分别创建上机盖和下机盖，这样便能很好的保证配合效果。创建好上、下机盖部分之后，便可以逐次完善其他部分，如螺旋桨、机轮等等，大致的设计流程图如图12-3所示。

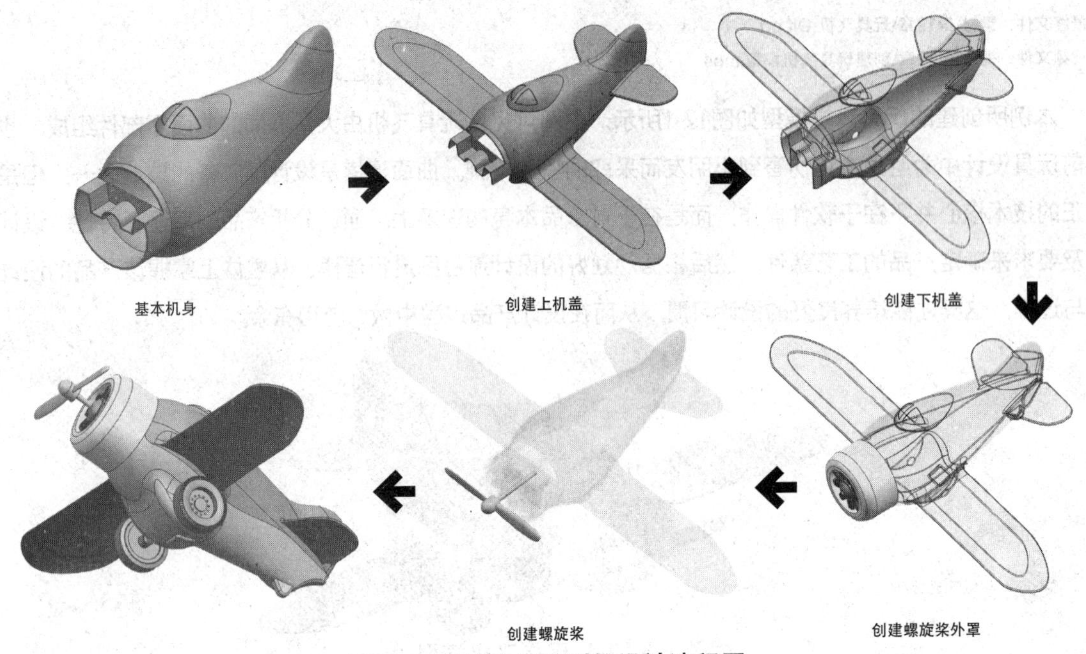

图12-3 玩具飞机模型的设计流程图

12.2 具体设计步骤

下面按设计流程介绍的步骤来进行操作。

12.2.1 创建机身

01 选择"曲线"→"曲线"→"圆弧/圆"选项，以坐标原点为圆心，*XC-ZC*平面为支持平面，绘制直径为28的圆，如图 12-4所示。

02 选择"曲线"→"更多"选项，在弹出下拉菜单中选择"编辑曲线"→"分割曲线"选项，弹出"分割曲线"对话框，在"类型"下拉列表中选择"等分段"选项，然后选择上步骤所绘制的圆，再在"段数"文本框中输入4，最后单击"确定"按钮，即可将圆分为四等份，如图 12-5所示。

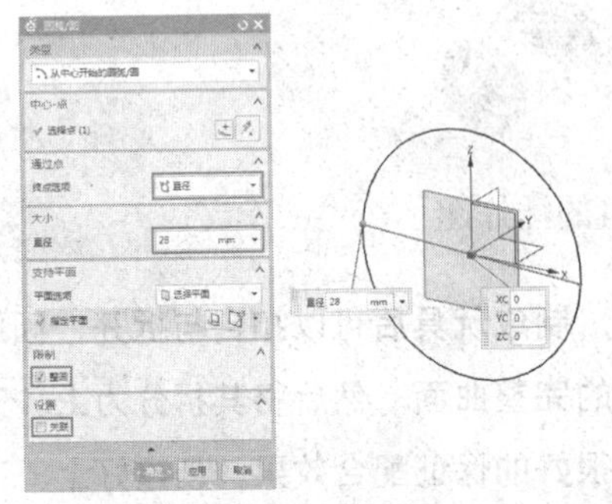
图12-4 绘制直径28的圆

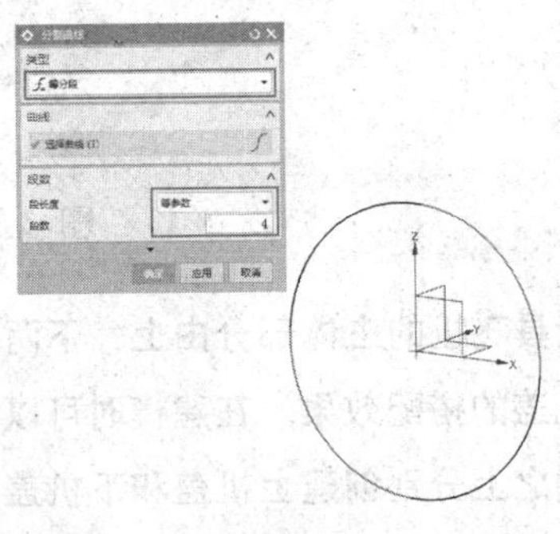
图12-5 将圆四等份

03 选择“主页”→“直接草图”→“草图”选项，选择*XC-YC*平面为草绘平面，绘制如图 12-6所示的草图1。

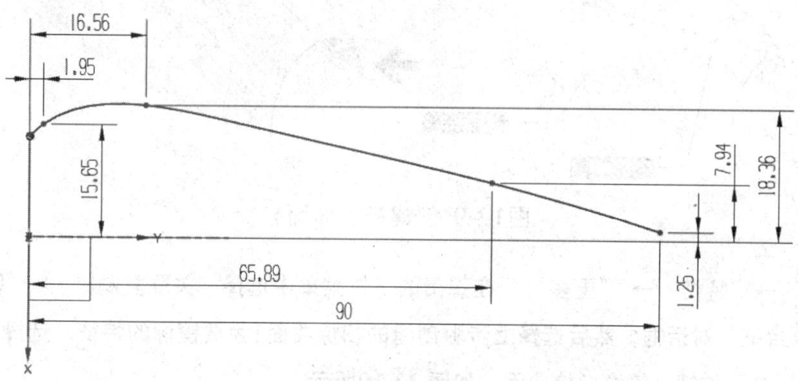

图12-6 绘制草图1

04 绘制完成后单击“草图曲线”组中的下三角按钮，在弹出的下拉菜单中选择“更多曲线”→“镜像曲线”选项，选择上步骤绘制的草图为要镜像的曲线，然后选择Y轴为镜像中心线，单击“确定”按钮，镜像如图 12-7所示的草图曲线。完成后单击“完成草图”按钮 完成草图 或按Ctrl+Q键结束草图绘制。

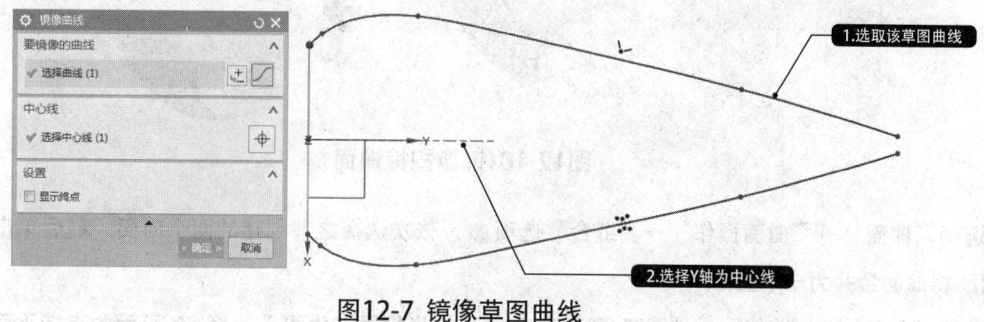

图12-7 镜像草图曲线

05 选择“草图”选项，选择*YC-ZC*平面为草绘平面，绘制如图 12-8所示的草图2。绘制完成后单击“完成草图”按钮 完成草图 或按Ctrl+Q键结束草图绘制。

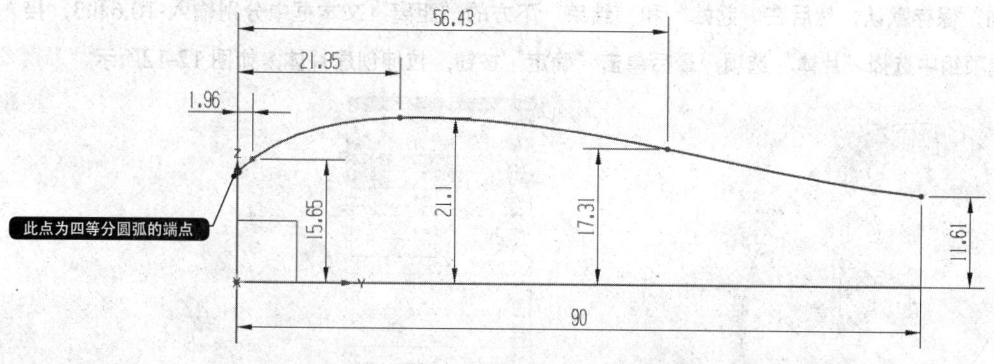

图12-8 绘制草图2

06 选择“主页”→“曲面”→“扫掠”选项，选择两段分割后的圆弧为截面曲线，然后依次选择所绘制的3条草图曲线为引导线，单击“确定”按钮，创建扫掠曲面，如图 12-9所示。

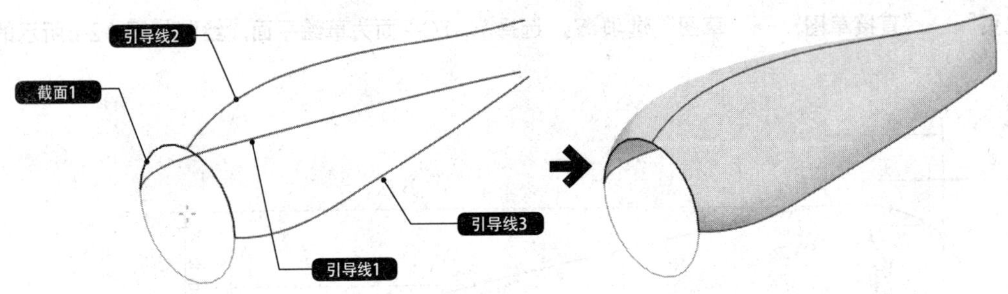

图12-9 创建扫掠曲面1

07 选择“主页”→“特征”→“更多”，在弹出的下拉菜单中选择“关联复制”→“镜像特征”选项，弹出“镜像特征”对话框；然后选择上步骤创建的扫掠曲面1为要镜像的特征，选择*XC-YC*平面为镜像平面，单击“确定”按钮，镜像扫掠曲面，如图 12-10所示。

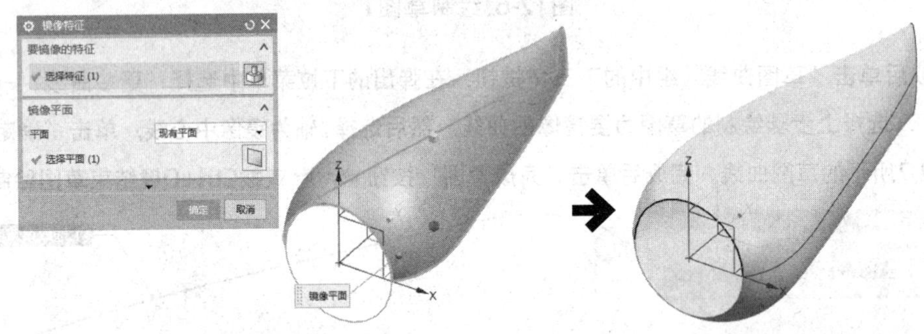

图12-10 镜像扫掠曲面

08 选择“曲面”→“曲面操作”→“缝合”选项，依次选择之前创建的两个曲面，最后单击“确定”按钮，将曲面合并为一个整体。

09 选择“曲线”→“曲线”→“圆弧/圆”选项，以坐标原点为圆心，*XC-ZC*平面为支持平面，绘制直径为29的圆，如图 12-11所示。

10 选择“主页”→“特征”→“拉伸”选项，弹出“拉伸”对话框。选择上步骤绘制的圆弧为拉伸对象，拉伸“方向”保存默认；然后在“起始”和“结束”下方的“距离”文本框中分别输入-10.6和3，接着在“设置”选项组中选择“片体”选项，最后单击“确定”按钮，拉伸创建片体，如图 12-12所示。

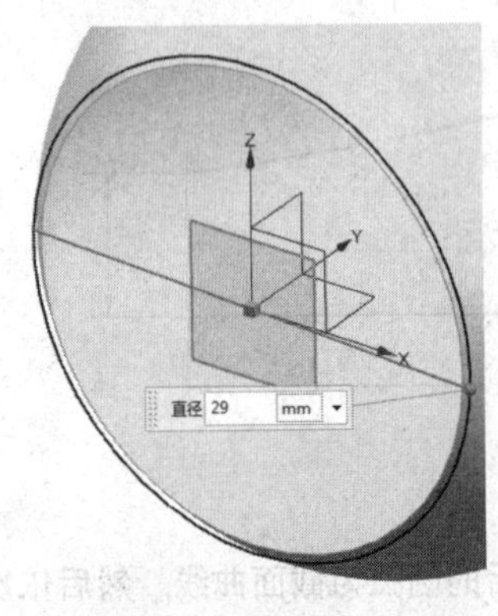

图12-11 绘制直径29的圆

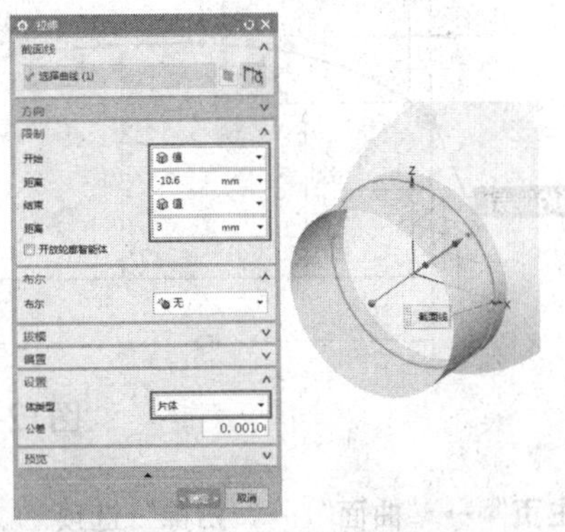

图12-12 拉伸创建片体

11 选择“曲面”→“曲面操作”→“修剪片体”选项，修剪上步骤所创建拉伸片体超出，如图 12-13所示。

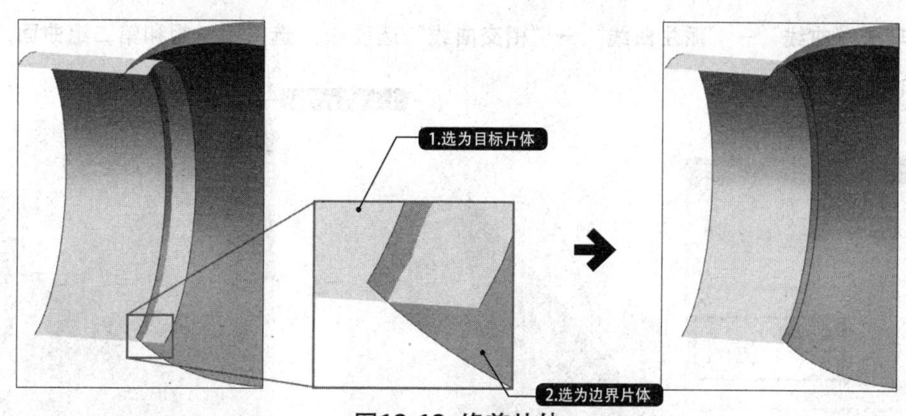

图12-13 修剪片体

12 按相同的方法，再次执行“修剪片体”命令，修剪缝合面超出拉伸片体的部分，如图 12-14所示。

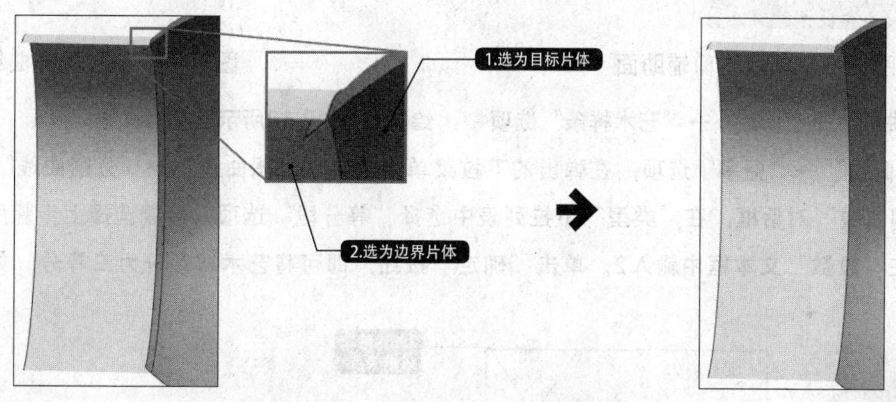

图12-14 修剪缝合面的超出部分

13 选择“曲面”→“曲面操作”→“缝合”选项，依次选择两个曲面，单击“确定”按钮，将其合并为一个整体。

14 选择“主页”→“直接草图”→“草图”选项，选择*YC-ZC*平面为草绘平面，绘制如图 12-15所示的草图。

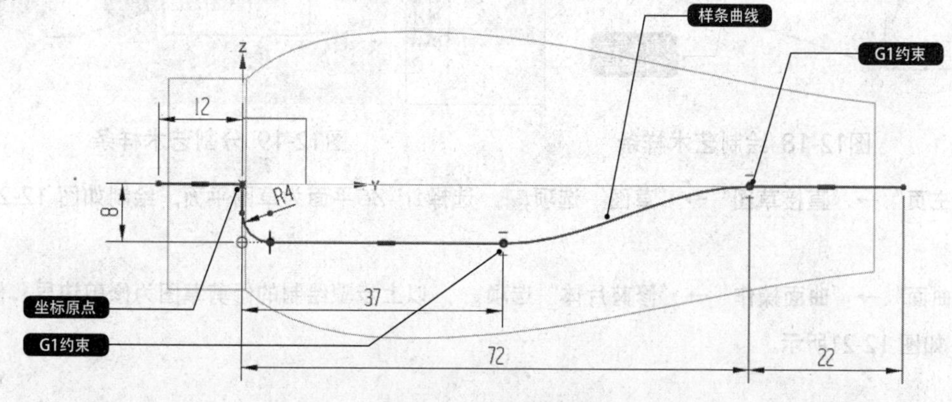

图12-15 绘制草图3

15 选择“主页”→“特征”→“拉伸”选项，选择上步骤绘制的草图3；然后设置“结束”选项为“对称值”，在“距离”文本框中输入25，单击“确定”按钮，创建如图 12-16所示的修剪辅助面。

16 单击选项卡“曲线”→“派生曲线”→“相交曲线”选项，选择第一组和第二组曲面，创建如图 12-17所示的相交曲线1。

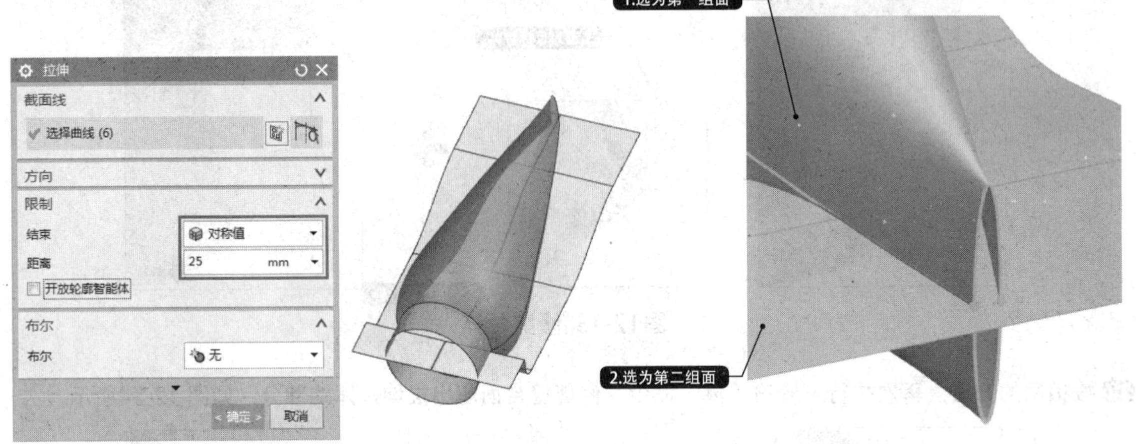

图12-16 创建修剪辅助面

图12-17 创建相交曲线1

17 选择“曲线”→“曲线”→“艺术样条”选项，绘制如图 12-18所示的艺术样条。

18 选择“曲线”→“更多”选项，在弹出的下拉菜单中选择“编辑曲线”→“分割曲线”选项，弹出“分割曲线”对话框，在“类型”下拉列表中选择“等分段”选项，接着选择上步骤所绘制的艺术样条，在“段数”文本框中输入2，单击“确定”按钮，即可将艺术样条分为二等分，如图 12-19所示。

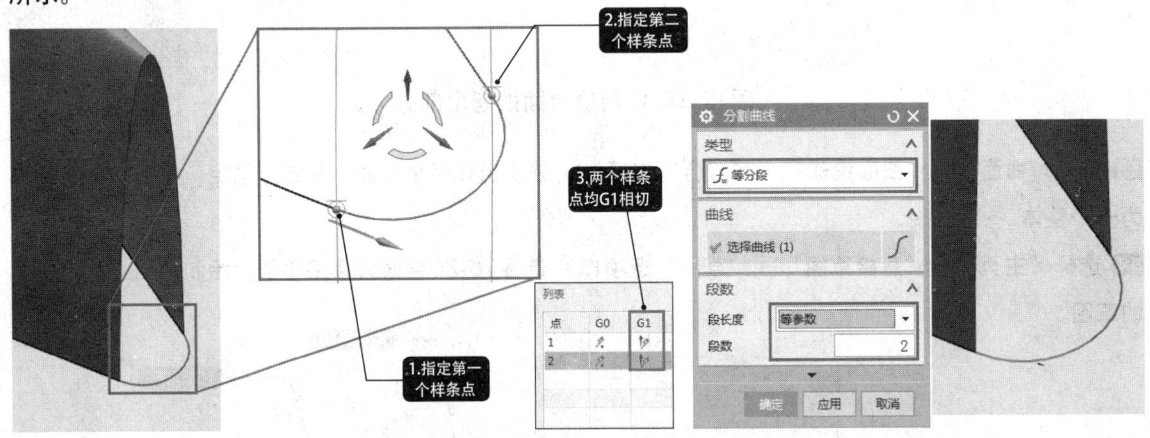

图12-18 绘制艺术样条

图12-19 分割艺术样条

19 选择“主页”→“直接草图”→“草图”选项，选择*YC-ZC*平面为草图平面，绘制如图 12-20所示的草图。

20 选择“曲面”→“曲面操作”→“修剪片体”选项，以上步骤绘制的修剪草图为修剪边界，修剪上机盖曲面，如图 12-21所示。

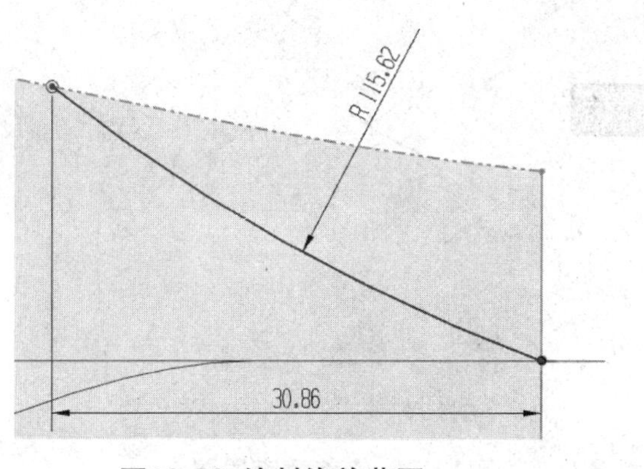

图12-20 绘制修剪草图

图12-21 修剪上机盖曲面

21 再次执行“草图”命令，选择*YC-ZC*平面为草绘平面，绘制如图 12-22所示的垂直尾翼。

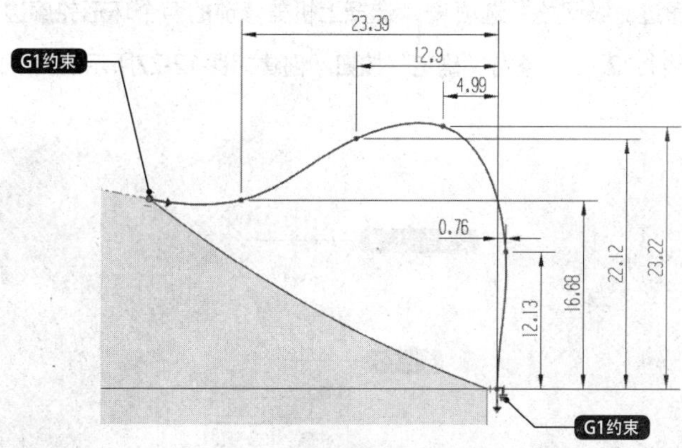

图12-22 绘制垂直尾翼草图

22 选择“通过曲线网格”选项，弹出“通过曲线网格”对话框。先依次选择点和主线串1；选择“交叉曲线”选项，再选择交叉曲线1、交叉曲线2和交叉曲线3。在操作过程中，每选择一条线串单击一次鼠标中键，最后单击“确定”按钮创建曲线网格曲面，即垂直尾翼如图 12-23所示。

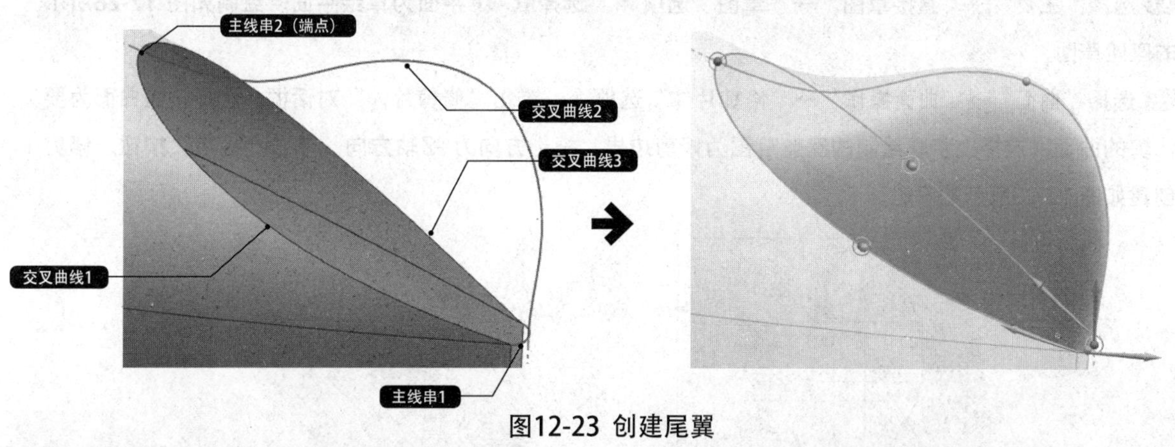

图12-23 创建尾翼

23 选择“曲线”→“曲线”→“直线”选项，绘制如图 12-24所示的直线。

24 选择“曲面”→“曲面操作”→“修剪片体”选项，以上步骤绘制的直线为修剪边界，修剪垂直尾翼，如图 12-25所示。

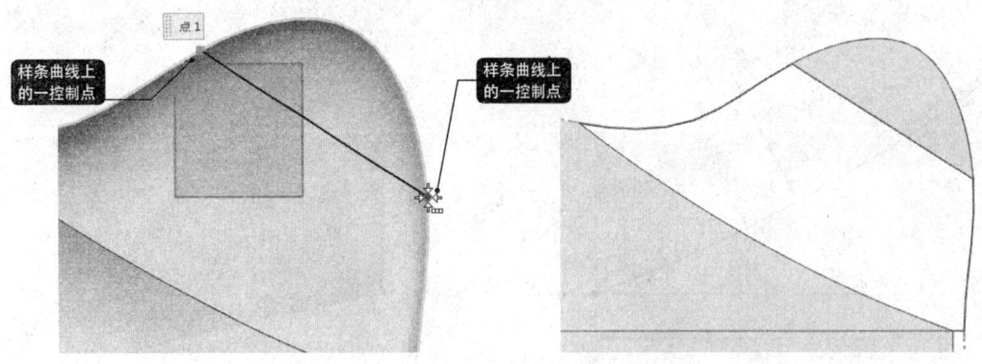

图12-24 绘制直线　　　　图12-25 修剪垂直尾翼

25 选择“曲面”→“曲面”→“扫掠”选项，弹出“扫掠”对话框，创建如图12-26所示的扫掠曲面2。

26 “曲面”→“曲面”→“通过曲线网格”选项，选择上机盖修剪的两个环形轮廓边为主线串1、2，然后选择连接的草图曲线为交叉曲线1、2、3，单击“确定”按钮，创建如图12-27所示的曲线网格曲面1。

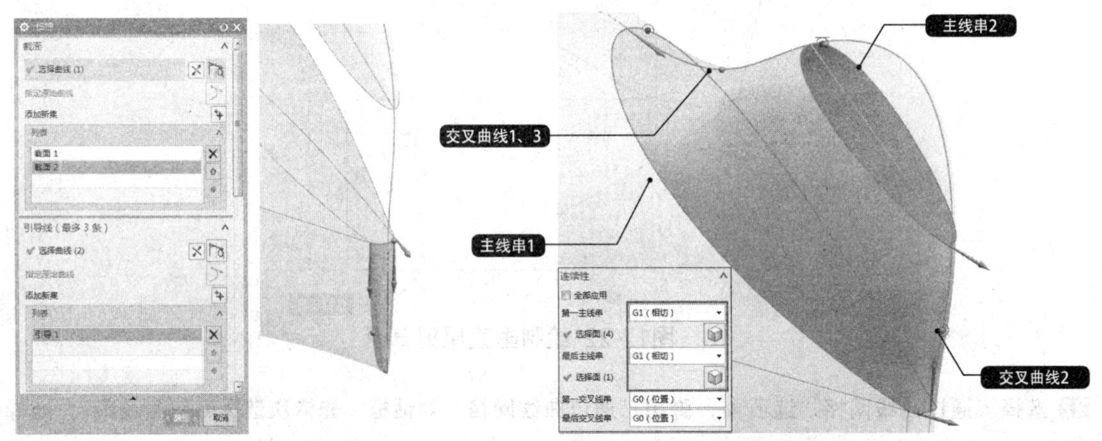

图12-26 创建扫掠曲面2　　　　图12-27 创建曲线网格曲面1

27 选择“主页”→“直接草图”→“草图”选项，选择*XC-YC*平面为草绘平面，绘制如图12-28所示的座舱草图。

28 选择“曲面”→“曲面操作”→“修剪片体”选项，弹出“修剪片体”对话框。选择机盖曲面为要修剪的曲面，选择上步骤绘制的座舱草图为修剪边界，投影方向为+Z轴方向，单击“确定”按钮，修剪创建如图12-29所示的座舱。

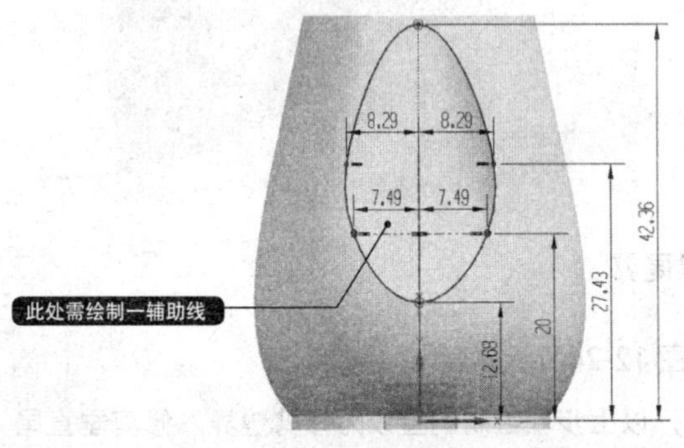

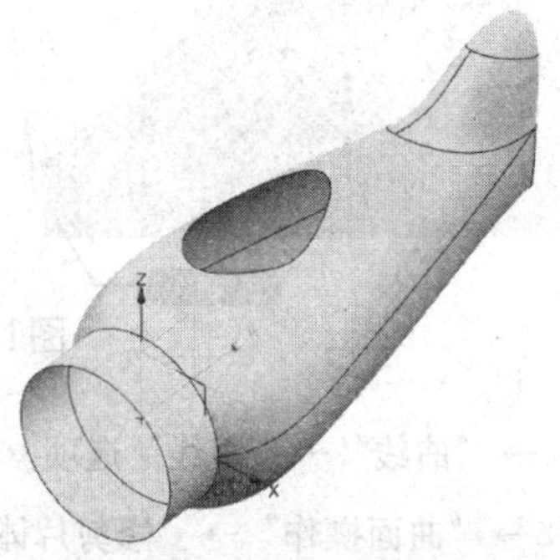

图12-28 绘制座舱草图　　　　图12-29 修剪创建座舱

29 选择“曲线”→“派生曲线”→“相交曲线”选项，弹出“相交曲线”对话框。选择上机盖的曲面为第一组面，*YC-ZC*基准平面为第二组面，单击“确定”选项，创建如图12-30所示的相交曲线2。

30 选择“主页”→“直接草图”→“草图”选项，选择*YC-ZC*平面为草绘平面，绘制如图 12-31所示的座舱立面草图。

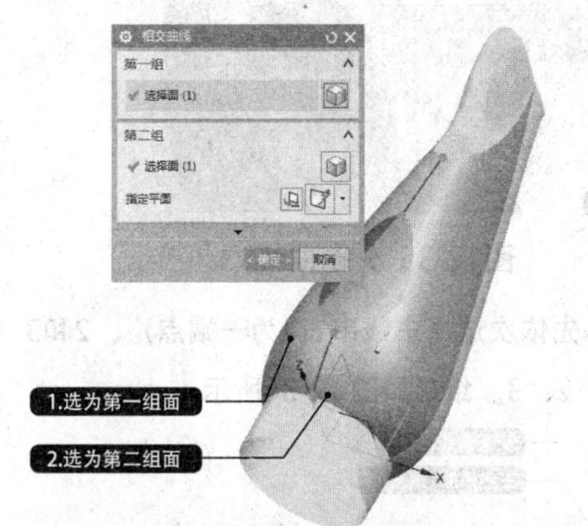

图12-30 创建相交曲线2

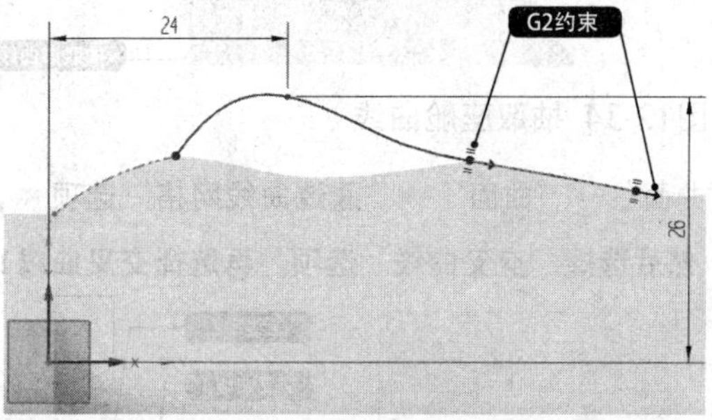

图12-31 绘制座舱立面草图

31 选择“曲线”→“派生曲线”→“投影曲线”选项，弹出“投影曲线”对话框。选择步骤28所绘制草图中辅助线的两个端点为要投影的对象，然后选择机盖曲面为投影面，+Z轴为投影方向，单击“确定”按钮，在机盖曲面上创建如图 12-32所示的两个投影点。

32 选择“曲线”→“曲线”→“艺术样条”选项，连接上步骤所创建的两个投影点和座舱立面草图曲线上的特征点，绘制如图 12-33所示的样条曲线。

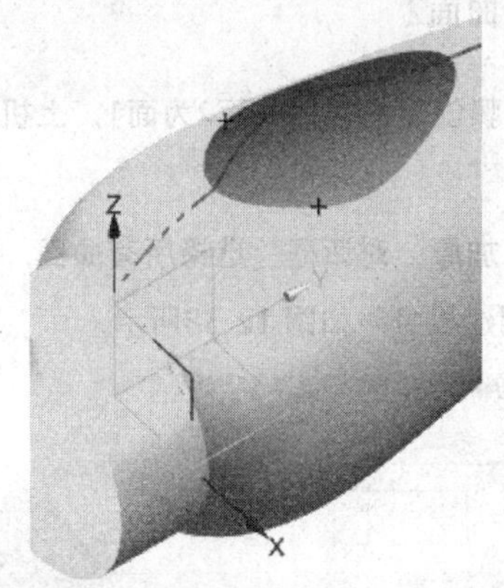

图12-32 创建两个投影点

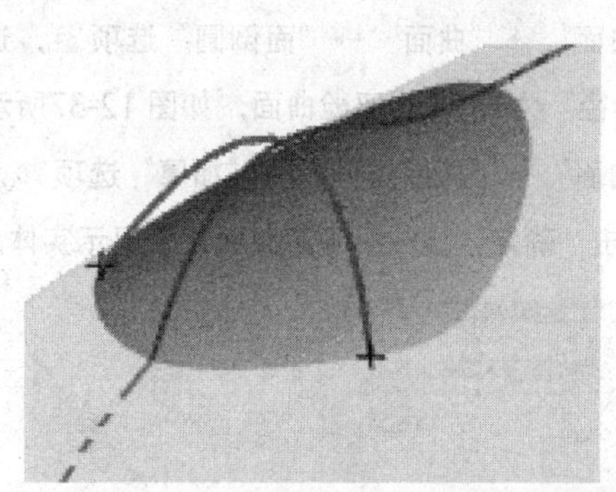

图12-33 根据投影点绘制样条曲线

33选择“曲面”→“曲面操作”→“抽取几何特征”选项，弹出“抽取几何特征”对话框。选择“类型”为“复合曲线”，然后选择修剪轮廓的环形边，单击“确定”按钮，即可抽取座舱曲线，如图 12-34所示。

34 选择“曲线”→“更多”选项，在弹出下拉菜单中选择“编辑曲线”→“分割曲线”选项，弹出“分割曲线”对话框。在“类型”下拉列表中选择“等分段”选项，接着选择上步骤所抽取出来的座舱曲线，在“段数”文本框中输入2，单击“确定”按钮，即可将该曲线分为二等分，如图 12-35所示。

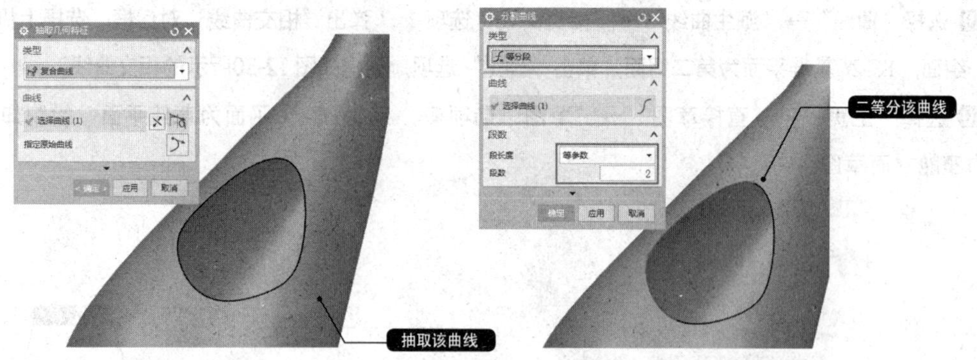

图12-34 抽取座舱曲线　　图12-35 分割曲线

35 选择“曲面”→“曲面”→“通过曲线网格”选项，先依次选择主线串1（为一端点）、2和3（为一端点），然后选择“交叉曲线”选项，再选择交叉曲线1、2、3，结果如图 12-36所示。

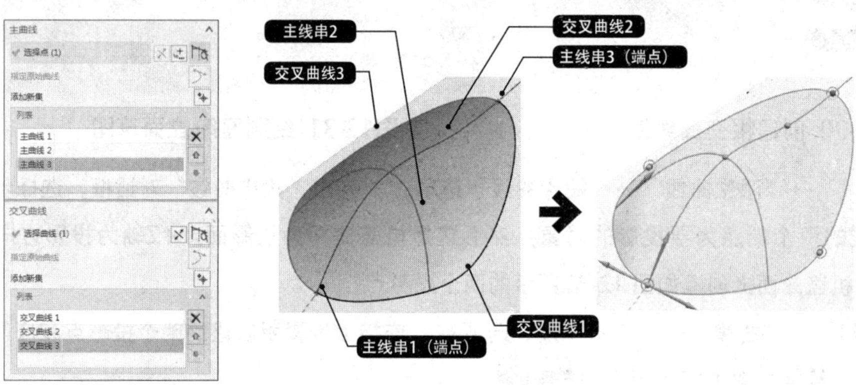

图12-36 创建曲线网格曲面2

36 选择“曲面”→“曲面”→“面倒圆”选项，选择上步骤创建的网格曲面2为面1，上机身曲面为面2，设置“半径”为1，倒圆座舱曲面，如图 12-37所示。

37 选择“曲面”→“曲面操作”→“加厚”选项，弹出“加厚”对话框。选择所有曲面，向外侧偏移0.6mm，单击“确定”按钮后隐藏曲面，仅显示实体，加厚创建机身，如图 12-38所示。

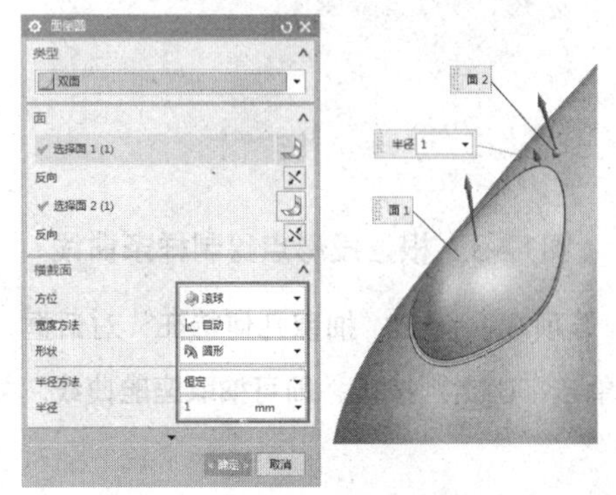

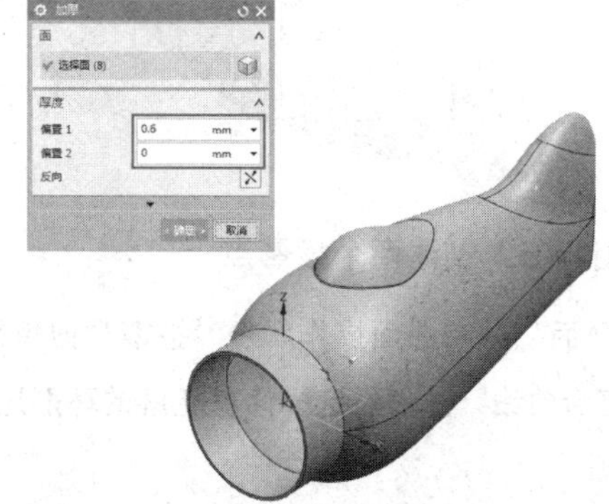

图12-37 倒圆座舱曲面　　图12-38 加厚创建机身

38 单击选项卡“主页”→“直接草图”→“草图”选项，选择*XC-YC*平面为草绘平面，绘制如图12-39所示的座舱窗口草图。

39 选择“曲面”→“曲面操作”→“抽取几何特征”选项，弹出“抽取几何特征”对话框。选择“类型”为“面”，然后选择座舱的最外层表面，单击“确定”选按钮，即可抽取座舱曲面，如图12-40所示。

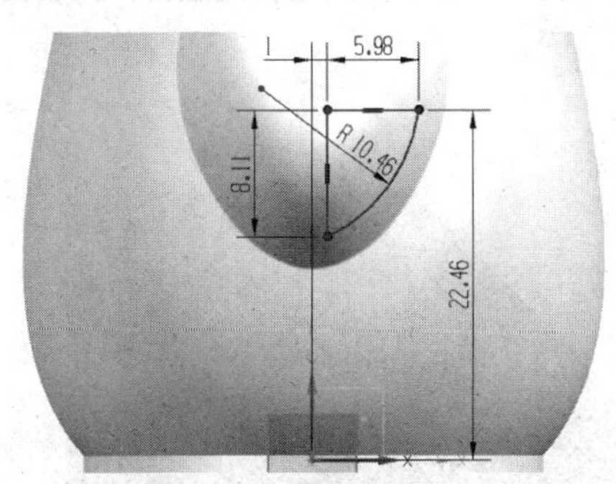

图12-39 绘制座舱窗口

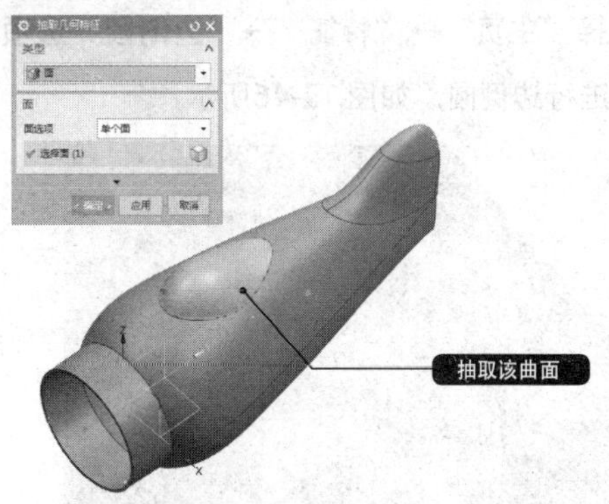

图12-40 抽取座舱曲面

40 选择“曲线”→“派生曲线”→“投影曲线”选项，选择上步骤抽取的座舱曲面为投影面，选择步骤38创建的草图为要投影的对象，+Z轴为投影方向，单击“确定”按钮，投影创建窗口曲线，如图12-41所示。

41 选择“曲面”→“曲面操作”→“修剪片体”选项，以投影窗口曲线为边界，对所抽取的曲面进行修剪，创建如图12-42所示的窗口片体。

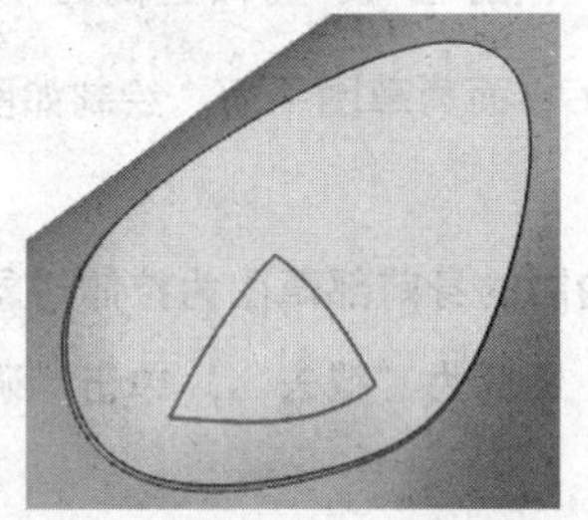

图12-41 投影创建窗口曲线

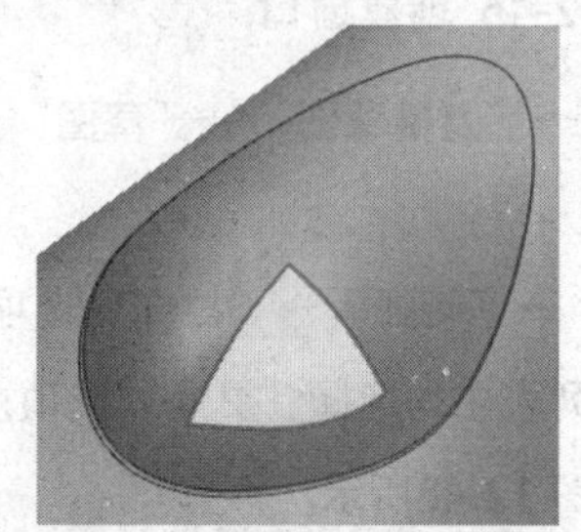

图12-42 修剪创建窗口片体

42选择“曲面”→“曲面操作”→“加厚”选项，弹出“加厚”对话框。选择上步骤创建的窗口片体，然后在“偏置1”文本框中输入0.5，“偏置2”文本框中输入-0.3，单击“确定”按钮，加厚创建如图12-43所示的窗口片体。

43 选择“主页”→“特征”→“更多”→“镜像几何体”选项，选择加厚体为要镜像的对象，然后选择基准面*YC-ZC*为镜像平面，单击“确定”按钮，镜像创建对侧的窗口片体，如图12-44所示。

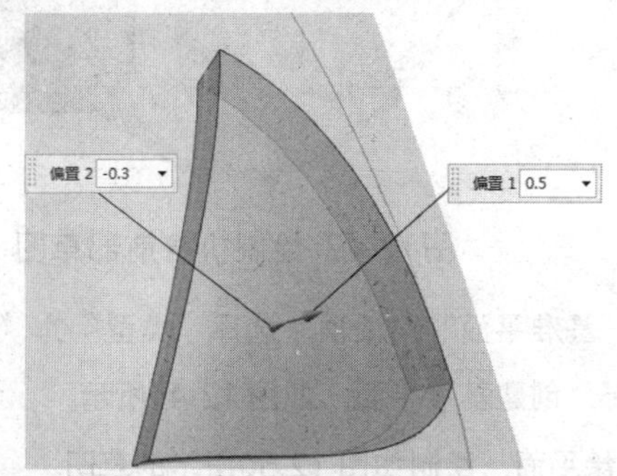

图12-43 加厚创建窗口片体

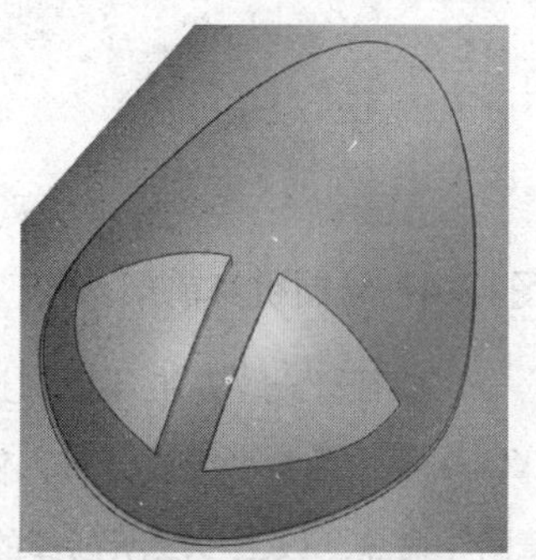

图12-44 镜像创建对侧的窗口片体

44 选择“主页”→“特征”→“减去”选项，选择机体作为目标体，然后选择上步骤创建的两个加厚窗口片体为工具体，单击“确定”按钮，创建如图 12-45所示的窗口。

45 选择“主页”→“特征”→“边倒圆”选项，设置圆角“半径1”为0.1，对所得座舱窗口上表面的3条边进行边倒圆，如图 12-46所示。

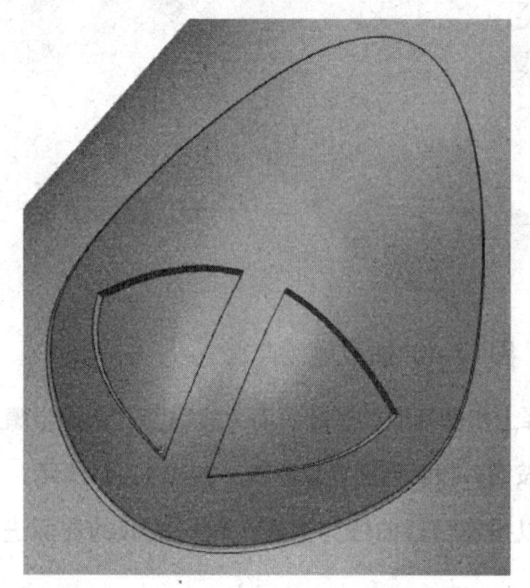

图12-45 创建窗口

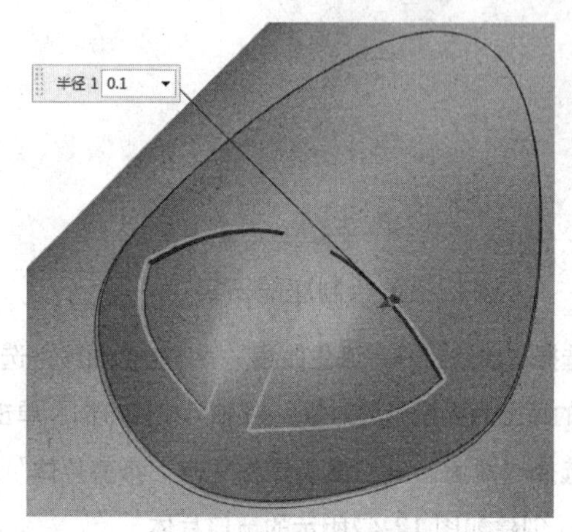

图12-46 窗口边倒圆

46选择“主页”→“直接草图”→“草图”选项，选择*YC-ZC*平面为草图平面，绘制如图 12-47所示的机身前部草图。

47 选择“主页”→“特征”→“拉伸”选项，选择上步骤绘制的身前部草图为拉伸对象，在“开始”和“结束”下拉列表中均选择“贯通”选项，同时选择“布尔”运算为“减去”，单击“确定”按钮，即可创建身前部如图 12-48所示。

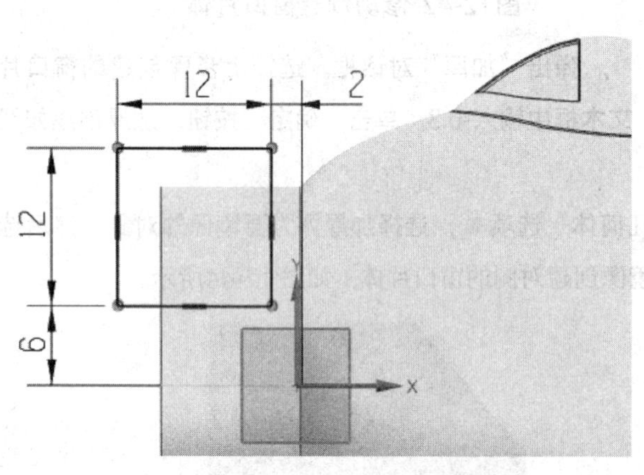

图12-47 绘制机身前部草图

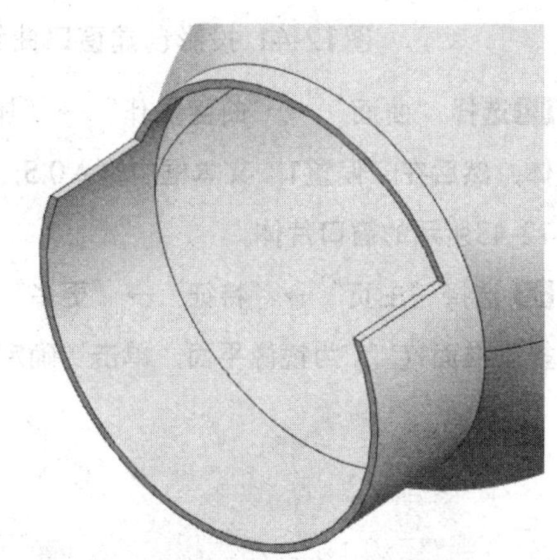

图12-47 绘制机身前部草图

48 选择“主页”→“特征”→“基准平面”选项，弹出“基准平面”对话框。选择“类型”为“按某一距离”，选择*XC-ZC*平面为参考平面，输入偏置距离为-10.6，创建基准平面，如图 12-49所示。

49 重复执行“草图”命令，以上步骤所创建的基准平面为草绘平面，绘制如图 12-50所示的草图。

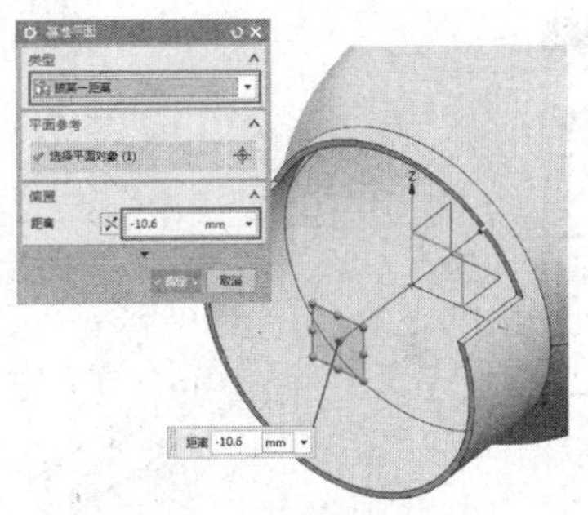

图12-49 创建基准平面

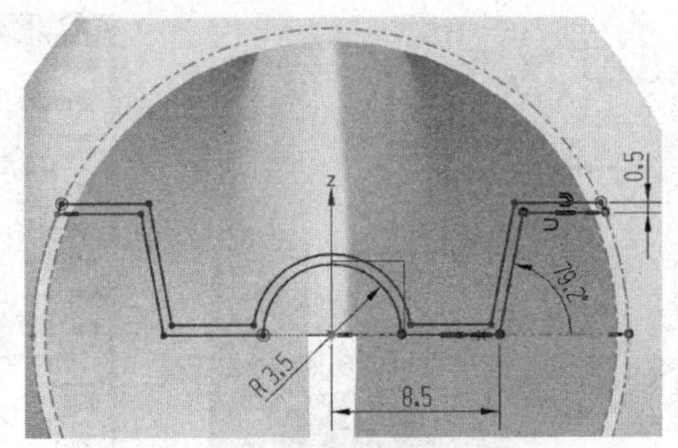

图12-50 绘制机身前部进气口草图

50 选择“主页”→“特征”→“拉伸”选项，选择上步骤绘制的草图为拉伸对象，在“结束”下拉列表中选择“直至延伸部分”选项，同时选择“布尔”运算为“合并”，单击“确定”按钮，即可创建进气口，如图 12-51所示。

51 垂直“曲线”→“曲线”→“直线”选项，连接两点绘制直线，如图 12-52所示。

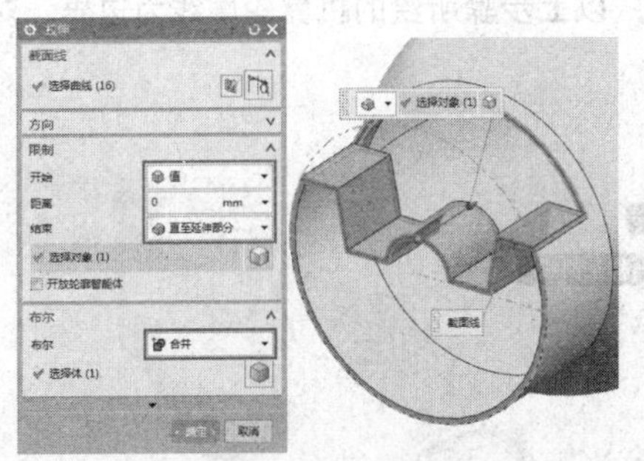

图12-51 创建进气口

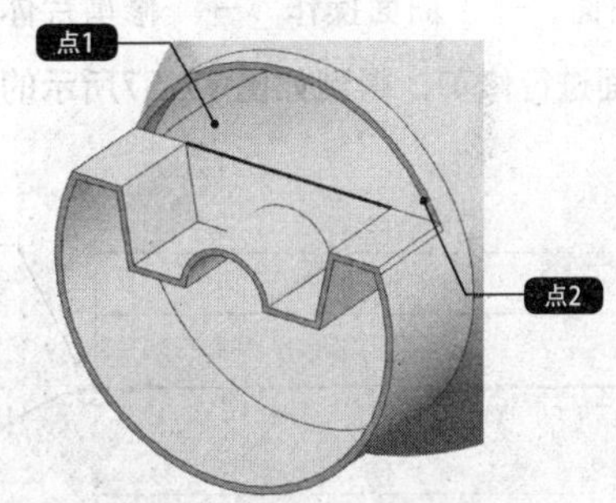

图12-52 绘制直线

52选择“主页”→“特征”→“拉伸”选项，选择上步骤绘制的直线与相连的实体边缘为拉伸对象，设置拉伸距离为0.5，选择“布尔”运算为“合并”，单击“确定”按钮，，拉伸创建如图 12-53所示的隔板。

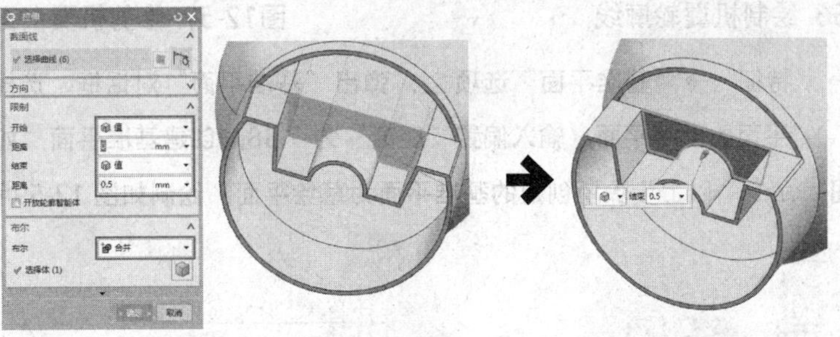

图12-53 拉伸创建隔板

12.2.2 创建机翼与上机盖

01选择“主页”→“直接草图”→“草图”选项，选择*YC-ZC*平面为草绘平面，绘制如图 12-54所示的草图。

02 选择“主页”→“特征”→“拉伸”选项，选择上步骤绘制的草图为拉伸对象，在“结束”文本框中输入拉伸“距离”为100，拉伸创建机翼曲面，如图 12-55所示。

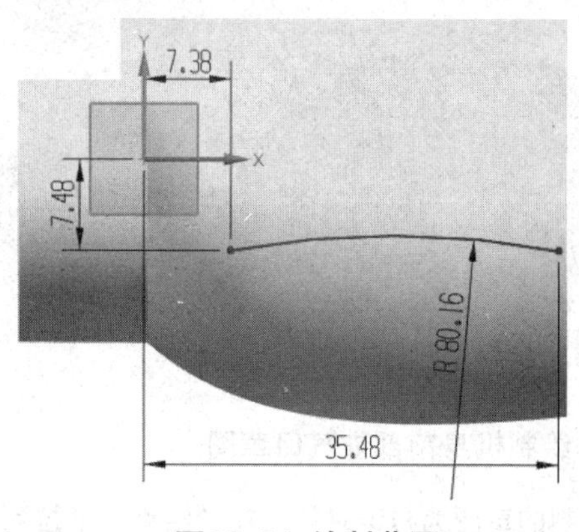

图12-54 绘制草图

图12-55 拉伸创建机翼曲面

03 选择“主页”→“直接草图”→“草图”选项，选择*XC-YC*平面为草绘平面，绘制如图 12-56所示的机翼轮廓线。

04 选择“曲面”→“曲面操作”→“修剪片体”选项，以上步骤所绘的机翼轮廓线为边界，对拉伸所得的机翼曲面进行修剪，得到如图 12-57所示的机翼曲面。

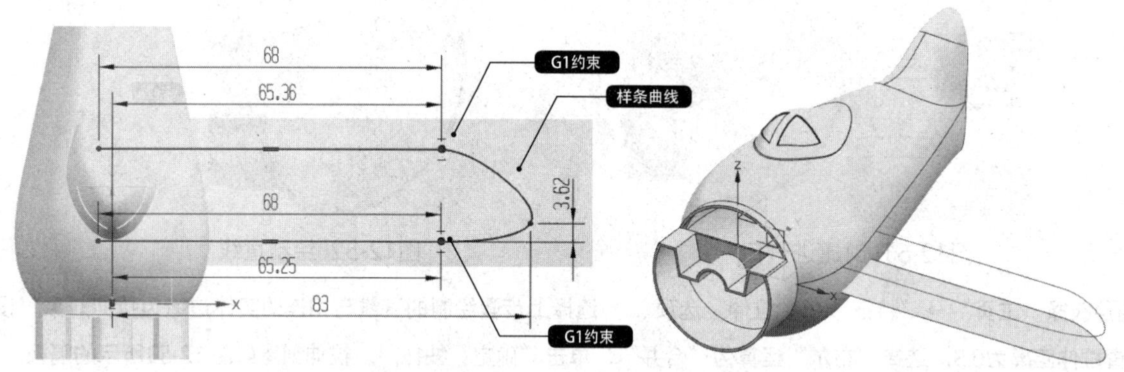

图12-56 绘制机翼轮廓线

图12-57 修剪机翼曲面

05 选择“主页”→“特征”→“基准平面”选项，弹出“基准平面”对话框。选择“类型”为“按某一距离”，选择*XC-YC*平面为参考平面，输入偏置“距离”为-7.38，创建基准平面，如图 12-58所示。

06 重复执行“草图”命令，以上步骤所创建的基准平面为草绘平面，绘制如图 12-59所示的机翼草图。

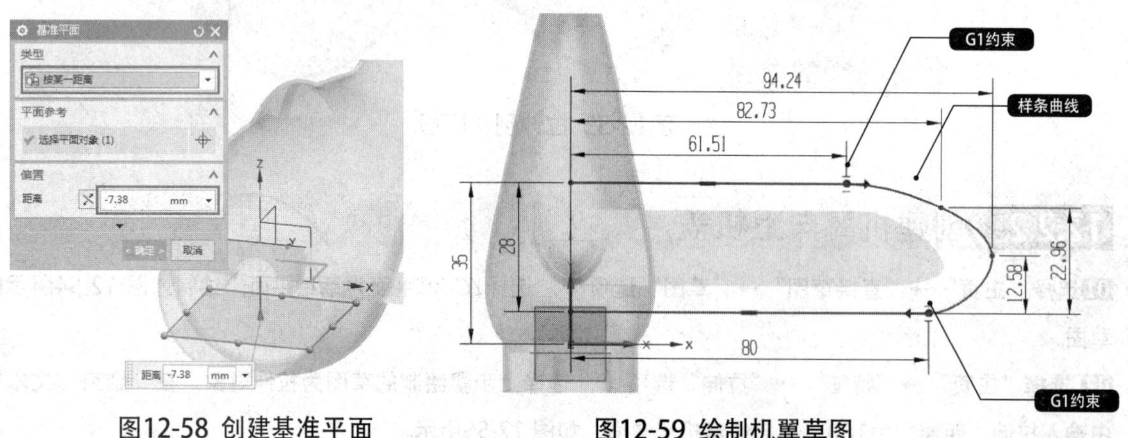

图12-58 创建基准平面

图12-59 绘制机翼草图

07 绘制完成后，重复执行一次草图命令，选择*YC-ZC*平面为草绘平面，使用圆弧连接草图端点与修剪机翼曲面的边线，如图12-60所示。

08 选择“曲面”→“曲面”→“通过曲线网格”选项，先依次选择主线串1（为一端点）、2，然后单击“交叉曲线”选项，再选择交叉曲线1、2，创建曲线网格曲面，如图12-61所示。

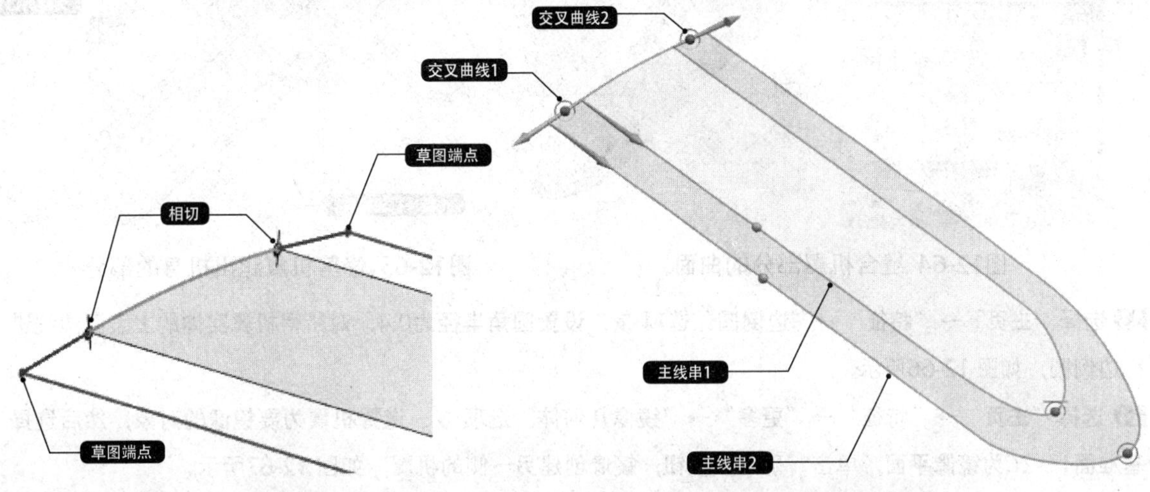

图12-60 连接机翼的轮廓线　　图12-61 创建曲线网格曲面

09 选择“曲面”→“曲面操作”→“偏置曲面”选项，弹出“偏置曲面”对话框。选择所创建的两个机翼曲面，将其向上偏置1，如图12-62所示。

10 选择“曲面”→“曲面”→“更多”，在弹出的下拉菜单中选择“曲面网格划分”→“直纹”选项，弹出“直纹”对话框。选择图12-63所示的截面线串1和截面线串1，单击“确定”按钮，创建直纹曲面。

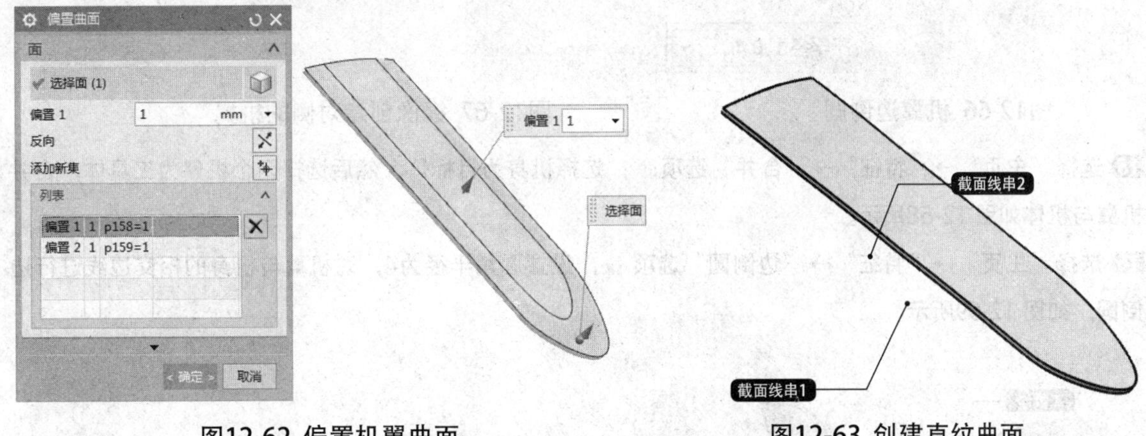

图12-62 偏置机翼曲面　　图12-63 创建直纹曲面

11 选择“曲面”→“曲面操作”→“缝合”选项，选择任一机翼曲面为目标片体，其余机翼曲面为工具片体，单击“确定”按钮，即可将封闭的机翼曲面转换为一个实体，如图12-64所示。

12 调整视图可见，机身内部有超出的机翼实体，因此可选择“曲面”→“曲面操作”→“修剪体”选项，修剪机翼超出机身的实体部分，如图12-65所示。

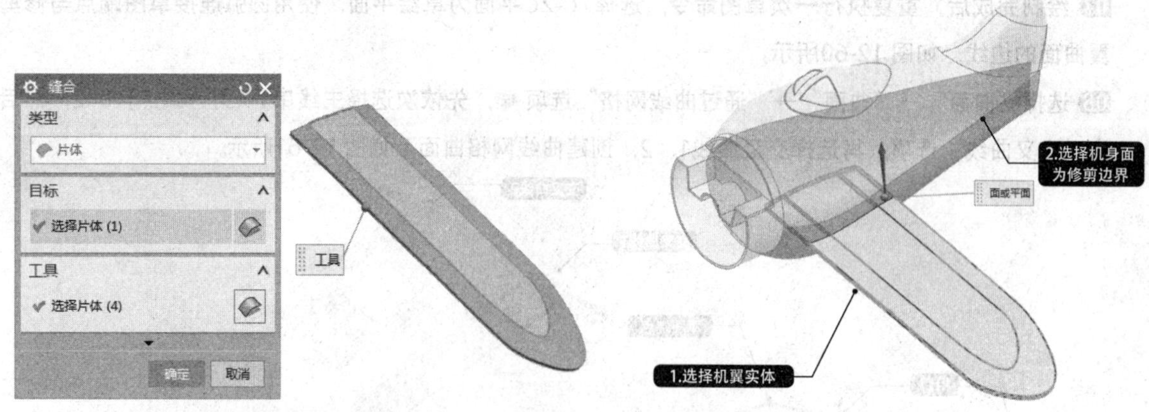

图12-64 缝合机翼部分的曲面　　图12-65 修剪机翼超出机身的部分

13 选择“主页”→“特征”→“边倒圆”选项，设置圆角半径为0.4，对所得机翼实体的上表面边线进行边倒圆，如图 12-66所示。

14 选择“主页”→“特征”→“更多”→“镜像几何体”选项，选择机翼为要镜像的对象，然后选择基准面*YC-ZC*为镜像平面，单击“确定”按钮，镜像创建另一侧的机翼，如图 12-67所示。

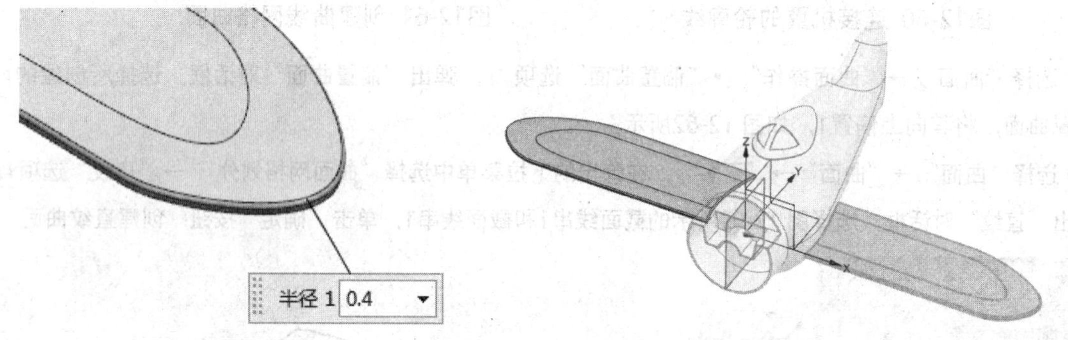

图12-66 机翼边倒圆　　图12-67 镜像创建对侧的机翼

15 选择“主页”→“特征”→“合并”选项，选择机身为目标体，然后选择两个机翼为工具体，合并机翼与机体如图 12-68所示。

16 选择“主页”→“特征”→“边倒圆”选项，设置圆角半径为4，对机翼与机身的相交边线进行边倒圆，如图 12-69所示。

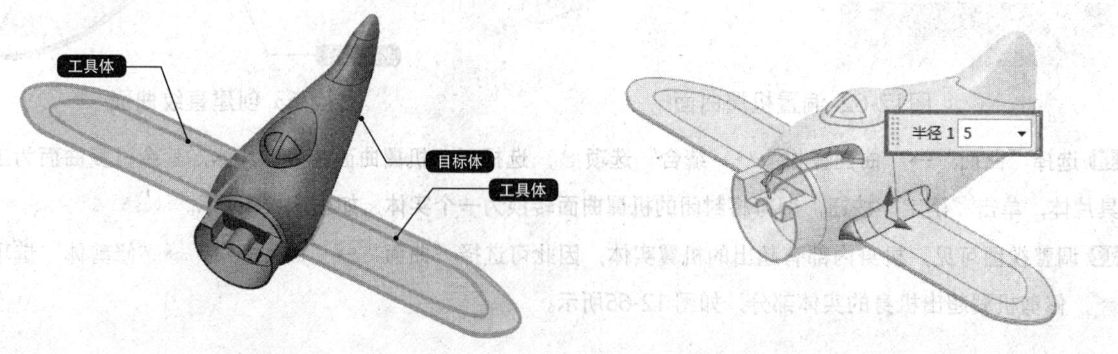

图12-68 合并机翼与机体　　图12-69 相交处边倒圆

17 选择“主页”→“直接草图”→“草图”选项，选择*YC-ZC*平面为草绘平面，绘制如图 12-70所示的修剪草图。

18 选择“主页”→“特征”→“拉伸”选项，选择上步骤绘制的修剪草图为拉伸对象，在“结束”文本框中输入拉伸“距离”为40，拉伸创建修剪曲面，如图 12-71所示。

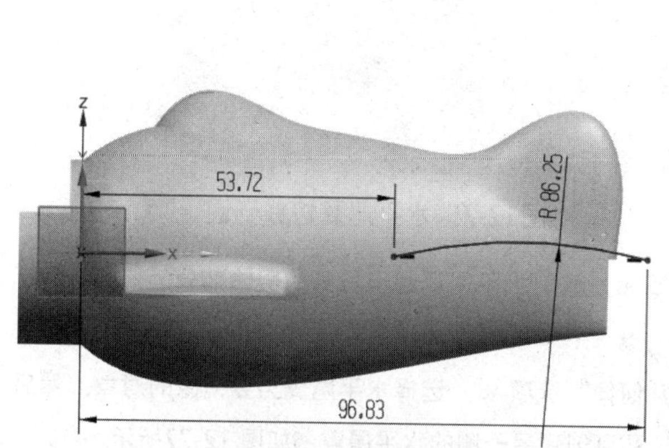

图12-70 绘制修剪草图

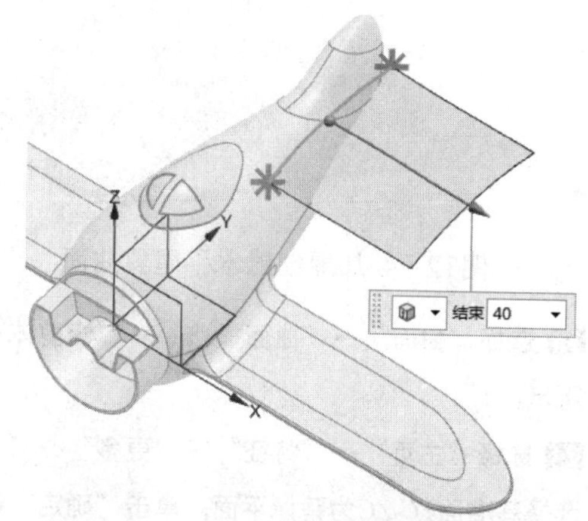

图12-71 拉伸创建修剪曲面

19 选择“主页”→“直接草图”→“草图”选项，选择*XC-YC*平面为草图平面，绘制如图 12-72所示的水平尾翼轮廓线。

20 选择“曲面”→“曲面操作”→“修剪片体”选项，以上步骤所绘的尾翼轮廓线为边界，对拉伸所得的尾翼曲面进行修剪，创建如图 12-73所示的水平尾翼曲面。

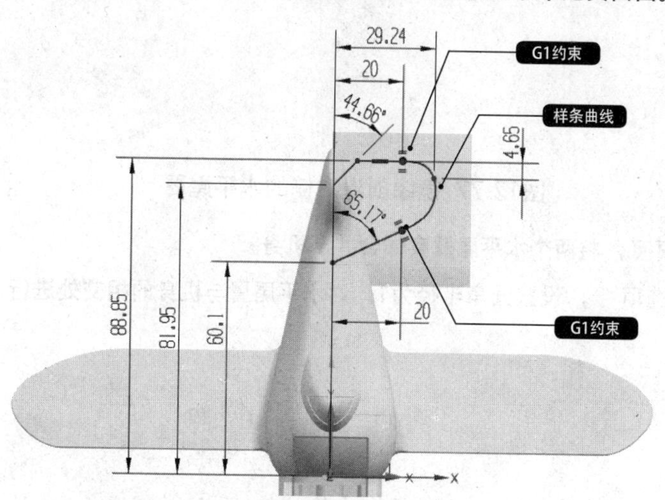

图12-72 绘制水平尾翼轮廓线

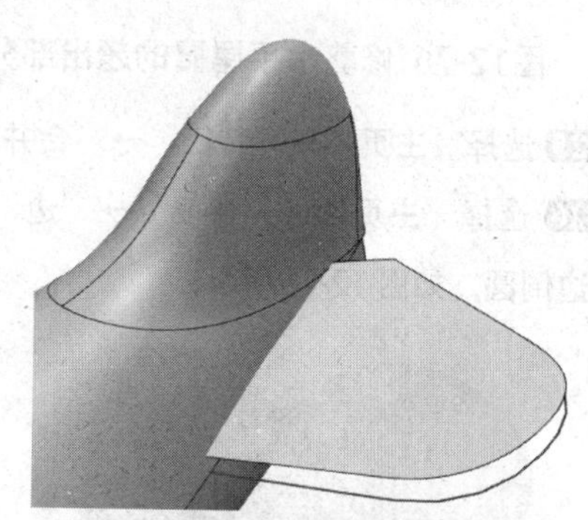
图12-73 修剪创建水平尾翼曲面

21 选择“曲面”→“曲面操作”→“加厚”选项，弹出“加厚”对话框。选择上步骤得到的尾翼曲面，在“偏置1”文本框中输入1，单击“确定”按钮，加厚创建如图 12-74所示的水平尾翼曲面。

22 选择“主页”→“特征”→“边倒圆”选项，设置圆角半径为0.4，对水平尾翼上表面的边线进行边倒圆，如图 12-75所示。

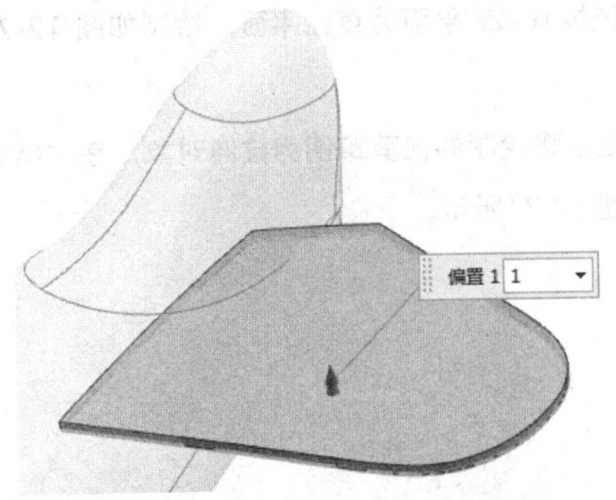

图12-74 加厚创建水平尾翼曲面

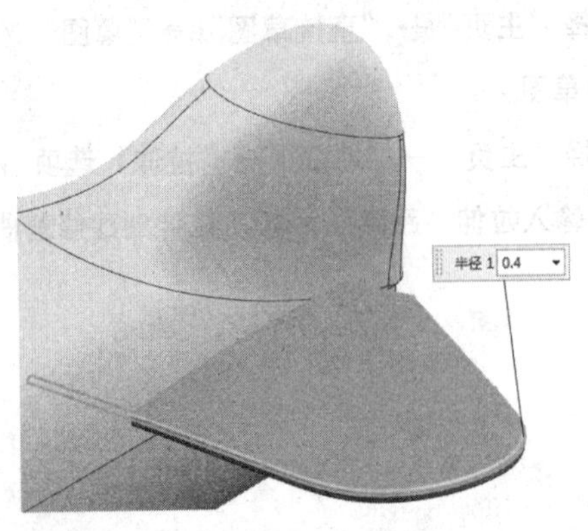

图12-75 水平尾翼边线倒圆

23 选择“曲面”→“曲面操作”→“修剪体”选项，修剪水平尾翼超出机身的实体部分，如图 12-76所示。

24 选择“主页”→“特征”→“更多”→“镜像几何体”选项，选择水平尾翼为要镜像的对象，然后选择基准面*YC-ZC*为镜像平面，单击“确定”按钮，即可创建另一侧的水平尾翼，如图 12-77所示。

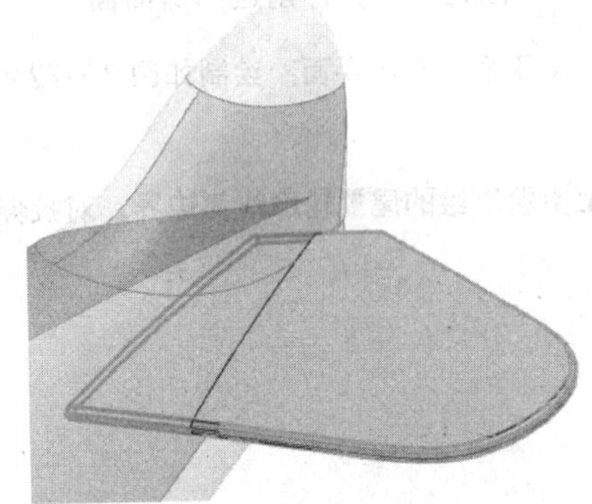
图12-76 修剪水平尾翼的超出部分

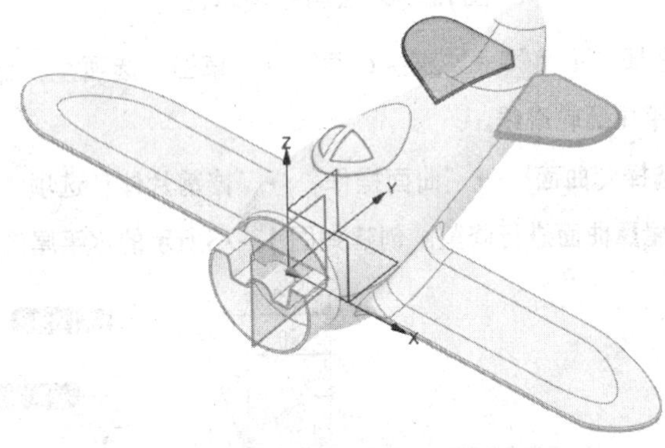

图12-77 镜像创建对侧的水平尾翼

25 选择“主页”→“特征”→“合并”选项，将两个水平尾翼实体合并至机身。

26 选择“主页”→“特征”→“边倒圆”选项，设置圆角半径为1，对水平尾翼与机身的相交处进行边倒圆，如图 12-78所示。

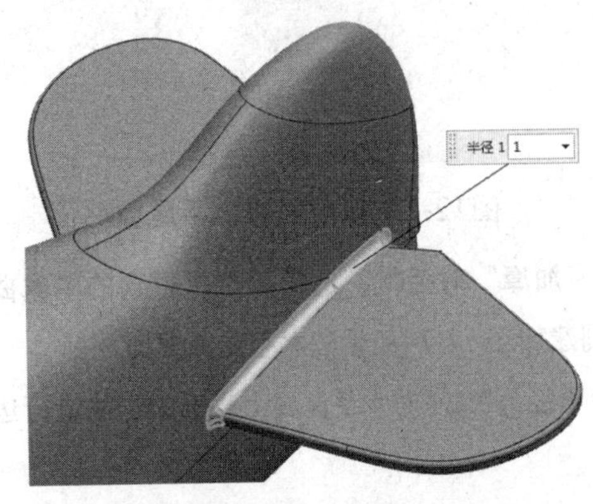

图12-78 相交处倒圆

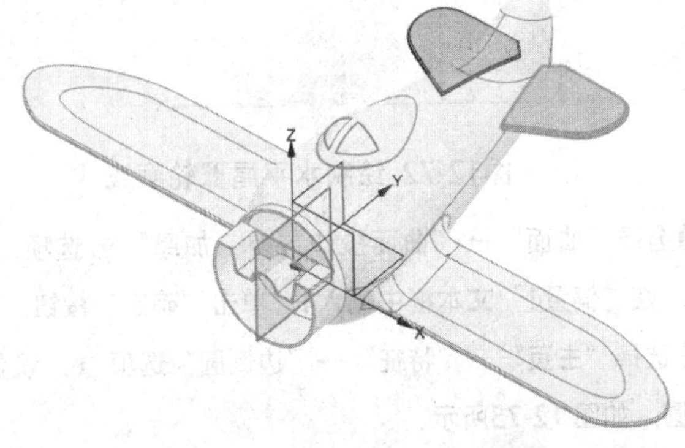

图12-79 水平尾翼与机身相交处边倒圆

27 按Ctrl+Shift+K组合键，选择前一小节绘制好的修剪曲面显示在绘图区，如图 12-80所示。

28 选择“曲面”→“曲面操作”→“修剪体”选项，弹出“修剪体”对话框。选择整个机身为目标体，然后选择上步骤显示出来的修剪曲面为工具体，修剪机身，如图 12-79所示。

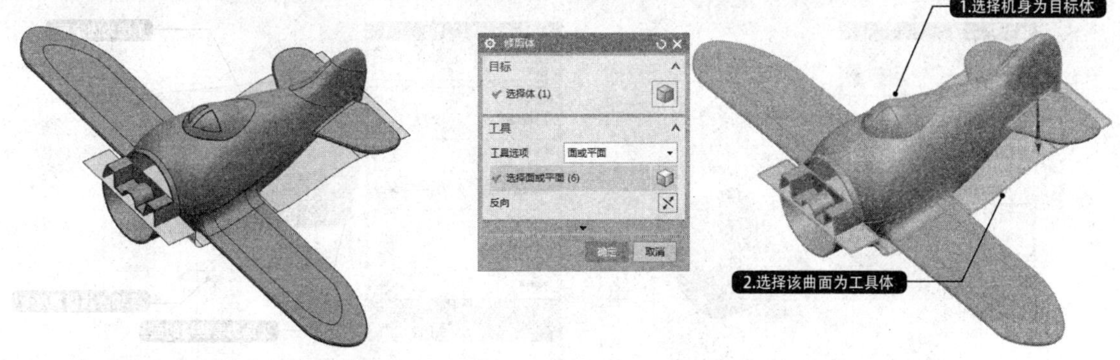

图12-80 显示修剪曲面　　图12-81 修剪机身

29 单击“确定”按钮，即可得到机翼与上机盖模型，如图 12-82所示。

图12-82 绘制草图

12.2.3 创建下机盖

01 按Ctrl+B组合键，选择创建好的上机盖图形，将其隐藏；然后按Ctrl+Shift+K组合键，选择12.2.1节创建的机身曲面，将其显示在绘图区，如图 12-83所示。

02 选择“主页”→“直接草图”→“草图”选项，选择*YC-ZC*平面为草绘平面，绘制如图 12-84所示的轮机部分草图。

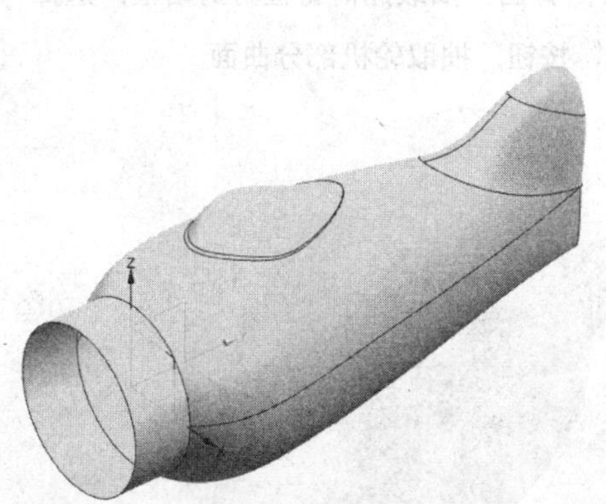

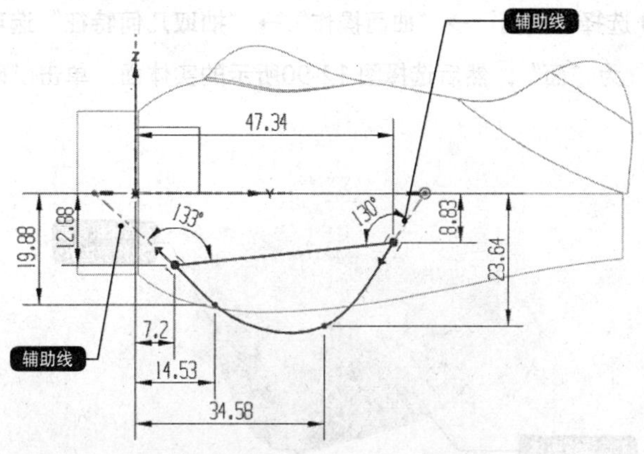

图12-83 显示机身曲面　　图12-84 绘制轮机部分草图

03 选择“主页”→“特征”→“拉伸”选项，选择上步骤绘制的轮机部分草图，然后设置“结束”选项为“对称值”，在“距离”文本框中输入12.5，单击“确定”按钮，创建如图12-85所示的拉伸体。

04 垂直“主页”→“特征”→“拔模”选项，按图12-86所示的方法，对拉伸体进行拔模。

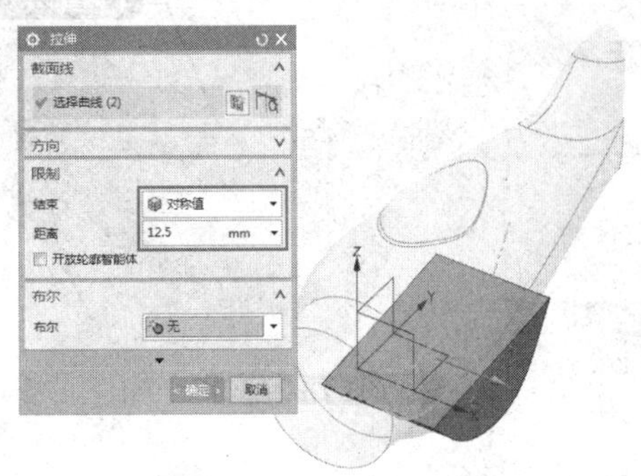

图12-85 拉伸草图

图12-86 对拉伸体进行拔模

05 选择“主页”→“特征”→“边倒圆”选项，选择边倒圆的边，在“半径1”文本框中输入“2”，再选择“变半径”选项组下的“指定半径点”选项；然后参照图12-87所示设置圆角半径值和圆弧长；最后单击“确定”按钮，创建边倒圆1。

06 使用相同的方法创建另一变半径边倒圆，如图12-88所示。

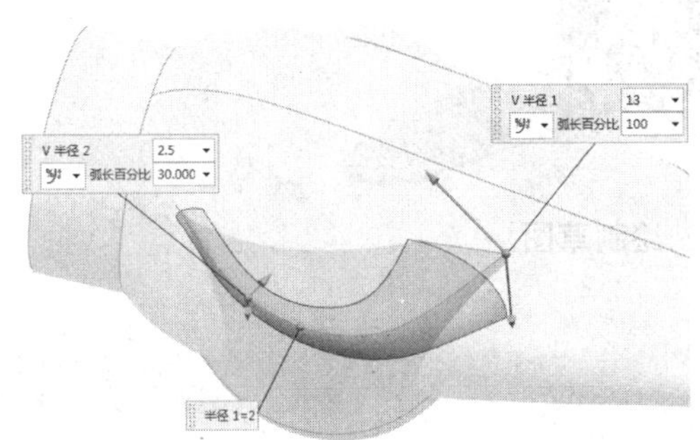

图12-87 创建边倒圆1

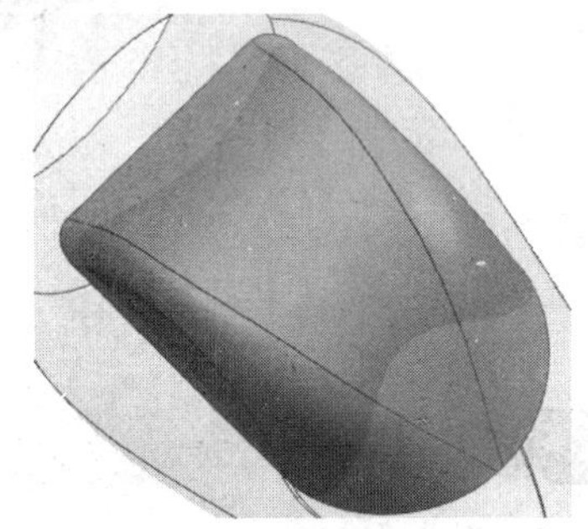

图12-88 创建对侧的变半径边倒圆

07 选择“曲面”→“曲面操作”→“修剪体”选项，修剪该实体超出机身的实体部分，如图12-89所示。

08 选择“曲面”→“曲面操作”→“抽取几何特征”选项，弹出“抽取几何特征”对话框，选择“类型”为“面”，然后选择图12-90所示的实体面，单击“确定”按钮，抽取轮机部分曲面。

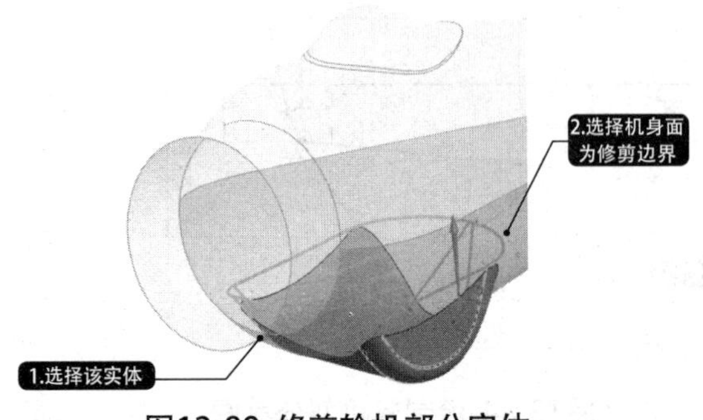

图12-89 修剪轮机部分实体

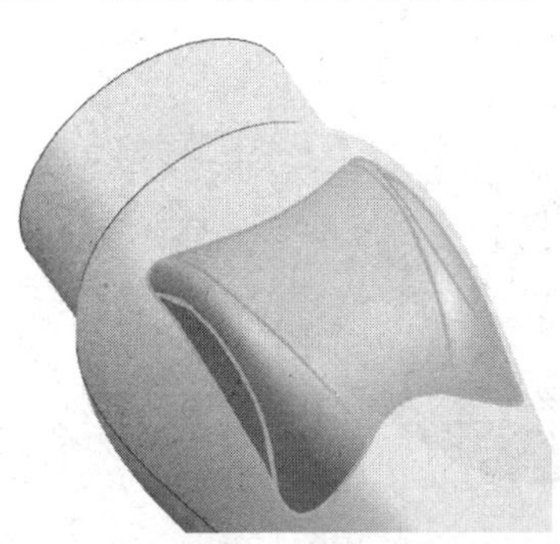

图12-90 抽取轮机部分曲面

09 选择“曲面”→“曲面操作”→“修剪片体”选项，修剪机身与抽取面重合的部分，如图 12-91所示。

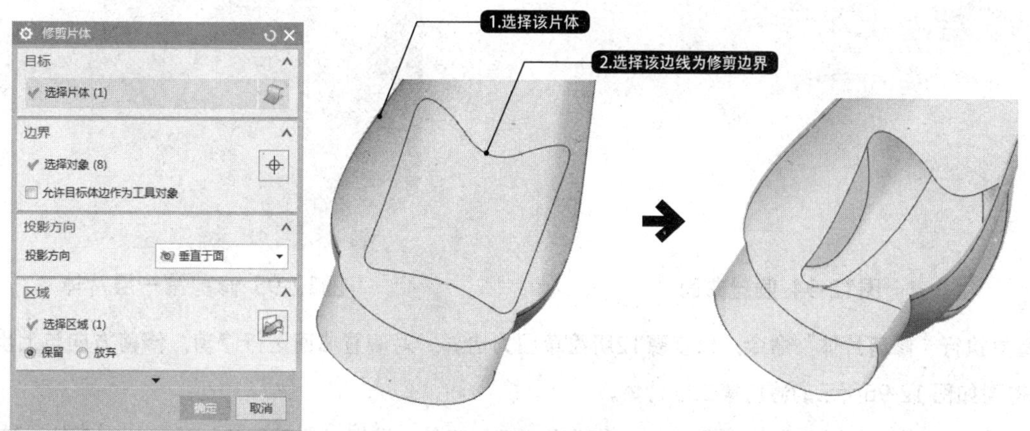

图12-91 修剪机身与抽取曲面重合的部分

10 选择“曲面”→“曲面操作”→“缝合”选项，选择机身曲面为目标面，其余抽取面为工具面，然后单击“确定”按钮，将曲面缝合为一个整体。

11 选择“主页”→“特征”→“边倒圆”选项，选择边倒圆的边，在“半径1”文本框中输入5，再选择“变半径”选项组下的“指定半径点”选项；然后参照图 12-92所示设置圆角半径值和圆弧长，最后单击“确定”按钮，创建变半径边倒圆。

12 选择“主页”→“直接草图”→“草图”选项，选择*XC-YC*平面为草绘平面，绘制如图 12-93所示的草图1。

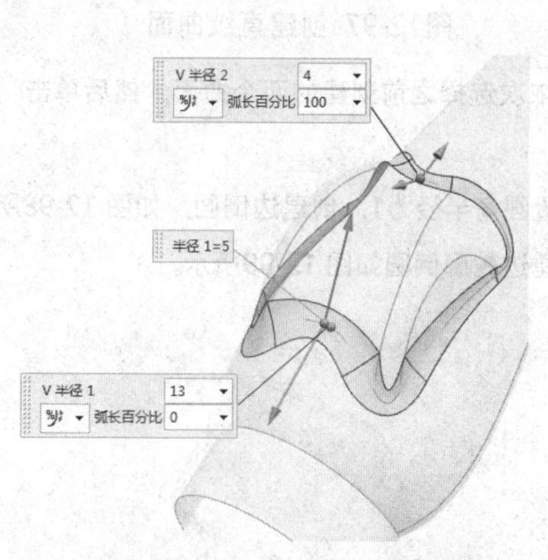

图12-92 创建变半径边倒圆

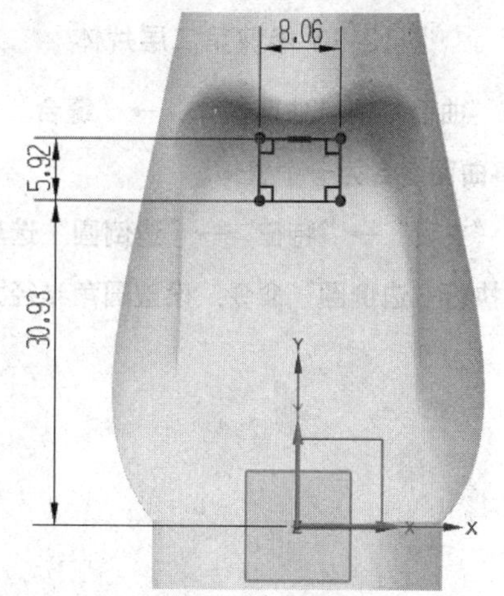

图12-93 绘制草图1

13 选择“曲面”→“曲面操作”→“偏置曲面”选项，弹出“偏置曲面”对话框。选择边倒圆顶面，将其向外偏置1，如图 12-94所示。

14 修剪第一层片体。单击选项卡“曲面”→“曲面操作”→“修剪片体”选项，以步骤12所绘草图为边界，对下机盖曲面进行修剪，得到如图 12-95所示的第一层片体。

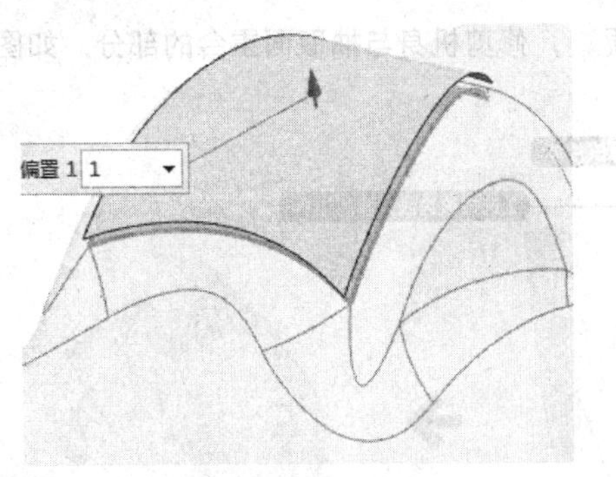

图12-94 偏置曲面

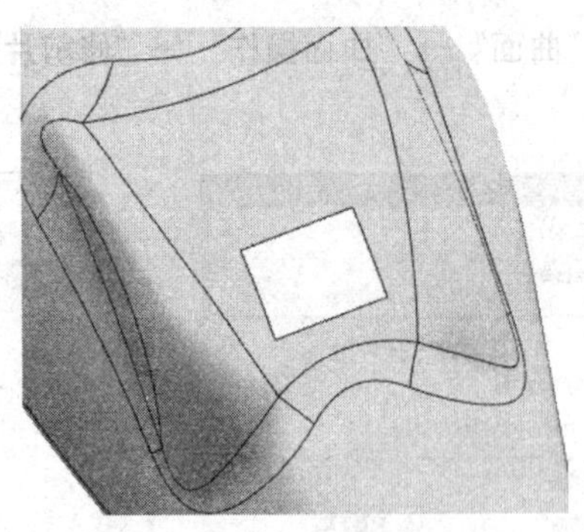

图12-95 修剪第一层片体

15 重复执行“修剪片体”命令，以步骤12所绘草图为边界，对偏置曲面进行修剪，修剪方向与上步骤相反，得到如图 12-96所示的修剪第二层片体。

16 选择“曲面”→“曲面”→“更多”，在弹出的下拉菜单中选择“曲面网格划分”→“直纹”选项，弹出“直纹”对话框。创建直纹曲面，连接两个修剪后的片体，如图 12-97所示。

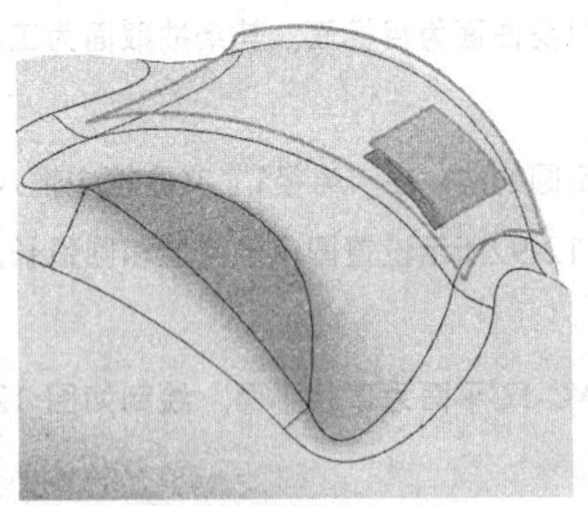

图12-96 修剪第二层片体

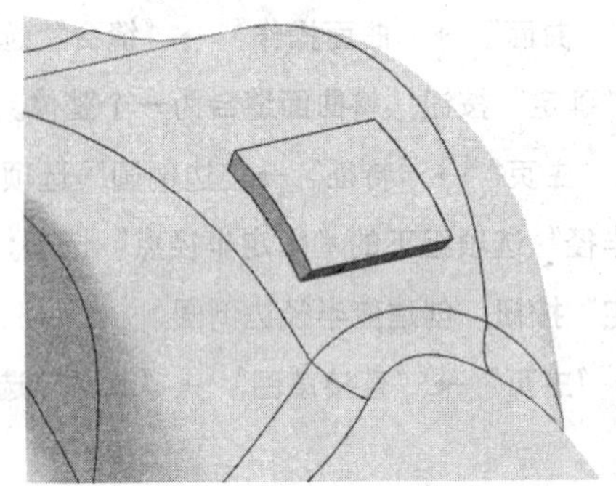

图12-97 创建直纹曲面

17 选择“曲面”→“曲面操作”→“缝合”选项，依次选择之前创建的两个曲面，然后单击“确定”按钮，将曲面缝合为一个整体。

18 选择“主页”→“特征”→“边倒圆”选项，设置圆角半径为1，创建边倒圆，如图 12-98所示。

19 重复执行“边倒圆”命令，设置圆角半径为0.3，创建边轮廓倒圆如图 12-99所示。

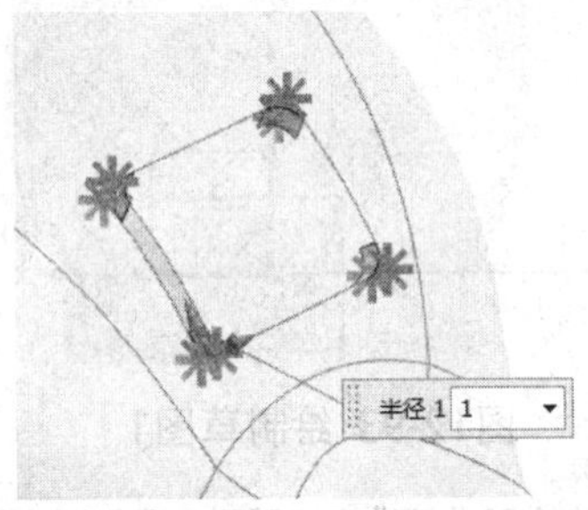

图12-98 创建边倒圆

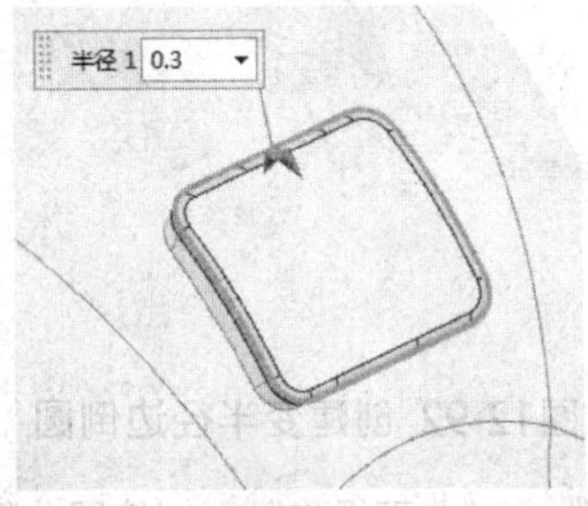

图12-99 创建轮廓边倒圆

20 绘制尾轮。选择“主页”→“直接草图”→“草图”选项，选择*YC-ZC*平面为草绘平面，绘制如图12-100所示的尾轮草图。

21 选择“主页”→“特征”→“拉伸”选项，选择上步骤绘制的尾轮草图，然后设置“结束”选项为

"对称值"，在"距离"文本框中输入1.5，单击"确定"按钮，拉伸创建如图 12-101所示的尾轮体。

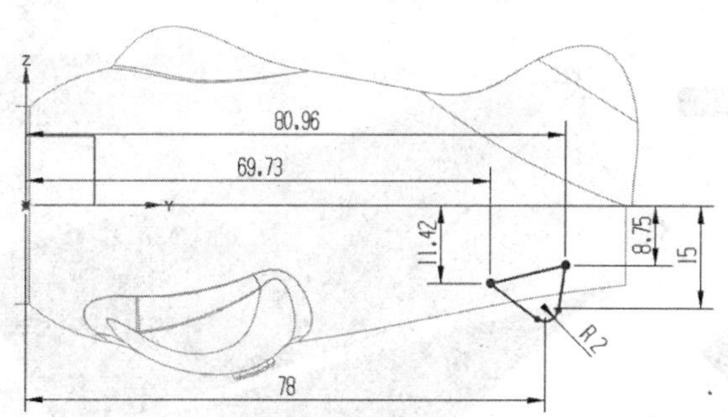

图12-100 绘制尾轮草图

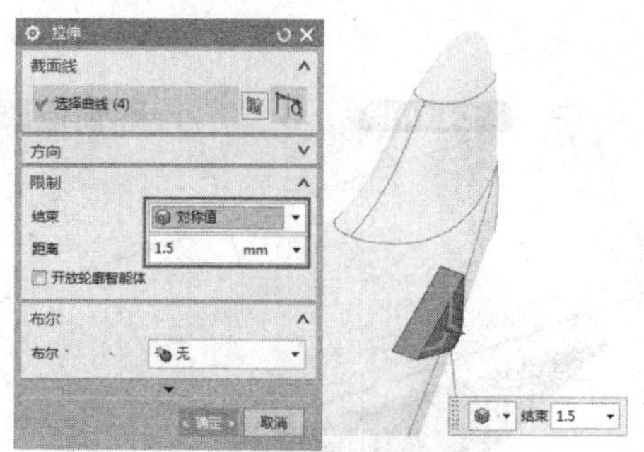

图12-101 拉伸创建尾轮体

22 选择"主页"→"特征"→"拔模"选项，弹出"拔模"对话框。在"脱模方向"下拉列表中选择"-ZC轴"选项；然后选择拔模的固定面，选择两个侧面作为拔模面，在"角度1"输入框中输入"4"；最后单击"确定"按钮，对尾轮部分进行拔模，如图 12-102所示。

23 选择"主页"→"特征"→"边倒圆"选项，设置圆角半径为0.28，创建尾轮部分边倒圆，如图 12-103所示。

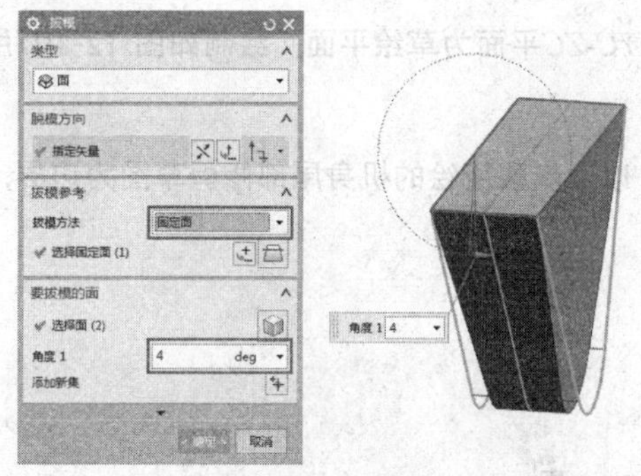

图12-102 对尾轮部分进行拔模

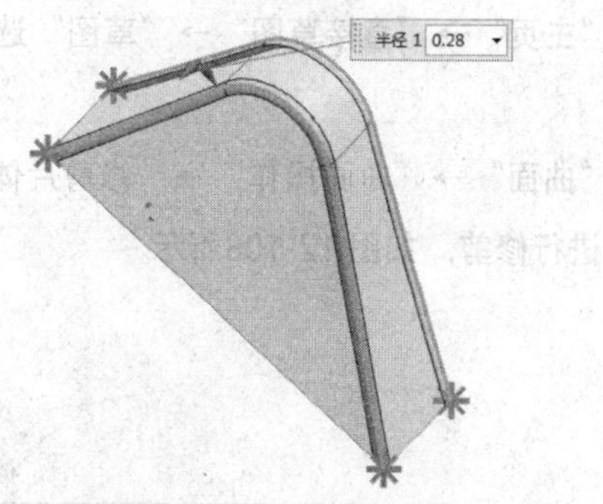

图12-103 创建尾轮部分边倒圆

24 选择"曲面"→"曲面操作"→"修剪体"选项，弹出"修剪体"对话框。选择尾轮实体为目标体，选择机身曲面为工具体，修剪尾轮体如图 12-104所示。

25 选择"曲面"→"曲面操作"→"抽取几何特征"选项，弹出"抽取几何特征"对话框。选择"类型"为"面"，选择尾轮表面，单击"确定"按钮，抽取如图 12-105所示的尾轮曲面。

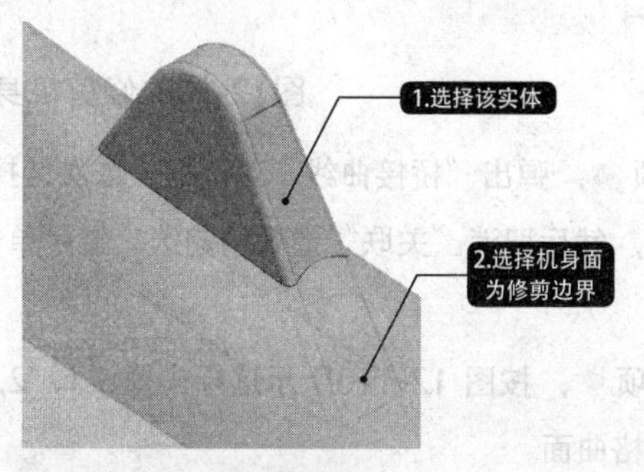

图12-104 修剪尾轮体

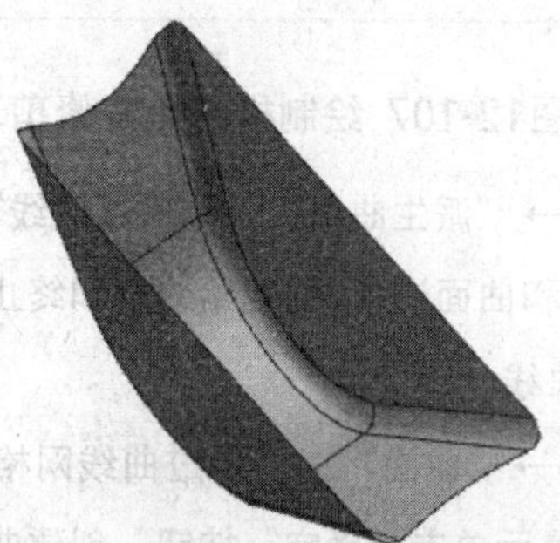

图12-105 抽取尾轮表面

26 选择"曲面"→"曲面操作"→"修剪片体"选项，修剪机身与尾轮抽取面重合的部分，如图

12-106所示。

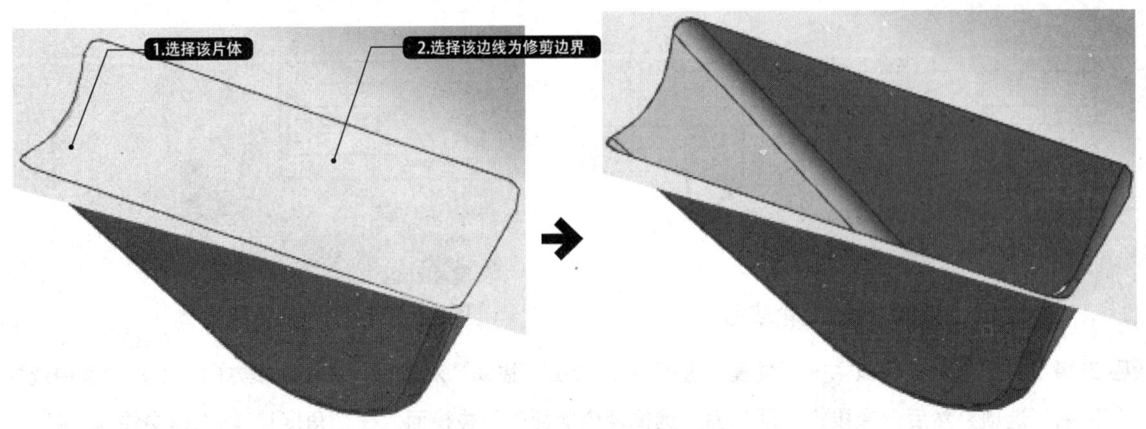

图12-106 修剪机身曲面

27 选择“曲面”→“曲面操作”→“缝合”选项，选择机身曲面为目标面，其余抽取面为工具面，然后单击“确定”按钮，将曲面缝合为一个整体。

28 选择“主页”→“直接草图”→“草图”选项，选择*YC-ZC*平面为草绘平面，绘制如图 12-107所示的草图。

29 选择“曲面”→“曲面操作”→“修剪片体”选项，以上步骤所绘的机身尾部修剪草图为边界，对机身曲面进行修剪，如图 12-108所示。

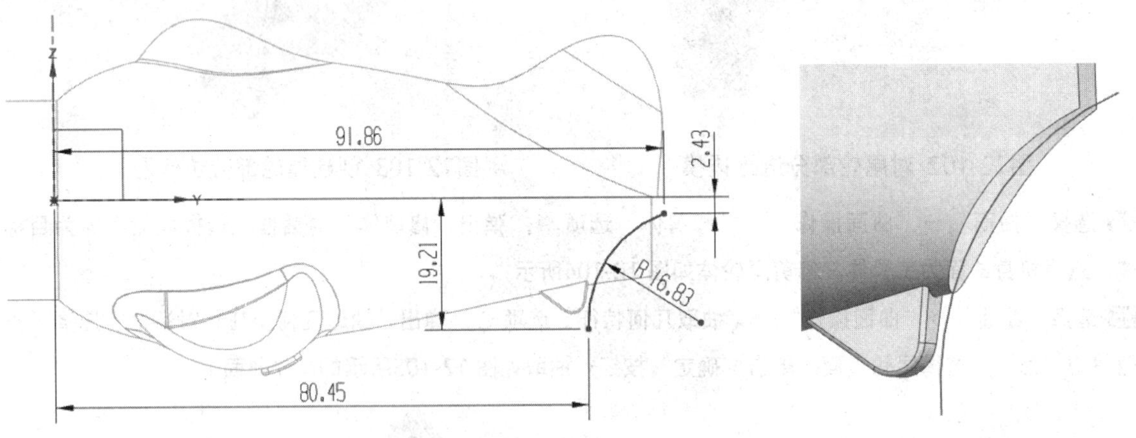

图12-107 绘制机身尾部修剪草图　　图12-108 修剪机身尾部

30 选择“曲线”→“派生曲线”→“桥接曲线”选项，弹出“桥接曲线”对话框。依次选择图 12-109所示的曲面边缘1和曲面边缘2为起始对象和终止对象，然后取消“关联”选项的勾选，最后单击“确定”按钮，创建桥接曲线。

31 选择“曲面”→“曲面”→“通过曲线网格”选项，按图 12-110所示选择主曲线1、2，然后选择交叉曲线1、2，最后单击“确定”按钮，创建曲线网格曲面。

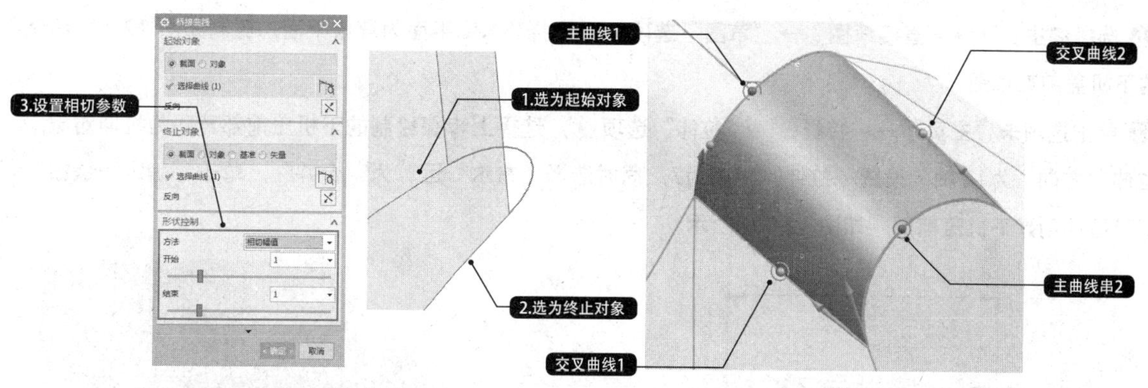

图12-109 创建桥接曲线

图12-110 创建曲线网格曲面

32选择“主页”→“特征”→“拉伸”选项，选择步骤29绘制的草图，设置“结束”选项为“对称值”，在“距离”文本框中输入3，单击“确定”按钮，拉伸修剪轮廓，如图12-111所示。

33选择“曲面”→“曲面”→“面倒圆”选项，选择上步骤创建的拉伸修剪轮廓为第一组面，下机身曲面为第二组面，设置面倒圆半径为0.5，创建如图12-112所示的面倒圆。

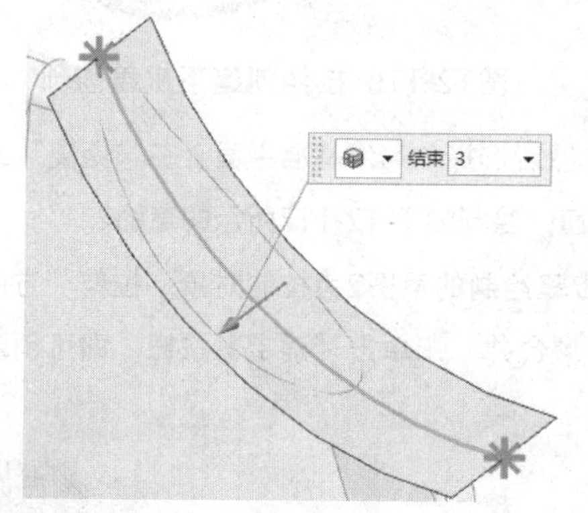

图12-111 拉伸修剪轮廓

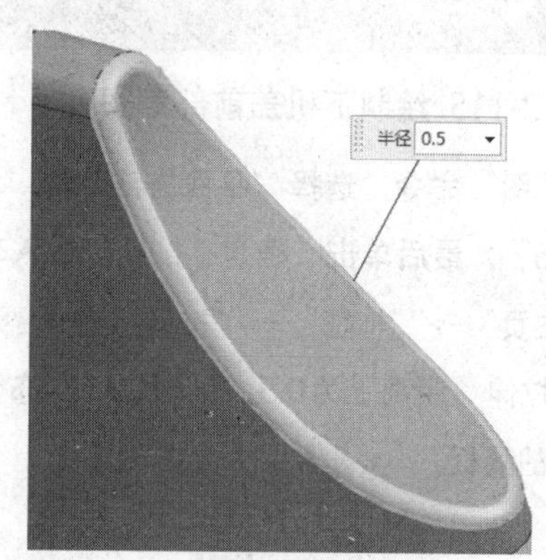

图12-112 创建面倒圆

34 选择“曲面”→“曲面操作”→“加厚”选项，打开“加厚”对话框，接着选择整个下机盖曲面，向外侧偏移0.6，单击“确定”按钮后隐藏曲面，仅显示实体，对下机盖加厚，如图12-113所示。

35 可见下机盖与上机盖有重叠部分，因此可先将修剪曲面显示，然后选择“曲面”→“曲面操作”→“修剪体”选项，修剪下机盖位于修剪曲面之上的实体部分，如图12-114所示。

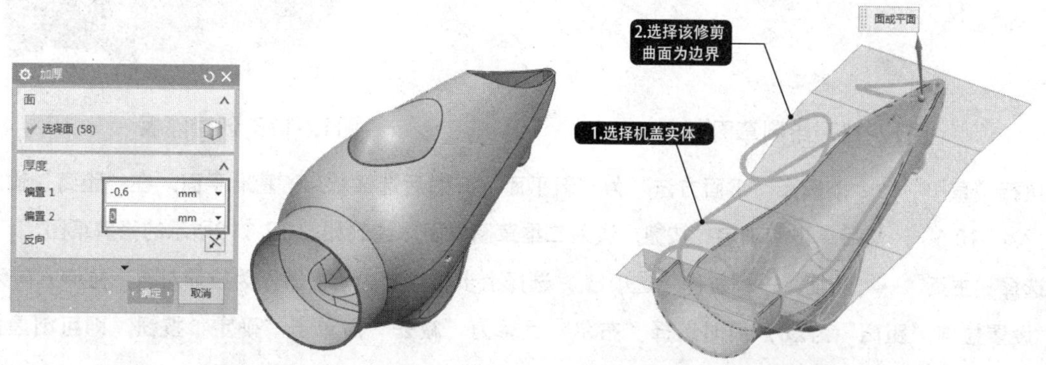

图12-113 下机盖加厚

图12-114 修剪创建下机盖

36 选择“主页”→“直接草图”→“草图”选项，选择*YC-ZC*平面为草绘平面，绘制如图 12-115所示的下机盖前部草图。

37 单击选项卡“主页”→“特征”→“拉伸”选项，选择上步骤绘制的下机盖前部草图为拉伸对象，拉伸“方向”为+Y轴，设置“拉伸”距离为7，同时选择“布尔”运算为“合并”，单击“确定”按钮，即可拉伸创建下机盖前部，如图 12-116所示。

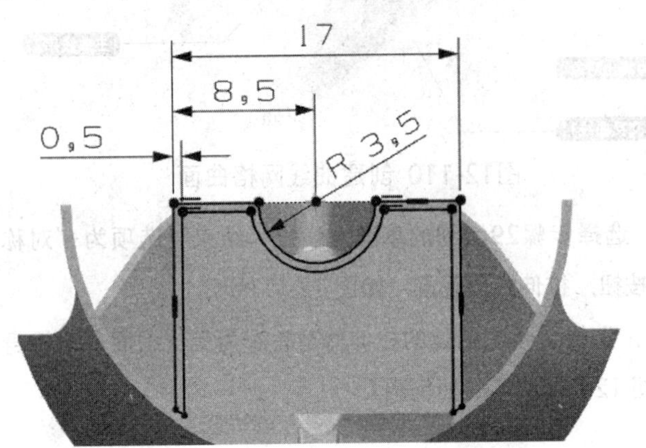

图12-115 绘制下机盖前部草图

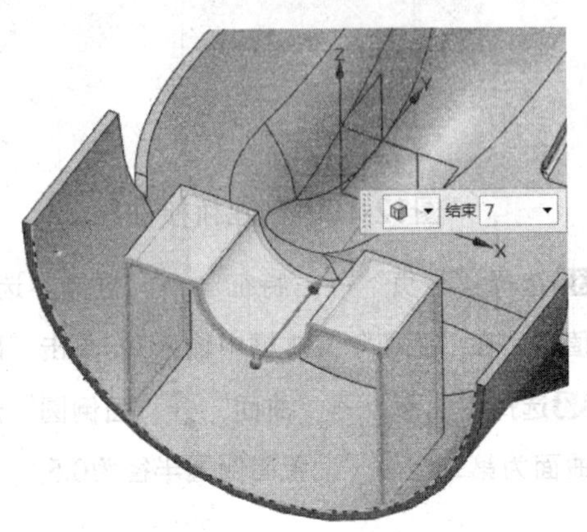

图12-116 拉伸创建下机盖前部

38 执行“草图”命令，选择“平面方法”为“新平面”；然后选择*XC-ZC*基准平面，在“距离”文本框中输入“-3.6”；最后单击“确定“按钮，进入二维草图界面，绘制如图 12-117所示的草图2。

39 选择“主页”→“特征”→“拉伸”选项，选择上步骤绘制的草图2为拉伸对象，拉伸“方向”为-Y轴，设置拉伸“距离”为0.5，同时选择“布尔”运算为“合并”，单击“确定”按钮，即可创建如图12-118所示的隔板。

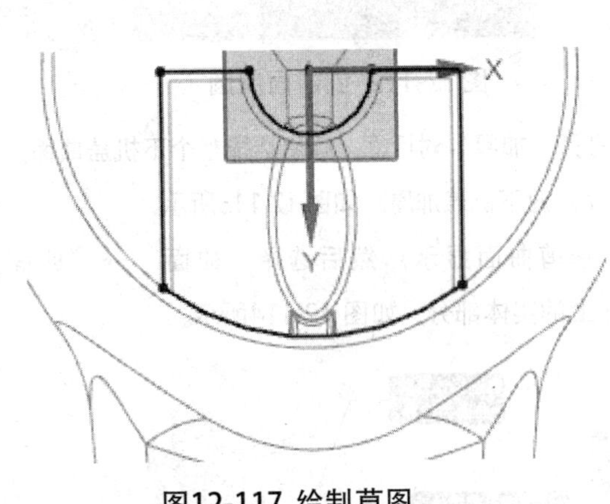

图12-117 绘制草图

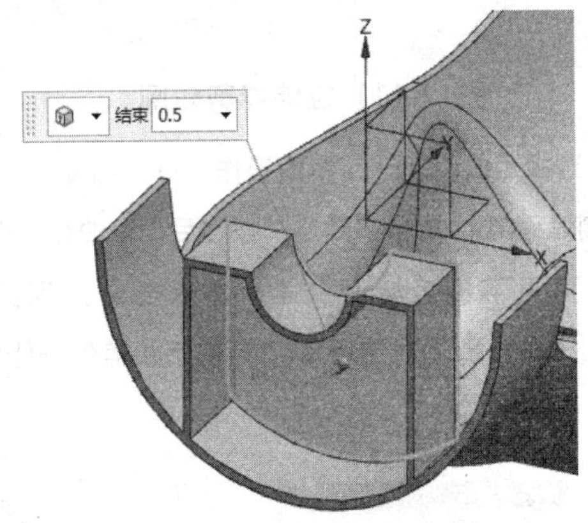

图12-118 创建隔板

40 执行“草图”命令，选择“平面方法”为“新平面”；然后选择*XC-ZC*基准平面，在“距离”输入框中输入“-10.6”，最后单击“确定“按钮，进入二维草图界面，绘制如图 12-119所示的修剪草图。

41 选择“主页”→“特征”→“拉伸”选项，选择上步骤绘制的修剪草图为拉伸对象，拉伸方向为+Y轴，设置拉伸“距离”为20，同时选择“布尔”运算为“减去”，单击“确定”按钮，即可创建如图12-120所示的拉伸体。

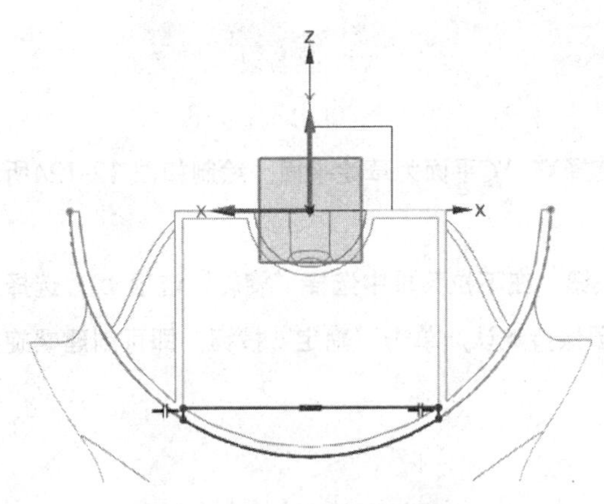

图12-119 绘制修剪草图

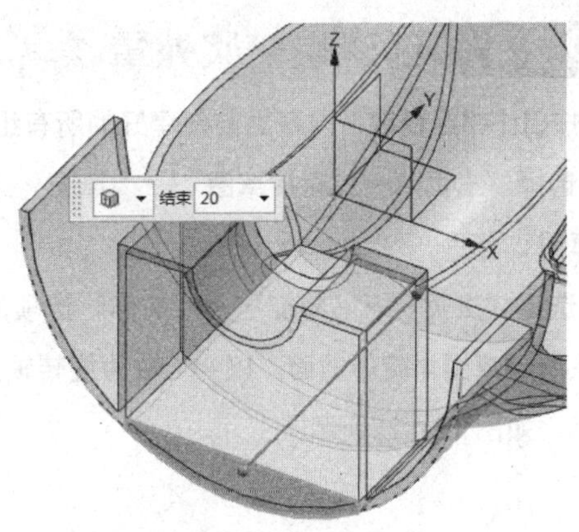

图12-120 创建拉伸体

42 选择“曲线”→“曲线”→“圆弧/圆”选项，设置圆心坐标为（0，28，-21），*XC-ZC*平面为支持平面，绘制直径为4的圆，如图 12-121所示。

43 选择“主页”→“特征”→“拉伸”选项，选择上步骤绘制的圆，然后在“开始”和“结束”下拉列表中均选择“贯通”，同时选择“布尔”运算为“减去”，单击“确定”按钮，创建如图 12-122所示的轴体。

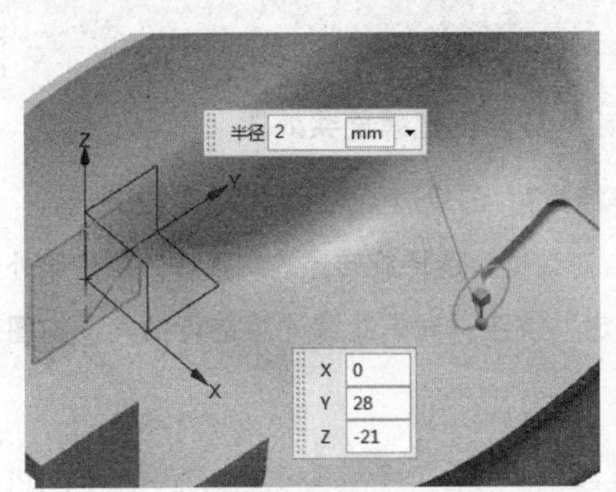

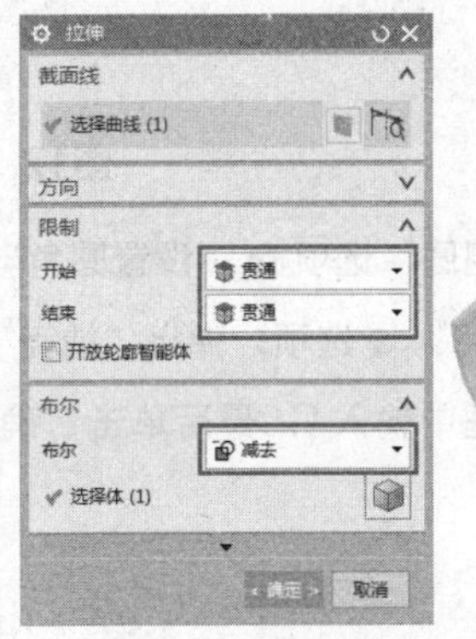

图12-121 指定坐标绘制圆

图12-122 创建轴体

44 至此，已完成上、下机盖的绘制，显示模型效果如图 12-123所示。

图12-123飞机的上、下机盖模型效果

12.2.4 创建螺旋桨外罩

01 按Ctrl+B组合键，隐藏之前创建好的所有组件。

02 选择“主页”→“直接草图”→“草图”选项，选择*XC-YC*平面为草绘平面，绘制如图 12-124所示的草图1。

03 选择“主页”→“特征”→“拉伸”选项的下三角按钮，在下拉菜单中选择“旋转”选项，选择上步骤所绘草图为旋转截面，以+YC轴为旋转轴，其余选项保持默认，单击“确定”按钮，即可创建螺旋桨外罩，如图 12-125所示。

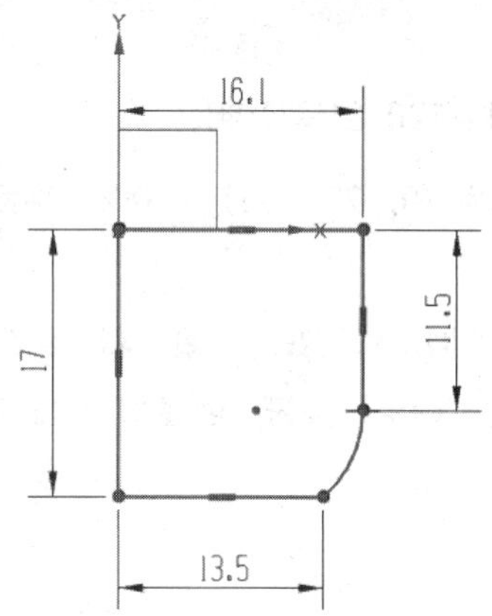

图12-124 绘制草图1

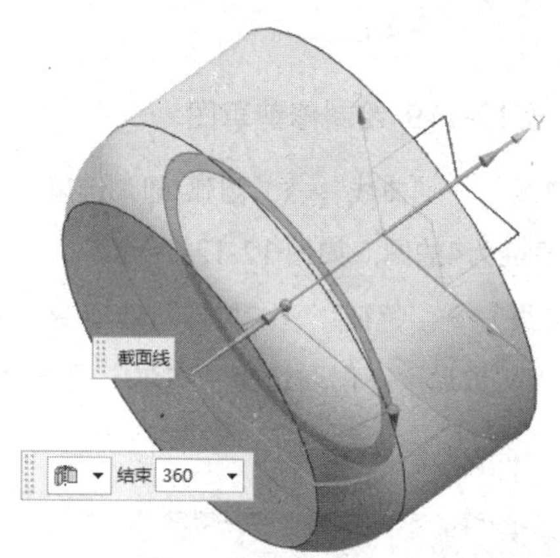

图12-125 旋转创建螺旋桨外罩

04 选择“主页”→“特征”→“边倒圆”选项，设置圆角半径为3，创建边圆角，如图 12-126所示。

05 选择“主页”→“特征”→“抽壳”选项，弹出“抽壳”对话框。选择旋转体的端面作为螺旋桨外罩的移除面，然后在“厚度”文本框中输入1，最后单击“确定”按钮，对螺旋桨外罩进行抽壳，如图 12-127所示。

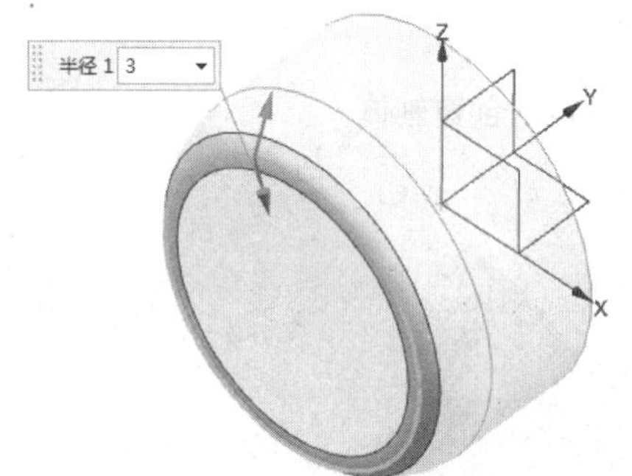

图12-126 螺旋桨外罩轮廓边倒圆

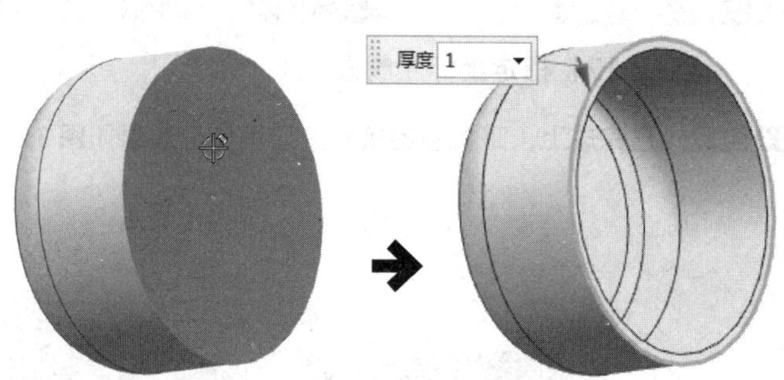

图12-127 对螺旋桨外罩进行抽壳

06 选择“主页”→“特征”→“更多”选项，在弹出的下拉菜单中选择“设计特征”→“圆柱”选项，弹出“圆柱”对话框。选择+YC轴为矢量方向，选择螺旋桨外罩表面的圆心为中心点，在“直径”和“高度”文本框框中分别输入21和3，同时选择“布尔”运算为“减去”，单击“确定”按钮，修剪螺旋桨外罩，如图 12-128所示。

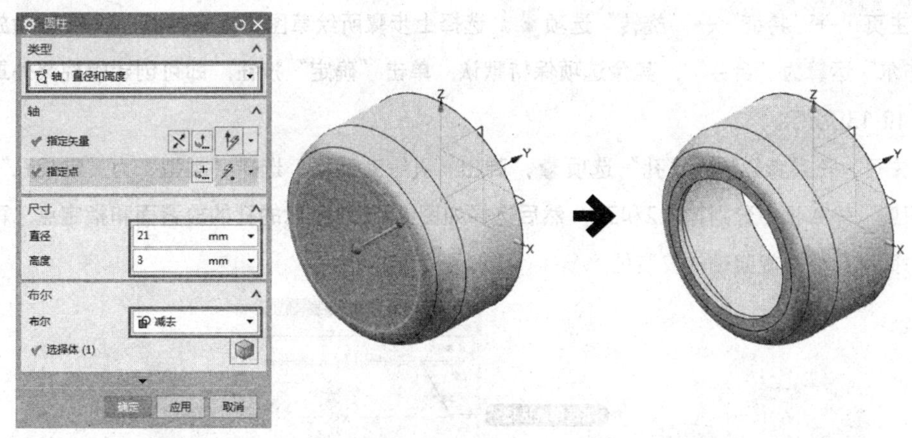

图12-128 修剪螺旋桨外罩

07 执行“草图”命令，选择*YC-ZC*平面为草绘平面，绘制如图 12-129所示的草图2。

08 选择“主页”→“特征”→“旋转”选项，选择上步骤所绘草图为旋转截面，以+Y轴为旋转轴，同时选择“布尔”运算为“合并”，其余选项保持默认，单击“确定”按钮，即可创建螺旋桨外罩的内部结构1，如图 12-130所示。

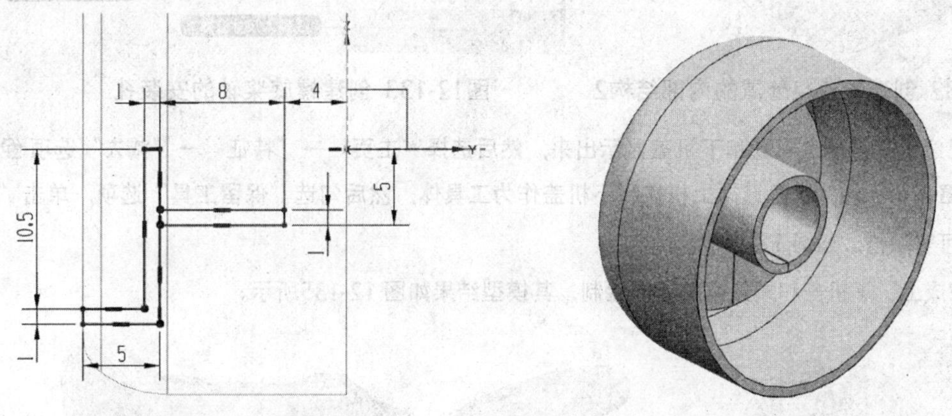

图12-129 绘制草图2　　图12-130 旋转创建螺旋桨外罩的内部结构1

09 执行“草图”命令，选择*YC-ZC*平面为草绘平面，绘制如图 12-131所示的草图3。

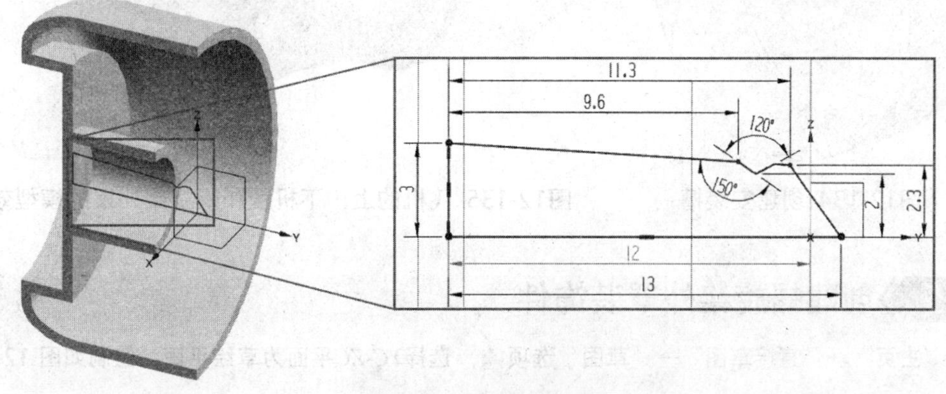

图12-131 绘制草图3

10 选择“主页”→“特征”→“旋转”选项，选择上步骤所绘草图为旋转截面，以+Y轴为旋转轴，同时选择“布尔”运算为“合并”，其余选项保持默认，单击“确定”按钮，即可创建螺旋桨外罩的内部结构2，如图 12-132所示。

11 选择“主页”→“特征”→“孔”选项，弹出“孔”对话框。选择“类型”为“常规孔”，在“直径”和“深度”输入框中分别输入2和30，然后选择如图 12-133所示的孔的放置面和指定点，再单击“确定”按钮，即可创建螺旋桨轴的安装位。

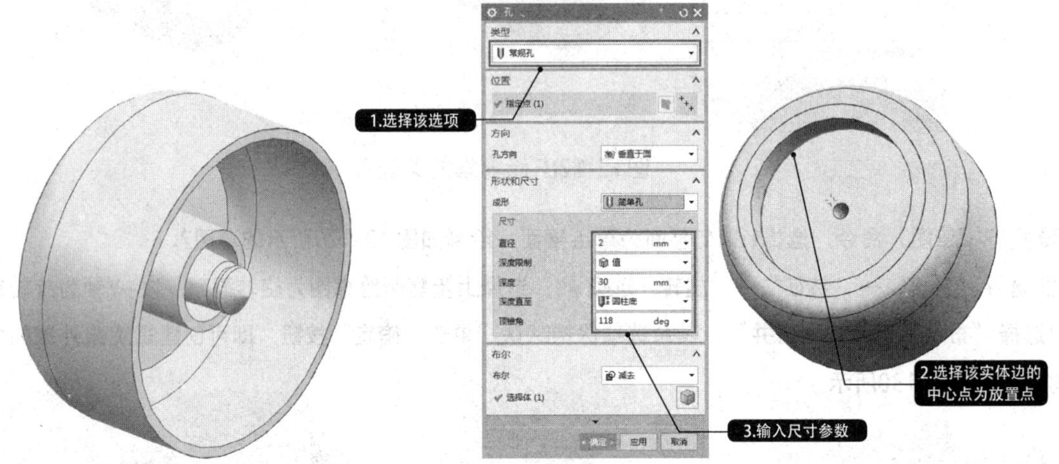

图12-132 创建螺旋桨外罩的内部结构2　　图12-133 创建螺旋桨轴的安装孔

12 创建。将已经创建好的上机盖和下机盖显示出来，然后选择“主页”→“特征”→“减去”选项，选择螺旋桨外罩作为目标体，再选择上机盖和下机盖作为工具体，然后勾选“保留工具”选项，单击“确定”按钮，即可安装槽，如图 12-134所示。

13 至此，已完成上、下机盖和螺旋桨外罩的绘制，其模型结果如图 12-135所示。

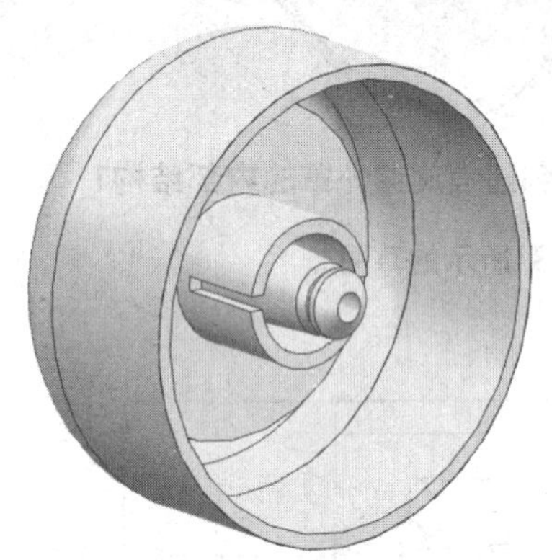

图12-134 创建安装槽

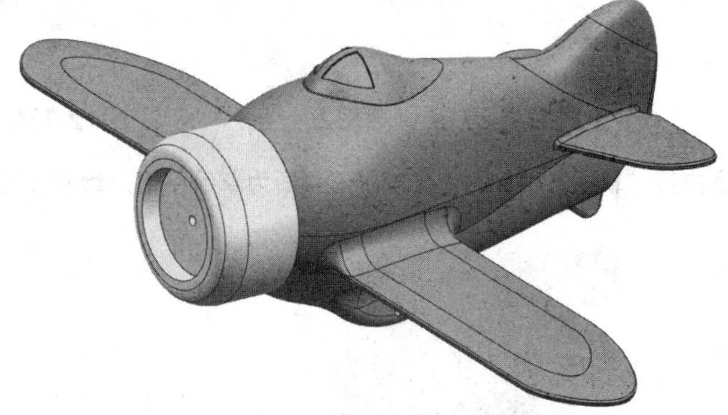

图12-135 飞机的上、下机盖和螺旋桨外罩的模型效果

12.2.5 创建螺旋桨外罩装饰件

01 选择“主页”→“直接草图”→“草图”选项，选择*YC-ZC*平面为草绘平面，绘制如图 12-136所示的草图1。

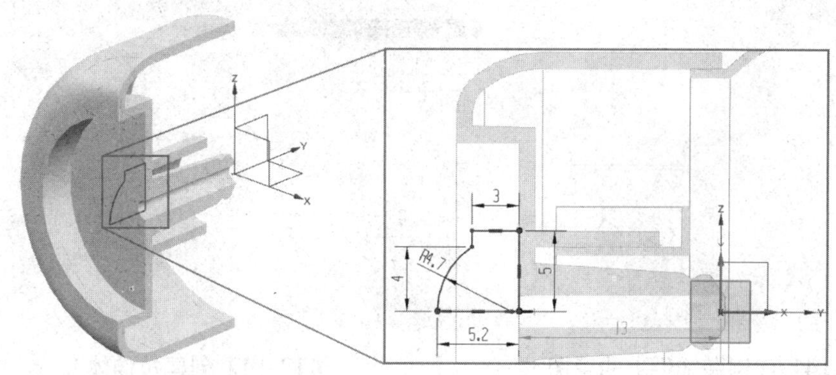

图12-136 绘制草图1

02 选择“主页”→“特征”→“旋转”选项，选择上步骤所绘草图为旋转截面，以+YC轴为旋转轴，同时选择“布尔”运算为“无”，其余选项保持默认，单击“确定”按钮，即可创建旋转体，如图12-137所示。

03 重复执行“草图”命令，选择螺旋桨外罩的表面为草绘平面，绘制如图12-138所示装饰件的草图。

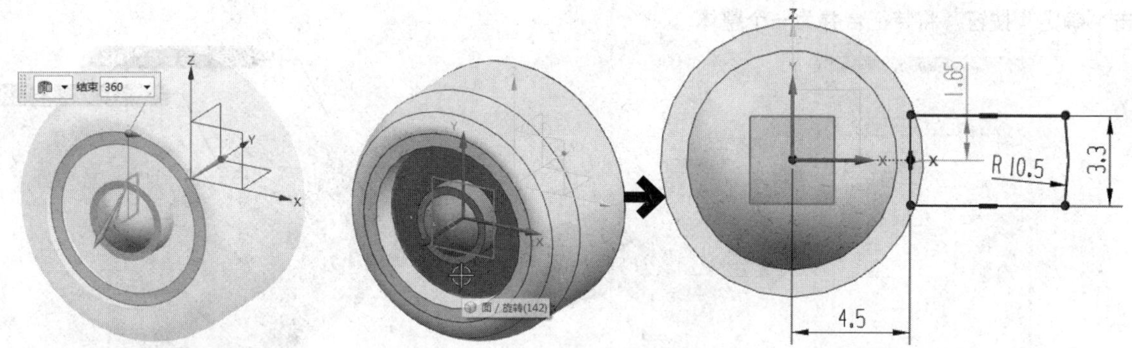

图12-137 创建旋转体　　图12-138 绘制装饰件的草图

04 选择“主页”→“特征”→“拉伸”选项，选择上步骤绘制的草图为拉伸对象，拉伸方向为-YC轴，设置拉伸“距离”为2.5，同时选择“布尔”运算为“无”，单击“确定”按钮，即可创建如图12-139所示的图形。

05 选择“主页”→“特征”→“边倒圆”选项，对拉伸进行边倒圆，如图12-140所示。

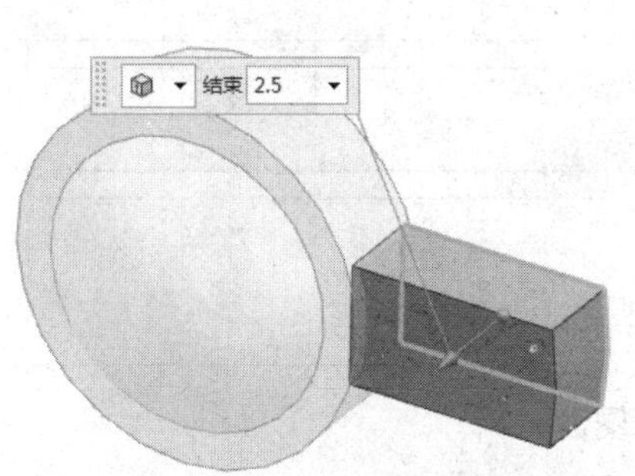

图12-139 创建拉伸体1

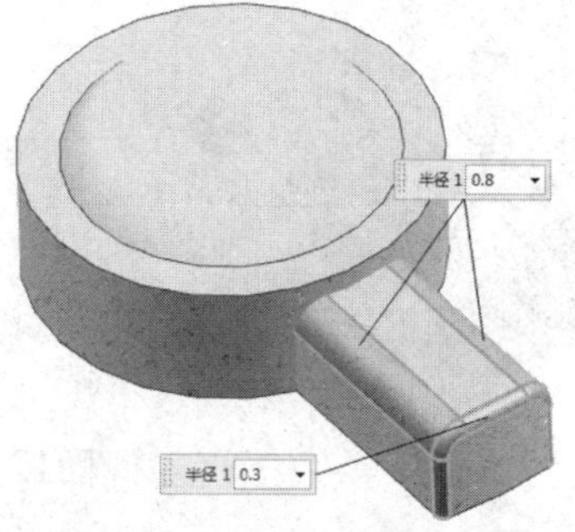

图12-140 对拉伸体边倒圆

06 执行“草图”命令，选择*YC-ZC*基准平面为草绘平面，绘制如图12-141所示的装饰件上的草图。

07 选择“主页”→“特征”→“拉伸”选项，选择上步绘制的草图为拉伸对象，拉伸“方向”为+XC轴，设置拉伸的“开始”距离为5.3、“结束”距离为5.5，单击“确定”按钮，创建如图12-142所示拉伸体2。

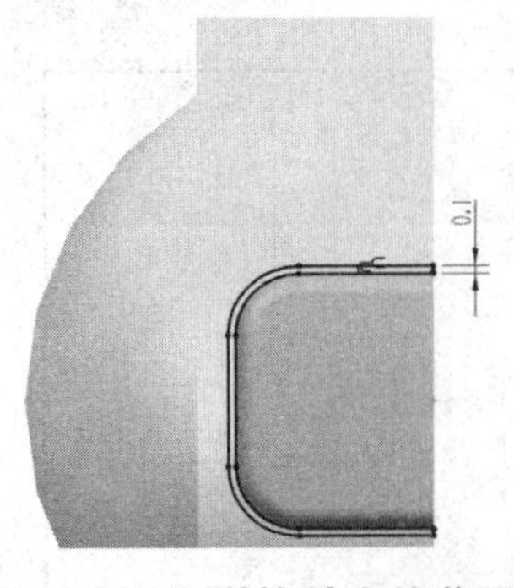

图12-141 绘制装饰件上的草图

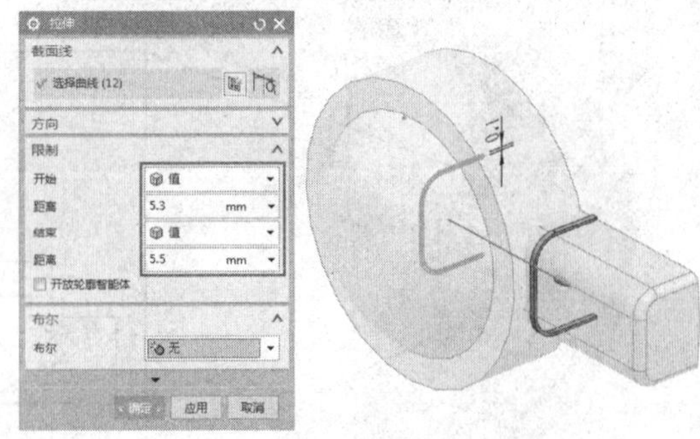

图12-142 创建拉伸体2

08 单击“主页”→“特征”→“阵列特征”选项，选择上步骤创建的拉伸体2；然后选择阵列布局方式为“线性”，+XC轴方向为方向1，设置阵列“数量”为6、“节距”为0.7，单击“确定”按钮，创建如图 12-143所示的线性阵列特征。

09 选择“主页”→“特征”→“合并”选项，然后依次选择图 12-144所示的目标体和工具体，最后单击“确定”按钮，将特征合并为一个整体。

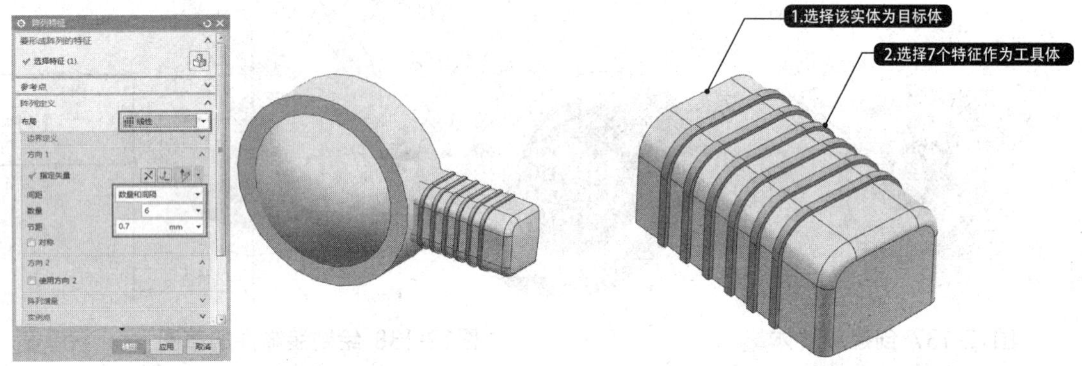

图12-143 创建线性阵列特征

图12-144 合并特征

10 执行“草图”命令，选择一特征表面为草绘平面，绘制如图 12-145所示的草图2。

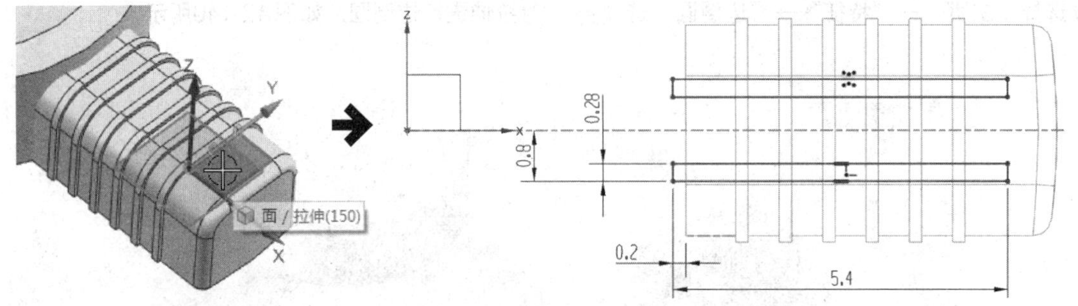

图12-145 绘制草图2

11 选择“主页”→“特征”→“拉伸”选项，选择上步骤绘制的草图为拉伸对象，拉伸方向为-YC轴，设置拉伸“距离”为0.17，同时选择“布尔”运算为“合并”，单击“确定”按钮，即可创建如图12-146所示的拉伸体3。

12 单击“主页”→“特征”→“阵列几何特征”选项，选择整个装饰部件，设置阵列“布局”方式为“圆形”，+YC轴为旋转轴，阵列“数量”为9、“节距角”为40，单击“确定”按钮，创建特征如图 12-147所示。

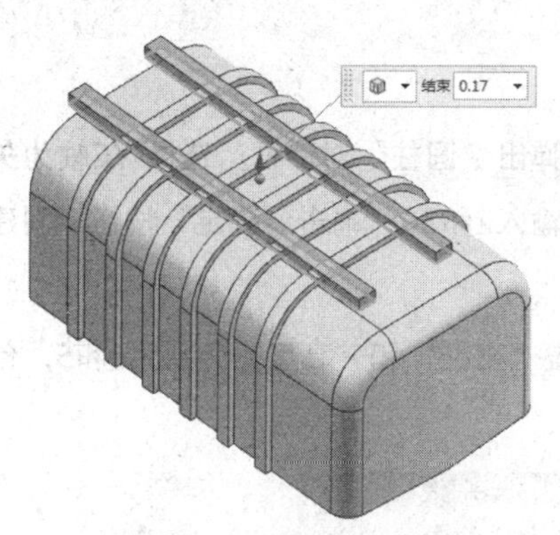
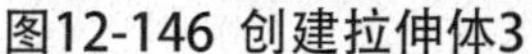

图12-146 创建拉伸体3

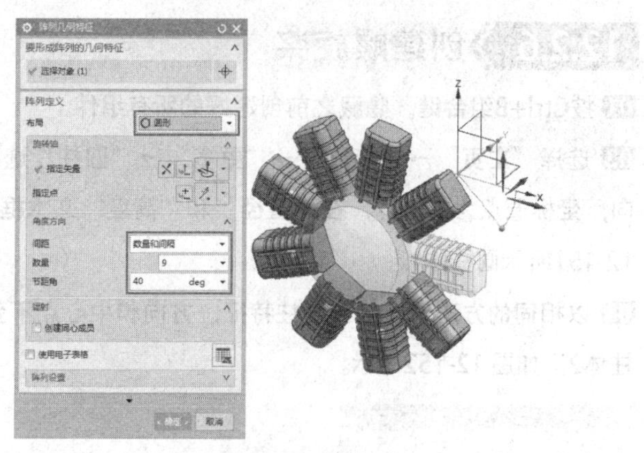

图12-147 环形阵列装饰件

⑬选择“主页”→“特征”→“合并”选项；然后依次选择装饰体本体为目标体，其余附件为工具体；最后单击“确定”按钮，合并所有装饰部件，如图 12-148所示。

⑭ 选择“主页”→“特征”→“孔”选项，弹出“孔”对话框。选择“类型”为“常规孔”，在“直径”和“深度”文本框中分别输入2.1和10；然后选择图 12-149所示的孔的放置面和指定点，再单击“确定”按钮，即可创建该孔位。

图12-148 合并所有装饰部件

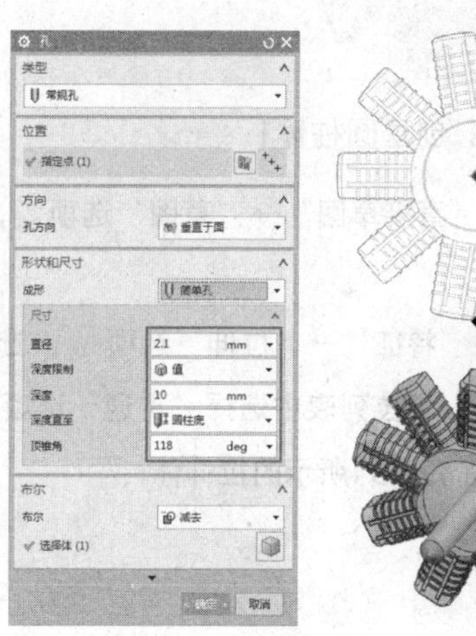

图12-149 创建螺旋桨轴的安装孔

⑮ 至此，已完成上、下机盖、螺旋桨外罩和装饰件的创建，其模型效果如图 12-150所示。

图12-150 上、下机盖与完整旋桨外罩的模型效果

12.2.6 创建螺旋桨

01 按Ctrl+B组合键，隐藏之前创建好的所有组件。

02 选择“主页”→“特征”→“更多”→“圆柱”选项，弹出“圆柱”对话框。选择-YC轴为矢量方向，坐标原点为中心点，在“直径”和“高度”文本框中分别输入2和30，单击“确定”按钮，创建如图12-151所示圆柱体1。

03 以相同的方法创建另一圆柱特征，方向和中心点不变，设置“直径”和“高度”分别为6和5，创建圆柱体2，如图 12-152所示。

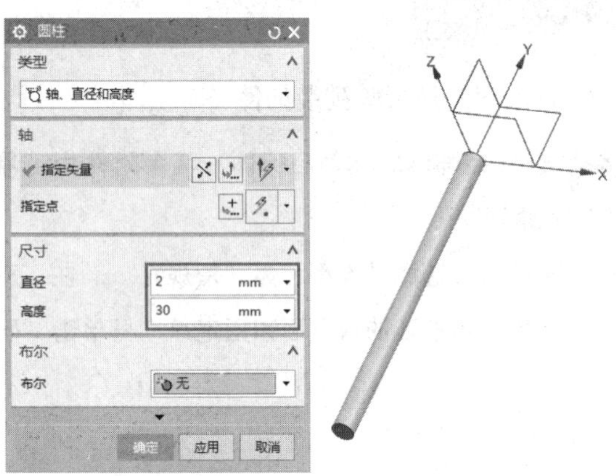

图12-151 创建圆柱体1

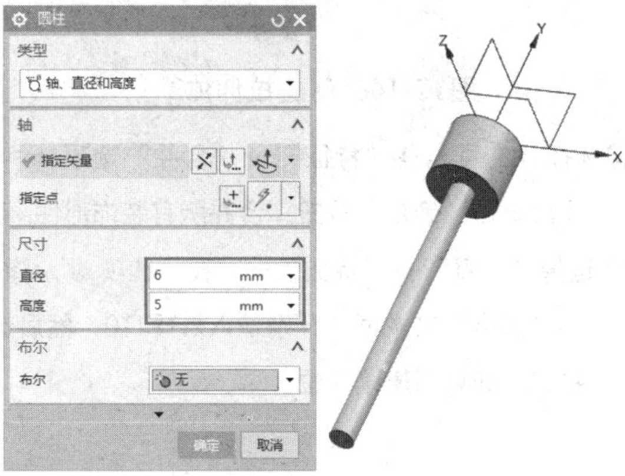

图12-152 创建圆柱体2

04选择“主页”→“直接草图”→“草图”选项，选择*XC-ZC*平面为草绘平面，绘制如图 12-153所示的修剪草图。

05 选择“主页”→“特征”→“拉伸”选项，选择上步骤绘制的修剪草图为拉伸对象，拉伸“方向”为-YC轴，在“结束”下拉列表中选择“贯通”选项，同时选择“布尔”运算为“减去”，单击“确定”按钮，即可创建如图 12-154所示的拉伸体。

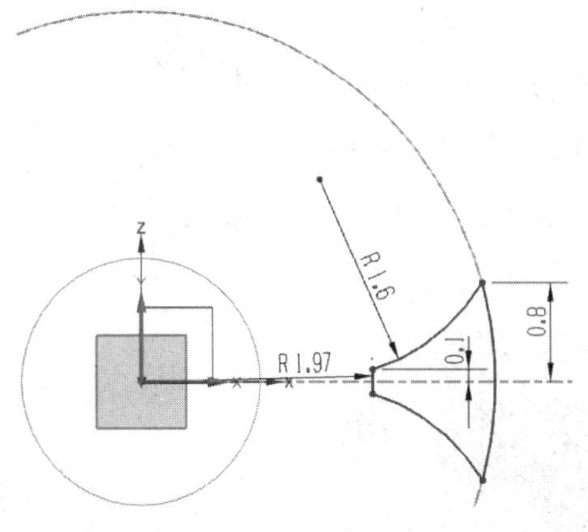

图12-153 绘制修剪草图

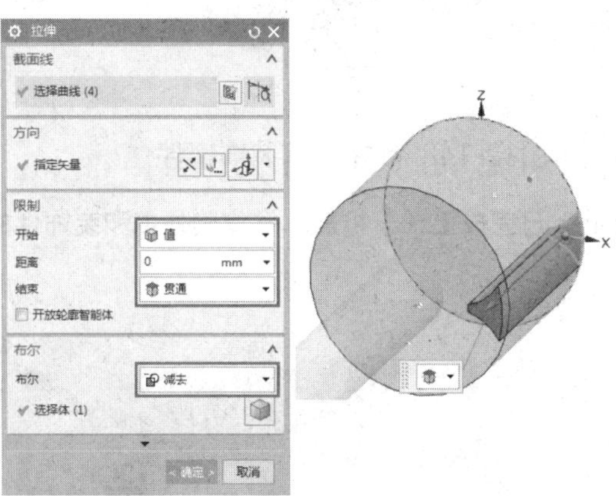

图12-154 创建拉伸体

06 选择“主页”→“特征”→“阵列特征”选项，选择上步骤创建的拉伸特征，然后选择阵列布局方式为“圆形”，YC轴为旋转轴，设置阵列“数量”为10、“跨角”为360，单击“确定”按钮，即可创建如图 12-155所示的齿轮。

07 选择“主页”→“特征”→“减去”选项，选择齿轮为目标体、圆柱体为工具体，然后选择“保留工具”选项，单击“确定”按钮，创建如图 12-156所示的齿轮上的轴孔。

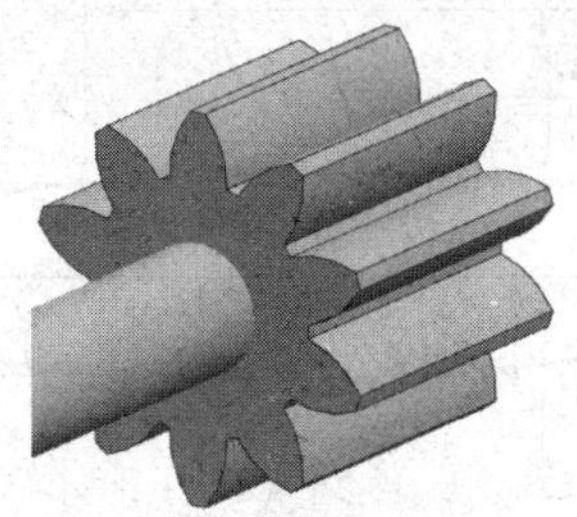

图12-155 绘制齿轮部分

图12-156 创建齿轮上的轴孔

08 选择“主页”→“直接草图”→“草图”选项，选择*YC-ZC*平面为草绘平面，绘制如图 12-157所示的连接轴草图。

09 选择“主页”→“特征”→“旋转”选项，选择上步骤所绘草图为旋转截面，以+YC轴为旋转轴，同时选择“布尔”运算为“无”，其余选项保持默认，单击“确定”按钮，即可创建旋转体，如图 12-158所示。

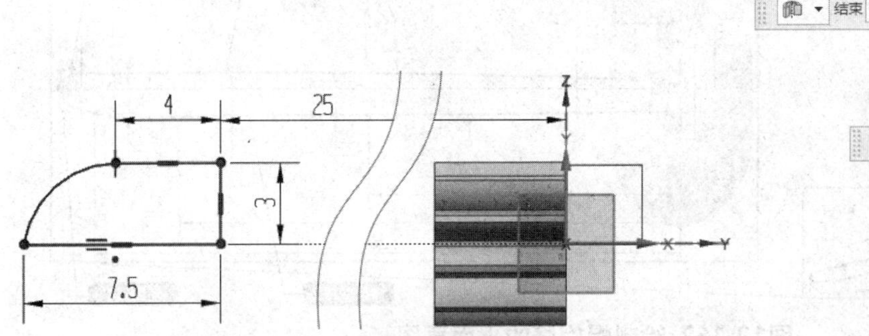

图12-157 绘制连接轴草图

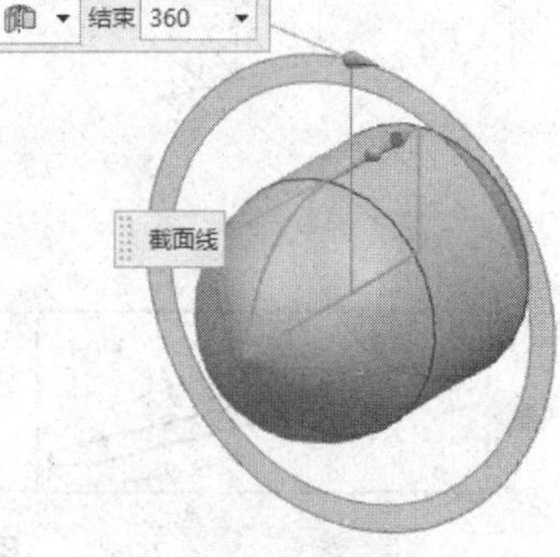

图12-158 创建旋转体

10 选择“主页”→“特征”→“合并”选项，选择上步骤创建的旋转体为目标体，选择圆柱体2为工具体，单击“确定”按钮，将两者合并，如图 12-159所示。

11 选择“主页”→“特征”→“基准平面”选项，然后选择图 12-160所示的面创建基准平面。

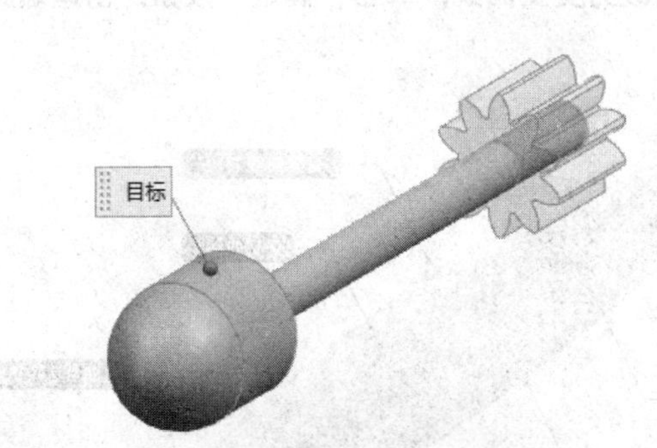

图12-159 合并特征

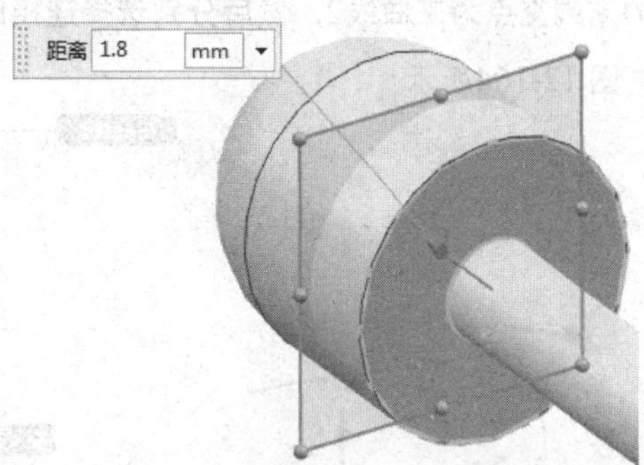

图12-160 创建基准平面

12 选择“主页”→“直接草图”→“草图”选项，选择上步骤创建的基准平面为草绘平面，绘制如图 12-161所示的螺旋桨立面草图。

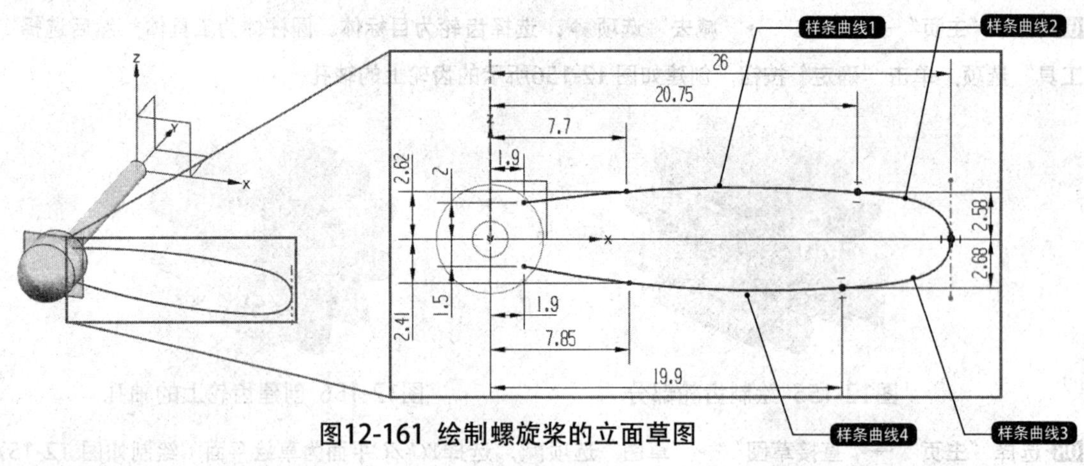

图12-161 绘制螺旋桨的立面草图

13 执行“草图”命令，以*XC-YC*基准平面为草绘平面，绘制如图 12-162所示的螺旋桨平面草图。

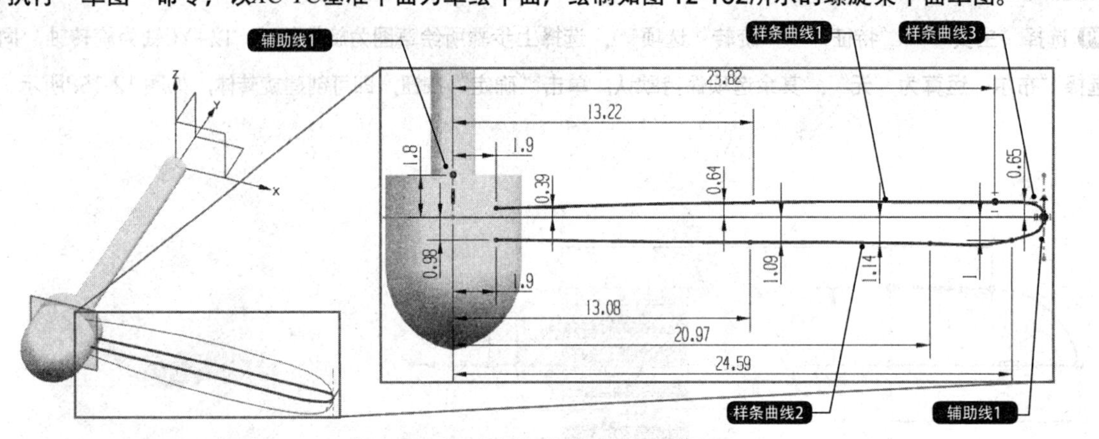

图12-162 绘制螺旋桨的平面草图

14 选择“曲线”→“曲线”→“艺术样条”选项，连接两个草图的4个端点，绘制如图 12-163所示的艺术样条。

15 选择“曲面”→“曲面”→“通过曲线网格”选项，选择上步骤所绘制的艺术样条为主曲线1、两个草图的末端交点为主曲线2，然后分别选择连接的草图曲线为交叉曲线，单击“确定”按钮，创建螺旋桨叶如，图 12-164所示。

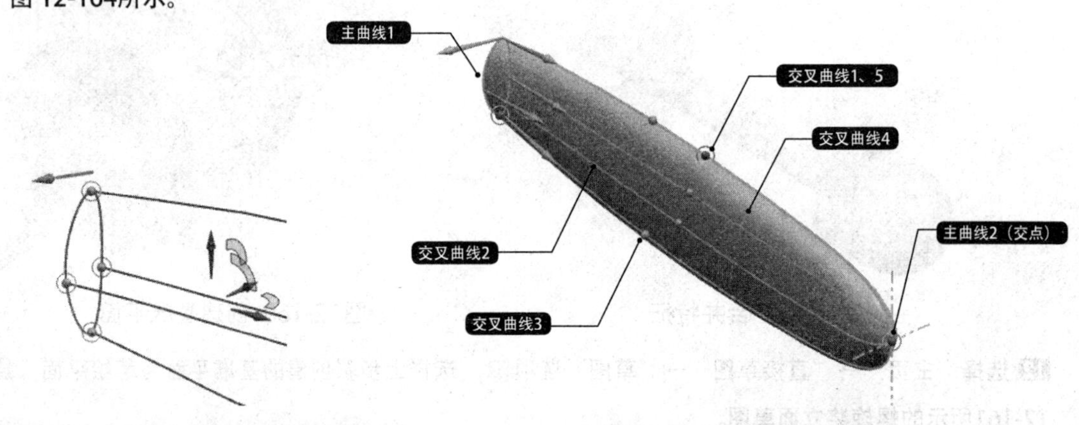

图12-163 绘制艺术样条连接草图端点　　图12-164 创建螺旋桨叶

16 选择“主页”→“编辑特征”→“移除参数”选项，选择上步骤所创建的螺旋桨叶，单击“确定”按钮，即可消除所有关联参数，成为一个简单的实体，如图 12-165所示。

17 按Ctrl+T快捷键，打开“移动对象”对话框。选择移除参数后的螺旋桨叶，然后在“运动”下拉列表中选择“角度”，选择+XC轴为旋转轴、辅助线1的端点为轴点，输入“角度”为-18，单击“确定”按钮，调整螺旋桨叶方位，如图 12-166所示。

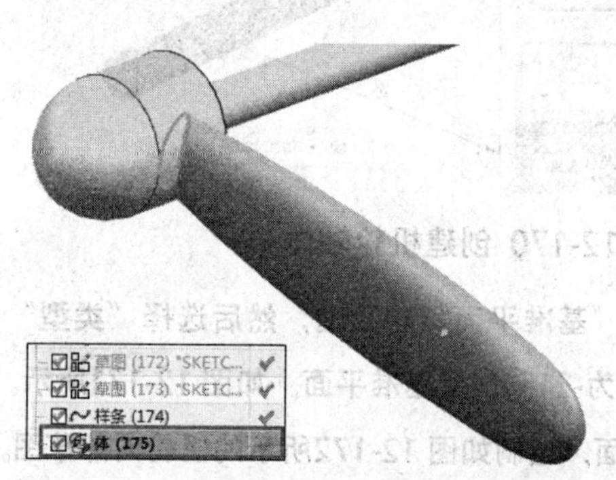

图12-165 移除参数

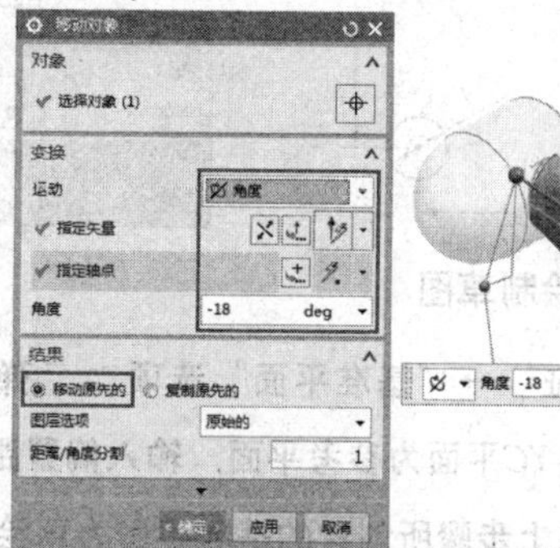

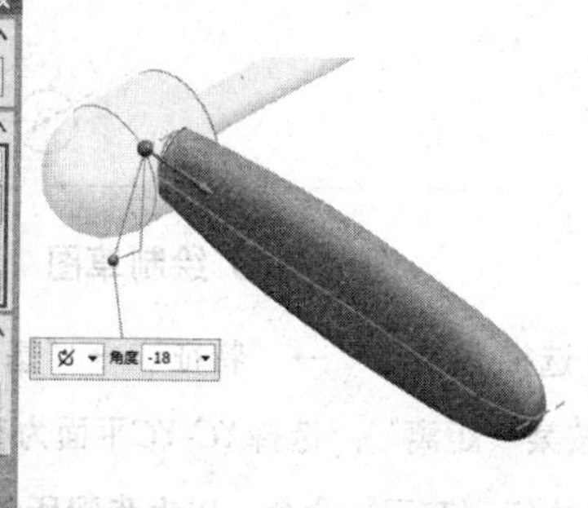

图12-166 调整螺旋桨叶方位

18 选择“主页”→“特征”→“阵列几何特征”选项，选择桨叶实体，然后设置阵列布局方式为“圆形”，以+YC轴为旋转轴、辅助线1的端点为轴点，阵列“数量”为2、“节距角”为180，单击“确定”按钮，阵列创建对侧桨叶，如图 12-167所示。

19 选择“主页”→“特征”→“合并”选项，选择轴体为目标体、两片桨叶为工具体，将其合并为一个整体。

20 至此，已完成上、下机盖、螺旋桨外罩、螺旋桨叶的创建，其模型效果如图 12-168所示。

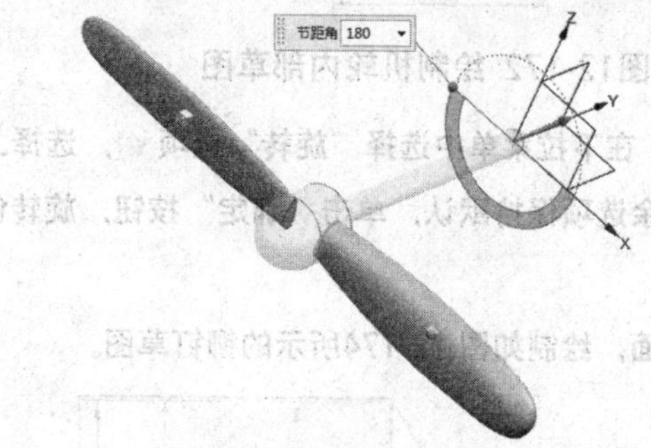

图12-167 阵列创建对侧的螺旋桨叶

图12-168 带有螺旋桨的飞机模型效果

12.2.7 创建机轮

01 按Ctrl+B组合键，隐藏之前创建好的所有组件。

02 选择“主页”→“直接草图”→“草图”选项，选择*YC-ZC*平面为草绘平面，绘制如图 12-169所示的草图。

03 选择“主页”→“特征”→“拉伸”选项，选择上步骤绘制的草图；然后设置“结束”选项为“对称值”，在“距离”文本框中输入18.5，单击“确定”按钮，创建如图 12-170所示的机轮轴体。

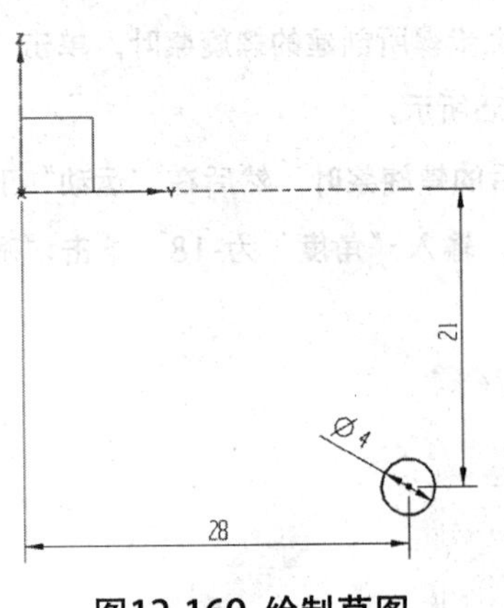

图12-169 绘制草图

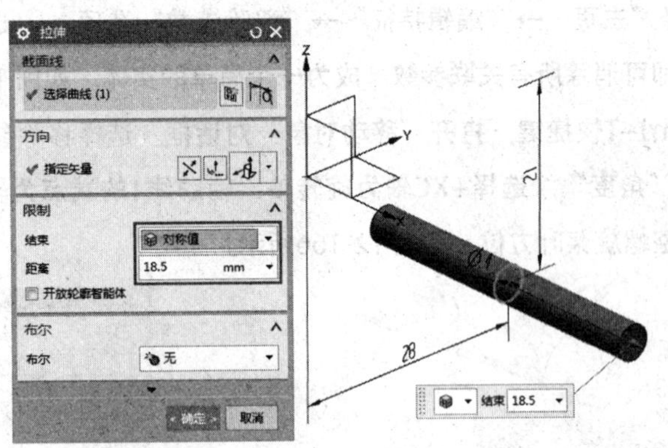

图12-170 创建机轮轴体

04 选择“主页”→“特征”→“基准平面”选项，弹出“基准平面”对话框；然后选择“类型”为“按某一距离”，选择*XC-YC*平面为参考平面，输入偏置距离为-21，创建基准平面，如图 12-171所示。

05 执行“草图”命令，以上步骤所创建的基准平面为草绘平面，绘制如图 12-172所示的机轮内部草图。

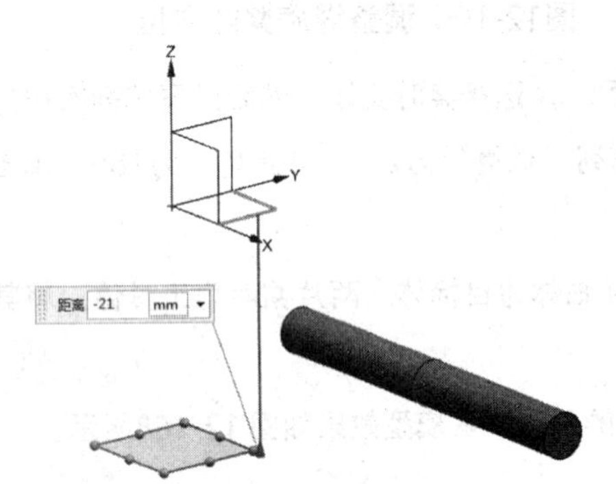

图12-171 创建基准平面

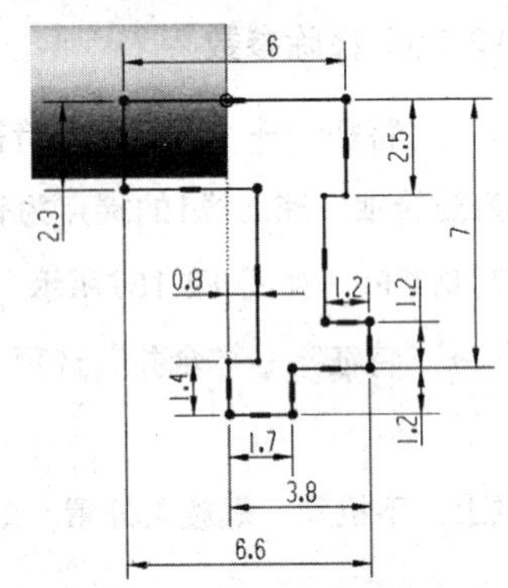

图12-172 绘制机轮内部草图

06 选择“主页”→“特征”→“拉伸”选项的下三角按钮，在下拉菜单中选择“旋转”选项，选择上步骤所绘机轮内部草图为旋转截面，以+XC轴为旋转轴，其余选项保持默认，单击“确定”按钮，旋转创建机轮内部轮廓，如图 12-173所示。

07 执行“草图”命令，以上步骤4创建的基准平面为草绘平面，绘制如图 12-174所示的铆钉草图。

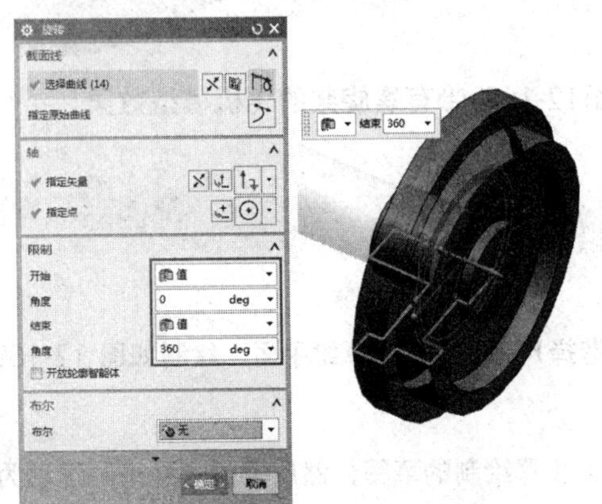

图12-173 旋转创建机轮内部轮廓

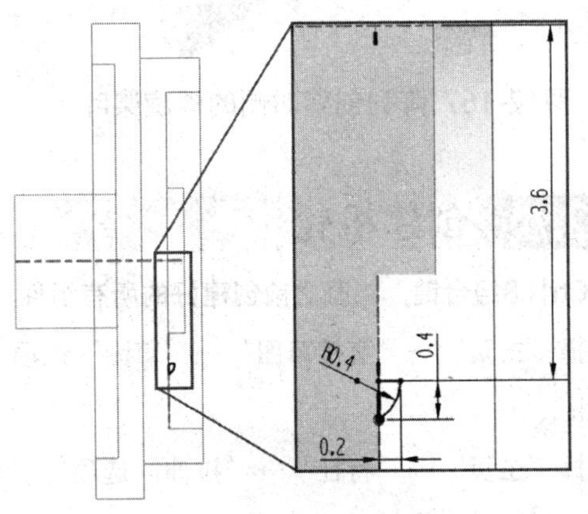

图12-174 绘制铆钉草图

08 选择“主页”→“特征”→“旋转”选项，选择上步骤所绘的铆钉草图为旋转截面，以长为0.2的水平草图线为旋转轴，交点为轴点，同时选择“布尔”运算为“合并”，其余选项保持默认，单击“确定”按钮，即可创建的铆钉体，如图 12-175所示。

09 选择“主页”→“特征”→“阵列特征”选项，选择上步骤创建的的铆钉体；然后选择阵列布局方式为“圆形”，YC轴为旋转轴，设置阵列“数量”为12、“跨角”为360，单击“确定”按钮，即可阵列创建如图 12-176所示的其余铆钉。

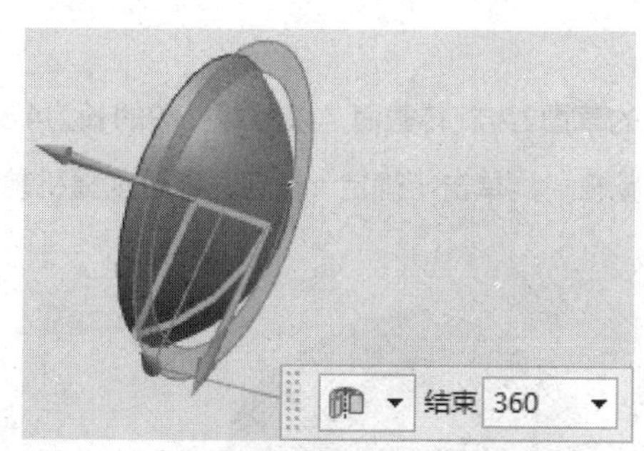

图12-175 创建铆钉体

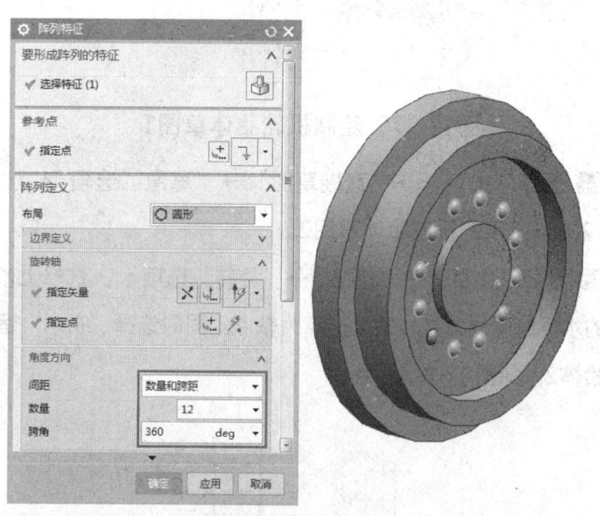

图12-176 阵列创建其余铆钉

10 选择“主页”→“特征”→“减去”选项，选择轮毂作为目标体、轴体作为工具体；然后选择“保留工具”选项，单击“确定”按钮，创建机轮上的安装孔，如图 12-177所示。

11 选择“主页”→“特征”→“倒斜角”选项，选择如图 12-178所示的轮毂边缘，创建距离为0.1的倒斜角。

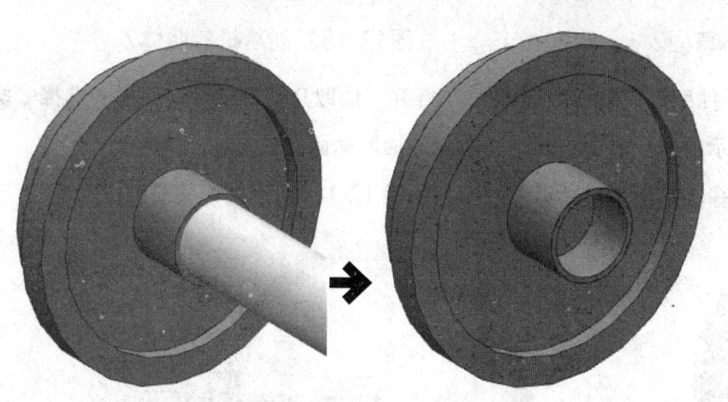

图12-177 创建机轮上的安装孔

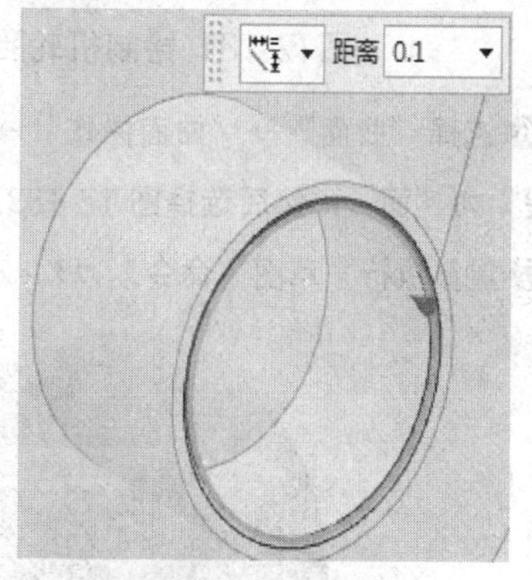

图12-178 创建倒斜角

12 绘制。选择“主页”→“直接草图”→“草图”选项，仍以之前所创建的基准平面为草绘平面，绘制如图 12-179所示的机轮胎体草图1。

13 选择“主页”→“特征”→“旋转”选项，选择上步骤所绘的机轮胎体草图为旋转截面，以长为4.8的水平草图线为旋转轴，交点为轴点，其余选项保持默认，单击“确定”按钮，即可创建机轮胎体1，如图 12-180所示。

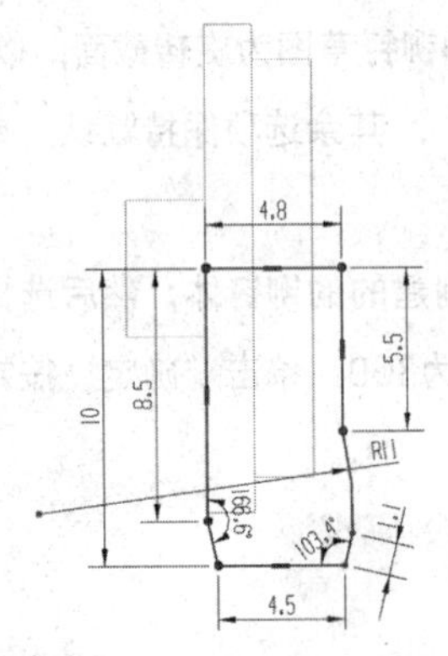

图12-179 绘制机轮胎体草图1

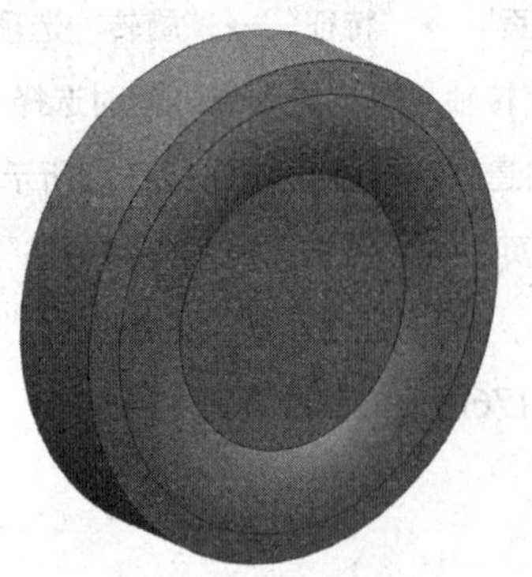

图12-180 创建机轮胎体1

14 选择“主页”→“直接草图”→“草图”选项，以步骤4所创建的基准平面为草绘平面，绘制如图12-181所示的机轮胎体草图2。

15 选择“主页”→“特征”→“旋转”选项，选择上步骤所绘的草图2为旋转截面，以图12-179的长为4.8的水平草图线为旋转轴，交点为轴点，同时选择“布尔”运算为“减去”，单击“确定”按钮，即可创建机轮胎体2，如图 12-182所示。

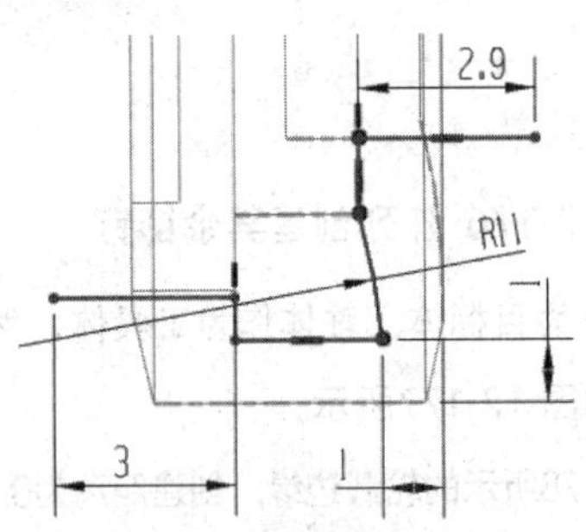

图12-181 绘制机轮胎体草图2

图12-182 创建机轮胎体2

16 选择“曲面”→“曲面操作”→“抽取几何特征”选项，打开“抽取几何特征”对话框，选择“类型”为“面”，然后选择图 12-183所示的面，单击“确定”按钮，抽取曲面。

17 重复执行“草图”命令，以*YC-ZC*基准平面为草绘平面，绘制如图 12-184所示的修剪草图。

图12-183 抽取曲面

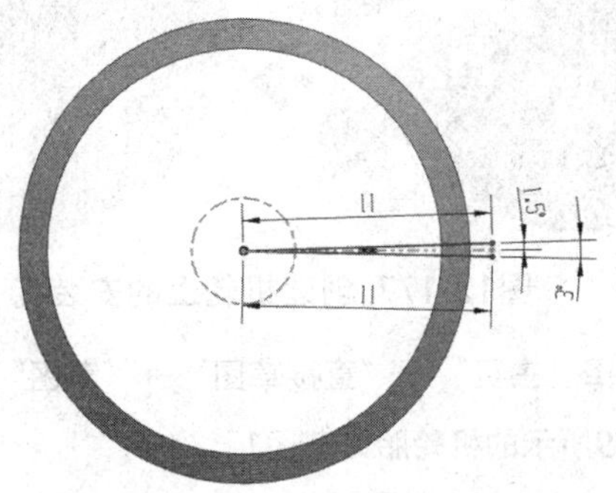

图12-184 绘制修剪草图

18 选择“曲面”→“曲面操作”→“修剪片体”选项，以上步骤所绘的修剪草图为边界，对所抽取的曲面进行修剪，如图12-185所示。

19 选择“曲面”→“曲面操作”→“延伸片体”选项，选择图12-186所示的修剪面边界，将其向外侧延伸1。

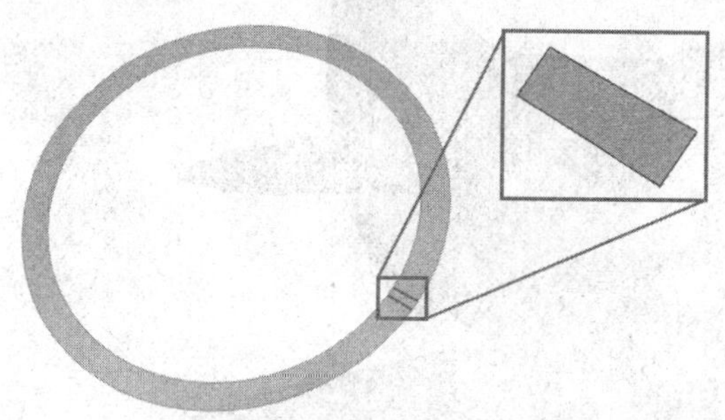

图12-185 修剪曲面

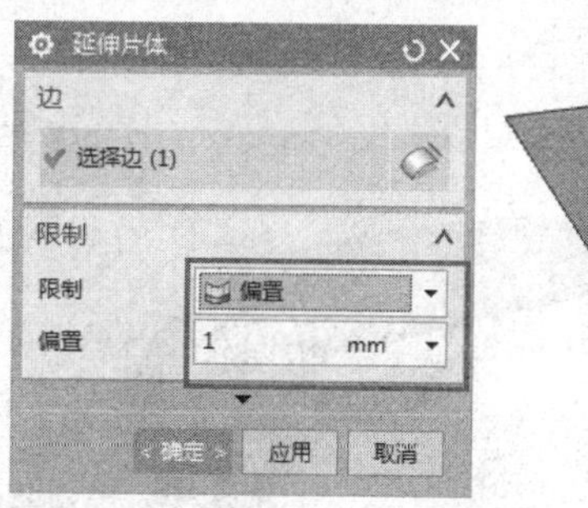

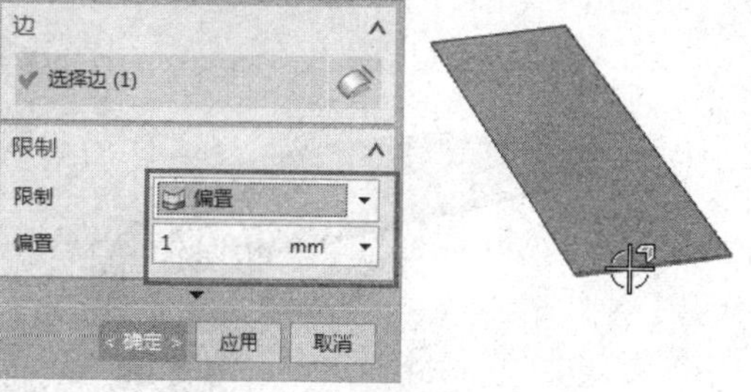

图12-186 延伸曲面

20 选择“主页”→“特征”→“拉伸”选项，选择延伸后的曲面为拉伸对象；然后设置“结束”选项为“对称值”，设置拉伸“距离”为0.2，同时选择“布尔”运算为“减去”，单击“确定”按钮，即可创建拉伸特征，如图12-187所示。

21 选择“主页”→“特征”→“阵列特征”选项，选择上步骤创建的拉伸特征，然后选择阵列布局方式为“圆形”，+XC轴为旋转轴，设置阵列数量为72、跨角为360，单击“确定”按钮，即可创建的机轮上的细节，如图12-188所示。

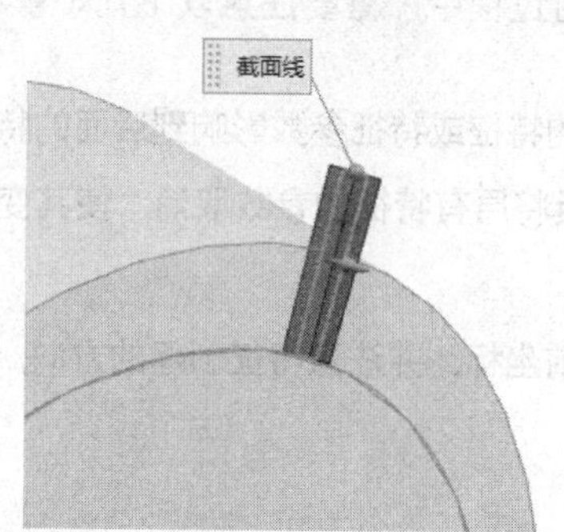

图12-187 创建拉伸特征

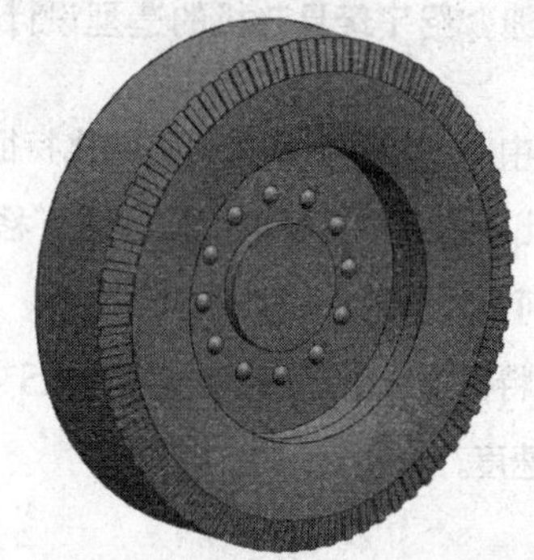

图12-188 阵列创建机轮上的细节

22 选择“主页”→“特征”→“合并”选项，按图12-189所示的选择目标体和工具体进行合并。

23 选择“主页”→“特征”→“更多”→“镜像几何体”选项，选择机轮为要镜像的对象；然后选择基准面*YC-ZC*为镜像平面，单击“确定”按钮，即可镜像创建另一侧的机轮，如图12-190所示。

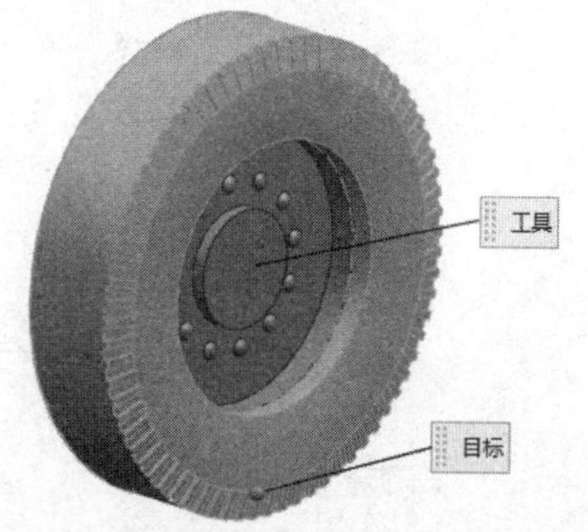

图12-189 合并整个机轮部分

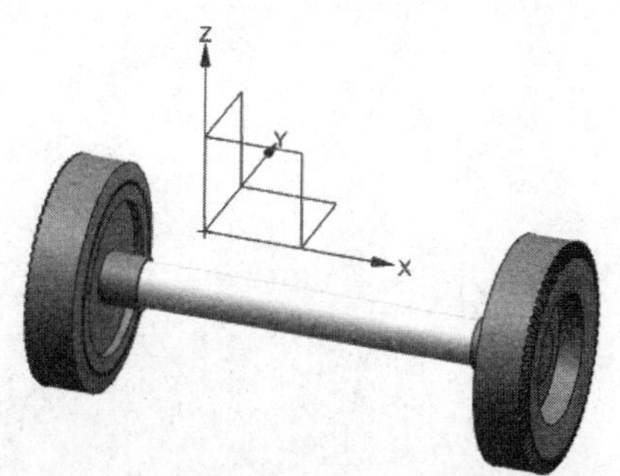

图12-190 镜像创建对侧的机轮

24 至此，整个玩具飞机的模型已全部创建完毕，最终的玩具飞机模型如图 12-191所示。

图12-191 最终的飞机模型

12.3 设计感悟

本章详细介绍了玩具飞机的造型设计，读者在学习过程中，需要注意以下几个事项。

◆ 在建模过程中，创建的特征均为参数化特征，而当原有的特征或特征参数影响到后面的特征不能创建，或者创建出现错误的特征时，应通过“移除参数”工具将原有特征的参数取消，使其变为非参数化的特征，即可创建其后序特征。

◆ 使用已成形特征建模时，结合“动态WCS”工具调整当前坐标，并注意特征创建的方向，可以有效地提高建模的速度。